"十二五"江苏省高等学校重点教材(编号: 2014-1-129)
科学出版社"十三五"普通高等教育本科规划教材

"信息与计算科学"专业综合改革试点项目丛书

数值分析与计算方法

(第二版)

雷金贵　李建良　蒋　勇　主编

科 学 出 版 社

北　京

内 容 简 介

《数值分析与计算方法》是为理工科高等院校普遍开设的"数值分析"与"计算方法"课程而编写的参考教材. 第二版共 10 章, 全部教学内容大约需要 120 个学时, 主要包括: 数值计算的基本理论, 插值问题, 线性方程组的直接与迭代解法, 方程求根, 数据拟合与函数逼近, 数值积分与数值微分, 常微分方程初(边)值问题, 矩阵特征值与特征向量的幂法计算, 线性规划及其在矛盾方程组求近似解中的应用等内容. 为了方便教师根据不同的学科背景与教学计划灵活安排教学, 全书采用模块化方式组织教学内容, 各个章节相对独立, 部分章节标题后面带"*"表示该章节为选修内容. 为了方便初学者及时掌握学习重点, 每章后面附有适量习题; 此外, 为了提高初学者分析问题、解决问题的能力, 提高其程序设计能力与综合素质, 本书在附录中安排了 10 篇"上机实习课题", 以方便其上机计算练习.

全书秉承大学生综合能力锻炼与素质培养的核心理念, 注重理论与实际相结合, 在保持科学严谨的基础上, 内容阐述深入浅出, 脉络清晰, 层次分明, 方便读者快速查阅与参考.

本书可作为理工科大学相关专业的研究生教材, 并可供从事科学与工程计算的科技工作者参考.

图书在版编目(CIP)数据

数值分析与计算方法/雷金贵, 李建良, 蒋勇主编. —2 版. —北京: 科学出版社, 2017

("信息与计算科学"专业综合改革试点项目丛书)

ISBN 978-7-03-053644-0

I. ①数… Ⅱ. ①雷…②李…③蒋… Ⅲ. ①数值分析-高等学校-教材 ②数值计算-高等学校-教材 Ⅳ. ①O241

中国版本图书馆 CIP 数据核字(2017) 第 137727 号

责任编辑: 胡 凯 许 蕾 沈 旭 / 责任校对: 彭珍珍
责任印制: 张 伟 / 封面设计: 许 瑞

科学出版社 出版
北京东黄城根北街 16 号
邮政编码: 100717
http://www.sciencep.com

北京中科印刷有限公司 印刷
科学出版社发行 各地新华书店经销
*
2012 年 1 月第 一 版 开本: 787×1092 1/16
2017 年 9 月第 二 版 印张: 25
2023 年 7 月第十五次印刷 字数: 600 000

定价: 69.00 元

(如有印装质量问题, 我社负责调换)

《“信息与计算科学”专业综合改革试点项目丛书》

编　委　会

《数值分析与计算方法》(第二版)

编写编委会

主　编：雷金贵　李建良　蒋　勇

参　编：白　羽　陈文兵　卢长娜　陈允杰

第二版前言

2012 年春,《数值分析与计算方法》第一版在科学出版社正式出版。自那时起, 本书一直作为南京信息工程大学以及南京理工大学等高等院校本科与研究生阶段各个专业数值分析与计算方法等相关课程的教材, 为该校本科、研究生数值计算课程教学的顺利开展发挥了积极的作用, 并受到省内外师生们越来越多的关注. 2013 年, 南京信息工程大学 (我校) 将《数值分析与计算方法》列为国家级重点教材的培养建设目标; 2014 年, 由江苏省高等教学管理研究会教材管理工作委员会推荐, 本书获批为“江苏省高等学校重点教材”. 省、校两级主管部门政策上的支持, 加上全院教师的配合, 为本书第二版的出版提供了良好支撑, 促使我们为进一步完善本教材而继续努力和奋斗.

为了进一步完善理论, 并进一步理清思路, 简化叙述, 提高教材的可读与易读性, 增强教材的实用与适用性, 进一步增加教材的知识覆盖面, 使其与时俱进地适合新形势、多学时情况下的教学安排, 在保持原版知识体系、内容框架与编写风格基本不变的前提下, 第二版中对章节的内容进行了较为全面的修订, 补充了一些教学内容, 并将部分章节的顺序编号做了一些调整, 使其适应新的知识体系与叙述方式. 主要修订内容如下:

(1) 将第一版中绪论调整为新版的第 1 章, 补充了误差的概念、误差的传播与机器数系的相关知识, 将二分法移至第 4 章, 新增精度丢失定理相关的知识, 重新梳理了编写顺序, 增加课后练习题和部分例题;

(2) 将第一版第 3 章近似理论调整到新版第 6 章, 新增了矩阵的广义逆、SVD 分解与矩阵正交分解方面的知识, 新增最佳一致逼近方面的内容, 修订正交多项式的构造方法一节的相关内容, 修订并完善了矛盾方程组的最小二乘问题、数据拟合与函数逼近问题的相关理论, 修订并新增了一些例题与课后练习题;

(3) 重新梳理了线性方程组的直接解法和迭代解法两章, 完善了 Gauss 消元法的理论, 增加了该章所有算法的伪代码表示, 修改了追赶法的定理证明与叙述, 完善了向量范数与矩阵范数的理论以及 Gauss 消元法的浮点误差分析与方程组的病态检测和改善方面的知识体系, 补充了 SOR 方法中松弛因子选择相关的理论;

(4) 重新梳理了方程求根一章的叙述方式, 增加了方程根的存在性定理, 补充并完善了 Newton 法收敛性判断与改进以及 Steffensen 迭代法相关的知识, 并修订了该章部分定理的叙述与证明;

(5) 矩阵特征值和特征向量一章中新增了带原点平移的 QR 方法, 修订了幂法与反幂法的部分内容;

(6) 新增了线性规划一章, 用比较小的篇幅初步讲述了线性规划理论的图解法、单纯形法等基本概念与方法, 以及线性规划方法在矛盾方程组近似求解方面的应用.

除此之外, 其余章节也做了局部和小范围的修订和完善, 修改了部分习题与例题, 详细内容参见本书正文.

本书第二版由蒋勇、雷金贵执笔, 南京理工大学的李建良教授、北京建筑大学的白羽博士和我校陈文兵副教授等多所高校的教授专家参加了本书的审核与校对工作. 在改编本书的过程中, 南京航空航天大学的戴华教授、王春武教授, 南京信息工程大学的李薇教授、杨兴东教授、刘文军副教授等也提出了很多建设性的建议, 在此表示衷心的感谢. 此外, 科学出版社的编辑们做了大量的修订和编辑工作, 感谢他们无私的奉献和付出. 感谢南京信息工程大学"国家级重点教材出版基金"和江苏省教育厅"省重点教材建设基金"对本书的大力资助, 感谢所有参加本书第一版 (见第一版作者名单) 和第二版编审工作的同仁们, 衷心感谢省内外计算数学、数值模拟与仿真等方面的专家、学者对我们相关工作的关注、批评、支持与帮助!

由于作者能力有限, 疏漏和不足之处在所难免, 期待各位同仁与读者继续提出宝贵意见, 以便我们在下一版中尽快修改并完善.

来信请寄: 南京市浦口区宁六路 219 号, 南京信息工程大学数学与统计学院, 邮编: 210044; E-mail: jianguk@163.com, leijingui@nuist.edu.cn.

南京信息工程大学数理学院　蒋　勇　雷金贵
南京理工大学理学院　李建良
2017 年春

第一版前言

“数值分析” 与 “计算方法” 是理工科大学各专业普遍开设的两门密切相关的核心课程. 其中, “数值分析” 作为核心的专业基础课, 主要开设对象为数学、统计、计算机科学等专业的学生; 而 “计算方法” 作为重要的专业基础课或选修课, 主要开设对象为其他理工科专业的学生. 从内容上看, 这是两门不同的课程, 各有不同的要求和侧重点. 但是, 它们又有较大的交叉与重叠. 前者通常侧重数值方法的理论基础、算法设计与分析等; 后者通常侧重对算法的了解、实际应用等.

科学技术的不断发展与社会事业的不断进步, 对现代大学生与研究生的综合素质、创新与应用能力提出了新的要求: 一方面, 要求数理专业的学生具有更好的开拓性与实际应用能力; 另一方面, 对接受技术与应用能力训练为主的工科类学生以及非数理专业的其他理科学生, 也要求其在综合素质 (包括数理素质) 方面受到更好的训练.

作为“十二五”规划 “人才培养模式创新与课程体系改革”、“人才培养模式创新实验基地”、“学术与技能分类、专业培养分流 —— 人才培养的创新与实践”、“基于 ‘学术型、技能型、国际化’ 的多元化人才培养模式的研究与实践”、“数值分析精品课程建设” 等多项教学研究、教学改革与质量工程建设的成果之一, 我们在本书中尝试性地将 “数值分析” 与 “计算方法” 两门课程的内容进行了有机的结合与互补性的融合, 供这两门课程教学使用. 希望本书能够在教学中配合教师, 对学生的综合素质的培养与实际技能的训练有所帮助. 应当说明, 鉴于不同学科与专业不同的实际情况与要求, 在教学过程中需要根据学生的背景因材施教, 对教学内容做适当的取舍与补充. 为了便于教学, 我们力求在保证系统性与层次性的基础上, 采用模块化结构, 章节相对独立; 在保持阐述严谨的基础上, 层次分明, 循序渐进, 希望有助于教师根据学生的不同背景与各专业不同的教学计划灵活安排教学. 为了帮助学生提高自学能力, 我们在编写过程中特别注意叙述的深入浅出, 希望有助于学生在教师指导下, 通过自学也能掌握相关课程的主要内容. 从这个意义上讲, 本书也特别适合于 “教师讲授与学生自学” 相结合的教学改革.

本书突出“综合素质与能力”的核心理念, 注重理论与实际结合, 主要内容包括绪论、插值问题、曲线拟合与逼近、数值积分与数值微分、常微分方程数值解法、非线性方程求解、线性方程组的直接解法与迭代法、矩阵的特征值与特征向量计算等. 为帮助学生掌握内容, 每章附有适量习题; 为培养学生的综合素质、提高学生的实际技能, 本书专门安排了 “计算机实习课题”, 并配备了相应的计算实习题.

本书同时可作为理工科大学相关专业的研究生课程教材, 并可供从事科学与工程计算的科技工作者参考.

本书是在李建良教授、蒋勇教授等所编著的《计算机数值方法》(该书曾获南京理工大学优秀教材一等奖) 的基础上, 根据上述原则由蒋勇、李建良、卢长娜、陈文兵、雷金贵、白羽、陈允杰等江苏省内外多所高校的教授、博士共同改编而成. 在改编过程中, 南京信息工程大学数学专业的部分研究生参与了部分编辑工作. 我们在此对所有参加工作的同志表示衷心的感谢. 此外, 特别感谢南京信息工程大学优秀教材出版基金对本书的立项与经济资助, 感谢计算数学、数值模拟与仿真等方面的众多专家对我们相关工作的支持与帮助!

期待各位同仁与读者提出宝贵意见, 以便我们在再版过程中改正.

南京信息工程大学数理学院　蒋勇
南京理工大学理学院　李建良

目　　录

第二版前言

第一版前言

第 1 章　绪论 ······ 1

1.1　计算机数值方法概述 ······ 1

1.1.1　数值计算方法的概念与任务 ······ 1

1.1.2　数值计算问题的解题过程与步骤 ······ 3

1.1.3　本课程的内容与数值算法的特点 ······ 4

1.2　误差、有效数字与机器数系 ······ 6

1.2.1　误差的概念与来源 ······ 6

1.2.2　有效数字与机器数系 * ······ 7

1.2.3　舍入误差的产生 * ······ 11

1.3　误差传播与防范 ······ 12

1.3.1　误差的传播 ······ 13

1.3.2　防止“大数吃小数”* ······ 14

1.3.3　避免绝对值相近的数作减法 ······ 15

1.3.4　避免 0 或接近 0 的数作除数 ······ 16

1.3.5　避免绝对值很大的数作乘数 ······ 16

1.3.6　简化计算公式, 减少计算量 ······ 17

1.3.7　设计稳定的算法 ······ 17

1.3.8　精度丢失定理 * ······ 19

习题 1 ······ 20

第 2 章　插值法 ······ 22

2.1　插值问题 ······ 22

2.1.1　基本概念 ······ 22

2.1.2　插值多项式的存在唯一性 ······ 22

2.2　拉格朗日 (Lagrange) 插值 ······ 23

2.2.1　Lagrange 插值多项式 ······ 23

2.2.2　插值余项 ······ 25

2.3　差商与牛顿 (Newton) 插值 ······ 28

2.3.1 差商的定义和性质 ······ 28
2.3.2 Newton 插值公式 ······ 30
2.4 差分与等距节点插值 ······ 33
2.4.1 差分及其性质 ······ 33
2.4.2 等距节点插值公式 ······ 34
2.5 埃尔米特 (Hermite) 插值 * ······ 36
2.6 三次样条插值 ······ 40
2.6.1 多项式插值的缺陷与分段插值 ······ 40
2.6.2 三次样条插值函数 ······ 41
2.6.3 三次样条插值函数的构造方法 ······ 42
2.6.4 两点说明 ······ 48
习题 2 ······ 49
第 3 章 线性方程组的直接解法 ······ 52
3.1 引言 ······ 52
3.2 Gauss 消元法 ······ 53
3.2.1 三角形方程组的解法 ······ 53
3.2.2 预备知识 * ······ 54
3.2.3 Gauss 消元法 ······ 55
3.2.4 Gauss 消元法的计算量 ······ 58
3.2.5 Gauss 消元法的条件 ······ 59
3.2.6 列主元消元法 ······ 61
3.2.7 全主元消元法 * ······ 63
3.3 Gauss-Jordan 消元法与矩阵求逆 ······ 64
3.3.1 Gauss-Jordan 消元法 ······ 64
3.3.2 用 Gauss-Jordan 消元法求逆矩阵 ······ 67
3.4 矩阵分解 ······ 69
3.4.1 Gauss 消元法的矩阵解释 ······ 69
3.4.2 Doolittle 分解 ······ 71
3.4.3 方程组的求解举例 ······ 75
3.4.4 正定阵的 Doolittle 分解 ······ 77
3.4.5 Cholesky 分解与平方根法 ······ 79
3.4.6 LDL^{T} 分解与改进的平方根法 ······ 82
3.4.7 带列主元的三角分解 * ······ 83

3.5 追赶法……89
3.6 向量范数……93
3.6.1 向量范数定义……93
3.6.2 向量范数等价性与一致连续性 *……95
3.7 矩阵范数……98
3.7.1 方阵的范数……98
3.7.2 $m \times n$ 阶矩阵的范数 *……105
3.8 条件数与方程组的误差分析……106
3.8.1 病态方程组与条件数……106
3.8.2 方程组的摄动分析……109
3.8.3 Gauss 消元法的浮点误差分析 *……112
3.8.4 方程组的病态检测与改善 *……114
习题 3……117
第 4 章 方程求根……120
4.1 方程根的存在、唯一性与有根区间 *……120
4.1.1 方程根的存在与唯一性 *……121
4.1.2 有根区间的确定方法……121
4.2 二分法……123
4.3 Picard 迭代法与收敛性……126
4.3.1 Picard 迭代格式的收敛性……128
4.3.2 Picard 迭代法敛散性的几何解释……130
4.3.3 Picard 迭代法的局部收敛性和误差估计……132
4.3.4 Picard 迭代的收敛速度与渐近误差估计……135
4.4 Newton-Raphson 迭代法……137
4.4.1 Newton-Raphson 迭代法的构造……137
4.4.2 Newton 法的大范围收敛性……138
4.4.3 Newton 法的局部收敛性 *……141
4.4.4 Newton 法的改进 *……142
4.4.5 求非线性方程组的 Newton 法 *……143
4.5 割线法……144
4.6 代数方程求根……146
4.6.1 秦九韶算法……147
4.6.2 秦九韶算法在导数求值中的应用 *……148

4.6.3 代数方程的 Newton 法 * ······ 149
4.6.4 劈因子法 * ······ 150
4.7 加速方法 ······ 154
4.7.1 Aitken 加速法 ······ 154
4.7.2 Steffensen 迭代法 ······ 155
4.7.3 其他加速技巧 * ······ 156
习题 4 ······ 157
第 5 章 线性方程组的迭代解法 ······ 159
5.1 迭代法的构造 ······ 159
5.1.1 Jacobi 迭代法的构造 ······ 160
5.1.2 Gauss-Seidel 迭代法的构造 ······ 162
5.2 迭代法的收敛性 ······ 165
5.2.1 一阶定常迭代法的收敛性 ······ 166
5.2.2 Jacobi 迭代法与 Gauss-Seidel 迭代法收敛性的判定 * ······ 171
5.2.3 迭代法的收敛速度 ······ 176
5.3 逐次超松弛迭代法 (SOR 方法) ······ 176
5.3.1 SOR 迭代的构造 ······ 177
5.3.2 SOR 方法的收敛性 ······ 178
5.3.3 相容次序与最佳松弛因子的选择 * ······ 181
习题 5 ······ 183
第 6 章 近似理论 ······ 185
6.1 矩阵的广义逆 ······ 185
6.1.1 Moore-Penrose 广义逆 ······ 185
6.1.2 广义逆的性质 ······ 188
6.2 方程组的最小二乘解 ······ 190
6.2.1 方程组的最小二乘解 ······ 190
6.2.2 方程组的极小最小二乘解 ······ 193
6.3 矩阵的正交分解与方程组的最小二乘解 ······ 195
6.3.1 Gram-Schmidt 正交化方法 ······ 195
6.3.2 矩阵正交分解在求极小最小二乘解中的应用 ······ 199
6.3.3 Householder 变换 ······ 201
6.3.4 Householder 变换在矩阵正交分解中的应用 ······ 203
6.4 矩阵的奇异值分解 * ······ 208

6.5 数据拟合 ··· 214
6.6 正交多项式 ··· 218
6.6.1 正交多项式的概念与性质 ··· 218
6.6.2 Chebyshev 多项式 ··· 220
6.6.3 Chebyshev 正交多项式的应用 * ··· 223
6.6.4 其他正交多项式 ··· 230
6.7 线性最小二乘问题 ··· 230
6.8 正交多项式在数据拟合中的应用 ··· 235
6.9 函数逼近 ··· 238
6.9.1 最佳平方逼近 ··· 240
6.9.2 最佳一致逼近 * ··· 245
习题 6 ··· 248
第 7 章 数值积分与数值微分 ··· 251
7.1 插值型数值积分公式 ··· 251
7.1.1 中矩形公式和梯形公式 ··· 251
7.1.2 插值型求积公式 ··· 253
7.1.3 求积公式的代数精确度 ··· 254
7.2 Newton-Cotes(牛顿 - 科茨) 型求积公式 ··· 256
7.2.1 Newton-Cotes 型求积公式的导出 ··· 256
7.2.2 几种低阶求积公式的余项 ··· 260
7.3 复化求积法 ··· 261
7.4 龙贝格 (Romberg) 算法 ··· 264
7.4.1 区间逐次二分法 * ··· 264
7.4.2 复化求积公式的阶 * ··· 266
7.4.3 Romberg 算法 ··· 266
7.5 Gauss(高斯) 型求积公式 * ··· 270
7.5.1 基本概念 ··· 270
7.5.2 Gauss 点 ··· 271
7.5.3 Gauss-Legendre(高斯 - 勒让德) 公式 ··· 272
7.5.4 稳定性和收敛性 ··· 274
7.5.5 带权 Gauss 公式 ··· 275
7.6 数值微分 * ··· 277
7.6.1 插值型求导公式 ··· 277

7.6.2 三次样条插值求导 …… 280
习题 7 …… 281
第 8 章 常微分方程数值解法 …… 283
8.1 常微分方程初值问题 …… 283
8.1.1 常微分方程 (组) 初值问题的提法与解的存在性 * …… 283
8.1.2 常微分方程的离散化 …… 285
8.1.3 基本概念 …… 286
8.1.4 Euler 显式格式的几何解释 …… 287
8.1.5 误差与差分格式的阶 …… 288
8.2 Runge-Kutta(龙格 - 库塔) 法 …… 291
8.2.1 Runge-Kutta 法的基本思想 …… 291
8.2.2 四级四阶 Runge-Kutta 法 …… 293
8.2.3 步长的选取 …… 294
8.3 单步法的收敛性和稳定性 …… 296
8.3.1 收敛性的概念 …… 296
8.3.2 Euler 显式格式的收敛性 * …… 297
8.3.3 一般单步法的收敛性 …… 299
8.3.4 单步法的稳定性 …… 302
8.4 线性多步法 …… 304
8.4.1 Adams 外推法 …… 305
8.4.2 Adams 内插法 …… 307
8.4.3 Adams 预报 - 校正格式 …… 308
8.5 常微分方程组与边值问题的数值解法 * …… 309
8.5.1 一阶方程组 …… 309
8.5.2 高阶方程的初值问题 …… 310
8.5.3 边值问题的差分解法 …… 310
习题 8 …… 312
第 9 章 矩阵特征值与特征向量的幂法计算 …… 314
9.1 幂法 …… 314
9.1.1 幂法 …… 314
9.1.2 规范化幂法 …… 319
9.2 幂法的加速与反幂法 …… 321
9.2.1 原点平移法 …… 321

9.2.2 Rayleigh 商加速法 ······ 323
9.2.3 反幂法 ······ 324
9.3 实对称矩阵的 Jacobi(雅可比) 方法 ······ 326
9.3.1 预备知识 * ······ 326
9.3.2 Givens 平面旋转变换与二阶方阵的对角化 ······ 327
9.3.3 实对称矩阵的 Jacobi 方法 ······ 328
9.3.4 Jacobi 方法的收敛性 ······ 330
9.3.5 Jacobi 过关法 ······ 331
9.4 QR 方法 * ······ 332
9.4.1 基本的 QR 方法 ······ 332
9.4.2 带原点平移的 QR 方法 ······ 337
习题 9 ······ 338
第 10 章　线性规划 ······ 340
10.1 线性规划问题与其对偶问题 ······ 340
10.1.1 线性规划模型 ······ 340
10.1.2 对偶 ······ 345
10.2 线性规划的基本定理 * ······ 347
10.2.1 LP 问题可行域 ······ 347
10.2.2 LP 问题的解 ······ 349
10.2.3 线性规划的基本定理 ······ 350
10.2.4 图解法 ······ 354
10.3 单纯形法 * ······ 356
10.3.1 单纯形法 ······ 356
10.3.2 初始可行解的确定 ······ 364
10.4 矛盾方程组的近似解 ······ 365
10.4.1 ℓ_1-问题 ······ 365
10.4.2 ℓ_∞-问题 ······ 368
习题 10 ······ 370
参考文献 ······ 374
附录　上机实习课题 ······ 375
1.1 误差分析与控制 ······ 375
1.2 插值问题 ······ 375
1.3 矩阵条件数的估计 ······ 376

1.4 方程求根 ······ 377
1.5 线性方程组求解 ······ 377
1.6 曲线拟合问题 ······ 378
1.7 数值积分 ······ 379
1.8 常微分方程初 (边) 值问题 ······ 379
1.9 矩阵的特征值与特征向量 ······ 381
1.10 线性规划 * ······ 381

第 1 章　绪　　论

本章的重点是介绍数值计算方法课程的基础知识, 包括误差的概念与估计、有效数字与机器数系的基本理论, 数值计算过程中误差形成、传播的机制与预防措施等.

1.1　计算机数值方法概述

1.1.1　数值计算方法的概念与任务

电子计算机的工作依赖于其物理硬件设备 (包括中央处理器、内外存储器等), 以及以算法为核心的应用软件 (俗称程序). 通常情况下, 根据解决问题的不同类型, 可将算法分为数值算法与非数值算法. 从计算机的出现至今, 数值算法一直受到科学研究与工程技术领域的共同关注, 人们习惯上将研究数值算法的学科称为数值计算方法, 简称计算方法. 即**数值计算方法**是一门数学学科, 该学科的重点是研究如何在电子计算机上实现数值计算或数值求解的相关理论与方法, 相应的计算实习则是将有关理论与方法在计算机上实现的系统训练.

从 20 世纪 40 年代电子计算机诞生至今, 随着计算机硬件技术的快速发展, 计算机在物理内存、CPU 运算速度等方面已逐渐达到其物理极限. 因此, 在研究、设计、应用计算方法时, 不但要求能够设计出可解决实际问题的算法, 而且必须考虑降低算法复杂性的问题, 即如何提高算法的计算速度、如何减少程序中变量对物理内存的占用, 以及如何降低算法的结构复杂性或者增加算法的稳定性等问题.

作为科学研究与工程技术领域中的重要理论与实现工具, 数值计算方法当然可以不依赖于计算机而独立进行. 但是, 将数值计算方法与计算机应用结合起来, 形成能够在计算机上编程实现的数值计算方法, 不但可以使科学问题能够得到更快、更好的解决, 而且可以大大提高人类应用计算机的水平. 因此, 在老师的安排与指导之下, 让初学者进行适当的计算实习与演练, 自然成为本门课程教学过程中一个非常重要的环节.

实践证明, 通过数值计算方法相关课程的学习和训练, 初学者能够在掌握数值计算方法的理论与方法的同时, 也能在一定程度上提高其发现问题、分析问题、解决问题的能力, 进而达到提高其综合素质的目的. 这对 21 世纪的科技人员来说显然更为重要.

在初步了解了什么是数值计算方法课程之后, 接下来有人可能会问: 与传统的数学学科相比, 数值计算方法能够解决什么类型的问题? 如何解决呢? 从宏观的角度上看, 数值计算方法又有哪些典型特征呢?

针对以上这几个问题, 我们简单介绍几个实际的数值计算类问题.

(1) 2008 年 8 月 8 日, 第 29 届夏季奥林匹克运动会在北京举行, 全国上下一片欢腾. 然而, 那些为北京奥运会作天气预报的科学家们并不轻松, 由于担心一场突如其来的大雨会搅乱组委会的精心安排, 他们时刻关注着北京的天气变化. 于是我们要问的第一个问题是: "数值天气预报" 是如何做出的? 又如何判定数值预报是可信的呢?

(2) 给定如下数据表

x_i	0	1	2	3
$f(x_i)$	1.0000	1.6487	2.7183	4.4817

表示的离散函数 $f(x)$, 如何求函数值 $f(2.8)$ 的近似值呢? 又如何判定所求近似值是有效的呢?

(3) 如何求出函数 $f(x)=x^4-2x^2-4x+19590426$ 的所有极值?

(4) 如何求曲线 $y=f(x)=(x^3-x-1)^{-1}$ 与直线 $y=0, x=0$ 和 $x=1.5$ 所包围几何图形的面积?

(5) 如何用计算机求解线性方程组

$$\begin{cases} 0.4096x_1+0.1234x_2+0.3678x_3+0.2943x_4=0.4043 \\ 0.2246x_1+0.3872x_2+0.4015x_3+0.1129x_4=0.1150 \\ 0.3645x_1+0.1920x_2+0.3781x_3+0.0643x_4=0.4240 \\ 0.1784x_1+0.4002x_2+0.2786x_3+0.3927x_4=0.2557 \end{cases},$$

如何论证用计算机求出的解是可信的? 判断标准又是什么呢?

(6) 如何用数值计算方法求常微分方程初值问题 $\begin{cases} \dfrac{\mathrm{d}x}{\mathrm{d}t}=100(\sin t-x) \\ x(0)=0 \end{cases}$?

(7) 如何求矩阵

$$\boldsymbol{A}=\begin{pmatrix} -0.0001 & 5.096 & 5.101 & 1.853 \\ & 3.737 & 3.740 & 3.392 \\ & & 0.006 & 5.254 \\ & & & 4.567 \end{pmatrix}$$

的按模最小特征值和相应的特征向量呢?

上述 7 组问题是一些典型的数值计算类问题. 在这些问题中, 问题 (1) 的解答过程极其复杂, 我们将在本节略作简单介绍, 其余 6 组问题的求解方法是本书的重点内容, 将在本书后续章节中逐一展开论述.

针对数值天气预报的问题, 简而言之, 如果假设所考虑的是某地区短时的天气预报问题, 且所研究气体介质是有黏性可压缩的、斜压干大气系统, 则天气预报在数学上可以归结为:

以某一个时刻大气状态为初始值的, 以 Navier-Stokes 方程组 (简称 N-S 方程组)

$$\begin{cases} \dfrac{\mathrm{d}\vec{\boldsymbol{V}}}{\mathrm{d}t} = -\dfrac{1}{\rho}\nabla p - 2\boldsymbol{\Omega} \times \boldsymbol{V} + \boldsymbol{g} + \boldsymbol{F} \\ \dfrac{\mathrm{d}\rho}{\mathrm{d}t} + \rho\nabla \cdot \boldsymbol{V} = 0 \\ c_p\dfrac{\mathrm{d}T}{\mathrm{d}t} - \dfrac{ART}{p}\dfrac{\mathrm{d}p}{\mathrm{d}t} = Q \\ p = \rho RT \end{cases} \tag{1.1.1}$$

为控制方程的一个初边值问题. 首先要说明的是：根据当前数学的发展水平, 根本无法用纯数学的方法直接求得上述初边值问题的精确解, 实践中天气预报的问题只能通过数值计算方法来求解.

实际的情况是, 日常天气预报中的气象参数值, 一般是通过某种**气象学模式**(由微分方程组的差分格式和参数设置软件打包而成的软件包, 如 WRF 模式或 MM5 模式等), 代入某时刻的大气状态值作为初值, 用气象模式在 (大型) 计算机上进行数值计算得到的. 事实上, 真正搞明白天气预报的问题, 远没有上面所说的那样容易. 读者首先要学习 "天气学原理" "数值天气预报" 这样的学科, 然而为了学习 "数值天气预报" 这种学科, 您必须先学习数值计算方法, 否则真是不知所云了.

1.1.2 数值计算问题的解题过程与步骤

一般情况下, 针对那些能够用计算机解决的科学与工程计算问题 (如前面的 7 组问题), 我们可将其求解过程初步概括为如图 1.1 所示的模式.

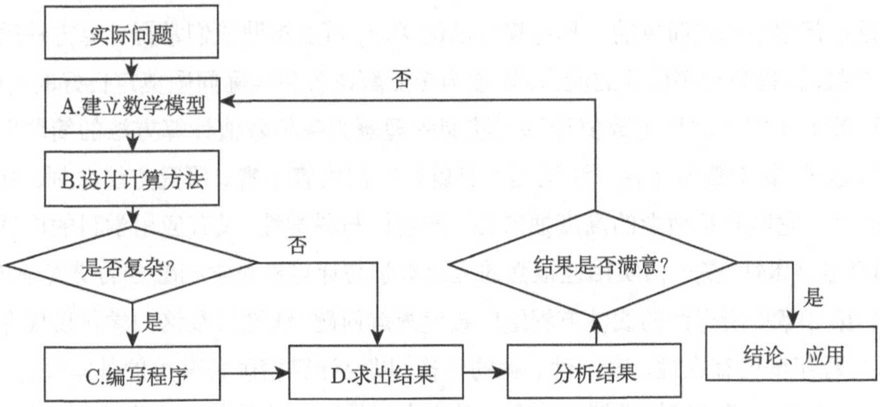

图 1.1 计算机解决实际问题的一般过程

根据图 1.1, 用计算机来解决科学研究与工程计算问题, 一般包括 "建立数学模型" "设计计算方法" "编写程序" "求出结果"4 个重要过程 (图中以 A、B、C、D 标号). 具体地讲, 用计算机解决实际问题的第一步是 "建立数学模型", 即所谓的 "数学建模". 当然, 对某些具体的数值计算问题, 建模过程可以跳过, 如前面的问题 (2)~(7). 第二步, 要为模型设计适当的"计算方法", 通常一个好的计算方法能够起到事半功倍的效果. 当然, 对于一个非常简单的算法, 如一个只有 9 个员工的小公司发放基本工资的问题, 只需设计一个 Excel 表格就可以, 不需要编写程序; 然而有些复杂的问题, 必须为算法编写一个程序, 即进入流程图中的第三步"编写程序". 接下来进入第四步, 代入适当的数据运行该计算机程序"求出结果". 最后, "分析结果"是否令人满意, 即如果结果满意, 则可以"运用结果"得出"结论", 算法结束; 否则, 如果对"结果"不满意, 应该重新审视"数值算法"或"模型"是否合理, 回到开始阶段重复上述过程, 直至最后得到一个令人满意的结果为止.

因此, "如何建立数学模型、设计数值算法"是实际问题能否顺利得到解决的关键过程. 一般来说, "建立数学模型"是数学建模的问题, 属于应用数学的学科范畴. 在模型已经建立之后, 如何为数学模型设计"数值算法", 恰恰就是本书所要处理的核心问题.

1.1.3　本课程的内容与数值算法的特点

数值计算方法类课程的主要目的是教会初学者根据数学模型设计出相应的数值计算方法, 并将数值计算方法在计算机上实现. 除此之外, 计算方法中的一些理论与方法也在"建立数学模型"等环节中扮演着重要角色. 例如, 本书第 6 章中的曲线拟合方法通常被作为建立数学模型的主要工具之一. 因此, 数值计算方法在科学与工程设计中起着重要的作用.

可以这样说, 凡是有数学模型出现的地方都应有一个算法设计的问题.

尽管实际问题复杂多变, 相应的数学模型五花八门, 但从理论上依然可对其作比较系统的分类, 从而可将数值计算方法问题大致概括为: 数值逼近、数值微分与数值积分、微分方程数值解、非线性方程 (组) 的数值求解、线性方程组的数值求解、特征值及特征向量计算等. 通过这些问题中比较简单的常见计算方法的学习, 可以帮助我们掌握计算方法的基本理论、方法与技巧, 提高程序设计的能力, 以便为今后解决各种实际问题奠定良好的基础.

然而, 我们不能片面地将数值计算方法课程理解为各种数值计算方法的简单罗列和堆积, 不客气地讲, 其实数值计算方法课程本身就是一门内容丰富、研究方法深刻、有自身理论体系的学科. 它既有纯数学的高度抽象性、严密性与科学性, 又有应用学科的广泛性与实际试验的高度技术性, 是一门实用性很强的应用数学与计算机科学相融合的交叉学科.

例如, 第 3 章中所介绍的线性方程组的数值求解问题. 线性代数这门学科仅仅介绍了与线性代数方程组解的存在性、唯一性、解的结构, 以及计算精确解有关的基本理论. 根据这些基本理论, 使用电子计算机求解一个含有数十个未知数的线性代数方程组都非常困难, 更不用说求解拥有几十万、几百万、甚至几千万个未知数的大型方程组了. 可见, 要求解这类问题, 还应根据方程特点研究适合计算机使用的、满足精度要求、节约计算时间的有效算法及其相关的理论. 在实现这些算法时, 往往还要根据计算机容量、字长、速度等指标, 研究具体的求解步骤与程序设计技巧.

数值计算方法的特点, 从宏观上可概括为如下几点.

1)要面向计算机

要根据计算机的特点, 设计出实际可行的有效算法, 即这些算法只能包括加、减、乘、除运算, 因为只有这些运算是计算机能直接处理的.

2)要有可靠的理论分析

数值算法能任意逼近精确解并达到预先提出的精度要求, 对近似算法要保证收敛性和数值稳定性, 并对数值计算结果进行误差分析.

3)要有更小的时间 (空间) 复杂度

算法的时间 (空间) 复杂度是在解决实际问题的过程中, 算法程序在计算机上执行时, 衡量程序运行时间 (占用内、外存空间) 的一种度量方法. 假设数值计算问题的规模大小与自然数 n 有关, 一般情况下, 可用函数 $T(n)$ 表示算法的时间复杂度, 用函数 $D(n)$ 表示算法的空间复杂度.

例如, 若用 Gauss 消元法求解一个 n 阶三对角方程组, 根据第 3 章的分析, 该方法计算乘除法的次数约为 $O\left(\dfrac{n^3}{3}\right)$, 且乘除法的计算量是 Gauss 消元法的主要计算量, 因而该算法的时间复杂度为 $T_1(n)=O\left(n^3\right)$; 若用追赶法求解该三对角方程组, 同理可得, 算法的时间复杂度 $T_2(n)=O(n)$, 于是有

$$\frac{T_1(n)}{T_2(n)}\to+\infty,\quad n\to+\infty.$$

因此, 与 Gauss 消元法相比, 用追赶法求解该三对角方程组, 计算的速度更快, 更节省时间.

用 Gauss 消元法求解三对角方程组, 由于需要存储一个 $n\times n$ 的方阵, 因此该算法的空间复杂度为 $D_1(n)=O\left(n^2\right)$; 然而, 使用追赶法求解该三对角方程组, 只需要存储 4 个 n 维向量, 因而 $D_2(n)=O(n)$, 因此, 与 Gauss 消元法相比, 追赶法的存储空间占用更小、更优.

因此, 评价一个数值计算方法的好坏, 应该综合考虑它的时间复杂度与空间复杂度. 一般情况下, 在使算法有更快的计算速度的前提下, 应该尽量让算法占用更小的存储空间, 因为这关系到该算法程序能否在给定的计算机上成功运转.

4)要通过数值实验的检验

任何一个算法除了从理论上要满足上述三点外, 还要通过数值实验检验它的有效性.

根据数值计算方法的这些特点, 对正在学习该课程的初学者们, 我们给出如下建议：首先, 注意掌握数值算法的基本原理和思想, 注意算法的处理技巧及其与计算机的结合, 重视误差分析与收敛性及稳定性等基本理论；其次, 理论联系实际, 通过例题的学习, 学会使用数值方法解决实际计算问题；再次, 由于本书内容包括微积分、代数、常微分方程、线性规划等学科的数值方法, 您最好先掌握这几门课程的基本内容, 之后再开始学习这一课程；此

外, 您还需要能掌握一门以上的计算机程序设计语言, 如 MATLAB, Fortran, C/C++ 或 Java 等; 最后, 为了牢固掌握本书的内容, 您还需要在教师的指导下做一定数量的理论分析与计算练习.

1.2　误差、有效数字与机器数系

1.2.1　误差的概念与来源

误差是衡量某个数量的精确值与近似值之间接近程度的度量. 任给两个量 x^* 和 x, 其中, x^* 是某数学量或物理量的精确值, 如某时某地大气温度的 "真实状态" 或 "真值"; x 是 x^* 的近似值, 一般情况下, 近似值是该数学量或物理量的测量值, 如大气温度的测量值.

一般地, 称 $x-x^*$ 为近似值 x 相对于精确值 x^* 的误差, 记为 $e(x)=x-x^*$, 即误差就是近似值减去精确值. 而 $|x-x^*|$ 称为近似值 x 相对于精确值 x^* 的**绝对误差**, 记为

$$|e(x)|=|x-x^*|. \tag{1.2.1}$$

显然 $|x-x^*|=|x^*-x|$, 即利用式 (1.2.1) 计算绝对误差时, 近似值 x 与精确值 x^* 的角色可以互换, 或者说它们的地位是相等的.

事实上, 我们也可以称 $x-x^*$(或 x^*-x) 为近似值 x 相对于精确值 x^* 的绝对误差, 记为 $e(x)=x-x^*$(或 $e(x)=x^*-x$). 这是因为误差的概念不是绝对的, 实际上, 本书的部分章节也采用了这样的做法, 丢掉绝对值符号后, 书写起来更为方便简洁.

若存在常数 $\delta>0$, 使绝对误差满足不等式

$$|e(x)|=|x-x^*|\leqslant\delta$$

时, 则称 δ 为**绝对误差限**. 绝对误差 $e(x)$ 和绝对误差限 δ 是有单位量, 其单位与 x^* 的相同.

当 $x^*\neq 0$ 时, 称比值 $\dfrac{x-x^*}{x^*}$ 为近似值 x 相对于精确值 x^* 的**相对误差**, 记为

$$e_r(x)=\frac{x-x^*}{x^*}. \tag{1.2.2}$$

事实上, 通常由于 x^* 无法获得, 因此常用公式 $\dfrac{x-x^*}{x}$ 代替 $\dfrac{x-x^*}{x^*}$ 去求近似相对误差, 有些场合也称

$$\tilde{e}_r(x)=\frac{x-x^*}{x} \tag{1.2.3}$$

为近似值 x 相对于精确值 x^* 的**相对误差**. 实际上, 当 x 非常接近 x^* 时, 有

$$e_r(x)-\tilde{e}_r(x)\approx o\left(e^2(x)\right),$$

即 $e_r(x)$ 与 $\tilde{e}_r(x)$ 只相差一个与 $e^2(x)$ 同阶的小量, 因此可用 $\tilde{e}_r(x)$ 代替 $e_r(x)$ 去计算相对误差的大小. 若存在非负实常数 γ, 使之满足不等式

$$|e_r(x)|=\left|\frac{x-x^*}{x^*}\right|\leqslant\gamma,$$

则称 γ 为近似值 x 相对于精确值 x^* 的**相对误差限**, 相对误差 $e_r(x)$ 和相对误差限 γ 是一个百分比, 无单位.

可以使用绝对误差限来估计精确值 x^* 的取值范围, 如 $x-\delta \leqslant x^* \leqslant x+\delta$. 然而, 衡量一个近似值 x 与其精确值 x^* 是否足够接近, 不能单看绝对误差 $|e(x)|$ 的大小, 还应该考察相对误差 $|e_r(x)|$ 或 $|\tilde{e}_r(x)|$ 的大小. 例如, 在测量行星的半径时, 若行星半径的绝对误差是几公里, 是可以接受的, 如果绝对误差只有几百米, 则可以认为测量已经相当精确. 但是, 若测量的是一个乒乓球的直径, 绝对误差哪怕只相差几毫米, 误差也已经很大了.

下面结合 1.1.1 节中问题 (1) 介绍误差的几个重要来源. 事实上, 任何一个实际问题中, 可以确定如下误差来源, 即**模型误差**、**观测误差**、**截断误差**和**舍入误差**. 而用计算机求出的"数值解"与问题的"精确解"的差, 总是以 4 种误差的总和形式出现, 给数值解的误差分析工作带来一定的困难.

那么到底什么是**模型误差**呢? 在 1.1.1 节问题 (1) 中, N-S 方程组 (1.1.1) 考虑了气体的动力学特征, 如压强 p、速度矢量 $\boldsymbol{V}$ 和密度 ρ, 以及热力学特征, 如温度 T、热源 (或汇)Q, 考虑了地球引力 $\boldsymbol{g}$ 和摩擦力 $\boldsymbol{F}$ 以及地转偏向力 $-2\boldsymbol{\Omega}\times\boldsymbol{V}$ 等因素的影响. 方程组 (1.1.1) 的解向量 $(\boldsymbol{V},\rho,T)$ 是时间变量 t 的函数, 随着 t 变化, $(\boldsymbol{V},\rho,T)$ 就代表了大气状态 (速度、密度和温度) 的时间演变.

很明显, 该模型没有考虑大气的化学特征和电场强度等诸多影响气体状态的因素. 因此, 即使能够求出方程组 (1.1.1) 的精确解, 这个所谓的"精确解"也不是大气的"真实状态", 即 N-S 方程组的"精确解"与大气的"真实状态"之间也存在**误差**, 这种误差称为**模型误差**. 事实上, 用数学方法解决任何实际问题都会产生模型误差, 即模型误差是不可避免的.

观测误差比较好理解, 例如, 某日某时刻南京某气象站的实际气温是 25 ℃, 但仪器测量到的气温可能是 25.3 ℃ 或 24.6 ℃, 0.3℃ 或 0.4℃ 的差值就是此刻该气象站大气"测量温度"相对于"真实温度"的测量误差. 这类误差, 部分是由仪器的敏感度不高产生的, 部分是由人为因素产生的. 而不管仪器多么精确, 测量人员多么细心, 总之误差总是不可避免, 这类误差统称为**观测误差**或**测量误差**.

截断误差可以这样理解, 例如, 由于目前无法求得 N-S 方程组的精确解, 只能通过数值模式求解, 数值模式 (如 WRF) 一般是用离散化的差分方程组代替 N-S 方程组进行求解, 则数值模式的"精确解"与 N-S 方程组的"精确解"之间的误差称为**截断误差**. 有关截断误差的讨论, 读者在此不必深究, 请参见微分方程数值解等相关章节.

舍入误差的产生参见 1.2.3 节的分析.

1.2.2 有效数字与机器数系 *

在实际计算过程中, 若不对实数的表示作明确规定, 则同一个实数的表示法就是不唯一的. 例如, 圆周率 π 的近似值为 3.1415926, 我们也可以写成 0.31415926×10^1, 当然也可以写

成 31.415926×10^{-1}. 因此, 算法软件中, 将实数的表示法进行标准化非常重要. **科学记数法**是将实数标准化的一种特例, 例如, 3.1415926 用科学记数法可表示为 3.1415926×10^{0}.

科学记数法启发我们: 通过移动小数点和补充 10 的相应次幂可以使所有数字都在小数点的右边, 且小数点右边第一位数字保证不为零, 我们将这种计数法表示的数称为**规格化浮点数**, 例如, 实数 3.1415926,−0.000137 以及整数 2000, 用规格化浮点数可分别表示为

$$\begin{aligned} 3.1415926 &= 0.31415926\times10^{1} \\ -0.000137 &= -0.137\times10^{-3} . \\ 2000 &= 0.2000\times10^{4} \end{aligned}$$

一般地, 任意一个非零的实数 x^* 的十进制**规格化浮点数**的标准形式为

$$x^* = \pm 0.a_1a_2\cdots a_n\cdots a_p\cdot 10^m. \tag{1.2.4}$$

这里, a_i 为整数, 且 $0\leqslant a_i\leqslant 9,\ i=1,2,\cdots,p,\ a_1\neq 0$.

假设式 (1.2.4) 中所定义的规格化十进制数 x^* 是实数 x 的一个近似, 且 x^* 的绝对误差 $|e(x^*)|=|x^*-x|$ 满足不等式

$$|e(x^*)| < \frac{1}{2}\times 10^{m-n}, \tag{1.2.5}$$

则称近似值 x^***有**n**位有效数字**.

根据有效数字的定义, 可发现: 如果从近似值 x^* 左边第一位非零数字 a_1 开始数, 数到第 n 位数字 a_n 截止, 如果绝对误差 $e(x^*)$ 恰好小于 x^* 第 n 位数字 a_n 所处位置的半个单位, 则近似值 x^* 的有效数字位数为 n.

目前, 实数在计算机内部存储、运算时是以二进制的形式表示的. 1985 年, 电气与电子工程师协会 (Institute of Electrical and Electronic Engineers, IEEE) 颁布了《二进制浮点计算标准》(编号: IEEE 754—1985, 2008 年该标准更新为 IEEE 754—2008). 该报告为二进制和十进制浮点数、数据交换格式、舍入误差算法和异常处理等操作提供了一系列的标准. 标准中还规定了单精度、双精度以及扩展精度数据类型的格式, 这些格式被所有的计算机厂商广泛遵守, 并制作成硬件模块集成到计算机设备中.

在计算机内存中, 根据 2008 年的新标准, 用 64 位二进制数表示一个实数, 其中从左边起第一个比特的数值 s 是**符号位**, 当 $s=0$ 时, 表示正数, 当 $s=-1$ 时, 表示负数; 接下来的 11 个比特是**指数部分**, 剩余的 52 个比特表示**小数部分** [1], 如图 1.2 所示.

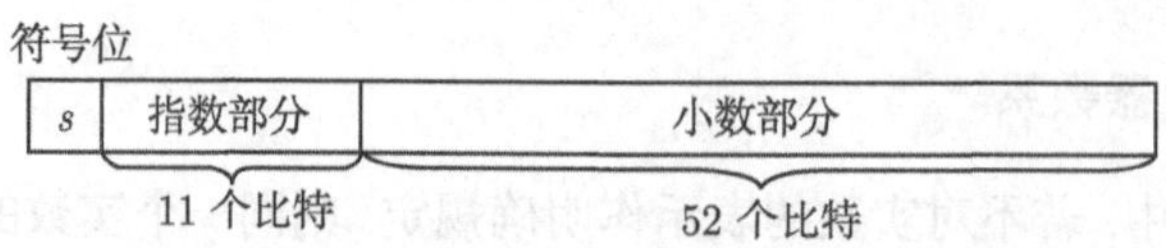

图 1.2　IEEE 754—2008 标准中 64 位实数

许多计算机厂商还对这些标准进行了扩展, 这些扩展又与具体的计算机语言相关. 例如, C 语言中, 实数称为**浮点数**, 单精度的实数用 float 定义, 双精度的实数用关键字 double 定义; Fortran 语言中, 实数称为**实型数据**, 用关键字 real*m 来定义, 其中 m 为一数字, 表示实型数据的种数, 即实型数据的字节数, 具体说明参见 C 语言和 Fortran 语言相关文献.

根据 IEEE 的标准, 一个 β 进制的**规格化浮点数**可以表示为

$$x = \pm 0.a_1a_2\cdots a_t \cdot \beta^p, \tag{1.2.6}$$

式中, a_j 为整数, $a_1 \neq 0$, $0 \leqslant a_j \leqslant \beta - 1$, 这里 $j = 1, 2, \cdots, t$; 在式 (1.2.6) 中, 数字 t 称为**字长**, β 称为**基数**. 对于二进制、八进制、十六进制和十进制数而言, β 分别取值为 2、8、16 和 10, 以此类推.

若一个计算机中能够表示的所有浮点数的集合加上 "**机器零**" 称为**机器数系**, 记为 F. 则集合 F 由四个参数共同决定, 分别是基数 β、字长 t, 以及整数 L 和 U. 在式 (1.2.6) 中, 整数 p 称为**阶码**, 阶码 p 满足不等式

$$L \leqslant p \leqslant U,$$

即阶码 p 的取值范围 L 和 U 决定着近似数 x 的绝对值大小. 易证, 集合 F 中仅含有

$$1 + 2(\beta - 1)\beta^{t-1}(U - L + 1)$$

个实数.

应该指出: 机器数系 F 是一个分布不均匀的、由有限个离散数据构成的数集, 阶码 p 越小的地方表示的数越稠密, 阶码 p 越大的地方表示的数越稀疏, 如图 1.3 所示.

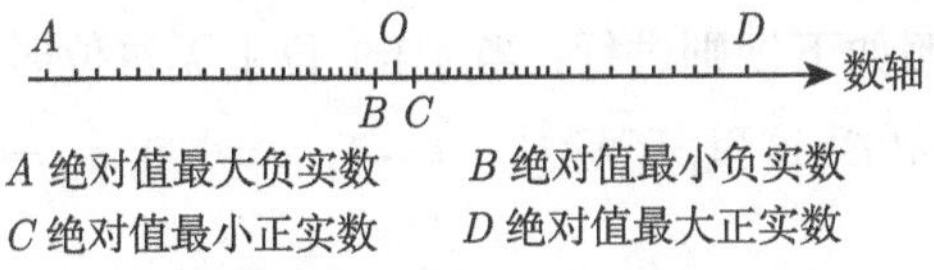

图 1.3 机器数系中实数在数轴上的分布示意图

图 1.3 中, 我们把机器数系能够表示的绝对值最大的两个数 A 与 D, 以及绝对值最小的两个数 B 与 C 标在数轴上. 当一个数的值大于数 D 或者小于 A 时, 则称为 "**上溢**". 当有 "上溢" 现象产生时, 计算机通常会报错或在输出结果中输出一个明确的错误提示. 当一个非零浮点数的数值介于数轴上的 B 和 C 之间时, 则产生 "**下溢**". 当 "下溢" 发生后, 该浮点数将被计算机当做数值 0 来处理. "上溢" 和 "下溢" 称为 "**溢出**". 利用计算机进行数值计算, 防止运算量的数值产生 "溢出" 是一项异常艰巨而又不得不执行的任务.

当一个 β 进制的实数

$$x^* = \pm 0.a_1a_2\cdots a_ta_{t+1}\cdots \times \beta^p$$

被存入计算机内存储器后才能参与程序中赋予的各种运算, 计算机内存中所表示的实数称为**机器数**, 记为 $f_l(x^*)$, 这里一般有 $a_1 \neq 0$.

当前计算机有两种方式产生机器数 $f_l(x^*)$, 一种是将实数 x 转化成 β 进制 (目前为二进制) 以后, 截取其前 t 位数直接赋值给内存中变量, 得机器数 $f_{lc}(x^*) = \pm 0.a_1a_2\cdots a_t \cdot \beta^p$, 这种现象称为 **"截断"**, 这类计算机称为 **"截断机"**. 截断机产生的机器数 $f_{lc}(x^*)$ 的绝对误差满足

$$|f_{lc}(x^*) - x^*| \leqslant \beta^{p-t},$$

其相对误差满足不等式

$$\frac{|f_{lc}(x^*) - x^*|}{|x^*|} \leqslant \beta^{1-t}.$$

还有一种计算机称为 **"舍入机"**, 目前广泛使用的计算机多数都是舍入机. 舍入机产生机器数的方法是: 先将实数 x^* 与实数 $\pm\frac{1}{2} \times 0.\underbrace{0\cdots0}_{t-1\text{位}}1 \times \beta^p = \pm\frac{1}{2} \times \beta^{p-t}$ 求和(这里 "±" 的选择与实数 x^* 的相一致), 对求和以后的实数再进行截断, 这种方法称为 **"舍入"**, 即将实数 x^* 的小数部分的第 $t+1$ 位数字 a_{t+1} 进行 "舍入" 运算后, 可得到舍入机的机器数

$$f_{lr}(x^*) = \pm\tilde{a}_0.\tilde{a}_1\tilde{a}_2\cdots\tilde{a}_t \cdot \beta^p = \begin{cases} \pm 0.\tilde{a}_1\tilde{a}_2\cdots\tilde{a}_t \times \beta^p, & \tilde{a}_0 = 0 \\ \pm 0.\tilde{a}_0\tilde{a}_1\tilde{a}_2\cdots\tilde{a}_{t-1} \times \beta^{p+1}, & \tilde{a}_0 \neq 0 \end{cases},$$

式中,

$$\tilde{a}_t = \begin{cases} a_t, & (0.0a_{t+1})_\beta < \frac{1}{2} \times (0.10)_\beta \\ (a_t+1) \bmod \beta, & (0.0a_{t+1})_\beta \geqslant \frac{1}{2} \times (0.10)_\beta \end{cases}.$$

其余各位数字赋值方法按照如下规则进行: 当 $j+1$ 位上无进位时, $\tilde{a}_j = a_j$, 当 $j+1$ 位上存在进位时, $\tilde{a}_j = (a_j + 1) \bmod \beta$, 这里, 下标 $j = t-1, \cdots, 1, 0$, $a_0 = 0$, 表达式

$$z = (x+1) \bmod y$$

表示求余并赋值的运算, 即第 1 步, 将整数 x 的值加 1; 第 2 步, 将 $x+1$ 除以整数 y 求余数; 第 3 步, 将余数的值赋值给实变量 z.

特别地, 当实数 x^* 为十进制数时, 舍入机的做法就是对第 $t+1$ 位的数字 a_{t+1} 进行四舍五入, 即如果 $a_{t+1} \geqslant 5$ 时, 则向第 t 位数字 a_t 产生进位. 当然, 此后 $t-1$ 位的数字是否进位, 就要看进位后的 $\tilde{a}_t$ 是否等于基数 10 了, 如果等于 10, 则 $t-1$ 位的数字也将产生进位, 后面依此类推.

可见, 舍入机产生的机器数 $f_{lr}(x^*)$ 相对于 x^* 的绝对误差满足

$$|f_{lr}(x^*) - x^*| \leqslant \frac{1}{2}\beta^{p-t}.$$

其相对误差满足不等式

$$\frac{|f_{lr}(x^*)-x^*|}{|x^*|}\leqslant\frac{\beta^{1-t}}{2},$$

即用截断机计算产生的数值计算结果的误差总体上要不小于舍入机的误差.

综上所述, 对于规格化浮点数的有效数字位数的判断, 可以按照如下标准进行: 用 "舍入" 法得到的近似数的最后一位数字是有效数字; 而用 "截断" 法得到的浮点数的最后一位数字未必是有效数字. 例如, 若下列实数

$$-900, 22.0456700, 0.00078910, 2.10\times10^7$$

均是由 "舍入" 法得到的近似数, 则分别有 3,9,5,3 位有效数字, 如不特别声明, 本书中所有近似数的有效数字均默认是由 "舍入" 法得到的, 反之, 如果上述实数均是由 "截断" 法得到的近似数, 则其有效数字的位数将有可能分别减去 1.

1.2.3 舍入误差的产生 *

与人们习惯使用十进制数不同, 计算机使用二进制处理运算数更为方便. 例如, 将十进制实数 12.625 以 10 为基数展开, 可得如下表达式

$$12.625=1\times10^1+2\times10^0+6\times10^{-1}+2\times10^{-2}+5\times10^{-3}+0\times10^{-4}+\cdots.$$

可见, 数字 1,2,6,2,5 分别是以 10 为基数的展开式中的系数. 将实数 12.625 转化为二进制, 可得表达式

$$(1100.101)_2=1\times2^3+1\times2^2+0\times2^1+0\times2^0+1\times2^{-1}+0\times2^{-2}+1\times2^{-3}.$$

计算机的 CPU(中央处理器) 只能以二进制数据按位执行加减运算, 并能够借助输入输出设备用十进制方式与用户交流信息, 两种数制的转化均是由计算机来执行的. 当算法程序运行时, 两种数制的转化是伴随着机器数的产生过程及其逆过程, 由算法程序调用的输入和输出程序自动执行的, 通常情况下, 计算机的最终用户不需要关心这种数制转化.

然而, 运算数进制的转化会产生数据的舍入误差, 因此读者有必要了解计算过程中的舍入误差是如何产生的. 例如, 用一个 20 比特的内存单元存储一个十进制数 0.01 的小数部分, 然后再转化成十进制输出, 就会产生舍入误差.

事实上, 将 0.01 转化成二进制, 可得二进制数

$$0.0000\ 0010\ 1000\ 1111\ 0101\ 1100\ 0010\ 1\cdots.$$

由于存储单元只有 20 比特, 上式中必须丢掉多余的, 并保留小数部分的前 20 个比特, 得

$$0.0000\ 0010\ 1000\ 1111\ 0101.$$

最后, 将二进制数转化为十进制输出, 得实数 0.009999275, 而不是 0.01. 过程如图 1.4 所示.

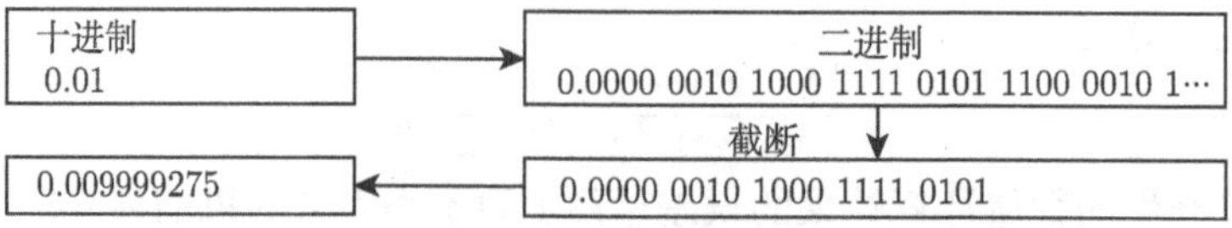

图 1.4　舍入误差的产生

可见, 输入数 0.01 与输出数 0.009999275 之间的差就是**舍入误差**，该舍入误差是用有限个二进制位存储实数所产生的. 有兴趣的读者可以编程验证上述现象是否会发生，并分析其中的原因.

由于计算机能够表示的数不仅仅有实数，还有字符型、整型、布尔型等低精度类型数据，不同精度数据之间相互运算，易产生舍入误差. 若程序中的赋值运算满足**赋值兼容原则**（关于赋值兼容原则，请参见计算机语言的相关著作)，则由赋值运算产生的误差均应归入舍入误差的范畴；反之，当赋值运算不满足赋值兼容原则时，就会产生赋值错误.

例如，若 C 语言编写的程序中含有如下赋值语句

$$\text{double}\quad d1 = 3.14159,\quad \text{float}\quad f1 = 3.14159f,$$

则编译含有该代码段的程序时，不会产生截断误差，当然也不会有报警信号的提示，那是因为 C 语言编译系统将常量 3.14159 自动保存为双精度类型，而将 $3.14159f$ 自动保存为单精度型，且变量 $d1$ 是双精度的，$f1$ 是单精度的变量，因此上述赋值语句满足赋值兼容原则.

反之，如果赋值过程是将高精度数据赋值给低精度变量，例如，将整型的变量赋值给字符型变量，则会产生高位截断，此时产生的误差将大的远远超出我们的想象. 因此，建议读者在编写算法软件之前能够熟练掌握一门计算机编程语言，否则编写的算法软件可能会漏洞百出，事倍功半.

1.3　误差传播与防范

以计算机为工具进行数值计算, 具有速度快、精度高、适合重复计算的特点. 但计算机无法自动保证数值解的正确性, 若无科学的误差防范措施, 数值解往往是不可靠的.

如 1.2.1 节所讲, 误差总是不可避免的, 即用计算机所求得问题的数值解总是包含误差的. 数值解的总误差即为计算机所求得的数值解与问题精确解的差, 其中包含了当前步计算过程新产生的误差以及之前时刻所产生误差的传播与累积. 正是因为误差是不可避免的, 所以误差防范措施是不可少的. 如果误差防范措施不及时、不正确、不得当, 很可能将数值计算中的误差发展到不能忍受的程度, 此时此刻, 误差已经发展成错误了. 而在计算机程序运行过程中什么时候误差发展成错误往往是无法预计的, 当错误发生的时候, 数值解已经不能作为问题精确解的有效近似值了.

为了能够编写出高质量的算法程序, 科技工作者必须恰当地采取误差防范措施. 为此, 本节介绍误差的传播机制, 异常误差产生的原理与途径, 以及预防误差扩散的措施与相关理论.

1.3.1 误差的传播

本节以二元函数 $y=f(x_1,x_2)$ 为例, 说明多元函数自变量的误差是如何传递给函数值的. 令 x_1,x_2 与 x_1^*,x_2^* 分别表示函数 $f(x_1,x_2)$ 两个自变量的近似值与精确值, y 与 y^* 分别是因变量的近似值与精确值, 则因变量的近似值 y 相对于 y^* 的误差为

$$e(y)=y-y^*=f(x_1,x_2)-f(x_1^*,x_2^*).$$

将二元函数 $f(x_1,x_2)$ 在点 (x_1^*,x_2^*) 处 Taylor 展开到一阶导数项, 略去二阶以上项, 得二元函数的误差:

$$e(y)\approx\frac{\partial f(x_1^*,x_2^*)}{\partial x_1}e(x_1)+\frac{\partial f(x_1^*,x_2^*)}{\partial x_2}e(x_2). \tag{1.3.1}$$

上式说明：自变量 x_i 的误差 $e(x_i)$ 对因变量误差 $e(y)$ 的贡献值是 $\dfrac{\partial f(x_1^*,x_2^*)}{\partial x_i}e(x_i)$, 式中, 偏导数 $\dfrac{\partial f(x_1^*,x_2^*)}{\partial x_i}$ 是 x_i 方向绝对误差 $e(x_i)$ 的**放大系数**, $i=1,2$.

而因变量 y 的**相对误差**为

$$e_r(y)=\frac{e(y)}{y^*}\approx\frac{\partial f(x_1^*,x_2^*)}{\partial x_1}\frac{x_1}{y^*}e_r(x_1)+\frac{\partial f(x_1^*,x_2^*)}{\partial x_2}\frac{x_2}{y^*}e_r(x_2). \tag{1.3.2}$$

应用式 (1.3.1) 和式 (1.3.2) 可得一些具体二元函数的绝对误差和相对误差的估计式, 两个自变量 x_1 与 x_2 的和、差、积、商的误差表达式参见表 1.1.

表 1.1 x_1 与 x_2 的和、差、积、商的相对误差和绝对误差

绝对误差 $e(y)$	相对误差 $e_r(y)$
$e(x_1+x_2)\approx e_1+e_2$	$e_r(x_1+x_2)\approx\dfrac{x_1}{x_1+x_2}e_{1r}+\dfrac{x_2}{x_1+x_2}e_{2r},\quad x_1+x_2\neq0$
$e(x_1-x_2)\approx e_1-e_2$	$e_r(x_1-x_2)\approx\dfrac{x_1}{x_1-x_2}e_{1r}-\dfrac{x_2}{x_1-x_2}e_{2r},\quad x_1-x_2\neq0$
$e(x_1x_2)\approx x_2e_1+x_1e_2$	$e_r(x_1x_2)\approx e_{1r}+e_{2\mathrm{r}}$
$e(x_1/x_2)\approx\dfrac{e_1}{x_2}-\dfrac{x_1e_2}{x_2^2},\quad x_2\neq0$	$e_r\left(\dfrac{x_1}{x_2}\right)\approx e_{1r}-e_{2r},\quad x_2\neq0$

关于误差传播式 (1.3.1) 和式 (1.3.2) 的应用, 见下例.

例 1.3.1 经过四舍五入, 可得某圆锥的底半径和高分别为 80.15m 和 30.5m, 试求圆锥体积的一个绝对误差限和一个相对误差限 (取 $\pi\approx3.1415926$).

解 令 r 和 h 分别表示圆锥的底半径与高, 由于 r 和 h 均是四舍五入得到的, 所以由式 (1.2.5) 得 r 和 h 的绝对误差满足如下不等式

$$|e(r)|\leqslant\frac{1}{2}\times10^{-2},\quad |e(h)|\leqslant\frac{1}{2}\times10^{-1}.$$

利用公式 $V=\dfrac{\pi r^2 h}{3}$ 易得圆锥体积为 205180.2344, 因此由式 (1.3.1) 得

$$|\, e(V)\,| \leqslant \frac{\pi}{3}\left[\, 2rh\cdot |e\,(r)| + r^2\cdot |e\,(h)|\,\right] \leqslant 361.9606\text{m},$$

即圆锥体积的一个绝对误差限为 361.9606(m). 再由式 (1.2.2) 可得

$$|e_r(V)| = \left|\frac{e(V)}{V}\right| \leqslant 0.0018,$$

即相对误差限为 0.18%. #

例 1.3.2　设近似数 $x_1=1.21$, $x_2=3.65$, $x_3=9.81$ 均有 3 位有效数字, 试估计表达式 $x_1x_2+x_3$ 的相对误差限.

解　令 $u=x_1x_2, v=u+x_3$, 则由式 (1.2.5) 得

$$|\, e(x_i)\,| \leqslant \frac{1}{2}\times 10^{-2}, \quad i=1,\ 2,\ 3.$$

再由表 1.1 知

$$e_r(u)=e_r(x_1x_2)\approx e_r(x_1)+e_r(x_2).$$

进而得

$$e_r(v)=e_r(u+x_3)\approx \frac{x_1x_2}{x_1x_2+x_3}[e_r(x_1)+e_r(x_2)]+\frac{x_3}{x_1x_2+x_3}e_r(x_3).$$

因此, 函数 $x_1x_2+x_3$ 的相对误差限满足

$$|\, e_r(v)\,| \leqslant \frac{x_1x_2}{x_1x_2+x_3}(|\, e_r(x_1)\,|+|\, e_r(x_2)\,|)+\frac{x_3}{x_1x_2+x_3}\,|\, e_r(x_3)\,| \quad \leqslant 0.00206,$$

即所求的一个相对误差限是 0.00206, 且相对误差限不唯一. #

1.3.2　防止 “大数吃小数”*

在计算机内部, 两个数进行加减运算之前一定要先统一运算数的阶码, 这种现象叫做 “**对阶**”. 计算机运算过程中发生的 “大数吃小数” 现象发生在 “**对阶**” 环节. 当该现象发生后, 存储到内存中的结果会把数值较小的数吃掉.

例 1.3.3　求和 $10^{11}+1$.

分析　一般来说, C 语言的 float 类型变量有 6 到 7 位有效数字, 多余的数字计算机并不存储, 假设按照小数点后保留 7 位有效数字来处理, 则实际的计算过程如下:

第一步, 将实数 10^{11} 化为规格化浮点数形式: 0.10000000×10^{12};

第二步, 将实数 1 化为与实数 10^{11} 同阶的浮点数形式: $0.000000000001\times 10^{12}$, 但 $0.000000000001\times 10^{12}$ 并不是规格化浮点数, 于是, 实数 1 的数据规格化以后的浮点数表示形式是 0.00000000×10^{12};

第三步, 进行加法运算 $0.10000000\times 10^{12}+0.00000000\times 10^{12}$;

第四步, 将计算结果 $0.10000000 \times 10^{12} = 10^{11}$ 存入到有限长的内存单元, 产生丢失数据, 即所谓 "大数吃小数".

将计算过程整理得

$$
\begin{aligned}
10^{11} + 1 &\overset{\text{对阶}}{\mapsto} 0.10000000 \times 10^{12} + 0.000000000001 \times 10^{12} \\
&= 0.10000000 \times 10^{12} + 0.00000000 \times 10^{12} \\
&= 0.10000000 \times 10^{12} \\
&= 10^{11} (\text{小数丢掉}).
\end{aligned}
$$

当然, 计算机能不能够发生 "大数吃小数" 现象与计算机字长和实际算数的具体大小有关系, 例如, 在笔者所用的电脑上用 C 语言编程并未发生 "大数吃小数" 的现象, 如果把例 1.3.3 中数值再变大呢, 那就说不定了.

那么在实践中, 到底如何防止大数吃小数呢? 例如, 同样计算 $1 + 2 + 3 + \cdots + 10^{101}$ 的求和问题, 如果采用方案一: 用 $10^{101} + 1 + 2 + \cdots + (10^{101} - 1)$ 求和, 根据前面一段的分析, 肯定是会发生多次 "大数吃小数" 的现象, 并且可能会是 "加一个吃一个", 把前面很多较小的数值吃掉; 而如果采用方案二: 用 $1 + 2 + 3 + \cdots + 10^{101}$ 求和, 即先让小数相加, 然后再与大数相加, 该方法能最大可能保留有效数字. 有兴趣的读者可以验证两个表达式的实际计算结果.

1.3.3 避免绝对值相近的数作减法

绝对值相近的两数 x_1 与 x_2 相减时, $x_1 - x_2 \approx 0$, 由两数差的相对误差公式

$$
e_r(x_1 - x_2) \approx \frac{x_1}{x_1 - x_2} e_r(x_1) - \frac{x_2}{x_1 - x_2} e_r(x_2)
$$

可知, 尽管两变量的相对误差 $e_r(x_1)$ 与 $e_r(x_2)$ 可能比较小, 但是上式中比值 $\dfrac{x_1}{x_1 - x_2}$ 与 $\dfrac{x_2}{x_1 - x_2}$ 的绝对值可能会很大, 因此两数差 $x_1 - x_2$ 的相对误差 $|e_r(x_1 - x_2)|$ 可能比

$$
|e_r(x_1)| + |e_r(x_2)|
$$

的值大得多. 因此, 在实际编程计算过程中, 应尽量避免在算法程序中出现两个绝对值相近的量作减法, 以防止严重损失计算结果 $x_1 - x_2$ 的有效数字个数.

当数值计算公式中出现两个绝对值相近的数作减法时, 最好的方法是先将减法公式作等价变形, 然后再计算, 见下例.

例 1.3.4 计算表达式 $\sqrt{12345678} - \sqrt{12345677}$.

解 方法一: 直接相减

记 $x_1^*=\sqrt{12345678}$, $x_2^*=\sqrt{12345677}$, 若采用手工计算, 则保留 9 位有效数字后, 可得两个近似值

$$x_1=3513.641701,\quad x_2=3513.641558.$$

两数直接相减, 得

$$x_1^*-x_2^*\approx x_1-x_2=0.000143\ .$$

可见, 使用手工计算时, 即使在不考虑计算机存储精度限制, 中间结果保留 9 位有效数字的情况下, 其计算结果也仅仅是有 3 位有效数字.

方法二：等价变形

将原计算公式等价变形, 得

$$x_1^*-x_2^*=\frac{1}{x_1^*+x_2^*}\approx\frac{1}{x_1+x_2}\approx 0.000142303,$$

即等价变形后, 可以使计算结果保留更多的有效数字, 因而所得结果更为精确. #

1.3.4　避免 0 或接近 0 的数作除数

数值计算过程中, 如果遇到有除法公式的地方, 应谨防用接近于 0 或者等于 0 的数作除数.

事实上, 由绝对误差公式

$$e\left(\frac{x_1}{x_2}\right)\approx\frac{1}{x_2}e\left(x_1\right)-\frac{x_1}{x_2^2}e\left(x_2\right)$$

可知, 当 $x_2\to 0$ 时, 应有

$$\frac{1}{x_2}\to\infty,\quad -\frac{x_1}{x_2^2}\to\infty.$$

因此, 商式 $\dfrac{x_1}{x_2}$ 的绝对误差

$$\left|e\left(\frac{x_1}{x_2}\right)\right|\to\infty$$

的可能性非常大, 故在数值计算程序中应该尽量避免用接近于 0 或者等于 0 的数作除数.

1.3.5　避免绝对值很大的数作乘数

类似于 1.3.4 节的分析, 由公式

$$e\left(x_1x_2\right)=x_2e\left(x_1\right)+x_1e\left(x_2\right)$$

可知, 当 $x_1\to\infty$ 或 $x_2\to\infty$ 时, 很可能有

$$e\left(x_1x_2\right)\to\infty.$$

因此, 用绝对值很大的数作乘数, 也会严重影响计算结果的精度, 甚至会导致结果溢出, 因此在数值计算过程中应该尽量避免用绝对值很大的数作乘数.

1.3.6 简化计算公式, 减少计算量

对于数值计算的误差积累与扩散问题, 同行都有这样一个共识, 即计算步骤越多, 误差累计与扩散的程度就可能越大, 许多不可计算性的问题在计算的初期往往是可计算的.

因此, 对于同样一个计算问题, 如果能减少计算次数, 不但可节省计算机的计算时间, 还能减少计算误差, 这是数值计算应该遵从的原则, 也是 "计算方法" 要研究的重要内容.

例如, 求高次幂 x^{255} 的值的问题.

如果将 x 逐个相乘要用 254 次乘法, 但若写成

$$x^{255} = x \cdot x^2 \cdot x^4 \cdot x^8 \cdot x^{16} \cdot x^{32} \cdot x^{64} \cdot x^{128},$$

只要作 14 次乘法运算即可. 使用上式右端设计求幂算法, 一方面能够加快计算软件的运算速度, 另一方面也将减少误差的传播次数. 读者可以思考一下, 若计算 x^{45}, 则至少需要多少次乘法呢?

再如计算多项式

$$f(x) = a_0x^n + a_1x^{n-1} + \cdots + a_{n-1}x + a_n \tag{1.3.3}$$

在 x_0 处的值的问题. 若直接计算 a_ix^{n-i} 再逐项相加, 一共需作

$$n + (n-1) + \cdots + 2 + 1 = \frac{n(n+1)}{2}$$

次乘法和 n 次加法. 然而, 若采用秦九韶算法 (秦九韶, 宋代数学家, 国外文献将秦九韶算法称为 Horner 算法)

$$\begin{cases} b_0 = a_0 \\ b_i = a_i + x_0b_{i-1}, \quad 1 \leqslant i \leqslant n, \\ f(x_0) = b_n \end{cases} \tag{1.3.4}$$

只要 n 次乘法和 n 次加法就可算出多项式在 x_0 处的值 $f(x_0)$. 可见, 早在宋代, 中国人已经懂得如何缩小计算量了, 详情参见 4.6 节.

除此之外, 为了提高算法程序的运行效率, 读者还应该熟悉如何利用计算机语言提高运算速度的技巧, 合理设计算法软件中循环变量的数量以及循环嵌套层数, 并深入学习如何在编写算法软件时节约内存空间等技巧.

1.3.7 设计稳定的算法

在数值计算过程中, 如果初始误差随着计算的进行逐步扩大, 这种算法称为**不稳定的**算法, 反之则称数值算法为**稳定的**. 看下面的例题.

例 1.3.5 建立求积分 $I_n = \displaystyle\int_0^1 \frac{x^n}{x+5}\,\mathrm{d}x$, $n = 0$, 1 , $\cdots$, 20 的递推关系式, 并研究其误差传播.

解 方法一：构造正向递推公式

$$I_n+5I_{n-1}=\int_0^1 x^{n-1}\mathrm{d}x=\frac{1}{n}.$$

使用上述公式, 正向递推, 得到如下递推计算公式

$$\begin{cases} I_n+5I_{n-1}=\dfrac{1}{n} \\ I_0=\ln 6-\ln 5 \end{cases}. \tag{1.3.5}$$

但是, 由于初始值 $I_0=\ln 6-\ln 5$ 是无理数, 在实际计算时必须用含有限位数字的近似值 $\tilde{I}_0$ 代替, 因此, 在实际计算时第一步就会引入初始舍入误差

$$e\left(\tilde{I}_0\right)=\tilde{I}_0-I_0.$$

将含有初始误差的近似值 $\tilde{I}_0$ 代入式 (1.3.5) 去计算, 将第 n 步得到的实际值记为 $\tilde{I}_n$, 则实际的计算公式应该为

$$\begin{cases} \tilde{I}_n=-5\tilde{I}_{n-1}+\dfrac{1}{n} \\ \tilde{I}_0=I_0+e\left(\tilde{I}_0\right) \end{cases},$$

式中, $\tilde{I}_0=I_0+e\left(\tilde{I}_0\right)\approx\ln 6-\ln 5$, 于是积分 n 步所得近似值 $\tilde{I}_n$ 的误差为

$$\tilde{I}_n-I_n=-5(\tilde{I}_{n-1}-I_{n-1})=\cdots=(-5)^n e(\tilde{I}_0)\ .$$

也就是说, 每步计算都会导致误差扩大 -5 倍, 特别地, 当 n=20 时, 有

$$\tilde{I}_{20}-I_{20}=(-5)^{20}e(\tilde{I}_0)\ ,$$

即初始误差被扩大了 $(-5)^{20}$ 倍, 因此称式 (1.3.5) 是**不稳定的算法**.

方法二：构造逆向递推公式

$$I_{n-1}=-\frac{1}{5}I_n+\frac{1}{5n}\ . \tag{1.3.6}$$

可见, 若先算出 I_{20}, 则依次可得到 I_{19} , I_{18} , $\cdots$, I_0.

在 $I_n=\displaystyle\int_0^1\frac{x^n}{x+5}\,\mathrm{d}x$ 中应用积分中值定理, 得 $\exists\xi\in(0,1)$, 使

$$I_n=\int_0^1\frac{x^n}{x+5}\,\mathrm{d}x=\frac{1}{\xi+5}\int_0^1 x^n\mathrm{d}x=\frac{1}{\xi+5}\cdot\frac{1}{n+1}\ .$$

由上式知

$$\forall n>1,\quad \text{均有}\frac{1}{6(n+1)}<I_n<\frac{1}{5(n+1)}\ .$$

特别地, 当 $n=20$ 时, 可得

$$\frac{1}{6\times 21} < I_{20} < \frac{1}{5\times 21}.$$

故可取

$$\tilde{I}_{20} \approx \frac{1}{2}\left(\frac{1}{6\times 21}+\frac{1}{5\times 21}\right) \approx 0.0087301587\,.$$

因此, 得到误差计算公式

$$\tilde{I}_{n-1} - I_{n-1} = -\frac{1}{5}(\tilde{I}_n - I_n)\ .$$

递推得

$$e\left(\tilde{I}_0\right) = \tilde{I}_0 - I_0 = \left(-\frac{1}{5}\right)^n (\tilde{I}_n - I_n) = \left(-\frac{1}{5}\right)^n e\left(\tilde{I}_n\right),$$

这里, $n=20$. 也就是说, 反向迭代的结果是, 每次迭代都将误差 $e_{n-1}\left(\tilde{I}_{n-1}\right)=\tilde{I}_{n-1}-I_{n-1}$ 缩小为上一步误差 $e_n\left(\tilde{I}_n\right)=\tilde{I}_n-I_n$ 的 $-\dfrac{1}{5}$ 倍, 因此称迭代式 (1.3.6) 是**稳定的算法**. #

1.3.8 精度丢失定理 *

本小节是 1.3.3 节的继续, 考虑一个有趣的问题: 当 x 接近 y 时, 在减法 $x-y$ 中确切地丢失了多少位有效的二进制位? 准确答案要依赖于 x 和 y 的精确值. 事实上, 可以根据 $\left|\dfrac{1-y}{x}\right|$ 这个量, 获得 $|x-y|$ 的界, 即将量 $\left|\dfrac{1-y}{x}\right|$ 作为 x 与 y 接近程度的一种方便估计, 下面的精度丢失定理则给出了有用的上下界 (该定理与机器无关).

定理 1.1(精度丢失定理)[1] *若 x 和 y 是正的二进制规格化浮点数, 使得 $x>y$ 并且*

$$2^{-q} \leqslant 1-\frac{y}{x} \leqslant 2^{-p},$$

则在减法表达式 $x-y$ 中丢失至多 q 个、至少 p 个有效的二进制位.

证明 (只证明下界, 把上界留作练习) 设 x 和 y 的二进制规格化浮点形式是

$$x = r\times 2^n \quad \left(\frac{1}{2}\leqslant r<1\right),$$
$$y = s\times 2^m \quad \left(\frac{1}{2}\leqslant s<1\right).$$

因为 $x>y$, 所以在 x 减 y 之前, 计算机必须对 y 向右移位 (即将 y 的小数点向左移位), 以便两个数有相同的指数 (与 x 对阶). 所以必须把 y 改写成

$$y = \left(s\times 2^{m-n}\right)\times 2^n, \quad m-n\leqslant 0,$$

于是得

$$x-y = \left(r - s\times 2^{m-n}\right)\times 2^n,$$

式中, 尾数

$$r - s \times 2^{m-n} = r\left(1 - \frac{s \times 2^m}{r \times 2^n}\right) = r\left(1 - \frac{y}{x}\right) < 2^{-p}.$$

即为了使 $x-y$ 的尾数表示规格化, 至少需要将 $x-y$ 的数字向左移动 p 位, 也就是将 $x-y$ 的小数点向右移动 p 位. 因而至少有 p 个虚假的 0 被添加到尾数的右端, 这意味着至少丢失 p 个二进制位的精度. #

例如, 考察赋值语句

$$y \leftarrow x - \sin x.$$

因为当 x 接近 0 时, 有 $\sin x \approx x$, 所以这个计算涉及有效位数丢失的问题.

那么怎样才能避免有效位数丢失的情况呢? 类似 1.3.3 节中的处理方法, 我们尝试找出 $y = x - \sin x$ 的另一种形式. 将 $\sin x$ 的 Taylor 展开式代入, 得

$$\begin{aligned} y = x - \sin x &= x - \left(x - \frac{x^3}{3!} + \frac{x^5}{5!} - \frac{x^7}{7!}\cdots\right) \\ &= \frac{x^3}{3!} - \frac{x^5}{5!} + \frac{x^7}{7!}\cdots. \end{aligned} \tag{1.3.7}$$

当 x 接近 0 时, 则在这个赋值语句中也可以使用截断级数

$$y \leftarrow \frac{x^3}{6}\left(1 - \frac{x^2}{20}\right)\left(1 - \frac{x^2}{42}\right)\left(1 - \frac{x^2}{72}\right) \tag{1.3.8}$$

求函数 y 的值. 在这个函数中, 若 x 的取值范围较大, 则求 y 值的时候, 最好把上述两个赋值语句都用上, 每个赋值语句分别在其适当的范围内使用.

在这个例子中, 需要进一步分析才能够确定每个赋值语句的使用范围. 应用精度丢失定理 1.1 可看到, 在式 (1.3.7) 中通过限制 x 使 $1 - \dfrac{\sin x}{x} \geqslant \dfrac{1}{2}$, 可将丢失的二进制位数限定为 1 位 (此处考虑 $\sin x > 0$ 的情况). 用计算器, 不难确定 $x \geqslant 1.9$. 因此, 当 $|x| \geqslant 1.9$ 时, 应该用表达式 (1.3.7) 求 y 值, 并且可以验证, 对于最差的情况 ($x = 1.9$), 级数前 7 项产生的 y 的误差最多是 10^{-9}.

在许多计算实践中, 可使用双精度变量来改善和避免有效位数丢失. 在双精度计算模式中, 每个实数的存储位数加倍, 增加的计算时间往往是单精度模式的 2~4 倍. 因此, 实际计算时, 出于提高计算精度和节约计算时间的双重考量, 可以对计算过程中某些极其重要的部分采用双精度执行, 其余部分仍然采用单精度执行以节约计算时间. 事实上, 双精度运算常用软件来实现, 而单精度计算在计算机中往往由硬件来执行.

习　题　1

1. 若近似数 x 具有 n 位有效数字, 且表示为

$$x = \pm\left(a_1 + a_2 \times 10^{-1} + \cdots + a_n \times 10^{-(n-1)}\right) \times 10^m, \quad a_1 \neq 0.$$

证明其相对误差限为

$$\varepsilon_r \leqslant \frac{1}{2a_1} \times 10^{-(n-1)}.$$

并指出近似数 $x_1 = 86.7341$ 和 $x_2 = 0.0754$ 的相对误差限分别是多少.

2. 证明等式 $\tilde{e}_r - e_r = \dfrac{\tilde{e}_r^2}{1+\tilde{e}_r} = \dfrac{e_r^2}{1-e_r}$.

3. 设 $y_0 = 8.01$, 按照递推公式 $y_n = y_{n-1} - \dfrac{1}{100}\sqrt{65}, n = 1, 2, \cdots$, 若取 $\sqrt{65} \approx 8.062$(保留 4 位有效数字) 计算到 y_{100}, 试问将会产生多大的误差?

4. 序列 $\{y_k\}$ 满足递推关系 $y_n = 5y_{n-1} - 2, n = 1, 2, \cdots$, 若取 $y_0 = 1.73$, 试问, 计算到 y_{10} 时, 将产生多大的误差? 这个计算稳定吗?

5. 推导出求积分

$$I_n = \int_0^1 \frac{x^n}{27+x^2}\mathrm{d}x, \quad n = 0, 1, \cdots, 10$$

的递推公式, 并讨论该递推公式的稳定性, 若不稳定, 请构造一个稳定的递推公式.

6. 用秦九韶算法计算多项式 $f(x) = 14x^6 + 7x^4 + 3x^3 + x + 2$ 在 $x_0 = 2$ 处的值.

7. 利用 Taylor 定理的误差项, 证明若式 (1.3.7) 中 $x - \sin x$ 误差不超过 10^{-9}, 则其级数至少需要 7 项.

8. 当我们对 $x = 1/2$ 执行 $x - \sin x$ 时, 在计算机上丢失多少精确位?

9. 在解二次方程 $ax^2 + bx + c = 0$ 时, 利用求根公式 $x = \left(-b \pm \sqrt{b^2 - 4ac}\right)/(2a)$, 当 $4ac$ 相对 b^2 很微小时, $\sqrt{b^2 - 4ac} \approx |b|$, 因此会丢失有效位, 请提出一种解决这个问题的方法.

10. 寻找不严重丢失有效位的方法来计算下列函数.

(1) $\sqrt{x^2+1} - x$;　　(2) $\sqrt{x + (1/x)} - \sqrt{x - (1/x)}$;

(3) $\mathrm{e}^x - \mathrm{e}$;　　(4) $\sin x - \tan x$;

(5) $\left(\cos x - \mathrm{e}^{-x}\right)/\sin x$.

11. 解释为什么在利用近似 $x - \sin x \approx \left(\dfrac{x^3}{6}\right)\left(1 - \dfrac{x^2}{20}\right)\left(1 - \dfrac{x^2}{42}\right)$ 时, 由减法引起的有效位数丢失不严重?

第 2 章　插　值　法

许多实际问题的内在规律可用函数 $y=f(x)$ 进行确切的描述, 但可能出现下面的情况:

(1) 因对实际问题的认识还不太深刻, 仅是通过实验手段得到了函数在一些点处的相应取值, 其解析表达式却是未知的.

(2) 虽有 $y=f(x)$ 的解析式, 但对其进一步的应用和分析十分不便.

因此, 往往需要找一个适当的函数 $P(x)$ 作为原函数 $f(x)$ 的近似, 而插值法就是确定这样的 $P(x)$ 的一类方法.

2.1　插 值 问 题

2.1.1　基本概念

设 $y=f(x)$ 在点 $x_0,x_1,\cdots,x_n$ 处的取值分别为 $y_0=f(x_0),y_1=f(x_1),\cdots,y_n=f(x_n)$, 若能构造一个函数 $P(x)$, 使得

$$P(x_i)=f(x_i),\quad i=0,1,\cdots,n \tag{2.1.1}$$

成立, 这类问题称为**插值问题**, $x_0,x_1,\cdots,x_n$ 称为**插值节点(基点)**, 式 (2.1.1) 称为**插值条件**, $P(x)$ 称为 $f(x)$ 的一个**插值函数**, 求插值函数 $P(x)$ 的方法称为**插值法**.

当 $P(x)$ 是三角多项式时, 称为**三角插值法**.

当 $P(x)$ 是次数不超过 n 的代数多项式时, 称为**多项式插值法**, 相应地, 称 $P(x)$ 为**插值多项式**.

由于对足够光滑的函数 $f(x)$ 都可按 Taylor 公式展开成级数形式, 因此, 从一定程度上它总可用多项式函数进行近似, 基于这种启发, 这里我们将限于多项式插值法的讨论.

2.1.2　插值多项式的存在唯一性

所谓多项式插值就是要构造一个不超过 n 次的多项式

$$P_n(x)=a_0+a_1x+\cdots+a_nx^n \tag{2.1.2}$$

使其满足插值条件 (2.1.1). 则得线性方程组

$$\begin{cases} a_0 + a_1x_0 + \cdots a_nx_0^n = f(x_0) \\ a_0 + a_1x_1 + \cdots a_nx_1^n = f(x_1) \\ \quad\cdots \\ a_0 + a_1x_n + \cdots a_nx_n^n = f(x_n) \end{cases}. \tag{2.1.3}$$

因此, 插值多项式 $P_n(x)$ 的存在唯一性就等价于由此多项式中系数 $a_0, a_1, \cdots, a_n$ 构成的线性方程组 (2.1.3) 的解的存在唯一性, 而方程组 (2.1.3) 的系数行列式是 $n+1$ 阶范德蒙德 (Vander-monde) 行列式

$$\boldsymbol{V} = \begin{vmatrix} 1 & x_0 & x_0^2 & \cdots & x_0^n \\ 1 & x_1 & x_1^2 & \cdots & x_1^n \\ \vdots & \vdots & \vdots & & \vdots \\ 1 & x_n & x_n^2 & \cdots & x_n^n \end{vmatrix}, \tag{2.1.4}$$

且当 $i \neq j, x_i \neq x_j$ 时, 有

$$\boldsymbol{V} = \prod_{0 \leqslant i < j \leqslant n} (x_j - x_i) \neq 0.$$

定理 2.1 当 $x_0, x_1, \cdots, x_n$ 是互不相同的节点时, 满足插值条件 (2.1.1) 的插值多项式 (2.1.2) 是存在且唯一的.

理论上, $P_n(x)$ 的构造可通过解上述线性方程组 (2.1.3) 得到, 但此法计算量大, 且难以给出多项式的一般表达形式, 不具有实用意义.

2.2 拉格朗日 (Lagrange) 插值

2.2.1 Lagrange 插值多项式

若已知实验数据 $(x_0, f(x_0)), (x_1, f(x_1))$, 则几何上经过这两点可唯一确定一条直线, 且其直线方程为

$$\begin{aligned} y = L_1(x) &= f(x_0) + \frac{f(x_1) - f(x_0)}{x_1 - x_0}(x - x_0) \\ &= \frac{x - x_1}{x_0 - x_1} f(x_0) + \frac{x - x_0}{x_1 - x_0} f(x_1). \end{aligned} \tag{2.2.1}$$

类似地, 若已知实验数据 $(x_0, f(x_0)), (x_1, f(x_1)), (x_2, f(x_2))$, 那么经过这三点一样可以确定唯一的一条抛物线 (二次函数), 设其方程为

$$y = L_2(x) = A(x - x_1)(x - x_2) + B(x - x_0)(x - x_2) + C(x - x_0)(x - x_1), \tag{2.2.2}$$

式中, A, B, C 为待定参数. 事实上, 令 $x = x_0$, 则有

$$L_2(x_0) = A(x_0 - x_1)(x_0 - x_2) = f(x_0), \quad A = \frac{f(x_0)}{(x_0 - x_1)(x_0 - x_2)}.$$

类似地, 令 $x = x_1$, 则有

$$L_2(x_1) = B(x_1 - x_0)(x_1 - x_2) = f(x_1), \quad B = \frac{f(x_1)}{(x_1 - x_0)(x_1 - x_2)};$$

令 $x = x_2$, 则有

$$L_2(x_2) = C(x_2 - x_0)(x_2 - x_1) = f(x_2), \quad C = \frac{f(x_2)}{(x_2 - x_0)(x_2 - x_1)}.$$

将上述解得的 A, B, C 取值代入式 (2.2.2), 得

$$L_2(x) = \frac{(x - x_1)(x - x_2)}{(x_0 - x_1)(x_0 - x_2)} f(x_0) + \frac{(x - x_0)(x - x_2)}{(x_1 - x_0)(x_1 - x_2)} f(x_1) + \frac{(x - x_0)(x - x_1)}{(x_2 - x_0)(x_2 - x_1)} f(x_2). \tag{2.2.3}$$

从式 (2.2.2) 和式 (2.2.3) 可以发现, 经过两点所得的一次函数可以表示成这两点的函数值分别乘上一个不同的一次函数的组合, 同样, 经过三点的二次函数也可表示成这三点的函数分别乘上一个不同的二次函数的线性组合, 而且各函数值前所乘的函数恰好为 x 与 (除该点外) 其余各节点差的所有一次因式的乘积并除以此乘积函数在该点的函数值. 如在式 (2.2.3) 中, $f(x_2)$ 前乘的二次函数为 x 与节点 x_0, x_1 的一次因式的乘积 $(x - x_0)(x - x_1)$ 除以此乘积函数在点 x_2 处的函数值 $(x_2 - x_0)(x_2 - x_1)$, 若将其记为 $l_2(x)$, 即

$$l_2(x) = \frac{(x - x_0)(x - x_1)}{(x_2 - x_0)(x_2 - x_1)}.$$

显然, $l_2(x_0) = 0, l_2(x_1) = 0$ 和 $l_2(x_2) = 1$. 相应地, 若把 $f(x_0), f(x_1)$ 前所乘的函数分别记为 $l_0(x), l_1(x)$, 则它们有与 $l_2(x)$ 相类似的特征, 称为插值基函数.

一般地, 若已知 $n+1$ 个互不相同的节点 $x_0, x_1, \cdots, x_n$ 处函数 $y = f(x)$ 的值分别为

$$f(x_0), f(x_1), \cdots, f(x_n),$$

那么经过这 $n+1$ 个点的 n 次插值多项式的图像, 其函数形式能否也表示成类似的形式

$$\begin{aligned} L_n(x) = & \frac{(x - x_1)\cdots(x - x_n)}{(x_0 - x_1)\cdots(x_0 - x_n)} f(x_0) + \frac{(x - x_0)(x - x_2)\cdots(x - x_n)}{(x_1 - x_0)(x_1 - x_2)\cdots(x_1 - x_n)} f(x_1) + \cdots \\ & + \frac{(x - x_0)\cdots(x - x_{n-1})}{(x_n - x_0)\cdots(x_n - x_{n-1})} f(x_n) \end{aligned} \tag{2.2.4}$$

呢? 若记

$$l_i(x) = \frac{(x - x_1)\cdots(x - x_{i-1})(x - x_{i+1})\cdots(x - x_n)}{(x_0 - x_1)\cdots(x_0 - x_{i-1})(x_0 - x_{i+1})\cdots(x_0 - x_n)}, \quad i = 0, 1, \cdots, n. \tag{2.2.5}$$

即经过 $n+1$ 个点 $(x_i, f(x_i))(i = 0, 1, \cdots, n)$ 的不超过 n 次的插值多项式是否为

$$L_n(x) = \sum_{i=0}^{n} l_i(x) f(x_i) \tag{2.2.6}$$

呢? 显然, $L_n(x)$ 是一个不超过 n 次的多项式, 根据插值多项式的唯一性, 要确认 $L_n(x)$ 为通过这 $n+1$ 个已知点的插值多项式, 只需验证

$$L_n(x_i) = f(x_i), \quad i = 0, 1, \cdots, n \tag{2.2.7}$$

即可. 事实上, 容易看出

$$l_i(x_j) = \begin{cases} 1, & i = j \\ 0, & i \neq j \end{cases}. \tag{2.2.8}$$

所以有

$$L_n(x_j) = \sum_{i=0}^{n} l_i(x_j) f(x_i) = f(x_j), \quad j = 0, 1, \cdots, n. \tag{2.2.9}$$

因此, 式 (2.2.6) 给出的不超过 n 次的多项式确是经过点 $(x_i, f(x_i))(i = 0, 1, \cdots, n)$ 的插值多项式. 称 $L_n(x)$ 为 $f(x)$ 的**n 次 Lagrange 插值多项式**, 称 $l_i(x), i = 0, 1, \cdots, n$ 为**n 次的插值基函数**.

若进一步引入记号

$$\omega_{n+1}(x) = \prod_{j=0}^{n} (x - x_j), \tag{2.2.10}$$

则有

$$\omega'_{n+1}(x_i) = \prod_{\substack{j=0 \\ j \neq i}}^{n} (x_i - x_j). \tag{2.2.11}$$

这样, $L_n(x)$ 又可表示成

$$L_n(x) = \sum_{i=0}^{n} \frac{\omega_{n+1}(x)}{(x - x_i)\omega'_{n+1}(x_i)} f(x_i). \tag{2.2.12}$$

值得提出的是: 插值多项式可以有各种不同的表达形式, 但如果不限定次数, 则插值多项式是不唯一的. 事实上, 设 $a(x)$ 是任意的多项式, 则多项式

$$P(x) = L_n(x) + a(x)(x - x_0) \cdots (x - x_n)$$

都满足插值条件 (2.1.1), 即我们能构造任意多个经过 $n+1$ 个插值节点的高于 n 次的插值多项式.

2.2.2 插值余项

$L_n(x)$ 作为 $f(x)$ 的一种近似, 在插值节点处是精确的, 但在插值节点之间这种近似的误差有多大? 下面对此进行讨论, 记其截断误差为 $R_n(x)$, 则

$$R_n(x) = f(x) - L_n(x).$$

定理 2.2 设 $f(x), f'(x), \cdots, f^{(n)}(x)$ 在区间 $[a, b]$ 上连续, $f^{(n+1)}(x)$ 在区间 (a, b) 内存在, 节点 $a \leqslant x_0 < x_1 < \cdots < x_n \leqslant b$, $L_n(x)$ 是满足插值条件 $L_n(x_i) = f(x_i)(i = 0, 1, \cdots, n)$

的插值多项式, 则对任何 $x \in [a,b]$, 插值余项为

$$R_n(x) = f(x) - L_n(x) = \frac{f^{(n+1)}(\xi)}{(n+1)!}\omega_{n+1}(x), \tag{2.2.13}$$

式中, $\xi \in (a,b)$ 且依赖于 x, $\omega_{n+1}(x)$ 由式 (2.2.10) 所定义.

证明　由给定条件知 $R_n(x)$ 在节点 $x_i(i=0,1,\cdots,n)$ 处的函数值为零, 即

$$R_n(x_i) = 0 \quad (i=0,1,\cdots,n).$$

故 $R_n(x)$ 可写成

$$R_n(x) = K(x)(x-x_0)(x-x_1)\cdots(x-x_n) = K(x)\omega_{n+1}(x), \tag{2.2.14}$$

式中, $K(x)$ 为待定函数.

把 x 看成是区间 (a,b) 内的一个固定点, 作辅助函数

$$\varphi(t) = f(t) - L_n(t) - K(x)\omega_{n+1}(t), \quad t \in [a,b].$$

根据插值条件和余项的定义, 可知 $\varphi(t)$ 在点 $x_0, x_1, \cdots, x_n$ 及 x 处的值为零, 所以 $\varphi(t)$ 在区间 $[a,b]$ 内至少有 $n+2$ 个零点, 由罗尔 (Rolle) 定理知, $\varphi'(t)$ 在区间 (a,b) 内至少有 $n+1$ 个零点. 再对 $\varphi'(t)$ 应用罗尔定理, 则 $\varphi''(t)$ 在区间 (a,b) 内至少有 n 个零点, 依次类推, $\varphi^{n+1}(t)$ 在区间 (a,b) 内至少有一个零点, 即至少存在一点 $\xi \in (a,b)$, 使

$$\varphi^{n+1}(\xi) = f^{n+1}(\xi) - (n+1)!K(x) = 0,$$

所以

$$K(x) = \frac{f^{(n+1)}(\xi)}{(n+1)!}, \quad \xi \in (a,b)\text{且依赖于}x.$$

将它代入式 (2.2.14), 就得到了余项表达式 (2.2.13).　　#

由于 ξ 在区间 (a,b) 内的具体位置通常不能确切给出, 如我们能求出

$$M_{n+1} = \max_{a<x<b}\left|f^{(n+1)}(x)\right|,$$

那么插值多项式 $L_n(x)$ 逼近 $f(x)$ 的截断误差界为

$$|R_n(x)| \leqslant \frac{M_{n+1}}{(n+1)!}\left|\omega_{n+1}(x)\right|. \tag{2.2.15}$$

由此可知, $|R_n(x)|$ 除与 M_{n+1} 有一定的联系外, 还与 $|\omega_{n+1}(x)|$ 直接相关, 即与节点 $x_0, x_1, \cdots, x_n$ 的选取有关, 因此当用 $L_n(x)$ 近似计算 $f(x)$ 在某点 x 的函数值时, 为使 $|\omega_{n+1}(x)|$ 尽可能小, 应选最靠近 x 的节点 $x_i(i=0,1,\cdots,n)$ 作为插值基点.

例 2.2.1 已知数据表

x_i	0	1	2	3
$f(x_i)$	1.0000	1.6487	2.7183	4.4817

试用抛物线插值多项式求 $f(2.8)$ 的近似值.

解 因为数据表中最靠近 $x=2.8$ 的是后面 3 个节点, 所以取 $x_0=1,x_1=2,x_2=3$ 为插值基点, 由 Lagrange 插值方法得

$$\begin{aligned}L_2(x)=&\frac{(x-2)(x-3)}{(1-2)(1-3)}\times 1.6487+\frac{(x-1)(x-3)}{(2-1)(2-3)}\times 2.7183\\&+\frac{(x-3)(x-2)}{(3-1)(3-2)}\times 4.4817\\=&0.3469x^2+0.0289x+1.2729,\end{aligned}$$

于是

$$f(2.8)\approx L_2(2.8)=4.0735.$$

若取 $x_0=0,x_1=1,x_2=2$ 作为插值基点, 此时通过这三点的二次插值多项式为

$$\begin{aligned}\tilde{L}_2(x)=&\frac{(x-1)(x-2)}{(0-1)(0-2)}\times 1.0000+\frac{(x-0)(x-2)}{(1-0)(1-2)}\times 1.6487+\frac{(x-0)(x-1)}{(2-0)(2-1)}\times 2.7183\\=&0.2105x^2+0.4383x+1.0000,\end{aligned}$$

于是

$$f(2.8)\approx \tilde{L}_2(2.8)=3.8770. \qquad \#$$

事实上, $f(x)=\mathrm{e}^{x/2}$, 当 $x=2.8$ 时, $f(2.8)=4.05199\cdots$. 显然, $L_2(2.8)$ 比 $\tilde{L}_2(2.8)$ 有更好的近似效果.

例 2.2.2 对于等距节点的 $\sin x$ 函数表, 若用线性插值求 $\sin x$ 的近似值, 要使截断误差不超过 5×10^{-5}, 问此函数表的步长 h(相邻两节点间的距离) 应取多少?

解 由式 (2.2.13) 知任意相邻两节点 x_k,x_{k+1} 的线性插值余项为

$$R_1(x)=\frac{f''(\xi_k)}{2!}(x-x_k)(x-x_{k+1}),\quad \xi\in(x_k,x_{k+1}).$$

因此, 当 $x\in(x_k,x_{k+1})$ 时, 有

$$|(x-x_k)(x-x_{k+1})|\leqslant\frac{1}{4}(x_{k+1}-x_k)^2=\frac{1}{4}h^2.$$

所以

$$|R_1(x)|=\left|\frac{f''(\xi_k)}{2!}(x-x_k)(x-x_{k+1})\right|\leqslant\frac{M_2}{8}h^2,$$

式中, $M_2=\max\limits_{x\in[x_k,x_{k+1}]}|f''(x)|$.

当 $f(x)=\sin x$ 时, 有

$$M_2=\max\left|(\sin x)''\right|=\max|-\sin x|=1.$$

故 $\dfrac{1}{8}h^2\leqslant 5\times 10^{-5}$, 即

$$h\leqslant 0.02,$$

即函数表允许的最大步长是 0.02. #

2.3　差商与牛顿 (Newton) 插值

Lagrange 插值多项式 $L_n(x)$ 能用于计算原函数的近似值, 但考虑到精度要求和计算量的原因, 有时需要增减插值多项式的次数, 即增减插值节点的个数. 而由式 (2.2.5) 中 $l_i(x)$ 的定义形式可以看出, 在增减插值节点的个数时, 所有的插值基函数都必须重新计算, 造成了前面计算工作量的浪费. 为了避免这种浪费, 可设通过 $n+1$ 点 $(x_i,f(x_i))(i=0,1,\cdots,n)$ 的 n 次插值多项式为

$$P_n(x)=a_0+a_1(x-x_0)+a_2(x-x_0)(x-x_1)+\cdots+a_n(x-x_0)\cdots(x-x_{n-1}),\qquad(2.3.1)$$

式中, $a_0,a_1,\cdots,a_n$ 为待定系数. 由插值条件

$$P_n(x_j)=f(x_j),\quad j=0,1,\cdots,n,$$

可得

当 $x=x_0$ 时, $P_n(x_0)=a_0=f(x_0)$;

当 $x=x_1$ 时, $P_n(x_1)=a_0+a_1(x_1-x_0)=f(x_1)$, 推得

$$a_1=\frac{f(x_1)-f(x_0)}{x_1-x_0};$$

当 $x=x_2$ 时, $P_n(x_2)=a_0+a_1(x_1-x_0)+a_2(x_2-x_0)(x_2-x_1)=f(x_2)$, 推得

$$a_2=\frac{\dfrac{f(x_2)-f(x_1)}{x_2-x_1}-\dfrac{f(x_1)-f(x_0)}{x_1-x_0}}{x_2-x_0}.$$

依次递推, 可得 $a_3,\cdots,a_n$. 为了给出系数 $a_k(k=0,1,\cdots,n)$ 的一般表达式, 下面先引进差商的概念.

2.3.1　差商的定义和性质

定义 2.1　设 $y=f(x)$ 在点 $x_0,x_1,\cdots,x_n$ 处的取值分别为 $f(x_0),f(x_1),\cdots,f(x_n)$, 且当 $i\neq j$ 时, 有 $x_i\neq x_j$, 则称

$$\frac{f(x_j)-f(x_i)}{x_j-x_i}$$

为函数 $f(x)$ 在 x_i, x_j 处的**一阶差商**, 并记为 $f[x_i, x_j]$, 这里 $i \neq j$; 又称

$$f[x_i, x_j, x_k] = \frac{f[x_j, x_k] - f[x_i, x_j]}{x_k - x_i}$$

为函数 $f(x)$ 在 x_i, x_j, x_k 处的**二阶差商**, 这里 $i \neq k$; 一般地, 将

$$f[x_0, x_1, \cdots, x_k] = \frac{f[x_1, \cdots, x_k] - f[x_0, \cdots, x_{k-1}]}{x_k - x_0} \tag{2.3.2}$$

称为 $f(x)$ 在 $x_0, x_1, \cdots, x_k$ 处的 k**阶差商**.

差商的计算可列表进行 (表 2.1), 差商具有下列基本性质.

性质 2.1 $f(x)$ 在 $x_0, x_1, \cdots, x_k$ 处 k 阶差商 $f[x_0, x_1, \cdots, x_k]$ 可以表示为函数值

$$f(x_0), f(x_1), \cdots, f(x_k)$$

的线性组合, 具有

$$f[x_0, x_1, \cdots, x_k] = \sum_{i=0}^{k} \frac{f(x_i)}{\omega'_{k+1}(x_i)}, \tag{2.3.3}$$

式中, $\omega_{k+1}(x) = \prod\limits_{j=0}^{k} (x - x_j)$.

表 2.1 差商表

x_i	$f(x_i)$	一阶差商	二阶差商	三阶差商	四阶差商
x_0	$f(x_0)$				
x_1	$f(x_1)$	$f[x_0, x_1]$			
x_2	$f(x_2)$	$f[x_1, x_2]$	$f[x_0, x_1, x_2]$		
x_3	$f(x_3)$	$f[x_2, x_3]$	$f[x_1, x_2, x_3]$	$f[x_0, x_1, x_2, x_3]$	
x_4	$f(x_4)$	$f[x_3, x_4]$	$f[x_2, x_3, x_4]$	$f[x_1, x_2, x_3, x_4]$	$f[x_0, x_1, x_2, x_3, x_4]$
$\vdots$	$\vdots$	$\vdots$	$\vdots$	$\vdots$	$\vdots$

这个性质可用数学归纳法证明. 从该性质可以看出差商与节点的次序无关, 即有如下性质.

性质 2.2 差商具有对称性. 即在 $f[x_0, x_1, \cdots, x_k]$ 中任意改变节点 x_i, x_j 的次序, 其值不变.

性质 2.3 n 次多项式 $f(x)$ 的 k 阶差商 $f[x_0, x_1, \cdots, x_{k-1}]$, 当 $k \leqslant n$ 时是 $n-k$ 次多项式, 而当 $k > n$ 时其值恒等于零.

只要证明, 如果 $f[x, x_0, \cdots, x_l]$ 是 m 次多项式时, 则 $f[x, x_0, \cdots, x_{l+1}]$ 是 $m-1$ 次多项式即可. 而根据多项式的特性又仅需验证 $f[x, x_0, \cdots, x_l] = x^m$ 的情形. 事实上,

$$f[x, x_0, \cdots, x_{l+1}] = \frac{f[x, x_0, \cdots, x_l] - f[x_0, x_1, \cdots, x_{l+1}]}{x - x_{l+1}} = \frac{x^m - x_{l+1}^m}{x - x_{l+1}}$$

$$= x^{m-1} + x^{m-2}x_{l+1} + \cdots + x_{l+1}^{m-1},$$

即 $f[x, x_0, \cdots, x_{l+1}]$ 的确是 $m-1$ 次多项式.

上述差商的定义都是建立在节点互不相等的情形, 但有时我们需要用到节点相重时的差商, 这时可定义

$$g[x, x] = \lim_{\Delta x \to 0} g[x, x+\Delta x] = \lim_{\Delta x \to 0} \frac{g(x+\Delta x) - g(x)}{\Delta x} = g'(x).$$

一般地, 我们有

$$f[x, x, x_0, \cdots, x_n] = \frac{\mathrm{d}}{\mathrm{d}x} f[x, x_0, \cdots, x_n]. \tag{2.3.4}$$

2.3.2 Newton 插值公式

设在 $x_0, x_1, \cdots, x_n, x$ 处, 函数 $y = f(x)$ 的取值分别为 $f(x_i)(i = 0, 1, \cdots, n)$ 与 $f(x_i)$, 由差商的定义

$$f[x, x_0] = \frac{f(x) - f(x_0)}{x - x_0}$$

得到

$$f(x) = f(x_0) + f[x, x_0](x - x_0).$$

类似地, 由各阶差商的定义, 可以依次得到

$$\begin{aligned}
&f(x) = f(x_0) + f[x, x_0](x - x_0), \\
&f[x, x_0] = f[x_0, x_1] + f[x, x_0, x_1](x - x_1), \\
&f[x, x_0, x_1] = f[x_0, x_1, x_2] + f[x, x_0, x_1, x_2](x - x_2), \\
&\qquad\qquad\cdots\cdots \\
&f[x, x_0, \cdots, x_{n-2}] = f[x_0, x_1, \cdots, x_{n-1}] + f[x, x_0, \cdots, x_{n-1}](x - x_{n-1}), \\
&f[x, x_0, \cdots, x_{n-1}] = f[x_0, x_1, \cdots, x_n] + f[x, x_0, \cdots, x_n](x - x_n).
\end{aligned} \tag{2.3.5}$$

对式 (2.3.5) 的第 2 式两边同乘 $(x - x_0)$; 第 3 式两边同乘 $(x - x_0)(x - x_1)$; 依次类推最后一式两边同乘 $(x - x_0)(x - x_1)\cdots(x - x_{n-1})$. 然后将上面分别乘过不同因式后所有 $n+1$ 个等式两边相加, 整理得

$$\begin{aligned}
f(x) = &f(x_0) + f[x_0, x_1](x - x_0) + f[x_0, x_1, x_2](x - x_0)(x - x_1) + \cdots \\
&+ f[x_0, x_1, \cdots, x_n](x - x_0)\cdots(x - x_{n-1}) + f[x, x_0, \cdots, x_n](x - x_0)\cdots(x - x_n).
\end{aligned} \tag{2.3.6}$$

记

$$N_n(x) = f(x_0) + f[x_0, x_1](x - x_0) + f[x_0, x_1, x_2](x - x_0)(x - x_1) + \cdots$$

$$+ f[x_0, x_1, \cdots, x_n](x - x_0)\cdots(x - x_{n-1}), \tag{2.3.7}$$

$$\tilde{R}_n(x) = f[x, x_0, \cdots, x_n](x - x_0)\cdots(x - x_n), \tag{2.3.8}$$

则

$$f(x) = N_n(x) + \tilde{R}_n(x). \tag{2.3.9}$$

称 $N_n(x)$ 为 $f(x)$ 的 n**次 Newton 插值多项式**, $\tilde{R}_n(x)$ 为相应的**截断误差**.

显然, $N_n(x)$ 是不超过 n 次的多项式, 若能验证 $N_n(x)$ 满足插值条件

$$N_n(x_i) = f(x_i), \quad i = 0, 1, \cdots, n, \tag{2.3.10}$$

则通过 $n+1$ 个点 $(x_i, f(x_i))(i = 0, 1, \cdots, n)$ 的插值多项式就可按式 (2.3.7) 进行构造. 而要验证插值条件 (2.3.10), 只需证明 $N_n(x) = L_n(x)$ 即可.

事实上, 设 $P(x)$ 是任意一个不超过 n 次的多项式, 将 $P(x)$ 按式 (2.3.6) 展开, 则由差商性质 2.3 知其截断误差为零, 即

$$\begin{aligned} P(x) =& P(x_0) + P[x_0, x_1](x - x_0) + P[x_0, x_1, x_2](x - x_0)(x - x_1) + \cdots \\ &+ P[x_0, x_1, \cdots, x_n](x - x_0)\cdots(x - x_{n-1}). \end{aligned} \tag{2.3.11}$$

现取 $f(x)$ 在节点 $x_0, x_1, \cdots, x_n$ 的 Lagrange 插值多项式 $L_n(x)$ 作为式 (2.3.11) 中的 $P(x)$, 则 $L_n(x)$ 也可表示成

$$\begin{aligned} L_n(x) =& L_n(x_0) + L_n[x_0, x_1](x - x_0) + L_n[x_0, x_1, x_2](x - x_0)(x - x_1) + \cdots \\ &+ L_n[x_0, x_1, \cdots, x_n](x - x_0)\cdots(x - x_{n-1}). \end{aligned} \tag{2.3.12}$$

又由于

$$L_n(x_i) = f(x_i), \quad i = 0, 1, \cdots, n,$$

所以式 (2.3.12) 中 $L_n(x)$ 在各节点处的各阶差商值等于 $f(x)$ 在这些节点处相应的各阶差商值, 故

$$\begin{aligned} L_n(x) &= L_n(x_0) + L_n[x_0, x_1](x - x_0) + \cdots + L_n[x_0, x_1, \cdots, x_n](x - x_0)\cdots(x - x_{n-1}) \\ &= f(x_0) + f[x_0, x_1](x - x_0) + \cdots + f[x_0, x_1, \cdots, x_n](x - x_0)\cdots(x - x_{n-1}) \\ &= N_n(x), \end{aligned} \tag{2.3.13}$$

即确实满足插值条件 (2.3.11).

Newton 插值公式的优点是: 当增加一个节点时, 即增加一次插值多项式的次数时, 只要再增加一项就可以, 且有递推关系式

$$N_{k+1}(x) = N_k(x) + f[x_0, x_1, \cdots, x_k, \bar{x}](x - x_0)\cdots(x - x_k), \tag{2.3.14}$$

式中, $\bar{x}$ 是增加的节点. 这时, 截断误差为

$$f(x) - N_{k+1}(x) = \frac{f^{(k+2)}(\xi)}{(k+2)!}(x-x_0)\cdots(x-x_k)(x-\bar{x}),$$

式中, ξ 介于 $x_0, x_1, \cdots, x_k, \bar{x}$ 之间.

对于节点 $x_0, x_1, \cdots, x_n$ 的 n 次插值多项式, 分别用 Lagrange 插值方法和 Newton 插值方法, 则 $f(x)$ 可分别表示为

$$f(x) = N_n(x) + R_n(x)$$

和

$$f(x) = N_n(x) + \tilde{R}_n(x).$$

结合式 (2.3.13), 则 2 个插值多项式的余项也应相等, 即有

$$f[x, x_0, x_1, \cdots, x_n] = \frac{f^{(n+1)}(\xi)}{(n+1)!}, \quad \xi \in (a, b).$$

因此可以得到差商的另一个重要性质:

性质 2.4

$$f[x, x_0, x_1, \cdots, x_k] = \frac{f^{(k)}(\xi)}{k!}, \tag{2.3.15}$$

式中, ξ 介于 $x_0, x_1, \cdots, x_k$ 的最小值和最大值之间.

例 2.3.1 已知 $f(x) = \sqrt{x}$ 在点 $x = 2, 2.1, 2.2$ 的值, 试作二次 Newton 插值多项式. 若增加一个点 $x = 2.3$, 再求三次 Newton 插值多项式.

解 作差商表 2.2.

表 2.2 例 2.3.1 的差商表

x_i	$f(x_i)$	$f[x_i, x_{i+1}]$	$f[x_i, x_{i+1}, x_{i+2}]$	$f[x_i, x_{i+1}, x_{i+2}, x_{i+3}]$
2.0	1.414214			
2.1	1.449138	0.34924		
2.1	1.483240	0.34102	−0.04110	
2.3	1.516575	0.33335	−0.03835	0.009167

于是

$$N_2(x) = 1.414214 + 0.34924(x-2.0) - 0.04110(x-2.0)(x-2.1),$$

而

$$\begin{aligned} N_3(x) =& 1.414214 + 0.34924(x-2.0) - 0.04110(x-2.0)(x-2.1) \\ &+ 0.009167(x-2.0)(x-2.1)(x-2.2) \\ =& N_2(x) + 0.009167(x-2.0)(x-2.1)(x-2.2). \end{aligned}$$

#

可见, 当增加一个插值节点时, 即将插值多项式的次数增加一次时, Newton 插值多项式只要在原来的插值多项式后面增加一个次数更高的项即可.

2.4 差分与等距节点插值

Newton 插值方法增强了插值多项式应用的灵活性, 但为了计算差商, 需要多次进行除法运算. 而当插值节点是等距时, 我们可以利用此特征对 Newton 插值公式变形, 以减少计算量. 为此下面先引入差分的概念.

2.4.1 差分及其性质

定义 2.2 设在等距节点 $x_0, x_1 = x_0 + n, \cdots, x_n = x_0 + nh$ 处, $y = f(x)$ 的取值为

$$f_0, f_1, \cdots, f_n,$$

式中, $h > 0$ 为相邻两节点间的距离, 称为**步长**. 称

$$\Delta f_k = f_{k+1} - f_k$$

为 $f(x)$ 在 x_k 处以 h 为步长的**一阶向前差分**, 简称为**一阶差分**, 并称

$$\Delta^m f_k = \Delta^{m-1} f_{k+1} - \Delta^{m-1} f_k, \quad m = 2, 3, \cdots$$

为 m**阶差分**. 特别地, 规定**零阶差分**为

$$\Delta^0 f_k = f_k, \quad k = 0, 1, \cdots, n.$$

差分与差商之间有如下重要关系

$$f[x_0, x_1, \cdots, x_m] = \frac{\Delta^m f_0}{m! h^m}. \tag{2.4.1}$$

事实上,

$$f[x_k, x_{k+1}] = \frac{f_{k+1} - f_k}{h} = \frac{\Delta f_k}{h},$$

且

$$f[x_k, x_{k+1}, x_{k+2}] = \frac{f[x_{k+1}, x_{k+2}] - f[x_k, x_{k+1}]}{x_{k+2} - x_k} = \frac{\dfrac{\Delta f_{k+1}}{h} - \dfrac{\Delta f_k}{h}}{2h} = \frac{\Delta^2 f_k}{2! h^2}.$$

一般地, 由数学归纳法可以证明

$$f[x_k, x_{k+1}, \cdots, x_{k+m}] = \frac{\Delta^m f_k}{m! h^m}.$$

特别地, 当 $k = 0$ 时, 得

$$f[x_0, x_1, \cdots, x_m] = \frac{\Delta^m f_0}{m! h^m}.$$

此外, 利用归纳法我们还可以证明高阶差分和函数值之间的关系为

$$\Delta^m f_k = \sum_{i=0}^{m} (-1)^i \mathrm{C}_m^i f_{k+m-i}, \tag{2.4.2}$$

式中, C_m^i 为二项式系数, 且

$$\mathrm{C}_m^i = \frac{m!}{i!(m-i)!}.$$

计算差分时, 可仿差商的计算格式, 列出差分表进行 (表 2.3).

表 2.3 差分表

x_i	f_i	Δf_i	$\Delta^2 f_i$	$\Delta^3 f_i$	$\Delta^4 f_i$
x_0	f_0				
x_1	f_1	Δf_0			
x_2	f_2	Δf_1	$\Delta^2 f_0$		
x_3	f_3	Δf_2	$\Delta^2 f_1$	$\Delta^3 f_0$	
x_4	f_4	Δf_3	$\Delta^2 f_2$	$\Delta^3 f_1$	$\Delta^4 f_0$
$\vdots$	$\vdots$	$\vdots$	$\vdots$	$\vdots$	$\vdots$

上面讨论的是向前差分. 另外, 在一些应用场合会涉及向后差分和中心差分, 它们的定义和记号分别如下所示.

$f(x)$ 在 x_k 处的一阶、m 阶向后差分分别为

$$\nabla f_k = f_k - f_{k-1}$$

和

$$\nabla^m f_k = \nabla^{m-1} f_k - \nabla^{m-1} f_{k-1}, \quad m = 2, 3, \cdots. \tag{2.4.3}$$

$f(x)$ 在 x_k 处的一阶、m 阶中心差分分别为

$$\delta f_k = f_{k+\frac{1}{2}} - f_{k-\frac{1}{2}}$$

和

$$\delta^m f_k = \delta^{m-1} f_{k+\frac{1}{2}} - \delta^{m-1} f_{k-\frac{1}{2}}, \quad m = 2, 3, \cdots,$$

式中, $f_{k-\frac{1}{2}}, f_{k+\frac{1}{2}}$ 分别表示 $f(x)$ 在 $x = x_k - \dfrac{h}{2}, x_k + \dfrac{h}{2}$ 处的函数值 (h 为步长).

各阶的向后差分和中心差分的计算同样可以通过构造相应的差分表完成.

2.4.2 等距节点插值公式

将 Newton 插值多项式 (2.3.7) 中各阶差商分别用相应的差分代替, 就可以得到各种形式的等距节点的插值公式. 但考虑到节点的选取方法与近似的效果有密切联系, 故应视节点的选取不同分别进行讨论.

1) Newton 前插公式

已知节点为 $x_k = x_0 + kh(k = 0, 1, \cdots, n)$, 如果要用 $m+1$ 个函数值计算靠近 x_0 附近的函数值 $f(x)$ 的近似值, 则 Newton 插值多项式可写为

$$\begin{aligned} N(x) =& f_0 + \frac{\Delta f_0}{h}(x - x_0) + \frac{\Delta^2 f_0}{2h^2}(x - x_0)(x - x_1) + \cdots \\ &+ \frac{\Delta^m f_0}{m!h^m}(x - x_0)\cdots(x - x_{m-1}), \quad m = 1, 2, \cdots, n. \end{aligned}$$

作线性变换

$$x = x_0 + th, \quad 0 \leqslant t \leqslant m,$$

则

$$x - x_k = (t - k)h, \quad k = 0, 1, \cdots, m.$$

于是

$$N_m(x) = N_m(x_0 + th) = f_0 + t\Delta f_0 + \frac{t(t-1)}{2!}\Delta^2 f_0 + \cdots + \frac{t(t-1)\cdots(t-m+1)}{m!}\Delta^m f_0, \tag{2.4.4}$$

相应的余项可表示为

$$R_m(x) = R_m(x_0 + th) = \frac{h^{m+1} f^{(m+1)}(\xi)}{(m+1)!} t(t-1)\cdots(t-m), \tag{2.4.5}$$

式中, $\xi \in (x_0, x_m)$.

2) Newton 后插公式

如果要用 $m+1$ 个函数值计算函数表示靠近 x_n 附近点的函数近似值, 则 Newton 插值多项式调整为

$$N_m(x) = f(x_n) + f[x_n, x_{n-1}](x - x_n) + \cdots + f[x_n, x_{n-1}, \cdots, x_{n-m}](x - x_n)\cdots(x - x_{n-m+1}). \tag{2.4.6}$$

作变换

$$x = x_n + th, \quad -m \leqslant t \leqslant 0,$$

则

$$x - x_{n-k} = (t + k)h, \quad k = -m, -m+1, \cdots, 0.$$

再将

$$f[x_n, x_{n-1}, \cdots, x_{n-k}] = \frac{\nabla^k f_n}{k!h^k}, \quad k = 0, 1, \cdots, m$$

代入式 (2.4.6) 得

$$N_m(x) = N_m(x_n + th) = f_n + t\nabla f_n + \frac{t(t+1)}{2}\nabla^2 f_n + \cdots + \frac{t(t+1)\cdots(t+m-1)}{m!}\nabla^m f_n, \tag{2.4.7}$$

相应地, 余项为

$$R_m(x) = \frac{h^{(m+1)} f^{(m+1)}(\xi)}{(m+1)!} t(t+1)\cdots(t+m), \tag{2.4.8}$$

式中, $\xi \in (x_{n-m}, x_n), m = 1, 2, \cdots, n$.

例 2.4.1 已知数据表

x_i	0	1	2	3
$f(x_i)$	1.0000	1.6487	2.7183	4.4817

试用 Newton 前插公式求三次插值多项式, 并用二阶 Newton 后插公式计算 $f(2.8)$ 的近似值.

解 根据给定数据表作差分表 2.4.

表 2.4 例 2.4.1 的各阶差分计算

x_i	f_i	Δf_i	$\Delta^2 f_i$	$\Delta^3 f_i$
0	1.0000			
1	1.6487	0.6487		
2	2.7183	1.0669	0.4209	
3	4.4817	1.7634	0.6938	0.2729

则三次插值多项式为 $(h = 1)$

$$\begin{aligned} N_3(x) &= 1 + 0.6487x + \frac{0.4209}{2!}x(x-1) + \frac{0.2729}{3!}x(x-1)(x-2) \\ &= 0.0455x^3 + 0.0740x^2 + 0.5292x + 1.0000. \end{aligned}$$

二阶 Newton 后插公式为

$$\begin{aligned} N_2(x) &= 4.4817 + 1.7634(x-3) + \frac{0.6938}{2!}(x-3)(x-2) \\ &= 0.3469x^2 + 0.0289x + 1.2729. \end{aligned}$$

所以

$$f(2.8) \approx N_2(2.8) = 4.0735. \qquad \#$$

当插值节点为等距节点时, 利用差分表构造插值多项式可以减少计算量. 另外, 从差分表的结构可以发现, 当测量数据 $f_0, f_1, \cdots, f_n$ 中某个数据有较大误差时, 可以用差分表寻查和修正这种误差.

2.5 埃尔米特 (Hermite) 插值 *

在某些应用场合, 我们不仅可以知道函数 $f(x)$ 在一些节点的函数值, 而且还能采集到这些节点处的导数值. 为了使插值函数能更好地反映原函数 $f(x)$ 的变化规律, 可要求构造的插

值多项式与函数 $f(x)$ 在节点处不仅有相同的函数值, 而且还要求有相同的导数值. 这种插值法称为**Hermite 插值**.

设 $x_0, x_1, \cdots, x_n$ 是 $n+1$ 个互不相同的节点, 作一个 $2n+1$ 次多项式 $H_{2n+1}(x)$, 使它满足条件

$$H_{2n+1}(x_i) = f(x_i), \quad H'_{2n+1}(x_i) = f'(x_i), \quad i = 0, 1, \cdots, n, \tag{2.5.1}$$

则称 $H_{2n+1}(x)$ 为**Hermite 插值多项式**.

仿 Lagrange 插值多项式 $L_n(x)$ 的构造, 记

$$H_{2n+1}(x) = \sum_{i=0}^{n} h_i(x) f(x_i) + \sum_{i=0}^{n} \bar{h}_i(x) f'(x_i), \tag{2.5.2}$$

式中, $h_i(x), \bar{h}_i(x)$ 均为 $2n+1$ 次多项式, 且满足

$$h_i(x_k) = \begin{cases} 1 & k = i \\ 0 & k \neq i \end{cases}, \quad \bar{h}_i(x_k) = 0, \quad h'_i(x_k) = 0, \quad \bar{h}'_i(x_k) = \begin{cases} 1 & k = i \\ 0 & k \neq i \end{cases}. \tag{2.5.3}$$

这样作出的 $H_{2n+1}(x)$ 显然满足条件 (2.5.1). 就是说, $H_{2n+1}(x)$ 是以 $h_i(x)$ 和 $\bar{h}_i(x)$ 为基函数的线性组合. 沿用 Lagrange 插值基函数 $l_i(x)$ 的记号, 由于 $2n$ 次多项式 $(l_i(x))^2$ 具有性质

$$(l_i(x_k))^2 = \begin{cases} 1 & k = i \\ 0 & k \neq i \end{cases},$$

且它的导数在 x_k 的值为零 $(k \neq i)$, 因此可将基函数 $h_i(x)$ 和 $\bar{h}_i(x)$ 表示为

$$h_i(x) = \alpha_i(x)(l_i(x))^2, \quad \bar{h}_i(x) = \beta_i(x)(l_i(x))^2, \tag{2.5.4}$$

式中, $\alpha_i(x), \beta_i(x)$ 都是 x 的线性函数, 从而有

$$\begin{aligned} h'_i(x) &= \alpha'_i(x)(l_i(x))^2 + 2\alpha_i(x) l_i(x) l'_i(x), \\ \bar{h}'_i(x) &= \beta'_i(x)(l_i(x))^2 + 2\beta_i(x) l_i(x) l'_i(x). \end{aligned} \tag{2.5.5}$$

为满足条件 (2.5.3), 由式 (2.5.4) 和式 (2.5.5) 可得

$$\alpha_i(x_i) = 1, \quad \alpha'_i(x_i) + 2l'_i(x_i) = 0,$$

$$\beta_i(x_i) = 0, \quad \beta'_i(x_i) = 1.$$

因而就有

$$\alpha_i(x) = 1 - 2l'_i(x_i)(x - x_i), \quad \beta_i(x) = x - x_i. \tag{2.5.6}$$

将它们代入式 (2.5.4) 就得到

$$H_{2n+1}(x) = \sum_{i=0}^{n} h_i(x) f(x_i) + \sum_{i=0}^{n} \bar{h}_i(x) f'(x_i),$$

式中,

$$h_i(x) = (1 - 2l_i'(x_i)(x - x_i))(l_i(x))^2, \quad \bar{h}_i(x) = (x - x_i)(l_i(x))^2.$$

容易验证, 上述插值多项式是唯一的. 事实上, 假设有 2 个 (或 2 个以上) 不超过 $2n+1$ 次的多项式 $H_{2n+1}^{(1)}(x)$ 和 $H_{2n+1}^{(2)}(x)$ 都满足插值条件 (2.5.1), 且 $H_{2n+1}^{(1)}(x) \neq H_{2n+1}^{(2)}(x)$, 作

$$H(x) = H_{2n+1}^{(1)}(x) - H_{2n+1}^{(2)}(x),$$

则 $H(x)$ 也是不超过 $2n+1$ 次的多项式, 且 $H(x) \neq 0$. 由于插值节点 $x_0, x_1, \cdots, x_n$ 都是 $H(x)$ 的二重零点, 则 $H(x)$ 至少有 $2n+2$ 个零点, 故有 $H(x) \equiv 0$, 与假设矛盾, 即满足条件 (2.5.1) 的不超过 $2n+1$ 次的多项式 $H_{2n+1}(x)$ 是唯一的.

当 $f(x), f'(x), \cdots, f^{(2n+1)}(x)$ 在区间 $[a,b]$ 上连续, $f^{(2n+2)}(x)$ 在区间 (a,b) 内存在, 且 $x_0, x_1, \cdots, x_n$ 是区间 $[a,b]$ 上的互异节点时, 对任何 $x \in [a,b]$, 仿 Lagrange 插值余项的推导, 可得 Hermite 插值多项式的余项为

$$R_{2n+1}(x) = f(x) - H_{2n+1}(x) = \frac{f^{(2n+2)}(\xi)}{(2n+2)!}\omega_{n+1}^2(x), \tag{2.5.7}$$

式中, $\xi \in (a,b)$; $\omega_{n+1}(x) = \prod\limits_{j=0}^{n}(x - x_j)$.

当 $n = 1$ 时, 作为重要的特例可以得到满足条件

$$H_3(x_0) = f(x_0), \quad H_3(x_1) = f(x_1), \quad H_3'(x_0) = f'(x_0), \quad H_3'(x_1) = f'(x_1)$$

的两点三次 Hermite 插值多项式

$$\begin{aligned} H_3(x) = &\left(1 + 2\frac{x - x_0}{x_1 - x_0}\right)\left(\frac{x - x_1}{x_0 - x_1}\right)^2 f(x_0) + \left(1 + 2\frac{x - x_1}{x_0 - x_1}\right)\left(\frac{x - x_0}{x_1 - x_0}\right)^2 f(x_1) \\ &+ (x - x_0)\left(\frac{x - x_1}{x_0 - x_1}\right)^2 f'(x_0) + (x - x_1)\left(\frac{x - x_0}{x_1 - x_0}\right)^2 f'(x_1). \end{aligned}$$

这里, 不妨设 $x_0 < x_1$, 相应的插值余项为

$$R_3(x) = f(x) - H_3(x) = \frac{f^{(4)}(\xi)}{4!}(x - x_0)^2(x - x_1)^2, \quad \xi \in (x_0, x_1).$$

Hermite 插值问题的形式是多样的, 对一个具体问题的解法也往往不唯一, 如能充分利用问题的特点, 那么求解的过程就有可能简化.

例 2.5.1 设 $a \leqslant x_0 < x_1 < x_2 \leqslant b$, $f(x)$ 在区间 $[a,b]$ 上具有连续的四阶导数. 试求满足条件

$$P(x_i) = f(x_i), \quad i = 0, 1, 2,$$

$$P'(x_1) = f'(x_1)$$

的插值多项式 $P(x)$, 并估计误差.

解 显然由插值条件可以确定一个次数不超过三次的插值多项式 $P(x)$. 由于此多项式通过点 $(x_0, f(x_0)), (x_1, f(x_1)), (x_2, f(x_2))$, 故设其形式为

$$\begin{aligned}P(x) =& f(x_0) + f[x_0, x_1](x - x_0) + f[x_0, x_1, x_2](x - x_0)(x - x_1)\\&+ A(x - x_0)(x - x_1)(x - x_2),\end{aligned} \tag{2.5.8}$$

式中, A 为待定系数, 可由插值条件 $P'(x_1) = f'(x_1)$ 来确定.

为了确定 A, 对式 (2.5.8) 两边求导数, 得

$$\begin{aligned}P'(x) =& f[x_0, x_1] + f[x_0, x_1, x_2](2x - x_0 - x_1)\\&+ A((x - x_1)(x - x_2) + (x - x_0)(x - x_2) + (x - x_0)(x - x_1)).\end{aligned}$$

令 $x = x_1$, 并利用 $P'(x_1) = f'(x_1)$, 得

$$f'(x_1) = f[x_0, x_1] + f[x_0, x_1, x_2](x_1 - x_0) + A(x_1 - x_0)(x_1 - x_2).$$

于是

$$A = \frac{f'(x_1) - f[x_0, x_1] - f[x_0, x_1, x_2](x_1 - x_0)}{(x_1 - x_0)(x_1 - x_2)},$$

代入式 (2.5.8) 即得 $P(x)$.

为了求出其余项表达式, 设

$$R(x) = f(x) - P(x),$$

由插值条件知 x_0, x_1, x_2 都是 $R(x)$ 的零点 (其中 x_1 是二重零点), 故令

$$R(x) = k(x)(x - x_0)(x - x_1)^2(x - x_2),$$

式中, $k(x)$ 是待定函数. 为求得 $k(x)$, 把 x 看成 $[a, b]$ 上任意固定点, 且异于 $x_i(i = 0, 1, 2)$, 作辅助函数

$$\varphi(t) = f(t) - P(t) - k(x)(t - x_0)(t - x_1)^2(t - x_2),$$

则 $\varphi(t)$ 在区间 $[a, b]$ 上有四阶连续导数, 且至少有 5 个零点 (x_1 是二重零点).

反复对 $\varphi(t)$ 应用 Rolle 定理, 得 $\varphi^{(4)}(t)$ 在区间 (a, b) 内至少有一个零点, 即存在 $\xi \in (a, b)$, 使

$$\varphi^{(4)}(\xi) = f^{(4)}(\xi) - 4!k(x) = 0.$$

于是得

$$k(x) = \frac{1}{4!}f^{(4)}(\xi).$$

从而有

$$R(x) = \frac{f^{(4)}(\xi)}{4!}(x - x_0)(x - x_1)^2(x - x_2), \quad \xi \in (a, b).$$ #

2.6 三次样条插值

2.6.1 多项式插值的缺陷与分段插值

对于足够光滑的函数 $f(x)$, 当其插值多项式的次数逐渐增高时, 是否能使逼近的程度也得到逐渐改善呢?

例 2.6.1 考察函数

$$f(x)=\frac{1}{1+(5x)^2},\quad x\in[-1,1].$$

现把 $[-1,1]$ 区间分为 10 等分, 取分点 $x_k=-1+\frac{1}{5}k(k=0,1,\cdots,10)$ 为插值节点, 则可作一个十次插值多项式 $P_{10}(x)$. 将 $f(x)$ 与 $P_{10}(x)$ 在区间 $[0.8,1]$ 上一些点分别取值列于表 2.5.

表 2.5 $f(x)$ 与 $P_{10}(x)$ 部分点取值比较

x	0.80	0.86	0.90	0.96	1.00
$f(x)$	0.05882	0.05131	0.04706	0.04160	0.03846
$P_{10}(x)$	0.05882	0.88808	1.57872	1.80438	0.03846

从表中可以看出, $f(x)$ 与 $P_{10}(x)$ 除插值节点 $x=0.8,1$ 外, 其余三点的值差异很大. 事实上, 可进一步做出 $f(x)$ 与 $P_{10}(x)$ 在区间 $[-1,1]$ 上的草图, 如图 2.1 所示.

从图 2.1 中可以发现, 除在 $x=0$ 附近 $P_{10}(x)$ 能较好地逼近 $f(x)$, 其余效果都不理想, 尤其是在 $(0.8,1)$ 上, $f(x)$ 与 $P_{10}(x)$ 差异很大. 可见, 加密插值节点不能保证所得的插值多项式能更好地逼近 $f(x)$, 这种现象称为**龙格 (Runge) 现象**. 由于这个原因, 在用多项式插值时不宜选择次数太高的多项式.

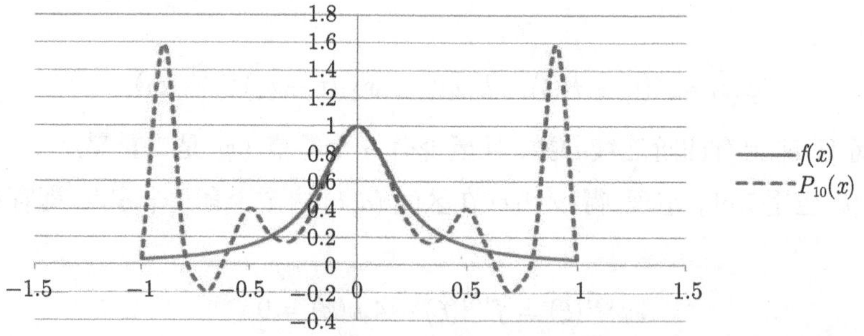

图 2.1 高次多项式插值的 Runge 现象

为了提高逼近效果而避免 Runge 现象, 有效的途径之一是进行分段插值, 即当插值节点很多时, 用分段低次插值, 由于插值函数必须通过给定点, 故分段插值仍可保持整体的连续性.

例如, 最基本的分段线性插值 (折线插值) 过 $(x_0, f(x_0)), (x_1, f(x_1)), \cdots, (x_n, f(x_n))$ 点作相连折线, 如图 2.2 所示.

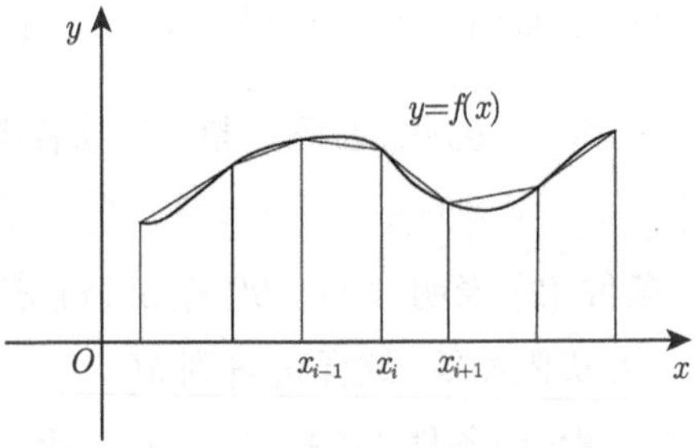

图 2.2 分段插值示意图

此时插值函数为

$$P(x) = \begin{cases} P_1(x) & x \in [x_0, x_1] \\ P_2(x) & x \in [x_1, x_2] \\ \quad\cdots & \\ P_n(x) & x \in [x_{n-1}, x_n] \end{cases},$$

式中,

$$P_i(x) = \frac{x - x_i}{x_{i-1} - x_i} f(x_{i-1}) + \frac{x - x_{i-1}}{x_i - x_{i-1}} f(x_i), \quad i = 1, \cdots, n.$$

分段多项式插值有较好的局部性质, 可是由于分段原因, 虽然在连接处能连续但常常不够光滑, 即导数或高阶导数不连续. 因此, 如果既要克服高次插值多项式的不足, 又要有一定的光滑性, 就需要样条插值来实现.

2.6.2 三次样条插值函数

所谓 "样条" 就是工程设计中的一种绘图工具 —— 富有弹性的细长条, 设计过程中就把这种样条强制地固定经过一些已知点, 以形成光滑曲线. 三次样条插值来源于这样的工程实际.

定义 2.3 设在 $a \leqslant x_0 < x_1 < \cdots < x_n \leqslant b$ 处, 函数 $y = f(x)$ 取值分别为

$$f(x_0), f(x_1), \cdots, f(x_n),$$

如果函数 $S(x)$ 满足下列条件:

(1) $S(x)$ 在每一个子区间 $[x_{i-1}, x_i](i = 1, 2, \cdots, n)$ 上是不超过三次的多项式;

(2) $S(x) \in C^2[a, b]$;

(3) $S(x_i) = f(x_i)(i = 0, 1, 2, \cdots, n)$,

则称 $S(x)$ 为 $f(x)$ 在区间 $[a, b]$ 上的**三次样条插值函数**.

由于 $S(x)$ 在每个子区间 $[x_{i-1}, x_i](i = 1, 2, \cdots, n)$ 上是一个三次多项式, 若记其为 $S_i(x)$, 则

$$S_i(x) = a_i + b_i x + c_i x^2 + d_i x^3, \quad x \in [x_{i-1}, x_i].$$

式中含有 4 个待定系数 a_i, b_i, c_i 和 d_i. 因此, 要确定整个三次样条插值函数 $S(x)$, 必须确定 $4n$ 个待定系数.

再分析已知条件的个数. 条件 (2) 表明, $S(x), S'(x), S''(x)$ 在节点 $x_1, x_2, \cdots, x_{n-1}$ 上连续, 于是它们在这些点上的左、右极限相等, 这样可得到 $3(n-1)$ 个等式, 从而提供了包含未知数 a_i, b_i, c_i 和 d_i 的 $3n-3$ 个方程; 而条件 (3) 提供了 $n+1$ 个方程. 这样, 可以得到 $4n-2$ 个方程.

显然, 要确定 $4n$ 个待定参数仍缺少 2 个条件. 而所缺的 2 个条件通常只能在区间 $[a, b]$ 的 2 个端点处给出, 因此称为边界 (或端点) 条件.

边界条件应根据实际问题的要求来确定, 其类型众多, 典型的边界条件有

(1) 已知两端的一阶导数值, 即

$$S'(x_0) = f'(x_0), \quad S'(x_n) = f'(x_n);$$

(2) 已知两端的二阶导数值, 即

$$S''(x_0) = f''(x_0), \quad S''(x_n) = f''(x_n).$$

特别地, $S''(x_0) = S''(x_n) = 0$ 时, 称为**自然边界条件**. 满足自然边界条件的样条函数称为**自然样条函数**.

2.6.3　三次样条插值函数的构造方法

理论上, 我们可以利用 $S(x), S'(x), S''(x)$ 在点 $x_i(i = 1, 2, \cdots, n-1)$ 上的连续性以及 $n+1$ 个给定节点的函数值加上 2 个边界条件, 列出包含 $4n$ 个待定参数 a_i, b_i, c_i 和 $d_i(i = 1, 2, \cdots, n-1)$ 的线性方程组, 从而解得 $S(x)$ 在各子区间上的表达式 $S_i(x)$ 的各项系数. 但此法工作量相当大, 不具有实用意义.

1) 节点处一阶导数表示的三次样条函数

如果能求得 $S'(x)$ 在各个节点 $x_i(i = 1, 2, \cdots, n)$ 上的值 $m_i = S'(x_i)$, 那么构造 $S(x)$ 就十分容易了. 因为若已知 $m_i(i = 0, 1, \cdots, n)$, 则 $S(x)$ 在子区间 $[x_{i-1}, x_i](i = 1, 2, \cdots, n)$ 上就已经是一个满足插值条件

$$S(x_{i-1}) = f(x_{i-1}), \quad S(x_i) = f(x_i), \quad S'(x_{i-1}) = m_{i-1}, \quad S'(x_i) = m_i$$

的三次 Hermite 插值多项式了. 若记 $S(x)$ 在子区间 $[x_{i-1},x_i](i=1,2,\cdots,n)$ 上的三次多项式为 $S_i(x), h_i=x_i-x_{i-1}$, 则由两点三次 Hermite 插值公式, 可得

$$\begin{aligned}S_i(x)=&\frac{(x-x_i)^2[2(x-x_{i-1})+h_i]}{h_i^3}f(x_{i-1})+\frac{(x-x_{i-1})^2[2(x_i-x)+h_i]}{h_i^3}f(x_i)\\&+\frac{(x_i-x)^2(x-x_{i-1})}{h_i^2}m_{i-1}+\frac{(x-x_{i-1})^2(x-x_i)}{h_i^2}m_i.\end{aligned}\tag{2.6.1}$$

但 $m_i(i=1,2,\cdots,n)$ 实际上并不知道, 为了确定 m_i, 我们可以利用 $S(x)$ 的二阶导数在节点 $x_i(i=1,2,\cdots,n-1)$ 上连续的条件, 即可通过 $S_i''(x_i)=S_{i+1}''(x_i)$ 去确定. 为此, 对 $S_i(x)$ 求二次导数, 整理得

$$S_i''(x)=\frac{6x-2x_{i-1}-4x_i}{h_i^2}m_{i-1}+\frac{6x-4x_{i-1}-2x_i}{h_i^2}m_i+\frac{6(x_{i-1}+x_i-2x)}{h_i^3}(f(x_i)-f(x_{i-1})).\tag{2.6.2}$$

于是

$$S_i''(x)=\frac{2}{h_i}m_{i-1}+\frac{4}{h_i}m_i-\frac{6}{h_i^2}(f(x_i)-f(x_{i-1})).$$

同理可得

$$S_{i+1}''(x)=\frac{6x-2x_i-4x_{i+1}}{h_{i+1}^2}m_i+\frac{6x-4x_i-2x_{i+1}}{h_{i+1}^2}m_{i+1}+\frac{6(x_i+x_{i+1}-2x)}{h_{i+1}^3}(f(x_{i+1})-f(x_i)).$$

于是

$$S_{i+1}''(x_i)=-\frac{4}{h_{i+1}}m_i-\frac{2}{h_{i+1}}m_{i+1}+\frac{6}{h_{i+1}^2}(f(x_{i+1})-f(x_i)),\tag{2.6.3}$$

由 $S_i''(x_i)=S_{i+1}''(x_i)$ 得

$$\frac{2}{h_i}m_{i-1}+\left(\frac{4}{h_i}+\frac{4}{h_{i+1}}\right)m_i+\frac{2}{h_{i+1}}m_{i+1}=6\left(\frac{f(x_{i+1})-f(x_i)}{h_{i+1}^2}+\frac{f(x_i)-f(x_{i-1})}{h_i^2}\right).\tag{2.6.4}$$

用 $2\left(\frac{1}{h_i}+\frac{1}{h_{i+1}}\right)$ 除式 (2.6.4) 两边, 且记

$$\begin{aligned}&\lambda_i=\frac{h_{i+1}}{h_i+h_{i+1}},\quad \mu_i=1-\lambda_i=\frac{h_i}{h_i+h_{i+1}},\\&g_i=3(\mu_i f[x_i,x_{i+1}]+\lambda_i f[x_{i-1},x_i]),\end{aligned}$$

这里, $i=1,2,\cdots,n-1$, 则可得

$$\lambda_i m_{i-1}+2m_i+\mu_i m_{i+1}=g_i,\tag{2.6.5}$$

$i=1,2,\cdots,n-1$. 该 $n-1$ 个方程组成的线性方程组含 $m_0,m_1,\cdots,m_n$, 共有 $n+1$ 个未知数, 因此想要唯一确定它的值, 还需用到 2 个边界条件:

(1) 已知两端的一阶导数值. 即已给定 $S(x)$ 在区间端点处的一阶导数值

$$m_0=f'(x_0),\quad m_n=f'(x_n).$$

这样方程组 (2.6.5) 中实际仅含 $n-1$ 个未知数 $m_1, m_2, \cdots, m_{n-1}$, 则方程组 (2.6.5) 可改写成

$$\begin{pmatrix} 2 & \mu_1 & & & \\ \lambda_2 & 2 & \mu_2 & & \\ & \ddots & \ddots & \ddots & \\ & & \lambda_{n-2} & 2 & \mu_{n-2} \\ & & & \lambda_{n-1} & 2 \end{pmatrix} \begin{pmatrix} m_1 \\ m_2 \\ \vdots \\ m_{n-2} \\ m_{n-1} \end{pmatrix} = \begin{pmatrix} g_1 - \lambda_1 f'(x_0) \\ g_2 \\ \vdots \\ g_{n-2} \\ g_{n-1} - \mu_{n-1} f'(x_n) \end{pmatrix}. \tag{2.6.6}$$

(2) 已知两端的二阶导数值. 由于已知

$$S''(x_0) = f''(x_0), \quad S''(x_n) = f''(x_n),$$

由式 (2.6.2) 可知 $S''(x)$ 在 $[x_0, x_1]$ 上的表达式为

$$S_1''(x) = \frac{6x - 2x_0 - 4x_1}{h_1^2} m_0 + \frac{6x - 4x_0 - 2x_1}{h_1^2} m_1 + \frac{6(x_0 + x_1 - 2x)}{h_1^3} (f(x_1) - f(x_0)).$$

于是, 由条件 $S''(x_0) = f''(x_0)$, 即得

$$f''(x_0) = -\frac{4}{h_1} m_0 - \frac{2}{h_1} m_1 + \frac{6}{h_1^2} (f(x_1) - f(x_0)).$$

故有

$$2m_0 + m_1 = 3\frac{f(x_1) - f(x_0)}{h_1} - \frac{h_1}{2} f''(x_0). \tag{2.6.7}$$

同理, 由条件 $S''(x_n) = f''(x_n)$ 得

$$m_{n-1} + 2m_n = 3\frac{f(x_n) - f(x_{n-1})}{h_n} + \frac{h_n}{2} f''(x_n). \tag{2.6.8}$$

结合式 (2.6.5)、式 (2.6.7) 和式 (2.6.8), 即得确定 $m_1, m_2, , \cdots, m_n$ 的线性方程组

$$\begin{pmatrix} 2 & 1 & & & \\ \lambda_1 & 2 & \mu_1 & & \\ & \ddots & \ddots & \ddots & \\ & & \lambda_{n-1} & 2 & \mu_{n-1} \\ & & & 1 & 2 \end{pmatrix} \begin{pmatrix} m_0 \\ m_1 \\ \vdots \\ m_{n-1} \\ m_n \end{pmatrix} = \begin{pmatrix} g_0 \\ g_1 \\ \vdots \\ g_{n-1} \\ g_n \end{pmatrix}, \tag{2.6.9}$$

式中,

$$g_0 = 3\frac{f(x_1) - f(x_0)}{h_1} - \frac{h_1}{2} f''(x_0), \quad g_n = 3\frac{f(x_n) - f(x_{n-1})}{h_n} + \frac{h_n}{2} f''(x_n).$$

对于线性方程组 (2.6.6) 和方程组 (2.6.9), 可证明它们的系数矩阵都是非奇异的, 从而这些方程组都有唯一确定的解.

解上述方程组 (此类型的线性方程组称为三对角方程组, 可用简便的**追赶法**求解. 具体实施过程见 3.5 节 (追赶法)), 求出 $m_1, m_2, \cdots, m_n$ 的值, 将它们代入式 (2.6.1) 即得三次样条插值函数在各子区间上的表达式.

例 2.6.2 已知数据表

x_i	0	1	2	3
$f(x_i)$	0	2	3	6
$f'(x_i)$	1			0

求满足上述数据表的三次样条插值函数, 并计算 $f(0.3)$ 和 $f(2.4)$ 的近似值.

解 这是已知两端一阶导数的情形下的插值问题, 且 $n=3$, 故确定 m_1, m_2 的方程形如式 (2.6.6), 其中系数 λ_i, μ_i 与 g_i 可按下面步骤进行计算:

$$\begin{aligned}
&h_i: h_1=1,\quad h_2=1,\quad h_3=1,\\
&\lambda_i: \lambda_1=\frac{1}{2},\quad \lambda_2=\frac{1}{2},\\
&\mu_i: \mu_1=\frac{1}{2},\quad \mu_2=\frac{1}{2},\\
&g_i: g_1=3(\mu_1 f[x_1,x_2]+\lambda_1 f[x_0,x_1])=\frac{9}{2},\\
&\qquad g_2=3(\mu_2 f[x_2,x_3]+\lambda_2 f[x_1,x_2])=6,
\end{aligned}$$

即有

$$g_1-\lambda_1 f'(x_0)=4,\quad g_2-\mu_2 f'(x_3)=6.$$

故确定 m_1, m_2 的方程组为

$$\begin{pmatrix} 2 & \frac{1}{2} \\ \frac{1}{2} & 2 \end{pmatrix}\begin{pmatrix} m_1 \\ m_2 \end{pmatrix}=\begin{pmatrix} 4 \\ 6 \end{pmatrix},$$

解之得

$$m_1=\frac{4}{3},\quad m_2=\frac{8}{3}.$$

于是由式 (2.6.1) 知, $S(x)$ 在区间 $[0,1]$ 上的表达式为

$$\begin{aligned}
S_1(x)=&\frac{(x-x_1)^2[2(x-x_0)+h_1]}{h_1^3}f(x_0)+\frac{(x-x_0)^2[2(x_1-x)+h_1]}{h_1^3}f(x_1)\\
&+\frac{(x_1-x)^2(x-x_0)}{h_1^2}m_0+\frac{(x-x_0)^2(x-x_1)}{h_1^2}m_1\\
=&2x^2(3-2x)+x(x-1)^2+\frac{4}{3}x^2(x-1)\\
=&-\frac{5}{3}x^3+\frac{8}{3}x^2+x.
\end{aligned}$$

同理可得, $S(x)$ 在区间 $[1,2]$ 与 $[2,3]$ 上的表达式分别为

$$S_2(x)=2x^3-\frac{25}{3}x^2+12x-\frac{11}{3},\quad S_3(x)=-\frac{10}{3}x^3+\frac{71}{3}x^2-52x+39.$$

故所求三次样条插值函数 $S(x)$ 在所讨论的区间 $[0,3]$ 上的表达式为

$$S(x)=\begin{cases}-\frac{5}{3}x^3+\frac{8}{3}x^2+x & x\in[0,1]\\ 2x^3-\frac{25}{3}x^2+12x-\frac{11}{3} & x\in[1,2]\\ -\frac{10}{3}x^3+\frac{71}{3}x^2-52x+39 & x\in[2,3]\end{cases}.$$

利用 $S(x)$ 的表达式, 就容易计算 $f(0.3)$ 和 $f(2.4)$ 的近似值了.

由于 $0.3\in[0,1]$, 故用 $S_1(x)$ 计算得到

$$f(0.3)\approx S_1(0.3)=0.495,$$

同理可得

$$f(2.4)\approx S_3(2.4)=4.44. \qquad \#$$

下面给出已知两端的二阶导数值求 $S(x)$ 的计算步骤:

(1) 输入初始数据 $x_i, f(x_i)(i=0,1,\cdots,n)$ 及其 $f''(x_0), f''(x_n)$;

(2) 计算

$$h_i=x_i-x_{i-1},\quad f[x_{i-1},x_i]=\frac{f(x_i)-f(x_{i-1})}{h_i},\quad i=1,2,\cdots,n;$$

(3) 计算

$$\begin{aligned}&\lambda_i=\frac{h_{i+1}}{h_i+h_{i+1}},\quad \mu_i=1-\lambda_i,\\&g_i=3[\mu_i f[x_i,x_{i+1}]+\lambda_i f[x_{i-1},x_i]],\quad i=1,2,\cdots,n-1,\\&g_0=3f[x_0,x_1]-\frac{h_1}{2}f''(x_0),\\&g_n=3f[x_{n-1},x_n]-\frac{h_n}{2}f''(x_n);\end{aligned}$$

(4) 解方程组 (2.6.9), 求出 $m_i(i=0,1,\cdots,n)$;

(5) 算出 $S(x)$ 的系数或计算 $S(x)$ 在指定点上的值;

(6) 输出结果.

2)节点处二阶导数表示的三次样条函数

同样地, 如求得 $S(x)$ 在各节点处的二阶导数值 $M_i=f''(x_i)(i=0,1,\cdots,n)$, 我们一样容易求得三次样条函数 $S(x)$.

事实上, 因为 $S''(x)$ 在 $[x_{i-1},x_i](i=1,2,\cdots,n)$ 上应是一个线性函数, 所以

$$S_i''(x)=\frac{x_i-x}{h_i}M_{i-1}+\frac{x-x_{i-1}}{h_i}M_i, \tag{2.6.10}$$

将式 (2.6.10) 积分 2 次得

$$S_i(x)=\frac{(x_i-x)^3}{6h_i}M_{i-1}+\frac{(x-x_{i-1})^3}{6h_i}M_i+A_i(x-x_i)+B_i,$$

利用 $S_i(x_{i-1})=f(x_{i-1}), S_i(x_i)=f(x_i)$ 就可确定待定常数 A_i、B_i, 即有

$$A_i=\frac{f(x_i)-f(x_{i-1})}{h_i}-\frac{h_i}{6}(M_i-M_{i-1}),\quad B_i=f(x_i)-\frac{h_i^2}{6}M_i.$$

所以

$$\begin{aligned}S_i(x)=&\frac{(x_i-x)^3}{6h_i}M_{i-1}+\frac{(x-x_{i-1})^3}{6h_i}M_i+\left(f(x_{i-1})-\frac{M_{i-1}}{6}h_i^2\right)\frac{(x_i-x)}{h_i}\\&+\left(f(x_i)-\frac{M_i}{6}h_i^2\right)\frac{(x-x_{i-1})}{h_i},\quad i=1,2,\cdots,n,\end{aligned}\tag{2.6.11}$$

式中, $M_i(i=0,1,\cdots,n)$ 同样是未知的, 可利用 $S(x)$ 在节点 $x_i(i=1,2,\cdots,n-1)$ 上一阶导数连续的条件, 即由 $S_i'(x_i)=S_{i+1}'(x_i)$ 来确定它们. 对式 (2.6.11) 两边关于 x 求导得

$$S_i'(x)=-\frac{(x_i-x)^2}{2h_i}M_{i-1}+\frac{(x-x_{i-1})^2}{2h_i}M_i+\frac{f(x_i)-f(x_{i-1})}{h_i}-\frac{M_i-M_{i-1}}{6}h_i.$$

于是

$$S_i'(x_i)=\frac{h_i}{6}M_{i-1}+\frac{h_i}{3}M_i+f[x_{i-1},x_i],\tag{2.6.12}$$

同理可得

$$S_{i+1}'(x_i)=-\frac{h_{i+1}}{3}M_i-\frac{h_{i+1}}{6}M_{i+1}+f[x_i,x_{i+1}].\tag{2.6.13}$$

由于 $S_i'(x_i)=S_{i+1}'(x_i)$, 故有

$$\frac{h_i}{6}M_{i-1}+\frac{h_i+h_{i+1}}{3}M_i+\frac{h_{i+1}}{6}M_{i+1}=f[x_i,x_{i+1}]-f[x_{i-1},x_i],\tag{2.6.14}$$

沿用前面的记号, 将式 (2.6.14) 整理得

$$\mu_iM_{i-1}+2M_i+\lambda_iM_{i+1}=d_i,\tag{2.6.15}$$

式中, $d_i=6f[x_{i-1},x_i,x_{i+1}]; i=1,2,\cdots,n-1$.

这 $n-1$ 个方程一样含有 $M_0,M_1,\cdots,M_n$ 共 $n+1$ 个未知量, 也需要加上 2 个边界条件才能确定.

(1) 已知两端的一阶导数值时, 即有

$$S_1'(x_0)=f'(x_0),\quad S_n'(x_n)=f'(x_n).$$

由式 (2.6.12) 和式 (2.6.16) 分别整理得

$$2M_0+M_1=\frac{6}{h_1}(f[x_0,x_1]-f'(x_0))=d_0,$$

$$M_{n-1}+2M_n=\frac{6}{h_n}(f'(x_n)-f[x_{n-1},x_n])=d_n. \tag{2.6.16}$$

结合式 (2.6.15) 和式 (2.6.16) 得满足 $M_0, M_1, \cdots, M_n$ 的线性方程组为

$$\begin{pmatrix} 2 & 1 & & & \\ \mu_1 & 2 & \lambda_1 & & \\ & \ddots & \ddots & \ddots & \\ & & \mu_{n-1} & 2 & \lambda_{n-1} \\ & & & 1 & 2 \end{pmatrix}\begin{pmatrix} M_0 \\ M_1 \\ \vdots \\ M_{n-1} \\ M_n \end{pmatrix}=\begin{pmatrix} d_0 \\ d_1 \\ \vdots \\ d_{n-1} \\ d_n \end{pmatrix}. \tag{2.6.17}$$

(2) 已知两端的二阶导数值, 即已知

$$M_0=f''(x_0), \quad M_n=f''(x_n),$$

则式 (2.6.17) 可改写成

$$\begin{pmatrix} 2 & \lambda_1 & & & \\ \mu_2 & 2 & \lambda_2 & & \\ & \ddots & \ddots & \ddots & \\ & & \mu_{n-2} & 2 & \lambda_{n-2} \\ & & & \mu_{n-1} & 2 \end{pmatrix}\begin{pmatrix} M_1 \\ M_2 \\ \vdots \\ M_{n-2} \\ M_{n-1} \end{pmatrix}=\begin{pmatrix} d_1-\mu_1 f''(x_0) \\ d_2 \\ \vdots \\ d_{n-2} \\ d_{n-1}-\lambda_{n-1} f''(x_n) \end{pmatrix}. \tag{2.6.18}$$

对于方程组 (2.6.17) 和方程组 (2.6.18), 同样可以证明它们都有唯一确定的解, 求 $M_0, M_1, \cdots, M_n$ 的值, 将它们代入式 (2.6.11) 可得 $S(x)$ 在各子区间上的表达式.

2.6.4 两点说明

1)关于插值的误差估计

定理 2.3 设 $f(x) \in C^4[a,b]$,$S(x)$ 是 $f(x)$ 的满足插值条件和两类边界条件之一的三次样条插值函数, 则

$$\left|f^{(m)}(x)-S^{(m)}(x)\right| \leqslant C_m h^{(4-m)}\left\|f^{(4)}\right\|_{\infty}, \quad m=0,1,2,3,$$

式中,

$$C_0=\frac{5}{384}, C_1=\frac{1}{24}, C_2=\frac{3}{8}, C_3=\frac{\alpha+\alpha^{-1}}{2}, \ h=\max_i h_i, \alpha=\frac{h}{\min\limits_i h_i}, \|f^{(4)}\|_{\infty}=\max_{a\leqslant x\leqslant b}|f^{(4)}(x)|.$$

证明 略.

可以看出, 只要 $h \to 0$, 便能保证 $S^{(m)}(x) \to f^{(m)}(x)$, $m=0,1,2,3$.

2)关于样条函数的统一表示形式

上面得到的三次样条插值函数是以分段形式表示的, 即

$$S(x)=\begin{cases} S_1(x) & x\in[x_0,x_1] \\ S_2(x) & x\in[x_1,x_2] \\ & \cdots \\ S_n(x) & x\in[x_{n-1},x_n] \end{cases}.$$

当这种表示方法分析使用不方便时, 我们可把它们写成另一种统一表达形式.

事实上, 以分两段情形为例. 设

$$S(x)=\begin{cases} S_1(x) & x\in[x_0,x_1] \\ S_2(x) & x\in[x_1,x_2] \end{cases}.$$

由于

$$S_1(x_1)=S_2(x_1),\quad S_1'(x_1)=S_2'(x_1),\quad S_1''(x_1)=S_2''(x_1),$$

则 $x=x_1$ 是 $P(x)=S_2(x)-S_1(x)$ 的三重零点, 即

$$S_2(x)-S_1(x)=b_1(x-x_1)^3,\quad b_1\text{为确定常数}.$$

所以

$$S(x)=\begin{cases} S_1(x) & x\in[x_0,x_1] \\ S_1(x)+b_1(x-x_1)^3 & x\in[x_1,x_2] \end{cases},$$

记作

$$S(x)=S_1(x)+b_1(x-x_1)_+^3,$$

式中,

$$(x-x_1)_+^3=\begin{cases} 0 & x<x_1 \\ (x-x_1)^3 & x\geqslant x_1 \end{cases}$$

称为**截断幂函数**.

一般地, $n+1$ 个节点的三次样条插值函数可表示为

$$S(x)=a_0+a_1x+a_2x^2+a_3x^3+b_1(x-x_1)_+^3+\cdots+b_{n-1}(x-x_{n-1})_+^3.$$

习 题 2

1. 已知 $\sin x$ 在 $x=0,\frac{\pi}{6},\frac{\pi}{4},\frac{\pi}{3},\frac{\pi}{2}$ 的值, 试用二次插值多项式求 $\sin x$ 在 $x=\frac{\pi}{5}$ 的近似值, 并估计误差.

2. 设 $x_0,x_1,\cdots,x_n$ 为互不相同的节点, 证明

(1) $\sum\limits_{k=0}^{n} l_k(x)=1$;

(2) $\sum\limits_{k=0}^{n} l_k(x)g(x_k)=g(x)$, $g(x)$ 为不超过 n 次的多项式.

3. 在 $1 \leqslant x \leqslant 10$ 上给出 $f(x) = \ln x$ 的等距节点函数表, 若用二次插值多项式求 $\ln x$ 的近似值, 要使截断误差不超过 10^{-6}, 问该函数表的步长 h 应取多少?

4. 设 $f(x)$ 在区间 $[a, b]$ 上有连续的二阶导数, 且 $f(a) = f(b) = 0$, 证明

$$\max_{a \leqslant x \leqslant b} |f(x)| \leqslant \frac{1}{8}(b-a)^2 \max_{a \leqslant x \leqslant b} |f''(x)|.$$

5. 设 $f(x) = x^5 + 3x^3 + x + 1$, 试求 $f[1, 2, 3, 4, 5, 6]$ 及 $f\left[1, \frac{1}{2}, \frac{1}{3}, \frac{1}{4}, \frac{1}{5}, \frac{1}{6}, \frac{1}{7}\right]$ 的差商值.

6. 已知数据表

x_i	0.2	0.4	0.6	0.8
$f(x_i)$	0.19956	0.39646	0.58813	0.77210

试分别用二次、三次 Newton 插值多项式求 $f(0.45)$ 的近似值.

7. 如果 $f(x)$ 是 m 次多项式, 记 $\Delta f(x) = f(x+h) - f(x)$, 证明 $f(x)$ 的 k 阶差分 $\Delta^k f(x)(0 \leqslant k < m)$ 是 $m-k$ 次多项式.

8. 已知数据表

x_i	0.4	0.5	0.6	0.7
$f(x_i)$	0.38942	0.47943	0.56464	0.64422

(1) 用二阶的 Newton 前插公式求 $f(0.45)$ 的近似值;

(2) 用二阶的 Newton 后插公式求 $f(0.65)$ 的近似值.

9. 求满足条件

x_i	1	2
$f(x_i)$	2	3
$f'(x_i)$	1	-1

的 Hermite 插值多项式.

10. 求一个次数不高于 4 次的多项式 $P(x)$, 使它满足

$$P(0) = P'(0) = 0, \quad P(1) = P'(1) = 1, \quad P(2) = 1,$$

并估计误差.

11. 设 $x_0, x_1, \cdots, x_n$ 为互不相同的节点, 证明

$$\sum_{i=0}^{n} x_i h_i(x) + \sum_{i=0}^{n} \bar{h}_i(x) = x,$$

式中, $h_i(x) = (1 - 2l_i(x_i)(x - x_i))(l_i(x))^2, \bar{h}_i(x) = (x - x_i)(l_i(x))^2$, 而 $l_i(x)$ 是 Lagrange 插值基函数.

12. 已知数据表

x_i	0	1	2	3
$f(x_i)$	1	3	6	5
$f'(x_i)$	2			-1

求在区间 [0,3] 上的三次样条插值函数.

13. 已知数据表

x_i	1	2	4	5
$f(x_i)$	1	3	4	2
$f'(x_i)$	0			0

求在区间 [1,5] 上三次样条插值函数 (自然样条插值函数).

14. 设 $x_0, x_1, \cdots, x_n$ 为互不相同的节点, 函数 $y = f(x)$ 在节点处的取值分别为 $f(x_0), f(x_1), \cdots, f(x_n)$, 若取一个函数

$$P_n(x) = \sum_{k=0}^{n} a_k \mathrm{e}^{kx}$$

使得 $P_n(x_i) = f(x_i), i = 0, 1, \cdots, n$ 成立, 证明 $a_0, a_1, \cdots, a_n$ 是唯一确定的.

15. 证明

$$f[x_0, x_1, \cdots, x_n] = \sum_{i=0}^{k} \frac{f(x_i)}{\omega'_{n+1}(x_i)},$$

式中, $\omega_{n+1} = \prod_{j=0}^{n} (x - x_j)$.

第 3 章　线性方程组的直接解法

3.1　引　　言

第 2 章中，我们将求三次样条的问题最终归结为求解一个三对角的线性代数方程组的问题. 而事实上，这仅仅是线性代数方程组求解应用的一个方面. 几乎所有实际的科学与工程问题都或多或少地涉及求解线性代数方程组的问题，例如，建筑结构设计问题、计算机网络问题、计算机辅助几何设计问题、实验数据的曲线拟合问题、管理科学中的规划问题等. 可见，线性代数方程组的求解不仅在计算方法课程中，而且在科学与工程领域中占有极其重要的地位.

线性代数或高等代数中，我们已熟悉了解线性代数方程组的克拉默 (Cramer) 法则. 但是，该方法的计算速度实在太慢，以至于当方程组阶数较高 (例如，CT 图像重建时，常要解成百上千阶的线性代数方程组) 时，用其求解线性代数方程组几乎是不可能的. 事实上，求解一个 n 阶的非齐次线性方程组

$$\boldsymbol{A}\boldsymbol{x}=\boldsymbol{b}, \tag{3.1.1}$$

式中，$\boldsymbol{A}\in\mathbf{R}^{n\times n}$; $\boldsymbol{b}\in\mathbf{R}^{n}$. 依据 Cramer 法则需要计算 $n+1$ 个 n 阶行列式，而每个行列式包含 $n!$ 个乘积的值，其中每个乘积需作 $n-1$ 次乘法. 若不考虑其他运算 (例如，每一个单项的符号位如何确定) 的情况下，仅这些乘法运算就有

$$N=n!(n+1)(n-1)$$

次. 因此，不要说成百上千阶的方程组，就说当 $n=20$ 时的方程组 (3.1.1) 吧，$N\approx 9.7\times 10^{20}$，若在每秒可进行 1 亿次乘法运算的计算机上运算，至少需 30 多万年!

总之，学习研究线性代数方程组快速而有效的求解算法是十分重要的. 实践中，求解大型的线性代数方程组主要使用直接法和迭代法.

(1) **直接法**　在不考虑舍入误差的情况下，通过有限步四则运算可求得准确解的方法. 本章所介绍的方法与上面提到的 Cramer 法则均是直接法，只不过 Cramer 法则仅仅存在理论研究上的研究价值，没有实际的使用价值.

(2) **迭代法**　构造一个与原方程组相容的迭代格式，将一个初始近似值代入该格式求出解向量的一个新近似值，这一过程称为一次迭代，这种通过迭代或极限过程去逐步逼近方程组精确解的方法就称为**迭代法**. 应用迭代法的思想，除了可以求解线性方程组的解之外，第

4 章求解非线性方程与方程组以及第 9 章中用幂法以及反幂法求特征值与特征向量等算法, 也是迭代法应用的典型案例. 迭代法具有占用计算机内存少、程序设计简单等优点, 但存在着收敛性、收敛速度的判断等问题.

我们将迭代法的内容放在第 5 章展开, 本章介绍直接法.

3.2 Gauss 消元法

在介绍 Gauss 消元法之前, 先来研究三角形方程组的求解问题.

3.2.1 三角形方程组的解法

形如

$$\begin{cases} u_{11}x_1+u_{12}x_2+\cdots+u_{1,n-1}x_{n-1}+u_{1n}x_n = b_1 \\ u_{22}x_2+\cdots+u_{2,n-1}x_{n-1}+u_{2n}x_n = b_2 \\ \quad\ddots \qquad \vdots \qquad \vdots \\ u_{n-1,n-1}x_{n-1}+u_{n-1,n}x_n = b_{n-1} \\ u_{nn}x_n = b_n \end{cases} \tag{3.2.1}$$

的方程组称为**上三角方程组**. 在式 (3.2.1) 中, 若系数矩阵主对角线上元素 $u_{ii} \neq 0$, 这里, $i=1,\cdots,n$, 则上三角矩阵

$$\boldsymbol{U} = \begin{pmatrix} u_{11} & u_{12} & \cdots & u_{1,n-1} & u_{1n} \\ & u_{22} & \cdots & u_{2,n-1} & u_{2n} \\ & & \ddots & \vdots & \vdots \\ & & & u_{n-1,n-1} & u_{n-1,n} \\ & & & & u_{nn} \end{pmatrix}$$

非奇异, 因此方程组 (3.2.1) 的解存在唯一. 线性方程组 (3.2.1) 的解可自下而上用代入法求解, 得

$$\begin{cases} x_n = \dfrac{b_n}{u_{nn}} \\ x_i = \dfrac{1}{u_{ii}}\left(b_i - \displaystyle\sum_{j=i+1}^{n} u_{ij}x_j\right), \quad i=n-1,n-2,\cdots,1 \end{cases}, \tag{3.2.2}$$

式 (3.2.2) 称为求上三角方程组 (3.2.1) 的**回代法**.

算法 3.1(回代法):

Input　number of equations and unknowns n, matrix (u_{ij}), vector(b_i)

Step1　$x_n \leftarrow b_n/u_{n,n}$

```
Step2  for i = n-1 to 1 do
```

$$x_i \leftarrow \left(b_i - \sum_{j=i+1}^{n} u_{i,j}x_j\right)/u_{i,i}$$

```
       end do
Output  solution (x_i)
```

算法 3.1 解上三角方程组 (3.2.1) 只需要作

$$1+2+\cdots+n=\frac{n\,(n+1)}{2}$$

次乘、除运算和

$$0+1+\cdots+(n-1)=\frac{n\,(n-1)}{2}$$

次加、减法运算. 因此, 只要用某种方法将任意一个线性方程组化为式 (3.2.1) 的形式, 再使用算法 3.1, 就可求出方程组的解.

事实上, 求解线性方程组时, 也可以将其化为**下三角形方程组**

$$\begin{cases} u_{11}x_1 & & = b_1 \\ u_{21}x_1 + u_{22}x_2 & & = b_2 \\ \vdots & \vdots & \vdots \\ u_{n-1,1}x_1 + u_{n-1,2}x_2 \cdots + u_{n-1,n-1}x_{n-1} & & = b_{n-1} \\ u_{n,1}x_1 + u_{n2}x_2 \cdots + u_{n,n-1}x_{n-1} + u_{nn}x_n & & = b_n \end{cases}. \tag{3.2.3}$$

再构造相应的**前代法**公式

$$\begin{cases} x_1 = \dfrac{b_1}{u_{11}} \\ x_i = \dfrac{1}{u_{ii}}\left(b_i - \displaystyle\sum_{j=1}^{i-1} u_{ij}x_j\right), \quad i = 2, \cdots, n-1, n \end{cases}$$

求解, 两种代入法的计算量是基本相同的.

3.2.2　预备知识 *

一般情况下, 已知 n 阶非齐次线性方程组

$$\boldsymbol{Ax} = \boldsymbol{b}, \tag{3.2.4}$$

式中,

$$\boldsymbol{A} = \begin{pmatrix} a_{11} & a_{12} & \cdots & a_{1n} \\ a_{21} & a_{22} & \cdots & a_{2n} \\ \vdots & \vdots & & \vdots \\ a_{n1} & a_{n2} & \cdots & a_{nn} \end{pmatrix}, \quad \boldsymbol{x} = \begin{pmatrix} x_1 \\ x_2 \\ \vdots \\ x_n \end{pmatrix}, \quad \boldsymbol{b} = \begin{pmatrix} b_1 \\ b_2 \\ \vdots \\ b_n \end{pmatrix}.$$

若系数矩阵 $\boldsymbol{A}$ 非奇异, 则方程组 (3.2.4) 的解存在唯一.

在下面的章节中, 采用如下三种变换化简矩阵:

(1) 用一个非零常数 k 去乘以矩阵的第 i 行 r_i(或第 i 列 c_i), 记为 kr_i(或 kc_i);

(2) 将矩阵第 j 行 (列) 的 k 倍加到第 i 行 (列) 上去, 记为 $r_i + kr_j$(或 $c_i + kc_j$);

(3) 将矩阵的第 i 行 (列) 和第 j 行 (列) 互换, 记为 $r_i \leftrightarrow r_j$(或 $c_i \leftrightarrow c_j$).

上述三种变换称为矩阵的**初等行 (列) 变换**, 统称为**初等变换**.

将一个矩阵 $\boldsymbol{A}$ 经过有限步初等变换变成矩阵 $\boldsymbol{B}$, 则矩阵 $\boldsymbol{A}$ 和 $\boldsymbol{B}$ 是等价的, 记为 $\boldsymbol{A} \sim \boldsymbol{B}$, 等价关系 ($\sim$) 是数学中的一种基本关系, 等价关系具有

(1) 自反性: $\boldsymbol{A} \sim \boldsymbol{A}$;

(2) 对称性: 若 $\boldsymbol{A} \sim \boldsymbol{B}$, 则 $\boldsymbol{B} \sim \boldsymbol{A}$;

(3) 传递性: 若 $\boldsymbol{A} \sim \boldsymbol{B}$, $\boldsymbol{B} \sim \boldsymbol{C}$, 则 $\boldsymbol{A} \sim \boldsymbol{C}$.

若将一个线性方程组 $E1$ 的增广阵 $\overline{\boldsymbol{A}}$ 经过有限次初等行变换变成矩阵 $\boldsymbol{B}$, 且 $\boldsymbol{B}$ 对应的线性方程组为 $E2$, 则两个线性方程组 $E1$ 和 $E2$ 是等价的, 且 $E1$ 和 $E2$ 是同解方程组.

3.2.3 Gauss 消元法

为了方便叙述, 将线性方程组 (3.2.4) 的增广阵记为

$$\bar{\boldsymbol{A}} = [\boldsymbol{A} \vdots \boldsymbol{b}] = \left(\begin{array}{cccc:c} a_{11}^{(1)} & a_{12}^{(1)} & \cdots & a_{1n}^{(1)} & a_{1,n+1}^{(1)} \\ a_{21}^{(1)} & a_{22}^{(1)} & \cdots & a_{2n}^{(1)} & a_{2,n+1}^{(1)} \\ \vdots & \vdots & & \vdots & \vdots \\ a_{n1}^{(1)} & a_{n2}^{(1)} & \cdots & a_{nn}^{(1)} & a_{n,n+1}^{(1)} \end{array}\right) = \bar{\boldsymbol{A}}^{(1)},$$

式中, $a_{ij}^{(1)} = a_{ij}, i = 1, 2, \cdots, n, j = 1, 2, \cdots, n$; $a_{i,n+1}^{(1)} = b_i, i = 1, 2, \cdots, n$.

一般情况下, 用 Gauss 消元法求解线性方程组的解, 需要两个步骤:

第一步(**Gauss 消元过程**): 不妨设**主元素** $a_{11}^{(1)}$ 不等于 0, 则可用一系列初等行变换将 $\overline{\boldsymbol{A}}^{(1)}$ 中第 1 列中的元素 $a_{i1}^{(1)}$ 全部化为零, 这里 $i = 2, \cdots, n$.

事实上, 若记 $l_{i1} = \dfrac{a_{i1}^{(1)}}{a_{11}^{(1)}}$(称 l_{i1} 为**消元因子**), 对矩阵 $\overline{\boldsymbol{A}}^{(1)}$ 作初等行变换 $r_i - l_{i1}r_1 (i = 2, 3, \cdots, n)$ 得

$$\overline{\boldsymbol{A}}^{(1)} \underset{i=2,3,\cdots,n}{\underbrace{\xrightarrow{r_i - l_{i1}r_1}}} \begin{pmatrix} a_{11}^{(1)} & a_{12}^{(1)} & \cdots & a_{1n}^{(1)} & a_{1,n+1}^{(1)} \\ 0 & a_{22}^{(2)} & \cdots & a_{2n}^{(2)} & a_{2,n+1}^{(2)} \\ \vdots & \vdots & & \vdots & \vdots \\ 0 & a_{n2}^{(2)} & \cdots & a_{nn}^{(2)} & a_{n,n+1}^{(2)} \end{pmatrix} = \overline{\boldsymbol{A}}^{(2)},$$

式中,

$$a_{ij}^{(2)} = a_{ij}^{(1)} - l_{i1}a_{1j}^{(1)}, 2 \leqslant i \leqslant n, \quad 2 \leqslant j \leqslant n+1.$$

此次消元共需 $n \times (n-1)$ 次乘法和 $n-1$ 次除法运算.

假设前面已经进行了 $k-1$ 步消元, 得

$$\overline{\boldsymbol{A}}^{(k)} = \begin{pmatrix} a_{11}^{(1)} & a_{12}^{(1)} & \cdots & a_{1,k-1}^{(1)} & a_{1k}^{(1)} & \cdots & a_{1n}^{(1)} & a_{1,n+1}^{(1)} \\ & a_{22}^{(2)} & \cdots & a_{2,k-1}^{(2)} & a_{2k}^{(2)} & \cdots & a_{2n}^{(2)} & a_{2,n+1}^{(2)} \\ & & \ddots & \vdots & \vdots & & \vdots & \vdots \\ & & & a_{k-1,k-1}^{(k-1)} & a_{k-1,k}^{(k-1)} & \cdots & a_{k-1,n}^{(k-1)} & a_{k-1,n+1}^{(k-1)} \\ & & & & a_{kk}^{(k)} & \cdots & a_{kn}^{(k)} & a_{k,n+1}^{(k)} \\ & & & & \vdots & \ddots & \vdots & \vdots \\ & & & & a_{nk}^{(k)} & \cdots & a_{nn}^{(k)} & a_{n,n+1}^{(k)} \end{pmatrix}.$$

不妨设第 k 个主元素 $a_{kk}^{(k)} \neq 0$, 则可令**消元因子**$l_{ik} = \dfrac{a_{ik}^{(k)}}{a_{kk}^{(k)}}$, 对矩阵 $\overline{\boldsymbol{A}}^{(k)}$ 作**初等行变换** $r_i - l_{ik}r_k$, $i = k+1, \cdots, n$,

得

$$\overline{\boldsymbol{A}}^{(k)} \underset{i=k+1,\cdots,n}{\overset{r_i - l_{ik}r_k}{\sim}} \begin{pmatrix} a_{11}^{(1)} & a_{12}^{(1)} & \cdots & a_{1k}^{(1)} & a_{1,k+1}^{(1)} & \cdots & a_{1n}^{(1)} & a_{1,n+1}^{(1)} \\ & a_{22}^{(2)} & \cdots & a_{2k}^{(2)} & a_{2,k+1}^{(2)} & \cdots & a_{2n}^{(2)} & a_{2,n+1}^{(2)} \\ & & \ddots & \vdots & \vdots & & \vdots & \vdots \\ & & & a_{kk}^{(k)} & a_{k,k+1}^{(k)} & \cdots & a_{kn}^{(k)} & a_{k,n+1}^{(k)} \\ & & & & a_{k+1,k+1}^{(k+1)} & \cdots & a_{k+1,n}^{(k+1)} & a_{k+1,n+1}^{(k+1)} \\ & & & & \vdots & \ddots & \vdots & \vdots \\ & & & & a_{n,k+1}^{(k+1)} & \cdots & a_{nn}^{(k+1)} & a_{n,n+1}^{(k+1)} \end{pmatrix} = \overline{\boldsymbol{A}}^{(k+1)},$$

式中,

$$a_{ij}^{(k+1)} = a_{ij}^{(k)} - l_{ik}a_{kj}^{(k)}, \quad k+1 \leqslant i \leqslant n, \quad k+1 \leqslant j \leqslant n+1 .$$

此次消元, 共需 $(n-k+1) \times (n-k)$ 次乘法和 $n-k$ 次除法运算.

在进行了 $n-1$ 步消元后, 得上三角矩阵

$$
\overline{\boldsymbol{A}}^{(n)} = \begin{pmatrix}
a_{11}^{(1)} & a_{12}^{(1)} & \cdots & a_{1k}^{(1)} & a_{1,k+1}^{(1)} & \cdots & a_{1n}^{(1)} & a_{1,n+1}^{(1)} \\
 & a_{22}^{(2)} & \cdots & a_{2k}^{(2)} & a_{2,k+1}^{(2)} & \cdots & a_{2n}^{(2)} & a_{2,n+1}^{(2)} \\
 & & \ddots & \vdots & \vdots & & \vdots & \vdots \\
 & & & a_{kk}^{(k)} & a_{k,k+1}^{(k)} & \cdots & a_{kn}^{(k)} & a_{k,n+1}^{(k)} \\
 & & & & a_{k+1,k+1}^{(k+1)} & \cdots & a_{k+1,n}^{(k+1)} & a_{k+1,n+1}^{(k+1)} \\
 & & & & & \ddots & \vdots & \vdots \\
 & & & & & & a_{nn}^{(n)} & a_{n,n+1}^{(n)}
\end{pmatrix}.
$$

若记 $\overline{\boldsymbol{A}}^{(n)} = \left[\boldsymbol{A}^{(n)} \mid \boldsymbol{b}^{(n)}\right]$, 此时, 由 3.2.2 节的讨论知: 线性方程组 (3.2.2) 变为同解的上三角方程组

$$
\boldsymbol{A}^{(n)}\boldsymbol{x} = \boldsymbol{b}^{(n)}. \tag{3.2.5}
$$

由于上述消元过程采用的均是初等行变换, 因此线性方程组 (3.2.4) 和方程组 (3.2.5) 等价. 上述将方程组的增广阵化为上三角矩阵的方法称为 **Gauss 消元 (去) 法**.

第二步 (**回代求解**): 根据方程组 (3.2.5) 可得回代公式

$$
\begin{cases}
x_n = a_{n,n+1}^{(n)}/a_{nn}^{(n)} \\
x_i = \left(a_{i,n+1}^{(i)} - \displaystyle\sum_{j=i+1}^{n} a_{ij}^{(i)} x_j\right)\Big/ a_{ii}^{(i)}, \quad i = n-1, n-2, \cdots, 1
\end{cases}. \tag{3.2.6}
$$

据此, 即可求出 n 元线性方程组 (3.2.4) 的解.

只要每一步消元过程中, 主元素 $a_{kk}^{(k)}$ 均不为零, 则 Gauss 消元过程一定能够进行下去. 求解线性方程组 (3.2.4) 的 **Gauss 消元-回代算法**的伪代码如下.

算法 3.2 (Gauss 消元-回代算法)

```
Input   numbers of equations and unknowns n, augmented matrix (a_ij)_{n×(n+1)}
Step1   for k = 1 to n − 1 do
              if a_kk = 0 then
Step1.1                 Output ‘‘pivot element equals error’’ , Stop;
              else
Step1.2                 for i = k + 1 to n do
                            a_ik ← a_ik/a_kk ;                  //save l_ik into a_ik
                            for j = k + 1 to n + 1 do
                                   a_ij ← a_ij − a_ik a_kj// save a_ij^(k+1) into a_ij
```

```
                    end do
                end do
            end if
        end do
Step2   x_n ← a_{n,n+1}/a_{nn}                //save solution a^{(n)}_{n,n+1}/a^{(n)}_{nn} into x_n
Step3   for i = n-1 to 1 do
```

$$x_i \leftarrow \frac{1}{a_{ii}}\left(a_{i,n+1}-\sum_{j=i+1}^{n} a_{i,j}x_j\right)$$

```
        end do
Output vector (x_i)
```

例 3.2.1　用 Gauss 消元法求解线性方程组 $\boldsymbol{Ax}=\boldsymbol{b}$, 其中

$$\boldsymbol{A}=\begin{pmatrix}1&2&3\\0&1&2\\2&4&1\end{pmatrix},\quad \boldsymbol{b}=\begin{pmatrix}14\\8\\13\end{pmatrix}.$$

解　首先用 Gauss 消元法将方程组的增广阵

$$\overline{\boldsymbol{A}}=\begin{pmatrix}1&2&3&14\\0&1&2&8\\2&4&1&13\end{pmatrix}$$

化为上三角矩阵, 得

$$\overline{\boldsymbol{A}}=\begin{pmatrix}1&2&3&14\\0&1&2&8\\2&4&1&13\end{pmatrix}\overset{\substack{r_3-2r_1\\ r_3\div(-5)}}{\sim}\begin{pmatrix}1&2&3&14\\0&1&2&8\\0&0&1&3\end{pmatrix}.$$

则原方程组等价于上三对角方程组

$$\begin{cases}x_1+2x_2+3x_3=14\\ \qquad\ x_2+2x_3=8\\ \qquad\qquad\ x_3=3\end{cases}.$$

用回代式 (3.2.6) 解上述三对角方程组得 $\boldsymbol{x}=(1,2,3)^{\mathrm{T}}$.　　#

3.2.4　Gauss 消元法的计算量

由于第 k 步消元需要 $(n-k+1)(n-k)$ 次乘法和 $n-k$ 次除法运算, 因此整个消元过程共需要

$$\sum_{k=1}^{n-1}(n-k+1)(n-k)=\sum_{k=1}^{n-1}(n-k)^2+\sum_{k=1}^{n-1}(n-k)=\frac{1}{3}n(n^2-1)$$

次乘法运算和

$$\sum_{k=1}^{n-1}(n-k)=\frac{1}{2}n(n-1)$$

次除法. 由于回代过程需要 $\frac{n(n+1)}{2}$ 次乘除法, 因此得整个 Gauss 消元法求解过程的总乘除法次数为

$$\frac{1}{3}n^3+n^2-\frac{1}{3}n=O\left(n^3\right).$$

该计算量远远小于 Cramer 法则解方程组的计算量, 故比较适合在计算机上编程实现.

3.2.5 Gauss 消元法的条件

在用 Gauss 消元法进行消元的过程中, 每次消元都假设矩阵 $\overline{\boldsymbol{A}}^{(k)}$ 的元素

$$a_{kk}^{(k)}\neq 0, \tag{3.2.7}$$

元素 $a_{kk}^{(k)}$ 称为矩阵 $\overline{\boldsymbol{A}}^{(k)}$ 的**主元素**, 这里 $1\leqslant k\leqslant n$. 回代过程式 (3.2.6) 也要求式 (3.2.7) 成立, 现在的问题是矩阵 $\boldsymbol{A}$ 满足什么条件时, 条件 (3.2.7) 成立呢?

事实上, 由于消元过程中采用的变换是矩阵的初等行变换, 因此有 $\overline{\boldsymbol{A}}^{(1)}\sim\overline{\boldsymbol{A}}^{(k)}\sim\overline{\boldsymbol{A}}^{(n)}$, 在没有行交换的前提下, 方程组的系数矩阵 $\boldsymbol{A}$ 的 k 阶**顺序主子式**满足如下关系式:

$$\boldsymbol{A}_k=\begin{vmatrix} a_{11} & a_{12} & \cdots & a_{1k}\\ a_{21} & a_{22} & \cdots & a_{2k}\\ \vdots & \vdots & & \vdots\\ a_{k1} & a_{k1} & \cdots & a_{kk}\end{vmatrix}=\begin{vmatrix} a_{11}^{(1)} & a_{12}^{(1)} & \cdots & a_{1k}^{(1)}\\ & a_{22}^{(2)} & \cdots & a_{2k}^{(2)}\\ & & \ddots & \vdots\\ & & & a_{kk}^{(k)}\end{vmatrix}=a_{11}^{(1)}a_{22}^{(2)}\cdots a_{kk}^{(k)}.$$

从而有

$$a_{ii}^{(i)}\neq 0\Leftrightarrow \boldsymbol{A}_k\neq 0,\quad i=1\,,\,2\,,\,\cdots\,,\,k, \tag{3.2.8}$$

式中, $1\leqslant k\leqslant n$. 于是关于消元法能够执行的条件, 存在如下结论.

定理 3.1 Gauss 消元法消元过程中, 主元素 $a_{ii}^{(i)}\neq 0(i=1,\cdots,n)$ 的充要条件是矩阵 $\boldsymbol{A}$ 的顺序主子式 $\boldsymbol{A}_i\neq 0$, 即

$$\boldsymbol{A}_i=\begin{vmatrix} a_{11} & a_{12} & \cdots & a_{1i}\\ a_{21} & a_{22} & \cdots & a_{2i}\\ \vdots & \vdots & & \vdots\\ a_{i1} & a_{i1} & \cdots & a_{ii}\end{vmatrix}\neq 0,\quad i=1,\cdots,n.$$

由此定理可知, 若 n 阶矩阵 $\boldsymbol{A}$ 的所有顺序主子式均不为零, 即 $A_i\neq 0(i=1,\cdots,n)$, 则可通过 Gauss 消元法 (不需要选列主元), 即可将方程组 (3.1.1) 化为三角形方程组 (3.2.5).

根据代数学的知识，我们知道，当方程组的系数矩阵 $\boldsymbol{A}$ 为正定对称阵时，$\boldsymbol{A}$ 的顺序主子式全大于 0，故由定理 3.1 知

$$a_{kk}^{(k)} > 0, \quad i = k\,,\ k+1\,,\ \cdots\,,\ n.$$

因此，当方程组的系数矩阵 $\boldsymbol{A}$ 为正定对称阵时，Gauss 消元法也能进行下去.

定义 3.1　如果矩阵 $\boldsymbol{A}$ 的元素满足

$$|a_{ii}| \geqslant \sum_{\substack{j=1\\ j\neq i}}^{n} |a_{ij}|, \quad i = 1, 2, \cdots, n, \tag{3.2.9}$$

则称矩阵 $\boldsymbol{A}$ 是 **(按行) 对角占优的**. 如果矩阵 $\boldsymbol{A}$ 的元素满足

$$|a_{ii}| > \sum_{\substack{j=1\\ j\neq i}}^{n} |a_{ij}|, \quad i = 1, 2, \cdots, n, \tag{3.2.10}$$

则称矩阵 $\boldsymbol{A}$ 是**严格 (按行) 对角占优的**.

定理 3.2(对角占优定理)　若矩阵 $\boldsymbol{A}$ 是严格 (按行) 对角占优矩阵，则矩阵 $\boldsymbol{A}$ 非奇异，且 $\boldsymbol{A}$ 的主对角线元素 $a_{ii} \neq 0, i = 1, 2, \cdots, n$.

证明　用反证法，假设矩阵 $\boldsymbol{A}$ 是奇异的，则齐次线性方程组 $\boldsymbol{Ax} = \boldsymbol{0}$ 有非零解，记 $\boldsymbol{x} = (x_1, \cdots, x_n)^{\mathrm{T}}$ 是其一个非零解，则有

$$\sum_{j=1}^{n} a_{ij}x_j = 0, \quad i = 1, 2, \cdots, n. \tag{3.2.11}$$

由于 $\boldsymbol{x} = (x_1, \cdots, x_n)^{\mathrm{T}} \neq \boldsymbol{0}$，知存在常数 k，使 $|x_k| = \max\limits_{1\leqslant j\leqslant n} |x_j| > 0$，考察式 (3.2.11) 中第 k 个方程，有

$$|a_{kk}| = \left| -\sum_{\substack{j=1\\ j\neq k}}^{n} \frac{a_{kj}x_j}{x_k} \right| \leqslant \sum_{\substack{j=1\\ j\neq k}}^{n} |a_{kj}|.$$

上式与已知条件矩阵 $\boldsymbol{A}$ 是严格对角占优矩阵矛盾，因此假设错误，$\boldsymbol{A}$ 非奇异.

又由对角占优的定义知 $a_{ii} \neq 0, i = 1, 2, \cdots, n$.　#

可以证明，若矩阵 $\boldsymbol{A}=(a_{ij})_{n\times n}$ 是严格对角占优阵或对称正定阵时，经一步 Gauss 消元，可化为矩阵

$$\begin{pmatrix} a_1 & \boldsymbol{\alpha}_1^{\mathrm{T}} \\ \boldsymbol{0} & \boldsymbol{A}^{(1)} \end{pmatrix},$$

式中，

$$\boldsymbol{\alpha}_1 = (\ a_{12}, a_{13}, \cdots, a_{1n}\ )^{\mathrm{T}}, \quad \boldsymbol{A}^{(1)} = \begin{pmatrix} a_{22}^{(1)} & \cdots & a_{2n}^{(1)} \\ \vdots & \ddots & \vdots \\ a_{n2}^{(1)} & \cdots & a_{nn}^{(1)} \end{pmatrix}.$$

则 $\boldsymbol{A}^{(1)}$ 仍是严格对角占优阵或对称正定阵 (证明留给读者). 因此, 对于严格对角占优阵或对称正定阵, Gauss 消元法能够执行到底, 且易证用 Gauss 消元法和用列主元消元法的效果是一样的.

3.2.6 列主元消元法

根据 3.2.3 节的分析易知: 在 Gauss 消元法消元的过程中, 如果出现主元素 $a_{kk}^{(k)}=0$, 若不进行换行运算, 则 Gauss 消元法不能进行下去.

然而, 当方程组 (3.2.4) 的系数行列式 $|\boldsymbol{A}|\neq 0$ 时, 在使用 Gauss 消元法执行消元运算的过程中, 若已经进行了 $k-1$ 步消元, 则方程组 (3.1.1) 的系数行列式

$$|\boldsymbol{A}|=\begin{vmatrix} \boldsymbol{U}_k & \boldsymbol{C} \\ \boldsymbol{0} & \boldsymbol{D}_{n-k} \end{vmatrix}=|\boldsymbol{U}_k|\cdot|\boldsymbol{D}_{n-k}|,$$

式中, $\boldsymbol{U}_k=\begin{vmatrix} a_{11}^{(1)} & a_{12}^{(1)} & \cdots & a_{1k}^{(1)} \\ & a_{22}^{(2)} & \cdots & a_{2k}^{(2)} \\ & & \ddots & \vdots \\ & & & a_{kk}^{(k)} \end{vmatrix}$.

此时, 如若有 $a_{ik}^{(k)}=0, i=k\ ,\ k+1\ ,\ \cdots\ ,\ n$, 即矩阵 $\overline{\boldsymbol{A}}^{(k)}$ 的 $n-(k-1)$ 个元素 $a_{ik}^{(k)}$ 全为零, 这里 $i=k+1\ ,\ \cdots\ ,\ n$, 则不论怎样进行行交换, 一定有

$$|\boldsymbol{U}_k|=0,$$

从而有 $|\boldsymbol{A}|=0$, 这与已知 $|\boldsymbol{A}|\neq 0$ 矛盾.

因此, 在矩阵元素 $a_{ik}^{(k)}\ (i=k+1\ ,\ \cdots\ ,\ n)$ 中必然存在一个非零元素. 此时, 可以通过初等行交换保证**主元素**位置 (第 k 列的第 k 行位置) 上的元素非零. 就是说, 当 $|\boldsymbol{A}|\neq 0$ 时, 只要每一步消元之前适当选取一个新的主元素, 消元过程总是能够进行下去.

此外, 如果消元过程中出现主元素 $a_{kk}^{(k)}\approx 0$, 则虽然消元过程能够继续, 但是消元运算会扩大计算误差.

事实上, 当主元素 $a_{kk}^{(k)}\approx 0$ 的情况下, 一般地, 消元因子的绝对值

$$|l_{ik}|=\left|\frac{a_{ik}^{(k)}}{a_{kk}^{(k)}}\right|\gg 1.$$

此时, 用下列公式

$$a_{ij}^{(k+1)}=a_{ij}^{(k)}-\ l_{ik}a_{kj}^{(k)}, k+1\leqslant i\ \leqslant n,\quad k+1\leqslant j\leqslant n+1$$

进行消元时, 若元素 $a_{kj}^{(k)}$ 含有截断误差 ε, 则消元完成后, 矩阵 $\overline{\boldsymbol{A}}^{(k+1)}$ 的真实值 $a_{ij}^{(k+1)}$ 与其近似值 $\tilde{a}_{ij}^{(k+1)}$ 之间的绝对误差

$$e\left(\tilde{a}_{ij}^{(k+1)}\right)=a_{ij}^{(k+1)}-\tilde{a}_{ij}^{(k+1)}$$

$$
\begin{aligned}
&= \left(a_{ij}^{(k)} - l_{ik}a_{kj}^{(k)}\right) - \left(a_{ij}^{(k)} - l_{ik}\left(a_{kj}^{(k)} + \varepsilon\right)\right) \\
&= l_{ik}\varepsilon.
\end{aligned}
$$

即第 $k+1$ 步数值解 $\tilde{a}_{ij}^{(k+1)}$ 含有的绝对误差 $e\left(\tilde{a}_{ij}^{(k+1)}\right)$ 被放大至第 k 步误差 ε 的 l_{ik} 倍, 并且有 $l_{ik} \gg 1$.

此外, 当 $a_{kk}^{(k)} \approx 0$ 情况下, 在回代过程中, 在 x_i 中引入的误差, 在使用式 (3.2.6) 计算到 x_{i-1} 时, 也会被放大很多倍. 因此, 在消元过程中, 即使主元素 $a_{kk}^{(k)} \neq 0$, 也需要进行第三类初等行变换 (即初等行交换), 选择列主元素.

列主元消元法的做法是在第 k 步消元之前, 若有

$$
\left|a_{tk}^{(k)}\right| = \max_{k \leqslant i \leqslant n} \left|a_{ik}^{(k)}\right|, \tag{3.2.12}
$$

就选定 $a_{tk}^{(k)}$ 作为**列主元**, 交换矩阵 $\overline{\boldsymbol{A}}^{(k)}$ 的第 t 行和第 k 行, 然后再按照 Gauss 消元法的公式

$$
a_{ij}^{(k+1)} = a_{ij}^{(k)} - l_{ik}a_{kj}^{(k)}, \quad k+1 \leqslant i \leqslant n, \quad k+1 \leqslant j \leqslant n+1
$$

进行消元, 该方法称为**带列主元的 Gauss 消元 (去) 法**, 简称**列主元消元 (去) 法**.

算法 3.3 (列主元 Gauss 消元法)

Input numbers of equations and unknowns n, augmented matrix $(a_{ij})_{n\times(n+1)}$

Step1 for $k=1$ to $n-1$ do

Step1.1 select maximal column pivot a_{tk} from $a_{ik}, k \leqslant i \leqslant n$;

Step1.2 if $t \neq k$, then interchange the kth row and the t-th row of augmented matrix;

Step1.3 for $i=k+1$ to n do

$a_{ik} \leftarrow a_{ik}/a_{kk}$ //save l_{ik} into a_{ik}

for $j=k+1$ to $n+1$ do

$a_{ij} \leftarrow a_{ij} - a_{ik}a_{kj}$ //save $a_{ij}^{(k+1)}$ into a_{ij}

end do

end do

end do

Output upper-triangularized augmented matrix $(a_{ij})_{n\times(n+1)}$

例 3.2.2 解下列方程组

$$
\begin{cases}
0.0003x_1 + 3.0000x_2 = 2.0001 \\
1.0000x_1 + 1.0000x_2 = 1.0000
\end{cases},
$$

并比较 Gauss 消元法和列主元方法在求解这类方程组时效果有何不同? (已知该方程组的精确解为 $x_1 = \dfrac{1}{3}, x_2 = \dfrac{2}{3}$)

解 方法一: 用 Gauss 消元法, 结果保留 5 位有效数字得

$$\overline{\boldsymbol{A}} = \begin{pmatrix} 0.0003 & 3.0000 & 2.0001 \\ 1.0000 & 1.0000 & 1.0000 \end{pmatrix} \overset{r_2 - \frac{1.0000}{0.0003} r_1}{\sim} \begin{pmatrix} 0.0003 & 3.0000 & 2.0001 \\ 0 & 9999.0 & 6666.0 \end{pmatrix}.$$

用回代法解三对角方程组

$$\begin{pmatrix} 0.0003 & 3.0000 \\ 0 & 9999.0 \end{pmatrix} \boldsymbol{x} = \begin{pmatrix} 2.0001 \\ 6666.0 \end{pmatrix},$$

得方程组的解

$$x_2 = 0.6667, \quad x_1 = 0\,.$$

方法二: 用列主元消元法得 (用式 (3.2.12) 选择列主元)

$$\overline{\boldsymbol{A}} \overset{r_1 \leftrightarrow r_2}{\sim} \begin{pmatrix} 1.0000 & 1.0000 & 1.0000 \\ 0.0003 & 3.0000 & 2.0001 \end{pmatrix} \overset{r_2 - 0.0003 r_1}{\sim} \begin{pmatrix} 1.0000 & 1.0000 & 1.0000 \\ 0 & 2.9997 & 1.9998 \end{pmatrix}.$$

用回代法解三对角线性方程组

$$\begin{pmatrix} 1.0000 & 1.0000 \\ 0 & 2.9997 \end{pmatrix} \boldsymbol{x} = \begin{pmatrix} 1.0000 \\ 1.9998 \end{pmatrix},$$

得方程组的解

$$\boldsymbol{x} = (0.6667\,, 0.3333)^{\mathrm{T}}\,.$$

#

由此可见, 如果求解过程中主元素 $a_{kk}^{(k)} \approx 0$ 时, 不选择主元素直接进行消元, 如例 3.2.2 中方法 1 所示, 虽然消元过程可以进行下去, 但是所求方程组解与精确解相比, 其误差向量 $\left(\dfrac{1}{3}, 0\right)^{\mathrm{T}}$ 的第一个分量显然太大了, 因此这样的数值解是不能接受的; 与此相反, 在方法 2 中, 用带列主元的 Gauss 消元法所求结果是比较精确的, 可见消元之前选择适当的列主元确实能够消除求解过程中初始误差的传播.

3.2.7 全主元消元法 *

全主元消元法和列主元消元法基本相同, 只是扩大了选主元的范围: 不仅需要交换矩阵的行, 有时候还需要交换矩阵的列. 如在第 k 步消元时 $(k = 1, 2, \cdots, n-1)$, 把从第 k 列选主元改成从所剩的 $(n-k+1)$ 行和 $(n-k+1)$ 列共 $(n-k+1)^2$ 个元素中选绝对值最大的元素 $|a_{ij}^{(k)}|$ 为主元素, 也就是说, 若

$$\left|a_{i_k j_k}^{(k)}\right| = \max_{k \leqslant i, j \leqslant n} \left|a_{ij}^{(k)}\right|, \tag{3.2.13}$$

则矩阵元素 $a_{i_k j_k}^{(k)}$ 应该被选为**全主元**, 即首先交换矩阵 $\overline{\boldsymbol{A}}^{(k)}$ 的第 i_k 行和第 k 行 (即 $r_{i_k} \leftrightarrow r_k$), 再交换 $\overline{\boldsymbol{A}}^{(k)}$ 的第 j_k 列和第 k 列 (即 $c_{j_k} \leftrightarrow c_k$), 最后再按照 Gauss 消元法的消元公式消元, 故称此方法为 **Gauss 全主元消元 (去) 法**.

与列主元消元法相比, 全主元消元法具有稳定好的特点, 但用式 (3.2.13) 选全主元会导致比较次数增加, 并且在用初等列变换 $c_{j_k} \leftrightarrow c_k$ 进行列交换后, 解向量

$$\boldsymbol{x} = (x_1, \cdots, x_k, \cdots, x_{j_k}, \cdots x_n)^{\mathrm{T}}$$

的两个分量 x_k 和 x_{j_k} 也要同步交换, 在求出方程组的解后, 还要反向交换解向量才能保证方程组 (3.2.4) 解的正确性. 因此对中间增广阵 $\overline{\boldsymbol{A}}^{(k)}$ 来说, 由于要进行矩阵的行与列的交换, 编制程序更加复杂, 所以当方程组的阶数很高时, 要有所考虑.

一般情况下, 只要进行列主元素的选取就可以了, 为了节省计算量, 降低编程难度, 实践中可以不采用全主元消元法, 当然也可以采用**尺度化部分主元素法**, 关于尺度化部分主元素的方法, 参见文献 [1, 2].

以上讨论是就一般方程组而言. 但是如果方程组的系数矩阵具有某些特殊性质, 例如当 $\boldsymbol{A}$ 是严格按行对角占优或对称正定阵时, 即便是不选主元素, 也能始终保证 $a_{kk}^{(k)}$ 在第 k 列所有的备选元素中是按模最大的 $(k = 1, 2, \cdots, n-1)$, 因而直接使用原始的 Gauss 消元法求解线性方程组, 消元过程能够顺利进行下去.

3.3　Gauss-Jordan 消元法与矩阵求逆

3.3.1　Gauss-Jordan 消元法

Gauss 消元法的消元过程就是把原方程组化成上三角形方程组, 即消去系数矩阵中对角线以下的元素, 但还需经回代过程才可得到方程的解. 我们自然想到, 若在消去过程中把对角线以上的未知量的系数也消去, 甚至将对角线元素化为 1, 则得到等价的方程组

$$\begin{pmatrix} 1 & & & \\ & 1 & & \\ & & \ddots & \\ & & & 1 \end{pmatrix} \begin{pmatrix} x_1 \\ x_2 \\ \vdots \\ x_n \end{pmatrix} = \begin{pmatrix} b_1^{(1)} \\ b_2^{(2)} \\ \vdots \\ b_n^{(n)} \end{pmatrix}.$$

显然, 因系数矩阵为单位矩阵, 则无需再计算即可得到原方程组的解为

$$\begin{pmatrix} x_1 \\ \vdots \\ x_n \end{pmatrix} = \begin{pmatrix} b_1^{(1)} \\ \vdots \\ b_n^{(n)} \end{pmatrix}.$$

我们将这种方法称为 **Gauss-Jordan 消元法**, 其基本过程可简述如下:

为便于讨论, 我们将方程组的系数及常数项表示成一个增广矩阵, 即

$$[\boldsymbol{A}\vdots\boldsymbol{b}] = \begin{pmatrix} a_{11} & a_{12} & \cdots & a_{1n} & b_1 \\ a_{21} & a_{22} & \cdots & a_{2n} & b_2 \\ \vdots & \vdots & & \vdots & \vdots \\ a_{n1} & a_{n2} & \cdots & a_{nn} & b_n \end{pmatrix}.$$

从而将对线性代数方程组的消元过程看作对此增广矩阵的约化过程. 一旦该增广矩阵约化为如下等价形式:

$$\begin{pmatrix} 1 & 0 & \cdots & 0 & b_1^{(n)} \\ 0 & 1 & \cdots & 0 & b_2^{(n)} \\ \vdots & \vdots & \ddots & \vdots & \vdots \\ 0 & 0 & \cdots & 1 & b_n^{(n)} \end{pmatrix},$$

则原方程组的解即为

$$\boldsymbol{x}^* = \begin{pmatrix} b_1^{(n)} \\ b_2^{(n)} \\ \vdots \\ b_n^{(n)} \end{pmatrix}.$$

下面我们来介绍基于上述思想的 Gauss-Jordan 消元法.

第 1 步, 类似于 Gauss 消元法 (与 Gauss 消元法不同的是, 还需将第 1 行第 1 列的元素化为 1) 的增广矩阵可等价地化为

$$\begin{pmatrix} 1 & a_{12}^{(1)} & \cdots & a_{1n}^{(1)} & b_1^{(1)} \\ 0 & a_{22}^{(1)} & \cdots & a_{2n}^{(1)} & b_2^{(1)} \\ \vdots & \vdots & & \vdots & \vdots \\ 0 & a_{n2}^{(1)} & \cdots & a_{nn}^{(1)} & b_n^{(1)} \end{pmatrix},$$

式中,

$$\begin{aligned} a_{1j}^{(1)} &= a_{1j}/a_{11}, \quad j = 2, \cdots, n, \\ b_1^{(1)} &= b_1/a_{11}, \\ a_{ij}^{(1)} &= a_{ij} - l_{i1}a_{1j}, \quad i, j = 2, 3, \cdots, n, \\ b_i^{(1)} &= b_i - l_{i1}b_1, \quad i = 2, 3, \cdots, n, \end{aligned}$$

而 $l_{i1} = a_{i1}/a_{11}(i = 2, 3, \cdots, n)$.

设经过 $k-1$ 步, 增广矩阵等价地化为

$$\begin{pmatrix} 1 & \cdots & 0 & a_{1k}^{(k-1)} & \cdots & a_{1n}^{(k-1)} & b_1^{(k-1)} \\ & \ddots & & \vdots & & \vdots & \vdots \\ 0 & \cdots & 1 & a_{k-1,k}^{(k-1)} & \cdots & a_{k-1,n}^{(k-1)} & b_{k-1}^{(k-1)} \\ 0 & \cdots & 0 & a_{kk}^{(k-1)} & \cdots & a_{kn}^{(k-1)} & b_k^{(k-1)} \\ \vdots & \ddots & \vdots & \vdots & & \vdots & \vdots \\ 0 & \cdots & 0 & a_{nk}^{(k-1)} & \cdots & a_{nn}^{(k-1)} & b_n^{(k-1)} \end{pmatrix}.$$

这里与 Gauss 消元法不同的是, 前 $k-1$ 行 $k-1$ 列的子矩阵不仅是上三角矩阵, 而且是单位矩阵, 即主对角线元素化为 1, 主对角线以上元素化为零.

第 k 步, 除了将第 k 列第 k 个元素以下的元素化为零以外, 还需将第 k 列第 k 个元素化为 1, 其以上元素也化为零, 从而得到等价的增广矩阵

$$\begin{pmatrix} 1 & \cdots & 0 & a_{1,k+1}^{(k)} & \cdots & a_{1n}^{(k)} & b_1^{(k)} \\ & \ddots & & \vdots & \vdots & \vdots & \vdots \\ 0 & \cdots & 1 & a_{k,k+1}^{(k)} & \cdots & a_{kn}^{(k)} & b_k^{(k)} \\ 0 & \cdots & 0 & a_{k+1,k+1}^{(k)} & \cdots & a_{k+1,n}^{(k)} & b_{k+1}^{(k)} \\ \vdots & \vdots & \vdots & \vdots & \vdots & \vdots & \vdots \\ 0 & \cdots & 0 & a_{n,k+1}^{(k)} & \cdots & a_{nn}^{(k)} & b_n^{(k)} \end{pmatrix},$$

式中,

$$\begin{aligned} a_k^{(k)} &= a_{kj}^{(k-1)}/a_{kk}^{(k-1)}, \quad j=k+1,\cdots,n, \\ b_k^{(k)} &= b_k^{(k-1)}/a_{kk}^{(k-1)}, \\ a_{ij}^{(k)} &= a_{ij}^{(k-1)} - l_{ik}a_{kj}^{(k-1)}, \quad i=1,\cdots,k-1,k+1,\cdots,n; \quad j=k+1,\cdots,n, \\ b_i^{(k)} &= b_i^{(k-1)} - l_{ik}b_k^{(k-1)}, \quad i=1,\cdots,k-1,k+1,\cdots,n, \end{aligned}$$

这里, $l_{ik} = a_{ik}^{(k-1)}/a_{kk}^{(k-1)}\ (i=1,\cdots,k-1,k+1,\cdots,n)$.

经 n 步后, 增广矩阵等价地化为

$$\begin{pmatrix} 1 & & & & b_1^{(n)} \\ & 1 & & & b_2^{(n)} \\ & & \ddots & & \vdots \\ & & & 1 & b_n^{(n)} \end{pmatrix},$$

式中,

$$b^{(n)} = b^{(n-1)}/a_{nn}^{(n-1)}, \quad b_i^{(n)} = b_i^{(n-1)} - l_{in}b_{nn}^{(n-1)}, \quad i=1,2,\cdots,n-1,$$

这里, $l_{in}=a_{in}^{(n-1)}/a_{nn}^{(n-1)}$, $i=1,2,\cdots,n-1$. 从而得到原方程的解 $\boldsymbol{x}^*=\left(b_1^{(n)},b_2^{(n)},\cdots,b_n^{(n)}\right)^{\mathrm{T}}$.

类似于 Gauss 消元法, 可以估计出上述 Gauss-Jordan 消元法的乘除法次数为 $\dfrac{n^3}{2}+n^2-\dfrac{n}{2}$, 即 $\dfrac{n^3}{2}$ 数量级. 与 Gauss 消元法相比, 超过了 Gauss 消元法.

可见, 用它去解线性代数方程组的意义不大. 不过我们发现, 由于它将方程组 (3.1.1) 的系数矩阵 $\boldsymbol{A}$ 等价地化为单位矩阵时, 相应得到的向量

$$\boldsymbol{b}^{(n+1)}=\left(b_1^{(n+1)},b_2^{(n+1)},\cdots,b_n^{(n+1)}\right)^{\mathrm{T}}$$

自然成了方程组的解, 即 $\boldsymbol{x}^*=\boldsymbol{b}^{(n+1)}$, 当若干具有相同系数矩阵 $\boldsymbol{A}$ 的方程组 (常数项 $\boldsymbol{b}$ 不同) 需要同时进行求解时, 用 Gauss-Jordan 消元法还是比较合算的.

3.3.2 用 Gauss-Jordan 消元法求逆矩阵

作为 Gauss-Jordan 消元法的一个应用, 我们来考虑 $n\times n$ 阶非奇异矩阵 $\boldsymbol{A}$ 的逆矩阵 $\boldsymbol{A}^{-1}$ 的计算问题.

由逆矩阵的定义知 $\boldsymbol{A}\boldsymbol{A}^{-1}=\boldsymbol{I}$. 因此, 求逆矩阵 $\boldsymbol{A}^{-1}$ 即为求 $\boldsymbol{X}_{n\times n}$. 使

$$\boldsymbol{AX}=\boldsymbol{I}, \tag{3.3.1}$$

若记

$$\boldsymbol{X}=(\boldsymbol{\alpha}_1,\boldsymbol{\alpha}_2,\cdots,\boldsymbol{\alpha}_n),\quad \boldsymbol{I}=(\boldsymbol{e}_1,\boldsymbol{e}_2,\cdots,\boldsymbol{e}_n),$$

式中, $\boldsymbol{\alpha}_i$ 与 $\boldsymbol{e}_i$ 分别为矩阵 $\boldsymbol{X}$ 与 $\boldsymbol{I}$ 的第 i 列元素构成的向量, 则矩阵方程 (3.3.1) 的求解等价于如下 n 个线性代数方程组的求解, 即求 $\boldsymbol{\alpha}_i$, 使

$$\boldsymbol{A}\boldsymbol{\alpha}_i=\boldsymbol{e}_i,\quad i=1,2,\cdots,n. \tag{3.3.2}$$

由于这 n 个方程组具有相同的系数矩阵, 若用 Gauss-Jordan 消元法求解, 对应的增广矩阵约化与单位矩阵的计算相同, 无需分别计算, 仅需考虑约化过程中对 $\boldsymbol{e}_i$ 的不同影响, 即仅需考虑对应的 $\boldsymbol{e}_i^{(n)}$ $(i=1,2,\cdots,n)$ 的计算. 为此, 我们考虑将方程组 (3.3.2) 合并写成如下的增广矩阵

$$[\boldsymbol{A}\,\vdots\,\boldsymbol{I}]=\begin{pmatrix} a_{11} & a_{12} & \cdots & a_{1n} & 1 & 0 & \cdots & 0\\ a_{21} & a_{22} & \cdots & a_{2n} & 0 & 1 & \cdots & 0\\ \vdots & \vdots & & \vdots & \vdots & \vdots & & \vdots\\ a_{n1} & a_{n2} & \cdots & a_{nn} & 0 & 0 & \cdots & 1 \end{pmatrix},$$

经过 n 步 Gauss-Jordan 消元法的消元过程, 若其约化为

$$[A\vdots I]=\begin{pmatrix}1&0&\cdots&0&e_{11}^{(n)}&e_{12}^{(n)}&\cdots&e_{1n}^{(n)}\\0&1&\cdots&0&e_{21}^{(n)}&e_{22}^{(n)}&\cdots&e_{2n}^{(n)}\\\vdots&\vdots&&\vdots&\vdots&\vdots&&\vdots\\0&0&\cdots&1&e_{n1}^{(n)}&e_{n2}^{(n)}&\cdots&e_{nn}^{(n)}\end{pmatrix}=[I\vdots X^*],$$

则 X^* 即为矩阵 A 的逆矩阵 A^{-1}, 即

$$A^{-1}=X^*=\begin{pmatrix}e_{11}^{(n)}&e_{12}^{(n)}&\cdots&e_{1n}^{(n)}\\e_{21}^{(n)}&e_{22}^{(n)}&\cdots&e_{2n}^{(n)}\\\vdots&\vdots&&\vdots\\e_{n1}^{(n)}&e_{n2}^{(n)}&\cdots&e_{nn}^{(n)}\end{pmatrix}.$$

读者不难估计, 用上述方法求解 A^{-1} 约需 n^3 次乘除法, 而若用 Gauss 消元法消元, 再分别回代求解, 则约需 $\dfrac{4n^3}{3}$ 次乘除法, 可见 Gauss-Jordan 消元法用于求 A^{-1} 比用 Gauss 消元法从时间上考虑具有一定的优越性.

与 Gauss 消元法一样, 为了保证方法的稳定性, 可采用选主元的技术. 运算中只增加选主元与交换行的步骤.

例 3.3.1　用 Gauss-Jordan 消元法求 $A=\begin{pmatrix}1&2&3\\2&4&5\\3&5&6\end{pmatrix}$ 的逆矩阵.

解　首先将 A 写成增广矩阵 $C=[A\vdots I]$, 然后进行 Gauss-Jordan 消元, 过程如下:

$$C=[A\vdots I]=\left(\begin{array}{ccc:ccc}1&2&3&1&0&0\\2&4&5&0&1&0\\3&5&6&0&0&1\end{array}\right)\xrightarrow[r_1\leftrightarrow r_3]{\text{选主元}}\left(\begin{array}{ccc:ccc}3&5&6&0&0&1\\2&4&5&0&1&0\\1&2&3&1&0&0\end{array}\right)$$

$$\xrightarrow[\substack{r_1\times\frac{1}{3}\\r_2-\frac{2}{3}r_1\\r_3-\frac{1}{3}r_1}]{\text{第一次消元:}}\left(\begin{array}{ccc:ccc}1&\frac{5}{3}&2&0&0&\frac{1}{3}\\0&\frac{2}{3}&1&0&1&-\frac{2}{3}\\0&\frac{1}{3}&1&1&0&-\frac{1}{3}\end{array}\right)\xrightarrow[\substack{r_1-\frac{5}{2}r_2\\r_3-\frac{1}{2}r_2\\r_2\times 3}]{\text{第二次消元:}}\left(\begin{array}{ccc:ccc}1&0&-\frac{1}{2}&0&-\frac{5}{2}&2\\0&1&\frac{3}{2}&0&\frac{3}{2}&-1\\0&0&\frac{1}{2}&1&-\frac{1}{2}&0\end{array}\right)$$

$$\xrightarrow{\text{第三次消元:}}\left(\begin{array}{ccc:ccc}1&0&0&1&-3&2\\0&1&0&-3&3&-1\\0&0&1&2&-1&0\end{array}\right).$$

因此得逆矩阵

$$A^{-1} = \begin{pmatrix} 1 & -3 & 2 \\ -3 & 3 & -1 \\ 2 & -1 & 0 \end{pmatrix}. \qquad \#$$

3.4 矩 阵 分 解

3.4.1 Gauss 消元法的矩阵解释

由 3.2.5 节的分析知, Gauss 消元过程中, 当主元素满足条件

$$a_{kk}^{(k)} \neq 0, \quad k = 1, 2, \cdots, n-1 \tag{3.4.1}$$

时, 对增广阵 $\overline{A}^{(1)}$ 的 Gauss 消元法可以进行到底.

根据代数学的理论知：对一个矩阵作初等行变换等价于在该矩阵的左边乘上一个相应的初等变换阵. 因此, 在对 $\overline{A}^{(1)}$ 进行第一步消元时, 相当于在 $\overline{A}^{(1)}$ 的左边乘上一系列的初等矩阵, 即将 $\overline{A}^{(1)}$ 化为 $\overline{A}^{(2)}$ 的过程等价于进行如下矩阵乘法运算

$$E(1, n(-l_{n1})) \cdots E(1, i(-l_{i1})) \cdots E(1, 2(-l_{21})) \overline{A}^{(1)} = \overline{A}^{(2)},$$

式中, $E(1, i(-l_{i1})) = \begin{pmatrix} 1 & & & & & \\ 0 & 1 & & & & \\ \vdots & \vdots & \ddots & & & \\ -l_{i1} & 0 & \cdots & 1 & & \\ \vdots & \vdots & & \vdots & \ddots & \\ 0 & 0 & \cdots & 0 & \cdots & 1 \end{pmatrix}$ 为**初等矩阵**(未写出的元素默认为 0, 该矩阵第一列上第 i 行元素 $-l_{i1}$ 为消元因子的相反数). 若记

$$L_1 = E(1, n(-l_{n1})) \cdots E(1, i(-l_{i1})) \cdots E(1, 2(-l_{21})),$$

则有

$$L_1 = \begin{pmatrix} 1 & & & \\ -l_{21} & 1 & & \\ \vdots & & \ddots & \\ -l_{n1} & & & 1 \end{pmatrix},$$

且有

$$L_1 \overline{A}^{(1)} = \overline{A}^{(2)}.$$

同理, 第二步消元相当于对矩阵 $\overline{A}^{(2)}$ 执行下列矩阵乘法

$$L_2\overline{A}^{(2)}=L_2L_1\overline{A}^{(1)}=\overline{A}^{(3)},$$

式中, $L_2=\begin{pmatrix}1 & & & & \\ & 1 & & & \\ & -l_{32} & 1 & & \\ & \vdots & & \ddots & \\ & -l_{n2} & & & 1\end{pmatrix}$.

依照上述方法继续进行, 当消元过程进行 $n-1$ 步后, 相当于在矩阵 $\overline{A}^{(1)}$ 的左边依次乘了 $n-1$ 个矩阵 L_k 得上三角矩阵 $\overline{A}^{(n)}$, 这里 $k=1,2,\cdots,n-1$, 因此得

$$L_{n-1}L_{n-2}\cdots L_1\overline{A}^{(1)}=\overline{A}^{(n)}. \tag{3.4.2}$$

这里, 方阵 $L_k=\begin{pmatrix}1 & & & & \\ & \ddots & & & \\ & & 1 & & \\ & & -l_{k+1,k} & 1 & \\ & & \vdots & & \ddots & \\ & & -l_{nk} & & & 1\end{pmatrix}$ 称为 **Gauss 变换阵或消元矩阵**. 又由 $|L_k|=1\neq 0$ 知 L_k 可逆, 故由式 (3.4.2) 得

$$\bar{A}^{(1)}=[A\,\vdots\,b]=(L_{n-1}L_{n-2}\cdots L_1)^{-1}\bar{A}^{(n)}=L_1^{-1}L_2^{-1}\cdots L_{n-1}^{-1}\cdot\bar{A}^{(n)},$$

这里, $\overline{A}^{(n)}=\left[A^{(n)}\,\vdots\,b^{(n)}\right]$. 若令 $L=L_1^{-1}L_2^{-1}\cdots L_{n-1}^{-1}$, $U=A^{(n)}$, 则方程组 $Ax=b$ 的系数矩阵

$$A=\left(L_1^{-1}L_2^{-1}\cdots L_{n-1}^{-1}\right)A^{(n)}=LU, \tag{3.4.3}$$

这里, $L=\begin{pmatrix}1 & & & & \\ l_{21} & 1 & & & \\ l_{31} & l_{32} & \ddots & & \\ \vdots & \vdots & & 1 & \\ l_{n1} & l_{n2} & \cdots & l_{n,n-1} & 1\end{pmatrix}$ 为单位下三角阵, $U=\begin{pmatrix}a_{11}^{(1)} & a_{12}^{(1)} & \cdots & a_{1n}^{(1)} \\ & a_{22}^{(2)} & \cdots & a_{2n}^{(2)} \\ & & \ddots & \vdots \\ & & & a_{nn}^{(n)}\end{pmatrix}=$ $A^{(n)}$ 为上三角阵.

定义 3.2　若方阵 A 可以分解为一个下三角矩阵 L 和一个上三角矩阵 U 的乘积, 即

$$A=LU, \tag{3.4.4}$$

则称式 (3.4.4) 为方阵 A 的一个**三角分解**或 **LU分解**. 特别地, 当式 (3.4.4) 中 L 为单位下三角矩阵时, 称该分解为 **Doolittle 分解**, 当 U 为单位上三角矩阵时, 称为 **Crout 分解**.

即当方程组的系数矩阵 $\boldsymbol{A}$ 满足条件 (3.4.1) 时, Gauss 消元法的消元过程实际上是对矩阵 $\boldsymbol{A}$ 进行形如式 (3.4.3) 的 Doolittle 分解的过程. 若记 $\overline{\boldsymbol{A}}^{(n)} = \tilde{\boldsymbol{U}}$, 根据上面的分析, 可得增广矩阵 $\overline{\boldsymbol{A}}$ 的 Doolittle 分解 $\overline{\boldsymbol{A}} = \boldsymbol{L}\tilde{\boldsymbol{U}}$.

根据上面的分析, 如果对方程组的系数矩阵已经作了 $\boldsymbol{LU}$ 分解, 则方程组 $\boldsymbol{Ax} = \boldsymbol{b}$ 可写成

$$\boldsymbol{LUx} = \boldsymbol{b},$$

于是, 解线性方程组 $\boldsymbol{Ax} = \boldsymbol{b}$ 的过程等价于顺序求解下三角方程组

$$\boldsymbol{Ly} = \boldsymbol{b} \tag{3.4.5}$$

和上三角方程组

$$\boldsymbol{Ux} = \boldsymbol{y}. \tag{3.4.6}$$

上述两个方程组的求解过程都非常容易.

当然, 如果已经对方程组的增广阵 $\overline{\boldsymbol{A}}$ 做出 Doolittle 分解 $\overline{\boldsymbol{A}} = \boldsymbol{L}\tilde{\boldsymbol{U}}$, 解线性方程组 $\boldsymbol{Ax} = \boldsymbol{b}$ 的问题转化为求解上三角方程组

$$\boldsymbol{Ux} = \boldsymbol{b}^{(n)} \tag{3.4.7}$$

的问题, 因此有必要对矩阵的三角分解方法进行比较深入的分析.

3.4.2 Doolittle 分解

本节介绍直接实现矩阵 Doolittle 分解的方法. 假设矩阵 $\boldsymbol{A} = (a_{ij}) \in \mathbf{R}^{n\times m}$, 这里有 $n \leqslant m$. 特别地, 当 $m = n + 1$ 时, 根据本节介绍的方法, 读者可以方便地将方程组 $\boldsymbol{Ax} = \boldsymbol{b}$ 的系数矩阵或增广阵进行 Doolittle 分解, 从而可以使用式 (3.4.5) 和式 (3.4.6) 或式 (3.4.7) 求出该方程组的解.

假设矩阵 $\boldsymbol{A} = (a_{ij})_{n\times m}$ 的元素 a_{ij} 已知, 且存在如下 Doolittle 分解

$$\boldsymbol{A} = \boldsymbol{LU}, \tag{3.4.8}$$

这里, 下三角阵 $\boldsymbol{L}$ 的元素 l_{ij} 与上三角阵 $\boldsymbol{U}$ 的元素 u_{ij} 待定, $\boldsymbol{L} = \begin{pmatrix} 1 & & & \\ l_{21} & 1 & & \\ \vdots & \vdots & \ddots & \\ l_{n1} & l_{n2} & \cdots & 1 \end{pmatrix}$,

$$\boldsymbol{U} = \begin{pmatrix} u_{11} & u_{12} & \cdots & u_{1n} & \cdots & u_{1m} \\ & u_{22} & \cdots & u_{2n} & \cdots & u_{2m} \\ & & \ddots & \vdots & & \vdots \\ & & & u_{nn} & \cdots & u_{nm} \end{pmatrix}.$$

在式 (3.4.8) 中, 若将单位下三角矩阵 $\boldsymbol{L}$ 按行分成 n 块, 即 $\boldsymbol{L}=\begin{pmatrix}\boldsymbol{l}_1^{\mathrm{T}}\\ \boldsymbol{l}_2^{\mathrm{T}}\\ \vdots\\ \boldsymbol{l}_n^{\mathrm{T}}\end{pmatrix}$, 将上三角矩阵 $\boldsymbol{U}$ 按列分成 m 块, 即 $\boldsymbol{U}=(\boldsymbol{u}_1,\boldsymbol{u}_2,\cdots,\boldsymbol{u}_m)$, 根据矩阵乘积公式, 得

$$(a_{ij})_{n\times m}=\begin{pmatrix}\boldsymbol{l}_1^{\mathrm{T}}\boldsymbol{u}_1 & \boldsymbol{l}_1^{\mathrm{T}}\boldsymbol{u}_2 & \cdots & \boldsymbol{l}_1^{\mathrm{T}}\boldsymbol{u}_m\\ \boldsymbol{l}_2^{\mathrm{T}}\boldsymbol{u}_1 & \boldsymbol{l}_2^{\mathrm{T}}\boldsymbol{u}_2 & \cdots & \boldsymbol{l}_2^{\mathrm{T}}\boldsymbol{u}_m\\ \vdots & \vdots & & \vdots\\ \boldsymbol{l}_n^{\mathrm{T}}\boldsymbol{u}_1 & \boldsymbol{l}_n^{\mathrm{T}}\boldsymbol{u}_2 & \cdots & \boldsymbol{l}_n^{\mathrm{T}}\boldsymbol{u}_m\end{pmatrix}.$$

令上式两端 (i,j) 位置上的元素对应相等, 得

$$a_{ij}=\boldsymbol{l}_i^{\mathrm{T}}\boldsymbol{u}_j,\quad \text{这里}, i=1,\cdots,n;\quad j=1,\cdots,m.$$

将上式右端展开, 考虑行向量 $\boldsymbol{l}_i^{\mathrm{T}}$ 与列向量 $\boldsymbol{u}_j$ 的元素存在零元素, 得等式

$$a_{ij}=\sum_{s=1}^{n}l_{is}u_{sj}=\sum_{s=1}^{\min\{i\ ,\ j\}}l_{is}u_{sj}\ , \tag{3.4.9}$$

这里, $i=1,\cdots,n;j=1,\cdots,m$. 于是矩阵 $\boldsymbol{L}$ 和 $\boldsymbol{U}$ 的元素可按下列步骤求得.

第一步: 依次确定矩阵 $\boldsymbol{U}$ 的第 1 行元素与矩阵 $\boldsymbol{L}$ 的第 1 列元素. 令 $i=1$, 根据式 (3.4.9)(即用矩阵 $\boldsymbol{L}$ 的第 1 行与 $\boldsymbol{U}$ 的第 j 列相乘) 得

$$a_{1j}=(1,0,\cdots,0)\cdot(u_{1j},u_{2j},\cdots)^{\mathrm{T}}=1\cdot u_{1j}+\sum_{k=2}^{n}0\cdot u_{kj}=u_{1j},$$

即得

$$u_{1j}=a_{1j},\quad j=1,2,\cdots,m. \tag{3.4.10}$$

接下来, 在式 (3.4.9) 中, 令 $j=1$(即用矩阵 $\boldsymbol{L}$ 的第 i 行与 $\boldsymbol{U}$ 的第 1 列相乘) 得

$$a_{i1}=(l_{i1},l_{i2},\cdots)\cdot(u_{11},0,\cdots,0)^{\mathrm{T}}=l_{i1}\cdot u_{11},$$

当式 (3.4.1) 成立时, $u_{11}\neq 0$, 解之得

$$l_{i1}=a_{i1}/u_{11}\ , \tag{3.4.11}$$

这里, $i=2,\cdots,n$.

至此, 矩阵 $\boldsymbol{U}$ 的第 1 行元素以及 $\boldsymbol{L}$ 的第 1 列元素已经计算出, 因此矩阵 $\boldsymbol{A}$ 的第 1 行与第 1 列相应位置上的元素已经不再需要存储, 又由于矩阵 $\boldsymbol{L}$ 的主对角元素全等于 1, 也不需存储. 于是在编写算法软件时, 可借用矩阵 $\boldsymbol{A}$ 的第 1 行与第 1 列的内存单元存储 u_{1j} 与 l_{i1}, 这里 $j=1,\cdots,m;i=2,\cdots,n$.

因此当第一步完成后, 算法程序中, 矩阵 $\boldsymbol{A}$ 所占用内存中的数值变为

$$\left(\begin{array}{c|ccc} u_{11} & u_{12} & \cdots & u_{1m} \\ \hline l_{21} & a_{22} & \cdots & a_{2m} \\ \vdots & \vdots & & \vdots \\ l_{n1} & a_{n2} & \cdots & a_{nm} \end{array}\right),$$

令上式等于 $\boldsymbol{A}^{(2)}$, 继续执行第二步.

第二步: 假设已经求出矩阵 $\boldsymbol{U}$ 的前 k 行, 与矩阵 $\boldsymbol{L}$ 的前 k 列元素, 并且已经将求出的 $\boldsymbol{U}$ 与 $\boldsymbol{L}$ 的元素存入矩阵 $\boldsymbol{A}$ 的相应位置, 得如下中间结果:

$$\boldsymbol{A}^{(k)} = \begin{pmatrix} u_{11} & u_{12} & \cdots & u_{1,k-1} & u_{1k} & \cdots & u_{1m} \\ l_{21} & u_{22} & \cdots & u_{2,k-1} & u_{2k} & \cdots & u_{2m} \\ \vdots & \vdots & & \vdots & \vdots & & \vdots \\ l_{k-1,1} & l_{k-1,2} & \cdots & u_{k-1,k-1} & u_{k-1,k} & \cdots & u_{k-1,m} \\ l_{k1} & l_{k2} & \cdots & l_{k,k-1} & a_{kk} & \cdots & a_{km} \\ \vdots & \vdots & & \vdots & \vdots & & \vdots \\ l_{n1} & l_{n2} & \cdots & l_{n,k-1} & a_{nk} & \cdots & a_{nm} \end{pmatrix} \begin{array}{l} \leftarrow \text{第1次迭代} \\ \leftarrow \text{第2次迭代} \\ \quad\vdots \\ \leftarrow \text{第}(k-1)\text{次迭代} \\ \\ \\ \\ \end{array}.$$

在式 (3.4.9) 中, 令 $i = k$, 得

$$a_{kj} = (l_{k1}, \cdots, l_{k,k-1}, 1, 0, \cdots) \cdot (u_{1j}, \cdots, u_{k-1,j}, u_{kj}, \cdots)^{\mathrm{T}} = \sum_{s=1}^{k-1} l_{ks} u_{sj} + u_{kj}.$$

在上式中解出 u_{kj}, 得 u_{kj} 的计算公式:

$$u_{kj} = a_{kj} - \sum_{s=1}^{k-1} l_{ks} u_{sj}. \tag{3.4.12}$$

此处, $j = k$, $k+1$, $\cdots$, m. 同理, 在式 (3.4.8) 中令 $j = k$ 得

$$a_{ik} = (l_{i1}, \cdots, l_{i,k-1}, l_{ik}, \cdots) \cdot (u_{1k}, \cdots, u_{k-1,k}, u_{kk}, 0, \cdots)^{\mathrm{T}} = \sum_{s=1}^{k-1} l_{is} u_{sk} + l_{ik} u_{kk}.$$

在上式中, 若 $u_{kk} \neq 0$, 则可解出 l_{ik}, 得

$$l_{ik} = \left(a_{ik} - \sum_{s=1}^{k-1} l_{is} u_{sk} \right) / u_{kk}, \tag{3.4.13}$$

此处 $i > k$. 同理, 将 l_{ik} 和 u_{kj} 分别存入矩阵 $\boldsymbol{A}$ 的 a_{ik} 和 a_{kj}, 得如下结果:

$$
A^{(k+1)} = \begin{pmatrix}
u_{11} & u_{12} & \cdots & u_{1k} & u_{1k+1} & \cdots & u_{1m} \\
l_{21} & u_{22} & \cdots & u_{2k} & u_{2k+1} & \cdots & u_{2m} \\
\vdots & \vdots & & \vdots & \vdots & & \vdots \\
l_{k1} & l_{k2} & \cdots & u_{kk} & u_{k,k+1} & \cdots & u_{km} \\
l_{k+1,1} & l_{k+1,2} & \cdots & l_{k+1,k} & a_{k+1,k+1} & \cdots & a_{k+1,m} \\
\vdots & \vdots & & \vdots & \vdots & & \vdots \\
l_{n1} & l_{n2} & \cdots & l_{nk} & a_{n,k+1} & \cdots & a_{nm}
\end{pmatrix}
\begin{matrix} \leftarrow \text{第1次迭代} \\ \leftarrow \text{第2次迭代} \\ \vdots \\ \leftarrow \text{第}k\text{次迭代} \\ \\ \\ \\ \end{matrix}
$$

第三步: 重复执行第二步中的式 (3.4.12) 和式 (3.4.13), 直到求出矩阵 $\boldsymbol{L}$ 和 $\boldsymbol{U}$ 的所有元素为止.

上述实现矩阵三角分解的方法称为矩阵分解的**紧凑格式**或 **Doolittle 方法**. Doolittle 方法要求将 u_{kj} 和 l_{ik} 存入矩阵 $\boldsymbol{A}$ 的相应元素中, 即将元素 u_{kj} 存入元素 a_{kj} 中, 这里 $i \leqslant k$; 将元素 l_{ik} 存入 a_{ik} 中, 这里 $i > k$. 如此设计程序, 可以节省存储空间, 适合中、大型矩阵的分解问题.

算法 3.4 (Doolittle 方法)

Input row number n and column number m of matrix, matrix $(a_{ij})_{n\times m}$

Step1 if $a_{11}=0$ then Output ''pivot element equals error'' , Stop;

else

for $i=2$ to n do

$a_{i1} \leftarrow a_{i1}/a_{11}$ $\qquad$ $//l_{i1}=a_{i1}/u_{11}$

end do

end if

Step2 for $k=2$ to $n-1$ do

if $a_{kk}=0$ then Output ''pivot element equals error'', stop;

else

for $j=k$ to m do $\qquad$ //compute k-th row of U

$$a_{kj} \leftarrow a_{kj} - \sum_{s=1}^{k-1} a_{ks}a_{sj} \quad // \ u_{kj} = a_{kj} - \sum_{s=1}^{k-1} l_{ks}u_{sj}$$

end do

for $i=k+1$ to n do $\qquad$ //compute k-th column of L

$$a_{ik} \leftarrow \left(a_{ik} - \sum_{s=1}^{k-1} a_{is}a_{sk}\right)/a_{kk} \quad //l_{ik} = \left(a_{ik} - \sum_{s=1}^{k-1} l_{is}u_{sk}\right)/u_{kk}$$

end do

end if

end do

Output triangularized matrix(a_{ij})

并非所有非奇异矩阵均有 $\boldsymbol{LU}$ 分解. 例如, 二阶方阵 $\boldsymbol{A}_1 = \begin{pmatrix} 0 & 1 \\ 1 & 0 \end{pmatrix}$, 显然有

$$|\boldsymbol{A}_1| = -1 \neq 0,$$

然而矩阵 $\boldsymbol{A}_1$ 不存在 $\boldsymbol{LU}$ 分解. 事实上, 设存在 $\boldsymbol{A}_1$ 的一个 Doolittle 分解

$$\boldsymbol{A}_1 = \begin{pmatrix} 1 & 0 \\ a & 1 \end{pmatrix}\begin{pmatrix} b & c \\ 0 & d \end{pmatrix},$$

则一定有 $b=0$ 与 $ab=1$ 同时成立, 矛盾, 因此 $\boldsymbol{A}_1$ 不存在 $\boldsymbol{LU}$ 分解.

究其原因, 由定理 3.1 可知: 矩阵 $\boldsymbol{A}$ 的三角分解能进行下去, 当且仅当针对 $\boldsymbol{A}$ 的 Gauss 消元法能进行到底, 当且仅当矩阵 $\boldsymbol{A}$ 的各阶顺序主子式非零.

因此, 对于二阶方阵 $\boldsymbol{A}_1$ 来说, 由于其一阶顺序主子式等于零, 因此 $\boldsymbol{A}_1$ 不存在 $\boldsymbol{LU}$ 分解. 因此, 一般情况下, 与 Gauss 消元法一样, 为了保证 $\boldsymbol{LU}$ 分解运算能顺利进行以及方法的稳定性, 三角分解法一般也应采用选主元的技术, 具体方法参见 3.4.7 节.

不过, 由于 $\boldsymbol{LU}$ 分解方法实际上是 Gauss 消元法的另一种形式, 故在定理 3.1 条件下, 无需选主元, $\boldsymbol{LU}$ 分解即可顺利进行. 换言之, 此时矩阵的 $\boldsymbol{LU}$ 分解存在唯一性.

3.4.3 方程组的求解举例

在解线性方程组 $\boldsymbol{Ax}=\boldsymbol{b}$ 时, 可以先将增广阵 $\bar{\boldsymbol{A}} = [\boldsymbol{A}\,\vdots\,\boldsymbol{b}]$ 作 Doolittle 分解, 得到 $\overline{\boldsymbol{A}} = \boldsymbol{L}\tilde{\boldsymbol{U}}$, 式中, $\tilde{\boldsymbol{U}} = [\boldsymbol{U}\,\vdots\,\boldsymbol{y}]$, 这一步实际上是将方程组 $\boldsymbol{Ax}=\boldsymbol{b}$ 化为等价的上三角方程组 $\boldsymbol{Ux}=\boldsymbol{y}$; 接下来, 可以调用回代法求解 $\boldsymbol{Ux}=\boldsymbol{y}$, 通常, 也将这种求方程组 $\boldsymbol{Ax}=\boldsymbol{b}$ 的方法也称为 **Doolittle 方法**.

例 3.4.1 用 Dolittle 方法求解方程组 $\boldsymbol{Ax}=\boldsymbol{b}$, 其中,

$$\boldsymbol{A} = \begin{pmatrix} 2 & 2 & 3 \\ 4 & 7 & 7 \\ -2 & 4 & 5 \end{pmatrix}, \quad \boldsymbol{b} = \begin{pmatrix} 3 \\ 1 \\ -7 \end{pmatrix}.$$

解 将方程组的增广阵 $\overline{\boldsymbol{A}} = \begin{pmatrix} 2 & 2 & 3 & 3 \\ 4 & 7 & 7 & 1 \\ -2 & 4 & 5 & -7 \end{pmatrix}$ 按照紧凑格式作 Doolittle 分解得

$$\overline{\boldsymbol{A}} \to \left(\begin{array}{c|ccc} 2 & 2 & 3 & 3 \\ \cline{2-4} 2 & 7 & 7 & 1 \\ -1 & 4 & 5 & -7 \end{array}\right) \to \left(\begin{array}{c|c|cc} 2 & 2 & 3 & 3 \\ \cline{2-4} 2 & 3 & 1 & -5 \\ \cline{3-4} -1 & 2 & 5 & -7 \end{array}\right) \to \left(\begin{array}{c|c|cc} 2 & 2 & 3 & 3 \\ \cline{2-4} 2 & 3 & 1 & -5 \\ \cline{3-4} -1 & 2 & 6 & 6 \end{array}\right).$$

因此得 Doolittle 分解

$$A = LU = \begin{pmatrix} 1 & 0 & 0 \\ 2 & 1 & 0 \\ -1 & 2 & 1 \end{pmatrix} \begin{pmatrix} 2 & 2 & 3 \\ 0 & 3 & 1 \\ 0 & 0 & 6 \end{pmatrix}, \quad \text{且} \ y = L^{-1}b = \begin{pmatrix} 3 \\ -5 \\ 6 \end{pmatrix},$$

解方程组 $Ux = y$ 得 $x = (2, -2, 1)^{\mathrm{T}}$.　#

Doolittle 方法求解线性方程组时, 大约需要 $\dfrac{n^3}{3}$ 次乘除法, 与 Gauss 消元法计算量基本相当, 优点是可以将系数矩阵的三角分解与右端项分开, 使求解系数矩阵相同的一系列方程组特别方便. 例如, 如果求解系数矩阵相同的 m 个方程组

$$Ax = b^{(1)}, Ax = b^{(2)}, \cdots, Ax = b^{(m)},$$

则可用如下方法进行.

第一步: 对 A 作 Doolittle 分解, 即 $A = LU$;

第二步: 前代法求解 m 个下三角方程组 $Ly = b^{(1)}, Ly = b^{(2)}, \cdots, Ly = b^{(m)}$;

第三步: 回代法求解 m 个上三角方程组 $Ux = y^{(1)}, Ux = y^{(2)}, \cdots, Ux = y^{(m)}$ 得到方程组的解 $x^{(1)}, x^{(2)}, \cdots, x^{(m)}$.

当然, 也可采用如下方案计算.

第一步: 对广义增广矩阵 $\overline{A} = (A \mid b^{(1)}\ b^{(2)}\ \cdots\ b^{(m)})$ 作 Doolittle 分解, 得

$$\overline{A} = L\tilde{U},$$

式中, $\tilde{U} = (U \mid y^{(1)}\ y^{(2)}\ \cdots\ y^{(m)})$;

第二步: 回代法求解上三角线性方程组 $Ux = y^{(1)}, Ux = y^{(2)}, \cdots, Ux = y^{(m)}$, 得方程组的解 $x^{(1)}, x^{(2)}, \cdots, x^{(m)}$.

例 3.4.2　求方程组 $Ax = b^{(i)}, i = 1, 2$. 其中,

$$A = \begin{pmatrix} 2 & 2 & 3 \\ 4 & 7 & 7 \\ -2 & 4 & 5 \end{pmatrix}, \quad b^{(1)} = \begin{pmatrix} 3 \\ 1 \\ -7 \end{pmatrix}, \quad b^{(2)} = \begin{pmatrix} 7 \\ 18 \\ 7 \end{pmatrix}.$$

解　构造增广阵 $\overline{A} = \left(\begin{array}{ccc|cc} 2 & 2 & 3 & 3 & 7 \\ 4 & 7 & 7 & 1 & 18 \\ -2 & 4 & 5 & -7 & 7 \end{array}\right)$, 利用矩阵分解的紧凑格式将 $\overline{A}$ 转化为

$$\left(\begin{array}{c|c|ccc} 2 & 2 & 3 & 3 & 7 \\ \cline{2-5} 2 & 3 & 1 & -5 & 4 \\ \cline{3-5} -1 & 2 & 6 & 6 & 6 \end{array}\right).$$

于是得

$$U = \begin{pmatrix} 2 & 2 & 3 \\ & 3 & 1 \\ & & 6 \end{pmatrix}, \quad y^{(1)} = \begin{pmatrix} 3 \\ -5 \\ 6 \end{pmatrix}, \quad y^{(2)} = \begin{pmatrix} 7 \\ 4 \\ 6 \end{pmatrix}.$$

解方程组 $Ux = y^{(1)}$ 得

$$x^{(1)} = (2, -2, 1)^{\mathrm{T}}.$$

解方程组 $Ux = y^{(2)}$ 得

$$x^{(2)} = (1, 1, 1)^{\mathrm{T}}.$$

#

在求矩阵 $A_{n\times m}$ 的 LU 分解时, 若在式 (3.4.6) 中令

$$\underbrace{\begin{pmatrix} a_{11} & \cdots & a_{1m} \\ \vdots & & \vdots \\ a_{n1} & \cdots & a_{nm} \end{pmatrix}}_{A} = \underbrace{\begin{pmatrix} l_{11} & & & \\ l_{21} & l_{22} & & \\ \vdots & \vdots & \ddots & \\ l_{n1} & l_{n2} & \cdots & l_{nn} \end{pmatrix}}_{L} \underbrace{\begin{pmatrix} 1 & u_{12} & u_{13}\cdots & u_{1n} & u_{1,n+1}\cdots & u_{1m} \\ & 1 & u_{23}\cdots & u_{2n} & u_{2,n+1}\cdots & u_{2m} \\ & & \ddots & \vdots & \vdots & \vdots \\ & & & 1 & u_{n,n+1}\cdots & u_{nm} \end{pmatrix}}_{U},$$

则可按照与式 (3.4.9)~ 式 (3.4.12) 相似的方式, 求得下三角矩阵 L 和单位上三角矩阵 U, 这类实现矩阵 LU 分解的方法称为 **Crout 方法**, 用 Crout 方法实现的矩阵三角分解称为 Crout 分解.

3.4.4 正定阵的 Doolittle 分解

许多实际问题, 如在控制理论、有限元法应用等问题中, 常需要解系数矩阵为对称正定矩阵的方程组. 事实上, 根据 3.2.5 节的讨论知, 当矩阵 A 是正定阵时, 在不选择主元素的情况下, Gauss 消元法也可以进行下去. 即不选择主元素, 对称正定矩阵也能进行 Doolittle 分解. 下面介绍将正定阵 A 作 Doolittle 分解

$$\underbrace{\begin{pmatrix} a_{11} & \cdots & a_{1n} \\ \vdots & & \vdots \\ a_{n1} & \cdots & a_{nn} \end{pmatrix}}_{A} = \underbrace{\begin{pmatrix} 1 & & & \\ l_{21} & 1 & & \\ \vdots & \vdots & \ddots & \\ l_{n1} & l_{n2} & \cdots & 1 \end{pmatrix}}_{L} \underbrace{\begin{pmatrix} u_{11} & u_{12} & \cdots & u_{1n} \\ & u_{22} & \cdots & u_{2n} \\ & & \ddots & \vdots \\ & & & u_{nn} \end{pmatrix}}_{U} \tag{3.4.14}$$

的具体步骤.

第一步: 类似 3.4.2 节的讨论, 由方程式 (3.4.14) 两边矩阵的 (i,j) 元素相等, 可得

$$u_{1j} = a_{1j}, \quad j = 1, 2, \cdots, n. \tag{3.4.15}$$

由于矩阵 A 的对称性, 知

$$a_{ij} = a_{ji}, \quad \text{且 } u_{11} \neq 0.$$

与 3.4.2 节中的做法类似, 在式 (3.4.11) 中, 应用 $\boldsymbol{A}$ 的对称性, 得

$$l_{i1} = \frac{a_{i1}}{u_{11}} = \frac{a_{1i}}{u_{11}} = \frac{u_{1i}}{u_{11}}, \tag{3.4.16}$$

这里 $i = 2, 3, \cdots, n$.

第二步: 假设前 $k-1$ 步分解已经完成, 并求得矩阵 $\boldsymbol{L}$ 和 $\boldsymbol{U}$ 的元素之间成立如下关系

$$l_{ij} = \frac{u_{ji}}{u_{jj}}, \quad j = 1, 2, \cdots, k-1, \quad i = j+1, \cdots, n. \tag{3.4.17}$$

则进行第 k 步分解时, 由式 (3.4.13) 两边矩阵 (i, j) 元素相等或由矩阵乘法公式 (3.4.9) 可得

$$u_{kj} = a_{kj} - \sum_{s=1}^{k-1} l_{ks} u_{sj}, \tag{3.4.18}$$

这里, $j = k\ ,\ k+1\ ,\ \cdots\ ,\ n$.

当 $u_{kk} \neq 0$ 时, 与 3.4.2 节中的做法类似, 将式 (3.4.16) 代入式 (3.4.12) 中, 并考虑矩阵 $\boldsymbol{A}$ 的对称性 $(a_{ij} = a_{ji})$, 得

$$\begin{aligned} l_{ik} &= \frac{1}{u_{kk}} \left(a_{ik} - \sum_{s=1}^{k-1} l_{is} u_{sk} \right) = \frac{1}{u_{kk}} \left(a_{ki} - \sum_{s=1}^{k-1} \frac{u_{si}}{u_{ss}} u_{sk} \right) \\ &= \frac{1}{u_{kk}} \left(a_{ki} - \sum_{s=1}^{k-1} \frac{u_{sk}}{u_{ss}} u_{si} \right). \end{aligned}$$

即当 $u_{kk} \neq 0$ 时, 有

$$l_{ik} = \frac{u_{ki}}{u_{kk}}, \tag{3.4.19}$$

这里, $i = k+1, \cdots, n$.

上述分解算法就是正定阵的 Doolittle 分解法. 通过调用式 (3.4.14) 和式 (3.4.16) 实现求上三角阵 $\boldsymbol{U}$, 通过调用式 (3.4.17) 求出单位下三角矩阵 $\boldsymbol{L}$, 该算法总共需要 $\dfrac{n(n-1)}{2}$ 次除法运算, 与 3.4.3 节中提到的 Doolittle 分解法相比, 正定阵的 Doolittle 分解节省大约 50%的计算量.

算法 3.5 (正定阵的 Doolittle 分解算法)

Input　dimension n, positive definite matrix (a_{ij})

Step1　for $i = 2$ to n do

$a_{i1} \leftarrow a_{i1}/a_{11}$　　　$//l_{i1} = \dfrac{u_{1i}}{u_{11}}, \quad i = 2, 3, \cdots, n$

end do

Step2　for $k = 2$ to $n-1$ do

```
        for j = k to n do          // compute k-th row of U
            a_kj ← a_kj - Σ_{s=1}^{k-1} a_ks a_sj      //u_kj = a_kj - Σ_{s=1}^{k-1} l_ks u_sj
        end do
        for i = k+1 to n do //compute k-th column of L
            a_ik ← a_ki/a_kk      //l_ik = u_ki/u_kk
        end do
    end do
Output  triangularized matrix (a_ij)
```

算法 3.5 是算法 3.4 的特殊形式, 用于对称正定矩阵的三角分解. 三角分解完成后, 矩阵 $\boldsymbol{A}$ 的下三角部分存放的是 $\boldsymbol{L}$(下三角部分) 的元素, 而 $\boldsymbol{A}$ 的上三角部分存放的是 $\boldsymbol{U}$ 的元素, 参见下式

$$\boldsymbol{A}^{(k+1)}=\begin{pmatrix} u_{11} & (u_{12}) & \cdots & u_{1k} & u_{1,k+1} & \cdots & u_{1n} \\ \left(\dfrac{u_{12}}{u_{11}}\right) & u_{22} & \cdots & \{u_{2k}\} & u_{2,k+1} & \cdots & u_{2n} \\ \vdots & \vdots & & \vdots & \vdots & & \vdots \\ \dfrac{u_{1k}}{u_{11}} & \left\{\dfrac{u_{2k}}{u_{22}}\right\} & \cdots & u_{kk} & [u_{k,k+1}] & \cdots & u_{kn} \\ \dfrac{u_{1,k+1}}{u_{11}} & \dfrac{u_{2,k+1}}{u_{22}} & \cdots & \left[\dfrac{u_{k,k+1}}{u_{kk}}\right] & a_{k+1,k+1} & \cdots & a_{k+1,n} \\ \vdots & \vdots & & \vdots & \vdots & & \vdots \\ \dfrac{u_{1n}}{u_{11}} & \dfrac{u_{2n}}{u_{22}} & \cdots & \dfrac{u_{kn}}{u_{kk}} & a_{n,k+1} & \cdots & a_{nn} \end{pmatrix}.$$

为了方便阅读, 上式右端部分矩阵元素用三种不同的括号 (即 ()、{}与 []) 标注, 目的是为了展示矩阵元素之间的对应关系, 相同括号中元素存在对应关系. 读者在实际计算过程无需添加.

3.4.5 Cholesky 分解与平方根法

继续讨论正定对称矩阵的 $\boldsymbol{LU}$ 分解问题, 不同于 3.4.4 节中的 Doolittle 分解, 用平方根法对正定矩阵进行三角分解, 可使分解过程的计算量大大减少. 对于对称正定矩阵, 可证明存在如下定理.

定理 3.3 若 $\boldsymbol{A}$ 是对称正定矩阵, 则可以分解为

$$\boldsymbol{A}=\boldsymbol{L}\boldsymbol{L}^{\mathrm{T}}. \tag{3.4.20}$$

式中, $\boldsymbol{L}$ 为形如 $\begin{pmatrix} l_{11} & & & \\ l_{21} & l_{22} & & \\ \vdots & \vdots & \ddots & \\ l_{n1} & l_{n2} & \cdots & l_{nn} \end{pmatrix}$ 的下三角矩阵. 若限定 $\boldsymbol{L}$ 的主对角线上元素取正值, 则这种分解是唯一的.

事实上, 若令式 (3.4.8) 中 $\boldsymbol{A}$ 为对称正定阵, 其列下标 $m=n$, 并将上三角阵 $\boldsymbol{U}$ 分解为如下形式:

$$\boldsymbol{U}=\underbrace{\begin{pmatrix} u_{11} & & & \\ & u_{22} & & \\ & & \ddots & \\ & & & u_{nn} \end{pmatrix}}_{\boldsymbol{D}}\underbrace{\begin{pmatrix} 1 & \dfrac{u_{12}}{u_{11}} & \dfrac{u_{13}}{u_{11}} & \cdots & \dfrac{u_{1n}}{u_{11}} \\ & 1 & \dfrac{u_{23}}{u_{22}} & \cdots & \dfrac{u_{2n}}{u_{22}} \\ & & & \ddots & \vdots \\ & & & & 1 \end{pmatrix}}_{\boldsymbol{U}_0}=\boldsymbol{D}\boldsymbol{U}_0. \tag{3.4.21}$$

将式 (3.4.20) 代入式 (3.4.8) 得分解式

$$\boldsymbol{A}=\boldsymbol{L}\boldsymbol{U}=\boldsymbol{L}\boldsymbol{D}\boldsymbol{U}_0, \tag{3.4.22}$$

又由于矩阵 $\boldsymbol{A}$ 的对称性知

$$\boldsymbol{A}=\boldsymbol{A}^{\mathrm{T}}=\boldsymbol{U}_0^{\mathrm{T}}\boldsymbol{D}\boldsymbol{L}^{\mathrm{T}},$$

再由分解式 (3.4.21) 的唯一性, 得分解式

$$\boldsymbol{A}=\boldsymbol{L}\boldsymbol{D}\boldsymbol{L}^{\mathrm{T}}. \tag{3.4.23}$$

式中, $\boldsymbol{L}$ 为单位下三角阵; $\boldsymbol{D}$ 为对角阵. 式 (3.4.23) 称为矩阵的 $\boldsymbol{L}\boldsymbol{D}\boldsymbol{L}^{\mathrm{T}}$**分解**.

下面证明式 (3.4.22) 中对角阵 $\boldsymbol{D}$ 的主对角线上元素全为正数. 事实上, 若令 $\boldsymbol{x}_i=\left(\boldsymbol{L}^{\mathrm{T}}\right)^{-1}\boldsymbol{e}_i$, 其中 $\boldsymbol{e}_i$ 为第 i 个分量为 1 的单位列向量, 则由 $\boldsymbol{A}$ 的正定性得

$$\boldsymbol{x}_i^{\mathrm{T}}\boldsymbol{A}\boldsymbol{x}_i=u_{ii}>0,\quad i=1,\cdots,n.$$

于是, 可将对角矩阵 $\boldsymbol{D}$ 分解成如下形式:

$$\boldsymbol{D}=\underbrace{\begin{pmatrix} \sqrt{u_{11}} & & & \\ & \sqrt{u_{22}} & & \\ & & \ddots & \\ & & & \sqrt{u_{nn}} \end{pmatrix}}_{\boldsymbol{D}^{\frac{1}{2}}}\underbrace{\begin{pmatrix} \sqrt{u_{11}} & & & \\ & \sqrt{u_{22}} & & \\ & & \ddots & \\ & & & \sqrt{u_{nn}} \end{pmatrix}}_{\boldsymbol{D}^{\frac{1}{2}}}=\boldsymbol{D}^{\frac{1}{2}}\boldsymbol{D}^{\frac{1}{2}}. \tag{3.4.24}$$

代入式 (3.4.23) 得

$$\boldsymbol{A}=\boldsymbol{L}\boldsymbol{D}\boldsymbol{L}^{\mathrm{T}}=\left(\boldsymbol{L}\boldsymbol{D}^{\frac{1}{2}}\right)\left(\boldsymbol{D}^{\frac{1}{2}}\boldsymbol{L}^{\mathrm{T}}\right)=\boldsymbol{L}_1\boldsymbol{L}_1^{\mathrm{T}}. \tag{3.4.25}$$

再令 $\boldsymbol{L}_1=\boldsymbol{L}$, 即得分解式

$$\boldsymbol{A}=\boldsymbol{L}\boldsymbol{L}^{\mathrm{T}}, \tag{3.4.26}$$

且当限定 $\boldsymbol{L}$ 的对角元素为正时, 这种分解是唯一的. 式 (3.4.26) 称为正定阵 $\boldsymbol{A}$ 的 **Cholesky 分解**或 **$\boldsymbol{L}\boldsymbol{L}^{\mathrm{T}}$分解**.

算法 3.6 (正定阵的 Cholesky 分解算法)

Input dimension n, positive definite matrix (a_{ij})

Step1 $a_{11}\leftarrow l_{11}=\sqrt{a_{11}}$

Step2 for $i=2$ to n do

$a_{i1}\leftarrow l_{i1}=a_{i1}/l_{11}$

end do

Step3 for $j=2$ to $n-1$ do

$$a_{jj}\leftarrow l_{jj}=\left(a_{jj}-\sum_{k=1}^{j-1}l_{jk}^2\right)^{\frac{1}{2}}$$

for $i=j+1$ to do

$$a_{ij}\leftarrow l_{ij}=\left(a_{ij}-\sum_{k=1}^{j-1}l_{ik}l_{jk}\right)/a_{jj}$$

end do

end do

Step4 $a_{nn}\leftarrow l_{nn}=\left(a_{jj}-\sum_{k=1}^{n-1}l_{nk}^2\right)^{\frac{1}{2}}$

Output matrix (a_{ij})

利用系数矩阵 $\boldsymbol{A}$ 的 Cholesky 分解, 可将线性方程组 $\boldsymbol{A}\boldsymbol{x}=\boldsymbol{b}$ 化为如下两个三角形方程组

$$\boldsymbol{L}\boldsymbol{y}=\boldsymbol{b} \tag{3.4.27}$$

与

$$\boldsymbol{L}^{\mathrm{T}}\boldsymbol{x}=\boldsymbol{y}. \tag{3.4.28}$$

依次求解上述两个三角形方程组, 可得方程组 $\boldsymbol{A}\boldsymbol{x}=\boldsymbol{b}$ 的解. 上述应用矩阵的 Cholesky 分解求方程组 $\boldsymbol{A}\boldsymbol{x}=\boldsymbol{b}$ 的方法称为**平方根法**.

3.4.6 $\boldsymbol{LDL}^{\mathrm{T}}$ 分解与改进的平方根法

由算法 3.6 知, 用平方根法解对称正定方程组时, 计算 $l_{jj}=\left(a_{jj}-\sum_{k=1}^{j-1}l_{jk}^2\right)^{\frac{1}{2}}$ 需要进行开方运算, 为了避免开方, 我们使用 $\boldsymbol{LDL}^{\mathrm{T}}$ 式分解矩阵, 即

$$\boldsymbol{A}=\underbrace{\begin{pmatrix}1 & & & \\ l_{21} & 1 & & \\ \vdots & \vdots & \ddots & \\ l_{n1} & l_{n2} & \cdots & 1\end{pmatrix}}_{\boldsymbol{L}}\underbrace{\begin{pmatrix}d_1 & & & \\ & d_2 & & \\ & & \ddots & \\ & & & d_n\end{pmatrix}}_{\boldsymbol{D}}\underbrace{\begin{pmatrix}1 & l_{21} & \cdots & l_{n1} \\ & 1 & \cdots & l_{n2} \\ & & \ddots & \vdots \\ & & & 1\end{pmatrix}}_{\boldsymbol{L}^{\mathrm{T}}}. \tag{3.4.29}$$

由矩阵乘法, 并注意到 $l_{ii}=1, l_{jk}=0(j<k)$, 得到计算 $\boldsymbol{L}$ 和 $\boldsymbol{D}$ 的公式:

$$\begin{cases} l_{ij}=\dfrac{1}{d_j}\left(a_{ij}-\displaystyle\sum_{k=1}^{j-1}l_{ik}d_kl_{jk}\right) \\ d_i=a_{ii}-\displaystyle\sum_{k=1}^{i-1}l_{ik}^2d_k \end{cases} \quad 1\leqslant j\leqslant i-1,\quad i=1,2,\cdots,n. \tag{3.4.30}$$

进一步, 为避免计算重复, 可引进

$$t_{ij}=l_{ij}d_j,$$

则对 $i=2,3,\cdots,n$ 时, 执行如下公式:

$$\begin{cases} t_{ij}=a_{ij}-\displaystyle\sum_{k=1}^{j-1}t_{ik}l_{jk} \\ l_{ij}=t_{ij}/d_j \\ d_i=a_{ii}-\displaystyle\sum_{k=1}^{i-1}t_{ik}l_{ik} \end{cases} \quad 1\leqslant j\leqslant i-1,\quad j=1,\cdots,i-1, \tag{3.4.31}$$

即可完成矩阵的 $\boldsymbol{LDL}^{\mathrm{T}}$ 分解, 式中, $d_1=a_{11}$. 由式 (3.4.31) 可得如下按行计算矩阵 $\boldsymbol{L}$ 和 $\boldsymbol{T}=\boldsymbol{LD}$ 元素的算法.

算法 3.7($\boldsymbol{LDL}^{\mathrm{T}}$ 分解算法)

Input dimension n, positive definite matrix (a_{ij})

Step1 for $i=2$ to n do

Step1.1 for $j=1$ to $i-1$ do

$$a_{ji}\leftarrow t_{ij}=a_{ij}-\sum_{k=1}^{j-1}a_{ki}a_{jk} \quad //a_{ji}\leftarrow t_{ij}=a_{ij}-\sum_{k=1}^{j-1}t_{ik}l_{jk}$$

end do

```
Step1.2        for j = 1 to i − 1 do
                   a_ij ← l_ij = a_ji/a_jj  //a_ij ← l_ij = t_ij/d_j
               end do
Step1.3        a_ii ← d_i = a_ii − Σ_{k=1}^{i−1} a_ki a_ik      //a_ii ← d_i = a_ii − Σ_{k=1}^{i−1} t_ik l_ik
          end do
Output    a_ij for l_ij here j= 1, ···, i− 1 and i= 1, ···, n
          a_ii for d_i here i= 1, ···, n
```

算法 3.7 中, 矩阵 $\boldsymbol{A}$ 的上三角部分存储 t_{ij}, 下三角部分存储 l_{ij}, 对角线元素 a_{ij} 用来存储 d_i, 从 $i=2,3,\cdots,n$ 开始计算, 一层一层逐层进行, 计算顺序见式 (3.4.32):

$$\begin{pmatrix} a_{11}\leftarrow d_1 & a_{12}\leftarrow t_{21} & a_{13}\leftarrow t_{31} & \cdots & a_{1n}\leftarrow t_{n1} \\ a_{21}\leftarrow l_{21} & a_{22}\leftarrow d_2 & a_{23}\leftarrow t_{32} & \cdots & a_{2n}\leftarrow t_{n2} \\ a_{31}\leftarrow l_{31} & a_{32}\leftarrow l_{32} & a_{33}\leftarrow d_3 & \cdots & a_{3n}\leftarrow t_{n3} \\ \vdots & \vdots & \vdots & \ddots & \vdots \\ a_{n1}\leftarrow l_{n1} & a_{n2}\leftarrow l_{n2} & a_{n3}\leftarrow l_{n3} & \vdots & a_{nn}\leftarrow d_n \end{pmatrix}_{i=1,2,3,\cdots,n}. \tag{3.4.32}$$

用算法 3.7 求出下三角阵 $\boldsymbol{L}$ 和对角阵 $\boldsymbol{D}$ 后, 继而可求解 $\boldsymbol{Ly}=\boldsymbol{b}$ 和 $\boldsymbol{DL}^{\mathrm{T}}\boldsymbol{x}=\boldsymbol{y}$, 相应的计算公式为

$$\begin{cases} y_1 = b_1 \\ y_i = b_i - \displaystyle\sum_{s=1}^{i-1} l_{is}y_s, \quad i=2,3,\cdots,n \end{cases} \tag{3.4.33}$$

和

$$\begin{cases} x_n = y_n/d_n \\ x_i = y_i/d_i - \displaystyle\sum_{s=i+1}^{n} l_{is}x_s, \quad i=n-1,\cdots,1. \end{cases} \tag{3.4.34}$$

上述方法称为**改进平方根法**, 使用该方法可以很方便地求解系数矩阵为对称矩阵的方程组.

3.4.7 带列主元的三角分解 *

由 3.4.2 节最后的讨论, 我们得到: 与矩阵的 Gauss 消元法类似, 只要适当选择主元素, 矩阵的三角分解一定能够进行下去. 这种与矩阵的列主元消元法相对应的矩阵三角分解称为矩阵**带列主元的三角分解**.

接下来, 讨论实现带列主元的矩阵三角分解的方法. 不妨设已经对增广阵 $\overline{\boldsymbol{A}}=(a_{ij})_{n\times m}$ 完成了 $k-1$ 步带列主元的三角分解, 即将矩阵 $\overline{\boldsymbol{A}}$ 化为 $\overline{\boldsymbol{A}}^{(k)}$, 这里

$$\overline{\boldsymbol{A}}^{(k)} \triangleq \begin{pmatrix} u_{11} & u_{12} & \cdots & u_{1,k-1} & u_{1k} & \cdots & u_{1m} \\ l_{21} & u_{22} & \cdots & u_{2,k-1} & u_{2k} & \cdots & u_{2m} \\ \vdots & \vdots & \ddots & \vdots & \vdots & & \vdots \\ l_{k-1,1} & l_{k-1,2} & \cdots & u_{k-1,k-1} & u_{k-1,k} & \cdots & u_{k-1,m} \\ l_{k1} & l_{k2} & \cdots & l_{k,k-1} & a_{kk} & \cdots & a_{km} \\ \vdots & \vdots & & \vdots & \vdots & & \vdots \\ l_{n1} & l_{n2} & \cdots & l_{n,k-1} & a_{nk} & \cdots & a_{nm} \end{pmatrix}.$$

根据 3.4.2 节与 3.2.6 节中的讨论, 我们知道, 为了使矩阵的三角分解能够继续进行下去, 并预防计算结果中误差的扩散, 在用式 (3.4.12) 进行第 k 步 $\boldsymbol{LU}$ 分解时, 我们应该防止用等于零或者接近零的主元素 u_{kk} 作除数, 而解决问题的方法就是在进行第 k 步分解之前, 应该选择一个新的主元素.

由于我们事先并不知道将要选出的主元素具体出现在什么位置上, 所以在选择这个主元素之前, 我们不妨令这个新的主元素为 s_{t_k}, 这里下标 t_k 为一个待定的下标值, t_k 的值表示我们假设了即将选出的主元素位于矩阵 $\overline{\boldsymbol{A}}^{(k)}$ 第 k 列第 t_k 行的位置上.

根据假设, 如果这个主元素出现在矩阵 $\overline{\boldsymbol{A}}^{(k)}$ 的第 k 列第 t_k 行上, 则应该先交换矩阵 $\overline{\boldsymbol{A}}^{(k)}$ 的第 t_k 行与第 k 行元素 (编程时, 只需交换矩阵 $\overline{\boldsymbol{A}}^{(k)}$ 中这两行相应元素或变量的值, 元素的下标不变), 对 $\overline{\boldsymbol{A}}^{(k)}$ 作行交换以后, 得到新的矩阵 $\overline{\boldsymbol{A}}^{(k)}_{\text{new}}$, 则应该用矩阵 $\overline{\boldsymbol{A}}^{(k)}_{\text{new}}$ 的第 k 行元素, 也就是 $\overline{\boldsymbol{A}}^{(k)}$ 中原 t_k 行元素与矩阵 $\overline{\boldsymbol{A}}^{(k)}$ 第 k 列元素作矩阵乘法, 可得等式

$$a_{t_k k} = \sum_{q=1}^{k-1} l_{t_k q} u_{qk} + 1 \cdot s_{t_k}.$$

从上式中即可解出待定的主元素 s_{t_k}.

可是, 话又说回来, 我们现在还是不知道这个 t_k 行到底是 $\overline{\boldsymbol{A}}^{(k)}$ 的哪一行, 因此需要计算出所有可能的备选主元素, 不妨令其为 s_i, 这里 $i = k, \cdots, n$. 为此, 只需将下三角矩阵 $\boldsymbol{L}$ 的第 i 行元素与上三角矩阵 $\tilde{\boldsymbol{U}}$ 的第 k 列元素相乘, 得等式

$$a_{ik} = \sum_{q=1}^{k-1} l_{iq} u_{qk} + l_{ik} u_{kk} = \sum_{q=1}^{k-1} l_{iq} u_{qk} + 1 \cdot s_i, \quad i = k, \cdots, n. \tag{3.4.35}$$

在式 (3.4.35) 中, 之所以令 $l_{ik} = 1$ 是考虑若 s_i 是主元素, 注定要将第 i 行元素与第 k 行元素交换, 交换完成之后一定有 $l_{ik} = 1$.

接下来, 解式 (3.4.35), 得备选值

$$s_i = a_{ik} - \sum_{q=1}^{k-1} l_{iq} u_{qk}, \quad i = k, \cdots, n, \tag{3.4.36}$$

将备选值 $s_i\,(i = k, \cdots, n)$ 代入式 (3.4.37)

$$s_{t_k} = \max_{k \leqslant i \leqslant n} |s_i| \tag{3.4.37}$$

求最大值, 即可得新主元素 s_{t_k} 以及它的下标值 t_k.

最后, 交换矩阵 $\overline{\boldsymbol{A}}^{(k)}$ 的第 t_k 行与第 k 行, 得新矩阵 $\overline{\boldsymbol{A}}^{(k)}_{\text{new}}$, 然后对新矩阵 $\overline{\boldsymbol{A}}^{(k)}_{\text{new}}$ 进行下一步的矩阵的 $\boldsymbol{LU}$ 分解得新矩阵 $\overline{\boldsymbol{A}}^{(k+1)}$. 值得注意的是, 在将 $\overline{\boldsymbol{A}}^{(k)}$ 化为 $\overline{\boldsymbol{A}}^{(k+1)}$ 的过程中, 始终都把 $\overline{\boldsymbol{A}}^{(k)}$、$\overline{\boldsymbol{A}}^{(k)}_{\text{new}}$ 以及矩阵 $\overline{\boldsymbol{A}}^{(k+1)}$ 的值存入矩阵 $\overline{\boldsymbol{A}}$ 相应位置的元素中. 根据上述矩阵分解的思路, 我们得如下带列主元的三角分解算法.

算法 3.8 (带列主元矩阵分解)

Input   augmented matrix $\boldsymbol{A}_{nm}$ and its dimension n, m

Step1   select the pivot element a_{p1} from the 1st column of $\boldsymbol{A}_{nm}$

Step1.1 interchange the 1st and the p-th rows of $\boldsymbol{A}_{nm}$, when $|a_{p1}| \neq |a_{11}|$.

Step1.2 for $i = 2$ to n do

$$a_{i1} \leftarrow a_{i1}/a_{11} \qquad //l_{i1} = \frac{u_{1i}}{u_{11}}, i = 2, 3, \cdots, n$$

end do

Step2   for $k = 2$ to n do

Step2.1   for $i = k$ to n do

$$s_i = a_{i,k} - \sum_{q=1}^{k-1} a_{i,q} a_{q,k} \qquad //s_i = a_{i,k} - \sum_{q=1}^{k-1} l_{i,q} u_{q,k}$$

end do

Step2.2   compute $s_{t_k} = \max\limits_{k \leqslant i \leqslant n} |s_i|$, set $p = t_k$

Step2.3   interchange p-th and k-th rows of matrix A_{nm}

Step2.4   for $j = k$ to m do   //compute k-th row of U

$$a_{kj} \leftarrow a_{kj} - \sum_{s=1}^{k-1} a_{ks} a_{sj} \qquad //u_{kj} = a_{kj} - \sum_{s=1}^{k-1} l_{ks} u_{sj}$$

end do

Step2.5   for $i = k+1$ to n do   //compute k-th column of L

$$a_{ik} \leftarrow \left(a_{ik} - \sum_{s=1}^{k-1} a_{is} a_{sk} \right) / a_{kk} // l_{ik} = \left(a_{ik} - \sum_{s=1}^{k-1} l_{is} u_{sk} \right) / u_{kk}$$

end do

end do

Output triangularized matrix (a_{ij})

由于算法 3.8 中存在行交换, 因此可用矩阵语言将带列主元的矩阵分解表示为

$$\boldsymbol{P}\overline{\boldsymbol{A}} = \boldsymbol{L}\tilde{\boldsymbol{U}}. \tag{3.4.38}$$

这里, $\boldsymbol{P}$ 是 n 阶**排列阵**(由单位阵 $\boldsymbol{E}$ 经过有限次初等行或列交换得到的矩阵 $\boldsymbol{P}$ 称为**排列阵**, 排列阵是正交阵, 即有 $\boldsymbol{P}^{\mathrm{T}}\boldsymbol{P}=\boldsymbol{P}\boldsymbol{P}^{\mathrm{T}}=\boldsymbol{E}$), $\boldsymbol{L}$ 为下三角阵, $\tilde{\boldsymbol{U}}$ 是上三角阵.

例 3.4.3 用列主元三角分解法求方程组 $\boldsymbol{Ax}=\boldsymbol{b}$, 其中,

$$\overline{\boldsymbol{A}}=(\boldsymbol{A}\,\vdots\,\boldsymbol{b})=\begin{pmatrix}2&2&3&3\\4&7&7&1\\-2&4&5&-7\end{pmatrix}.$$

解 第一步: 由于备选主元素 $s_1=2, s_2=4, s_3=-2$, 故列主元为 4, 交换第一行与第二行, 然后分解, 得

$$\overline{\boldsymbol{A}}=\begin{pmatrix}2&2&3&3\\4&7&7&1\\-2&4&5&-7\end{pmatrix}\overset{r_1\leftrightarrow r_2}{\longrightarrow}\begin{pmatrix}4&7&7&1\\2&2&3&3\\-2&4&5&-7\end{pmatrix}\overset{k=1}{\longrightarrow}\begin{pmatrix}4&7&7&1\\ \frac{1}{2}&2&3&3\\ -\frac{1}{2}&4&5&-7\end{pmatrix}\triangleq\overline{\boldsymbol{A}}^{(2)}.$$

第二步: 计算备选主元素 $s_2=2-\dfrac{1}{2}\times 7=-\dfrac{3}{2}, s_3=4-\left(-\dfrac{1}{2}\times 7\right)=\dfrac{15}{2}$, 故主元素为 $\dfrac{15}{2}$, 交换第二行与第三行然后分解, 得

$$\overline{\boldsymbol{A}}^{(2)}\overset{r_2\leftrightarrow r_3}{\longrightarrow}\begin{pmatrix}4&7&7&1\\ -\frac{1}{2}&4&5&-7\\ \frac{1}{2}&2&3&3\end{pmatrix}\overset{k=2}{\longrightarrow}\begin{pmatrix}4&7&7&1\\ -\frac{1}{2}&\frac{15}{2}&\frac{17}{2}&-\frac{13}{2}\\ \frac{1}{2}&-\frac{1}{5}&3&3\end{pmatrix}\triangleq\overline{\boldsymbol{A}}^{(3)}.$$

第三步: 直接分解得 $\overline{\boldsymbol{A}}^{(3)}\overset{k=3}{\longrightarrow}\begin{pmatrix}4&7&7&1\\ -\frac{1}{2}&\frac{15}{2}&\frac{17}{2}&-\frac{13}{2}\\ \frac{1}{2}&-\frac{1}{5}&\frac{6}{5}&\frac{6}{5}\end{pmatrix}$. 因此得矩阵的三角分解 $\boldsymbol{E}_{23}\boldsymbol{E}_{12}\overline{\boldsymbol{A}}=$ $\boldsymbol{P}\overline{\boldsymbol{A}}=\boldsymbol{L}\tilde{\boldsymbol{U}}$, 式中, $\boldsymbol{P}=\boldsymbol{E}_{23}\boldsymbol{E}_{12}=\begin{pmatrix}0&1&0\\0&0&1\\1&0&0\end{pmatrix}$, $\boldsymbol{E}_{ij}$ 为初等交换阵, $\boldsymbol{L}=\begin{pmatrix}1&&\\-\frac{1}{2}&1&\\ \frac{1}{2}&-\frac{1}{5}&1\end{pmatrix}$,

$$\tilde{\boldsymbol{U}}=\begin{pmatrix}4&7&7&1\\ &\frac{15}{2}&\frac{17}{2}&-\frac{13}{2}\\ &&\frac{6}{5}&\frac{6}{5}\end{pmatrix}.$$

第四步: 解上三角方程组

$$\begin{pmatrix} 4 & 7 & 7 \\ & \frac{15}{2} & \frac{17}{2} \\ & & \frac{6}{5} \end{pmatrix} \begin{pmatrix} x_1 \\ x_2 \\ x_3 \end{pmatrix} = \begin{pmatrix} 1 \\ -\frac{13}{2} \\ \frac{6}{5} \end{pmatrix},$$

得原方程组的解为 $\boldsymbol{x} = (2, -2, 1)^{\mathrm{T}}$. #

接下来, 用矩阵运算的语言解释例 3.4.3 中实现矩阵三角分解的方法.

首先, 令例 3.4.3 中消元因子 $l_{21} = \frac{1}{2}, l_{31} = -\frac{1}{2}, l_{32} = -\frac{1}{5}$, 并令增广阵为 $\overline{\boldsymbol{A}}$, 则本例题中第一次选择列主元素的操作, 相当于用初等矩阵 $\boldsymbol{E}_{12}$ 去乘以增广阵 $\overline{\boldsymbol{A}}$, 得到如下矩阵:

$$\boldsymbol{E}_{12}\overline{\boldsymbol{A}} = \begin{pmatrix} a_{11}^{(1)} & a_{12}^{(1)} & a_{13}^{(1)} & a_{14}^{(1)} \\ a_{21}^{(1)} & a_{22}^{(1)} & a_{23}^{(1)} & a_{24}^{(1)} \\ a_{31}^{(1)} & a_{32}^{(1)} & a_{33}^{(1)} & a_{34}^{(1)} \end{pmatrix}.$$

然后进行第一步消元, 这个过程等价于用 Gauss 变换阵 $\begin{pmatrix} 1 & & \\ -l_{21} & 1 & \\ -l_{31} & 0 & 1 \end{pmatrix}$ 左乘矩阵 $\boldsymbol{E}_{12}\overline{\boldsymbol{A}}$, 得到矩阵 $\overline{\boldsymbol{A}}^{(2)}$, 这里 $\begin{pmatrix} 1 & & \\ -l_{21} & 1 & \\ -l_{31} & 0 & 1 \end{pmatrix}\boldsymbol{E}_{12}\overline{\boldsymbol{A}} = \overline{\boldsymbol{A}}^{(2)} = \begin{pmatrix} a_{11}^{(1)} & a_{12}^{(1)} & a_{13}^{(1)} & a_{14}^{(1)} \\ 0 & a_{22}^{(2)} & a_{23}^{(2)} & a_{24}^{(2)} \\ 0 & a_{32}^{(2)} & a_{33}^{(2)} & a_{34}^{(2)} \end{pmatrix}$.

其次, 选择主元素的过程等价于在 $\overline{\boldsymbol{A}}^{(2)}$ 左端再乘以初等变换矩阵 $\boldsymbol{E}_{23}$, 得

$$\boldsymbol{E}_{23}\overline{\boldsymbol{A}}^{(2)} = \boldsymbol{E}_{23}\begin{pmatrix} 1 & & \\ -l_{21} & 1 & \\ -l_{31} & 0 & 1 \end{pmatrix}\boldsymbol{E}_{12}\overline{\boldsymbol{A}}.$$

接下来的消元过程等价于用 Gauss 变换阵 $\begin{pmatrix} 1 & & \\ 0 & 1 & \\ 0 & -l_{32} & 1 \end{pmatrix}$ 作如下矩阵乘法:

$$\begin{pmatrix} 1 & & \\ 0 & 1 & \\ 0 & -l_{32} & 1 \end{pmatrix}\boldsymbol{E}_{23}\overline{\boldsymbol{A}}^{(2)},$$

从而得到上三角矩阵 $\tilde{\boldsymbol{U}}$.

综上所述, 两次选择主元素、两次消元的过程, 等价于对增广阵 $\overline{\boldsymbol{A}}$ 作如下的矩阵乘法:

$$\begin{pmatrix} 1 & & \\ 0 & 1 & \\ 0 & -l_{32} & 1 \end{pmatrix}\boldsymbol{E}_{23}\begin{pmatrix} 1 & & \\ -l_{21} & 1 & \\ -l_{31} & 0 & 1 \end{pmatrix}\boldsymbol{E}_{12}\overline{\boldsymbol{A}},$$

得上三角矩阵 $\tilde{\boldsymbol{U}}$. 上述过程也可用初等变换的语言描述为

$$\overline{\boldsymbol{A}} \underset{\substack{r_2-l_{21}\times r_1\\ r_3-l_{31}\times r_1}}{\overset{r_1\leftrightarrow r_2}{\sim}} \overline{\boldsymbol{A}}^{(2)} \underset{r_3-l_{32}\times r_2}{\overset{r_2\leftrightarrow r_3}{\sim}} \tilde{\boldsymbol{U}}.$$

矩阵三角分解完成后, 得如下等式:

$$\boldsymbol{E}_{12}\overline{\boldsymbol{A}} = \begin{pmatrix} 1 & & \\ l_{21} & 1 & \\ l_{31} & 0 & 1 \end{pmatrix} \boldsymbol{E}_{23} \begin{pmatrix} 1 & & \\ 0 & 1 & \\ 0 & l_{32} & 1 \end{pmatrix} \tilde{\boldsymbol{U}}.$$

在上式两端左乘以初等矩阵 $\boldsymbol{E}_{23}$, 得

$$\begin{aligned} \boldsymbol{E}_{23}\boldsymbol{E}_{12}\overline{\boldsymbol{A}} &= \boldsymbol{E}_{23} \begin{pmatrix} 1 & 0 & 0 \\ l_{21} & 0 & 1 \\ l_{31} & 1 & 0 \end{pmatrix} \begin{pmatrix} 1 & & \\ 0 & 1 & \\ 0 & l_{32} & 1 \end{pmatrix} \tilde{\boldsymbol{U}} \\ &= \boldsymbol{E}_{23} \begin{pmatrix} 1 & 0 & 0 \\ l_{21} & l_{32} & 1 \\ l_{31} & 1 & 0 \end{pmatrix} \tilde{\boldsymbol{U}} \\ &= \begin{pmatrix} 1 & & \\ l_{31} & 1 & \\ l_{21} & l_{32} & 1 \end{pmatrix} \tilde{\boldsymbol{U}}. \end{aligned}$$

若令 $\boldsymbol{P} = \boldsymbol{E}_{23}\boldsymbol{E}_{12}$, 得矩阵 $\overline{\boldsymbol{A}}$ 的带列主元的三角分解:

$$\boldsymbol{P}\overline{\boldsymbol{A}} = \boldsymbol{L}\tilde{\boldsymbol{U}}.$$

这里, 矩阵

$$\boldsymbol{P} = \boldsymbol{E}_{23}\boldsymbol{E}_{12} = \begin{pmatrix} 1 & 0 & 0 \\ 0 & 0 & 1 \\ 0 & 1 & 0 \end{pmatrix} \begin{pmatrix} 0 & 1 & 0 \\ 1 & 0 & 0 \\ 0 & 0 & 1 \end{pmatrix} = \begin{pmatrix} 0 & 1 & 0 \\ 0 & 0 & 1 \\ 1 & 0 & 0 \end{pmatrix},$$

为一个三阶排列阵, 下三角矩阵

$$\boldsymbol{L} = \begin{pmatrix} 1 & & \\ l_{31} & 1 & \\ l_{21} & l_{32} & 1 \end{pmatrix} = \begin{pmatrix} 1 & & \\ -\dfrac{1}{2} & 1 & \\ \dfrac{1}{2} & -\dfrac{1}{5} & 1 \end{pmatrix},$$

上三角矩阵 $\tilde{\boldsymbol{U}} = \begin{pmatrix} 4 & 7 & 7 & 1 \\ & \dfrac{15}{2} & \dfrac{17}{2} & -\dfrac{13}{2} \\ & & \dfrac{6}{5} & \dfrac{6}{5} \end{pmatrix}$.

3.5 追 赶 法

第 2 章在求解三次样条函数时, 需要求解一个所谓的三对角方程组. 其实, 许多科学问题, 诸如第 8 章求解常微分方程边值问题, 用古典三点隐式格式求解一维热传导方程, 以及数值求解应力应变关系、电路等科学问题时, 我们都会遇到求解三对角方程组, 甚至是五对角方程组、七对角方程组的问题. 这些问题由于系数矩阵非零元素少, 且往往又具有主对角线元素较占优的特点, 使得我们在求解这类方程时可以利用相关特点, 设计出更为快速、有效的算法. 本节介绍的追赶法就是一例.

记方程组

$$\begin{pmatrix} b_1 & c_1 & & & & \\ a_2 & b_2 & c_2 & & & \\ & a_3 & b_3 & c_3 & & \\ & & \ddots & \ddots & \ddots & \\ & & & a_{n-1} & b_{n-1} & c_{n-1} \\ & & & & a_n & b_n \end{pmatrix} \begin{pmatrix} x_1 \\ x_2 \\ x_3 \\ \vdots \\ x_{n-1} \\ x_n \end{pmatrix} = \begin{pmatrix} d_1 \\ d_2 \\ d_3 \\ \vdots \\ d_{n-1} \\ d_n \end{pmatrix} \tag{3.5.1}$$

为 $\boldsymbol{Ax} = \boldsymbol{d}$, 易见矩阵 $\boldsymbol{A}$ 的元素满足条件: 当 a_{ij} 的行下标 i 和列下标 j 满足 $|i-j|>1$ 时, 均有 $a_{ij}=0$. 因此, 我们将式 (3.5.1) 中系数矩阵 $\boldsymbol{A}$ 称为**三对角矩阵**, 并称方程组 (3.5.1) 为**三对角方程组**.

定理 3.4 若三对角方程组 (3.5.1) 的系数矩阵 $\boldsymbol{A}$ 满足条件:

(1) $|b_1|>|c_1|>0$;

(2) $|b_i|\geqslant|a_i|+|c_i|$, 且有 $a_i\cdot c_i\neq 0, i=2, 3, \cdots, n-1$;

(3) $|b_n|\geqslant|a_n|>0$.

则如下结论成立:

(1) 系数矩阵 $\boldsymbol{A}=(a_{ij})_{n\times n}$ 可逆;

(2) 方程组 (3.5.1) 的增广阵 $\overline{\boldsymbol{A}}=(\boldsymbol{A}\,\vdots\,\boldsymbol{b})$ 可以分解为一个下三角矩阵 $\boldsymbol{L}$ 和一个上三角矩阵 $\tilde{\boldsymbol{U}}$ 的乘积, 即有

$$\overline{\boldsymbol{A}} = \begin{pmatrix} 1 & & & & \\ l_2 & 1 & & & \\ & \ddots & \ddots & & \\ & & l_{n-1} & 1 & \\ & & & l_n & 1 \end{pmatrix} \begin{pmatrix} \beta_1 & c_1 & & & y_1 \\ & \beta_2 & c_2 & & y_2 \\ & & \ddots & \ddots & \vdots \\ & & & \beta_{n-1} \quad c_{n-1} & y_{n-1} \\ & & & \beta_n & y_n \end{pmatrix}, \tag{3.5.2}$$

这里, 矩阵元素满足关系式

$$\begin{cases} \beta_1 = b_1, \quad y_1 = d_1 \\ l_i = \dfrac{a_i}{\beta_{i-1}}, \quad \beta_i = b_i - l_i c_{i-1}, \quad y_i = d_i - l_i y_{i-1}, \quad i = 2\,,\,3\,,\cdots\,,\,n \end{cases}; \tag{3.5.3}$$

(3) $0 < \left|\dfrac{c_i}{\beta_i}\right| < 1, \quad i = 1, 2, \cdots n-1.$

证明　事实上, 令 $\beta_1 = b_1, y_1 = d_1$, 当 $\beta_{i-1} \neq 0$ 时, 令第 $i-1$ 次 Gauss 消元的系数

$$l_i = \frac{a_i}{\beta_{i-1}}, \quad i = 2\,,\,3\,,\cdots\,,\,n.$$

根据 3.2 节与 3.4 节的知识, 将方程组 (3.5.1) 的增广阵 $\overline{\boldsymbol{A}} = (\boldsymbol{A} \vdots \boldsymbol{b})$ 进行 $n-1$ 次 Gauss 消元法, 可得矩阵 $\overline{\boldsymbol{A}}$ 的三角分解

$$\overline{\boldsymbol{A}} = \begin{pmatrix} 1 & & & & \\ l_2 & 1 & & & \\ & \ddots & \ddots & & \\ & & l_{n-1} & 1 & \\ & & & l_n & 1 \end{pmatrix} \begin{pmatrix} \beta_1 & c_1 & & & & y_1 \\ & \beta_2 & c_2 & & & y_2 \\ & & \ddots & \ddots & & \vdots \\ & & & \beta_{n-1} & c_{n-1} & y_{n-1} \\ & & & & \beta_n & y_n \end{pmatrix}.$$

式中, 参数

$$\begin{cases} \beta_1 = b_1, \quad y_1 = d_1 \\ l_i = \dfrac{a_i}{\beta_{i-1}}, \quad \beta_i = b_i - l_i c_{i-1}, \quad y_i = d_i - l_i y_{i-1}, \quad i = 2\,,\,3\,,\cdots\,,\,n \end{cases}. \tag{3.5.3}$$

下面, 用数学归纳法证明不等式

$$0 < \left|\frac{c_i}{\beta_i}\right| < 1, \tag{3.5.4}$$

这里, $i = 1, 2, \cdots n-1$.

事实上, 当 $n = 1$ 时, 由 $|\,b_1| > |\,c_1| > 0$, 得 $|\,\beta_1| > |\,c_1| > 0$, 即有

$$0 < \left|\frac{c_1}{\beta_1}\right| < 1.$$

假设当 $n = k$ 时, 不等式 $0 < \left|\dfrac{c_k}{\beta_k}\right| < 1$ 成立. 则当 $n = k+1$ 时, 由式 (3.5.3) 知

$$\begin{aligned} |\beta_{k+1}| = |b_{k+1} - l_{k+1} c_k| = \left|b_{k+1} - \frac{a_{k+1}}{\beta_k} c_k\right| &\geqslant |b_{k+1}| - \left|\frac{c_k}{\beta_k}\right| \cdot |a_{k+1}| > |b_{k+1}| - |a_{k+1}| \\ &\geqslant |c_{k+1}| \geqslant 0, \end{aligned}$$

即有 $0 < \left|\dfrac{c_{k+1}}{\beta_{k+1}}\right| < 1$. 综上所述, 当 $i = 1, 2, \cdots, n-1$ 时, 不等式 $0 < \left|\dfrac{c_i}{\beta_i}\right| < 1$ 成立.

由$0<\left|\dfrac{c_i}{\beta_i}\right|<1$ 知上三角矩阵 $\tilde{\boldsymbol{U}}$ 行满秩, 因此矩阵 $\boldsymbol{A}$ 可逆, 且式 (3.5.3) 中的除法运算可以进行到底, 也就是 Gauss 消元法可以执行到底. #

推论 3.4.1 *在定理 3.4 的条件下, 方程组 (3.5.1) 的系数矩阵和右端向量存在如下分解*

$$\boldsymbol{A}=\boldsymbol{LU},\quad \boldsymbol{d}=\boldsymbol{Ly},$$

式中, 列向量 $\boldsymbol{y}=[y_1,y_2,\cdots,y_n]^{\mathrm{T}}$; 上三角阵 $\boldsymbol{U}$ 以及下三角阵 $\boldsymbol{L}$ 均与定理 3.4 相同.

理论上, 由于矩阵 $\boldsymbol{L}$ 是可逆的, 因此求解三对角方程组 $\boldsymbol{Ax}=\boldsymbol{d}$ 的过程可分两个步骤进行: 第一步, 求解下三角方程组 $\boldsymbol{Ly}=\boldsymbol{d}$, 得到向量 $\boldsymbol{y}$; 第二步, 求解上三角方程组 $\boldsymbol{Ux}=\boldsymbol{y}$, 得到方程组的解 $\boldsymbol{x}$.

又由于矩阵 $\boldsymbol{L}$ 和 $\boldsymbol{U}$ 均为对角带状矩阵, 实践中总是将上述求解过程公式化, 即先用递推公式 (3.5.3) 计算出 β_i 和 y_i, 然后调用回代法递推公式

$$\begin{cases} x_n=y_n/\beta_n \\ x_i=(y_i-c_ix_{i+1})/\beta_i, \quad i=n-1\,,\,n-2\,,\,\cdots\,,\,1 \end{cases} \tag{3.5.5}$$

即可求出方程组 (3.5.1) 的解 x_i, 这里 $i=1,\cdots,n$.

上述用式 (3.5.3) 和式 (3.5.5) 求三对角方程组 (3.5.1) 的方法称为**追赶法**. 其中式 (3.5.3) 中, 按下标从小到大的顺序求出 β_i 和 y_i, 故将该过程称为 "**追**"; 在式 (3.5.5) 中, 按下标从大到小的顺序求 x_i, 故将该过程称为 "**赶**", 追赶法因此得名. 易验证, 用追赶法求三对角方程组 (3.5.1) 共要 $5n-4$ 次乘除法运算, 与用 Gauss 消元法求解方程组的方法相比, 追赶法的时间复杂度降低了两个量级. 综上, 可设计出如下算法.

算法 3.9 (追赶法)

Input single-dimensioned arrays $(a_i)\,,(b_i)\,,(c_i)\,,(d_i)$, dimension of unknowns n

Step1 $b_1\leftarrow b_1, y_1\leftarrow d_1$ $//\beta_1\leftarrow b_1, y_1\leftarrow d_1$, this step can be omitted.

Step2 for $i=2$ to n do

$a_i\leftarrow\dfrac{a_i}{\beta_{i-1}}$ $//l_i=\dfrac{a_i}{\beta_{i-1}}$

$b_i=b_i-a_ic_{i-1}$ $//\beta_i=b_i-l_ic_{i-1}$

$d_i=d_i-a_id_{i-1}$ $//y_i=d_i-l_iy_{i-1}$

end do

Step3 $d_n=d_n/b_n$ $//x_n=y_n/\beta_n$

Step4 for $i=n-1$ to 1 do

$d_i=(d_i-c_id_{i+1})/b_i$ $//x_i=(y_i-c_ix_{i+1})/\beta_i$

end do

Output solution (d_i)

为了节省存储空间, 算法 3.9 中只定义了 4 个一维数组 a,b,c,d. 计算开始前, 数组 a,b,c 中存储矩阵元素, d 存储右端向量, 算法执行完成后, 方程组的解就存放到数组 d 中去了, 因此算法中最后的输出值是有序数组. 用追赶法求解三对角方程组内存占用少, 求解速度快, 因此它是求解三对角方程组的常用方法.

例 3.5.1　用追赶法求解三对角方程组 $\boldsymbol{A}\boldsymbol{x}=\boldsymbol{b}$, 这里

$$\boldsymbol{A}=\begin{pmatrix}2&1&0&0\\1&2&-3&0\\0&3&-7&4\\0&0&2&5\end{pmatrix},\quad \boldsymbol{b}=\begin{pmatrix}3\\-3\\-10\\2\end{pmatrix}.$$

解　用式 (3.5.3)

$$\begin{cases}\beta_1=b_1,\quad y_1=d_1\\ l_i=\dfrac{a_i}{\beta_{i-1}},\quad \beta_i=b_i-l_ic_{i-1},\quad y_i=d_i-l_iy_{i-1},\quad i=2,3,\cdots,n\end{cases}$$

计算中间变量 β_i 和 y_i, 即可将原方程组的增广阵 $\bar{\boldsymbol{A}}=(\boldsymbol{A}\vdots\boldsymbol{b})$ 化为上三角阵

$$\begin{pmatrix}2&1&0&0&3\\0&\dfrac{3}{2}&-3&0&-\dfrac{9}{2}\\0&0&-1&4&-1\\0&0&0&13&0\end{pmatrix}.$$

然后, 调用式 (3.5.5)

$$\begin{cases}x_n=y_n/\beta_n\\ x_i=(y_i-c_ix_{i+1})/\beta_i,\quad i=n-1,n-2,\cdots,1\end{cases}$$

求解三对角方程组

$$\begin{pmatrix}2&1&&\\&\dfrac{3}{2}&-3&\\&&-1&4\\&&&13\end{pmatrix}\boldsymbol{x}=\begin{pmatrix}3\\-\dfrac{9}{2}\\-1\\0\end{pmatrix},$$

可得原三对角方程组的解 $\boldsymbol{x}=(2,-1,1,0)^{\mathrm{T}}$.　#

3.6 向 量 范 数

3.6.1 向量范数定义

本节以及后面的 3.7 节重点讨论实数域 $\mathbf{R}$ 上的向量范数和矩阵范数相关的问题. 记实数域上全体 n 维向量构成的线性空间为 $\mathbf{R}^n$. 为了定义空间 $\mathbf{R}^n$ 中两向量之间的距离, 并给出向量 "大小" 的度量, 首先给出 n 维空间 $\mathbf{R}^n$ 上向量范数的定义.

定义 3.3 任意一个从 $\mathbf{R}^n \to \mathbf{R}$ 上的实函数, 如果同时满足下列 3 个条件:

(1) **非负性**: $\forall \boldsymbol{x} \in \mathbf{R}^n$, $\|\boldsymbol{x}\| \geqslant 0$, 其中 $\|\boldsymbol{x}\| = 0$ 当且仅当 $\boldsymbol{x} = \mathbf{0}$;

(2) **齐次性**: 对任意 $\lambda \in \mathbf{R}$, 任意向量 $\boldsymbol{x} \in \mathbf{R}^n$, 满足 $\|\lambda \boldsymbol{x}\| = |\lambda| \cdot \|\boldsymbol{x}\|$;

(3) **三角不等式性**: 对任意向量 $\boldsymbol{x}, \boldsymbol{y} \in \mathbf{R}^n$, 不等式 $\|\boldsymbol{x} + \boldsymbol{y}\| \leqslant \|\boldsymbol{x}\| + \|\boldsymbol{y}\|$ 成立,

则称该函数为定义在空间 $\mathbf{R}^n$ 上的一个**向量范数**, 记为 $\|\cdot\|$, 此时称 $\|\boldsymbol{x}\|$ 为向量 $\boldsymbol{x}$ 的**范数**, 并称 $\mathbf{R}^n$ 为**赋范线性空间**.

显然三维空间 $\mathbf{R}^3$ 中, 向量 $\boldsymbol{x} = (x_1, x_2, x_3)^{\mathrm{T}}$ 的长度

$$|\boldsymbol{x}| = \sqrt{x_1^2 + x_2^2 + x_3^2} \tag{3.6.1}$$

满足上述定义 3.3 中的三个条件, 因而它实际上是定义在空间 $\mathbf{R}^3$ 上的一种范数, 称为向量 $\boldsymbol{x}$ 的**欧几里得范数或欧氏范数, 记为** $\|x\|_2 = \sqrt{x_1^2 + x_2^2 + x_3^2}$, 同时也说明了三维空间 $\mathbf{R}^3$ 是赋范线性空间.

向量的范数是不唯一的, 事实上: 对 $\forall p \in \boldsymbol{N}$, 实函数

$$f_p(\boldsymbol{x}) = \left(\sum_{i=1}^{n} |x_i|^p \right)^{\frac{1}{p}}$$

均满足定义 3.3, 因而 $f_p(\boldsymbol{x})$ 也是空间 $\mathbf{R}^n$ 上的一种范数, 称为 ***p*-范数**或 **l_p范数**, 记为

$$\|\boldsymbol{x}\|_p = \left(\sum_{i=1}^{n} |x_i|^p \right)^{\frac{1}{p}}. \tag{3.6.2}$$

特别地, 在式 (3.6.2) 中令 $p = 1$ 时, 则 l_p 范数变为

$$\|\boldsymbol{x}\|_1 = \sum_{i=1}^{n} |x_i|,$$

上式中定义的向量范数 $\|\boldsymbol{x}\|_1$ 称为向量 $\boldsymbol{x}$ 的 l_1-范数, 简称 **1-范数**. 在式 (3.6.2) 中令 $p = 2$ 时, 得

$$\|\boldsymbol{x}\|_2 = \sqrt{\sum_{i=1}^{n} |x_i|^2},$$

上式中定义的范数称为 l_2 - 范数, 即向量的**欧式范数**或 **2-范数**, $\mathbf{R}^n$ 上的 2- 范数是三维空间中向量长度或欧式范数概念的推广. 在式 (3.6.2) 中令 $p=\infty$ 时, 则 l_p 范数变为

$$\|\boldsymbol{x}\|_\infty = \lim_{p\to\infty} \|\boldsymbol{x}\|_p = \max_{1\leqslant i\leqslant n} |x_i|,$$

上式中, 范数 $\|\boldsymbol{x}\|_\infty$ 称为 l_∞ - 范数, 简称 **∞- 范数**. 上面的三种范数是三种常用范数, 等号 "=" 右边为范数的定义式, 范数的计算可按照其定义式进行.

例 3.6.1　用定义式计算向量 $\boldsymbol{x}=(1,2,-3)^{\mathrm{T}}$ 的向量范数 $\|\boldsymbol{x}\|_1, \|\boldsymbol{x}\|_2, \|\boldsymbol{x}\|_\infty$.

解　根据 1-范数的定义可得

$$\|\boldsymbol{x}\|_1 = 1+2+|-3| = 6;$$

根据 2-范数的定义可得

$$\|\boldsymbol{x}\|_2 = \sqrt{1^2+2^2+3^2} = \sqrt{14};$$

根据 ∞ - 范数的定义可得

$$\|\boldsymbol{x}\|_\infty = \max\{1,2,|-3|\} = 3.$$

#

显然不是任何一个实函数都可以作为一种向量范数的. 例如, 实函数 $g(\boldsymbol{x}) = \sqrt{\sum_{i=2}^{n}|x_i|^2}$ 就不满足范数定义 3.3 的第一条, 因此不能称函数 $g(\boldsymbol{x})$ 为向量范数.

例 3.6.2　证明向量的 ∞-范数满足等式: $\|\boldsymbol{x}\|_\infty = \lim\limits_{p\to\infty} \|\boldsymbol{x}\|_p = \max\limits_{1\leqslant i\leqslant n} |x_i|$.

证明　令 $\boldsymbol{x}=(x_1,\cdots,x_n)^{\mathrm{T}}\in\mathbf{R}^n$, $M=|x_t|=\max\limits_{1\leqslant i\leqslant n}|x_i|$, 则实函数

$$f_p(\boldsymbol{x}) = \left(\sum_{i=1}^{n}|x_i|^p\right)^{\frac{1}{p}} = M\left(\sum_{i=1}^{t-1}\left|\frac{x_i}{M}\right|^p + 1 + \sum_{i=t+1}^{n}\left|\frac{x_i}{M}\right|^p\right)^{\frac{1}{p}}.$$

又 $i\neq t$ 时, $\left|\dfrac{x_i}{M}\right|<1$, 令 $p\to\infty$, 对上式两端求极限, 得

$$\sum_{i=1}^{t-1}\left|\frac{x_i}{M}\right|^p + 1 + \sum_{i=t+1}^{n}\left|\frac{x_i}{M}\right|^p \to 1,$$

因此有

$$\begin{aligned}\|\boldsymbol{x}\|_\infty &= \lim_{p\to\infty}\|\boldsymbol{x}\|_p = \lim_{p\to\infty} f_p(\boldsymbol{x}) = \lim_{p\to\infty} M\sqrt[p]{\left(\sum_{i=1}^{t-1}\left|\frac{x_i}{M}\right|^p + 1 + \sum_{i=t+1}^{n}\left|\frac{x_i}{M}\right|^p\right)}\\ &= M = \max_{1\leqslant i\leqslant n}|x_i|.\end{aligned}$$

#

3.6.2 向量范数等价性与一致连续性 *

定义 3.4 设 $\|\boldsymbol{x}\|_\alpha$, $\|\boldsymbol{x}\|_\beta$ 是赋范线性空间 $\mathbf{R}^n$ 上的任意 2 种向量范数, 若存在正数 c_1 与 c_2, 使对一切 $\boldsymbol{x} \in \mathbf{R}^n$ 有

$$c_1 \|\boldsymbol{x}\|_\alpha \leqslant \|\boldsymbol{x}\|_\beta \leqslant c_2 \|\boldsymbol{x}\|_\alpha, \tag{3.6.3}$$

则称向量范数 $\|\boldsymbol{x}\|_\alpha$ 与 $\|\boldsymbol{x}\|_\beta$**等价**.

定义 3.5 在赋范线性空间 $\mathbf{R}^n$ 中, 称两向量之差的范数 $\|\boldsymbol{x}-\boldsymbol{y}\|$ 为 $\boldsymbol{x}$ 与 $\boldsymbol{y}$ 之间的**距离**, 记为

$$d(\boldsymbol{x}, \boldsymbol{y}) = \|\boldsymbol{x}-\boldsymbol{y}\|. \tag{3.6.4}$$

给定向量 $\boldsymbol{x}^*$, 若向量序列 $\{\boldsymbol{x}_n\}$ 满足

$$d(\boldsymbol{x}_n, \boldsymbol{x}^*) = \|\boldsymbol{x}_n - \boldsymbol{x}^*\| \to 0, \quad n \to \infty,$$

则称向量序列 $\{\boldsymbol{x}_n\}$**收敛到**$\boldsymbol{x}^*$.

定义 3.5 中, 我们用范数 $\|\cdot\|$ 代替了实数域 $\mathbf{R}$ 上的绝对值符号 $|\cdot|$ 来计算两个向量的距离 $d(\boldsymbol{x}, \boldsymbol{y})$, 用以刻画两个向量之间的接近程度, 并用向量序列与给定向量之间距离是否趋于 0 来表示向量序列是否 "收敛到" 给定的向量.

定理 3.5 $\forall \boldsymbol{x}, \boldsymbol{y} \in \mathbf{R}^n$, **恒成立如下不等式**

$$\big|\|\boldsymbol{x}\| - \|\boldsymbol{y}\|\big| \leqslant \|\boldsymbol{x}-\boldsymbol{y}\|. \tag{3.6.5}$$

证明 由向量范数的三角性不等式性质, 可得 $\|\boldsymbol{x}\| = \|(\boldsymbol{x}-\boldsymbol{y})+\boldsymbol{y}\| \leqslant \|\boldsymbol{x}-\boldsymbol{y}\| + \|\boldsymbol{y}\|$, 即有

$$\|\boldsymbol{x}\| - \|\boldsymbol{y}\| \leqslant \|\boldsymbol{x}-\boldsymbol{y}\|.$$

同理可得 $\|\boldsymbol{y}\| - \|\boldsymbol{x}\| \leqslant \|\boldsymbol{y}-\boldsymbol{x}\| = \|\boldsymbol{x}-\boldsymbol{y}\|$, 于是有

$$\big|\|\boldsymbol{x}\| - \|\boldsymbol{y}\|\big| \leqslant \|\boldsymbol{x}-\boldsymbol{y}\|.$$ #

应用 Cauchy-Schwartz 不等式

$$\left(\sum_{i=1}^n x_i y_i\right)^2 \leqslant \left(\sum_{i=1}^n x_i^2\right)\left(\sum_{i=1}^n y_i^2\right)$$

和 Minkowski 不等式

$$\left(\sum_{i=1}^n |x_i+y_i|^p\right)^{\frac{1}{p}} \leqslant \left(\sum_{i=1}^n |x_i|^p\right)^{\frac{1}{p}} + \left(\sum_{i=1}^n |y_i|^p\right)^{\frac{1}{p}},$$

易证赋范空间 $\mathbf{R}^n$ 中的三种常用 p-范数满足如下不等式关系:

(1) $\|\boldsymbol{x}\|_{\infty} \leqslant \|\boldsymbol{x}\|_1 \leqslant n\ \|\boldsymbol{x}\|_{\infty}$;　(2) $\|\boldsymbol{x}\|_{\infty} \leqslant \|\boldsymbol{x}\|_2 \leqslant \sqrt{n}\ \|\boldsymbol{x}\|_{\infty}$;

(3) $\dfrac{1}{n}\|\boldsymbol{x}\|_1 \leqslant \|\boldsymbol{x}\|_{\infty} \leqslant \|\boldsymbol{x}\|_1$;　(4) $\dfrac{1}{\sqrt{n}}\|\boldsymbol{x}\|_1 \leqslant \|\boldsymbol{x}\|_2 \leqslant \|\boldsymbol{x}\|_1$.

下面证明不等式 (4) 成立, 其他不等式留作习题.

事实上, 如果令 $\boldsymbol{x} = (x_1, \cdots, x_n)^{\mathrm{T}} \in \mathbf{R}^n$, 则应用 Cauchy-Schwartz 不等式得

$$\|\boldsymbol{x}\|_1 = \sum_{i=1}^{n} |x_i| = \sum_{i=1}^{n} 1 \cdot |x_i| \leqslant \sqrt{\left(\sum_{i=1}^{n} 1^2\right) \cdot \sum_{i=1}^{n} |x_i|^2} = \sqrt{n} \cdot \|\boldsymbol{x}\|_2,$$

即得 $\dfrac{1}{\sqrt{n}}\|\boldsymbol{x}\|_1 \leqslant \|\boldsymbol{x}\|_2$, 再次应用 Cauchy-Schwartz 不等式, 得不等式

$$\sum_{i=1}^{n} |x_i|^2 \leqslant \left(\sum_{i=1}^{n} |x_i|\right)^2.$$

上式两边开方, 得 $\|\boldsymbol{x}\|_2 \leqslant \|\boldsymbol{x}\|_1$. 综上所述, 得不等式 $\dfrac{1}{\sqrt{n}}\|\boldsymbol{x}\|_1 \leqslant \|\boldsymbol{x}\|_2 \leqslant \|\boldsymbol{x}\|_1$.　#

上面的 4 组不等式表明, 三种常用的向量范数是两两等价的. 事实上, 可以证明: 在赋范线性空间 $\mathbf{R}^n$ 中, 任意两个向量范数都是等价的.

定理 3.6　赋范线性空间 $\mathbf{R}^n$ 中的任意两个向量范数都是等价的.

证明　任给两种向量范数 $\|\cdot\|_{\alpha}$ 和 $\|\cdot\|_{\beta}$, 下面证明存在非负实数 c_1 和 c_2, 使对一切 $\boldsymbol{x} \in \mathbf{R}^n$ 有 $c_1\|\boldsymbol{x}\|_{\alpha} \leqslant \|\boldsymbol{x}\|_{\beta} \leqslant c_2\|\boldsymbol{x}\|_{\alpha}$.

令 $\boldsymbol{e}_i$ 表示第 i 个分量为 1, 其余分量为 0 的单位向量, 则 $\mathbf{R}^n$ 中的任意向量 $\boldsymbol{x}$ 可表示为 $\boldsymbol{x} = \sum\limits_{i=1}^{n} x_i \boldsymbol{e}_i$. 根据范数的齐次性和三角不等式性, 并应用 Cauchy-Schwartz 不等式, 有

$$\|\boldsymbol{x}\|_{\alpha} = \left\|\sum_{i=1}^{n} x_i \boldsymbol{e}_i\right\|_{\alpha} \leqslant \sum_{i=1}^{n} |x_i| \cdot \|\boldsymbol{e}_i\|_{\alpha} \leqslant C_1 \sqrt{\sum_{i=1}^{n} |x_i|^2} = C_1\|\boldsymbol{x}\|_2,$$

式中, $C_1 = \sqrt{\sum\limits_{i=1}^{n} \|\boldsymbol{e}_i\|_{\alpha}^2}$. 由定理 3.5 知

$$\left|\|\boldsymbol{x}\|_{\alpha} - \|\boldsymbol{y}\|_{\alpha}\right| \leqslant \|\boldsymbol{x} - \boldsymbol{y}\|_{\alpha} \leqslant C_1\|\boldsymbol{x} - \boldsymbol{y}\|_2. \tag{3.6.6}$$

式 (3.6.6) 说明向量范数 $\|\boldsymbol{x}\|_{\alpha}$ 是向量 $\boldsymbol{x}$ 的连续函数. 由于 $\mathbf{R}^n$ 中的单位球面

$$\boldsymbol{S} = \{\boldsymbol{x} \mid \|\boldsymbol{x}\|_2 = 1, \boldsymbol{x} \in \mathbf{R}^n\}$$

是有界闭集, 因此实函数 $\|\boldsymbol{x}\|_{\alpha}$ 在 $\boldsymbol{S}$ 上必能取到最大值 M 和最小值 m, 即

$$M = \max_{\|\boldsymbol{x}\|_2=1} \|\boldsymbol{x}\|_{\alpha}, \quad m = \min_{\|\boldsymbol{x}\|_2=1} \|\boldsymbol{x}\|_{\alpha}.$$

又由于在闭球面 $\boldsymbol{S}$ 上 $\|\boldsymbol{x}\|_2=1$, 知 $\boldsymbol{x}\neq\boldsymbol{0}$, 从而最大值 M 和最小值 m 都是正数.

任意向量 $\boldsymbol{x}\in\mathbf{R}^n$, 若令 $\boldsymbol{y}=\dfrac{\boldsymbol{x}}{\|\boldsymbol{x}\|_2}$, 则有 $\|\boldsymbol{y}\|_2=1$, 从而 $\boldsymbol{y}=\dfrac{\boldsymbol{x}}{\|\boldsymbol{x}\|_2}\in\boldsymbol{S}$, 从而有 $\|\boldsymbol{y}\|_\alpha$ 介于最大值和最小值之间, 即 $m\leqslant\|\boldsymbol{y}\|_\alpha\leqslant M$. 又 $\|\boldsymbol{x}\|_\alpha=\|\boldsymbol{x}\|_2\left\|\dfrac{\boldsymbol{x}}{\|\boldsymbol{x}\|_2}\right\|_\alpha=\|\boldsymbol{x}\|_2\|\boldsymbol{y}\|_\alpha$, 从而得不等式

$$m\|\boldsymbol{x}\|_2\leqslant\|\boldsymbol{x}\|_\alpha\leqslant M\|\boldsymbol{x}\|_2,$$

即 $\|\boldsymbol{x}\|_\alpha$ 与 $\|\boldsymbol{x}\|_2$ 等价.

同理可证 $\|\boldsymbol{x}\|_2$ 与 $\|\boldsymbol{x}\|_\beta$ 等价, 即存在正数 $\tilde{m},\tilde{M}$, 使 $\tilde{m}\|\boldsymbol{x}\|_\beta\leqslant\|\boldsymbol{x}\|_2\leqslant\tilde{M}\|\boldsymbol{x}\|_\beta$. 于是成立如下不等式

$$\tilde{m}\cdot m\|\boldsymbol{x}\|_\beta\leqslant m\|\boldsymbol{x}\|_2\leqslant\|\boldsymbol{x}\|_\alpha\leqslant M\|\boldsymbol{x}\|_2\leqslant M\cdot\tilde{M}\|\boldsymbol{x}\|_\beta.$$

令实数 $c_1=\tilde{m}\cdot m$, $c_2=M\cdot\tilde{M}$, 则得如下不等式

$$c_1\|\boldsymbol{x}\|_\beta\leqslant\|\boldsymbol{x}\|_\alpha\leqslant c_2\|\boldsymbol{x}\|_\beta.$$

由定义 3.4 知范数 $\|\boldsymbol{x}\|_\alpha$ 与 $\|\boldsymbol{x}\|_\beta$ 等价. #

定义 3.5 中并未指明范数 $\|\cdot\|$ 具体属于哪种, 因而暗指用任意一种向量范数都可以定义一种向量间的距离, 所以在未指定向量范数的前提下, 由式 (3.6.4) 所定义的向量距离也是不唯一的, 且易证用不同范数所定义的向量距离也可看成是等价的.

事实上, 假设已经证明了

$$\|\boldsymbol{x}_n-\boldsymbol{c}\|_\alpha\to0,\quad n\to\infty,$$

则任给另一种向量范数 $\|\cdot\|_\beta$, 根据定理 3.6 知范数 $\|\cdot\|_\beta$ 与 $\|\cdot\|_\alpha$ 是等价的. 因此用这两种范数定义的向量距离 $\|\boldsymbol{x}_n-\boldsymbol{c}\|_\alpha$ 与 $\|\boldsymbol{x}_n-\boldsymbol{c}\|_\beta$ 也必然是等价的, 也就是有

$$\|\boldsymbol{x}_n-\boldsymbol{c}\|_\beta\to0,\quad n\to\infty.$$

因此在实践中, 我们无需用范数 $\|\cdot\|_\beta$ 再次去证明向量序列 $\{\boldsymbol{x}_n\}$ 的收敛性.

根据定理 3.6, 还可以证明一个比向量范数等价性更强的结论, 即向量范数的一致连续性.

定理 3.7 $\mathbf{R}^n$ 中的向量范数 $\|\boldsymbol{x}\|_\alpha$ 是向量 $\boldsymbol{x}$ 的关于 $\mathbf{R}^n$ 中任意一个范数 $\|\cdot\|_\beta$ 的**一致连续函数**, 即对任意给定的 $\varepsilon>0$, $\exists\delta>0$, 使当 $\|\boldsymbol{x}-\boldsymbol{y}\|_\beta<\delta$ 时, 恒有

$$\big|\|\boldsymbol{y}\|_\alpha-\|\boldsymbol{x}\|_\alpha\big|<\varepsilon. \tag{3.6.7}$$

证明 任意给定向量范数 $\|\cdot\|_\alpha$, 根据定理 3.5, 知 $\forall\boldsymbol{x},\boldsymbol{y}\in\mathbf{R}^n$, 均有

$$\big|\|\boldsymbol{y}\|_\alpha-\|\boldsymbol{x}\|_\alpha\big|\leqslant\|\boldsymbol{y}-\boldsymbol{x}\|_\alpha.$$

根据定理 3.6 知, 对上述范数 $\|\cdot\|_\alpha$, 存在常数 $c\,(\neq 0)$ 和向量范数 $\|\cdot\|_\beta$, 对 $\forall \boldsymbol{x}, \boldsymbol{y} \in \mathbf{R}^n$, 成立如下不等式

$$\|\boldsymbol{y}-\boldsymbol{x}\|_\alpha \leqslant c\,\|\boldsymbol{y}-\boldsymbol{x}\|_\beta .$$

综上所述, 对于任意给定的 $\varepsilon > 0$, 可取 $\delta = \dfrac{\varepsilon}{c} > 0$, 则存在向量范数 $\|\cdot\|_\beta$, 对 $\forall \boldsymbol{x}, \boldsymbol{y} \in \mathbf{R}^n$, 当 $\|\boldsymbol{x}-\boldsymbol{y}\|_\beta < \delta$ 时, 恒有

$$\left|\|\boldsymbol{y}\|_\alpha - \|\boldsymbol{x}\|_\alpha\right| \leqslant c\,\|\boldsymbol{y}-\boldsymbol{x}\|_\beta < \varepsilon. \qquad \#$$

定理 3.7 的结论是说, 对任意给定的向量 $\boldsymbol{x}$ 和范数 $\|\boldsymbol{x}\|_\alpha$, 可以找到另一个向量 $\boldsymbol{y}$, 只要 $\boldsymbol{y}$ 与 $\boldsymbol{x}$ 在范数 $\|\cdot\|_\beta$ 意义下定义的某种距离 $\mathrm{d}\,(\boldsymbol{x}, \boldsymbol{y}) = \|\boldsymbol{x}-\boldsymbol{y}\|_\beta$ 足够小, 则 $\|\boldsymbol{y}\|_\alpha$ 与 $\|\boldsymbol{x}\|_\alpha$ 之差可以做到任意小, 我们把向量范数的这一性质称为向量范数的**一致连续性**.

3.7 矩阵范数

3.7.1 方阵的范数

实数域上 $n \times n$ 阶实方阵构成的线性空间记为 $\mathbf{R}^{n\times n}$, 本节将向量范数的概念推广到 $\mathbf{R}^{n\times n}$ 中去, 给出矩阵范数的如下定义.

定义 3.6 若定义了一种从 $\mathbf{R}^{n\times n} \to \mathbf{R}$ 上的实函数 $\|\cdot\|$, 同时满足如下条件:

(1) **非负性**: $\forall \boldsymbol{A} \in \mathbf{R}^{n\times n}$, $\|\boldsymbol{A}\| \geqslant 0$, $\|\boldsymbol{A}\| = 0$ 当且仅当 $\boldsymbol{A} = \boldsymbol{O}$;

(2) **齐次性**: $\forall \boldsymbol{A} \in \mathbf{R}^{n\times n}$, $k \in \mathbf{R}$, $\|k\boldsymbol{A}\| = |k| \cdot \|\boldsymbol{A}\|$;

(3) **三角不等式性**: $\forall \boldsymbol{A}, \boldsymbol{B} \in \mathbf{R}^{n\times n}$, $\|\boldsymbol{A}+\boldsymbol{B}\| \leqslant \|\boldsymbol{A}\| + \|\boldsymbol{B}\|$;

(4) **相容性**: $\forall \boldsymbol{A}, \boldsymbol{B} \in \mathbf{R}^{n\times n}$, $\|\boldsymbol{A}\boldsymbol{B}\| \leqslant \|\boldsymbol{A}\| \cdot \|\boldsymbol{B}\|$,

则称实函数 $\|\boldsymbol{A}\|$ 为矩阵 $\boldsymbol{A}$ 的一种**范数**.

可以证明:实函数 $\|\boldsymbol{A}\|_M = n \cdot \max\limits_{1\leqslant i,j\leqslant n} |a_{ij}|$ 与 $\|\boldsymbol{A}\|_F = \sqrt{\sum\limits_{i,j=1}^{n} |a_{ij}|^2}$ 都满足定义 3.6, 因而都是矩阵范数, 其中 $\|\boldsymbol{A}\|_F$ 称为 **Frobenius 范数**或 **Suchur 范数**, 因此矩阵范数也是不唯一的.

定义 3.7 设 $\mathbf{R}^{n\times n}$ 上的矩阵范数 $\|\boldsymbol{A}\|_\alpha$ 和 $\mathbf{R}^n$ 上的向量范数 $\|\boldsymbol{x}\|_\beta$ 满足如下关系式

$$\|\boldsymbol{A}\boldsymbol{x}\|_\beta \leqslant \|\boldsymbol{A}\|_\alpha \|\boldsymbol{x}\|_\beta , \tag{3.7.1}$$

则称矩阵范数 $\|\boldsymbol{A}\|_\alpha$ 与向量范数 $\|\boldsymbol{x}\|_\beta$ 是**相容的**.

定理 3.8 任意给 $\mathbf{R}^{n\times n}$ 上的一种矩阵范数 $\|\boldsymbol{A}\|_\alpha$, 则必存在一种 $\mathbf{R}^n$ 上的向量范数 $\|\boldsymbol{x}\|_\beta$, 使矩阵范数 $\|\boldsymbol{A}\|_\alpha$ 与向量范数 $\|\boldsymbol{x}\|_\beta$ 是相容的, 也就是有不等式 (3.7.1) 成立.

证明 设 $\boldsymbol{x}=(x_1,\cdots,x_n)^{\mathrm{T}}\in\mathbf{R}^n$, 取 $\|\boldsymbol{x}\|_\beta=\left\|\begin{pmatrix}x_1 & 0 & \cdots & 0\\ x_2 & 0 & \cdots & 0\\ \vdots & \vdots & & \vdots\\ x_n & 0 & \cdots & 0\end{pmatrix}\right\|_\alpha$, 则 $\|\cdot\|_\beta$ 就是一种向量范数.

事实上, 易证矩阵范数 $\left\|\begin{pmatrix}x_1 & 0 & \cdots & 0\\ x_2 & 0 & \cdots & 0\\ \vdots & \vdots & & \vdots\\ x_n & 0 & \cdots & 0\end{pmatrix}\right\|_\alpha$ 满足定义 3.6 中的性质 (1) ～性质 (3), 且向量范数 $\|\boldsymbol{x}\|_\beta$ 满足向量范数定义 3.3 中的性质 (1) ～性质 (3), 又由于

$$
\begin{aligned}
\left\|\begin{pmatrix}\sum\limits_{j=1}^n a_{1j}x_j & 0 & \cdots & 0\\ \vdots & \vdots & & \vdots\\ \sum\limits_{j=1}^n a_{nj}x_j & 0 & \cdots & 0\end{pmatrix}\right\|_\alpha
&=\left\|\begin{pmatrix}a_{11} & a_{12} & \cdots & a_{1n}\\ a_{21} & a_{22} & \cdots & a_{2n}\\ \vdots & \vdots & & \vdots\\ a_{n1} & a_{n2} & \cdots & a_{nn}\end{pmatrix}\begin{pmatrix}x_1 & 0 & \cdots & 0\\ x_2 & 0 & \cdots & 0\\ \vdots & \vdots & & \vdots\\ x_n & 0 & \cdots & 0\end{pmatrix}\right\|_\alpha\\
&\leqslant\left\|\begin{pmatrix}a_{11} & a_{12} & \cdots & a_{1n}\\ a_{21} & a_{22} & \cdots & a_{2n}\\ \vdots & \vdots & & \vdots\\ a_{n1} & a_{n2} & \cdots & a_{nn}\end{pmatrix}\right\|_\alpha\cdot\left\|\begin{pmatrix}x_1 & 0 & \cdots & 0\\ x_2 & 0 & \cdots & 0\\ \vdots & \vdots & & \vdots\\ x_n & 0 & \cdots & 0\end{pmatrix}\right\|_\alpha.
\end{aligned}
$$

根据 $\|\boldsymbol{x}\|_\beta$ 的定义, 得

$$\|\boldsymbol{A}\boldsymbol{x}\|_\beta\leqslant\|\boldsymbol{A}\|_\alpha\cdot\|\boldsymbol{x}\|_\beta.$$

即向量范数 $\|\boldsymbol{x}\|_\beta$ 与 $\|\boldsymbol{A}\|_\alpha$ 是相容的. #

假定矩阵范数 $\|\boldsymbol{A}\|_\alpha$ 与向量范数 $\|\boldsymbol{x}\|_\beta$ 是相容的, 且对每个 $\boldsymbol{A}\in\mathbf{R}^{n\times n}$ 都存在一个非$\mathbf{0}$向量 $\boldsymbol{x}_0\in\mathbf{R}^n$(与 $\boldsymbol{A}$ 有关), 使得

$$\|\boldsymbol{A}\boldsymbol{x}_0\|_\beta=\|\boldsymbol{A}\|_\alpha\cdot\|\boldsymbol{x}_0\|_\beta, \tag{3.7.2}$$

则称 $\|\boldsymbol{A}\|_\alpha$ 是从属于向量范数 $\|\boldsymbol{x}\|_\beta$ 的矩阵范数.

根据与向量范数的从属性, 可以给出矩阵范数的如下定义.

定义 3.8 若矩阵 $\boldsymbol{A}\in\mathbf{R}^{n\times n}$, $\boldsymbol{x}\in\mathbf{R}^n$, $\|\boldsymbol{x}\|_\alpha$ 是 $\mathbf{R}^n$ 上的某种向量范数, 则称

$$\|\boldsymbol{A}\|_\alpha=\max_{\|\boldsymbol{x}\|_\alpha=1}\|\boldsymbol{A}\boldsymbol{x}\|_\alpha \tag{3.7.3}$$

或

$$\|\boldsymbol{A}\|_\alpha=\max_{\boldsymbol{x}\neq\mathbf{0}}\frac{\|\boldsymbol{A}\boldsymbol{x}\|_\alpha}{\|\boldsymbol{x}\|_\alpha} \tag{3.7.4}$$

为矩阵 $\boldsymbol{A}$ 的一种**范数**，也称 $\|\boldsymbol{A}\|_\alpha$ 是**从属于**向量范数 $\|\boldsymbol{x}\|_\alpha$ 的**矩阵范数**.

事实上，由式 (3.7.4) 得

$$\|\boldsymbol{A}\|_\alpha=\max_{\boldsymbol{x}\neq\boldsymbol{0}}\frac{\|\boldsymbol{Ax}\|_\alpha}{\|\boldsymbol{x}\|_\alpha}=\max_{\boldsymbol{x}\neq\boldsymbol{0}}\left\|\frac{\boldsymbol{Ax}}{\|\boldsymbol{x}\|_\alpha}\right\|_\alpha=\max_{\boldsymbol{x}\neq\boldsymbol{0}}\left\|\boldsymbol{A}\cdot\frac{\boldsymbol{x}}{\|\boldsymbol{x}\|_\alpha}\right\|_\alpha=\max_{\|\boldsymbol{x}\|_\alpha=1}\|\boldsymbol{Ax}\|_\alpha,$$

即式 (3.7.3) 与式 (3.7.4) 是等价的，上式也同时说明：若非 0 向量 $\boldsymbol{x}_0\in\mathbf{R}^n$，使

$$\|\boldsymbol{A}\|_\alpha=\|\boldsymbol{Ax}_0\|_\alpha=\max_{\|\boldsymbol{x}\|_\alpha=1}\|\boldsymbol{Ax}\|_\alpha,$$

这里 $\|\boldsymbol{x}_0\|_\alpha=1$，因此有

$$\|\boldsymbol{A}\|_\alpha=\|\boldsymbol{Ax}_0\|_\alpha=\|\boldsymbol{A}\|_\alpha\|\boldsymbol{x}_0\|_\alpha.$$

即矩阵范数 $\|\cdot\|_\alpha$ 从属于向量范数 $\|\cdot\|_\alpha$，我们将定义 3.8 称为矩阵范数的从属性定义.

根据向量的三种常用 l_p 范数，可得从属于向量范数 $l_p(p=1,2,\infty)$ 的三种常用范数：

(1) 矩阵的 **1- 范数**(**列范数**)

$$\|\boldsymbol{A}\|_1=\max_{\|\boldsymbol{x}\|_1=1}\|\boldsymbol{Ax}\|_1=\max_{1\leqslant j\leqslant n}\sum_{i=1}^n|a_{ij}|;\tag{3.7.5}$$

(2) 矩阵的 ∞- **范数**(**行范数**)

$$\|\boldsymbol{A}\|_\infty=\max_{\|\boldsymbol{x}\|_\infty=1}\|\boldsymbol{Ax}\|_\infty=\max_{1\leqslant i\leqslant n}\sum_{j=1}^n|a_{ij}|;\tag{3.7.6}$$

(3) 矩阵的 **2- 范数**(**谱范数**)

$$\|\boldsymbol{A}\|_2=\max_{\|\boldsymbol{x}\|_2=1}\|\boldsymbol{Ax}\|_2=\sqrt{\rho(\boldsymbol{A}^{\mathrm{T}}\boldsymbol{A})},\tag{3.7.7}$$

其中，$\rho(\boldsymbol{B})=\max\{|\lambda_i|\mid\boldsymbol{Bx}=\lambda_i\boldsymbol{x},i=1,2,\cdots,n\}$，即 $\rho(\boldsymbol{B})$ 表示矩阵 $\boldsymbol{B}$ 的按模 (绝对值) 最大的特征值的模 (绝对值)，称为矩阵 $\boldsymbol{B}$ 的**谱半径**.

例 3.7.1　已知矩阵 $\boldsymbol{A}=\begin{pmatrix}4&-3\\-1&6\end{pmatrix}$，求 $\|\boldsymbol{A}\|_1$，$\|\boldsymbol{A}\|_\infty$ 和 $\|\boldsymbol{A}\|_2$.

解　由矩阵列范数的定义式 (3.7.5) 得 $\|\boldsymbol{A}\|_1=\max\{4+1,3+6\}=9$. 同理，由矩阵行范数的定义式 (3.7.6) 得 $\|\boldsymbol{A}\|_\infty=\max\{3+4,1+6\}=7$. 又由 $\boldsymbol{A}^{\mathrm{T}}\boldsymbol{A}=\begin{pmatrix}17&-18\\-18&45\end{pmatrix}$ 得

$$\left|\lambda\boldsymbol{I}-\boldsymbol{A}^{\mathrm{T}}\boldsymbol{A}\right|=\lambda^2-62\lambda+441=0.$$

解二次方程得 $\boldsymbol{A}^{\mathrm{T}}\boldsymbol{A}$ 的两个特征值：$\lambda_{1,2}=31\pm2\sqrt{130}$，从而由式 (3.7.7) 得

$$\|\boldsymbol{A}\|_2=\sqrt{\rho(\boldsymbol{A}^{\mathrm{T}}\boldsymbol{A})}=\sqrt{\max_{i=1,2}|\lambda_i|}=\sqrt{31+2\sqrt{130}}.$$　#

值得注意的是：矩阵范数 $\|\cdot\|_\alpha$ 从属于某种向量范数 $\|\cdot\|_\beta$ 的**必要条件**是 $\|\boldsymbol{I}\|_\alpha = 1$, 其中, $\boldsymbol{I}$ 表示单位阵.

事实上, 当矩阵范数 $\|\cdot\|_\alpha$ 从属于向量范数 $\|\cdot\|_\beta$ 时, 根据从属性的定义, 对于单位阵 $\boldsymbol{I}$, 必存在一个非零向量 $\boldsymbol{x}_0$, 使得 $\|\boldsymbol{I}\boldsymbol{x}_0\|_\beta = \|\boldsymbol{I}\|_\alpha \|\boldsymbol{x}_0\|_\beta$. 另一方面, 有 $\|\boldsymbol{I}\boldsymbol{x}_0\|_\beta = \|\boldsymbol{x}_0\|_\beta$, 于是得

$$\|\boldsymbol{I}\|_\alpha = 1.$$

鉴于此, 我们得到：不是所有的矩阵范数都是从属于某种向量范数. 因为可以证明, 尽管 Frobenius 范数与向量的 l_2- 范数**是相容的**, 即有

$$\begin{aligned}\|\boldsymbol{A}\boldsymbol{x}\|_2 &= \sqrt{\sum_{i=1}^{n}\left|\sum_{j=1}^{n} a_{ij}x_j\right|^2} \leqslant \sqrt{\sum_{i=1}^{n}\left(\left(\sum_{j=1}^{n}|a_{ij}|^2\right)\cdot\left(\sum_{j=1}^{n}|x_j|^2\right)\right)}\\ &= \sqrt{\sum_{i=1}^{n}\left(\sum_{j=1}^{n}|a_{ij}|^2\right)}\cdot\sqrt{\left(\sum_{j=1}^{n}|x_j|^2\right)}\\ &= \|\boldsymbol{A}\|_F\,\|\boldsymbol{x}\|_2 .\end{aligned}$$

但是, 由于 $\|\boldsymbol{I}\|_F = \sqrt{n}$, 因此当 $n > 1$ 时, Frobenius 范数**不从属于**任何向量范数.

例 3.7.2 设 $\boldsymbol{A} \in \mathbf{R}^{n\times n}$, 证明式 (3.5.5)～ 式 (3.5.7), 即证：

(1) $\|\boldsymbol{A}\|_1 = \max\limits_{1\leqslant j\leqslant n}\sum\limits_{i=1}^{n}|a_{ij}|$; (2) $\|\boldsymbol{A}\|_\infty = \max\limits_{1\leqslant i\leqslant n}\sum\limits_{j=1}^{n}|a_{ij}|$;

(3) $\|\boldsymbol{A}\|_2 = \sqrt{\rho(\boldsymbol{A}^{\mathrm{T}}\boldsymbol{A})}$,

式中, $\rho(\boldsymbol{A}^{\mathrm{T}}\boldsymbol{A})$ 为 $\boldsymbol{A}^{\mathrm{T}}\boldsymbol{A}$ 的谱半径.

证明 (1) 记 $\boldsymbol{A} = (\boldsymbol{\alpha}_1, \boldsymbol{\alpha}_2, \cdots, \boldsymbol{\alpha}_n)$, 式中, $\boldsymbol{\alpha}_j = (a_{1j}, a_{2j}, \cdots, a_{nj})^{\mathrm{T}}$, $j = 1, 2, \cdots, n$, 则有

$$\max_{1\leqslant j\leqslant n}\sum_{i=1}^{n}|a_{ij}| = \max_{1\leqslant j\leqslant n}\|\boldsymbol{\alpha}_j\|_1 .$$

且对任意 $\boldsymbol{x} = [x_1, \cdots, x_n]^{\mathrm{T}} \in \mathbf{R}^n$, 有

$$\begin{aligned}\|\boldsymbol{A}\boldsymbol{x}\|_1 &= \|x_1\boldsymbol{\alpha}_1 + x_2\boldsymbol{\alpha}_2 + \cdots + x_n\boldsymbol{\alpha}_n\|_1 \leqslant \|x_1\boldsymbol{\alpha}_1\|_1 + \|x_2\boldsymbol{\alpha}_2\|_1 + \cdots + \|x_n\boldsymbol{\alpha}_n\|_1\\ &\leqslant |x_1|\cdot\|\boldsymbol{\alpha}_1\|_1 + |x_2|\cdot\|\boldsymbol{\alpha}_2\|_1 + \cdots + |x_n|\cdot\|\boldsymbol{\alpha}_n\|_1\\ &\leqslant (|x_1| + |x_2| + \cdots + |x_n|)\max_{1\leqslant j\leqslant n}\|\boldsymbol{\alpha}_j\|_1\\ &= \|x\|_1\cdot\max_{1\leqslant j\leqslant n}\|\boldsymbol{\alpha}_j\|_1 .\end{aligned}$$

当 $\|\boldsymbol{x}\|_1 = 1$ 时, 得

$$\|\boldsymbol{A}\boldsymbol{x}\|_1 \leqslant \max_{1\leqslant j\leqslant n}\|\boldsymbol{\alpha}_j\|_1 = \max_{1\leqslant j\leqslant n}\|\boldsymbol{\alpha}_j\|_1 .$$

另一方面, 设 $j=k$ 时, 有等式 $\max\limits_{1\leqslant j\leqslant n}\|\boldsymbol{\alpha}_j\|_1=\|\boldsymbol{\alpha}_k\|_1$, 取 $\boldsymbol{x}=\boldsymbol{e}_k$, 显然 $\|\boldsymbol{e}_k\|_1=1$, 且 $\|\boldsymbol{A}\boldsymbol{e}_k\|_1=\|\boldsymbol{\alpha}_k\|_1=\max\limits_{1\leqslant j\leqslant n}\|\boldsymbol{\alpha}_j\|_1$. 故有

$$\|\boldsymbol{A}\|_1=\max_{\|\boldsymbol{x}\|_1=1}\|\boldsymbol{A}\boldsymbol{x}\|_1=\max_{1\leqslant j\leqslant n}\sum_{i=1}^{n}|a_{ij}|\,.$$

(2) 由无穷范数的定义知

$$\begin{aligned}\|\boldsymbol{A}\boldsymbol{x}\|_\infty&=\max_{1\leqslant i\leqslant n}\left|\sum_{j=1}^{n}a_{ij}x_j\right|\leqslant\max_{1\leqslant i\leqslant n}\sum_{j=1}^{n}|a_{ij}|\cdot|x_j|\leqslant\max_{1\leqslant i\leqslant n}\sum_{j=1}^{n}|a_{ij}|\cdot\max_{1\leqslant j\leqslant n}|x_j|\\&\leqslant\max_{1\leqslant i\leqslant n}\sum_{j=1}^{n}|a_{ij}|\cdot\|\boldsymbol{x}\|_\infty\,.\end{aligned}$$

于是若 $\|\boldsymbol{x}\|_\infty=1$, 得

$$\|\boldsymbol{A}\boldsymbol{x}\|_\infty\leqslant\max_{1\leqslant i\leqslant n}\sum_{j=1}^{n}|a_{ij}|.$$

另外, 若我们能找到向量 $\boldsymbol{x}_0\in\mathbf{R}^n$, 满足 $\|\boldsymbol{x}_0\|_\infty=1$, 且 $\|\boldsymbol{A}\boldsymbol{x}_0\|_\infty=\max\limits_{1\leqslant i\leqslant n}\sum\limits_{j=1}^{n}|a_{ij}|$, 便证得结论成立. 设当 $i=k$ 时, $\sum\limits_{j=1}^{n}|a_{ij}|$ 取得最大值, 即有

$$\sum_{j=1}^{n}|a_{kj}|=\max_{1\leqslant i\leqslant n}\sum_{j=1}^{n}|a_{ij}|.$$

注意到 $a_{kj}=|a_{kj}|\cdot\operatorname{sign}(a_{kj})$, 取 $\boldsymbol{x}_0=\left(x_1^{(0)},x_2^{(0)},\cdots,x_n^{(0)}\right)$, 其中, $x_j^{(0)}=\begin{cases}1, & a_{kj}\geqslant 0\\ -1, & a_{kj}<0\end{cases}$, 则 $\|\boldsymbol{x}_0\|_\infty=1$, 且当 $i\neq k$ 时, 得

$$\left|\sum_{j=1}^{n}a_{ij}x_j^{(0)}\right|\leqslant\sum_{j=1}^{n}|a_{ij}|\leqslant\sum_{j=1}^{n}|a_{kj}|,$$

且有

$$\left|\sum_{j=1}^{n}a_{kj}x_j^{(0)}\right|=\sum_{j=1}^{n}|a_{kj}|.$$

因此得 $\max\limits_{1\leqslant i\leqslant n}\left|\sum\limits_{j=1}^{n}a_{ij}x_j^{(0)}\right|=\sum\limits_{j=1}^{n}|a_{kj}|$, 即得

$$\|\boldsymbol{A}\boldsymbol{x}_0\|_\infty=\max_{1\leqslant i\leqslant n}\sum_{j=1}^{n}|a_{ij}|=\sum_{j=1}^{n}|a_{kj}|.$$

(3) 由于 $\boldsymbol{A}^{\mathrm{T}}\boldsymbol{A}$ 是实对称矩阵, 则其特征值皆为实数且非负, 因此 $\boldsymbol{A}^{\mathrm{T}}\boldsymbol{A}$ 必然存在最大特征值, 不妨令最大特征值为 λ_1, 由向量 l_2 -范数的定义知

$$\|\boldsymbol{A}\boldsymbol{x}\|_2=\sqrt{(\boldsymbol{A}\boldsymbol{x},\boldsymbol{A}\boldsymbol{x})}=\sqrt{\boldsymbol{x}^{\mathrm{T}}\boldsymbol{A}^{\mathrm{T}}\boldsymbol{A}\boldsymbol{x}}.$$

根据二次型的极性知 $\max\limits_{\|\boldsymbol{x}\|_2=1}\left(\boldsymbol{x}^{\mathrm{T}}\boldsymbol{A}^{\mathrm{T}}\boldsymbol{A}\boldsymbol{x}\right)=\lambda_1$. 再由矩阵范数的定义知

$$\|\boldsymbol{A}\|_2=\max_{\|\boldsymbol{x}\|_2=1}\|\boldsymbol{A}\boldsymbol{x}\|_2=\max_{\|\boldsymbol{x}\|_2=1}\sqrt{\left(\boldsymbol{x}^{\mathrm{T}}\boldsymbol{A}^{\mathrm{T}}\boldsymbol{A}\boldsymbol{x}\right)}=\sqrt{\lambda_1}=\sqrt{\rho\left(\boldsymbol{A}^{\mathrm{T}}\boldsymbol{A}\right)}. \qquad \#$$

定理 3.9 对于任意的 $\boldsymbol{A},\boldsymbol{B}\in\mathbf{R}^{n\times n}$, 恒有

$$|\|\boldsymbol{A}\|-\|\boldsymbol{B}\||\leqslant\|\boldsymbol{A}-\boldsymbol{B}\|.$$

定理 3.9 的证明类似于定理 3.5, 过程略.

定理 3.10 设 $\|\boldsymbol{A}\|_\alpha$ 和 $\|\boldsymbol{A}\|_\beta$ 是 $\mathbf{R}^{n\times n}$ 上的任意两种矩阵范数, 则存在正常数 c_1 和 c_2, 使

$$c_1\|\boldsymbol{A}\|_\alpha\leqslant\|\boldsymbol{A}\|_\alpha\leqslant c_2\|\boldsymbol{A}\|_\alpha, \tag{3.7.8}$$

即 $\|\boldsymbol{A}\|_\alpha$ 和 $\|\boldsymbol{A}\|_\beta$**等价**.

证明方法: 只要证明 $\|\boldsymbol{A}\|_\alpha$ 和 $\|\boldsymbol{A}\|_\beta$ 都与范数 $\|\boldsymbol{A}\|_M=n\cdot\max\limits_{1\leqslant i,j\leqslant n}|a_{ij}|$ 等价即可, 过程略. 类似定理 3.7 可证得如下结论.

定理 3.11 $\mathbf{R}^{n\times n}$ 中的矩阵范数 $\|\boldsymbol{A}\|_\alpha$ 是矩阵 $\boldsymbol{A}$ 的关于 $\mathbf{R}^{n\times n}$ 中任意一个矩阵范数 $\|\cdot\|_\beta$ 的**一致连续函数**, 即任给 $\varepsilon>0$, $\exists\delta>0$, 使当 $\|\boldsymbol{A}-\boldsymbol{B}\|_\beta<\delta$ 时, 恒有

$$|\,\|\boldsymbol{B}\|_\alpha-\|\boldsymbol{A}\|_\alpha\,|<\varepsilon.$$

定理 3.12 对于 $\mathbf{R}^{n\times n}$ 中的任意矩阵范数 $\|\boldsymbol{A}\|_\alpha$, 恒有

$$\rho(\boldsymbol{A})\leqslant\|\boldsymbol{A}\|_\alpha. \tag{3.7.9}$$

证明 对 $\mathbf{R}^{n\times n}$ 中的任意矩阵范数 $\|\boldsymbol{A}\|_\alpha$, 由定理 3.8 知, 存在向量范数 $\|\cdot\|_\beta$, 使 $\|\boldsymbol{A}\|_\alpha$ 与 $\|\cdot\|_\beta$ 相容.

设 λ_1 是 $\boldsymbol{A}$ 的绝对值 (或模) 最大的特征值, 则必存在 λ_1 的特征向量 $\boldsymbol{x}$ 满足方程

$$\boldsymbol{A}\boldsymbol{x}=\lambda_1\boldsymbol{x},$$

上式两边取 $\|\cdot\|_\beta$ 范数, 并应用相容性得

$$|\lambda_1|\cdot\|\boldsymbol{x}\|_\beta=\|\lambda_1\boldsymbol{x}\|_\beta=\|\boldsymbol{A}\boldsymbol{x}\|_\beta\leqslant\|\boldsymbol{A}\|_\alpha\cdot\|\boldsymbol{x}\|_\beta\ .$$

由于 $\|\boldsymbol{x}\|_\beta \neq 0$, 即得

$$\rho(\boldsymbol{A}) = |\lambda_1| \leqslant \|\boldsymbol{A}\|_\alpha . \qquad \#$$

一般来说, 求一个矩阵的范数 $\|\boldsymbol{A}\|_\alpha$ 是比较容易的, 而矩阵的特征值是不太容易计算的, 因此可以根据式 (3.7.9) 估计出矩阵特征值的一个上界, 当然也可以根据式 (3.7.9) 用矩阵的谱半径估计出矩阵范数的一个统一下界, 下面的定理则给出了用谱半径估计矩阵范数上界的一个方法.

定理 3.13　设 $\boldsymbol{A} \in \mathbf{R}^{n\times n}$, 对于任意给定的一个正数 $\varepsilon > 0$, 在 $\mathbf{R}^{n\times n}$ 中至少存在一种矩阵范数 $\|\cdot\|_\alpha$, 使得

$$\|\boldsymbol{A}\|_\alpha \leqslant \rho(\boldsymbol{A}) + \varepsilon. \tag{3.7.10}$$

证明　由 $\boldsymbol{A} \in \mathbf{R}^{n\times n}$, 则 $\boldsymbol{A}$ 必然与一个 Jordan 标准型 $\boldsymbol{J}$ 相似, 即存在非奇异矩阵 $\boldsymbol{P}$ 使

$$\boldsymbol{P}^{-1}\boldsymbol{A}\boldsymbol{P} = \boldsymbol{J}.$$

令 $\boldsymbol{D} = \operatorname{diag}\left(1, \varepsilon, \cdots, \varepsilon^{n-1}\right)$, $\boldsymbol{D}^{-1}\boldsymbol{J}\boldsymbol{D} = \tilde{\boldsymbol{J}}$, 则 $\tilde{\boldsymbol{J}}$ 是将 Jordan 标准型 $\boldsymbol{J}$ 的每个非对角线上的元素由 1 换成 ε 后得到的矩阵. 于是有

$$\tilde{\boldsymbol{J}} = \boldsymbol{D}^{-1}\boldsymbol{J}\boldsymbol{D} = \boldsymbol{D}^{-1}\boldsymbol{P}^{-1}\boldsymbol{A}\boldsymbol{P}\boldsymbol{D}.$$

由于

$$\left\|\boldsymbol{D}^{-1}\boldsymbol{P}^{-1}\boldsymbol{A}\boldsymbol{P}\boldsymbol{D}\right\|_1 = \left\|\tilde{\boldsymbol{J}}\right\|_1 \leqslant \rho(\boldsymbol{A}) + \varepsilon,$$

且 $\|\boldsymbol{A}\|_\alpha = \left\|\boldsymbol{D}^{-1}\boldsymbol{P}^{-1}\boldsymbol{A}\boldsymbol{P}\boldsymbol{D}\right\|_1$ 是 $\mathbf{R}^{n\times n}$ 中的一种矩阵范数, 即结论式 (3.7.10) 成立.　#

定理 3.14(Banach 引理)　设 $\boldsymbol{A} \in \mathbf{R}^{n\times n}$, 且 $\rho(\boldsymbol{A}) < 1$, 则矩阵 $\boldsymbol{I} \pm \boldsymbol{A}$ 都是非奇异矩阵, 且对任何满足 $\|\boldsymbol{I}\|_\alpha = 1$ 的矩阵范数 $\|\cdot\|_\alpha$, 如果 $\|\boldsymbol{A}\|_\alpha < 1$, 则

$$\frac{1}{1 + \|\boldsymbol{A}\|_\alpha} \leqslant \left\|(\boldsymbol{I} \pm \boldsymbol{A})^{-1}\right\|_\alpha \leqslant \frac{1}{1 - \|\boldsymbol{A}\|_\alpha}. \tag{3.7.11}$$

证明　设 $\boldsymbol{A}$ 的特征值为 $\lambda_i (i = 1, 2, \cdots, n)$, 则由条件 $\rho(\boldsymbol{A}) < 1$ 得

$$|\lambda_i| \leqslant \rho(\boldsymbol{A}) < 1, \quad i = 1, 2, \cdots, n.$$

又由于 $\boldsymbol{I} \pm \boldsymbol{A}$ 的特征值为 $1 \pm \lambda_i (i = 1, 2, \cdots, n)$, 知 $\boldsymbol{I} \pm \boldsymbol{A}$ 的特征值均非零, 因此 $(\boldsymbol{I} \pm \boldsymbol{A})^{-1}$ 存在.

由于

$$\boldsymbol{I} = (\boldsymbol{I} + \boldsymbol{A})^{-1}(\boldsymbol{I} + \boldsymbol{A}),$$

应用矩阵范数相容性和三角不等式性质和条件 $\|\boldsymbol{I}\|_\alpha = 1$, 得

$$1 = \|\boldsymbol{I}\|_\alpha = \left\|(\boldsymbol{I} + \boldsymbol{A})^{-1}(\boldsymbol{I} + \boldsymbol{A})\right\|_\alpha \leqslant \left\|(\boldsymbol{I} + \boldsymbol{A})^{-1}\right\|_\alpha \|(\boldsymbol{I} + \boldsymbol{A})\|_\alpha$$

$$\leqslant \left\|(I+A)^{-1}\right\|_{\alpha}(\|I\|_{\alpha}+\|A\|_{\alpha})$$
$$=\left\|(I+A)^{-1}\right\|_{\alpha}(1+\|A\|_{\alpha}).$$

又 $\|A\|_{\alpha}<1$, 于是有不等式

$$\frac{1}{1+\|A\|_{\alpha}} \leqslant \left\|(I+A)^{-1}\right\|_{\alpha}. \tag{3.7.12}$$

又由

$$I=(I+A)^{-1}(I+A)=(I+A)^{-1}+(I+A)^{-1}A$$

得

$$(I+A)^{-1}=I-(I+A)^{-1}A.$$

再次应用矩阵范数的三角不等式性质和相容性, 得

$$\left\|(I+A)^{-1}\right\|_{\alpha} \leqslant \|I\|_{\alpha}+\left\|(I+A)^{-1}\right\|_{\alpha}\cdot\|A\|_{\alpha}=1+\left\|(I+A)^{-1}\right\|_{\alpha}\cdot\|A\|_{\alpha}.$$

又由 $\|A\|_{\alpha}<1$, 得

$$\left\|(I+A)^{-1}\right\|_{\alpha} \leqslant \frac{1}{1-\|A\|_{\alpha}}. \tag{3.7.13}$$

由式 (3.7.12) 和式 (3.7.13) 得下列不等式

$$\frac{1}{1+\|A\|_{\alpha}} \leqslant \left\|(I+A)^{-1}\right\|_{\alpha} \leqslant \frac{1}{1-\|A\|_{\alpha}}.$$

同理可得

$$\frac{1}{1+\|A\|_{\alpha}} \leqslant \left\|(I-A)^{-1}\right\|_{\alpha} \leqslant \frac{1}{1-\|A\|_{\alpha}},$$

即不等式 (3.7.11) 成立. #

3.7.2 $m\times n$ 阶矩阵的范数 *

令 $\mathbf{R}^{m\times n}(\mathbf{C}^{m\times n})$ 表示全体 $m\times n$ 阶实 (复) 矩阵构成的线性空间, 矩阵范数的定义还可以推广到矩阵空间 $\mathbf{R}^{m\times n}(\mathbf{C}^{m\times n})$ 上, 例如, 我们可以给出如下的矩阵范数定义.

定义 3.9 设矩阵 $A\in\mathbf{R}^{m\times n}$, 若矩阵实函数 $\|\cdot\|$ 满足如下条件:

(1) **非负性**: $\forall A\in\mathbf{R}^{m\times n}$, $\|A\|\geqslant 0$, $\|A\|=0$ 当且仅当 $A=O$;

(2) **齐次性**: $\forall A\in\mathbf{R}^{m\times n}$, $k\in\mathbf{R}$, $\|kA\|=|k|\cdot\|A\|$;

(3) **三角不等式性质**: $\forall A,B\in\mathbf{R}^{m\times n}$, $\|A+B\|\leqslant\|A\|+\|B\|$,

则称实函数 $\|\mathbf{A}\|$ 为矩阵 A 的一种**范数**.

除此之外, 还可以定义$\mathbf{R}^{m\times n}$ 上矩阵范数的**相容性**

$$\|AB\|_{\alpha}\leqslant\|A\|_{\beta}\cdot\|B\|_{\gamma},$$

式中, $\boldsymbol{A}\in\mathbf{R}^{m\times s}$; $\boldsymbol{B}\in\mathbf{R}^{s\times n}$; $\|\cdot\|_\alpha$ 是 $\mathbf{R}^{m\times n}$ 中的矩阵范数; 而 $\|\cdot\|_\beta$ 和 $\|\cdot\|_\gamma$ 分别是空间 $\mathbf{R}^{m\times s}$ 和 $\mathbf{R}^{s\times n}$ 中的矩阵范数. 复空间 $\mathbf{C}^{m\times n}$ 上矩阵范数的定义以及更多矩阵范数相关的讨论可参见文献 [4] 和文献 [5].

3.8　条件数与方程组的误差分析

由一个实际问题建立方程组时, 方程组的系数和右端常数项通常都或多或少地带有一定的误差 (或扰动), 这种扰动有时使方程组的解面目全非, 有时却对解的影响并不大.

3.8.1　病态方程组与条件数

我们的问题是: 是什么因素决定了方程组解的这种形态迥异的特征呢? 下面来考察 2 个例子.

例 3.8.1　求解方程组

$$\begin{cases} 2x_1+x_2=5 \\ 2x_1+1.0001x_2=5.0001 \end{cases} \tag{3.8.1}$$

与

$$\begin{cases} 2x_1+x_2=5 \\ 2x_1+0.9999x_2=5.0002 \end{cases}, \tag{3.8.2}$$

并比较两方程组解之间的差异.

解　(1) 用 Cramer 法则不难求出方程组 (3.8.1) 的精确解为 $\begin{cases} x_1=2 \\ x_2=1 \end{cases}$. 同理, 可得方程组 (3.8.2) 的精确解为 $\begin{cases} x_1=3.5 \\ x_2=-2 \end{cases}$.

(2) 将两个方程组的系数矩阵作差, 得

$$\begin{pmatrix} 2 & 1 \\ 2 & 1.0001 \end{pmatrix}-\begin{pmatrix} 2 & 1 \\ 2 & 0.9999 \end{pmatrix}=\begin{pmatrix} 0 & 0 \\ 0 & 0.0002 \end{pmatrix}.$$

可见, 两方程组的系数矩阵之差非常接近零矩阵, 并且右端向量的差

$$\begin{pmatrix} 5 \\ 5.0001 \end{pmatrix}-\begin{pmatrix} 5 \\ 5.0002 \end{pmatrix}=\begin{pmatrix} 0 \\ 0.0001 \end{pmatrix}$$

也非常接近零向量, 但是两个方程组的解之差

$$\begin{pmatrix} 2 \\ 1 \end{pmatrix}-\begin{pmatrix} 3.5 \\ -2 \end{pmatrix}=\begin{pmatrix} -1.5 \\ 3 \end{pmatrix}$$

相比之下却非常大.　#

例 3.8.2 求解方程组

$$\begin{cases} x_1 + 2x_2 = 7 \\ 2x_1 - x_2 = -1 \end{cases} \tag{3.8.3}$$

和

$$\begin{cases} x_1 + 2x_2 = 7 \\ 2x_1 - 1.0009x_2 = -1.003 \end{cases}, \tag{3.8.4}$$

并比较两个方程组之间解的差异.

解 用 Cramer 法则求方程组 (3.8.3) 得其准确解是 $x_1 = 1, x_2 = 3$; 同理, 可得方程组 (3.8.4) 的精确解为 $\begin{cases} x_1 = 0.99988 \\ x_2 = 3.00006 \end{cases}$.

两个方程组系数矩阵之差为

$$\begin{pmatrix} 1 & 2 \\ 2 & -1 \end{pmatrix} - \begin{pmatrix} 1 & 2 \\ 2 & -1.0009 \end{pmatrix} = \begin{pmatrix} 0 & 0 \\ 0 & 0.0009 \end{pmatrix},$$

其右端向量之差为

$$\begin{pmatrix} 7 \\ -1 \end{pmatrix} - \begin{pmatrix} 7 \\ -1.0003 \end{pmatrix} = \begin{pmatrix} 0 \\ 0.0003 \end{pmatrix},$$

而方程组的解之差为

$$\begin{pmatrix} 1 \\ 3 \end{pmatrix} - \begin{pmatrix} 0.99988 \\ 3.00006 \end{pmatrix} = \begin{pmatrix} 0.00012 \\ 0.00006 \end{pmatrix}.$$ #

比较例 3.8.1 和例 3.8.2, 我们发现: 将每个例题中第一个方程组的系数或右端向量增加一个微小的扰动后, 便得到第二个方程组, 例 3.8.2 中方程组的系数矩阵之差以及右端向量的差别都比例 3.8.1 中的大一些, 但是两方程组的解却更加接近; 例 3.8.1 中解的扰动值之大远远超出了我们的预料, 说明方程组 (3.8.1) 与方程组 (3.8.2) 一定存在某些方面的异常.

定义 3.10 若一个方程组对系数矩阵或右端项的微小扰动而致使其解严重失真, 则称该方程组为**病态方程组**, 并称其系数矩阵为**病态矩阵**. 反之, 则称该方程组为**良态方程组**, 相应地, 称其系数矩阵为**良态矩阵**.

根据定义 3.10, 例 3.8.1 中的方程组就是病态方程组, 仿佛某个患有 “狂躁症” 的病人一样, 一点微小的扰动或刺激可能会做出过激的反映. 例 3.8.2 中的方程组对系数和右端项的改变并不敏感, 因而是良态方程组. 可见, 系数矩阵是否为病态, 对方程组解的精度有着很大的影响. 此外, 矩阵的病态性对矩阵的 “可逆性” 也会有很大的影响.

例 3.8.3 令二阶方阵 $\boldsymbol{P} = \begin{pmatrix} 5+10t & 20 \\ 49.9 & 200 \end{pmatrix}$, 试考察矩阵 $\boldsymbol{P}$ 的可逆性与变量 t 之间的关系.

解 用对角线法则不难计算矩阵 $\boldsymbol{P}$ 的行列式为

$$|\boldsymbol{P}| = 2000\,(t + 0.001).$$

显然, 当 $t=0$ 时, $|\boldsymbol{P}|=2$, 矩阵 $\boldsymbol{P}$ 可逆; 当 $t=-0.001$ 时, $|\boldsymbol{P}|=0$, 矩阵 $\boldsymbol{P}$ 不可逆. #

例 3.8.3 反映出, 变量 t 有一个微小的变化, 将导致矩阵 $\boldsymbol{P}$ 的 “可逆性” 发生重大改变, 这类问题称为 “**条件问题**”.

定义 3.11　设 $\boldsymbol{A}\in\mathbf{R}^{n\times n}$ 非奇异, 称

$$\|\boldsymbol{A}\|_\alpha\cdot\left\|\boldsymbol{A}^{-1}\right\|_\alpha$$

为矩阵 $\boldsymbol{A}$ 关于范数 $\|\cdot\|_\alpha$ 的**条件数**, 记作 $\kappa_\alpha(\boldsymbol{A})$, 即 $\kappa_\alpha(\boldsymbol{A})=\|\boldsymbol{A}\|_\alpha\cdot\left\|\boldsymbol{A}^{-1}\right\|_\alpha$.

特别地, 在不需要指明定义条件数所使用的范数时, 可记为 $\kappa(\boldsymbol{A})=\|\boldsymbol{A}\|\cdot\left\|\boldsymbol{A}^{-1}\right\|$. 常用的条件数有

(1) 无穷条件数: $\kappa_\infty(\boldsymbol{A})=\|\boldsymbol{A}\|_\infty\cdot\left\|\boldsymbol{A}^{-1}\right\|_\infty$;

(2) 谱条件数: $\kappa_2(\boldsymbol{A})=\|\boldsymbol{A}\|_2\cdot\left\|\boldsymbol{A}^{-1}\right\|_2=\sqrt{\dfrac{\lambda_{\max}\left(\boldsymbol{A}^{\mathrm{T}}\boldsymbol{A}\right)}{\lambda_{\min}\left(\boldsymbol{A}^{\mathrm{T}}\boldsymbol{A}\right)}}$.

特别地, 当 $\boldsymbol{A}$ 为实对称矩阵时, 谱条件数 $\kappa_2(\boldsymbol{A})=\dfrac{|\lambda_1|}{|\lambda_n|}$, 其中, λ_1,λ_n 为矩阵 $\boldsymbol{A}$ 的绝对值最大和最小的特征值. 可以证明条件数具有如下性质.

(1) 对任何非奇异矩阵 $\boldsymbol{A}$, 都有 $\kappa_\alpha(\boldsymbol{A})\geqslant 1$. 事实上, 当矩阵 $\boldsymbol{A}$ 非奇异时, 都有

$$\kappa_\alpha(\boldsymbol{A})=\|\boldsymbol{A}\|_\alpha\cdot\left\|\boldsymbol{A}^{-1}\right\|_\alpha\geqslant\left\|\boldsymbol{A}\cdot\boldsymbol{A}^{-1}\right\|_\alpha=1,$$

这里, $\|\boldsymbol{A}\|_\alpha$ 为从属于向量范数 $\|\boldsymbol{x}\|_\alpha$ 的某一矩阵范数.

(2) 设矩阵 $\boldsymbol{A}$ 非奇异, $c\neq 0$, 则

$$\kappa_\alpha(c\boldsymbol{A})=\kappa_\alpha(\boldsymbol{A}).$$

(3) 如果 $\boldsymbol{A}$ 为正交矩阵, 则 $\kappa_2(\boldsymbol{A})$=1; 如果 $\boldsymbol{A}$ 为非奇异矩阵, $\boldsymbol{P}$ 为正交矩阵, 则

$$\kappa_2(\boldsymbol{PA})=\kappa_2(\boldsymbol{AP})=\kappa_2(\boldsymbol{A}).$$

令例 3.8.1 两个系数矩阵分别为$\boldsymbol{A}=\begin{pmatrix}2&1\\2&1.0001\end{pmatrix}$, $\boldsymbol{B}=\begin{pmatrix}2&1\\2&0.9999\end{pmatrix}$, 例 3.8.2 两个系数矩阵分别为 $\boldsymbol{C}=\begin{pmatrix}1&2\\2&-1\end{pmatrix}$, $\boldsymbol{D}=\begin{pmatrix}1&2\\2&-1.0009\end{pmatrix}$, 可得四个矩阵关于范数 $\|\cdot\|_1$ 的条件数

$$\kappa_1(\boldsymbol{A})=\|\boldsymbol{A}\|_1\cdot\left\|\boldsymbol{A}^{-1}\right\|_1=60004,\quad \kappa_1(\boldsymbol{B})=\|\boldsymbol{B}\|_1\cdot\left\|\boldsymbol{B}^{-1}\right\|_1=60000,$$

$$\kappa_1(\boldsymbol{C})=\|\boldsymbol{C}\|_1\cdot\left\|\boldsymbol{C}^{-1}\right\|_1=\frac{9}{5},\quad \kappa_1(\boldsymbol{D})=\|\boldsymbol{D}\|_1\cdot\left\|\boldsymbol{D}^{-1}\right\|_1\approx\frac{9}{5}.$$

同理, 当 $t=0$ 时, 例 3.8.3 中矩阵 $\boldsymbol{P}$ 的条件数为

$$\kappa_1(\boldsymbol{P})=\|\boldsymbol{P}\|_1\cdot\left\|\boldsymbol{P}^{-1}\right\|_1=24200.$$

可见, 条件数 $\kappa_1(\boldsymbol{C})$ 与 $\kappa_1(\boldsymbol{D})$ 的绝对值小, 则其对应的方程组均为良态方程组; 条件数 $\kappa_1(\boldsymbol{A})$ 与 $\kappa_1(\boldsymbol{B})$ 的值大, 则其对应的方程组均为病态方程组; 条件数 $\kappa_1(\boldsymbol{P})$ 值大, 则矩阵 $\boldsymbol{P}$ 存在 "条件问题". 据此可得出判断: "条件问题" 和 "病态方程组" 的问题, 均与矩阵的 "条件数" 有莫大的关联.

3.8.2 方程组的摄动分析

设 n 阶线性方程组

$$\boldsymbol{A}\boldsymbol{x}=\boldsymbol{b} \tag{3.8.5}$$

的系数矩阵非奇异, 向量 $\boldsymbol{x}$ 是其精确解, 接下来分三种情况, 用**摄动法**讨论条件数 $\kappa(\boldsymbol{A})$ 对方程组 (3.8.5) 的近似解相对误差的影响.

1) 右端项有摄动的情况

不妨给方程组 (3.8.5) 的右端项加上一个**误差**(**或摄动量**)$\delta\boldsymbol{b}$, 则方程组 (3.8.5) 变为

$$\boldsymbol{A}\tilde{\boldsymbol{x}}=\boldsymbol{b}+\delta\boldsymbol{b}.$$

由于摄动量 $\delta\boldsymbol{b}$ 的存在, 上述方程组的解 $\tilde{\boldsymbol{x}}$ 与式 (3.8.5) 的精确解 $\boldsymbol{x}$ 之间存在一定的误差, 设这个误差向量为 $\delta\boldsymbol{x}$, 即下列等式成立

$$\boldsymbol{A}(\boldsymbol{x}+\delta\boldsymbol{x})=\boldsymbol{b}+\delta\boldsymbol{b}. \tag{3.8.6}$$

将 $\boldsymbol{A}\boldsymbol{x}=\boldsymbol{b}$ 代入式 (3.8.6), 得

$$\delta\boldsymbol{x}=\boldsymbol{A}^{-1}\delta\boldsymbol{b}.$$

对上式求向量范数, 得

$$\|\delta\boldsymbol{x}\|\leqslant\left\|\boldsymbol{A}^{-1}\right\|\cdot\|\delta\boldsymbol{b}\|. \tag{3.8.7}$$

又由 $\boldsymbol{A}\boldsymbol{x}=\boldsymbol{b}$, 得

$$\|\boldsymbol{b}\|=\|\boldsymbol{A}\boldsymbol{x}\|\leqslant\|\boldsymbol{A}\|\cdot\|\boldsymbol{x}\|.$$

方程 (3.8.5) 中, 若右端项 $\boldsymbol{b}\neq\boldsymbol{0}$, 则其精确解 $\boldsymbol{x}\neq\boldsymbol{0}$, 于是由上式可得

$$\frac{1}{\|\boldsymbol{x}\|}\leqslant\frac{\|\boldsymbol{A}\|}{\|\boldsymbol{b}\|}. \tag{3.8.8}$$

将式 (3.8.7) 和式 (3.8.8) 两边分别相乘, 得

$$\frac{\|\delta\boldsymbol{x}\|}{\|\boldsymbol{x}\|}\leqslant\kappa(\boldsymbol{A})\cdot\frac{\|\delta\boldsymbol{b}\|}{\|\boldsymbol{b}\|}, \tag{3.8.9}$$

这里 $\kappa(\boldsymbol{A}) = \left\|\boldsymbol{A}^{-1}\right\| \cdot \|\boldsymbol{A}\|$, 上式中 $\dfrac{\|\delta \boldsymbol{x}\|}{\|\boldsymbol{x}\|}$ 表示方程组近似解的相对误差.

不等式 (3.8.9) 说明：当乘积 $\kappa(\boldsymbol{A}) \cdot \dfrac{\|\delta \boldsymbol{b}\|}{\|\boldsymbol{b}\|}$ 足够小时, 可以确保近似解的相对误差 $\dfrac{\|\delta \boldsymbol{x}\|}{\|\boldsymbol{x}\|}$ 足够小; 反之, 当条件数 $\kappa(\boldsymbol{A})$ 很大时, 如例 3.8.1 所示, 即使扰动的相对值 $\dfrac{\|\delta \boldsymbol{b}\|}{\|\boldsymbol{b}\|}$ 比较小, 方程组近似解的相对误差 $\dfrac{\|\delta \boldsymbol{x}\|}{\|\boldsymbol{x}\|}$ 仍然可能比较大.

2) 系数矩阵有摄动的情况

设方程组 (3.8.5) 的系数矩阵存在摄动量 $\delta \boldsymbol{A}$, 右端向量无摄动. 类似式 (3.8.6) 的分析, 得如下方程组

$$(\boldsymbol{A}+\delta \boldsymbol{A})(\boldsymbol{x}+\delta \boldsymbol{x})=\boldsymbol{b}. \tag{3.8.10}$$

将 $\boldsymbol{A}\boldsymbol{x}=\boldsymbol{b}$ 代入上式, 得

$$\delta \boldsymbol{x}=-\left(\boldsymbol{I}+\boldsymbol{A}^{-1} \delta \boldsymbol{A}\right)^{-1} \cdot \boldsymbol{A}^{-1} \delta \boldsymbol{A} \cdot \boldsymbol{x}.$$

上式两边求范数, 并利用矩阵范数与向量范数的相容性, 得

$$\|\delta \boldsymbol{x}\| \leqslant\left\|\left(\boldsymbol{I}+\boldsymbol{A}^{-1} \delta \boldsymbol{A}\right)^{-1}\right\| \cdot\left\|\boldsymbol{A}^{-1} \delta \boldsymbol{A}\right\| \cdot\|\boldsymbol{x}\| . \tag{3.8.11}$$

又当 $\left\|\boldsymbol{A}^{-1} \delta \boldsymbol{A}\right\|<1$ 时, 由 Banach 引理 (定理 3.14), 得

$$\left\|\left(\boldsymbol{I}+\boldsymbol{A}^{-1} \delta \boldsymbol{A}\right)^{-1}\right\| \leqslant \frac{1}{1-\left\|\boldsymbol{A}^{-1} \delta \boldsymbol{A}\right\|}. \tag{3.8.12}$$

将式 (3.8.12) 代入式 (3.8.11), 得

$$\|\delta \boldsymbol{x}\| \leqslant \frac{\left\|\boldsymbol{A}^{-1} \delta \boldsymbol{A}\right\|}{1-\left\|\boldsymbol{A}^{-1} \delta \boldsymbol{A}\right\|} \cdot\|\boldsymbol{x}\| .$$

由精确解 $\boldsymbol{x} \neq \mathbf{0}$, 得

$$\frac{\|\delta \boldsymbol{x}\|}{\|\boldsymbol{x}\|} \leqslant \frac{\left\|\boldsymbol{A}^{-1} \delta \boldsymbol{A}\right\|}{1-\left\|\boldsymbol{A}^{-1} \delta \boldsymbol{A}\right\|}. \tag{3.8.13}$$

进一步, 假设 $\left\|\boldsymbol{A}^{-1}\right\| \cdot\|\delta \boldsymbol{A}\|<1$, 则由式 (3.8.13) 得

$$\frac{\|\delta \boldsymbol{x}\|}{\|\boldsymbol{x}\|} \leqslant \frac{\left\|\boldsymbol{A}^{-1} \delta \boldsymbol{A}\right\|}{1-\left\|\boldsymbol{A}^{-1} \delta \boldsymbol{A}\right\|} \leqslant \frac{\left\|\boldsymbol{A}^{-1}\right\| \cdot\|\delta \boldsymbol{A}\|}{1-\left\|\boldsymbol{A}^{-1}\right\| \cdot\|\delta \boldsymbol{A}\|}=\frac{\|\boldsymbol{A}\| \cdot\left\|\boldsymbol{A}^{-1}\right\| \dfrac{\|\delta \boldsymbol{A}\|}{\|\boldsymbol{A}\|}}{1-\|\boldsymbol{A}\| \cdot\left\|\boldsymbol{A}^{-1}\right\| \dfrac{\|\delta \boldsymbol{A}\|}{\|\boldsymbol{A}\|}},$$

即得如下误差估计式

$$\frac{\|\delta \boldsymbol{x}\|}{\|\boldsymbol{x}\|} \leqslant \frac{\kappa(\boldsymbol{A}) \cdot \dfrac{\|\delta \boldsymbol{A}\|}{\|\boldsymbol{A}\|}}{1-\kappa(\boldsymbol{A}) \cdot \dfrac{\|\delta \boldsymbol{A}\|}{\|\boldsymbol{A}\|}}, \tag{3.8.14}$$

这里 $\kappa(\boldsymbol{A}) = \|\boldsymbol{A}\|\cdot\|\boldsymbol{A}^{-1}\|$.

当系数矩阵有摄动且当 $\|\boldsymbol{A}^{-1}\|\cdot\|\delta\boldsymbol{A}\|<1$ 时, 不等式 (3.8.14) 说明: 当 $\kappa(\boldsymbol{A})$ 与商式

$$\frac{\kappa(\boldsymbol{A})\cdot\dfrac{\|\delta\boldsymbol{A}\|}{\|\boldsymbol{A}\|}}{1-\kappa(\boldsymbol{A})\cdot\dfrac{\|\delta\boldsymbol{A}\|}{\|\boldsymbol{A}\|}}$$

的值足够小时, 能确保近似解的相对误差 $\dfrac{\|\delta\boldsymbol{x}\|}{\|\boldsymbol{x}\|}$ 足够小; 反之, 当条件数 $\kappa(\boldsymbol{A})$ 很大时, 要么条件 $\|\boldsymbol{A}^{-1}\|\cdot\|\delta\boldsymbol{A}\|<1$ 不能得到满足, 此时不等式 (3.8.14) 不成立, 要么可能出现

$$\kappa(\boldsymbol{A})\cdot\frac{\|\delta\boldsymbol{A}\|}{\|\boldsymbol{A}\|}\approx 1$$

的情况, 式 (3.8.14) 右端的值 $\kappa(\boldsymbol{A})\cdot\dfrac{\|\delta\boldsymbol{A}\|}{\|\boldsymbol{A}\|}$ 可能被放大很多倍, 此时方程组是病态的.

3) 右端项和系数矩阵都有摄动的情况

当方程组的系数矩阵和右端向量都存在摄动量时, 可证明如下结论.

定理 3.15 *若方程组 $\boldsymbol{Ax}=\boldsymbol{b}$ 中 $\boldsymbol{A}$ 为非奇异阵, $\boldsymbol{b}\neq\boldsymbol{0}$, $\boldsymbol{A}$ 有扰动 $\delta\boldsymbol{A}$, $\boldsymbol{b}$ 有扰动 $\delta\boldsymbol{b}$, 从而 $\boldsymbol{x}$ 有扰动 $\delta\boldsymbol{x}$, 即有*

$$(\boldsymbol{A}+\delta\boldsymbol{A})(\boldsymbol{x}+\delta\boldsymbol{x})=\boldsymbol{b}+\delta\boldsymbol{b}. \tag{3.8.15}$$

当 $\|\boldsymbol{A}^{-1}\|\cdot\|\delta\boldsymbol{A}\|<1$ 时, 可得如下误差估计式

$$\frac{\|\delta\boldsymbol{x}\|}{\|\boldsymbol{x}\|}\leqslant c\cdot\left(\frac{\|\delta\boldsymbol{A}\|}{\|\boldsymbol{A}\|}+\frac{\|\delta\boldsymbol{b}\|}{\|\boldsymbol{b}\|}\right), \tag{3.8.16}$$

式中, $c=\dfrac{\kappa(\boldsymbol{A})}{1-\kappa(\boldsymbol{A})\cdot\dfrac{\|\delta\boldsymbol{A}\|}{\|\boldsymbol{A}\|}}$.

由定理 3.15 可见, 在估计方程组近似解的相对误差时, 系数矩阵的条件数 $\kappa(\boldsymbol{A})$ 发挥了极其重要的作用. 当系数矩阵为坏条件数 ($\kappa(\boldsymbol{A})$ 的值比较大) 时, 方程组是病态的, 于是为了防止方程组近似解误差的扩大, 限制或者改进系数矩阵的条件数变得尤为重要. 在实践中, 这样做可以极大地增加方程组数值求解过程的稳定性, 降低数值解对系数矩阵和右端向量扰动值的敏感性, 提高近似解的计算精度. 有关改进系数矩阵条件数的讨论见 3.8.4 节.

特别指出: n 阶 Hilbert 矩阵

$$\boldsymbol{H}_n=\begin{pmatrix} 1 & \dfrac{1}{2} & \cdots & \dfrac{1}{n} \\ \dfrac{1}{2} & \dfrac{1}{3} & \cdots & \dfrac{1}{n+1} \\ \vdots & \vdots & & \vdots \\ \dfrac{1}{n} & \dfrac{1}{n+1} & \cdots & \dfrac{1}{2n-1} \end{pmatrix}$$

是 “坏条件数” 矩阵. 特别地, 当 $n=3,6$ 时, 可以求得

$$\kappa_{\infty}(\boldsymbol{H}_3)=\|\boldsymbol{H}_3\|_{\infty}\cdot\left\|\boldsymbol{H}_3^{-1}\right\|_{\infty}=748,\quad \kappa_{\infty}(\boldsymbol{H}_6)=\|\boldsymbol{H}_6\|_{\infty}\cdot\left\|\boldsymbol{H}_6^{-1}\right\|_{\infty}=29\times 10^6,$$

并且随着矩阵阶数的增加, $\kappa_{\infty}(\boldsymbol{H}_n)=\|\boldsymbol{H}_n\|_{\infty}\cdot\left\|\boldsymbol{H}_n^{-1}\right\|_{\infty}$ 迅速增加, 这时 $\boldsymbol{H}_n$ 的病态愈发严重.

因此, 当一个方程组的系数矩阵是 Hilbert 阵或者一个 Hilbert 阵的近似矩阵时, 该方程组的数值解理论上是不可靠的, 因为此时方程组为病态的.

另外, 可验证 Vandermond 矩阵

$$\boldsymbol{V}_n=\begin{pmatrix} x_0^n & x_0^{n-1} & \cdots & x_0 & 1\\ x_1^n & x_1^{n-1} & \cdots & x_1 & 1\\ \vdots & \vdots & & \vdots & \vdots\\ x_n^n & x_n^{n-1} & \cdots & x_n & 1 \end{pmatrix}$$

也是 “病态的” 矩阵, 并且当矩阵 $\boldsymbol{V}_n$ 中存在较多近似相等的元素 (即 $x_i\approx x_j$, 这里 $i\neq j$) 时, $\boldsymbol{V}_n$ 的病态愈发严重, 这也可以进一步解释 “为何我们不推荐使用待定系数法求解 n 次插值多项式”, 最主要的原因是 “待定系数法需要求解一个以 Vandermond 矩阵 $\boldsymbol{V}_n$ 为系数矩阵的非齐次线性方程组”, 且该方程组很可能是病态方程组.

3.8.3 Gauss 消元法的浮点误差分析 *

由 3.2 节与 3.4 节的讨论可知, Gauss 消元法的消元过程, 可将线性方程组 $\boldsymbol{Ax}=\boldsymbol{b}$ 的系数矩阵作如下三角分解

$$\boldsymbol{A}=\boldsymbol{LU},\tag{3.8.17}$$

式中, $\boldsymbol{L}$ 为下三角矩阵; $\boldsymbol{U}$ 为上三角矩阵.

由于计算机浮点数存储方式的缺陷以及浮点运算的特点, 决定了舍入误差不可避免, 计算过程的舍入误差, 最终会从解的误差上反映出来.

对某数值算法而言, 若计算过程前期引入的误差不会随着计算过程的进行而逐渐扩大, 则该算法是数值稳定的, 对这类算法, 前期引入误差对最终计算结果的影响不大, 甚至可以忽略不计; 反之, 若前期引入的误差随着计算过程的进行而逐渐扩大, 则该算法是数值不稳定的.

考虑到矩阵分解过程会产生舍入误差, 因此当矩阵的三角分解完成后, 不能渴望方程组 (3.8.17) 准确成立, 可以证明, $\boldsymbol{L}$ 和 $\boldsymbol{U}$ 可以使下式

$$\boldsymbol{LU}=\boldsymbol{A}+\boldsymbol{E}\tag{3.8.18}$$

准确成立, 式中, $\boldsymbol{E}$ 可以看作 $\boldsymbol{A}$ 的摄动矩阵.

同理, 求解下三角方程组 $\boldsymbol{L}\boldsymbol{y}=\boldsymbol{b}$ 的计算解 $\boldsymbol{y}$ 的过程也会产生误差, 如果把此过程中产生的误差考虑在内, 相当于让计算解 $\boldsymbol{y}$ 满足如下方程组

$$(\boldsymbol{L}+\delta\boldsymbol{L})\,\boldsymbol{y}=\boldsymbol{b}, \tag{3.8.19}$$

式中, $\delta\boldsymbol{L}$ 为下三角矩阵 $\boldsymbol{L}$ 的摄动矩阵. 同理, 考虑到求解上三角方程组 $\boldsymbol{U}\boldsymbol{x}=\boldsymbol{y}$ 过程中产生的误差, 则方程组 (3.8.17) 的最终计算解 $\boldsymbol{x}$ 应该满足如下方程组

$$(\boldsymbol{U}+\delta\boldsymbol{U})\,\boldsymbol{x}=\boldsymbol{y}, \tag{3.8.20}$$

式中, $\delta\boldsymbol{U}$ 为上三角矩阵 $\boldsymbol{U}$ 的摄动矩阵. 将式 (3.8.20) 代入式 (3.8.19) 得

$$(\boldsymbol{L}+\delta\boldsymbol{L})\,(\boldsymbol{U}+\delta\boldsymbol{U})\,\boldsymbol{x}=\boldsymbol{b}. \tag{3.8.21}$$

再将式 (3.8.18) 代入式 (3.8.21), 得方程组 (3.8.17) 的最终计算解 $\boldsymbol{x}$ 实际满足的线性方程组

$$(\boldsymbol{A}+\boldsymbol{E}+(\delta\boldsymbol{L})\,\boldsymbol{U}+\boldsymbol{L}\,(\delta\boldsymbol{U})+\delta\boldsymbol{L}\,(\delta\boldsymbol{U}))\,\boldsymbol{x}=\boldsymbol{b}. \tag{3.8.22}$$

总结矩阵三角分解、解下三角方程组以及上三角方程组三个过程的计算误差, 可得矩阵 $\boldsymbol{A}$ 的总摄动量

$$\delta\boldsymbol{A}=\boldsymbol{E}+(\delta\boldsymbol{L})\,\boldsymbol{U}+\boldsymbol{L}\,(\delta\boldsymbol{U})+\delta\boldsymbol{L}\,(\delta\boldsymbol{U})\,, \tag{3.8.23}$$

根据矩阵范数的三角不等式性质与范数间的相容性, 得摄动矩阵的误差估计式

$$\|\delta\boldsymbol{A}\|\leqslant\|\boldsymbol{E}\|+\|\delta\boldsymbol{L}\|\cdot\|\boldsymbol{U}\|+\|\boldsymbol{L}\|\cdot\|\delta\boldsymbol{U}\|+\|\delta\boldsymbol{L}\|\cdot\|\delta\boldsymbol{U}\|\,. \tag{3.8.24}$$

综上所述, 可得如下定理.

定理 3.16 用 Gauss 列主元消元法求 n 阶线性方程组 $\boldsymbol{A}\boldsymbol{x}=\boldsymbol{b}$, 所得解向量 $\boldsymbol{x}$ 是摄动方程组

$$(\boldsymbol{A}+\delta\boldsymbol{A})\,\boldsymbol{x}=\boldsymbol{b} \tag{3.8.25}$$

的准确解, 式中, 系数矩阵 $\boldsymbol{A}$ 包含的摄动矩阵 $\delta\boldsymbol{A}$ 由式 (3.8.23) 给出, 且摄动矩阵 $\delta\boldsymbol{A}$ 满足误差估计式 (3.8.24).

定理 3.16 说明: 由于 Gauss 列主元消元法的计算过程引入舍入误差而得到的解为系数矩阵作某些摄动而得到摄动方程组的准确解.

进而, 令 n 阶线性方程组 $\boldsymbol{A}\boldsymbol{x}=\boldsymbol{b}$ 的系数矩阵 $\boldsymbol{A}=(a_{ij})_{n\times n}$, $s=\max\limits_{i,j,k}\dfrac{\left|a_{ij}^{(k)}\right|}{\|\boldsymbol{A}\|_\infty}$, 式中, $a_{ij}^{(k)}$ 为消元过程中矩阵 $\boldsymbol{A}^{(k)}=\left(a_{ij}^{(k)}\right)_{n\times n}$ 的元素, 且令矩阵 $\boldsymbol{A}$ 中元素所产生的舍入误差上限为

$$\varepsilon_0=\begin{cases}5\times10^{-t} & (\text{十进制系统})\\ 2^{-t} & (\text{二进制系统})\end{cases}.$$

则可证明如下不等式

$$\begin{aligned}\|\delta \boldsymbol{A}\| &\leqslant \|\boldsymbol{E}\| + \|\delta \boldsymbol{L}\| \cdot \|\boldsymbol{U}\| + \|\boldsymbol{L}\| \cdot \|\delta \boldsymbol{U}\| + \|\delta \boldsymbol{L}\| \cdot \|\delta \boldsymbol{U}\| \\ &\leqslant 1.01\left(n^3 + 3n^2\right) \cdot s \cdot \|\boldsymbol{A}\|_\infty \cdot \varepsilon_0.\end{aligned}$$

综上所述, 关于方程组 (3.8.25) 的摄动矩阵 $\delta \boldsymbol{A}$, 存在如下相对误差估计式 [4]

$$\frac{\|\delta \boldsymbol{A}\|_\infty}{\|\boldsymbol{A}\|_\infty} \leqslant 1.01\left(n^3 + 3n^2\right) \cdot s \cdot \varepsilon_0. \tag{3.8.26}$$

不等式 (3.8.26) 表明: 当 ε_0 比较小时, 摄动矩阵 $\delta \boldsymbol{A}$ 的相对误差总体上是不大的, 根据 3.8.2 节的分析, 摄动矩阵 δA 对方程组计算解 $\boldsymbol{x}$ 的影响也是可以控制的, 因此在实际计算过程中, 使用双精度变量代替单精度变量可以使计算解获得更高的精度, 当然这是以牺牲内存空间和计算速度为代价的. 另外, 如果我们能够进一步提高计算机硬件的性能, 如在不损失计算速度的前提下, 增加计算机中央处理单元以及内存储设备的字长, 则数值计算的精度能够进一步提升. 因此, 在数值计算实践过程中, 除了要设计出稳定、高效、高精度的数值算法, 选择、改进计算机硬件的性能也是非常重要的, 尤其是在涉及国计民生重大关切的国防科技领域更是如此.

从 3.2~3.4 节中的例子看到: 应用 Gauss 列主元消元法计算得到的计算解的相对误差较小, 甚至可以忽略不计, 说明 Gauss 列主元消元法是数值稳定的.

3.8.4 方程组的病态检测与改善 *

3.8.2 节和 3.8.3 节中的误差分析方法, 抽象地揭示了方程组右端项以及系数矩阵摄动值与计算解的误差之间的关联, 用于静态的、抽象的分析是可以的, 但是在计算过程中很少用于误差的动态监控与检测, 以及方程组近似解精确度的动态检验. 另外, 用计算机进行数值计算, 每时每刻都有可能产生截断误差, 因此设计一个简单有效的误差检测手段必不可少.

当求得方程组 $\boldsymbol{A}\boldsymbol{x} = \boldsymbol{b}$ 的近似解 $\tilde{\boldsymbol{x}}$ 后, 检验解向量 $\tilde{\boldsymbol{x}}$ 的精度的一个简单办法是将 $\tilde{\boldsymbol{x}}$ 代回到原方程组, 计算残向量

$$\boldsymbol{r} = \boldsymbol{b} - \boldsymbol{A}\tilde{\boldsymbol{x}},$$

如果残向量 $\boldsymbol{r}$ 的某种范数 $\|\boldsymbol{r}\|$ 比较小, 一般可以认为 $\tilde{\boldsymbol{x}}$ 的精度是能够接受的. 但是, 对于病态方程组而言, 这一检验方法非常不可靠.

事实上, 设方程组 $\boldsymbol{A}\boldsymbol{x} = \boldsymbol{b}$ 的准确解为 $\boldsymbol{x}^*$, 则计算解

$$\tilde{\boldsymbol{x}} = \boldsymbol{x}^* + \delta \boldsymbol{x},$$

由式 (3.8.9) 得不等式

$$\frac{\|\boldsymbol{x}^* - \tilde{\boldsymbol{x}}\|}{\|\boldsymbol{x}^*\|} \leqslant \kappa(\boldsymbol{A}) \cdot \frac{\|\boldsymbol{r}\|}{\|\boldsymbol{b}\|}.$$

上式表明：计算解 $\tilde{x}$ 的相对误差 $\dfrac{\|x^*-\tilde{x}\|}{\|x^*\|}$ 取决于 $\kappa(A)$ 与 $\dfrac{\|r\|}{\|b\|}$ 这 2 个因素, 当 $\kappa(A)$ 很大时, 即方程组是病态的, 即使 $\dfrac{\|r\|}{\|b\|}$ 接近 0, 也不能保证相对误差 $\dfrac{\|x^*-\tilde{x}\|}{\|x^*\|}$ 特别小. 例如, 将方程组 (3.8.2) 的解 $\tilde{x}=\begin{pmatrix}3.5\\-2\end{pmatrix}$ 作为方程组 (3.8.1) 近似解, 计算右端向量的残向量, 得

$$r=(0,0.0003)^{\mathrm{T}},$$

于是得

$$\frac{\|r\|_\infty}{\|b\|_\infty}=\frac{0.0003}{5.0001}\approx 0.000\,059\,998\,8.$$

显然 $\dfrac{\|r\|_\infty}{\|b\|_\infty}$ 的绝对值非常小, 但近似解 $\tilde{x}$ 与准确解 $x^*=(2,1)^{\mathrm{T}}$ 的相对误差

$$\frac{\|\tilde{x}-x^*\|_\infty}{\|x^*\|_\infty}=\frac{3}{2}=1.5.$$

因此, 虽然残差向量的相对误差很小, 但是由于方程组为病态的, 所以计算解的扰动值却很大.

因此要动态地判断一个方程组是否病态方程组, 根据 3.8.1 节的讨论, 还是需要计算系数矩阵的条件数

$$\kappa(A)=\|A\|\cdot\left\|A^{-1}\right\|.$$

然而求 A^{-1} 比较困难, 为此, 如果需要及时地、简便地检测出系数矩阵的病态状况, 通常按照如下方法进行.

(1) 如果矩阵 A 在三角化的过程中出现小主元素, 通常来说矩阵 A 是病态的;

(2) 当方程组的系数矩阵的行列式很小, 或者系数矩阵的某些行或列线性相关, 这时 A 可能是病态矩阵;

(3) 当矩阵 A 的元素之间量级相差比较大, 并且没有一定的规律性, 则矩阵 A 可能是病态矩阵.

编制调试算法程序时, 当发现用选主元素的方法不能解决病态问题时, 对病态方程组可采用高精度的算术运算, 如用 C 语言编程时, 可采用双精度类型定义矩阵元素的数据类型. 当然, 读者亦可采用**条件预优法**改善方程组系数矩阵的条件数 [6], 条件预优法的**基本思想**为：

第一步：用线性变换法, 将方程组 $Ax=b$ 化为等价方程组

$$PAQy=Pb, \tag{3.8.27}$$

这里, $y=Q^{-1}x$, 只要选择非奇异矩阵 P,Q 使

$$\kappa(PAQ)<\kappa(A),$$

则就有可能使新方程组 (3.8.27) 的系数矩阵 $\boldsymbol{PAQ}$ 为良态的, 这里 $\boldsymbol{P},\boldsymbol{Q}$ 一般为对角矩阵或三角矩阵;

第二步: 用某算法 (如带列主元的 Gauss 消元法) 求解方程组 (3.8.27);

第三步: 解 $\boldsymbol{y}=\boldsymbol{Q}^{-1}\boldsymbol{x}$, 可得原方程组的计算解 $\tilde{\boldsymbol{x}}$.

特别地, 实践中当发现方程组系数矩阵 $\boldsymbol{A}$ 的元素大小不均匀时, 对 $\boldsymbol{A}$ 的行或列引入适当的比例因子, 也可降低系数矩阵的条件数, 参见下面的例子.

例 3.8.4 用条件预优法降低方程组

$$\begin{pmatrix} 1 & 10^4 \\ 1 & 1 \end{pmatrix}\begin{pmatrix} x_1 \\ x_2 \end{pmatrix}=\begin{pmatrix} 10^4 \\ 2 \end{pmatrix}$$

系数矩阵的条件数, 并用 Gauss 消元法求解线性方程组.

解 令 $\boldsymbol{A}=\begin{pmatrix} 1 & 10^4 \\ 1 & 1 \end{pmatrix}$, 得 $\boldsymbol{A}^{-1}=\dfrac{1}{10^4-1}\begin{pmatrix} -1 & 10^4 \\ 1 & -1 \end{pmatrix}$, 因此得 $\boldsymbol{A}$ 的条件数

$$\kappa_\infty(\boldsymbol{A})=\frac{\left(10^4+1\right)^2}{10^4-1}\approx 10^4.$$

因此, 矩阵 $\boldsymbol{A}$ 是坏条件数的 "病态" 矩阵. 观察发现: 方程组第一个方程中元素的数量级差别比较大, 这或许是导致系数矩阵 "病态" 的根本原因. 为此, 将方程组中的第一个方程两边同除以 10^4, 得与原方程组等价的方程组

$$\begin{pmatrix} 10^{-4} & 1 \\ 1 & 1 \end{pmatrix}\begin{pmatrix} x_1 \\ x_2 \end{pmatrix}=\begin{pmatrix} 1 \\ 2 \end{pmatrix}. \tag{3.8.28}$$

令$\boldsymbol{B}=\begin{pmatrix} 10^{-4} & 1 \\ 1 & 1 \end{pmatrix}$, 则 $\boldsymbol{B}^{-1}=\dfrac{1}{1-10^{-4}}\begin{pmatrix} -1 & 1 \\ 1 & -10^{-4} \end{pmatrix}$, 于是得方程组 (3.8.28) 系数矩阵的条件数

$$\kappa_\infty(\boldsymbol{B})=2+\frac{2}{1-10^{-4}}\approx 4.$$

可见矩阵 $\boldsymbol{B}$ 的条件数比矩阵 $\boldsymbol{A}$ 的条件数小了很多, 因此 $\boldsymbol{B}$ 应为良态的, 用 Gauss 列主元消元法求式 (3.8.28), 结果保留 3 位有效数字, 得

$$(\boldsymbol{B}\,\vdots\,\boldsymbol{b})\overset{r_1\leftrightarrow r_2}{\sim}\left(\begin{array}{cc:c} 1 & 1 & 2 \\ 10^{-4} & 1 & 1 \end{array}\right)\underset{r_2\div(1-10^{-4})}{\overset{r_2-(10^{-4})\cdot r_1}{\sim}}\left(\begin{array}{cc:c} 1 & 1 & 2 \\ 0 & 1 & 1 \end{array}\right),$$

于是得原方程组的计算解 $x_1=1, x_2=1$. #

事实上, 若直接对原方程组用 Gauss 列主元消元法结果保留 3 位有效数字, 可得

$$(\boldsymbol{A}\vdots\boldsymbol{b}) \sim \left(\begin{array}{cc:c} 1 & 10^4 & 10^4 \\ 0 & 2-10^4 & 1-10^4 \end{array}\right),$$

因此得计算解 $x_1 = 0, x_2 = 1$.

显然, 未用条件预优法之前, 直接用 Gauss 消元法解方程组所得计算解的误差太大了, 即用条件预优法确实可以降低系数矩阵的条件数, 改善算法的稳定性, 提高计算解的数值精度.

习 题 3

1. 用 Gauss 消元法解方程组

(1) $\begin{cases} 3x_1 - x_2 + 2x_3 = -3 \\ x_1 + x_2 + x_3 = -4 \\ 2x_1 + x_2 - x_3 = -4 \end{cases}$; (2) $\begin{cases} 2x_1 + 4x_2 - 2x_3 = 3 \\ x_1 - x_2 + 5x_3 = 0 \\ 4x_1 + x_2 - 2x_3 = 2 \end{cases}$.

2. 用列主元消元法解方程组

(1) $\begin{cases} x_1 - x_2 + x_3 = -4 \\ 5x_1 - 4x_2 + 3x_3 = -12 \\ 2x_1 + x_2 + x_3 = 11 \end{cases}$; (2) $\begin{cases} -x_1 + 2x_2 - 2x_3 = -1 \\ 3x_1 - x_2 + 4x_3 = 7 \\ 2x_1 - 3x_2 - 2x_3 = 0 \end{cases}$.

3. 给定方程组

$$\begin{cases} 0.4096x_1 + 0.1234x_2 + 0.3678x_3 + 0.2943x_4 = 0.4043 \\ 0.2246x_1 + 0.3872x_2 + 0.4015x_3 + 0.1129x_4 = 0.1150 \\ 0.3645x_1 + 0.1920x_2 + 0.3781x_3 + 0.0643x_4 = 0.4240 \\ 0.1784x_1 + 0.4002x_2 + 0.2786x_3 + 0.3927x_4 = -0.2557 \end{cases}.$$

要求: ① 用 Gauss 消元法解方程组 (用 4 位小数计算); ② 用列主元消元法解上述方程组且与①比较.

4. 用 Gauss-Jordan 消元法求下列矩阵的逆矩阵

(1) $\begin{pmatrix} 11 & -3 & -2 \\ -23 & 11 & 1 \\ 1 & -2 & 2 \end{pmatrix}$; (2) $\begin{pmatrix} 0 & 2 & 0 & 1 \\ 3 & 2 & 3 & 2 \\ 4 & -3 & 0 & 1 \\ 6 & 1 & -6 & -5 \end{pmatrix}$.

5. 用追赶法解三对角方程组 $\boldsymbol{Ax} = \boldsymbol{d}$, 其中,

(1) $\boldsymbol{A} = \begin{pmatrix} -2 & 1 & 0 & 0 \\ 1 & -2 & 1 & 0 \\ 0 & 1 & -2 & 1 \\ 0 & 0 & 1 & -2 \end{pmatrix}$, $\boldsymbol{d} = (1, 1, 0, -1)^{\mathrm{T}}$;

(2) $\boldsymbol{A}=\begin{pmatrix}-4&1&0&0\\1&-4&1&0\\0&1&-4&1\\0&0&1&-4\end{pmatrix}$, $\boldsymbol{d}=(1,1,1,1)^{\mathrm{T}}$.

6. 证明 3.4.6 节中式 (3.4.28).

7. 证明 3.8.2 节中的定理 3.15.

8. 试判别矩阵 $\boldsymbol{A}$ 是否正定, 若是正定阵, 将其作 $\boldsymbol{LL}^{\mathrm{T}}$ 分解.

(1) $\boldsymbol{A}=\begin{pmatrix}4&2&-1\\2&3&0\\-1&0&2\end{pmatrix}$;　　(2) $\boldsymbol{A}=\begin{pmatrix}2&-1&2\\-1&3&0\\2&0&4\end{pmatrix}$.

9. 用 $\boldsymbol{LDL}^{\mathrm{T}}$ 分解法分解方程组

(1) $\begin{pmatrix}2&-1&1\\-1&-2&3\\1&3&1\end{pmatrix}\begin{pmatrix}x_1\\x_2\\x_3\end{pmatrix}\begin{pmatrix}4\\5\\6\end{pmatrix}$;　　(2) $\begin{pmatrix}5&-4&1\\-4&6&-4\\1&-4&6\end{pmatrix}\begin{pmatrix}x_1\\x_2\\x_3\end{pmatrix}\begin{pmatrix}12\\-1\\-1\end{pmatrix}$.

10. 试分析下述矩阵

$$\boldsymbol{A}=\begin{pmatrix}1&2&3\\2&4&1\\4&6&7\end{pmatrix},\quad \boldsymbol{B}=\begin{pmatrix}1&1&1\\2&2&1\\3&3&1\end{pmatrix},\quad \boldsymbol{C}=\begin{pmatrix}1&2&6\\2&5&14\\6&14&46\end{pmatrix}$$

能否进行 $\boldsymbol{LU}$ 分解? 若能分解, 那么分解是否唯一?

11. 设向量 $\boldsymbol{x}=(x_1,x_2,\cdots,x_n)^{\mathrm{T}}\in\mathbf{R}^n$, 证明 $\|\boldsymbol{x}\|_\infty=\max\limits_{1\leqslant i\leqslant n}|x_i|$ 是一种向量范数.

12. 对任意 $\boldsymbol{x}=(x_1,x_2,\cdots,x_n)^{\mathrm{T}}\in\mathbf{R}^n$, $\boldsymbol{A}=(a_{ij})_{n\times n}\in\mathbf{R}^{n\times n}$, 求证:

(1) $\|\boldsymbol{x}\|_\infty\leqslant\|\boldsymbol{x}\|_1\leqslant n\ \|\boldsymbol{x}\|_\infty$;　　(2) $\|\boldsymbol{x}\|_\infty\leqslant\|\boldsymbol{x}\|_2\leqslant\sqrt{n}\ \|\boldsymbol{x}\|_\infty$;

(3) $\dfrac{1}{\sqrt{n}}\|\boldsymbol{A}\|_F\leqslant\|\boldsymbol{A}\|_2\leqslant\|\boldsymbol{A}\|_F$;　　(4) $\dfrac{1}{n}\|\boldsymbol{x}\|_1\leqslant\|\boldsymbol{x}\|_\infty\leqslant\ \|\boldsymbol{x}\|_1$.

13. 分别取矩阵 $\boldsymbol{A}_1=\begin{pmatrix}1&2\\-3&4\end{pmatrix}$, $\boldsymbol{A}_2=\begin{pmatrix}-2&1&0\\1&-2&1\\&1&-2\end{pmatrix}$, $\boldsymbol{A}_3=\begin{pmatrix}0.6&0.5\\0.1&0.33\end{pmatrix}$, 求 $\boldsymbol{A}_i$ 的范数: $\|\boldsymbol{A}_i\|_1,\|\boldsymbol{A}_i\|_2,\|\boldsymbol{A}_i\|_\infty$ 与 $\|\boldsymbol{A}_i\|_F$.

14. 设 $\boldsymbol{A}\in\mathbf{R}^{n\times n}$ 为对称正定阵, 定义 $\|\boldsymbol{x}\|_{\boldsymbol{A}}=\sqrt{\boldsymbol{x}^{\mathrm{T}}\boldsymbol{A}\boldsymbol{x}}$, 试证明 $\|\boldsymbol{x}\|_{\boldsymbol{A}}$ 为 $\mathbf{R}^n$ 上向量的一种范数.

15. 给定二阶方阵$\boldsymbol{A}=\begin{pmatrix}2&6\\2&0.0001\end{pmatrix}$, 要求: ① 研究矩阵 $\boldsymbol{A}$ 的性态; ② 分别解方程组 $\boldsymbol{A}\boldsymbol{x}=\begin{pmatrix}8\\8.00001\end{pmatrix}$ 与 $\boldsymbol{A}\boldsymbol{x}=\begin{pmatrix}8\\8.00002\end{pmatrix}$, 分析两个方程组的数值解有何关联.

16. 已知方程组 $\begin{cases} x_1 + 0.99x_2 = 1 \\ 0.99x_1 + 0.98x_2 = 1 \end{cases}$ 的解为 $x_1 = 100, x_2 = -100$. 试计算其系数矩阵的条件数, 并就近似解 $x_1 = 1, x_2 = 0$ 和 $x_1 = 100.5, x_2 = -99.5$ 分别计算其残向量 $\boldsymbol{r}$, 并讨论本题的计算结果说明了什么问题.

第4章　方程求根

科学研究、工程计算以及生产生活中的许多问题常归结为求解高次代数方程或超越方程, 由于这类方程都含有自变量的非线性项, 因此将其统称为**非线性方程**. 例如, 方程

$$x^{21}-109x^{11}+x^3-x-1=0\ (\text{高次代数方程})$$

与

$$\ln\left(2x^2+1\right)-4x-x\mathrm{e}^x-1=0\ (\text{超越方程})$$

均为非线性方程的特例.

然而, 实际的情况是: 一方面, 求解非线性方程的精确解比较困难; 另一方面, 在求解这类实际问题时, 人们只需要获得满足一定精度的近似解就可以了, 所以研究求非线性方程近似解的数值方法具有重要的现实意义.

本章主要讨论非线性方程的数值求根问题, 并将在 4.4.5 节中简单介绍一种求解非线性方程组的方法.

4.1　方程根的存在、唯一性与有根区间 *

一般地, 可将单变量非线性方程记为

$$f(x)=0, \tag{4.1.1}$$

式中, $x\in\mathbf{R}$; $f(x)\in C[a,b]$(即函数 $f(x)$ 是区间 $[a,b]$ 上的连续函数). 关于方程 (4.1.1) 的根, 可给出如下定义.

定义 4.1　若存在一个实数 $x^*\in I$ 使 $f(x^*)=0$, 则称 x^* 为方程 (4.1.1) 在区间 I 上的(**实**)**根**, 或函数 $f(x)$ 的**零点**, 而区间 I 称为方程 $f(x)=0$ 的**有根区间**. 若存在正整数 m 和实函数 $g(x)$, 使函数

$$f(x)=(x-x^*)^m\cdot g(x),\quad g(x^*)\neq 0, \tag{4.1.2}$$

则 x^* 称为方程 (4.1.1) 的 m**重根**, 实数 m 称为**重数**. 特别地, 当 $m=1$ 时, 称 x^* 为方程 (4.1.1) 的**单根**.

有时为了方便, 也将用数值方法求出的方程 $f(x)=0$ 的根的近似值简称为**根**.

4.1.1 方程根的存在与唯一性 *

介绍方程求根的方法之前, 首先回顾与方程求根相关的理论基础.

引理 4.1[8] 设 $f(x)$ 是其定义域上的连续函数, $f(a) \neq f(b)$, 则对介于 $f(a)$ 和 $f(b)$ 之间的任何实数 c, 在区间 (a,b) 内至少存在一个实数 x_0, 使 $f(x_0) = c$.

引理 4.1 称为连续函数的介值定理, 根据介值定理, 得.

引理 4.2[8] 如果函数 $f(x)$ 在闭区间 $[a,b]$ 上连续, 在开区间 (a,b) 内可导, $f'(x)$ 在 (a,b) 内不变号, 且有 $f(a) \cdot f(b) < 0$, 则 $\exists x^* \in (a,b)$, 使 $f(x^*) = 0$, 且 x^* 是唯一的.

引理 4.2 称为根的存在、唯一性定理. 由引理 4.2, 我们知：为了使方程 $f(x) = 0$ 在区间 (a,b) 内存在至少一个根, 一个重要的前提条件是确保函数 $f(x)$ 在区间 (a,b) 内连续, 如果函数 $f(x)$ 不连续, 不能保证根的存在. 然而, 需要指出的是：由于定义域内不连续函数也可能存在零点, 因此函数 $f(x)$ 在其定义域内的连续性是 $f(x)$ 零点存在的既不充分也不必要条件.

综上所述, 一般情况下, 如果能够断定函数 $f(x)$ 在有根的闭区间 $[a,b]$ 上连续, 且在开区间 (a,b) 内单调, 就能保证方程 $f(x) = 0$ 根的存在与唯一性.

4.1.2 有根区间的确定方法

现实中, 如果要求一个非线性方程 $f(x) = 0$ 的实根, 往往需要自己确定方程的有根区间 $[a,b]$, 确定有根区间是非线性方程求解的第一步.

对于任意给定的非线性方程 $f(x) = 0$, 可以用绘图法、曲线交点法、逐步搜索法以及二分法等确定方程的一个或者多个有根区间.

一般情况下, 函数 $f(x)$ 在其定义域内的图像是一条或多条连续曲线, 绘制出这些函数曲线, 如果某段函数曲线与 x 轴交点 (或近似位置) 的横坐标近似位于区间 $[a,b]$ 内, 则区间 $[a,b]$ 为方程 $f(x) = 0$ 的一个有根区间, 这种求方程有根区间的方法称为**绘图法**.

实践中, 我们也可以对前面的绘图法作如下变更, 即第一步, 将方程 $f(x) = 0$ 改成其等价方程 $h(x) = g(x)$；第二步, 与绘图法类似, 由两函数曲线

$$y = h(x) \text{与} y = g(x)$$

交点的近似位置来确定有根区间 $[a,b]$.

例 4.1.1 求方程 $f(x) = x^3 - x - 1 = 0$ 的有根区间.

方法一 **(采用绘图法求有根区间)**：对函数求一阶导数得

$$f'(x) = 3x^2 - 1 = 0. \tag{4.1.3}$$

解方程 (4.1.3), 得驻点坐标横坐标 $x_{1,2} = \pm\dfrac{\sqrt{3}}{3}$, 对方程 (4.1.3) 两边再次求导数得

$$f''(x) = 6x = 0.$$

解之, 得拐点的横坐标 $x_3 = 0$, 因此可将函数的凹凸性和单调性数据填入表 4.1.

表 4.1　函数的凹凸性和单调性

区间 / 函数	$\left(-\infty,-\frac{\sqrt{3}}{3}\right)$	$-\frac{\sqrt{3}}{3}$	$\left(-\frac{\sqrt{3}}{3},0\right)$	0	$\left(0,\frac{\sqrt{3}}{3}\right)$	$\frac{\sqrt{3}}{3}$	$\left(\frac{\sqrt{3}}{3},+\infty\right)$
$f'(x)$	+	0	−	−	−	0	+
$f''(x)$	−	−	−	0	+	+	+
$f(x)$	↗ (凸)	极大值	↘ (凸)	拐点	↘ (凹)	极小值	↗ (凹)

又 $f(0) = -1$, $f(-1) = -1$, 极大值 $f\left(-\frac{\sqrt{3}}{3}\right) < 0, f(1) = -1$, 而 $f(2) = 5$, 因而可用绘图软件或手工绘制图 4.1.

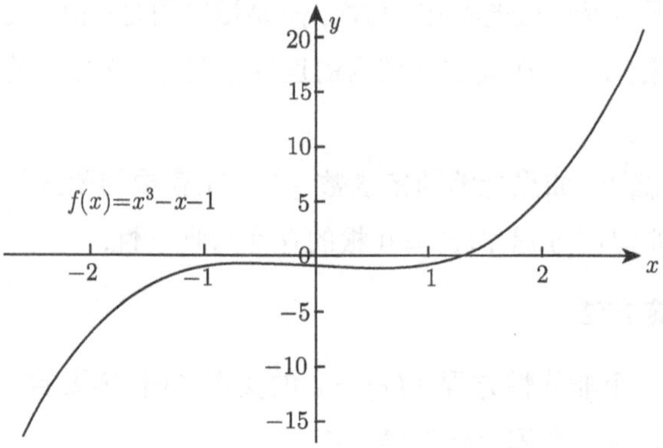

图 4.1　函数 $f(x) = x^3 - x - 1$ 的草图

于是得有根区间为 [1 , 2] .　　#

方法二　**(运用曲线交点法求有根区间)**: 将方程 $f(x) = x^3 - x - 1 = 0$ 改写成等价形式

$$x^3 = x + 1.$$

令 $h(x) = x^3, g(x) = x + 1$, 则函数 $h(x) = x^3$ 与 $g(x) = x + 1$ 的交点的横坐标即为方程 $f(x) = x^3 - x - 1 = 0$ 的根.

绘制两个函数曲线的草图得图 4.2. 可见 [1,2] 为方程的一个有根区间.　　#

如果前面讲述的绘图法以及曲线交点法都用不上, 或者是方程有根区间不唯一, 又或者是需要找出方程全部的有根区间, 实践中可以尝试如下方法: 第一步, 确定一个大的待搜索区间 $[a,b]$; 第二步, 将待搜索区间 $[a,b]$ 进行 n 等分, 即将 $[a,b]$ 分成 n 个小区间

$$[x_k, x_{k+1}], \quad k = 1, 2, \cdots, n,$$

这里, $x_1 = a, x_{n+1} = b$, 每个小区间 $[x_k, x_{k+1}]$ 的长度 $x_{k+1} - x_k = \dfrac{b-a}{n}$. 接下来, 可按照某种策略, 比如从左向右或从右向左的顺序, 逐个排查每个小区间是否为有根区间. 例如, 当有

$$f(x_i) \cdot f(x_{i+1}) < 0$$

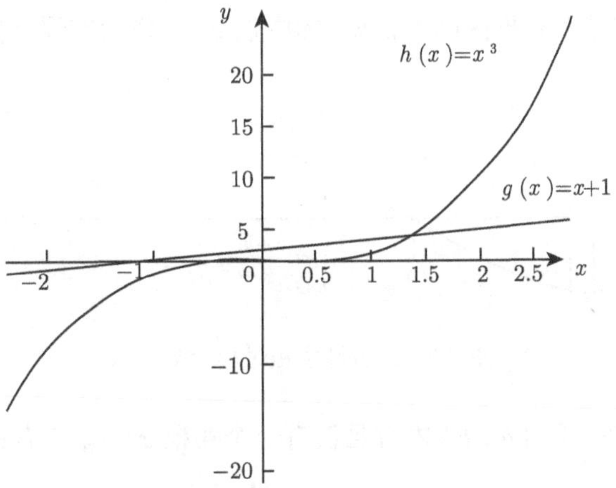

图 4.2 $h(x)=x^3$ 与 $g(x)=x+1$ 的交点

时, 则即可断定 $[x_i, x_{i+1}]$ 为一个有根的小区间；接下来, 可根据需要选择继续搜索, 或者退出搜索, 此时 $[a,b]=[x_i,x_{i+1}]$ 即为所求的有根区间, 或者令 $[a,b]=[x_i,x_{i+1}]$ 重新执行上面的搜索算法, 直到找出符合条件的有根区间为止. 上述求方程有根区间的方法称为**逐步搜索法**, 理论上, 用逐步搜索法, 可以找出函数所有的有根区间.

二分法是方程求根的一个基本方法, 但是由于二分法求根时收敛速度较慢, 并且不能求方程的偶数重根和虚根, 因此, 实践中常常将逐步搜索法与二分法相结合, 用于求出方程的有根区间, 或者用二分法为其他方法提供初始近似值. 关于二分法的详细情况, 请参照 4.2 节.

4.2 二 分 法

设函数 $f(x)$ 在 $[a,b]$ 上连续, 在端点上满足 $f(a)f(b)<0$, 则 $[a,b]$ 为方程 $f(x)=0$ 的有根区间.

进而, 如果函数 $f(x)$ 在开区间 (a,b) 单调, 则方程 $f(x)=0$ 的根唯一, 且可以用二分法求解.

二分法又称**区间半分法**, 可用于求方程的近似根, 也可用来搜寻有根区间. 二分法求根的基本思想是:

第一步, 如图 4.3 所示, 计算区间 $[a,b]$ 的中点 $c_1=\dfrac{b+a}{2}$, 则 c_1 将有根区间 $[a,b]$ 平均分成两个子区间 $[a,c_1]$ 与 $[c_1,b]$; 第二步, 求函数值 $f(c_1)$, 且当 $f(c_1)\cdot f(a)<0$ 时, 说明 $[a,c_1]$ 为新的有根区间, 令 $[a_1,b_1]=[a,c_1]$, 否则说明 $[c_1,b]$ 为新的有根区间, 令 $[a_1,b_1]=[c_1,b]$, 则新的有根区间 $[a_1,b_1]$ 的长度变为 $[a,b]$ 长度的一半. 如此重复执行上述两个步骤, 便得到一个**有根区间序列**

$$\{\,[a_n,b_n]\,\}_{n=0}^{\infty}.$$

当 n 足够大时, 则可取某个有根区间 $[a_n, b_n]$ 的中点 c_{n+1} 作为方程 $f(x)=0$ 的近似根.

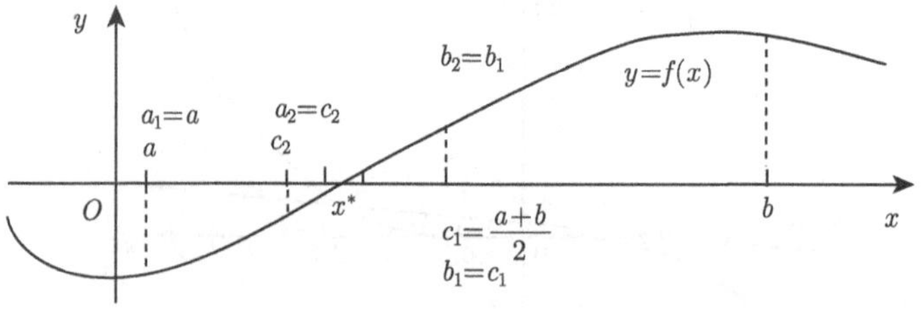

图 4.3　二分法求根过程示意图

若方程 $f(x)=0$ 在区间 $[a, b]$ 内有且仅有一个实根 x^*, c_n 为有根区间 $[a_{n-1}, b_{n-1}]$ 的中点, 则当

$$|c_n - x^*| < \varepsilon$$

时, 可终止二分法迭代, 将 c_{n+1} 作为方程精确根 x^* 的一个近似值, 这里实数 ε 为近似解序列 $\{c_n\}$ 与精确解之间的绝对误差限.

即在二分法求根的过程中, 每次二分的实际结果就是将有根区间

$$[a_{n-1}, b_{n-1}] \quad (n=1,2,\cdots)$$

分成两个子区间, 这里 $a_0=a, b_0=b$, 其中, 一个为新的有根区间, 记为 $[a_n, b_n]$, 另一个为无根区间, 丢掉, 且新的有根区间 $[a_n, b_n]$ 满足

$$x^*, c_{n+1} \in [a_n, b_n] \subset [a_{n-1}, b_{n-1}], \quad n=1, 2, \cdots,$$

并且有

$$b_n - a_n = \frac{1}{2}(b_{n-1} - a_{n-1}).$$

则当 $n \to \infty$ 时, 必有

$$x^*, c_n \in [a_{n-1}, b_{n-1}],$$

且有

$$|c_n - x^*| \leqslant \frac{b_{n-1} - a_{n-1}}{2} = \frac{1}{2^n}(b-a) \to 0.$$

因此得

$$\lim_{n\to\infty} c_n = x^*. \tag{4.2.1}$$

也就是说, 只要计算步数足够多, 由二分法必能求出符合精度要求的近似根 c_n, 且有误差估计式

$$|c_n - x^*| \leqslant \frac{1}{2}(b_{n-1} - a_{n-1}) = \frac{1}{2^n}(b-a), \quad n=1,2,\cdots. \tag{4.2.2}$$

因此, 给定绝对误差限 $\varepsilon(>0)$ 的情况下, 编程时, 有两种方法结束算法中的循环过程. 方法一, 计算过程中, 当不等式判定

$$\frac{1}{2}(b_{n-1} - a_{n-1}) \leqslant \varepsilon \tag{4.2.3}$$

成立时, 则可终止二分算法; 方法二, 求出第一个满足不等式 $\frac{1}{2^n}(b-a)<\varepsilon$ 的自然数

$$N_0=\left[\frac{\ln\left(\frac{b-a}{\varepsilon}\right)}{\ln 2}\right]+1. \tag{4.2.4}$$

在二分法求解的算法程序中, 设定二分法迭代次数为 N_0, 即当对有根区间 $[\,a\,,\,b\,]$ 进行 N_0 次二等分后, 可以终止循环过程, 最后得到的 c_n 就是非线性方程 $f(x)=0$ 的近似根.

根据上述算法思想, 可以得如下二分法求根算法.

算法 4.1 (二分法求根)

```
Input   endpoints a,b; tolerance TOL; maximum number of iterations N0
Step1   fa = f(a);
Step2   for  i = 1 to N0 do
Step3       set c = a + (b - a)/2;      //  compute c_i
              fc = f(c);
Step4       if fc = 0 or (b - a)/2 < TOL then
              OUTPUT (c); STOP ;   //  procedure completed successfully
            end if
Step5       set i = i + 1;
Step6       if fa * fc > 0 then     //  compare the sign of fa and fc
              set a = c; set fa = fc;     //  endpoint b is unchanged
            else
              set b = c;     //  endpoint a is unchanged
            end if
        end do
Step7   OUTPUT ('Method failed after N0 iterations, N0 =', N0);   //  (The
        procedure was unsuccessful.)
        STOP.
Output  approximate solution c or message of failure
```

二分法求方程的根, 其优点是计算过程简单, 算法程序容易实现, 可在较大的范围内求方程的根. 其缺点是收敛速度较慢, 其速度仅仅与一个以 $\frac{1}{2}$ 为公比的等比级数 $\sum\limits_{n=1}^{\infty}\frac{1}{2^n}$ 的收

敛速度相同, 且不能求方程的偶数重根与复根. 因此, 一般情况下, 可以用二分法求某方程的初始近似值, 然后用更好的数值方法继续求值.

二分法与逐步搜索法结合, 可用以求非线性方程在任一区间上的全部实根. 在该过程中, 最为关键的一步在于搜索步长的选取, 若步长过大则容易丢根 (若在区间范围内有两个相邻函数值符号相同, 则判定无根); 若步长过小, 则计算量过大影响计算速度.

例 4.2.1 证明方程 $\mathrm{e}^x+10x-2=0$ 存在唯一实根, 用二分法求此根, 要求误差不超过 $\frac{1}{2}\times 10^{-2}$.

解 首先, 令 $f(x)=\mathrm{e}^x+10x-2$, 则 $f(0)\cdot f(1)<0$, 又由

$$f'(x)=\mathrm{e}^x+10>0$$

知函数 $f(x)$ 在定义域内严格单调递增, 因此方程存在唯一实根 $x^*\in(0\,,\,1)$.

其次, 由二分法, 若要求数值解满足精度, 只要使 n 满足不等式

$$|\,x_n-x^*\,|\leqslant\frac{1}{2^n}(b-a)=\frac{1}{2^n}\leqslant\frac{1}{2}\times 10^{-2}$$

即可, 解之可得 $n\geqslant\dfrac{2}{\lg 2}+1\approx 7.64$, 即取 $n=8$ 即可, 计算过程参见表 4.2. #

表 4.2 例题 4.2.1 的二分法

n	a_n ($f(a_n)$ 的符号)	x_n ($f(x_n)$ 的符号)	b_n ($f(b_n)$ 的符号)
1	0(−)	0.5(+)	1(+)
2	0(−)	0.25(+)	0.5(+)
3	0(−)	0.125(+)	0.25(+)
4	0(−)	0.0625(−)	0.125(+)
5	0.0625(−)	0.09375(+)	0.125(+)
6	0.0625(−)	0.078125(−)	0.09375(+)
7	0.078125(−)	0.0859375(−)	0.09375(+)
8	0.0859375(−)	0.08984375	0.09375(+)

根据表 4.2, 可知如果取

$$c_8=\frac{1}{2}(a_8+b_8)\approx 0.08984,$$

则 c_8 可作为方程的近似根, 该近似根含有四位有效数字, 且满足规定的精度要求.

4.3 Picard 迭代法与收敛性

虽然二分法比较简单, 但是由于其收敛速度较慢, 且不能求方程的偶数重根与虚根, 故一般用于求方程的初始迭代近似, 或者用于搜寻有根区间. 因此, 我们需要研究学习更多且更为实用的数值求根方法. 为此, 本节考虑非线性方程

$$f(x)=0$$

的一般迭代法.

首先将 $f(x)=0$ 化为其等价形式

$$x=\varphi(x). \tag{4.3.1}$$

一般地, 若数 x^* 满足方程 (4.3.1), 即有 $x^*=\varphi(x^*)$, 则称 x^* 为 $\varphi(x)$ 的**不动点**, 称式 (4.3.1) 为**不动点方程**, 函数 $\varphi(x)$ 称为**不动点函数**. 根据不动点方程 (4.3.1), 可以构造如下公式

$$x_{k+1}=\varphi(x_k),\quad k=0,1,2,\cdots, \tag{4.3.2}$$

对任意给定的数值 x_0, 代入式 (4.3.2) 右端计算, 可得数列

$$x_0,x_1,\cdots,x_k,\cdots. \tag{4.3.3}$$

根据式 (4.3.2) 和式 (4.3.3), 可给出如下定义.

定义 4.2 称式 (4.3.2) 为解非线性方程 $f(x)=0$ 的 **Picard 迭代法或不动点迭代法**, 也称**简单迭代法**, 数列 (4.3.3) 称为 **Picard 迭代序列**, 称x_0 为**迭代初值**, 称$\varphi(x)$ 为**迭代函数**.

当函数 $f(x)$ 连续时, 若 Picard 迭代序列 (4.3.3) 收敛到实数 x^*, 则 x^* 即为方程 $f(x)=0$ 的根.

事实上, 若序列 $\{x_k\}$ 收敛于 x^*, 则 $\lim\limits_{k\to\infty}x_k=\lim\limits_{k\to\infty}x_{k+1}=x^*$. 当函数 $f(x)$ 连续时, 不动点函数 $\varphi(x)$ 也连续, 于是有

$$x^*=\lim_{k\to\infty}x_{k+1}=\lim_{k\to\infty}\varphi(x_k)=\varphi(\lim_{k\to\infty}x_k)=\varphi(x^*),$$

即 $f(x^*)=0$, x^* 为方程 $f(x)=0$ 的根.

因此, 当迭代序列 (4.3.3) 收敛到方程的根 x^* 时, 称 **Picard 迭代格式收敛**, 且 x_k 为第 k 步的**近似根**; 否则, 若迭代序列 (4.3.3) 发散, 则称**迭代格式发散**.

算法 4.2 (Picard 迭代法)

```
Input      initial approximation x0; tolerance TOL; maximum number of
           iterations N0
           for i = 1 to N0 do
Step1         set x = g(x0);
Step2         if |x - x0| < TOL then
                 OUTPUT (x); STOP;
              end if
Step4         set x0 = x;
Step5         set i = i + 1;
           end do
Step6      STOP;
Output     approximate solution x or message of failure.
```

例 4.3.1　求方程 $x^3 - x - 1 = 0$ 在区间 $(1, 1.5)$ 内的根.

解　方法一：将方程化为与其等价的方程：$x = x^3 - 1$，据此可得 Picard 迭代法

$$x_{k+1} = x_k^3 - 1, \quad k = 0, 1, 2, \cdots, \tag{4.3.4}$$

给定初始值 $x_0 = 1$，代入上面的迭代格式计算，得表 4.3 中发散的 Picard 迭代序列.

表 4.3　发散的 Picard 迭代序列

k	0	1	2	3	4	5	$\cdots$
x_k	1	0	−1	−2	−9	−730	$\cdots$

显然迭代序列是发散的，即迭代法 (4.3.4) 发散.

方法二：若将方程 $x^3 - x - 1 = 0$ 化为等价方程 $x = \sqrt[3]{x+1}$，于是得如下 Picard 迭代格式

$$x_{k+1} = \sqrt[3]{x_k + 1}, \quad k = 0, 1, 2, \cdots,$$

以 $x_0 = 1$ 为初值，可得表 4.4 中收敛的 Picard 迭代序列.

表 4.4　收敛的 Picard 迭代序列

k	1	2	3	4	5	$\cdots$
x_k	1.25992	1.31229	1.32235	1.32648	1.32471	$\cdots$

实际上，方程的根为 $x^* = 1.324717951\cdots$，故表 4.4 中迭代序列收敛，即迭代法

$$x_{k+1} = \sqrt[3]{x_k + 1}, \quad k = 0, 1, 2, \cdots$$

收敛.　#

由例 4.3.1 中不难发现：两个迭代格式，有的收敛，有的发散，即迭代格式的收敛性与方程无关，只与迭代格式自身有关联.

4.3.1　Picard 迭代格式的收敛性

关于 Picard 迭代格式的收敛性，有如下定理.

定理 4.1(压缩影像原理)　若不动点函数 $\varphi(x)$ 在 $[a, b]$ 上连续可微，且满足如下条件：

(1) 对 $\forall x \in [a, b]$，$\varphi(x) \in [a, b]$；

(2) 存实数 $L(0 < L < 1)$，对 $\forall x \in [a, b]$，有 $|\varphi'(x)| \leqslant L < 1$.

则可得如下结论：

(1) 方程在区间 $[a, b]$ 上存在唯一的实根 x^*；

(2) 对任何初值 $x_0 \in [a, b]$，Picard 迭代格式 (4.3.2) 确定的迭代序列 $\{x_k\}$ 收敛于 x^*.

证明 (1) 存在性: 令 $g(x)=x-\varphi(x)$, 由条件 (1) 得

$$g(a)=a-\varphi(a)\leqslant 0,\quad g(b)=b-\varphi(b)\geqslant 0.$$

又由 $\varphi(x)$ 是 $[a,b]$ 上的连续可微函数, 知 $g(x)=x-\varphi(x)$ 在 $[a,b]$ 上连续, 故由引理 4.2 知: 存在 $x^*\in[a,b]$, 使 $g(x^*)=0$, 即有 $x^*=\varphi(x^*)$ 或 $f(x^*)=0$, 解的存在性得证.

再证唯一性: 用反证法, 设存在 $\tilde{x}^*(\neq x^*)$, 使 $\tilde{x}^*=\varphi(\tilde{x}^*)$, 由微分中值定理知

$$|x^*-\tilde{x}^*|=|\varphi(x^*)-\varphi(\tilde{x}^*)|=|\varphi'(\eta)|\cdot|x^*-\tilde{x}^*|\leqslant L|x^*-\tilde{x}^*|<|x^*-\tilde{x}^*|,$$

矛盾, 这里 η 是介于 x^* 和 $\tilde{x}^*$ 之间的实数, 故 $x^*\in[a,b]$ 是方程的唯一根.

(2) 迭代法的收敛性: 由于

$$\begin{aligned}|x_{k+1}-x^*|&=|\varphi(x_k)-\varphi(x^*)|=|\varphi'(\tilde{\eta})|\cdot|x_k-x^*|\leqslant L\cdot|x_k-x^*|\\&\leqslant L^2|x_{k-1}-x^*|\leqslant\cdots\leqslant L^{k+1}|x_0-x^*|\to 0,\quad k\to\infty,\end{aligned}$$

式中, $\tilde{\eta}$ 是介于 x^* 和 x_k 之间的实数, 即

$$\lim_{k\to+\infty}x_k=x^*,$$

即 Picard 迭代格式 (4.3.2) 收敛到方程 $f(x)=0$ 的唯一实根 x^*. #

定理 4.1 是验证 Picard 迭代法收敛的充分但不必要条件, 即只需证明 Picard 迭代法的迭代函数满足定理 4.1 中的条件, 即可证明一个 Picard 迭代法收敛.

而如果要证明一个 Picard 迭代法发散, 需要验证迭代函数满足定理 4.2 的条件是否满足.

定理 4.2 *设方程 $x=\varphi(x)$ 在 $[a,b]$ 内有根 x^*, 且当 $x\in[a,b]$ 时, $|\varphi'(x)|\geqslant 1$, 则对任意的初始值 $x_0\in[a,b]$, 且当 $x_0\neq x^*$ 时, 迭代格式 (4.3.2) 发散.*

证明 $\forall x_0\in[a,b]$, $x_0\neq x^*$, 由 Picard 迭代格式 (4.3.2) 得

$$|x_1-x^*|=|\varphi(x_0)-\varphi(x^*)|=|\varphi'(\xi_0)||x_0-x^*|\geqslant|x_0-x^*|,$$

这里, ξ_0 介于 x_0 与 x^* 之间; 同理, 当 $x_1\in[a,b]$ 时, 有

$$|x_2-x^*|=|\varphi(x_1)-\varphi(x^*)|\geqslant|x_1-x^*|\geqslant|x_0-x^*|;$$

如此继续下去, 或者 $x_k\notin[a,b]$, 或者 $|x_k-x^*|\geqslant|x_{k-1}-x^*|\geqslant|x_0-x^*|$, 因此迭代格式 (4.3.2) 发散. #

定理 4.2 是证明 Picard 迭代格式发散的充分但不必要条件.

例 4.3.2 对方程 $x^3-x-1=0$, 将其化为如下 2 个等价的方程

(1) $x=\sqrt[3]{x+1}$;　(2) $x=x^3-1$.

试考察两个不动点方程相对应的 Picard 迭代格式是否收敛.

解　(1) 由 $x=\sqrt[3]{x+1}$, 得 $\varphi(x)=\sqrt[3]{x+1}$, 对 $\forall x\in[1,1.5]$, 知 $\varphi(x)\in[1,1.5]$, 易证不动点函数的导数满足

$$|\varphi'(x)|=\left|\frac{1}{3}\frac{1}{(x+1)^{2/3}}\right|\leqslant\frac{1}{3}<1,\quad x\in[1,1.5].$$

由定理 4.1, 得对任意初值 $x_0\in[1,1.5]$, 迭代格式

$$x_{k+1}=\sqrt[3]{x_k+1},\quad k=0,1,2,\cdots$$

收敛于方程的根 x^*.

(2) 由 $x=x^3-1$, 得迭代函数 $\varphi(x)=x^3-1$, 显然当 $x\geqslant 1$ 时, 有

$$|\varphi'(x)|=3x^2>3>1.$$

由定理 4.2 知, 迭代格式发散. #

定理 4.1 中的第二个条件可以用下列条件代替：存在正实数 $L<1$, 使 $\forall x,y\in[a,b]$, 有

$$|\varphi(x)-\varphi(y)|\leqslant L|x-y|.\tag{4.3.5}$$

式 (4.3.5) 称为Lipschitz条件, 实数 L 称为 **Lipschitz 常数**.

4.3.2　Picard 迭代法敛散性的几何解释

设 $x=g(x)$ 为与方程 $f(x)=0$ 等价的不动点方程. 如图 4.4 和图 4.5 所示, xOy 平面上, 作曲线 $y=g(x)$ 与直线 $y=x$ 交于点 P^*, 则 P^* 的横坐标 x^* 即为方程 $f(x)=0$ 的根.

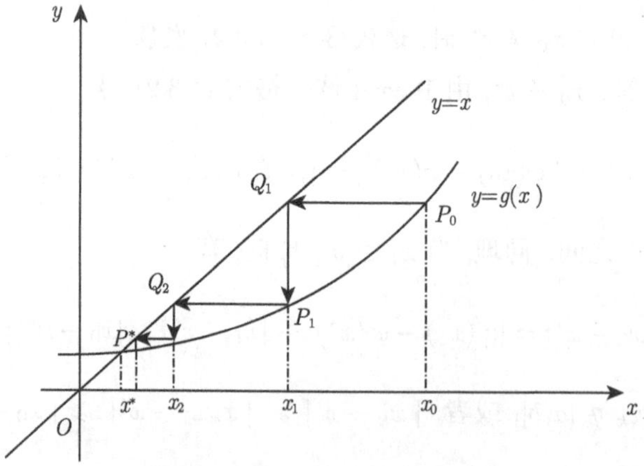

图 4.4　Picard 迭代收敛的情况 1

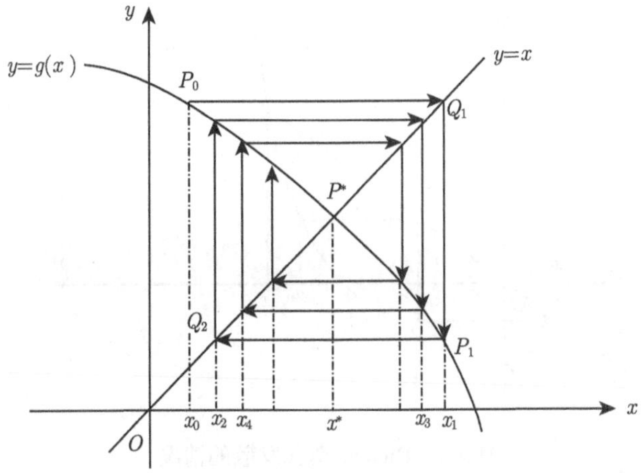

图 4.5 Picard 迭代收敛的情况 2

任给根 x^* 的初始近似值 x_0, 记曲线 $y = g(x)$ 上以 $(x_0, g(x_0))$ 为坐标的点 P_0, 过点 P_0 引平行于 x 轴的直线, 与直线 $y = x$ 相交于点 Q_1, 过点 Q_1 作平行于 y 轴的直线, 与曲线 $y = g(x)$ 的交点记作 P_1, 则点 P_1 的横坐标 x_1 即为将 x_0 代入 Picard 迭代格式 $x_{k+1} = g(x_k)$ 计算出 x^* 的近似值 $g(x_0)$. 同理, 若过点 P_1 作平行于 x 轴的直线, 与曲线 $y = g(x)$ 的交点记为 Q_2, 过点 Q_2 作平行于 y 轴的直线, 该直线与曲线 $y = g(x)$ 交点 P_2 的横坐标即为 x_2. 如上所述, 按图 4.4 和图 4.5 中箭头所示的路径继续进行下去, 在曲线 $y = g(x)$ 上得点列

$$P_0, P_1, P_2, \cdots.$$

该点列的横坐标序列即为由迭代公式 $x_{k+1} = g(x_k)$ 所得的迭代序列

$$x_0, x_1, x_2, \cdots.$$

如果点列 $\{P_k\}$ 趋向于点 P^*, 则相应的迭代序列 $\{x_k\}_{k=0}^{\infty}$ 收敛到所求的根 x^*.

值得注意的是: 在包含 x^* 的区间内, 如图 4.4 和图 4.5 所示, 当函数的斜率 $g'(x)$ 满足条件

$$|g'(x)| \leqslant L < 1(\text{定理 4.1 的条件 2})$$

时, 则点列 $P_0, P_1, P_2, \cdots$ 逐渐趋向于 P^*, 同时点列的坐标序列 $\{x_k\}_{k=0}^{\infty}$ 收敛于 x^*, 也就是定理 4.1 结论 2 成立.

如图 4.6 所示, 在包含 x^* 的某个区间内, 当定理 4.2 条件满足时, 有 $|g'(x)| > 1$, 此时点列 $P_0, P_1, P_2, \cdots$ 逐渐远离 P^*, 相对应地, 点列的横坐标序列 $\{x_k\}_{k=0}^{\infty}$ 不收敛到 x^*, 这与定理 4.2 的结论相吻合.

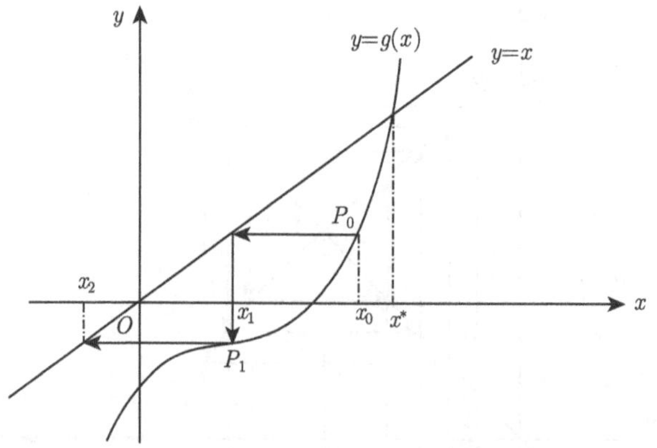

图 4.6　Picard 迭代发散的情况

4.3.3　Picard 迭代法的局部收敛性和误差估计

一般情况下, 对于有根区间 $[a,b]$, 定理 4.1 中的条件不易满足, 因此, 通常在根 x^* 的某个邻域内考虑定理 4.1 的条件是否成立.

定理 4.3　设不动点方程 $x=\varphi(x)$ 的根为 x^*, 且在 x^* 的某个邻域 $\tilde{S}=\left\{ x \,\middle|\, |x-x^*|\leqslant\tilde{\delta}\right\}$ 内函数 $\varphi(x)$ 存在一阶连续导数, 则

(1) 当 $|\varphi'(x^*)|<1$ 时, 对 $\tilde{S}$ 中充分靠近 x^* 的初始值 x_0, Picard 迭代法 (4.3.2) 收敛, 且迭代数列 $\{x_k\}_{k=0}^{\infty}$ 收敛到 x^*;

(2) 当 $|\varphi'(x^*)|>1$ 时, 则对 $\forall x_0\in\tilde{S}$ 且当 $x_0\neq x^*$ 时, Picard 迭代法 (4.3.2) 发散.

证明　(1) 根据定理 4.1, 只要找到一个闭区间 $[a,b]$, 并证明迭代函数 $\varphi(x)$ 在 $[a,b]$ 上满足定理 4.1 的两个条件即可.

由 $|\varphi'(x^*)|<1$, 且在 x^* 的某个邻域 $\tilde{S}$ 内迭代函数 $\varphi(x)$ 存在一阶连续导数, 得 $\forall\varepsilon>0$, 不妨取 $\varepsilon=\dfrac{1}{2}(1-|\varphi'(x^*)|)>0$, 总是存在 $\delta>0$, 这里不妨取 $\delta\leqslant\tilde{\delta}$, 则当 $x\in S=\{x\,|\,|x-x^*|\leqslant\delta\}$ 时, 总有

$$|\varphi'(x)-\varphi'(x^*)|<\varepsilon=\frac{1}{2}(1-|\varphi'(x^*)|). \tag{4.3.6}$$

又由不等式

$$|\varphi'(x)|-|\varphi'(x^*)|\leqslant|\varphi'(x)-\varphi'(x^*)| \tag{4.3.7}$$

知不等式

$$|\varphi'(x)|\leqslant|\varphi'(x^*)|+\varepsilon=|\varphi'(x^*)|+\frac{1}{2}(1-|\varphi'(x^*)|)<1 \tag{4.3.8}$$

对 $\forall x\in S$ 均成立. 于是可令 $a=x^*-\delta, b=x^*+\delta$, 数 $L=|\varphi'(x^*)|+\varepsilon$, 则 $[a,b]=S\subset\tilde{S}$, 且对于 $\forall x\in[a,b]$, 均有

$$|\varphi'(x)|\leqslant L<1, \tag{4.3.9}$$

即 $\varphi(x)$ 在 $[a,b]$ 上满足定理 4.1 的第二个条件.

又对 $\forall x \in [a,b]$, 均有

$$|\varphi(x) - x^*| = |\varphi(x) - \varphi(x^*)| = |\varphi'(\xi)|\,|x - x^*| \leqslant L\,|x - x^*| \leqslant \delta,$$

式中, ξ 介于 x 与 x^* 之间. 于是有

$$\forall x \in [a,b], \quad \varphi(x) \in [a,b], \tag{4.3.10}$$

即 $\varphi(x)$ 在 $[a,b]$ 上满足定理 4.1 的第一个条件. 则由定理 4.1 得: Picard 迭代法 (4.3.2) 收敛, 且迭代序列 $\{x_k\}_{k=0}^{\infty}$ 在 $[a,b]$ 上收敛到方程 $x = \varphi(x)$ 的唯一根 x^*.

综上所述, 对 $\tilde{S}$ 中充分靠近 x^* 的任意初始值 $x_0 \in \tilde{S}$, 迭代法 (4.3.2) 收敛, 且迭代序列 $\{x_k\}_{k=0}^{\infty}$ 在 $[a,b]$ 上收敛到方程 $x = \varphi(x)$ 的唯一根为 x^*. #

(2) 由 $|\varphi'(x^*)| > 1$ 和函数 $\varphi(x)$ 的连续性知, 存在 x^* 的某个邻域 $U^\circ(x^*,\delta)$, 使得

$$|\varphi'(x)| > 1, \quad \forall x \in U^\circ(x^*,\delta).$$

由定理 4.2 知, 迭代法发散. #

一般情况下, 将定理 4.3 中定义的收敛性称为**局部收敛性**, 而将定理 4.1 中定义的收敛性称为**大范围收敛性**, 一个迭代法被证明为局部收敛时不一定大范围收敛, 但是若被证明为大范围收敛的, 则一定局部收敛.

定理 4.3 中定义的发散性称为**局部发散**, 局部发散的迭代法一定发散.

实际上在应用过程中, 由于方程 $f(x) = 0$ 的解 x^* 是未知的, 因此定理 4.3 的条件

$$|\varphi'(x^*)| < 1 \tag{4.3.11}$$

或者

$$|\varphi'(x^*)| > 1 \tag{4.3.12}$$

通常是无法得到的. 因此, 题目中往往给出的是

$$|\varphi'(\tilde{x})| < 1 \tag{4.3.13}$$

或者

$$|\varphi'(\tilde{x})| > 1. \tag{4.3.14}$$

这里, $\tilde{x} \approx x^*$. 此时, 我们常常会把条件 (4.3.13) 当做式 (4.3.11) 来用, 等求出更为精确的近似解 $\hat{x}$ 后, 验证不等式 $|\varphi'(\hat{x})| < 1$ 是否成立, 如果成立, 则认为条件 (4.3.11) 成立, 因此前面的做法是正确的, $\hat{x}$ 就是要求的方程的近似解; 否则, 认为前面的做法不合理, 理由是条件

(4.3.13) 中的实数 $\tilde{x}$ 与方程的根 x^* 还不够近似. 同理, 只要 $\tilde{x}$ 与 x^* 足够近似, 实践中, 也可将条件 (4.3.14) 当做条件 (4.3.12) 来用.

例 4.3.3　求方程 $x = \mathrm{e}^{-x}$ 在 $x_0 = 0.5$ 附近的一个根, 要求精度为 $\varepsilon = 10^{-5}$.

解　过 $x_0 = 0.5$, 以步长 $h = 0.1$ 搜索一次, 即得求根区间 [0.5 , 0.6]. 令 $g(x) = \mathrm{e}^{-x}$, 则迭代函数的导数 $g'(x) = -\mathrm{e}^{-x}$, 显然导数 $g'(x)$ 是连续的, 又

$$|g'(0.5)| = \left|-\mathrm{e}^{-0.5}\right| \approx 0.6 < 1,$$

故由定理 4.3 知迭代格式

$$x_{k+1} = \mathrm{e}^{-x_k}, \quad k = 0, 1, 2, \cdots$$

局部收敛, 因此取 $x_0 = 0.5$ 为初始值, 代入迭代格式计算, 结果见表 4.5.

表 4.5　例 4.3.3 的计算结果

n	1	2	$\cdots$	17	18
x_n	0.6065306	0.5452392	$\cdots$	0. 5671477	0.5671407

显然迭代格式收敛, 且 0.5671 可作为方程的近似值, 该值具有 4 位有效数字.　#

在实际应用中, 常常需要对迭代过程中得到的近似解 x_k 进行估计, 以确定迭代过程的终止时刻. 为此, 给出如下定理.

定理 4.4　*在定理 4.1 的条件下, 有如下误差估计式:*

(1) $|x^* - x_k| \leqslant \dfrac{L}{1-L}|x_k - x_{k-1}|, \quad k = 1, 2, \cdots;$　(4.3.15)

(2) $|x^* - x_k| \leqslant \dfrac{L^k}{1-L}|x_1 - x_0|, \quad k = 1, 2, \cdots.$　(4.3.16)

证明　(1) 由定理 4.1 得: 存在实数 $L\,(0 < L < 1)$ 和介于 x_k 与 x^* 之间的实数 $\tilde{\eta}$, 使

$$|x_{k+1} - x^*| = |\varphi(x_k) - \varphi(x^*)| = |\varphi'(\tilde{\eta})| \cdot |x_k - x^*| \leqslant L \cdot |x_k - x^*|.$$

$$\begin{aligned}\therefore |x_k - x^*| &= |x_{k+1} - x^* + x_k - x_{k+1}| \leqslant |x_{k+1} - x^*| + |x_k - x_{k+1}| \\ &\leqslant L|x_k - x^*| + |x_{k+1} - x_k|.\end{aligned}$$

又由

$$|x_{k+1} - x_k| = |\varphi(x_k) - \varphi(x_{k-1})| = |\varphi'(\eta_k)| \cdot |x_k - x_{k-1}| \leqslant L \cdot |x_k - x_{k-1}|, \tag{4.3.17}$$

式中, η_k 介于 x_k 与 x_{k-1} 之间, 因此有

$$|x_k - x^*| \leqslant \frac{1}{1-L}|x_{k+1} - x_k| \leqslant \frac{L}{1-L}|x_k - x_{k-1}|, \quad k = 1, 2, \cdots.$$

(2) 由式 (4.3.15) 和式 (4.3.17) 知

$$|x_k - x^*| \leqslant \frac{L}{1-L}|x_k - x_{k-1}| \leqslant \frac{L^2}{1-L}|x_{k-1} - x_{k-2}| \leqslant \cdots$$

$$\leqslant \frac{L^k}{1-L}|x_1 - x_0|, \quad k = 1, 2, \cdots. \qquad \#$$

式 (4.3.15) 称为迭代格式 (4.3.2) 的**事后误差估计式**，可以用该式在迭代过程中逐次估计绝对误差. 例如，在给定绝对误差限 ε 的前提下，当 $\frac{L}{1-L}|x_k - x_{k-1}| \leqslant \varepsilon$ 时，近似解 x_k 与精确解 x^* 的绝对误差小于等于 ε，可终止迭代，取 x_k 作为 x^* 的近似值. 式 (4.3.16) 称为迭代格式 (4.3.2) 的**事先误差估计式**，根据该估计式可求得需要迭代的步数. 例如，若要求近似根与根的绝对误差满足：$|x^* - x_k| < \varepsilon$，则用式 (4.3.16) 得到迭代次数 k 的值为

$$k = \left[\frac{\ln \dfrac{\varepsilon(1-L)}{|x_1 - x_0|}}{\ln L}\right] + 1.$$

式中，x_1 为由初值 x_0 经第 1 次迭代得到的值；符号 $[x]$ 表示对括号内 x 取整.

4.3.4 Picard 迭代的收敛速度与渐近误差估计

数值计算问题中，不但要构造出数值计算格式，而且还应该考虑到迭代格式的计算速度. 对 Picard 迭代格式 (4.3.2)，收敛速度按照如下方式定义.

定义 4.3 设迭代序列 $\{x_k\}$ 收敛到方程 $f(x) = 0$ 的根 x^*，记 $e_k = x_k - x^*$，则如果存在非零常数 C 和正常数 p，使

$$\lim_{k\to+\infty} \frac{e_{k+1}}{e_k^p} = \lim_{k\to+\infty} \frac{x_{k+1} - x^*}{(x_k - x^*)^p} = C,$$

则称迭代序列 $\{x_k\}$**具有p阶收敛速度**，或称迭代格式 (4.3.2) 是 p**阶收敛**的，并称 p 为收敛速度的**阶数**.

特别地，当 p=1 且 $0 < |C| < 1$ 时，称迭代格式为**线性收敛**；当 $p > 1$ 时，称迭代格式为**超线性收敛**；当 $p = 2$ 时，称为**平方收敛**；当 $p = 3$ 时，称为**立方收敛**等.

由定义 4.3 不难看出：阶数 p 的值越大，收敛速度越快. 关于 Picard 迭代法，有如下收敛性定理.

定理 4.5 设方程 $f(x) = 0$ 的根为 x^*，在定理 4.1 的条件下，再设：

(1) 迭代函数 $\varphi(x)$ 在区间 $[a, b]$ 上 m 次可微 $(m \geqslant 2)$，且 x^* 处 $\varphi(x)$ 的各阶导数满足如下条件

$$\varphi^{(j)}(x^*) = 0, \quad j = 1, 2, \cdots, m-1, \quad \varphi^{(m)}(x^*) \neq 0,$$

则 Picard 迭代法为 m 阶收敛，且有**渐近误差估计式**

$$\lim_{k\to+\infty} \frac{e_{k+1}}{e_k^m} = \frac{\varphi^{(m)}(x^*)}{m!} \quad . \tag{4.3.18}$$

(2) 迭代函数 $\varphi(x)$ 在区间 $[a, b]$ 上一阶导数 $\varphi'(x)$ 连续且满足 $|\varphi'(x)| < 1$，则 Picard 迭代法为**线性收敛**，且有**渐近误差估计式**

$$\lim_{k\to+\infty} \frac{e_{k+1}}{e_k} = \varphi'(x^*). \tag{4.3.19}$$

证明　(1) 根据定理 4.1 知, Picard 迭代序列 $\{x_k\}$ 收敛到方程 $f(x)=0$ 的根 x^*, 且有

$$e_{k+1}=x_{k+1}-x^*=\varphi(x_k)-\varphi(x^*).$$

将 $\varphi(x_k)$ 在 x^* 处 Taylor 展开, 得

$$\begin{aligned}e_{k+1}=&\varphi(x^*)+\varphi'(x^*)(x_k-x^*)+\cdots+\frac{\varphi^{(m-1)}(x^*)}{(m-1)!}(x_k-x^*)^{m-1}\\&+\frac{\varphi^{(m)}(x^*+\theta(x_k-x^*))}{m!}(x_k-x^*)^m-\varphi(x^*).\end{aligned}$$

将条件 $\varphi^{(j)}(x^*)=0$ 与 $\varphi^{(m)}(x^*)\neq 0$ 代入, 这里 $j=1,2,\cdots,m-1$, 得

$$e_{k+1}=\frac{\varphi^{(m)}(x^*+\theta(x_k-x^*))}{m!}(x_k-x^*)^m,$$

式中, $\theta\in(0,1)$. 易知对充分大的 k, 若 $e_k\neq 0$, 则 $e_{k+1}\neq 0$, 且有

$$\frac{e_{k+1}}{e_k^m}=\frac{\varphi^{(m)}(x^*+\theta(x_k-x^*))}{m!}.$$

则当 $k\to+\infty$ 时, 对上式求极限得

$$\lim_{k\to+\infty}\frac{e_{k+1}}{e_k^m}=\frac{\varphi^{(m)}(x^*)}{m!},$$

即 Picard 迭代法为 m 阶收敛.　　#

(2) 若迭代函数 $\varphi(x)$ 在区间 $[a,b]$ 上导数连续且满足 $|\varphi'(x)|<1$, 根据 (1) 中的讨论知

$$e_{k+1}=\varphi'(x^*+\theta(x_k-x^*))(x_k-x^*)=\varphi'(x^*+\theta(x_k-x^*))e_k,$$

式中, $\theta\in(0,1)$. 易知对充分大的 k, 若 $e_k\neq 0$, 则 $e_{k+1}\neq 0$, 于是有

$$\frac{e_{k+1}}{e_k}=\varphi'(x^*+\theta(x_k-x^*)).$$

求极限得 $\lim\limits_{k\to+\infty}\dfrac{e_{k+1}}{e_k}=\varphi'(x^*)$, 又由 $|\varphi'(x)|<1$ 知, Picard 迭代法为线性收敛.　　#

此外, 关于 Picard 迭代法还有如下**局部收敛性**定理.

定理 4.6　设 x^* 是方程 (4.3.1) 的实根, 且

(1) 迭代函数在 x^* 的某个邻域内有 m 阶连续导数 $(m\geqslant 2)$, 且有

$$\varphi^{(j)}(x^*)=0,\quad j=1,2,\cdots,m-1,\quad \varphi^{(m)}(x^*)\neq 0.$$

则当初始值 x_0 充分接近 x^* 时, 则 Picard 迭代法是**局部m阶收敛**的, 且有**渐近误差估计式**

$$\lim_{k\to+\infty}\frac{e_{k+1}}{e_k^m}=\frac{\varphi^{(m)}(x^*)}{m!}.$$

这里, $m \geqslant 2$.

(2) 迭代函数 $\varphi(x)$ 在 x^* 的某个邻域内导数连续, 且满足 $|\varphi'(x^*)| < 1$ 时, 则 Picard 迭代法为**局部线性收敛**, 且有**渐近误差估计式**

$$\lim_{k\to+\infty}\frac{e_{k+1}}{e_k}=\varphi'(x^*).$$

该定理的证明方法与定理 4.5 相同.

例 4.3.4 证明 Picard 迭代 $x_{n+1}=g(x_n)$ 在求二次方程 $x^2-a=0$ 的正根时, 是局部三阶收敛的, 并求其渐近误差估计式, 其中 $g(x)=\dfrac{x(x^2+3a)}{3x^2+a}$.

证明 因为 $g(\sqrt{a})=\dfrac{\sqrt{a}(a+3a)}{3a+a}=\sqrt{a}$, 因此实数 $\sqrt{a}$ 是不动点方程 $x=g(x)$ 的正根, 因而是二次方程 $x^2-a=0$ 的正根. 又由 $g(x)=\dfrac{x(x^2+3a)}{3x^2+a}$, 得

$$(3x^2+a)g(x)=x^3+3ax. \tag{4.3.20}$$

对式 (4.3.20) 两端关于自变量 x 求导数, 得

$$6xg(x)+(3x^2+a)g'(x)=3x^2+3a, \tag{4.3.21}$$

取 $x=\sqrt{a}$, 得 $g'(\sqrt{a})=0$.

再对式 (4.3.21) 两端求导数, 并取 $x=\sqrt{a}$, 得 $g''(\sqrt{a})=0$.

对式 (4.3.21) 两边求二阶导数, 并把上述结果 $x=\sqrt{a}, g'(\sqrt{a})=0, g''(\sqrt{a})=0$ 代入得

$$g'''(\sqrt{a})=\frac{3}{2a}\neq 0.$$

因此, 由定理 4.6 可得, 求 $x^*=\sqrt{a}$ 的近似值的 Picard 迭代格式 $x_{n+1}=g(x_n)$ 具有局部三阶收敛速度, 且有

$$\lim_{n\to\infty}\frac{\sqrt{a}-x_{n+1}}{(\sqrt{a}-x_n)^3}=\lim_{n\to\infty}\frac{e_{n+1}}{e_n^3}=\frac{1}{3!}g'''(\sqrt{a})=\frac{1}{4a}.$$ #

4.4 Newton-Raphson 迭代法

4.4.1 Newton-Raphson 迭代法的构造

Newton-Raphson 迭代法是一种特殊的 Picard 迭代法, 该方法编程简单, 构造方式具有一定的规律性和通用性, 且在求方程的单根时具有二阶收敛速度, 是目前使用较广泛的一种迭代法. 接下来介绍 Newton-Raphson 迭代法的构造.

设 x^* 为非线性方程

$$f(x)=0 \tag{4.4.1}$$

的根, x_k 为 x^* 的一个近似值, 将函数 $f(x)$ 在 x_k 处作 Taylor 展开, 得

$$f(x)=f(x_k)+f'(x_k)(x-x_k)+\cdots+\frac{f^{(n)}(x_k)}{n!}(x-x_k)^n+O\left((x-x_k)^n\right). \tag{4.4.2}$$

将式 (4.4.2) 中含有二阶及二阶导数以上的项略去, 得方程 (4.4.1) 的一个一阶近似方程

$$f(x_k)+f'(x_k)(x-x_k)\approx 0. \tag{4.4.3}$$

将式 (4.4.3) 中 "≈" 左边的 x 用 x_{k+1} 替换, 并把约等于号 "≈" 改为等于号 "=", 得

$$f(x_k)+f'(x_k)(x_{k+1}-x_k)=0. \tag{4.4.4}$$

解式 (4.4.4), 并令 $k=0,1,2,\cdots$, 得如下迭代公式

$$x_{k+1}=x_k-\frac{f(x_k)}{f'(x_k)},\quad k=0,1,2,\cdots. \tag{4.4.5}$$

称式 (4.4.5) 为求解式 (4.4.1) 的 **Newton-Raphson 迭代法**, 简称 **Newton 法**.

Newton 法的几何解释如图 4.7 所示: 设 x^* 为方程 $f(x)=0$ 的根, 则 x^* 为曲线 $y=f(x)$ 与 x 轴交点的横坐标. 设 x_k 是根 x^* 的某个近似值, 过曲线 $y=f(x)$ 上横坐标为 x_k 的点 P_k 引**切线**, 令该切线与 x 轴交点的横坐标为 x_{k+1}, 显然 x_{k+1} 为用 Newton 法 (4.4.5) 求的近似值, 因此 Newton 法亦称 **Newton 切线法**, 这里 $k=0,1,2,\cdots$.

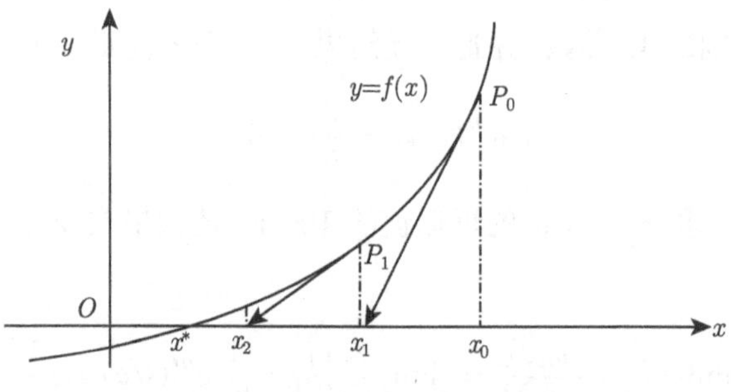

图 4.7　Newton 法的几何解释

事实上, **Newton** 法是一种特殊的 **Picard** 迭代法, Newton 法的不动点函数

$$\varphi(x)=x-\frac{f(x)}{f'(x)}.$$

4.4.2　Newton 法的大范围收敛性

关于 Newton 法有如下收敛性定理.

定理 4.7　设函数 $f(x)$ 是定义在闭区间 $[a,b]$ 上的连续可微函数, 满足如下条件:

(1) $f(a)\cdot f(b)<0$;　(2) $f'(x)\neq 0,\quad x\in[a,b]$;

(3) $f''(x)$ 在 $[a,b]$ 上不变号;　(4) $a-\dfrac{f(a)}{f'(a)}\leqslant b,\quad b-\dfrac{f(b)}{f'(b)}\geqslant a$,

则对闭区间 $[a,b]$ 上的任意初始值 x_0, Newton-Raphson 迭代法 (4.4.5) 二阶收敛到方程 $f(x)=0$ 在区间 (a,b) 内有唯一实根 x^*.

Newton 法不但构造简单, 而且在满足定理 4.7 中条件的前提下, 是二阶收敛的, 足以说明 Newton 法是一种比较好的迭代法. 但是, 定理 4.7 中, 对函数 $f(x)$ 有严格的单调、凹凸性限制: 显然, 条件 (1) 保证有限区间 $[a,b]$ 上根的存在性; 条件 (2) 要求函数单调, 所以根唯一; 条件 (3) 保证曲线的凹凸性不变. 如图 4.8 所示, 条件 (4) 保证了当初始值 x_0 在 $[a,b]$ 上时, Newton 法的第一步结果仍然在区间 $[a,b]$ 内, 只有满足该条, Newton 法才能够在闭区间 $[a,b]$ 内部继续进行迭代.

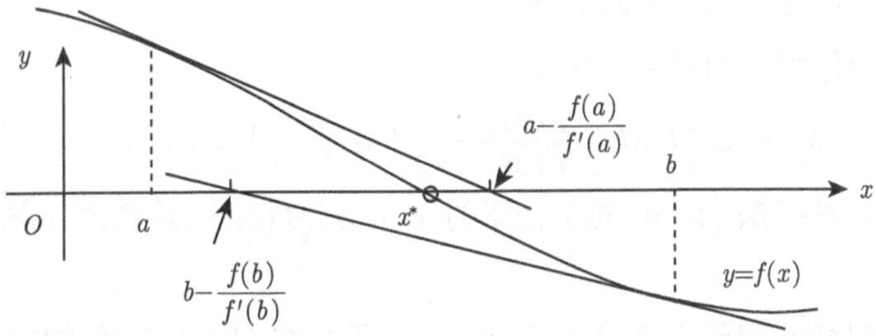

图 4.8 条件 (4) 的几何意义

因此当一个函数 $f(x)$ 满足上述条件后, 基本上可以画出这些函数曲线的形状, 如图 4.9 所示, 即定理 4.7 应用范围很小.

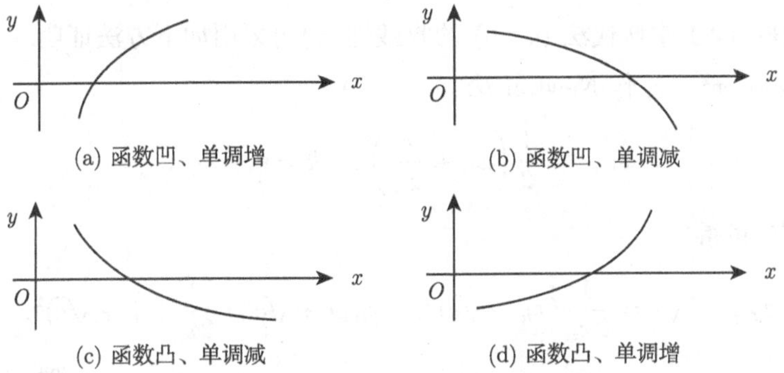

图 4.9 满足定理 4.7 的函数图形

例 4.4.1 设 $c>0$, 试用 Newton 法解二次方程 $x^2-c=0$, 并证明该 Newton 法的收敛性.

解 令函数 $f(x)=x^2-c$, 则 $f(x_k)=x_k^2-c$, $f'(x_k)=2x_k$, 于是根据式 (4.4.5) 可得求 $\sqrt{c}$ 的 Newton 法迭代格式为

$$x_{k+1}=x_k-\frac{x_k^2-c}{2x_k},\quad k=0,1,\cdots.$$

整理, 得求 $\sqrt{c}$ 的 Newton 法公式

$$x_{k+1}=\frac{1}{2}(x_k+\frac{c}{x_k}),\quad k=0,1,\cdots. \tag{4.4.6}$$

下面验证迭代法 (4.4.6) 的收敛性.

事实上, 对任意正数 $\varepsilon\,(0<\varepsilon<\sqrt{c})$, 令 $M=M\,(\varepsilon)=\varepsilon-\dfrac{f\,(\varepsilon)}{f'\,(\varepsilon)}$, 易知 $M=\dfrac{1}{2}\left(\varepsilon+\dfrac{c}{\varepsilon}\right)$. 考虑区间 $[\varepsilon,M]$, 则

(1) 当 $x\in[\varepsilon,M]$ 时, $f\,(\varepsilon)\cdot f\,(M\,(\varepsilon))=(\varepsilon^2-c)\cdot\left(\left[\dfrac{1}{2}\left(\varepsilon+\dfrac{c}{\varepsilon}\right)\right]^2-c\right)<0$;

(2) 当 $x\in[\varepsilon,M]$ 时, $f'\,(x)=2x>0$;

(3) 当 $x\in[\varepsilon,M]$ 时, $f''\,(x)=2>0$;

(4) $\varepsilon-\dfrac{f\,(\varepsilon)}{f'\,(\varepsilon)}=M\,(\varepsilon)\leqslant M, M-\dfrac{f\,(M)}{f\,(M)}=\dfrac{1}{2}\left(M+\dfrac{c}{M}\right)>\sqrt{c}\geqslant\varepsilon.$

于是由定理 4.7 知, 迭代法 (4.4.6) 对于任意的 $x_0\in[\varepsilon,M\,(\varepsilon)]$ 二阶收敛到方程 $x^2-c=0$ 有唯一实根 $\sqrt{c}$.

又由 ε 的任意性知: 对于任意的 $x_0\in(0,+\infty)$, 迭代法 (4.4.6) 二阶收敛到方程 $x^2-c=0$ 有唯一实根 $\sqrt{c}$. #

上面的例子中, 利用 Newton 法导出了不用开方而直接计算 $\sqrt{c}$ 的算法, 并且该方法具有一般性, 例如, 如果需要计算 $\sqrt[m]{c}$, 则只要用 Newton 法求非线性方程 $x^m-c=0$ 的根就可以, 且在方程 $x^m-c=0$ 中, 次数 m 可以是任意实数.

事实上, 例题 4.4.1 中迭代法 (4.4.6) 的收敛性, 也可采用如下方法证明.

令函数 $f(x)=x^2-\mathrm{c}$, 作 Newton 法

$$x_{n+1}=\frac{1}{2}\left(x_n+\frac{\mathrm{c}}{x_n}\right),\quad k=0,1,\cdots,$$

将上式右边配方, 可得

$$x_{n+1}-\sqrt{c}=\frac{1}{2x_n}(x_n-\sqrt{c})^2,\quad x_{n+1}+\sqrt{c}=\frac{1}{2x_n}(x_n+\sqrt{c})^2.$$

上面两式相除得 $\dfrac{x_{n+1}-\sqrt{c}}{x_{n+1}+\sqrt{c}}=\left(\dfrac{x_n-\sqrt{c}}{x_n+\sqrt{c}}\right)^2$, 进而有 $\dfrac{x_n-\sqrt{c}}{x_n+\sqrt{c}}=\left(\dfrac{x_0-\sqrt{c}}{x_0+\sqrt{c}}\right)^{2^n}$. 若记 $\dfrac{x_0-\sqrt{c}}{x_0+\sqrt{c}}=q$, 则 $\forall x_0\in(0,+\infty),|q|<1$, 得如下方程

$$x_n-\sqrt{c}=q^{2^n}(x_n+\sqrt{c})\,.$$

解之, 并求极限得

$$x_n=\frac{(1+q^{2^n})\sqrt{c}}{(1-q^{2^n})}\to\sqrt{c},\quad n\to\infty,$$

即 Newton 法 $x_{n+1}=\dfrac{1}{2}\left(x_n+\dfrac{\mathrm{c}}{x_n}\right)$ 收敛. #

4.4.3 Newton 法的局部收敛性 *

为了突破定理 4.7 条件的限制, 可以用局部收敛定理来判断.

定理 4.8 *设函数 $f(x)$ 在邻域 $U(x^*)$ 内存在至少二阶连续导数, x^* 是方程 $f(x)$ 的单根, 则当初始值 x_0 充分接近方程 $f(x)=0$ 的根 x^* 时, Newton 法至少局部二阶收敛.*

证明 (1) 令 $\varphi(x)=x-\dfrac{f(x)}{f'(x)}$, 则 $\varphi(x^*)=x^*$, 即 $\varphi(x)$ 可视为 Picard 迭代法的迭代函数. 由于函数 $f(x)$ 在邻域 $U(x^*)$ 内存在至少二阶连续导数, 则迭代函数 $\varphi(x)$ 的一阶导数

$$\varphi'(x)=1-\left(\frac{f(x)}{f'(x)}\right)'=\frac{f(x)f''(x)}{f'(x)^2}$$

连续, 且当 x^* 是 $f(x)$ 的单根时, $f(x^*)=0$, $f'(x^*)\neq 0$. 代入上式右端得

$$\varphi'(x^*)=\frac{f(x)f''(x)}{f'(x)^2}|_{x=x^*}=0.$$

由定理 4.6 得, 当 x^* 是方程的单根时, Newton 法至少具有局部二阶收敛速度. #

定理 4.9 *设 x^* 是方程 $f(x)=0$ 的 r 重根, 这里 $r\geqslant 2$, 且函数 $f(x)$ 在邻域 $U(x^*)$ 内存在至少二阶连续导数, 则 Newton 法局部线性收敛.*

证明 由 x^* 是方程 $f(x)$ 的 $r\,(r\geqslant 2)$ 重根, 知存在函数 $h(x)$, 使 $f(x)=(x-x^*)^r h(x)$, 且有 $h(x^*)\neq 0$, $h'(x^*)\neq 0$.

从而有 $f(x^*)=0$, $f'(x^*)=0$, 且

$$\left.\frac{f(x)}{f'(x)}\right|_{x=x^*}=\left.\frac{(x-x^*)h(x)}{rh(x)+(x-x^*)h'(x)}\right|_{x=x^*}=0,$$

从而 $\dfrac{f(x)}{f'(x)}$ 是邻域 $U(x^*)$ 内的连续可微函数. 若令

$$\varphi(x)=x-\frac{f(x)}{f'(x)},$$

由于在邻域 $U(x^*)$ 内函数 $f(x)$ 存在至少二阶连续导数, 考虑到 $h(x^*)\neq 0$, $h'(x^*)\neq 0$, 知 $\varphi'(x)$ 在邻域 $U(x^*)$ 内连续, 即 $\varphi(x)$ 在邻域 $U(x^*)$ 内连续可微, 且 $\varphi(x^*)=x^*$. 从而得

$$\begin{aligned}\varphi'(x^*)&=\lim_{x\to x^*}\frac{\varphi(x)-\varphi(x^*)}{x-x^*}=\lim_{x\to x^*}\frac{x-x^*-\dfrac{f(x)}{f'(x)}}{x-x^*}\\&=1-\lim_{x\to x^*}\frac{h(x)}{rh(x)+(x-x^*)h'(x)}=1-\frac{1}{r}.\end{aligned}$$

由 $r\geqslant 2$ 知 $|\varphi'(x^*)|=1-\dfrac{1}{r}<1$. 由定理 4.6 知 Newton 法局部线性收敛. #

4.4.4　Newton 法的改进 *

求方程的复根时, Newton 法具有局部线性收敛速度, 因此可改进 Newton 法, 使其在求复根时具有更高阶的收敛速度.

方案一: **考虑根的重数:**　若 x^* 为方程 $f(x)=0$ 的 m 重根, 则改进的 Newton 法

$$x_{n+1}=x_n-m\frac{f(x_n)}{f'(x_n)},\quad n=0,1,2,\cdots \tag{4.4.7}$$

在求 x^* 时至少二阶收敛.

该结论的证明类似于定理 4.9. 事实上, 若取迭代函数 $\varphi(x)=x-m\dfrac{f(x)}{f'(x)}$, 则

$$\varphi(x)=x-\ m\frac{f(x)}{f'(x)}=x-\ m\frac{(x-x^*)h(x)}{mh(x)+(x-x^*)h'(x)},\quad 且\varphi(x^*)=x^*,$$

且

$$\varphi'(x^*)=\lim_{x\to x^*}\frac{\varphi(x)-\varphi(x^*)}{x-x^*}=\lim_{x\to x^*}[\,1-\ m\frac{h(x)}{mh(x)+(x-x^*)h'(x)}\,]=1-m\frac{1}{m}=0.$$

因此由定理 4.6 的证明过程知, 迭代法 (4.4.7) 在求 m 重根时, 具有至少二阶收敛速度.

除了考虑根的重数外, 还可以通过提高 Newton 法的阶数改善收敛性.

方案二: **提高 Newton 法的阶:**　如果要提高 Newton 法收敛的阶, 则可用如下方法

$$x_{n+1}=x_n-\frac{f(x_n)}{f'(x_n)}\cdot\left(1+\frac{f(x_n)}{2f'(x_n)}\cdot\frac{f''(x_n)}{f'(x_n)}\right),\quad n=1,2,\cdots. \tag{4.4.8}$$

可以证明: 方法 (4.4.8) 在求解 $f(x)=0$ 时, 是一种局部三阶收敛的方法.

方案三: **增加下山因子:**　在 Newton 法中, 若函数较复杂, 初值的选取较困难, 可改用迭代格式

$$x_{k+1}=x_k-\lambda\frac{f(x_k)}{f'(x_k)} \tag{4.4.9}$$

求解方程, 称式 (4.4.9) 为 **Newton 下山法**, λ 被称为**下山因子**, 常以 $\lambda=1$ 为开始时的取值.

在 Newton 法中增加下山因子, 是为了扩大初值的选取范围. 这里下山因子 λ 为待定参数, 下山因子 λ 的选取应使

$$|f(x_{k+1})|<|f(x_k)|.$$

当 $|f(x_{k+1})|$ 或 $|x_{k+1}-x_k|$ 小于事先给定的允许误差上限 ε 时, 停止迭代, 并取 $x^*\approx x_{k+1}$, 否则减小 λ, 继续迭代.

例 4.4.2　设 $f(x)=x^3-0.4x^2-3.36x+2.88=0$, 试用 Newton 法 (4.4.5) 和改进的 Newton 法 (4.4.7) 求方程在 $[\,1\,,\,2\,]$ 内的根.

解　(1) 用 Newton 法 (4.4.5), 取 $x_0=1.5$ 得表 4.6.

表 4.6 Newton 法 (4.4.5) 的迭代序列

n	1	2	3	4	5	6
x_n	1.3561644	1.2798575	1.2404090	1.2203297	1.2101968	1.2051065

(2) 由于 $x^*=1.2$ 是二重根, 用修正式 (4.4.7), 取初始值 $x_0=1.5$ 得表 4.7.

表 4.7 修正式 (4.4.7) 的迭代序列

n	1	2	3	4
x_n	1.188287922	1.199978415	1.200003408	1.200000001

可见修正式 (4.4.7) 的收敛速度相比式 (4.4.5) 有所改善. #

4.4.5 求非线性方程组的 Newton 法 *

对 4.4.1 节中的 Newton 法稍作改进, 可以推广到非线性方程组的情形, 即将多元非线性方程组线性化, 从而构成一种迭代格式, 由此迭代格式逐次逼近所求的解.

非线性方程组的一般形式是

$$\begin{cases} f_1(x_1,x_2,\cdots,x_n)=0 \\ f_2(x_1,x_2,\cdots,x_n)=0 \\ \quad\cdots \\ f_n(x_1,x_2,\cdots,x_n)=0 \end{cases}, \tag{4.4.10}$$

式中, $f_i(x_1,x_2,\cdots,x_n)(i=1,2,\cdots,n)$ 是未知实变量 $x_1,x_2,\cdots,x_n$ 的非线性实函数. 一般需要求方程组 (4.4.10) 在指定范围的一组解 $x_i^*(i=1,2,\cdots,n)$.

为了便于叙述, 仅以二元非线性方程组

$$\begin{cases} f_1(x,y)=0 \\ f_2(x,y)=0 \end{cases} \tag{4.4.11}$$

为例介绍其解法, 式中, $f_i(x,y)(i=1,2)$ 是未知实变量 x,y 的非线性实函数. 对于更多元的情形, 方法是不难类推的.

设式 (4.4.11) 中的 $f_1(x,y)$ 和 $f_2(x,y)$ 在其解 (x^*,y^*) 的某个邻域 Δ 内具有关于 x,y 的二阶连续偏导数, 且 Jacobi 行列式

$$J_k=\begin{vmatrix} \dfrac{\partial f_1(x_k,y_k)}{\partial x} & \dfrac{\partial f_1(x_k,y_k)}{\partial y} \\ \dfrac{\partial f_2(x_k,y_k)}{\partial x} & \dfrac{\partial f_2(x_k,y_k)}{\partial y} \end{vmatrix}\neq 0, \tag{4.4.12}$$

式中, $(x_k,y_k)\in\Delta(k=1,2,\cdots)$.

将 $f_1(x,y)$ 和 $f_2(x,y)$ 在 (x_k,y_k) 处按二元函数的 Taylor 公式展开, 并取其线性部分得

$$\begin{cases} f_1(x,y) \approx f_1(x_k,y_k) + \dfrac{\partial f_1(x_k,y_k)}{\partial x}(x-x_k) + \dfrac{\partial f_1(x_k,y_k)}{\partial y}(y-y_k) \\ f_2(x,y) \approx f_2(x_k,y_k) + \dfrac{\partial f_2(x_k,y_k)}{\partial x}(x-x_k) + \dfrac{\partial f_2(x_k,y_k)}{\partial y}(y-y_k) \end{cases}. \tag{4.4.13}$$

在式 (4.4.13) 中令 $f_1(x,y) = f_2(x,y) = 0$, 并以 x_{k+1}, y_{k+1} 分别代替上式的 x,y, 得到关于 x_{k+1}, y_{k+1} 的线性方程组:

$$\begin{cases} \dfrac{\partial f_1(x_k,y_k)}{\partial x}(x_{k+1}-x_k) + \dfrac{\partial f_1(x_k,y_k)}{\partial y}(y_{k+1}-y_k) = -f_1(x_k,y_k) \\ \dfrac{\partial f_2(x_k,y_k)}{\partial x}(x_{k+1}-x_k) + \dfrac{\partial f_2(x_k,y_k)}{\partial y}(y_{k+1}-y_k) = -f_2(x_k,y_k) \end{cases}. \tag{4.4.14}$$

由于式 (4.4.14) 的系数行列式 $J_k \neq 0$, 故解之得

$$\begin{cases} x_{k+1} = x_k - \dfrac{1}{J_k}\begin{vmatrix} f_1(x_k,y_k) & \dfrac{\partial f_1(x_k,y_k)}{\partial y} \\ f_2(x_k,y_k) & \dfrac{\partial f_2(x_k,y_k)}{\partial y} \end{vmatrix} \\ y_{k+1} = y_k - \dfrac{1}{J_k}\begin{vmatrix} \dfrac{\partial f_1(x_k,y_k)}{\partial x} & f_1(x_k,y_k) \\ \dfrac{\partial f_2(x_k,y_k)}{\partial x} & f_2(x_k,y_k) \end{vmatrix} \end{cases}. \tag{4.4.15}$$

只要初始值 (x_0,y_0) 充分靠近方程组 (4.4.10) 的解 (x^*,y^*), 就可按式 (4.4.15) 迭代计算, 得到序列 $(x_1,y_1),(x_2,y_2),\cdots$, 直到相邻两次近似值 (x_k,y_k) 和 (x_{k+1},y_{k+1}) 满足条件

$$\max(\delta_x,\delta_y) < \varepsilon \tag{4.4.16}$$

时为止, 式中,

$$\delta_x = \begin{cases} |x_{k+1}-x_k|, & |x_k| < c \\ \dfrac{|x_{k+1}-x_k|}{|x_k|}, & |x_k| \geqslant c \end{cases}, \quad \delta_y = \begin{cases} |y_{k+1}-y_k|, & |y_k| < c \\ \dfrac{|y_{k+1}-y_k|}{|y_k|}, & |y_k| \geqslant c \end{cases}. \tag{4.4.17}$$

式中, ε 是允许误差, c 是取绝对误差或相对误差的控制数, 它可以根据具体问题的要求而定. 可以证明, 在满足式 (4.4.12) 的条件下, 当初始值 (x_0,y_0) 充分靠近 (x^*,y^*) 时, Newton 法 (4.4.15) 是二阶收敛的. 当然, 若初始值 (x_0,y_0) 取不好, Newton 法 (4.4.15) 也可能发散.

4.5 割 线 法

Newton 法的另一个不足之处是需要计算导数值 $f'(x_k)$, 而当函数 $f(x)$ 很复杂时, 计算 $f'(x_k)$ 的工作量会很大, 会影响运算速度; 此外, 当 $f'(x)$ 在某些点不存在时, 还可能导致计算过程意外终止或溢出的情况发生.

因此, 为了避免计算导数 $f'(x_k)$ 的值, 可在 Newton 法 (4.4.5) 中用差商 (平均变化率) $\dfrac{f(x_k)-f(x_0)}{x_k-x_0}$ 近似代替导数 $f'(x_k)$(瞬时变化率), 则可得迭代格式

$$x_{k+1}=x_k-\frac{f(x_k)}{f(x_k)-f(x_0)}(x_k-x_0),\quad k=1,2,\cdots,\tag{4.5.1}$$

称式 (4.5.1) 为**单点割线法**或**单点弦截法**.

单点割线法的几何意义如图 4.10 所示, 经过点 $A(x_k,f(x_k))$ 和 $B(x_0,f(x_0))$ 的割线与 x 轴相交于 $(x_{k+1},0)$, 则 x_{k+1} 就是方程 (4.5.1) 的根 x^* 的新近似根, 然后再通过点 $(x_{k+1},f(x_{k+1}))$ 与 B 点做割线, 与 x 轴相交于 $(x_{k+2},0)$, 得新的近似根 x_{k+2}, 依此类推, 可得近似根序列 $\{x_k\}_{k=0}^{\infty}$. 由于每次作新的弦都以 $(x_0,f(x_0))$ 作为一个端点, 而自始至终只有一个端点不断变换, 故取名为**单点割线法**.

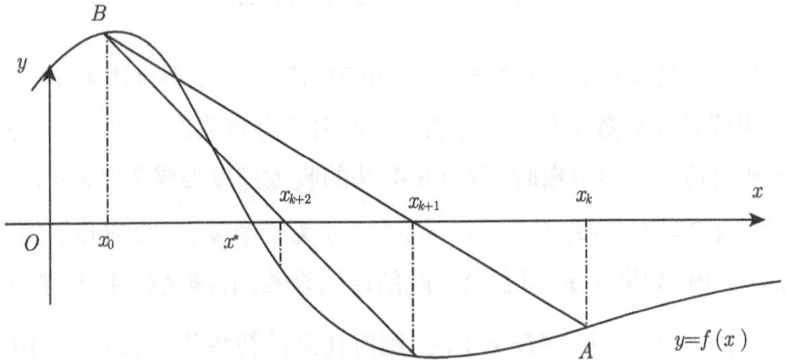

图 4.10 单点割线法的示意图

由式 (4.5.1) 易知, 单点割线法的迭代函数为

$$\varphi(x)=x-\frac{f(x)}{f(x)-f(x_0)}(x-x_0).\tag{4.5.2}$$

因 $f(x^*)=0$, 故可求出导数 $\varphi'(x^*)$, 得

$$|\varphi'(x^*)|=\left|1+\frac{f'(x^*)}{f(x_0)}(x^*-x_0)\right|=\left|1-\frac{f'(x^*)}{[f(x^*)-f(x_0)]/(x^*-x_0)}\right|.$$

当初值 x_0 充分接近 x^* 时, $\dfrac{f(x^*)-f(x_0)}{x^*-x_0}$ 也非常接近 $f'(x^*)$, 且符号也相同, 所以应有

$$0<|\varphi'(x^*)|<1.$$

由定理 4.6 知单点弦截法 (4.5.1) 仅为线性收敛.

若在 Newton 法 (4.4.5) 中用 $\dfrac{f(x_k)-f(x_{k-1})}{x_k-x_{k-1}}$ 代替 $f'(x_k)$, 就可以得到迭代公式

$$x_{k+1}=x_k-\frac{f(x_k)}{f(x_k)-f(x_{k-1})}(x_k-x_{k-1}),\tag{4.5.3}$$

式中, x_0, x_1 为初始近似值, 称式 (4.5.3) 为**双点割线法或双点弦截法, 也称线性插值法**.

双点割线法的几何意义如图 4.11 所示, 它用割线 AB 与 x 轴交点的横坐标 x_{k+1} 作为方程根 x^* 的新近似值.

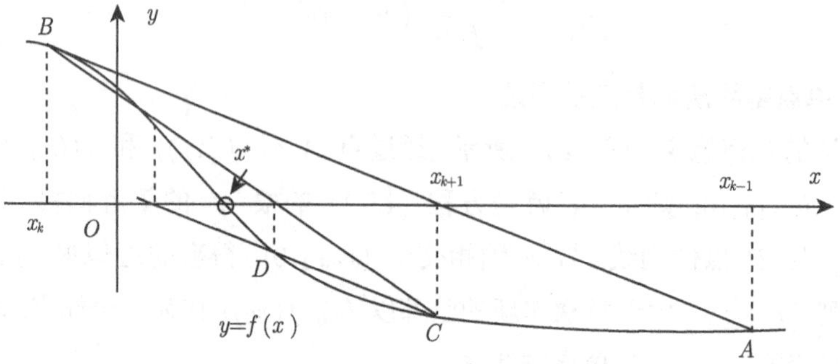

图 4.11　双点割线法的几何意义

双点弦截法每一步迭代只需要计算一个新的函数值 $f(x_k)$, 不需计算导数 $f'(x_k)$, 因此在计算导数比较费事或计算导数不可能的条件下, 使用双点弦截法比 Newton 法更为方便. 一般来说, 在求方程 $f(x)=0$ 的单根时, 双点弦截法的收敛速度要慢于 Newton 法.

设 x^* 为方程 $f(x)=0$ 单根, $I=(x^*-r, x^*+r)$ 为一个以 x^* 为中心的邻域, 半径 $r>0$, 可以证明: 在邻域 I 内, 如果 $f(x)$ 有直至二阶的连续导数, 且满足条件: ①$f'(x)\neq 0, \forall x\in I$; ②$\left|\dfrac{f''(\xi)}{2f'(\eta)}\right| \leqslant M, \forall \xi,\eta\in I$; ③$d=Mr<1$ 时, 则对任意的初始值 $x_0, x_1\in I$, 由双点割线法产生的迭代序列 $\{x_k\}_{k=0}^{\infty}$ 均收敛到方程的根 x^*, 收敛速度的阶 $p=\dfrac{1}{2}(1+\sqrt{5})\approx 1.618$, 即双点割线法为超线性收敛.

例 4.5.1　用割线法求方程 $x^3+3x^2-x-9=0$ 在 [1 , 2] 内的一个实根, 要求精确到 5 位有效数字.

解　令 $f(x)=x^3+3x^2-x-9$, 取 $x_0=1.4, x_1=1.6$, 代入式 (4.5.3) 计算, 得到表 4.8.

表 4.8　双点割线法的迭代序列

k	0	1	2	3	4	5
x_k	1.4	1.6	1.5203	1.5249	1.5251	1.5251
$f(x_k)$	−1.776	1.176	−0.0721	−0.0026	6.3308×10^{-6}	-5.5360×10^{-10}

于是, 得方程的近似解为 1.5251.　　#

4.6　代数方程求根

本节介绍代数方程的求根技巧.

4.6.1 秦九韶算法

秦九韶算法, 用于多项式求值, 可以大大减少多项式求值过程中的计算量. 给定如下多项式

$$P_n(x) = a_n x^n + a_{n-1}x^{n-1} + \cdots + a_1 x + a_0, \tag{4.6.1}$$

式中, $a_i(0 \leqslant i \leqslant n)$ 均为已知实数. 显然, 可将多项式 $P_n(x)$ 按照如下方式提取公因子, 得

$$\begin{aligned} P_n(x) =&(a_n x^{n-1} + a_{n-1}x^{n-2} + \cdots + a_1)x + a_0 \\ =&\left((a_n x^{n-2} + a_{n-1}x^{n-3} + \cdots + a_2)x + a_1\right)x + a_0 \\ &\cdots \\ =&(((\underline{\underline{a_n x + a_{n-1}}})x + a_{n-2})x + \cdots a_1)x + a_0. \end{aligned} \tag{4.6.2}$$

式 (4.6.2) 中提取公因子的过程, 对应着如下表达式

$$\begin{cases} b_n = a_n \\ b_{k-1} = b_k x + a_{k-1}, \quad k = n\ ,\ n-1\ ,\ \cdots\ ,\ 1, \\ P_n(x_0) = b_0 \end{cases} \tag{4.6.3}$$

因此函数值 $P_n(x_0) = b_0$.

式 (4.6.3) 就是计算函数值 $P_n(x_0)$ 的**秦九韶算法**, 外国文献中通常称为 **Horner 算法**, 其实, Horner 的工作比我国宋代数学家秦九韶晚了五六个世纪. 直接用式 (4.6.1) 计算函数值 $P_n(x_0)$ 需要 $\dfrac{n(n+1)}{2}$ 次乘法, 而用秦九韶算法 (4.6.3) 只需要计算 n 次乘法.

实际上, 用秦九韶算法计算函数值 $P_n(x_0)$ 的过程, 可列图 4.12进行.

$$\begin{array}{r|cccccc} & a_n & a_{n-1} & a_{n-2} & \cdots & a_2 & a_1 \\ +)\,x = x_0 & \downarrow & b_n x_0 & b_{n-1}x_0 & \cdots & b_2 x_0 & b_1 x_0 \\ \hline & b_n & b_{n-1} & b_{n-2} & \cdots & b_1 & b_0 = P_n(x_0) \end{array}$$

图 4.12 秦九韶算法的列表法

例 4.6.1 利用秦九韶算法计算多项式 $P(x) = x^7 - 2x^6 - 3x^4 + 4x^3 - x^2 + 6x - 1$ 在 $x_0 = 2$ 点的函数值.

解 下面列表求解多项式 $P(x)$ 在 $x_0 = 2$ 点的函数值, 按照图 4.12 列下列算法子

$$\begin{array}{rcccccccc} & 1 & -2 & 0 & -3 & 4 & -1 & 6 & -1 \\ +)\,x = 2 & \downarrow & 2 & 0 & 0 & -6 & -4 & -10 & -8 \\ \hline & 1 & 0 & 0 & -3 & -2 & -5 & -4 & -9 = P(2) \end{array},$$

因此得到 $P(2) = -9$. #

相应地, 若多项式函数 $f(x)$ 表示成

$$f(x) = a_0x^n + a_1x^{n-1} + \cdots + a_{n-1}x + a_n, \tag{4.6.4}$$

式中, 系数 $a_i(0 \leqslant i \leqslant n)$ 均为实数. 将式 (4.6.3) 的方法应用到式 (4.6.4) 得秦九韶算法的表达式

$$\begin{cases} b_0 = a_0 \\ b_i = a_i + b_{i-1}x_0, \quad 1 \leqslant i \leqslant n. \\ f(x_0) = b_n \end{cases} \tag{4.6.5}$$

式 (4.6.3) 和式 (4.6.5) 没有本质的不同, 只是由于多项式函数 $P_n(x)$ 与 $f(x)$ 的具体表达方式不同造成的.

4.6.2　秦九韶算法在导数求值中的应用 *

秦九韶算法 (4.6.5) 的基本思想是: 一层一层提取公因式, 虽然编程方便, 但是不利于推广到求导数的计算公式中. 因此, 下面我们**除余法**重新推导秦九韶算法 (4.6.5).

事实上, 若用一次多项式 $x - x_0$ 去除式 (4.6.4) 中的多项式函数 $f(x)$, 记商为 $p(x)$, 余数显然等于 $f(x_0)$, 即有

$$f(x) = a_0x^n + a_1x^{n-1} + \cdots + a_{n-1}x + a_n = f(x_0) + (x - x_0)p(x). \tag{4.6.6}$$

接下来, 研究具体如何确定 $p(x)$ 与 $f(x_0)$, 若令

$$p(x) = b_0x^{n-1} + b_1x^{x-2} + \cdots + b_{n-2}x + b_{n-1},$$

代入式 (4.6.6), 并比较式 (4.6.6) 两端同次幂的系数, 可得

$$\begin{cases} a_0 = b_0 \\ a_i = b_i - x_0b_{i-1}, \qquad 1 \leqslant i \leqslant n-1, \\ a_n = f(x_0) - x_0b_{n-1} \end{cases}$$

整理上式, 可得秦九韶算法 (4.6.5).

下面将除余法应用于求导数 $f'(x_0)$ 中去. 事实上, 若将式 (4.6.6) 中的 n 次多项式 $f(x)$ 进行 Taylor 展开, 则有

$$f(x) = f(x_0) + f'(x_0)(x - x_0) + \frac{f''(x_0)}{2!}(x - x_0) + \cdots + \frac{f^{(n)}(x_0)}{n!}(x - x_0)^n. \tag{4.6.7}$$

将式 (4.6.7) 表示为式 (4.6.6) 的形式, 得

$$f(x) = f(x_0) + (x - x_0)p(x).$$

显然,

$$p(x)=f'(x_0)+\frac{f''(x_0)}{2!}(x-x_0)+\cdots+\frac{f^{(n)}(x_0)}{n!}(x-x_0)^{n-1}.$$

由此可见, 导数 $f'(x_0)$ 又可看作 $p(x)$ 用因式 $x-x_0$ 相除得出的余数, 即有

$$p(x)=f'(x_0)+(x-x_0)q(x),$$

式中, $p(x)=b_0x^{n-1}+b_1x^{n-2}+\cdots+b_{n-2}x+b_{n-1}$; $q(x)$ 是 $n-2$ 次多项式. 不妨设

$$q(x)=c_0x^{n-2}+c_1x^{n-3}+\cdots+c_{n-3}x+c_{n-2},$$

那么, 再用秦九韶算法, 可得求导数值 $f'(x_0)$ 的秦九韶算法公式

$$\begin{cases} c_0=b_0 \\ c_i=b_i+x_0c_{i-1}, \quad 1\leqslant i\leqslant n-1. \\ f'(x_0)=c_{n-1} \end{cases} \tag{4.6.8}$$

式 (4.6.8) 即为求导数 $f'(x_0)$ 的秦九韶算法, 式中, b_i 的值可由秦九韶算法 (4.6.5) 求得, 这里 $i=0,1,\cdots,n-1$.

继续这一过程, 可以依次求出 $f(x)$ 在点 x_0 的各阶导数值 $f^{(j)}(x_0), j=1,2,\cdots n$.

4.6.3 代数方程的 Newton 法 *

给定多项式方程

$$f(x)=a_0x^n+a_1x^{n-1}+\cdots+a_{n-1}x+a_n=0.$$

考察求上述方程根的 Newton 公式

$$x_{k+1}=x_k-\frac{f(x_k)}{f'(x_k)}, \quad k=0,1,2,\cdots, \tag{4.6.9}$$

Newton 公式 (4.6.9) 中, $f(x_k)$ 和导数值 $f'(x_k)$ 可根据式 (4.6.5) 和式 (4.6.8) 求出, 即

$$\begin{cases} b_0=a_0 \\ b_i=a_i+b_{i-1}x_0, \quad 1\leqslant i\leqslant n, \\ f(x_0)=b_n \end{cases} \text{且} \begin{cases} c_0=b_0 \\ c_i=b_i+x_0c_{i-1}, \quad 1\leqslant i\leqslant n-1. \\ f'(x_0)=c_{n-1} \end{cases}$$

应用式 (4.6.5) 和式 (4.6.8) 分别计算 $f(x_k)$ 和 $f'(x_k)$, 比起传统做法, 总共可以节省

$$\frac{n(n+1)}{2}+\frac{n(n-1)}{2}-n-(n-1)=(n-1)^2$$

次乘法运算.

4.6.4 劈因子法 *

如果能够从多项式

$$f(x) = a_0 x^n + a_1 x^{n-1} + \cdots + a_{n-1} x + a_n \tag{4.6.10}$$

中分离出一个二次因式

$$w^*(x) = x^2 + u^* x + v^*, \tag{4.6.11}$$

则就能同时获得代数方程 $f(x) = 0$ 的 2 个实根或一对共轭复根.

若我们从某个近似的二次因子 $w(x) = x^2 + ux + v$ 出发, 首先用二次式 $w(x)$ 去除 $f(x)$, 商函数记为 $p(x)$, 则 $p(x)$ 为 $n-2$ 次多项式, 余式应为一次多项式, 故记为 $r_0 x + r_1$, 则有

$$f(x) = w(x)p(x) + r_1 + r_0 x. \tag{4.6.12}$$

显然, r_0, r_1 均为 u, v 的函数

$$\begin{cases} r_0 = r_0(u,v) \\ r_1 = r_1(u,v) \end{cases}. \tag{4.6.13}$$

若 $(r_0, r_1) \approx (0{,}0)$, 则 $w(x)$ 就是满足精度的二次因子 $w^*(x)$; 若 $(r_0, r_1) \approx (0{,}0)$ 不成立, 则可用某种迭代过程, 使 $w(x)$ 逐步逼近二次因式 $w^*(x) = x^2 + u^* x + v^*$. 上述方法称为求解代数方程的**劈因子法**.

一般情况下, 应有 $(r_0, r_1) \neq (0{,}0)$, 于是应该设法修正 u 和 v 使之分别变成 $u + \Delta u$ 和 $v + \Delta v$, 使其满足如下方程组

$$\begin{cases} r_0(u+\Delta u, v+\Delta v) = 0 \\ r_1(u+\Delta u, v+\Delta v) = 0 \end{cases}. \tag{4.6.14}$$

如果在上述方程组中能够求出 Δu 和 Δv, 则所求的二次因子 $w(x)$ 变为

$$w^*(x) = x^2 + (u+\Delta u)x + (v+\Delta v) = x^2 + u^* x + v^*. \tag{4.6.15}$$

因此, 求二次因式 (4.6.11) 的问题转化为求解式 (4.6.14) 的未知量 Δu 和 Δv.

下面给出劈因子法求解未知量 Δu 和 Δv 的步骤, 考察非线性方程组

$$\begin{cases} r_0(u,v) = 0 \\ r_1(u,v) = 0 \end{cases}. \tag{4.6.16}$$

式 (4.4.16) 是以变量 u, v 为自变量的非线性方程组, 设它有精确解 (u^*, v^*), 将 $r_0(u^*, v^*) = 0$ 与 $r_1(u^*, v^*) = 0$ 的左端在 (u, v) 处用二元函数的 Taylor 展开式展开到一阶导数项有

$$\begin{cases} r_0 + \dfrac{\partial r_0}{\partial u}(u^* - u) + \dfrac{\partial r_0}{\partial v}(v^* - v) \approx 0 \\ r_1 + \dfrac{\partial r_1}{\partial u}(u^* - u) + \dfrac{\partial r_1}{\partial v}(v^* - v) \approx 0 \end{cases}. \tag{4.6.17}$$

式 (4.6.17) 实际上是运用 Newton 法的思想将非线性方程组 (4.6.16) 线性化, 归结到求下列线性方程组

$$\begin{cases} r_0 + \dfrac{\partial r_0}{\partial u}\Delta u + \dfrac{\partial r_0}{\partial v}\Delta v = 0 \\ r_1 + \dfrac{\partial r_1}{\partial u}\Delta u + \dfrac{\partial r_1}{\partial v}\Delta v = 0 \end{cases}. \tag{4.6.18}$$

从方程组 (4.6.18) 解出增量 $\Delta u, \Delta v$, 即可得到改进的二次因子式

$$w(x) = x^2 + (u + \Delta u)x + v + \Delta v. \tag{4.6.19}$$

方程组 (4.6.18) 的各个系数 r_0, r_1, $\dfrac{\partial r_0}{\partial v}, \dfrac{\partial r_1}{\partial v}$ 以及 $\dfrac{\partial r_0}{\partial u}, \dfrac{\partial r_1}{\partial u}$ 计算步骤如下:

(1) 计算 r_0 和 r_1: 将

$$p(x) = b_0x^{n-2} + b_1x^{n-3} + \cdots + b_{n-3}x + b_{n-2}$$

代入式 (4.6.12), 并比较各次幂的系数, 易得

$$\begin{cases} a_0 = b_0 \\ a_1 = b_1 + ub_0 \\ a_i = b_i + ub_{i-1} + vb_{i-2}, \qquad 2 \leqslant i \leqslant n-2, \\ a_{n-1} = ub_{n-2} + vb_{n-3} + r_0 \\ a_n = vb_{n-2} + r_1 \end{cases}$$

整理得 r_0, r_1 的计算公式为

$$\begin{cases} b_0 = a_0 \\ b_1 = a_1 - ub_0 \\ b_i = a_i - ub_{i-1} - vb_{i-2}, \quad i = 2, 3, \cdots, n-1 \end{cases}, \quad \begin{cases} r_0 = b_{n-1} \\ r_1 = a_n + ub_{n-2} \end{cases}. \tag{4.6.20}$$

(2) 计算 $\dfrac{\partial r_0}{\partial v}, \dfrac{\partial r_1}{\partial v}$ 以及 $\dfrac{\partial r_0}{\partial u}, \dfrac{\partial r_1}{\partial u}$: 将式 (4.6.12) 关于 v 求导, 由于函数 $f(x)$ 与变元 v 无关, 因此得

$$p(x) = -(x^2 + ux + v)\frac{\partial p}{\partial v} + s_0x + s_1, \tag{4.6.21}$$

式中,

$$\begin{cases} s_0 = -\dfrac{\partial r_0}{\partial v} \\ s_1 = -\dfrac{\partial r_1}{\partial v} \end{cases}. \tag{4.6.22}$$

可见, 用 $x^2 + ux + v$ 除 $p(x)$, 作为余式可以得到 $s_0x + s_1$. 由于 $p(x)$ 是 $n-2$ 次多项式, 其中 $\dfrac{\partial p}{\partial v}$ 是 $n-4$ 次多项式, 记

$$\frac{\partial p}{\partial v} = c_0x^{n-4} + c_1x^{n-5} + \cdots + c_{n-5}x + c_{n-4},$$

则用求式 (4.6.20) 的方法得

$$\begin{cases} c_0 = -b_0 \\ c_1 = b_1 - ub_0 \\ c_i = -b_i - uc_{i-1} - vc_{i-2}, \quad i = 2, 3, \cdots, n-2 \end{cases},$$

且

$$\begin{cases} s_0 = -c_{n-3} \\ s_1 = c_{n-2} + uc_{n-3} \end{cases}.$$

而按式 (4.6.22) 得

$$\begin{cases} \dfrac{\partial r_0}{\partial v} = -s_0 = c_{n-3} \\ \dfrac{\partial r_1}{\partial v} = -s_1 = -b_{n-2} - vc_{n-4} \end{cases}. \tag{4.6.23}$$

再将式 (4.6.12) 关于 u 求导, 得

$$xp(x) = -(x^2 + ux + v)\frac{\partial p}{\partial u} - \frac{\partial r_0}{\partial u}x - \frac{\partial r_1}{\partial u}. \tag{4.6.24}$$

另外, 由式 (4.6.21) 有

$$\begin{aligned} xp(x) &= -\left(x^2 + ux + v\right)x\frac{\partial p}{\partial v} + (s_0 x + s_1)x \\ &= -\left(x^2 + ux + v\right)\left(x\frac{\partial p}{\partial v} - s_0\right) - (us_0 - s_1)x - vs_0. \end{aligned}$$

比较上面 2 个式子, 得

$$\begin{cases} \dfrac{\partial r_0}{\partial u} = us_0 - s_1 \\ \dfrac{\partial r_1}{\partial v} = vs_0 \end{cases}. \tag{4.6.25}$$

例 4.6.2　利用劈因子法求代数方程

$$f(x) = x^4 + x^3 + 5x^2 + 4x + 4$$

的一对复根.

解　取 $w(x) = x^2 + 0.9x + 0.9$ 作为近似的二次因式, 具体求解过程如下:

由式 (4.6.12) 得如下除法公式:

$$\begin{array}{r l} & p(x) \Leftarrow x^2 + 0.1x + 4.01 \\ w(x) = x^2 + 0.9x + 0.9 \,\big) & x^4 + x^3 + 5x^2 + 4x + 4 \\ & \underline{x^4 + 0.9x^3 + 0\ 9x^2} \\ & \quad +0.1x^3 + 4.10x^2 \quad + 4x \\ & \quad \underline{+0.1x^3 + 0.09x^2 \ + 0\ 09x} \\ & \qquad\quad +4.01x^2 + 3.910x + 4 \\ & \qquad\quad \underline{+4.01x^2 + 3.609x + 3.609} \\ (r_0 = 0.301, r_1 = 0.391) & \qquad\qquad 0.301x + 0.391 \cdot \end{array}$$

由式 (4.6.21)$p(x) = -(x^2+ux+v)\dfrac{\partial p}{\partial v} + s_0x + s_1$ 得如下除法公式:

$$
\begin{array}{rrr}
 & & \dfrac{\partial p}{\partial v} \Leftarrow -1 \\ \hline
-w(x) = -x^2-0.9x-0.9 \,\big) & p(x) = & +x^2+0.1x+4.01 \\
 & & \underline{+x^2\ +0.9x+0.90} \\
 & (s_0=-0.8, s_1=3.11) & -0.8x+3.11 .
\end{array}
$$

再由式 (4.6.23) 得

$$
\begin{cases}
\dfrac{\partial r_0}{\partial v} = 0.8 \\
\dfrac{\partial r_1}{\partial v} = -3.11
\end{cases}.
$$

由式 (4.6.24)$xp(x) = -(x^2+ux+v)\dfrac{\partial p}{\partial u} - \dfrac{\partial r_0}{\partial u}x - \dfrac{\partial r_1}{\partial u}$ 得

$$
\begin{array}{rrr}
 & & \dfrac{\partial p}{\partial u} \Leftarrow -x+0.8 \\ \hline
-w(x) = -x^2-0.9x-0.9 \,\big) & xp(x) = & +x^3+\ 0.1x^2+\ 4.01x0 \\
 & & \underline{+x^3\ +0.9x^2+\ 0.90x} \\
 & & -0.8x^2+3.11x \\
 & & \underline{-0.8x^2-0.72x-0.72} \\
 & \left(-\dfrac{\partial r_0}{\partial u} = 3.83, -\dfrac{\partial r_1}{\partial u} = 0.72\right) & +3.83x+0.72 .
\end{array}
$$

因此,

$$
\begin{cases}
\dfrac{\partial r_0}{\partial u} = -3.83 \\
\dfrac{\partial r_1}{\partial u} = -0.72
\end{cases}.
$$

于是由式 (4.6.18) 得方程组

$$
\begin{cases}
-3.83\Delta u + 0.80\Delta v = -0.301 \\
-0.72\Delta u - 3.11\Delta v = -0.391
\end{cases},
$$

解之得

$$
\begin{cases}
\Delta u = \dfrac{\begin{vmatrix} -0.301 & 0.800 \\ -0.391 & -3.11 \end{vmatrix}}{\begin{vmatrix} -3.83 & 0.8 \\ -0.72 & -3.11 \end{vmatrix}} \approx 0.10001 \\
\Delta v = \dfrac{\begin{vmatrix} -3.83 & -0.301 \\ -0.72 & -0.391 \end{vmatrix}}{\begin{vmatrix} -3.83 & 0.800 \\ -0.72 & -3.11 \end{vmatrix}} \approx 0.10257
\end{cases}.
$$

代入式 (4.6.19) 得二次因式的修正值

$$\begin{aligned} w(x) =& x^2 + (0.9 + 0.10001)\,x + (0.9 + 0.10257) \\ =& x^2 + 1.00001x + 1.00257. \end{aligned}$$

解方程

$$x^2 + 1.00001x + 1.00257 = 0,$$

得方程 $f(x) = 0$ 的一对近似共轭复根

$$x_{1,2} = \frac{-1.00001 \pm \mathrm{i}\sqrt{4 \times 1.00257 - 1.00001^2}}{2} \approx -0.50001 \pm 0.86751\mathrm{i}. \qquad \#$$

事实上, 方程 $f(x) = 0$ 有一对复根, 其精确解为 $x_{1,2} = -0.5 \pm 0.866\mathrm{i}$.

4.7 加速方法

本章前几节的分析说明, 迭代法的收敛速度是由迭代函数决定的, 为了提高迭代法收敛速度, 可考虑重构一个新迭代函数, 以提高收敛速度的阶, 该方法称为**加速方法**.

4.7.1 Aitken 加速法

给出如下 **Picard** 迭代法

$$x_{n+1} = g(x_n), \quad n = 0\,,\,1\,,\,2\,,\,\cdots, \tag{4.7.1}$$

并设式 (4.7.1) 是线性收敛的, 则由其渐近误差估计式

$$\lim_{n\to\infty} \frac{x_{n+1} - x^*}{x_n - x^*} = g'(x^*)$$

知: 当 n 充分大时, 下列近似等式成立

$$\frac{x_{n+1} - x^*}{x_n - x^*} \approx \frac{x_{n+2} - x^*}{x_{n+1} - x^*} \ (\approx g'(x^*))\,. \tag{4.7.2}$$

在上述近似等式中, 求出 x^* 得

$$x^* \approx \frac{x_n x_{n+2} - x_{n+1}^2}{x_{n+2} - 2x_{n+1} + x_n} = \frac{x_n g(g(x_n)) - g^2(x_n)}{g(g(x_n)) - 2g(x_n) + x_n}.$$

在满足一定的条件下, 可以证明

$$\frac{x_n g(g(x_n)) - g^2(x_n)}{g(g(x_n)) - 2g(x_n) + x_n} \tag{4.7.3}$$

是比 x_{n+2} 更好的近似.

例 4.7.1 已知 **Picard** 迭代法 $x_{n+1}=g(x_n)$ 收敛到 x^*, 令 $\Phi(x)=\dfrac{xg(g(x))-g^2(x)}{g(g(x))-2g(x)+x}$, 证明 x^* 是函数 $\Phi(x)$ 的不动点.

证明 只要证明 $\lim\limits_{x\to x^*}\Phi(x)=x^*$ 成立即可. 事实上, 由洛必达法则有

$$
\begin{aligned}
\lim_{x\to x^*}\Phi(x)&=\lim_{x\to x^*}\frac{g(g(x))+xg'(g(x))g'(x)-2g(x)g'(x)}{g'(g(x))g'(x)-2g'(x)+1}\\
&\xlongequal{\text{求极限得}}\frac{g(g(x^*))+x^*g'(g(x^*))g'(x^*)-2g(x^*)g'(x^*)}{g'(g(x^*))g'(x^*)-2g'(x^*)+1}\\
&\xlongequal{\text{将}g(x^*)^*=x^*\text{代入}}\frac{g(x^*)+x^*g'(x^*)g'(x^*)-2x^*g'(x^*)}{g'(x^*)g'(x^*)-2g'(x^*)+1}\\
&\xlongequal{\text{再将}g(x^*)^*=x^*\text{代入}}\frac{x^*+x^*g'(x^*)g'(x^*)-2x^*g'(x^*)}{g'(x^*)g'(x^*)-2g'(x^*)+1}\\
&=x^*.
\end{aligned}
$$

#

例 4.7.1 表明, $\Phi(x)$ 也是一个不动点函数, x^* 是其不动点, 于是可令式 (4.7.3) 为 x_{n+1}, 得到新迭代格式

$$
x_{n+1}=\frac{x_ng(g(x_n))-g^2(x_n)}{g(g(x_n))-2g(x_n)+x_n},\quad n=0,1,2,\cdots, \tag{4.7.4}
$$

式 (4.7.4) 称为迭代法 (4.7.1) 的 **Aitken 加速法**, 并有如下结论.

定理 4.10 *设在 x^* 附近不动点函数 $g(x)$ 有 $p+1$ 阶导数, 则对于一个充分靠近 x^* 的初始值 x_0, 有: ① 若 Picard 迭代法 (4.7.1) 是 $p\,(p\geqslant 2)$ 阶收敛的, 则加速法 (4.7.4) 是 $2p-1$ 阶收敛的; ②如果 Picard 迭代法 (4.7.1) 是线性收敛的, 则加速法 (4.7.4) 是 2 阶收敛的.*

定理证明略, 有兴趣的可参见文献 [4]. 由迭代格式 (4.7.4) 可得

$$
\begin{aligned}
x_{n+1}&=\frac{x_ng(g(x_n))-g^2(x_n)}{g(g(x_n))-2g(x_n)+x_n}=\frac{x_nx_{n+2}-x_{n+1}^2}{x_{n+2}-2x_{n+1}+x_n}\\
&=\frac{x_n^2+x_nx_{n+2}-2x_nx_{n+1}+2x_nx_{n+1}-x_n^2-x_{n+1}^2}{x_{n+2}-2x_{n+1}+x_n}\\
&=\frac{x_n(x_{n+2}-2x_{n+1}+x_n)-(x_n^2-2x_nx_{n+1}+x_{n+1}^2)}{x_{n+2}-2x_{n+1}+x_n},
\end{aligned}
$$

即得

$$
x_{n+1}=x_n-\frac{(x_{n+1}-x_n)^2}{x_{n+2}-2x_{n+1}+x_n},\quad n=0,1,2,\cdots. \tag{4.7.5}
$$

式 (4.7.5) 就是常用的 **Aitken 加速公式**, 它比式 (4.7.4) 少算一次乘法运算.

4.7.2 Steffensen 迭代法

如果将 Aitken 加速法应用于 Picard 迭代法得到的序列, 即在式 (4.7.5) 中, 若令 $y_n=$

$g(x_n)$, $z_n = g(y_n)$, 则式 (4.7.5) 变成

$$\begin{cases} y_n = g(x_n), \quad z_n = g(y_n) \\ x_{n+1} = x_n - \dfrac{(y_n - x_n)^2}{z_n - 2y_n + x_n}, \quad n = 0, 1, 2, \cdots \end{cases} \tag{4.7.6}$$

式 (4.7.6) 称为 **Steffensen 迭代法.**

事实上, 如果方程 $x = g(x)$ 有解 x^*, $g'(x^*) \neq 1$, $g(x)$ 在 x^* 的某个邻域 $\bar{U}(x^*)$ 上三次可微, 则对于一切初始值 $x_0 \in \bar{U}(x^*)$, Steffensen 迭代法 (4.7.6) 是二阶收敛的.

例 4.7.2　用 Steffensen 迭代法 (4.7.6) 求方程 $x = \mathrm{e}^{-x}$ 在 0.5 附近的根.

解　根据式 (4.7.6), 构造出求方程 $x = \mathrm{e}^{-x}$ 根的 Steffensen 迭代法

$$\begin{cases} y_n = \mathrm{e}^{-x_n} \\ z_n = \mathrm{e}^{-y_n}, \quad n = 0, 1, 2, \cdots \\ x_{n+1} = x_n - \dfrac{(y_n - x_n)^2}{z_n - 2y_n + x_n} \end{cases}.$$

取 $x_0 = 0.5$, 代入上式计算, 结果见表 4.9.

表 4.9　Steffensen 迭代序列

n	x_n	y_n	z_n
0	0.50000	0.60653	0.54524
1	0.56712	0.56687	0.56730
2	0.56714	0.56714	0.56714

因此得近似解 0.56714.　　#

在例题 4.7.3 中, 我们曾经用 Picard 迭代法求此方程的根为 0.5671407, 那时的迭代次数是 18 次 (第 17 次的结果为 0.5671477), 可见, Steffensen 迭代法迭代 3 次 (6 次函数求值, 额外加 12 次乘除法, 12 次加减法) 所得的结果, 与 Picard 迭代法 18 次 (18 次函数求值) 迭代结果相当. 因而, Steffensen 迭代法确实具有一定的加速功能.

4.7.3　其他加速技巧 *

对方程 $x = \varphi(x)$, 若 $\varphi'(x^*) \neq 0$, 即 Picard 迭代法 (4.7.1) 最好的情况是线性收敛, 若能够直接构造出与方程 $x = \varphi(x)$ 等价方程的不动点方程 $x = \Phi(x)$, 且 $\Phi'(x^*) = 0$, 则新的迭代格式可能是平方收敛或更快 [3]. 为此, 可将 $x = \varphi(x)$ 化为等价形式

$$(1 + c)x = (1 + c)\phi(x), \tag{4.7.7}$$

式中, $c \neq -1$. 进而, 通过选择适当的参数 c, 可达到预期的加速式 (4.7.1) 的目的. 于是由方程 (4.7.7), 得新的不动点方程

$$x = \varphi(x) + c(\varphi(x) - x) \triangleq \Phi(x).$$

若令不动点函数的导数值

$$\Phi'(x^*) = [\varphi(x) + c(\varphi(x) - x)]'|_{x=x^*} = 0,$$

则可求得参数

$$c = \frac{\varphi'(x^*)}{1-\varphi'(x^*)},$$

即不动点方程变为

$$x = \Phi(x) = \varphi(x) + \frac{\varphi'(x^*)}{1-\varphi'(x^*)}(\varphi(x) - x).$$

由于 $\Phi'(x^*) = 0$, 故得迭代格式

$$x_{k+1} = \frac{1}{1-\varphi'(x^*)}(\varphi(x_k) - \varphi'(x^*)x_k) \tag{4.7.8}$$

至少平方收敛. 然而, 实际计算时, 由于式 (4.7.8) 中 x^* 是未知数, 故通常用 x^* 的近似值代替 x^*, 例如, 用 x_{k_0} 代替 x^*, 而得到如下迭代格式

$$x_{k+1} = \frac{1}{1-L}(\varphi(x_k) - Lx_k), \tag{4.7.9}$$

式中, $L = \varphi'(x_{k_0})$. 值得注意的是, 作这样的处理后, 迭代速度将可能不再是平方收敛了.

例 4.7.3 求 $x = \sqrt[3]{x+1}$ 在区间 $[1, 1.5]$ 上的一个根.

解 取 $x_{k_0} = 1.3$, 可得式 (4.7.9) 中常数 $L = \varphi'(x_{k_0}) \approx 0.19$, 由式 (4.7.9) 得迭代格式

$$x_{k+1} = \frac{1}{0.81}\left(\sqrt[3]{x_k+1} - 0.19x_k\right),$$

经计算得迭代序列如表 4.10 所示.

表 4.10 例 4.7.3 的结果

迭代次数	0	1	2	3	…
近似解	1.5	1.323714578	1.324717989	1.324717957	…

可得有 10 位有效数字的近似解 1. 324717957. 事实上, 精确值 $x^* = 1.324717957\cdots$.

习 题 4

1. 用 Picard 迭代法求解方程 $x = e^{-x}$ 在 $x = 0.5$ 附近的一个根, 要求：事先确定有根区间并判断迭代格式的收敛性, 误差上限 $\varepsilon = 10^{-5}$.

2. 分别用 Picard 迭代法及加速后的迭代法计算方程 $x = \lg(x+2)$ 在 $x = 0.5$ 附近的近似根, 要求 $|x^* - x_k| < 10^{-4}$, 并比较收敛的快慢.

3. 利用 Picard 迭代法的埃特金 (Aitken) 加速方法, 求解例方程 $x = x^3 - 1$, 要求 $|x^* - x_k| < 10^{-4}$.

4. 用 Picard 迭代法求解下列方程的根, 并验证收敛性, 结果精确至 4 位有效数字:

(1)$x^5-x-1=0$;　　(2)$\mathrm{e}^x=8x$;

(3)$12-3x=\tan x$;　　(4)$\mathrm{e}^{2x}-5x^2+2=0$.

5. 设 x^* 是 $f(x)=0$ 在区间 $[a,b]$ 上的根, $x\in[a,b]$ 是 x^* 的近似值, 且

$$m=\min_{x\in[a,b]}\left|f'(x)\right|\neq 0,$$

求证 $|x_k-x^*|\leqslant\dfrac{|f(x_k)|}{m}$.

6. 设 x^* 是 $\varphi(x)$ 在区间 $[a,b]$ 上的不动点, 且对任意 $x\in[a,b]$ 有 $0\leqslant\varphi(x)\leqslant 1$, 试证对任意 $x\in[a,b]$ 有 $\varphi(x)\in[a,b]$.

7. 用 Newton 法解方程 $x\mathrm{e}^x-1=0$, 并与第 1 题中的方法比较哪种方法收敛速度更快.

8. 构造求解方程 $x^2+2x-3=0$ 的 Newton 迭代格式, 并证明:

(1) 当 $x_0\in(-\infty,-1)$ 时, $\lim\limits_{k\to\infty}x_k=-3$;

(2) 当 $x_0\in(-1,+\infty)$ 时, $\lim\limits_{k\to\infty}x_k=1$.

9. 试列出 Newton 下山法的计算步骤, 并取初值 $x_0=0.6,\lambda=\dfrac{1}{32}$, 求 $x^3-x-1=0$ 在 $x=1.5$ 附近的一个根.

10. 设 x^* 是方程 $f(x)=0$ 的重单根, 试证明式 (4.4.8) 是一种局部三阶收敛的方法.

11. 对方程 $f(x)=0$, 若 $f(x)$ 在 x^* 的某邻域内二阶可微, 且在该邻域内 $f'(x)\neq 0$, 取该邻域内的 x_0,x_1 作为初值. 证明: 当该邻域充分小时, 双点弦截法将按 $p=\dfrac{1+\sqrt{5}}{2}$ 收敛到根 x^*.

12. 用双点弦截法求方程 $x^3-x-1=0$ 在 $x=1.5$ 附近的根, 使绝对误差精确到 10^{-4}, 并与 Newton 法比较哪种方法收敛性更好, 哪种方法收敛速度更快.

13. 用 Newton 法计算 $\sqrt{135.607}$, 并证明其收敛性, 结果精确到 6 位有效数字.

14. 用解非线性方程组的 Newton 法求方程组

$$\begin{cases}f_1(x,y)=x^2+y^2-1=0\\ f_2(x,y)=x^3-y=0\end{cases}$$

在 $(0.8,0.6)$ 附近的根 (作 3 次迭代).

15. 用劈因子法求方程 $f(x)=x^4+x^3+5x^2+4x+4=0$ 的一对复根.

16. 用劈因子法求方程 $f(x)=x^4-3x^3+20x^2+44x+54=0$ 的一对复根, 初值由 $x_0=2.5+4.5\mathrm{i}$ 确定.

第 5 章　线性方程组的迭代解法

当求解线性方程组 $\boldsymbol{Ax}=\boldsymbol{b}$ 时, 若系数矩阵 $\boldsymbol{A}$ 为低阶的、非奇异的稠密矩阵时, 直接法是有效的, 这里 $\boldsymbol{A}\in\mathbf{R}^{n\times n}$. 但当求解大型的稀疏线性方程组时, 即系数矩阵为稀疏矩阵的大型方程组时, 由于系数矩阵的阶数高且有较多零元素, 故为了减少计算量且在计算过程中节约计算机内存空间, 使用迭代法更为可靠.

本章主要介绍 n 阶非齐次线性方程组的**古典迭代解法**, 包括 Jacobi 迭代法、Gauss-Seidel 迭代法、逐次超松弛迭代法以及它们的收敛性问题.

5.1　迭代法的构造

设矩阵 $\boldsymbol{A}$ 非奇异, 下面考虑求解 n 阶线性代数方程组

$$\boldsymbol{Ax}=\boldsymbol{b} \tag{5.1.1}$$

的迭代格式的构造方法.

第一步: 选择非奇异的矩阵 $\boldsymbol{M}$, 将矩阵 $\boldsymbol{A}$ 作如下分裂运算

$$\boldsymbol{A}=\boldsymbol{M}+\boldsymbol{N}, \tag{5.1.2}$$

在式 (5.1.2) 中, $\boldsymbol{M}$ 称为**分裂矩阵**. 值得注意的是, 选择分裂阵 $\boldsymbol{M}$ 时, 应尽量做到以下两点: ①确保矩阵 $\boldsymbol{M}$ 非奇异且为矩阵 $\boldsymbol{A}$ 某种形式的近似; ②使方程组 $\boldsymbol{Mx}=\boldsymbol{d}$ 容易求解.

将分裂式 (5.1.2) 代入式 (5.1.1), 则可将方程组 (5.1.1) 变为

$$\boldsymbol{Mx}+\boldsymbol{Nx}=\boldsymbol{b}. \tag{5.1.3}$$

第二步: 在等式 (5.1.3) 两边同时左乘以矩阵 $\boldsymbol{M}^{-1}$ 并移项, 记矩阵 $\boldsymbol{B}=-\boldsymbol{M}^{-1}\boldsymbol{N}$, 向量 $\boldsymbol{g}=\boldsymbol{M}^{-1}\boldsymbol{b}$, 得方程组 (5.1.1) 的等价方程组

$$\boldsymbol{x}=\boldsymbol{Bx}+\boldsymbol{g}. \tag{5.1.4}$$

第三步: 将方程组 (5.1.4) 左边的向量 $\boldsymbol{x}$ 添加上标 $(k+1)$, 右边向量 $\boldsymbol{x}$ 添加上标 (k), 得公式

$$\boldsymbol{x}^{(k+1)}=\boldsymbol{Bx}^{(k)}+\boldsymbol{g}. \tag{5.1.5}$$

任取一个向量 $\boldsymbol{x}^{(0)}$ 作为**初始向量**, 代入式 (5.1.5) 右端, 可得向量序列

$$\boldsymbol{x}^{(0)}, \boldsymbol{x}^{(1)}, \boldsymbol{x}^{(2)}, \cdots. \tag{5.1.6}$$

定义 5.1　式 (5.1.5) 称为求解线性方程组 (5.1.1) 的**一阶定常迭代法**, 简称**迭代法**或**迭代格式**, 相应地, 称矩阵 $\boldsymbol{B}$ 为迭代法的**迭代矩阵**, 向量序列式 (5.1.6) 称为**迭代序列**. 若迭代序列式 (5.1.6) 收敛, 则称迭代法 (5.1.5)**收敛**, 否则称迭代法 (5.1.5)**发散**.

式 (5.1.6) 与式 (5.1.5) 中, 向量的上标表示迭代次数, 即向量 $\boldsymbol{x}^{(k)}$ 表示第 k 步迭代所得的近似向量.

定义 5.1 中, "定常" 一词的意思表示为: 迭代矩阵 $\boldsymbol{B}$ 与迭代次数 k 无关, 即迭代格式不会随着迭代次数的增加而变化; 反之, 若迭代矩阵与迭代次数相关, 这类迭代法称为**非定常迭代法**. 本书仅讨论定常迭代法, 非定常迭代法可参见文献 [4] 和文献 [5].

若由迭代法 (5.1.5) 产生的迭代序列 $\{\boldsymbol{x}^{(k)}\}$ 收敛到向量 $\boldsymbol{x}^*$, 显然有

$$\lim_{k\to\infty} \boldsymbol{x}^{(k+1)} = \lim_{k\to\infty} \boldsymbol{x}^{(k)} = \boldsymbol{x}^*,$$

且由矩阵乘法的线性性质得

$$\lim_{k\to\infty} \boldsymbol{x}^{(k+1)} = \boldsymbol{B} \cdot \lim_{k\to\infty} \left(\boldsymbol{x}^{(k)}\right) + \boldsymbol{g} = \boldsymbol{B}\boldsymbol{x}^* + \boldsymbol{g},$$

因此有

$$\boldsymbol{x}^* = \boldsymbol{B}\boldsymbol{x}^* + \boldsymbol{g}, \tag{5.1.7}$$

即向量 $\boldsymbol{x}^*$ 为方程组 (5.1.4) 的解向量. 进而, 若再假设线性方程组 (5.1.4) 与方程组 (5.1.1) 等价, 即存在非奇异矩阵 $\boldsymbol{F} \in \mathbf{R}^{n\times n}$, 使得

$$\boldsymbol{F}(\boldsymbol{I} - \boldsymbol{B}) = \boldsymbol{A} \quad 与 \quad \boldsymbol{F}\boldsymbol{g} = \boldsymbol{b} \tag{5.1.8}$$

同时成立, 则迭代序列 $\{\boldsymbol{x}^{(k)}\}$ 收敛到方程组 (5.1.1) 的唯一解 $\boldsymbol{x}^*$.

当迭代格式 (5.1.5) 满足条件 (5.1.8) 时, 称该迭代法与方程组 (5.1.1) 是**相容的**, 式 (5.1.8) 即为判定迭代格式 (5.1.5) 与方程组 (5.1.1) 相容的准则, 称为**相容性条件**.

也就是说, 如果迭代序列 (5.1.6) 收敛, 并且相容性条件 (5.1.8) 成立, 则对一个充分大的正整数 k, 可以将向量 $\boldsymbol{x}^{(k)}$ 作为线性方程组 (5.1.1) 的一个**近似解**.

综上所述, 如果线性方程组存在唯一解, 则用一个收敛的并且与该方程组相容的迭代法定能求出该方程组满足一定精度要求的近似解.

5.1.1　Jacobi 迭代法的构造

假设方程组 (5.1.1) 的系数矩阵 $\boldsymbol{A} = (a_{ij}) \in \mathbf{R}^{n\times n}$, 且 $\boldsymbol{A}$ 的对角线元素 $a_{ii} \neq 0$, 这里 $i = 1, \cdots, n$, 则可将矩阵 $\boldsymbol{A}$ 作如下分裂

$$\boldsymbol{A} = \boldsymbol{L} + \boldsymbol{D} + \boldsymbol{U}. \tag{5.1.9}$$

这里, 矩阵

$$\boldsymbol{D}=\begin{pmatrix} a_{11} & & \\ & \ddots & \\ & & a_{nn} \end{pmatrix},\quad \boldsymbol{L}=\begin{pmatrix} 0 & & & & \\ a_{21} & 0 & & & \\ a_{31} & a_{32} & 0 & & \\ \vdots & \vdots & & \ddots & \\ a_{n1} & a_{n2} & \cdots & a_{n,n-1} & 0 \end{pmatrix},$$

$$\boldsymbol{U}=\begin{pmatrix} 0 & a_{12} & a_{13} & \cdots & a_{1n} \\ & 0 & a_{23} & \cdots & a_{2n} \\ & & \ddots & & \vdots \\ & & & 0 & a_{n-1,n} \\ & & & & 0 \end{pmatrix}. \tag{5.1.10}$$

显然, 当 $a_{ii}\neq 0\,(i=1,2,\cdots,n)$ 时, 对角阵 $\boldsymbol{D}$ 可逆, 且 $\boldsymbol{D}^{-1}$ 依然是一个对角阵, 将分解式 (5.1.9) 代入方程组 (5.1.1), 得

$$(\boldsymbol{L}+\boldsymbol{D}+\boldsymbol{U})\,\boldsymbol{x}=\boldsymbol{b}. \tag{5.1.11}$$

将式 (5.1.11) 两边同时左乘 $\boldsymbol{D}^{-1}$, 然后移项, 可得方程组 (5.1.1) 的等价方程组

$$\boldsymbol{x}=-\boldsymbol{D}^{-1}(\boldsymbol{L}+\boldsymbol{U})\,\boldsymbol{x}+\boldsymbol{D}^{-1}\boldsymbol{b}. \tag{5.1.12}$$

在式 (5.1.12) 左边向量 $\boldsymbol{x}$ 的右上角处添加标号 $(k+1)$, 右边向量 $\boldsymbol{x}$ 的右上角处添加标号 (k), 得迭代格式

$$\boldsymbol{x}^{(k+1)}=-\boldsymbol{D}^{-1}(\boldsymbol{L}+\boldsymbol{U})\,\boldsymbol{x}^{(k)}+\boldsymbol{D}^{-1}\boldsymbol{b}. \tag{5.1.13}$$

在上式右端, 任取一个实向量作为初始向量 $\boldsymbol{x}^{(0)}$, 进行迭代, 可得一个近似解序列 $\{\boldsymbol{x}^{(k)}\}$, 这里 $k=0,1,\cdots$. 通常, 将式 (5.1.13) 称为解线性方程组 (5.1.1) 的 **Jacobi 迭代法**, 相应地, 矩阵 $-\boldsymbol{D}^{-1}(\boldsymbol{L}+\mathbf{U})$ 称为 **Jacobi 迭代矩阵**.

若记 Jacobi 迭代矩阵 $-\boldsymbol{D}^{-1}(\boldsymbol{L}+\boldsymbol{U})=\boldsymbol{J}$, 记向量 $\boldsymbol{D}^{-1}\boldsymbol{b}=\boldsymbol{g}$, 则向量

$$\boldsymbol{g}=\begin{pmatrix} \dfrac{b_1}{a_{11}} & \dfrac{b_2}{a_{22}} & \cdots & \dfrac{b_n}{a_{nn}} \end{pmatrix}^{\mathrm{T}},$$

迭代矩阵

$$\boldsymbol{J}=\begin{pmatrix} 0 & -\dfrac{a_{12}}{a_{11}} & -\dfrac{a_{13}}{a_{11}} & \cdots & -\dfrac{a_{1n}}{a_{11}} \\ -\dfrac{a_{21}}{a_{22}} & 0 & -\dfrac{a_{23}}{a_{22}} & \cdots & -\dfrac{a_{2n}}{a_{22}} \\ & & \cdots & & \\ -\dfrac{a_{n1}}{a_{nn}} & -\dfrac{a_{n2}}{a_{nn}} & -\dfrac{a_{n3}}{a_{nn}} & \cdots & 0 \end{pmatrix}.$$

于是可得 Jacobi 迭代法 (5.1.13) 的分量表达形式:

$$x_i^{(k+1)}=\frac{1}{a_{ii}}\left(b_i-\sum_{j=1}^{i-1}a_{ij}x_j^{(k)}-\sum_{j=i+1}^{n}a_{ij}x_j^{(k)}\right), \tag{5.1.14}$$

这里 ,$i=1,2,\cdots,n;k=0,1,\cdots$.

事实上, Jacobi 迭代法的分量表达式 (5.1.14) 可以看成是从方程组 (5.1.1) 的第 i 个方程

$$a_{i1}x_1+\cdots+a_{ii}x_i+\cdots+a_{in}x_n=b_i$$

之中解出分量 x_i 后, 将 x_i 冠以上标 $(k+1)$, 其余的近似解分量 $x_j\,(j\neq i)$ 冠以上标 (k) 所得到的等式, 这里 $i=1,2,\cdots,n$.

显然, 当 $a_{ii}\neq 0\,(i=1,2,\cdots,n)$ 时, Jacobi 迭代法满足相容性条件 (5.1.8), 因此, Jacobi 迭代法是与式 (5.1.1) 相容的迭代法, 继而用该方法可以求得原方程组 (5.1.1) 的近似解向量.

5.1.2 Gauss-Seidel 迭代法的构造

观察 Jacobi 迭代法的分量表达式 (5.1.14), 不难发现: 在进行第 $k+1$ 步迭代的过程中, 等式的右端并没有使用近似向量 $\boldsymbol{x}^{(k+1)}$ 的前 $i-1$ 个分量

$$x_1^{(k+1)},\cdots,x_{i-1}^{(k+1)},$$

而且, 这 $i-1$ 个分量就是第 $k+1$ 步迭代所得到的新的近似值. 当 Jacobi 迭代法收敛时, 新的近似解 $\boldsymbol{x}^{(k+1)}$ 与精确解 $\boldsymbol{x}^*$ 的近似程度, 应该优于上一步迭代所得近似解 $\boldsymbol{x}^{(k)}$ 与精确解 $\boldsymbol{x}^*$ 的近似程度. 也就是说, 利用 Jacobi 迭代法在计算机上执行数值求解时, 只有把第 $k+1$ 步迭代的 n 个近似解分量

$$x_1^{(k+1)},x_2^{(k+1)},\cdots,x_n^{(k+1)}$$

全部都计算出来以后, 才能用于下一步迭代, 去计算新的近似解向量

$$\boldsymbol{x}^{(k+2)}=\left(x_1^{(k+2)},x_2^{(k+2)},\cdots,x_n^{(k+2)}\right)^{\mathrm{T}}.$$

一般来说, 这样的做法不仅会导致数值求解过程的计算速度比较慢, 而且在计算机的内存储器中, 需要同时保存两个解向量序列 $\boldsymbol{x}^{(k+1)}$ 和 $\boldsymbol{x}^{(k)}$, 时间代价和空间代价均比较高.

然而, 如果我们将第 $k+1$ 步迭代新得到的近似值 $x_j^{(k+1)}$ 同时代入式 (5.1.14) 的右端, 这里, $j=1,\cdots,i$, 则可以得如下迭代公式

$$x_i^{(k+1)}=\frac{1}{a_{ii}}\left(b_i-\sum_{j=1}^{i-1}a_{ij}x_j^{(k+1)}-\sum_{j=i+1}^{n}a_{ij}x_j^{(k)}\right),\tag{5.1.15}$$

这里, 下标 $i=1,2,\cdots,n$; 上标 $k=0,1,2,\cdots$.

我们将式 (5.1.15) 称为求线性方程组 (5.1.1) 的 **Gauss-Seidel 迭代法**, 简称 **G-S 迭代法**.

接下来, 我们来推导出 Gauss-Seidel 迭代法的矩阵表达式. 将式 (5.1.15) 两边同时乘上 a_{ii}, 得

$$a_{ii}x_i^{(k+1)} = b_i - \sum_{j=1}^{i-1} a_{ij}x_j^{(k+1)} - \sum_{j=i+1}^{n} a_{ij}x_j^{(k)} , \tag{5.1.16}$$

这里 $a_{ii} \neq 0$, 将式 (5.1.16) 右边项 $\sum\limits_{j=1}^{i-1} a_{ij}x_j^{(k+1)}$ 移到 "=" 的左边, 得

$$\sum_{j=1}^{i-1} a_{ij}x_j^{(k+1)} + a_{ii}x_i^{(k+1)} = b_i - \sum_{j=i+1}^{n} a_{ij}x_j^{(k)} , \tag{5.1.17}$$

这里, 下标 $i = 1, 2, \cdots, n$; 上标 $k = 0, 1, 2, \cdots$. 将式 (5.1.17) 写成矩阵的形式, 得

$$(\boldsymbol{L} + \boldsymbol{D})\, \boldsymbol{x}^{(k+1)} = \boldsymbol{b} - \boldsymbol{U}\boldsymbol{x}^{(k)}, \tag{5.1.18}$$

式中, 矩阵 $\boldsymbol{L}, \boldsymbol{D}, \boldsymbol{U}$ 的定义参见式 (5.1.10); 上标 $k = 0, 1, 2, \cdots$. 当对角阵 $\boldsymbol{D}$ 可逆时, 下三角矩阵 $(\boldsymbol{L} + \boldsymbol{D})$ 也可逆, 于是得 Gauss-Seidel 迭代法的矩阵表示

$$\boldsymbol{x}^{(k+1)} = \boldsymbol{G}\boldsymbol{x}^{(k)} + (\boldsymbol{L} + \boldsymbol{D})^{-1}\, \boldsymbol{b}, \tag{5.1.19}$$

这里, 矩阵 $\boldsymbol{G} = -(\boldsymbol{L} + \boldsymbol{D})^{-1}\, \boldsymbol{U}$, 称为 Gauss-Seidel 迭代法的**迭代矩阵**, 上标 $k = 0, 1, \cdots$.

与非线性方程 (组) 的迭代法不同的是, 线性方程组迭代法的收敛性与初始向量的选择没有关系, 这一论断从下一节的分析中不难得出. 因此, 在实际计算时, 可以任意选取一个实向量作为 Jacobi 迭代法或 Gauss-Seidel 迭代法的初始向量 $\boldsymbol{x}^{(0)}$.

虽然收敛性与初始向量的选择无关, 但是当迭代终止时, 迭代法的实际迭代步数却与初始向量 $\boldsymbol{x}^{(0)}$ 的选择有很大的关系. 因为, 当初始向量 $\boldsymbol{x}^{(0)}$ 越接近方程组 (5.1.1) 的精确解时, 在满足同样精度要求的条件下, 用 Jacobi 迭代法去求同一个方程组 (5.1.1) 的近似解, 所需要的迭代次数应该越少. 为了方便起见, 一般可取迭代初值 $\boldsymbol{x}^{(0)} = (0, 0, \cdots, 0)^{\mathrm{T}}$.

在利用 Jacobi 或 Gauss-Seidel 迭代法求解的过程中, 不妨设 ε 为方程组近似解的误差上限, 可以通过动态地检验不等式

$$\max_{1 \leqslant i \leqslant n} \left| x_i^{(k+1)} - x_i^{(k)} \right| < \varepsilon \tag{5.1.20}$$

的结果, 来决定是否终止迭代. 实践中, 为防止迭代法不收敛或者收敛速度太慢, 可以设置迭代次数控制上限 N, 程序中当判断迭代次数 $k > N$ 时, 则预示着迭代求解失败, 可终止算法程序的运行.

例 5.1.1 分别用 Jacobi 和 Gauss-Seidel 迭代法求解方程组

$$\begin{cases} 10x_1 - x_2 - 2x_3 = 7.2 \\ -x_1 + 10x_2 - 2x_3 = 8.3 \\ -x_1 - x_2 - 5x_3 = 4.2 \end{cases} , \tag{5.1.21}$$

要求解向量的分量至少保留 5 位有效数.

解　在第 i 个方程中求出 $x_i\,(i=1,2,3)$, 得原方程组 (5.1.21) 的等价方程组

$$\begin{cases} x_1 = \dfrac{1}{10}(7.2+x_2+2x_3) \\ x_2 = \dfrac{1}{10}(8.3+x_1+2x_3) \\ x_3 = \dfrac{1}{5}(4.2+x_1+x_2) \end{cases}. \tag{5.1.22}$$

给方程组 (5.1.22) 的左边变量添加上标 $(k+1)$, 右边变量添加上标 (k), 即得 Jacobi 迭代公式

$$\begin{cases} x_1^{(k+1)} = \dfrac{1}{10}\left(7.2+x_2^{(k)}+2x_3^{(k)}\right) \\ x_2^{(k+1)} = \dfrac{1}{10}\left(8.3+x_1^{(k)}+2x_3^{(k)}\right) \\ x_3^{(k+1)} = \dfrac{1}{5}\left(4.2+x_1^{(k)}+x_2^{(k)}\right) \end{cases} \quad k=0,1,2\cdots, \tag{5.1.23}$$

在 Jacobi 迭代式 (5.1.23) 中, 第 i 个等式右边用 $x_j^{(k+1)}\,(j<i)$ 代替 $x_j^{(k)}\,(j<i)$, 可得 Gauss-Seidel 迭代公式为

$$\begin{cases} x_1^{(k+1)} = \dfrac{1}{10}\left(7.2+x_2^{(k)}+2x_3^{(k)}\right) \\ x_2^{(k+1)} = \dfrac{1}{10}\left(8.3+x_1^{(k+1)}+2x_3^{(k)}\right) \\ x_3^{(k+1)} = \dfrac{1}{5}\left(4.2+x_1^{(k+1)}+x_2^{(k+1)}\right) \end{cases} \quad k=0,1,2\cdots. \tag{5.1.24}$$

取 $\boldsymbol{x}^{(0)}=(0,0,0)^{\mathrm{T}}$ 作为初值, 代入式 (5.1.23) 执行 9 次迭代, 代入式 (5.1.24) 执行 6 次迭代, 可得表 5.1 中的近似解向量序列.

表 5.1　Jacobi 迭代法与 Gauss-Seidel 迭代法的近似解向量序列

k	Jacobi 迭代法			Gauss-Seidel 迭代法		
0	0	0	0	0	0	0
⋮	⋮	⋮	⋮	⋮	⋮	⋮
5	1.09501	1.19501	1.29414	1.09989	1.19993	1.29996
6	1.09834	1.19834	1.29804	1.09999	1.19999	1.30000
7	1.09944	1.19944	1.29935			
8	1.09981	1.19981	1.29978			
9	1.09994	1.19994	1.29992			

因此, 用 Jacobi 和 Gauss-Seidel 迭代法, 所得到方程组的近似解向量分别为

$$(1.09994, 1.19994, 1.29992)^{\mathrm{T}}$$

与

$$(1.09999, 1.19999, 30000)^{\mathrm{T}}. \qquad \#$$

事实上, 方程组 (5.1.21) 的精确解 $\boldsymbol{x}^* = (1.1, 1.2, 1.3)^{\mathrm{T}}$. 可见由 Jacobi 迭代法与 Gauss-Seidel 迭代法产生的迭代向量序列 $\{\boldsymbol{x}^{(k)}\}$ 确实收敛到方程组的精确解 $\boldsymbol{x}^*$.

例题 5.1.1 说明, 用 Gauss-Seidel 方法迭代 6 次所得方程组的数值解与用 Jacobi 迭代法迭代 9 次产生的数值解的效果基本相当, 说明在两种迭代法都收敛的前提下, Gauss-Seidel 方法的收敛速度确实比 Jacobi 迭代法要快一些.

综上所述, 在一般情况下, 与 Jacobi 迭代法相比, Gauss-Seidel 迭代法具有相对较快的计算速度, 且更节省存储空间, 是一种相对较好、较常用的迭代法.

5.2 迭代法的收敛性

使用数值算法求解线性方程组, 算法的收敛性非常重要, 因为我们不能期望使用一个并不收敛的数值算法求出方程组的数值解, 见下例.

例 5.2.1 判断求解二阶线性解方程组 $\begin{cases} x_1 + 2x_2 = 5 \\ 3x_1 + x_2 = 5 \end{cases}$ 的 Jacobi 迭代法的敛散性.

解 根据 5.1.1 节的讨论, 可得方程组的 Jacobi 迭代格式

$$\begin{cases} x_1^{(k+1)} = 5 - 2x_2^{(k)} \\ x_2^{(k+1)} = 5 - 3x_1^{(k)} \end{cases} \quad k = 0, 1, 2 \cdots.$$

取初始值 $\boldsymbol{x}^{(0)} = (0, 0)^{\mathrm{T}}$, 代入迭代公式, 计算结果见表 5.2.

表 5.2 迭代法发散的计算结果

k	0	1	2	3	4	5	6	$\cdots$
$x_1^{(k)}$	0	5	−5	25	−35	145	−215	$\cdots$
$x_2^{(k)}$	0	5	−10	20	−70	110	−430	$\cdots$

不难计算, 本题中方程组的精确解 $\boldsymbol{x}^* = (1, 2)^{\mathrm{T}}$. 由此可见, 随着迭代次数 k 的增大, $\boldsymbol{x}^{(k)}$ 与方程组精确解的误差越来越大, 即迭代法

$$\begin{cases} x_1^{(k+1)} = 5 - 2x_2^{(k)} \\ x_2^{(k+1)} = 5 - 3x_1^{(k)} \end{cases} \quad k = 0, 1, 2 \cdots$$

是发散的. #

从例 5.1.1 与例 5.2.1 可见, Jacobi 迭代法并不总是收敛或发散的. 事实上, Gauss-Seidel 迭代法也存在类似的情况, 因此在使用迭代法解线性方程组时, 应该注重分析迭代法的收敛性.

5.2.1　一阶定常迭代法的收敛性

本节讨论一阶定常迭代法的收敛性问题, 如不特别声明, 令 $\boldsymbol{J} = -\boldsymbol{D}^{-1}(\boldsymbol{L}+\boldsymbol{U})$ 表示 Jacobi 迭代法的迭代矩阵, $\boldsymbol{G} = -(\boldsymbol{L}+\boldsymbol{D})^{-1}\boldsymbol{U}$ 表示 Gauss-Seidel 迭代法的迭代矩阵.

若 n 阶非奇异线性代数方程组

$$\boldsymbol{Ax} = \boldsymbol{b} \tag{5.2.1}$$

的系数矩阵 $\boldsymbol{A} \in \mathbf{R}^{n\times n}$ 非奇异, $\boldsymbol{x}^*$ 为方程组 (5.2.1) 的精确解, 由 5.1.1 节的讨论知, 可构造出与方程组 (5.2.1) 相容的一阶定常迭代法

$$\boldsymbol{x}^{(k+1)} = \boldsymbol{Bx}^{(k)} + \boldsymbol{g}, \quad k = 0,1,2,\cdots, \tag{5.2.2}$$

且若迭代法 (5.2.2) 收敛, 则相应的迭代序列一定收敛到方程组 (5.2.1) 的解 $\boldsymbol{x}^*$, 且满足方程组

$$\boldsymbol{x}^* = \boldsymbol{Bx}^* + \boldsymbol{g}. \tag{5.2.3}$$

定义 5.2　设矩阵 $\boldsymbol{A} = (a_{ij}) \in \mathbf{R}^{m\times n}$, 如果矩阵序列 $\{\boldsymbol{A}_k\}$ 满足

$$\lim_{k\to\infty} a_{ij}^{(k)} = a_{ij}, \quad i = 1,2,\cdots,m, \quad j = 1,2,\cdots,n \tag{5.2.4}$$

或

$$\lim_{k\to\infty} \|\boldsymbol{A}_k - \boldsymbol{A}\| = 0, \tag{5.2.5}$$

则称矩阵序列 $\{\boldsymbol{A}_k\}$**收敛到矩阵$\boldsymbol{A}$**, 记为

$$\lim_{k\to\infty} \boldsymbol{A}_k = \boldsymbol{A}.$$

这里, $\boldsymbol{A}_k = \left(a_{ij}^{(k)}\right) \in \mathbf{R}^{m\times n}; k = 1,2,\cdots; \|\cdot\|$ 是线性空间 $\mathbf{R}^{m\times n}$ 中的任一范数.

接下来要证明的是, 迭代矩阵 $\boldsymbol{B}$ 满足什么条件时, 一阶定常迭代法 (5.2.2) 收敛到方程组 (5.2.1) 的唯一解 $\boldsymbol{x}^*$. 定义误差向量

$$\boldsymbol{\varepsilon}^{(k)} \triangleq \boldsymbol{x}^{(k)} - \boldsymbol{x}^*, \quad k = 0,1,2\ \cdots. \tag{5.2.6}$$

将式 (5.2.2) 与式 (5.2.3) 的等号两边分别相减, 得

$$\begin{aligned}\boldsymbol{\varepsilon}^{(k+1)} &= \boldsymbol{x}^{(k+1)} - \boldsymbol{x}^* = \left(\boldsymbol{Bx}^{(k)} + \boldsymbol{g}\right) - (\boldsymbol{Bx}^* + \boldsymbol{g})\\ &= \boldsymbol{B}\left(\boldsymbol{x}^{(k)} - \boldsymbol{x}^*\right) = \boldsymbol{B\varepsilon}^{(k)} = \boldsymbol{B}^2\boldsymbol{\varepsilon}^{(k-1)} = \cdots\\ &= \boldsymbol{B}^{k+1}\boldsymbol{\varepsilon}^{(0)}, \quad k = 0,1,\cdots.\end{aligned}$$

因此, 迭代法 (5.2.2) 收敛等价于

$$\boldsymbol{\varepsilon}^{(k)} = \boldsymbol{x}^{(k)} - \boldsymbol{x}^* \to \boldsymbol{0}, \quad k \to \infty.$$

上式等价于

$$\boldsymbol{\varepsilon}^{(k)} = \boldsymbol{B}^k \boldsymbol{\varepsilon}^{(0)} \to \mathbf{0}, \quad k \to \infty. \tag{5.2.7}$$

式 (5.2.7) 中, 由于向量 $\boldsymbol{\varepsilon}^{(0)}$ 是常量, 因此当 $k \to \infty$ 时, 有 $\boldsymbol{B}^k \boldsymbol{\varepsilon}^{(0)} \to \mathbf{0}$, 即有

$$\lim_{k\to\infty} \boldsymbol{B}^k = \boldsymbol{O}, \tag{5.2.8}$$

这里 $\boldsymbol{O}$ 表示零矩阵, 于是得到如下定理.

定理 5.1 设式 (5.2.2) 是与方程组 (5.2.1) 相容的迭代法, 则当且仅当迭代矩阵 $\boldsymbol{B}$ 满足式 (5.2.8) 时, 迭代格式 (5.2.2) 收敛.

特别地, 根据定理 5.1, 对 Jacobi 迭代法和 Gauss-Seidel 迭代法, 可得如下推论.

推论 5.1.1 当且仅当 Jacobi 迭代矩阵 $\boldsymbol{J}$ 满足 $\lim\limits_{k\to\infty} \boldsymbol{J}^k = \boldsymbol{O}$ 时, Jacobi 迭代法收敛.

推论 5.1.2 当且仅当 Gauss-Seidel 迭代矩阵 $\boldsymbol{G}$ 满足 $\lim\limits_{k\to\infty} \boldsymbol{G}^k = \boldsymbol{O}$ 时, Gauss-Seidel 迭代法收敛.

定理 5.1 给出的判断迭代法 (5.2.2) 收敛性的做法, 虽然思路简单, 但并不实用. 事实上, 实践中我们总是尽量计算出迭代矩阵的谱半径 $\rho(\boldsymbol{B})$ 或某个范数 $\|\boldsymbol{B}\|$, 根据谱半径 $\rho(\boldsymbol{B})$ 或者范数 $\|\boldsymbol{B}\|$ 是否小于 1 来判断迭代格式的收敛性.

定理 5.2 (基本收敛定理) 设式 (5.2.2) 是与方程组 (5.2.1) 相容的迭代法, 则当且仅当迭代矩阵 $\boldsymbol{B}$ 的谱半径 $\rho(\boldsymbol{B})<1$ 时, 迭代格式 (5.2.2) 收敛.

证明 根据矩阵对角化的相关理论, 任何一个矩阵都与其 Jordan 标准型相似. 不妨设迭代法 $\boldsymbol{x}^{(k+1)} = \boldsymbol{B}\boldsymbol{x}^{(k)} + \boldsymbol{g}$ 的迭代矩阵 $\boldsymbol{B}$ 与如下 Jordan 标准型

$$\boldsymbol{J_B} = \begin{pmatrix} \boldsymbol{J}_1 & & & \\ & \boldsymbol{J}_2 & & \\ & & \ddots & \\ & & & \boldsymbol{J}_s \end{pmatrix}$$

相似, 于是存在可逆阵 $\boldsymbol{P}$, 使 $\boldsymbol{P}^{-1}\boldsymbol{B}\boldsymbol{P} = \boldsymbol{J_B}$, 这里 n_i 阶方阵

$$\boldsymbol{J}_i = \begin{pmatrix} \lambda_i & 1 & & \\ & \lambda_i & \ddots & \\ & & \ddots & 1 \\ & & & \lambda_i \end{pmatrix}_{n_i\times n_i}, \quad i = 1, 2, \cdots, s$$

称为标准形 $\boldsymbol{J_B}$ 的第 i 个 **Jordan 块**, λ_i 为矩阵 $\boldsymbol{B}$ 的 n_i 重特征值, $\sum\limits_{i=1}^{s} n_i = n$. 于是有

$$\boldsymbol{B}^k = \boldsymbol{P}\boldsymbol{J}_{\boldsymbol{B}}^k\boldsymbol{P}^{-1} = \boldsymbol{P}\begin{pmatrix} \boldsymbol{J}_1^k & & & \\ & \boldsymbol{J}_2^k & & \\ & & \ddots & \\ & & & \boldsymbol{J}_s^k \end{pmatrix}\boldsymbol{P}^{-1}.$$

又由于

$$J_i^k = \begin{pmatrix} \lambda_i^k & C_k^1\lambda_i^{k-1} & \cdots & C_k^{n_i-1}\lambda_i^{k-(n_i-1)} \\ & \lambda_i^k & \ddots & \vdots \\ & & \ddots & C_k^1\lambda_i^{k-1} \\ & & & \lambda_i^k \end{pmatrix}_{n_i\times n_i}, \quad i=1,2,\cdots,s.$$

由定理 5.1 知, 迭代法 (5.2.2) 收敛当且仅当 $\lim\limits_{k\to\infty} \boldsymbol{B}^k = \boldsymbol{O}$, 当且仅当 Jordan 标准形满足

$$\boldsymbol{J}_B^k \to \boldsymbol{O}, \quad k\to\infty,$$

当且仅当

$$\boldsymbol{J}_i^k \to \boldsymbol{O}, \quad k\to\infty, \quad i=1,2,\cdots,s,$$

当且仅当迭代矩阵 $\boldsymbol{B}$ 的特征值满足

$$|\lambda_i| < 1, \quad i=1,2,\cdots,s.$$

综上所述, 迭代法 (5.2.2) 收敛, 当且仅当迭代矩阵 $\boldsymbol{B}$ 的谱半径

$$\rho(\boldsymbol{B}) < 1.$$

#

特别地, 根据定理 5.2, 对 Jacobi 迭代法和 Gauss-Seidel 迭代法, 可得如下推论.

推论 5.2.1　当且仅当 Jacobi 迭代矩阵 $\boldsymbol{J}$ 满足 $\rho(\boldsymbol{J}) < 1$ 时, Jacobi 迭代法收敛.

推论 5.2.2　当且仅当 Gauss-Seidel 迭代矩阵 $\boldsymbol{G}$ 满足 $\rho(\boldsymbol{G}) < 1$ 时, Gauss-Seidel 迭代法收敛.

关于 Jordan 标准形的相关理论, 请参见《高等代数》的相关书籍.

定理 5.3　若迭代法 (5.2.2) 的迭代矩阵满足条件 $\|\boldsymbol{B}\| < 1$, 则有如下结论:

(1) 方程组 (5.2.1) 存在唯一解 $\boldsymbol{x}^*$, 且与方程组 (5.2.1) 相容的迭代法 (5.2.3) 收敛到 $\boldsymbol{x}^*$;

(2) 方程组的近似解 $\boldsymbol{x}^{(k+1)}$ 与精确解 $\boldsymbol{x}^*$ 之差满足如下不等式

$$\left\|\boldsymbol{x}^{(k+1)} - \boldsymbol{x}^*\right\| \leqslant \|\boldsymbol{B}\| \cdot \left\|\boldsymbol{x}^{(k)} - \boldsymbol{x}^*\right\|; \tag{5.2.9}$$

(3) 方程组的近似解 $\boldsymbol{x}^{(k)}$ 与精确解 $\boldsymbol{x}^*$ 之差满足如下不等式

$$\left\|\boldsymbol{x}^{(k)} - \boldsymbol{x}^*\right\| \leqslant \frac{\|\boldsymbol{B}\|}{1-\|\boldsymbol{B}\|} \cdot \left\|\boldsymbol{x}^{(k)} - \boldsymbol{x}^{(k-1)}\right\|; \tag{5.2.10}$$

(4) 方程组的近似解 $\boldsymbol{x}^{(k)}$ 与精确解 $\boldsymbol{x}^*$ 之差满足如下不等式

$$\left\|\boldsymbol{x}^{(k)} - \boldsymbol{x}^*\right\| \leqslant \frac{\|\boldsymbol{B}\|^k}{1-\|\boldsymbol{B}\|} \cdot \left\|\boldsymbol{x}^{(1)} - \boldsymbol{x}^{(0)}\right\|. \tag{5.2.11}$$

证明 (1) 首先, 假设方程组 (5.2.1) 的解存在唯一解, 令其为 $\boldsymbol{x}^*$. 则根据条件 $\|\boldsymbol{B}\|<1$ 和定理 3.12 知: 迭代矩阵的谱半径

$$\rho(\boldsymbol{B}) \leqslant \|\boldsymbol{B}\| < 1. \tag{5.2.12}$$

由定理 5.2 知: 与线性方程组 (5.2.1) 相容的迭代法 (5.2.3) 收敛到方程组 (5.2.1) 的唯一解 $\boldsymbol{x}^*$.

接下来, 补证: 线性方程组 (5.2.1) 的解 $\boldsymbol{x}^*$ 确实是存在且唯一的. 事实上, 由不等式 (5.2.12) 可知: 迭代矩阵 $\boldsymbol{B}$ 的所有特征值均满足不等式

$$|\lambda_i| < 1,$$

这里 $i=1,2,\cdots,n$. 因此得矩阵 $\boldsymbol{E}-\boldsymbol{B}$ 的特征值

$$1-\lambda_i \neq 0,$$

这里 $\boldsymbol{E}$ 为 n 阶单位阵, $1\leqslant i\leqslant n$. 因此, 方程组 $\boldsymbol{x}=\boldsymbol{B}\boldsymbol{x}+\boldsymbol{g}$ 的系数行列式为

$$|\boldsymbol{E}-\boldsymbol{B}| = \prod_{i=1}^{n}(1-\lambda_i) \neq 0.$$

从而线性方程组 $\boldsymbol{x}=\boldsymbol{B}\boldsymbol{x}+\boldsymbol{g}$ 存在唯一解 $\boldsymbol{x}^*$, 即式 (5.2.3) 成立. 再由相容条件知: 方程组 (5.2.1) 存在唯一解 $\boldsymbol{x}^*$.

(2) 将式 (5.2.2) 与式 (5.2.3) 相减, 并求范数, 得不等式

$$\left\|\boldsymbol{x}^{(k+1)}-\boldsymbol{x}^*\right\| = \left\|\left(\boldsymbol{B}\boldsymbol{x}^{(k)}+\boldsymbol{g}\right)-(\boldsymbol{B}\boldsymbol{x}^*+\boldsymbol{g})\right\| \leqslant \|\boldsymbol{B}\|\cdot\left\|\boldsymbol{x}^{(k)}-\boldsymbol{x}^*\right\|. \tag{5.2.9}$$

(3) 由式 (5.2.2) 和范数的相容性得

$$\left\|\boldsymbol{x}^{(k+1)}-\boldsymbol{x}^{(k)}\right\| = \left\|\boldsymbol{B}\boldsymbol{x}^{(k)}+\boldsymbol{g}-\left(\boldsymbol{B}\boldsymbol{x}^{(k-1)}+\boldsymbol{g}\right)\right\| \leqslant \|\boldsymbol{B}\|\cdot\left\|\boldsymbol{x}^{(k)}-\boldsymbol{x}^{(k-1)}\right\|, \tag{5.2.13}$$

于是有

$$\left\|\boldsymbol{x}^{(k)}-\boldsymbol{x}^*\right\| = \left\|\boldsymbol{x}^{(k)}-\boldsymbol{x}^*+\boldsymbol{x}^{(k+1)}-\boldsymbol{x}^{(k+1)}\right\| \leqslant \left\|\boldsymbol{x}^{(k+1)}-\boldsymbol{x}^*\right\| + \left\|\boldsymbol{x}^{(k+1)}-\boldsymbol{x}^{(k)}\right\|.$$

上式中应用式 (5.2.9), 得

$$\left\|\boldsymbol{x}^{(k)}-\boldsymbol{x}^*\right\| \leqslant \|\boldsymbol{B}\|\cdot\left\|\boldsymbol{x}^{(k)}-\boldsymbol{x}^*\right\| + \left\|\boldsymbol{x}^{(k+1)}-\boldsymbol{x}^{(k)}\right\|.$$

由已知条件 $\|\boldsymbol{B}\|<1$, 并应用不等式 (5.2.13), 得

$$\left\|\boldsymbol{x}^{(k)}-\boldsymbol{x}^*\right\| \leqslant \frac{1}{1-\|\boldsymbol{B}\|}\cdot\left\|\boldsymbol{x}^{(k+1)}-\boldsymbol{x}^{(k)}\right\| \leqslant \frac{\|\boldsymbol{B}\|}{1-\|\boldsymbol{B}\|}\cdot\left\|\boldsymbol{x}^{(k)}-\boldsymbol{x}^{(k-1)}\right\|. \tag{5.2.10}$$

(4) 应用不等式 (5.2.13), 将式 (5.2.10) 右端递推 $k-1$ 次, 得

$$\begin{aligned}\left\|\boldsymbol{x}^{(k)}-\boldsymbol{x}^{*}\right\| &\leqslant \frac{\|\boldsymbol{B}\|}{1-\|\boldsymbol{B}\|}\cdot\left\|\boldsymbol{x}^{(k)}-\boldsymbol{x}^{(k-1)}\right\| \leqslant \frac{\|\boldsymbol{B}\|^{2}}{1-\|\boldsymbol{B}\|}\cdot\left\|\boldsymbol{x}^{(k-1)}-\boldsymbol{x}^{(k-2)}\right\| \leqslant \cdots \\ &\leqslant \frac{\|\boldsymbol{B}\|^{k}}{1-\|\boldsymbol{B}\|}\cdot\left\|\boldsymbol{x}^{(1)}-\boldsymbol{x}^{(0)}\right\|.\end{aligned} \tag{5.2.11}$$

特别地, 根据定理 5.3, 可得: 当 Jacobi 迭代矩阵 $\boldsymbol{J}$ 满足条件 $\|\boldsymbol{J}\|<1$ 时, 则 Jacobi 迭代法收敛; 当 Gauss-Seidel 迭代矩阵 $\boldsymbol{G}$ 满足条件 $\|\boldsymbol{G}\|<1$ 时, 则 Gauss-Seidel 迭代法收敛.

例 5.2.2　考察解方程组

$$\begin{cases}8x_1-3x_2+2x_3=20\\4x_1+11x_2-x_3=33\\6x_1+3x_2+12x_3=36\end{cases}$$

的 Jacobi 迭代法的收敛性.

解　易得解该方程组的 Jacobi 迭代法的迭代法矩阵为

$$\boldsymbol{J}=\begin{pmatrix}0 & \dfrac{3}{8} & -\dfrac{1}{4}\\ -\dfrac{4}{11} & 0 & \dfrac{1}{11}\\ -\dfrac{1}{2} & -\dfrac{1}{4} & 0\end{pmatrix}.$$

由于

$$\|\boldsymbol{J}\|_{\infty}=\max\left\{\frac{5}{8},\frac{5}{11},\frac{3}{4}\right\}=\frac{3}{4}<1.$$

应用定理 5.3 得 Jacobi 迭代方法收敛.　#

在算法程序中, 常用不等式 (5.2.10) 动态估计方程组近似解与精确解的误差是否满足给定的误差上限 ε, 当判定相邻两次迭代所得近似解之差满足不等式 $\left\|\boldsymbol{x}^{(k)}-\boldsymbol{x}^{(k-1)}\right\|<\dfrac{1-\|\boldsymbol{B}\|}{\|\boldsymbol{B}\|}\cdot\varepsilon$ 时, 则有

$$\left\|\boldsymbol{x}^{(k)}-\boldsymbol{x}^{*}\right\|\leqslant\varepsilon. \tag{5.2.14}$$

此时, 即可停止算法程序的运行, 因此不等式 (5.2.10) 称为**事后误差估计**.

同理, 不等式 (5.2.11) 称为**事先误差估计**. 事实上, 在算法程序运行之前, 根据不等式

$$\frac{\|\boldsymbol{B}\|^{k}}{1-\|\boldsymbol{B}\|}\cdot\left\|\boldsymbol{x}^{(1)}-\boldsymbol{x}^{(0)}\right\|<\varepsilon$$

可求得使近似解向量满足不等式 (5.2.14) 所需要的迭代次数

$$k=\left[\frac{\ln\frac{\varepsilon(1-\|\boldsymbol{B}\|)}{\left\|\boldsymbol{x}^{(1)}-\boldsymbol{x}^{(0)}\right\|}}{\ln\|\boldsymbol{B}\|}\right]+1,$$

这里, 符号 [·] 表示对括号中表达式的值进行取整运算.

事实上, 当迭代矩阵的某种范数 $\|\boldsymbol{B}\|<1$ 时, 一定有 $\rho(\boldsymbol{B})<1$. 因此, 凡是能用定理 5.3 判定收敛性的迭代法, 均能用定理 5.2 判定; 反之, 能够用定理 5.2 判定收敛的迭代法, 不见得能用定理 5.3 判定, 因为定理 5.3 中, 条件 $\|\boldsymbol{B}\|<1$ 只是判定迭代法 (5.2.2) 收敛性的充分不必要条件.

例 5.2.3 验证以 $\boldsymbol{B}=\begin{pmatrix}0.9 & 0\\ 0.3 & 0.8\end{pmatrix}$ 为迭代矩阵的一阶定常迭代法的收敛性.

证明 易得矩阵 $\boldsymbol{B}$ 的特征值为 $\lambda_1=0.9$, $\lambda_2=0.8$, 因此得 $\rho(\boldsymbol{B})<1$, 故由定理 5.2 知, 以 $\boldsymbol{B}$ 为迭代矩阵的迭代法是收敛的. #

上例中, 如果我们计算矩阵 $\boldsymbol{B}$ 的常见范数, 可得

$$\|\boldsymbol{B}\|_1=1.2>1,\quad \|\boldsymbol{B}\|_2=1.021>1,\quad \|\boldsymbol{B}\|_\infty=1.1>1,\quad \|\boldsymbol{B}\|_F=\sqrt{1.54}>1,$$

因此, 验证以 $\boldsymbol{B}$ 为迭代矩阵的迭代法的收敛性, 不宜用定理 5.3.

由于定理 5.2 的条件是判定迭代法收敛性的充要条件, 因此当不适宜用定理 5.3 判定某迭代法的收敛性时, 定理 5.2 或许是判定迭代法收敛性最有效的一种方法. 然而, 毕竟求迭代矩阵的范数要比求矩阵最大特征值要简单方便一些, 因此在判定一阶定常迭代法是否收敛时, 还是首先要考虑应用定理 5.3, 当该定理不适用时, 可再考虑应用定理 5.2.

5.2.2 Jacobi 迭代法与 Gauss-Seidel 迭代法收敛性的判定 *

一般情况下, 同一个方程组的 Jacobi 迭代法与 Gauss-Seidel 迭代法的收敛性之间无任何关联, 参见下面的例子.

例 5.2.4 已知方程组 $\boldsymbol{Ax}=\boldsymbol{b}$, 其中, $\boldsymbol{A}=\begin{pmatrix}1 & 2 & -2\\ 1 & 1 & 1\\ 2 & 2 & 1\end{pmatrix}$. 验证求解该方程组的 Jacobi 迭代法和 Gauss-Seidel 迭代法的收敛性.

解 (1) 易得 Jacobi 迭代法的迭代矩阵

$$\boldsymbol{J_A}=\begin{pmatrix}0 & -2 & 2\\ -1 & 0 & -1\\ -2 & -2 & 0\end{pmatrix}.$$

由于 $\boldsymbol{J_A}$ 的特征多项式 $\det(\lambda\boldsymbol{I}-\boldsymbol{J_A})=\lambda^3$, 其三个特征值为 $\lambda_1=\lambda_2=\lambda_3=0$. 因此有

$$\rho(\boldsymbol{J_A})<1.$$

所以, $\boldsymbol{J_A}$ 为迭代矩阵的 Jacobi 迭代法收敛.

(2) 同理可得：Gauss-Seidel 迭代法的迭代矩阵

$$G_A = \begin{pmatrix} 0 & -2 & 2 \\ 0 & 2 & -3 \\ 0 & 0 & 2 \end{pmatrix}.$$

G_A 的特征多项式 $\det(\lambda I - G_A) = \lambda(\lambda-2)^2$, 其特征值为 $\lambda_1 = 0, \lambda_2 = \lambda_3 = 2$. 于是有

$$\rho(G_A) = 2 > 1.$$

因此, 以 G_A 为迭代矩阵 Gauss-Seidel 迭代法是发散的. #

例 5.2.5 已知方程组 $Bx = d$, 其中, $B = \begin{pmatrix} 2 & -1 & 1 \\ 1 & 1 & 1 \\ 1 & 1 & -2 \end{pmatrix}$. 验证解该方程组的 Jacobi 迭代法和 Gauss-Seidel 迭代法的收敛性.

解 (1) 易得 Jacobi 迭代法的迭代矩阵 $J_B = \begin{pmatrix} 0 & \frac{1}{2} & -\frac{1}{2} \\ -1 & 0 & -1 \\ \frac{1}{2} & \frac{1}{2} & 0 \end{pmatrix}$, 则 J_B 的特征多项式

$$\det(\lambda I - J_B) = \lambda\left(\lambda^2 + \frac{5}{4}\right),$$

故 J_B 的三个特征值分别为 $\lambda_1 = 0,\ \lambda_{2,3} = \pm\frac{\sqrt{5}}{2}\mathrm{i}$. 于是有

$$\rho(J_B) = \frac{\sqrt{5}}{2} > 1.$$

因此, 以 J_B 为迭代矩阵的 Jacobi 迭代法是发散的.

(2) 同理可得：Gauss-Seidel 迭代法的迭代矩阵 $G_B = \begin{pmatrix} 0 & \frac{1}{2} & -\frac{1}{2} \\ 0 & -\frac{1}{2} & -\frac{1}{2} \\ 0 & 0 & -\frac{1}{2} \end{pmatrix}$, 其特征值分别为 $\lambda_1 = 0, \lambda_2 = \lambda_3 = \frac{1}{2}$, 于是有

$$\rho(G_B) = \frac{1}{2} < 1.$$

因此, 以 G_B 为迭代矩阵的 Gauss-Seidel 迭代法是收敛的. #

然而, 当方程组的系数矩阵具备某些特殊性质的时候, 根据系数矩阵的这些性质, 可以同时判定 Jacobi 迭代与 Gauss-Seidel 迭代法是否收敛, 下面介绍的定理 5.4 与定理 5.6 都属于这一类.

定理 5.4 如果 $\boldsymbol{A}$ 为严格 (按行) 对角占优矩阵, 则求解方程组 $\boldsymbol{Ax}=\boldsymbol{b}$ 的 Jacobi 迭代法和 Gauss-Seidel 迭代法均收敛, 这里 $\boldsymbol{A}=(a_{ij})\in\mathbf{R}^{n\times n}$.

证明 首先证明 Jacobi 迭代法的收敛性: 由 Jacobi 迭代矩阵知

$$\boldsymbol{J}=-\boldsymbol{D}^{-1}(\boldsymbol{L}+\boldsymbol{U})=-\boldsymbol{D}^{-1}(\boldsymbol{A}-\boldsymbol{D}),$$

式中, $\boldsymbol{A}=\boldsymbol{D}+\boldsymbol{L}+\boldsymbol{U}$. 由矩阵 $\boldsymbol{A}$ 严格 (按行) 对角占优知 $\boldsymbol{J}$ 的元素为 $b_{ij}=\begin{cases}0, & i=j\\ -\dfrac{a_{ij}}{a_{ii}}, & i\neq j\end{cases}$ 且有

$$\rho(\boldsymbol{J})\leqslant\|\boldsymbol{J}\|_\infty=\max_{1\leqslant i\leqslant n}\sum_{j=1}^{n}|b_{ij}|=\max_{1\leqslant i\leqslant n}\sum_{\substack{j=1\\ j\neq i}}^{n}\left|\frac{a_{ij}}{a_{ii}}\right|<1.$$

由定理 5.2 的推论 5.2.1 知 Jacobi 迭代法收敛.

接下来, 使用反证法证明 Gauss-Seidel 迭代法的收敛性: 假设 Gauss-Seidel 迭代法的迭代矩阵 $\boldsymbol{G}$ 存在绝对值 (模) 大于 1 的特征值 $\lambda_{\boldsymbol{G}}$, 则存在对应于该特征值的特征向量 $\boldsymbol{x}_{\boldsymbol{G}}$, 使

$$\boldsymbol{G}\boldsymbol{x}_{\boldsymbol{G}}=\lambda_{\boldsymbol{G}}\boldsymbol{x}_{\boldsymbol{G}},$$

这里, $\boldsymbol{G}=-(\boldsymbol{L}+\boldsymbol{D})^{-1}\boldsymbol{U}$; $\boldsymbol{A}=\boldsymbol{D}+\boldsymbol{L}+\boldsymbol{U}$. 于是齐次线性方程组 $(\boldsymbol{G}-\lambda_{\boldsymbol{G}}\boldsymbol{I})\boldsymbol{x}=\boldsymbol{0}$ 至少存在一个非零解 $\boldsymbol{x}_{\boldsymbol{G}}$, 由代数学的知识知: 方程组 $(\boldsymbol{G}-\lambda_{\boldsymbol{G}}\boldsymbol{E})\boldsymbol{x}=\boldsymbol{0}$ 的系数行列式

$$|\lambda_{\boldsymbol{G}}\boldsymbol{I}-\boldsymbol{G}|=0. \tag{5.2.15}$$

由于

$$|\lambda_{\boldsymbol{G}}\boldsymbol{I}-\boldsymbol{G}|=\left|\lambda_{\boldsymbol{G}}\boldsymbol{I}+(\boldsymbol{L}+\boldsymbol{D})^{-1}\boldsymbol{U}\right|=\left|(\boldsymbol{L}+\boldsymbol{D})^{-1}\right|\cdot|\lambda_{\boldsymbol{G}}(\boldsymbol{L}+\boldsymbol{D})+\boldsymbol{U}|,$$

并且由矩阵 $\boldsymbol{A}$ 严格对角占优知: $\left|(\boldsymbol{L}+\boldsymbol{D})^{-1}\right|\neq 0$, 因此得

$$|\lambda_{\boldsymbol{G}}(\boldsymbol{L}+\boldsymbol{D})+\boldsymbol{U}|=\lambda_{\boldsymbol{G}}^{n}\cdot\left|(\boldsymbol{L}+\boldsymbol{D})+\lambda_{\boldsymbol{G}}^{-1}\boldsymbol{U}\right|=0.$$

再由条件 $|\lambda_{\boldsymbol{G}}|\geqslant 1$ 和矩阵 $\boldsymbol{A}$ 的严格对角占优性质知: 矩阵 $\left((\boldsymbol{L}+\boldsymbol{D})+\dfrac{1}{\lambda_{\boldsymbol{G}}}\boldsymbol{U}\right)$ 也是严格对角占优阵. 根据对角占优定理 3.2 知: $\left|(\boldsymbol{L}+\boldsymbol{D})+\lambda_{\boldsymbol{G}}^{-1}\boldsymbol{U}\right|\neq 0$. 即有结论

$$\lambda_{\boldsymbol{G}}^{n}\cdot\left|(\boldsymbol{L}+\boldsymbol{D})+\lambda_{\boldsymbol{G}}^{-1}\boldsymbol{U}\right|\neq 0,$$

这与式 (5.2.15) 的结论相矛盾, 因此假设错误, 即迭代矩阵 $\boldsymbol{G}$ 所有的特征值的绝对值 (模) 均小于 1, 因此有

$$\rho(\boldsymbol{G})<1.$$

由定理 5.2 的推论 5.2.2 知 Gauss-Seidel 迭代法收敛. #

例 5.2.6 建立解方程组 $\begin{cases} x_1+5x_2-x_3=2 \\ 5x_1-2x_2+x_3=4 \\ 2x_1+x_2-5x_3=-11 \end{cases}$ 的 Gauss-Seidel 迭代格式, 并判断迭代法的收敛性.

解 整理方程组得 $\begin{cases} 5x_1-2x_2+x_3=4 \\ x_1+5x_2-x_3=2 \\ 2x_1+x_2-5x_3=-11 \end{cases}$, 进而将其改写成等价形式

$$\begin{cases} x_1=\dfrac{1}{5}(4+2x_2-x_3) \\ x_2=\dfrac{1}{5}(2-x_1+x_3) \\ x_3=\dfrac{1}{5}(11+2x_1+x_2) \end{cases}.$$

据此, 可建立 Gauss-Seidel 迭代格式为

$$\begin{cases} x_1^{(k+1)}=\dfrac{1}{5}\left(4+2x_2^{(k)}-x_3^{(k)}\right) \\ x_2^{(k+1)}=\dfrac{1}{5}\left(2-x_1^{(k+1)}+x_3^{(k)}\right) \\ x_3^{(k+1)}=\dfrac{1}{5}\left(11+2x_1^{(k+1)}+x_2^{(k+1)}\right) \end{cases} \quad k=0,1,2,\cdots.$$

由于调整后的线性方程组的系数矩阵 $\boldsymbol{A}=\begin{pmatrix} 5 & -2 & 1 \\ 1 & 5 & -1 \\ 2 & 1 & -5 \end{pmatrix}$ 是严格对角占优的, 由定理 5.4 知 Gauss-Seidel 迭代法收敛. #

定义 5.3 任意实矩阵 $\boldsymbol{A}=(a_{ij})\in\mathbf{R}^{n\times n}$, $n\geqslant 2$, 如果存在置换阵 $\boldsymbol{P}$ 使

$$\boldsymbol{P}^{\mathrm{T}}\boldsymbol{A}\boldsymbol{P}=\begin{pmatrix} \boldsymbol{A}_{11} & \boldsymbol{A}_{12} \\ \boldsymbol{O} & \boldsymbol{A}_{22} \end{pmatrix}, \tag{5.2.16}$$

式中, $\boldsymbol{A}_{ij}$ 为矩阵 $\boldsymbol{P}^{\mathrm{T}}\boldsymbol{A}\boldsymbol{P}$ 的子块, 则称矩阵 $\boldsymbol{A}$ 为**可约的(可分的)**; 否则, 如果不存在置换阵 $\boldsymbol{P}$ 使式 (5.2.16) 成立, 则称 $\boldsymbol{A}$ 为**不可约的 (不可分的)**.

定理 5.5 (不可约对角占优定理) 如果 $\boldsymbol{A}$ 是不可约对角占优矩阵, 则矩阵 $\boldsymbol{A}$ 非奇异.

定理 5.6 如果 $\boldsymbol{A}$ 为弱对角占优且不可约, 则解方程组 $\boldsymbol{Ax}=\boldsymbol{b}$ 的 Jacobi 迭代法和 Gauss-Seidel 迭代法均收敛, 这里 $\boldsymbol{A}=(a_{ij})\in\mathbf{R}^{n\times n}$.

定理 5.7 如果 $\boldsymbol{A}$ 为对称正定矩阵, 则解方程组 $\boldsymbol{Ax}=\boldsymbol{b}$ 的 Gauss-Seidel 迭代法收敛, 这里 $\boldsymbol{A}=(a_{ij})\in\mathbf{R}^{n\times n}$.

定理 5.5~定理 5.7 的证明略. 需要指出的是: 根据定理 5.7, 当方程组的系数矩阵 $\boldsymbol{A}$ 为对阵正定阵时, 能够直接判断 Gauss-Seidel 迭代法是收敛的, 但是不能确保 Jacobi 迭代法的

收敛性; 然而当给矩阵 $\boldsymbol{A}$ 施加更为严苛的条件时, 比如要求 $2\boldsymbol{D}-\boldsymbol{A}$ 也是正定阵, 则可以证明 Jacobi 迭代法的收敛性; 见如下结论.

定理 5.8 设方程组 (5.2.1) 的系数矩阵 $\boldsymbol{A}$ 为对称正定阵, 则当且仅当 $2\boldsymbol{D}-\boldsymbol{A}$ 也是正定阵时, Jacobi 迭代法收敛, 这里 $\boldsymbol{D}$ 的定义参见式 (5.1.10).

证明 显然, Jacobi 迭代法的迭代矩阵

$$\boldsymbol{J}=-\boldsymbol{D}^{-1}(\boldsymbol{L}+\boldsymbol{U})=\mathrm{D}^{-1}(\boldsymbol{D}-\boldsymbol{A})=\boldsymbol{I}-\boldsymbol{D}^{-1}\boldsymbol{A}.$$

这里 $\boldsymbol{D}$、$\boldsymbol{L}$ 和 $\boldsymbol{U}$ 的定义见式 (5.1.10). 则当 $\boldsymbol{A}$ 为对阵正定阵时, 其对角元素 $a_{ii}>0(i=1,2,\cdots,n)$, 且有

$$\boldsymbol{J}=\boldsymbol{D}^{-\frac{1}{2}}\left(\mathrm{I}-\boldsymbol{D}^{-\frac{1}{2}}\boldsymbol{A}\boldsymbol{D}^{-\frac{1}{2}}\right)\boldsymbol{D}^{\frac{1}{2}}. \tag{5.2.17}$$

再由矩阵 $\boldsymbol{A}$ 的对称性与式 (5.2.17) 知: 矩阵 $\boldsymbol{J}$ 与矩阵 $\boldsymbol{I}-\boldsymbol{D}^{-\frac{1}{2}}\boldsymbol{A}\boldsymbol{D}^{-\frac{1}{2}}$ 相似, 且为对称阵, 因而迭代矩阵 $\boldsymbol{J}$ 的特征值均为实数.

由式 (5.2.17) 得

$$\boldsymbol{I}+\boldsymbol{J}=\boldsymbol{D}^{-\frac{1}{2}}\left(2\boldsymbol{I}-\boldsymbol{D}^{-\frac{1}{2}}\boldsymbol{A}\boldsymbol{D}^{-\frac{1}{2}}\right)\boldsymbol{D}^{\frac{1}{2}}=\boldsymbol{D}^{-1}(2\boldsymbol{D}-\boldsymbol{A}); \tag{5.2.18}$$

$$\boldsymbol{I}-\boldsymbol{J}=\boldsymbol{D}^{-\frac{1}{2}}\left(\boldsymbol{D}^{-\frac{1}{2}}\boldsymbol{A}\boldsymbol{D}^{-\frac{1}{2}}\right)\boldsymbol{D}^{\frac{1}{2}}=\boldsymbol{D}^{-1}\boldsymbol{A}. \tag{5.2.19}$$

即矩阵 $\boldsymbol{I}-\boldsymbol{J}$ 和 $\boldsymbol{I}+\boldsymbol{J}$ 都是对称阵, 由代数学的知识知两个矩阵的特征值都是实数. 进而, 由式 (5.2.18) 可证: 当且仅当矩阵 $2\boldsymbol{D}-\boldsymbol{A}$ 是正定阵时, 矩阵 $\boldsymbol{I}+\boldsymbol{J}$ 的特征值均为正实数.

事实上, 不妨设 λ 为矩阵 $\boldsymbol{I}+\boldsymbol{J}$ 的任意一个特征值, $\boldsymbol{x}$ 为对应于该特征值的特征向量, 因此有 $\boldsymbol{D}^{-1}(2\boldsymbol{D}-\boldsymbol{A})\boldsymbol{x}=(\boldsymbol{I}+\boldsymbol{J})\boldsymbol{x}=\lambda\boldsymbol{x}$, 进而有

$$\boldsymbol{x}^{\mathrm{T}}(2\boldsymbol{D}-\boldsymbol{A})\boldsymbol{x}=\boldsymbol{x}^{\mathrm{T}}(\lambda\boldsymbol{D})\boldsymbol{x}. \tag{5.2.20}$$

又由于 $a_{ii}>0\,(i=1,\cdots,n)$, 可知: 当矩阵 $2\boldsymbol{D}-\boldsymbol{A}$ 为正定阵时, 可推出矩阵 $\boldsymbol{I}+\boldsymbol{J}$ 的特征值 $\lambda>0$; 反之, 若 $\lambda>0$, 则矩阵 $2\boldsymbol{D}-\boldsymbol{A}$ 是正定阵.

同理, 由式 (5.2.19) 可证: 当且仅当矩阵 $\boldsymbol{A}$ 为正定阵时, 矩阵 $\boldsymbol{I}-\boldsymbol{J}$ 的特征值均为正实数.

综上所述, 当 $\boldsymbol{A}$ 为对称正定阵时, Jacobi 迭代法收敛当且仅当谱半径 $\rho(\boldsymbol{J})<1$, 当且仅当矩阵 $\boldsymbol{I}-\boldsymbol{J}$ 和 $\boldsymbol{I}+\boldsymbol{J}$ 的特征值都是正实数, 当且仅当 $2\boldsymbol{D}-\boldsymbol{A}$ 也是正定阵. #

例如, 令 $\boldsymbol{A}=\begin{pmatrix}1&2&1\\2&6&1\\1&1&2\end{pmatrix}$, 即矩阵 $\boldsymbol{A}$ 为对称正定阵, 此时若使用 Gauss-Seidel 迭代法求解线性方程组 $\boldsymbol{A}\boldsymbol{x}=\boldsymbol{b}$, 由 $\boldsymbol{A}$ 的对称正定性, 根据定理 5.7 可判定 Gauss-Seidel 迭代法收敛, 然而, 矩阵 $2\boldsymbol{D}-\boldsymbol{A}$ 非正定, 因此可以判定求解该方程组的 Jacobi 迭代法发散.

5.2.3 迭代法的收敛速度

接下来分析迭代法的收敛速. 由式

$$\boldsymbol{\varepsilon}^{(k)}=\boldsymbol{B}^k\boldsymbol{\varepsilon}^{(0)}\to\boldsymbol{0},\ \ k\to\infty \tag{5.2.7}$$

知：当迭代格式 (5.2.2) 收敛时, 其收敛速度取决于矩阵 $\boldsymbol{B}^k\to\boldsymbol{O}$ 的快慢程度.

设迭代矩阵 $\boldsymbol{B}$ 有 n 个线性无关的特征向量 $\boldsymbol{u}_1,\boldsymbol{u}_2,\cdots,\boldsymbol{u}_n$, 且其相应的特征值满足不等式

$$|\lambda_1|\geqslant|\lambda_2|\geqslant\cdots\geqslant|\lambda_n|,$$

则用该特征向量系将误差向量 $\boldsymbol{\varepsilon}^{(0)}=\boldsymbol{x}^{(0)}-\boldsymbol{x}^*$ 展开, 得

$$\boldsymbol{\varepsilon}^{(0)}=\alpha_1\boldsymbol{u}_1+\alpha_2\boldsymbol{u}_2+\cdots+\alpha_n\boldsymbol{u}_n.$$

故当 $\rho(\boldsymbol{B})<1$ 时, 经过 k 步迭代后, $\lambda_i^k\to 0$, 因此第 k 步迭代的误差向量

$$\boldsymbol{\varepsilon}^{(k)}=\boldsymbol{x}^{(k)}-\boldsymbol{x}^*=\boldsymbol{B}^k\left(\boldsymbol{x}^{(0)}-\boldsymbol{x}^*\right)=\sum_{i=1}^n\alpha_i\lambda_i^k\boldsymbol{u}_i\to 0,\quad k\to\infty.$$

可见, $\boldsymbol{\varepsilon}^{(k)}\to\boldsymbol{0}$ 的速度又从根本上取决于谱半径的 n 次幂 $\rho(\boldsymbol{B})^n=|\lambda_1|^n$ 趋于 0 的速度, 即当 $\rho(\boldsymbol{B})<1$ 越小时, 迭代法 (5.2.2) 的收敛速度越快, 而当 $\rho(\boldsymbol{B})\approx 1$, 收敛就比较慢. 因此, 可以用量 $\rho(\boldsymbol{B})$ 来描述迭代法的收敛速度.

定义 5.4 设矩阵 $\boldsymbol{B}$ 为某迭代法的迭代矩阵, 则称

$$R(\boldsymbol{B})=-\ln\rho(\boldsymbol{B}) \tag{5.2.21}$$

为迭代法的**收敛速度**.

根据定义 5.4 和定理 5.2 知, 当 $R(\boldsymbol{B})\leqslant 0$ 时, $\rho(\boldsymbol{B})\geqslant 1$, 则迭代法发散；当 $R(\boldsymbol{B})>0$ 时, $\rho(\boldsymbol{B})<1$, 则迭代法收敛, 且 $R(\boldsymbol{B})$ 的代数值越大, 则迭代法的收敛速度就越快.

可以证明在满足某些特殊的条件下, 如果 Jacobi 迭代法和 Gauss-Seidel 迭代法都收敛, 则 Gauss-Seidel 迭代法的收敛速度是 Jacobi 迭代法的两倍, 详情参见 5.3 节.

5.3 逐次超松弛迭代法 (SOR 方法)

由上面的讨论我们知道, 迭代方法的收敛性和收敛速度仅与迭代矩阵的谱半径相关, 即当迭代格式建立后, 若收敛, 则其收敛速度也就固定下来了. 实际应用中, 如果我们采用数值效果相对较好一些的 Gauss-Seidel 迭代法, 收敛速度仍太慢, 那么能否采取一定的改进或补救措施呢? 本节所介绍的 SOR 方法, 就是对 Gauss-Seidel 迭代法的一种改进形式.

5.3.1 SOR 迭代的构造

假设线性方程组

$$Ax = b \tag{5.3.1}$$

的系数矩阵 A 是实矩阵, 且存在如下分解

$$A = L + D + U. \tag{5.3.2}$$

这里, $A = (a_{ij})_{n\times n}$, 矩阵 L、D、U 的定义参见式 (5.1.10), 且主对角元 $a_{ii} \neq 0, i = 1, \cdots, n$, $b = (b_1, b_2, \cdots, b_n)^{\mathrm{T}}$, 则求解方程组 (5.3.1) 的 Gauss-Seidel 迭代法 (5.1.19) 等价于如下迭代公式:

$$x^{(k+1)} = D^{-1}\left(b - Lx^{(k+1)} - Ux^{(k)}\right), \tag{5.3.3}$$

这里, $k = 0, 1, \cdots$.

若令 $\Delta x = x^{(k+1)} - x^{(k)}$, 即 Δx 表示两次迭代所得近似解向量之差, 则有

$$x^{(k+1)} = x^{(k)} + \Delta x. \tag{5.3.4}$$

上式也就是说: 迭代法的近似向量 $x^{(k+1)}$ 可以看作是在第 k 步的近似向量 $x^{(k)}$ 上加上一个修正项 Δx 得到的. 如果我们给式 (5.3.4) 中的修正项 Δx 添加一个权重系数 ω, 可得

$$\begin{aligned} x^{(k+1)} =& x^{(k)} + \omega\Delta x, \\ =& x^{(k)} + \omega\left(x^{(k+1)} - x^{(k)}\right). \end{aligned}$$

将 $x^{(k+1)} = D^{-1}\left(b - Lx^{(k+1)} - Ux^{(k)}\right)$ 代入上式右端, 得一个新的一阶定常迭代格式

$$\begin{aligned} x^{(k+1)} =& x^{(k)} + \omega\left(D^{-1}\left(b - Lx^{(k+1)} - Ux^{(k)}\right) - x^{(k)}\right), \\ =& (1-\omega)\,x^{(k)} + \omega D^{-1}\left(b - Lx^{(k+1)} - Ux^{(k)}\right), \end{aligned} \tag{5.3.5}$$

这里 ,$k = 0, 1, \cdots$. 表达式 (5.3.5) 的分量表示形式为

$$x_i^{(k+1)} = (1-\omega)\,x_i^{(k)} + \frac{\omega}{a_{ii}}\left(b_i - \sum_{j=1}^{i-1} a_{ij}x_j^{(k+1)} - \sum_{j=i+1}^{n} a_{ij}x_j^{(k)}\right), \tag{5.3.6}$$

这里, $i = 1, \cdots; n = 0, 1, \cdots$.

一般地, 我们将迭代公式 (5.3.6) 称为**逐次超松弛迭代法**, 简称为 SOR 方法, 参数 ω 称为**松弛因子**, 式 (5.3.6) 即为 SOR 方法的分量表示形式. 特别地, 当松弛因子 $\omega > 1$ 时, 式 (5.3.6) 称为**逐次超松迭代法**; 当 $\omega < 1$ 时, 式 (5.3.6) 称为**逐次低松弛迭代法**; 当松弛因子 $\omega = 1$ 时, 迭代法 (5.3.6) 退化为 Gauss-Seidel 迭代法.

当 $a_{ii} \neq 0$ 时, 逆矩阵 $(\boldsymbol{D}+\omega\boldsymbol{L})^{-1}$ 存在, 这里 ,$i=1,\cdots,n$. 因此可以将式 (5.3.5) 改写为如下形式

$$\boldsymbol{x}^{(k+1)} = (\boldsymbol{D}+\omega\boldsymbol{L})^{-1}\left((1-\omega)\boldsymbol{D}-\omega\boldsymbol{U}\right)\boldsymbol{x}^{(k)} + \omega(\boldsymbol{D}+\omega\boldsymbol{L})^{-1}\boldsymbol{b}. \tag{5.3.7}$$

上式即为 SOR 方法的矩阵形式, 矩阵 $(\boldsymbol{D}+\omega\boldsymbol{L})^{-1}((1-\omega)\boldsymbol{D}-\omega\boldsymbol{U})$ 为 SOR 方法的迭代矩阵, 常记为 $\boldsymbol{S}_\omega = (\boldsymbol{D}+\omega\boldsymbol{L})^{-1}((1-\omega)\boldsymbol{D}-\omega\boldsymbol{U})$, 这里 ,$k=0,1,\cdots$.

5.3.2 SOR 方法的收敛性

对 SOR 方法 (5.3.6), 当选定松弛因子 ω 后, 若矩阵 $\boldsymbol{A}$ 的主对角元素

$$a_{ii} \neq 0 \quad (i=1,2,\cdots,n), \tag{5.3.8}$$

应用定理 5.2, 则可得如下结论.

定理 5.9 当且仅当谱半径 $\rho(\boldsymbol{S}_\omega) < 1$ 时, SOR 方法 (5.3.7) 收敛, 这里 $\boldsymbol{S}_\omega$ 是 SOR 方法 (5.3.7) 的迭代矩阵.

定理 5.10 (必要条件) 在系数矩阵 $\boldsymbol{A}$ 满足条件 (5.3.8) 的前提下, 若 SOR 方法 (5.3.7) 收敛, 则松弛因子 ω 满足如下不等式

$$0 < \omega < 2. \tag{5.3.9}$$

证明 记 SOR 迭代法 (5.3.7) 的迭代矩阵 $(\boldsymbol{D}+\omega\boldsymbol{L})^{-1}((1-\omega)\boldsymbol{D}-\omega\boldsymbol{U}) = \boldsymbol{S}_\omega$, 则迭代矩阵 $\boldsymbol{S}_\omega$ 的行列式

$$\begin{aligned}|\boldsymbol{S}_\omega| &= \left|(\boldsymbol{D}+\omega\boldsymbol{L})^{-1}\right| \cdot |(1-\omega)\boldsymbol{D}-\omega\boldsymbol{U}| = \prod_{i=1}^{n} a_{ii}^{-1} \cdot \prod_{i=1}^{n}[(1-\omega)\cdot a_{ii}] \\ &= (1-\omega)^n.\end{aligned}$$

另外, 由于矩阵的行列式等于其所有特征值之积, 即有

$$|\boldsymbol{S}_\omega| = \prod_{i=1}^{n} \lambda_i,$$

于是有

$$|1-\omega|^n = |\det(\boldsymbol{S}_\omega)| = \prod_{i=1}^{n} |\lambda_i| \leqslant \rho(\boldsymbol{S}_\omega)^n,$$

即无论 SOR 方法是否收敛, 松弛因子 ω 一定满足如下不等式

$$|1-\omega| \leqslant \rho(\boldsymbol{S}_\omega).$$

由定理 5.9 知, 当 SOR 方法收敛时, 有 $\rho(\boldsymbol{S}_\omega) < 1$. 因此松弛因子 ω 满足如下不等式

$$|1-\omega| \leqslant 1.$$

解之, 得

$$0 < \omega < 2. \qquad \#$$

定理 5.10 指出: 为了使 SOR 方法收敛, 松弛因子必须满足不等式 $0 < \omega < 2$. 然而对于任意一个线性方程组来讲, 当松弛因子满足上述不等式时, 其 SOR 方法未必收敛. 特别地, 当方程组的系数矩阵 $\boldsymbol{A}$ 为实对称正定矩阵时, 可以肯定 SOR 方法一定是收敛的.

定理 5.11 (充要条件判别法) *若方程组的系数矩阵* $\boldsymbol{A}$ *是实对称正定阵, 则当且仅当* $0 < \omega < 2$ *时*, SOR *方法收敛*.

证明 必要性的证明同定理 5.10, 下面仅证明充分性. 令 λ 表示迭代矩阵

$$\boldsymbol{S}_\omega = (\boldsymbol{D} + \omega \boldsymbol{L})^{-1} ((1-\omega)\boldsymbol{D} - \omega \boldsymbol{U})$$

的任意一个特征值, $\boldsymbol{x}$ 是与特征值 λ 对应的特征向量, 则成立如下等式

$$(\boldsymbol{D} + \omega \boldsymbol{L})^{-1} ((1-\omega)\boldsymbol{D} - \omega \boldsymbol{U})\boldsymbol{x} = \lambda \boldsymbol{x}. \tag{5.3.10}$$

下面证明: 当 $0 < \omega < 2$ 时, 特征值 λ 满足不等式

$$|\lambda| \leqslant 1.$$

在方程 (5.3.10) 的两边左乘以矩阵 $(\boldsymbol{D} + \omega \boldsymbol{L})$, 得

$$((1-\omega)\boldsymbol{D} - \omega \boldsymbol{U})\boldsymbol{x} = \lambda (\boldsymbol{D} + \omega \boldsymbol{L})\boldsymbol{x}.$$

用向量 $\boldsymbol{x}$ 的共轭转置 $\boldsymbol{x}^{\mathrm{H}}$ 左乘上式两端, 得

$$\boldsymbol{x}^{\mathrm{H}} \cdot ((1-\omega)\boldsymbol{D} - \omega \boldsymbol{U})\boldsymbol{x} = \lambda \boldsymbol{x}^{\mathrm{H}} \cdot (\boldsymbol{D} + \omega \boldsymbol{L})\boldsymbol{x}.$$

整理上式, 即有

$$(1-\omega)\boldsymbol{x}^{\mathrm{H}}\boldsymbol{D}\boldsymbol{x} - \omega \boldsymbol{x}^{\mathrm{H}}(\boldsymbol{U}\boldsymbol{x}) = \lambda \left(\boldsymbol{x}^{\mathrm{H}}\boldsymbol{D}\boldsymbol{x} + \omega \boldsymbol{x}^{\mathrm{H}}\boldsymbol{L}\boldsymbol{x}\right). \tag{5.3.11}$$

在式 (5.3.11) 中, 不妨令

$$\boldsymbol{x}^{\mathrm{H}}\boldsymbol{D}\boldsymbol{x} = r + \mathrm{i} \cdot h, \quad \boldsymbol{x}^{\mathrm{H}}(\boldsymbol{U}\boldsymbol{x}) = p + \mathrm{i} \cdot q,$$

式中, $\mathrm{i} = \sqrt{-1}$ 是虚数单位, 则对于矩阵 $\boldsymbol{A}$ 为对称正定矩阵可得如下 4 个结论.

(1) $\boldsymbol{x}^{\mathrm{H}}\boldsymbol{D}\boldsymbol{x} = r > 0$;

(2) $\boldsymbol{L} = \boldsymbol{U}^{\mathrm{T}} = \boldsymbol{U}^{\mathrm{H}}$, 因此有

$$\boldsymbol{x}^{\mathrm{H}}\boldsymbol{L}\boldsymbol{x} = \boldsymbol{x}^{\mathrm{H}}\boldsymbol{U}^{\mathrm{H}}\boldsymbol{x} = (\boldsymbol{U}\boldsymbol{x})^{\mathrm{H}}\boldsymbol{x} = \boldsymbol{x}(\boldsymbol{U}\boldsymbol{x})^{\mathrm{H}} = \overline{\boldsymbol{x}^{\mathrm{H}}(\boldsymbol{U}\boldsymbol{x})} = p - \mathrm{i} \cdot q;$$

(3) $\boldsymbol{x}^{\mathrm{H}}\boldsymbol{A}\boldsymbol{x} = \boldsymbol{x}^{\mathrm{H}}\boldsymbol{D}\boldsymbol{x} + \boldsymbol{x}^{\mathrm{H}}\boldsymbol{L}\boldsymbol{x} + \boldsymbol{x}^{\mathrm{H}}\boldsymbol{U}\boldsymbol{x} = r + 2p > 0$;

(4) $\boldsymbol{x}^{\mathrm{H}}\boldsymbol{D}\boldsymbol{x}+\omega\boldsymbol{x}^{\mathrm{H}}\boldsymbol{L}\boldsymbol{x}=r+\omega\cdot(p-\mathrm{i}\cdot q)\neq 0$.

在式 (5.3.11) 中解出 λ, 得

$$\lambda=\frac{(1-\omega)\,\boldsymbol{x}^{\mathrm{H}}\boldsymbol{D}\boldsymbol{x}-\omega\boldsymbol{x}^{\mathrm{H}}(\boldsymbol{U}\boldsymbol{x})}{\boldsymbol{x}^{\mathrm{H}}\boldsymbol{D}\boldsymbol{x}+\omega\boldsymbol{x}^{\mathrm{H}}\boldsymbol{L}\boldsymbol{x}}=\frac{(1-\omega)\,r-\omega\,(p+\mathrm{i}\cdot q)}{r+\omega\,(p-\mathrm{i}\cdot q)}=\frac{r-\omega r-\omega p-\mathrm{i}\cdot\omega q}{r+\omega p-\mathrm{i}\cdot\omega q},$$

因此, 特征值 λ 的模的平方

$$\begin{aligned}|\lambda|^2=&\lambda\cdot\bar{\lambda}=\frac{r-\omega r-\omega p-\mathrm{i}\cdot\omega q}{r+\omega p-\mathrm{i}\cdot\omega q}\cdot\overline{\left(\frac{r-\omega r-\omega p-\mathrm{i}\cdot\omega q}{r+\omega p-\mathrm{i}\cdot\omega q}\right)}\\=&\frac{r-\omega r-\omega p-\mathrm{i}\cdot\omega q}{r+\omega p-\mathrm{i}\cdot\omega q}\cdot\frac{\overline{r-\omega r-\omega p-\mathrm{i}\cdot\omega q}}{\overline{r+\omega p-\mathrm{i}\cdot\omega q}}\\=&\frac{(r-\omega r-\omega p)^2+(\omega q)^2}{(r+\omega p)^2+(\omega q)^2}.\end{aligned}$$

又由于 $r+2p>0,\ r>0$, 则当 $0<\omega<2$ 时, 得

$$(r-\omega r-\omega p)^2+(\omega q)^2-\left[(r+\omega p)^2+(\omega q)^2\right]=-\omega\,(r+2p)\cdot(2-\omega)\,r\leqslant 0.$$

于是, 当 $0<\omega<2$ 时, 可证得不等式 $|\lambda|\leqslant 1$. 再由特征值 λ 的任意性知

$$\rho\,(\boldsymbol{S}_\omega)<1.$$

即当 $0<\omega<2$ 时, SOR 方法 (5.3.7) 收敛. #

例 5.3.1　用 SOR 方法求解如下线性方程组

$$\begin{pmatrix}-4&1&1&1\\1&-4&1&1\\1&1&-4&1\\1&1&1&-4\end{pmatrix}\begin{pmatrix}x_1\\x_2\\x_3\\x_4\end{pmatrix}=\begin{pmatrix}1\\1\\1\\1\end{pmatrix},$$

并与方程组的精确解进行比较.

解　由式 (5.3.6) 得 SOR 迭代法

$$\left\{\begin{aligned}x_1^{(k+1)}&=x_1^{(k)}-\omega(1+4x_1^{(k)}-x_2^{(k)}\quad-x_3^{(k)}\quad-x_4^{(k)})/4\\x_2^{(k+1)}&=x_2^{(k)}-\omega(1-x_1^{(k+1)}+4x_2^{(k)}-x_3^{(k)}\quad-x_4^{(k)})/4\\x_3^{(k+1)}&=x_3^{(k)}-\omega(1-x_1^{(k+1)}-x_2^{(k+1)}+4x_3^{(k)}-x_4^{(k)})/4\\x_4^{(k+1)}&=x_4^{(k)}-\omega(1-x_1^{(k+1)}-x_2^{(k+1)}-x_3^{(k+1)}+4x_4^{(k)})/4\end{aligned}\right..$$

若令 $\omega=1.3$, 并取初始解向量为 $\boldsymbol{x}^{(0)}=(0,0,0,0)^{\mathrm{T}}$, 代入上式右端, 迭代到第 11 步的结果为

$$\boldsymbol{x}^{(11)}=(-0.99999646,-1.00000310,-0.99999953,-0.99999912)^{\mathrm{T}}.$$

不难求得方程组的精确解为 $\boldsymbol{x}^* = \begin{pmatrix} -1, & -1, & -1, & -1 \end{pmatrix}^{\mathrm{T}}$. 于是可以计算出数值解 $\boldsymbol{x}^{(11)}$ 的误差为

$$\left\|\boldsymbol{\varepsilon}^{(11)}\right\|_2 = \left\|\boldsymbol{x}^{(11)} - \boldsymbol{x}^*\right\|_2 \leqslant 0.46 \times 10^{-5}. \qquad \#$$

对应松弛因子 ω 的其他取值, SOR 方法求出相同精度的数值解所进行的迭代次数见表 5.3.

由表 5.3 中数据可知, 本例中 ω=1.3 是最佳松弛因子, 且松弛因子选择对 SOR 方法的收敛性, 特别是对迭代次数的多少有很大的影响. 因此使用 SOR 方法, 松弛因子的选择步骤必不可少.

表 5.3 最佳松弛因子的选择

松弛因子 ω	1.0	1.1	1.2	1.3	1.4	1.5	1.6	1.7	1.8	1.9
迭代次数	22	17	12	11	14	17	23	33	53	109

5.3.3 相容次序与最佳松弛因子的选择 *

本节简单介绍一些与松弛因子选择有关的结论. 首先给出如下定义.

定义 5.5 给定一个 n 阶方阵 $\boldsymbol{A} = (a_{ij})$, 当 $i \neq j$ 时, 若 $a_{ij} \neq 0$ 或 $a_{ji} \neq 0$, 则称下标 i 与 j 是**有联系的**.

定义 5.6 给定一个 n 阶方阵 $\boldsymbol{A} = (a_{ij})$, 记一个自然数集合 $W = \{1, 2, \cdots, n\}$, 若在 W 中存在 t 个互不相交的子集 $W_1, W_2, \cdots, W_t$, 满足如下两个条件:

(1) $\bigcup\limits_{k=1}^{t} W_k = W$;

(2) $\forall i \in W_k$, 若 i 与 j 有联系, 则当 $j > i$ 时, 有 $j \in W_{k+1}$; 当 $j < i$ 时, 有 $j \in W_{k-1}$, 则称矩阵 $\boldsymbol{A}$ 具有**相容次序**.

应该指出的是: 若矩阵 $\boldsymbol{A}$ 具有相容次序, 则同属于一个子集的不同元素之间应该没有联系, 也就是说, 若 $i, j \in W_k, i \neq j$, 则应有 $a_{ij} = 0$.

例 5.3.2 证明矩阵 $\boldsymbol{A} = \begin{pmatrix} 5 & 1 & 0 & 1 \\ 0 & 5 & 1 & 0 \\ 0 & 1 & 5 & 0 \\ 1 & 0 & 0 & 5 \end{pmatrix}$ 具有相容次序.

证明 若取 $W_1 = \{1\}, W_2 = \{2, 4\}, W_3 = \{3\}$, 则三个子集互不相交, 且有

$$\bigcup_{k=1}^{3} W_k = \{1, 2, 3, 4\}.$$

由于 $a_{12} = 1$, 即下标 1 和 2 是有联系的, 且下标 $1 \in W_1$, $2 \in W_{1+1} = W_2$;

由于 $a_{23} = 1$, 即下标 2 和 3 是有联系的, 且下标 $2 \in W_2$, $3 \in W_{2+1} = W_3$;

由于 $a_{32} = 1$, 即下标 3 和 2 是有联系的, 且下标 $3 \in W_3$, $2 \in W_{3-1} = W_2$;

由于 $a_{14}=1$, 即下标 1 和 4 是有联系的, 且下标 $1\in W_1$, $4\in W_{1+1}=W_2$;

由于 $a_{41}=1$, 即下标 4 和 1 是有联系的, 且下标 $4\in W_2$, $1\in W_{2-1}=W_1$.

由定义 5.6 知矩阵 $\boldsymbol{A}$ 具有相容次序. #

例 5.3.3 证明矩阵 $\boldsymbol{A}=(a_{ij})=\begin{pmatrix}5&0&0&0\\1&5&0&0\\2&3&5&0\\0&4&4&5\end{pmatrix}$ 不具有相容次序.

证明 事实上, 由于 $a_{21}\neq 0, a_{31}\neq 0, a_{41}\neq 0$ 知下标 1 一定不能与 2, 3, 4 合并在一个集合; 同理, 由于 $a_{32}\neq 0, a_{42}\neq 0$ 知下标 2 一定不能与 3, 4 合并在一个集合; 由于 $a_{43}\neq 0$, 所以下标 3 和 4 也不能在一个集合.

因此, 满足条件定义 5.6 中条件 (1) 的下标集合分类只能是

$$W_i=\{1\},\quad W_j=\{2\},\quad W_k=\{3\},\quad W_l=\{4\}.$$

事实上, 无论四个集合怎么排列, 由于 $a_{21}\neq 0, a_{31}\neq 0, a_{41}\neq 0$, 因此矩阵总存在元素 $a_{ij}\neq 0$, 虽然下标 $i\in W_k$, 要么有当 $j>i$ 时, 下标 $j\notin W_{k+1}$, 要么有当 $j<i$ 时, $j\notin W_{k-1}$.

因此由定义 5.6 知, 矩阵 $\boldsymbol{A}$ 不具有相容次序. #

在了解了什么是相容次序后, 关于 SOR 方法最佳松弛因子的选取, 有如下结论.

定理 5.12[4] 若 n 阶方阵 $\boldsymbol{A}=(a_{ij})_{n\times n}$ 具有相容次序, 其对角元素全不为零, 矩阵

$$\boldsymbol{J}=\boldsymbol{I}-\boldsymbol{D}^{-1}\boldsymbol{A}$$

的特征值全部为实数, 式中, $\boldsymbol{D}=\mathrm{diag}\,(a_{11},a_{22},\cdots,a_{nn})$, 且 $\lambda=\rho\,(\boldsymbol{J})<1$. 若令参数

$$\omega_{\text{opt}}=\frac{2}{1+\sqrt{1-\lambda^2}}=1+\left(\frac{\lambda}{1+\sqrt{1-\lambda^2}}\right)^2,\tag{5.3.12}$$

则 SOR 方法的谱半径与松弛因子之间满足如下关系式:

$$\rho\,(\boldsymbol{S}_\omega)=\begin{cases}\dfrac{1}{4}\left(\omega\lambda+\sqrt{(\omega\lambda)^2-4\sqrt{\omega-1}}\right)^2, & \omega\in(0,\omega_{\text{opt}}]\\ \omega-1, & \omega\in[\omega_{\text{opt}},2)\end{cases}.\tag{5.3.13}$$

且当 $\omega\in(0,\omega_{\text{opt}}]$ 时, $\rho\,(\boldsymbol{S}_\omega)$ 是单调减函数; 当 $\omega\in[\omega_{\text{opt}},2)$ 时, $\rho\,(\boldsymbol{S}_\omega)$ 是单调增函数, 即当 $\omega=\omega_{\text{opt}}$ 时, SOR 方法收敛速度最快, ω_{opt} 是最佳松弛因子.

定理 5.13[4] 若 n 阶方阵 $\boldsymbol{A}=(a_{ij})_{n\times n}$ 具有相容次序, 其对角元素全不为零, 矩阵

$$\boldsymbol{J}=\boldsymbol{I}-\boldsymbol{D}^{-1}\boldsymbol{A}$$

的特征值全部为实数, $\boldsymbol{D}=\mathrm{diag}\,(a_{11},a_{22},\cdots,a_{nn})$, 且 $\lambda=\rho\,(\boldsymbol{J})<1$, $\boldsymbol{G}$ 为 Gauss-Seidel 迭代法的迭代矩阵, $\boldsymbol{S}_\omega$ 为 SOR 方法的迭代矩阵, ω_{opt} 由式 (5.3.13) 定义, 则有如下结论.

(1) Gauss-Seidel 迭代法与 Jacobi 迭代法的收敛速度之间满足关系式

$$R(\boldsymbol{S}_1) = R(\boldsymbol{G}) = 2R(\boldsymbol{J});$$

(2) Gauss-Seidel 迭代法与 SOR 方法的收敛速度之间满足关系式

$$2\lambda\sqrt{R(\boldsymbol{G})} \leqslant R\left(\boldsymbol{S}_{\omega_{\text{opt}}}\right) \leqslant R(\boldsymbol{G}) + 2\sqrt{R(\boldsymbol{G})},$$

上式中右端不等式当 $R(\boldsymbol{G}) \leqslant 3$ 时成立, 且有

$$\lim_{\lambda \to 1-} \frac{R\left(\boldsymbol{S}_{\omega_{\text{opt}}}\right)}{2\sqrt{R(\boldsymbol{G})}} = 1.$$

定理的证明略.

习 题 5

1. 对于方程组

$$\begin{cases} 5x_1 + 2x_2 + x_3 = -12 \\ -x_1 + 4x_2 + 2x_3 = 20 \\ 2x_1 - 3x_2 + 10x_3 = 3 \end{cases},$$

分别写出解此方程组的 Jacobi 迭代格式和 Gauss-Seidel 迭代格式以及它们的迭代矩阵.

2. 设方程组的系数矩阵为 $\boldsymbol{A} = \begin{pmatrix} a & 1 & 3 \\ 1 & a & 2 \\ -3 & 2 & a \end{pmatrix}$, 当 Jacobi 迭代法收敛时, 试求参数 a 的取值范围.

3. 对于方程组 $\begin{pmatrix} 1 & 0.4 & 0.5 \\ 0.5 & 1 & 0.8 \\ 0.4 & 0.8 & 1 \end{pmatrix}\begin{pmatrix} x_1 \\ x_2 \\ x_3 \end{pmatrix} = \begin{pmatrix} 1 \\ 2 \\ 3 \end{pmatrix}$, 试考察解此方程组的 Jacobi 迭代法和 Gauss-Seidel 迭代法的收敛性.

4. 对于方程组 $\begin{pmatrix} 1 & 6 & -2 \\ 3 & -2 & 5 \\ 4 & 1 & -1 \end{pmatrix}\begin{pmatrix} x_1 \\ x_2 \\ x_3 \end{pmatrix} = \begin{pmatrix} 1 \\ 1 \\ 1 \end{pmatrix}$, 试建立解此方程组的 Jacobi 迭代格式和 Gauss-Seidel 迭代格式, 并验证其收敛性.

5. 考虑线性方程组 $\boldsymbol{Ax} = \boldsymbol{b}$, 这里 $\boldsymbol{A} = \begin{pmatrix} 1 & & a \\ & 1 & \\ & & 1 \end{pmatrix}$, 则①$a$ 为何值时, $\boldsymbol{A}$ 是正定矩阵? ②a 为何值时, Jacobi 迭代法收敛? ③ a 为何值时, Gauss-Seidel 迭代法收敛?

6. 设 $\boldsymbol{B} \in \mathbf{R}^{n\times n}$ 满足 $\rho(\boldsymbol{B}) = 0$. 证明: 对任意的 $\boldsymbol{g}, \boldsymbol{x} \in \mathbf{R}^n$ 迭代格式

$$\boldsymbol{x}^{(k+1)} = \boldsymbol{Bx}^{(k)} + \boldsymbol{g}, \quad k = 1, 2, \cdots$$

最多迭代 n 次就可得到方程组 $\boldsymbol{x}=\boldsymbol{B}\boldsymbol{x}+\boldsymbol{g}$ 的精确解.

7. 证明: 若 $\boldsymbol{A}\in\mathbf{R}^{n\times n}$ 非奇异, 则必能找到一个排列阵 $\boldsymbol{P}$, 使得 $\boldsymbol{PA}$ 的对角元均不为零.

8. 证明: 若 $\boldsymbol{A}\in\mathbf{R}^{n\times n}$ 是不可约对角占优矩阵, 则 Gauss-Seidel 迭代法收敛.

9. 对于方程组 $\boldsymbol{A}\boldsymbol{x}=\boldsymbol{b}$, 如果系数矩阵 $\boldsymbol{A}\in\mathbf{R}^{n\times n}$ 为严格对角占优矩阵, 证明此方程组的 Gauss-Seidel 迭代法的迭代矩阵 $\boldsymbol{G}_s$ 满足 $\|\boldsymbol{G}_s\|_\infty<1$.

10. 设有方程组 $\boldsymbol{A}\boldsymbol{x}=\boldsymbol{b}$, 其中 $\boldsymbol{A}$ 为对称正定矩阵, 对于迭代公式

$$\boldsymbol{x}^{(k+1)}=\boldsymbol{x}^{(k)}+\omega(\boldsymbol{b}-\boldsymbol{A}\boldsymbol{x}^{(k)}),\quad k=0,1,2,\cdots.$$

试证: 当 $0<\omega<\dfrac{2}{\beta}$ 时, 上述迭代法收敛 (其中, $\boldsymbol{A}$ 的特征值满足 $0<\alpha\leqslant\lambda(\boldsymbol{A})\leqslant\beta$).

11. 设方程组 $\boldsymbol{A}\boldsymbol{x}=\boldsymbol{b}$ 中的 $\boldsymbol{A}$ 为严格对角占优矩阵, 证明: 当 $0<\omega<1$ 时, 解此方程组的松弛迭代法是收敛的.

12. 设 $\boldsymbol{A}$ 是正对角元的非奇异矩阵, 证明: 求解方程组 $\boldsymbol{A}\boldsymbol{x}=\boldsymbol{b}$ 的 Gauss-Seidel 迭代法对任意的初始近似值 $\boldsymbol{x}^{(0)}$ 皆收敛, 则 $\boldsymbol{A}$ 是正定的.

13. 若存在对称正定矩阵 $\boldsymbol{P}$, 使得 $\boldsymbol{B}=\boldsymbol{P}-\boldsymbol{H}^{\mathrm{T}}\boldsymbol{P}\boldsymbol{H}$ 为对称正定矩阵, 试证: 迭代法

$$\boldsymbol{x}^{(k+1)}=\boldsymbol{H}\boldsymbol{x}^{(k)}+\boldsymbol{b},\quad k=0,1,\cdots$$

收敛.

14. 对 Jacobi 迭代法引进迭代参数 $\omega>0$, 即

$$\boldsymbol{x}^{(k+1)}=\boldsymbol{x}^{(k)}-\omega\boldsymbol{D}^{-1}\left(\boldsymbol{A}\boldsymbol{x}^{(k)}-\boldsymbol{b}\right)$$

或者

$$\boldsymbol{x}^{(k+1)}=\left(\boldsymbol{I}-\omega\boldsymbol{D}^{-1}\boldsymbol{A}\right)\boldsymbol{x}^{(k)}+\omega\boldsymbol{D}^{-1}\boldsymbol{b}$$

称为 Jacobi 松弛法 (简称 JOR 方法). 证明: 当 $\boldsymbol{A}\boldsymbol{x}=\boldsymbol{b}$ 的 Jacobi 迭代法收敛时, JOR 方法对 $0<\omega\leqslant1$ 收敛.

15. 证明: 若 $\boldsymbol{A}$ 为具有正对角元的实对称阵, 则 SOR 方法收敛的充分必要条件是 $\boldsymbol{A}$ 及 $2\omega^{-1}\boldsymbol{D}-\boldsymbol{A}$ 均为对称正定阵.

16. 证明: 矩阵 $\boldsymbol{A}=\begin{pmatrix}4&-1&-1&0\\-1&4&0&-1\\-1&0&4&-1\\0&-1&-1&4\end{pmatrix}$ 具有相容次序.

第6章 近似理论

在科学研究过程中, 当研究人员所面对的问题是还未能有较深刻认识的实际问题时, 一种常采用的有效手段就是通过大量的科学实验去一步步揭示客观事物的内在规律. 实验过程中, 研究人员常常可以采集到大量的观测数据

$$(x_i, f(x_i)), \quad i = 1, 2, \cdots, N(\text{甚大}),$$

并且他们要从这些数据中分析出事物内在的变化过程, 或者利用这些数据预测发展趋势. 就数学意义而言, 即是要寻找一个函数 $y = p(x)$ 使其能够较确切地密合这些观测数据的散布规律.

对于函数 $p(x)$ 的确定, 理论上我们可以用插值方法. 插值思想给出了一类能够求出所研究问题的近似函数的方法, 虽然插值函数的理论比较完备, 操作也比较简单, 但插值方法在某些应用场合也有一定的局限性. 特别是当观测数据的量很大时, 插值方法的不足是显然的. 这种不足主要表现在两个方面: ① 大量的实验数据难以保证每个数据值都能有好的精确性, 而当某些数据存在一定的误差时, 由于插值条件的要求, 其误差将完全被插值函数进一步继承; ② 即使所有的观测数据都较精确, 为了避免插值多项式次数过高而产生 Runge 现象, 必须进行过多的分段处理, 而分段插值函数的光滑性较差, 且不能较好地体现数据反映出的整体变化趋势. 三次样条插值函数虽有好的光滑性, 但样条函数繁杂的表达式又在一定程度上限制了它进一步的分析与应用. 因此, 本章我们来讨论求近似函数 $p(x)$ 的**数据拟合与函数逼近法**.

此外, 数据拟合问题、函数逼近问题与线性最小二乘问题本质上有着千丝万缕的联系, 实践中这类问题常常是用最小二乘思想求某函数或线性系统的近似解, 为此我们将这些问题放在一起, 统称为**近似问题**, 将解决这类问题的方法统称为**近似理论**.

6.1 矩阵的广义逆

6.1.1 Moore-Penrose 广义逆

在介绍矩阵的广义逆之前, 首先给出矩阵的满秩分解定理.

定理 6.1 *已知矩阵 $\boldsymbol{A} = (a_{ij}) \in \mathbf{C}^{m\times n}$, 其秩 $R(\boldsymbol{A}) = r$, 则 $\boldsymbol{A}$ 存在满秩分解*

$$\boldsymbol{A} = \boldsymbol{F}\boldsymbol{G}, \tag{6.1.1}$$

式中, $\boldsymbol{F}$ 为 $m\times r$ 阶列满秩阵; $\boldsymbol{G}$ 为 $r\times n$ 阶行满秩阵.

证明　由于矩阵 $\boldsymbol{A}=(a_{ij})\in\mathbf{C}^{m\times n}$, 且秩 $R(\boldsymbol{A})=r$, 知矩阵 $\boldsymbol{A}$ 与标准型 $\begin{pmatrix}\boldsymbol{E}_r & \boldsymbol{0}\\ \boldsymbol{0} & \boldsymbol{0}\end{pmatrix}_{m\times n}$ 相似, 于是存在 m 阶可逆阵 $\boldsymbol{P}$ 和 n 阶可逆阵 $\boldsymbol{Q}$, 使得

$$\boldsymbol{PAQ}=\begin{pmatrix}\boldsymbol{E}_r & \boldsymbol{0}\\ \boldsymbol{0} & \boldsymbol{0}\end{pmatrix}.$$

令 $\boldsymbol{F}=\boldsymbol{P}^{-1}\begin{pmatrix}\boldsymbol{E}_r\\ \boldsymbol{0}\end{pmatrix}$, $\boldsymbol{G}=\begin{pmatrix}\boldsymbol{E}_r & \boldsymbol{0}\end{pmatrix}\boldsymbol{Q}^{-1}$, 则 $\boldsymbol{F}$ 是 $m\times r$ 阶列满秩矩阵, $\boldsymbol{G}$ 为 $r\times n$ 阶行满秩矩阵, 且有满秩分解

$$\begin{aligned}\boldsymbol{A}&=\boldsymbol{P}^{-1}\begin{pmatrix}\boldsymbol{E}_r & \boldsymbol{0}\\ \boldsymbol{0} & \boldsymbol{0}\end{pmatrix}\boldsymbol{Q}^{-1}=\boldsymbol{P}^{-1}\begin{pmatrix}\boldsymbol{E}_r\\ \boldsymbol{0}\end{pmatrix}\begin{pmatrix}\boldsymbol{E}_r & \boldsymbol{0}\end{pmatrix}\boldsymbol{Q}^{-1}\\&=\boldsymbol{FG}.\end{aligned}$$

#

接下来, 介绍矩阵的 Moore-Penrose 广义逆的定义. 根据代数学的知识, 知当 $\boldsymbol{A}\in\mathbf{C}^{n\times n}$ 且为非奇异时, 则存在唯一的逆矩阵 $\boldsymbol{A}^{-1}$ 满足如下四条性质

$$\boldsymbol{AA}^{-1}\boldsymbol{A}=\boldsymbol{A},\quad \boldsymbol{A}^{-1}\boldsymbol{AA}^{-1}=\boldsymbol{A}^{-1},\quad \boldsymbol{AA}^{-1}=\boldsymbol{I},\quad \boldsymbol{A}^{-1}\boldsymbol{A}=\boldsymbol{I}.$$

或者可以这样说, 矩阵 $\boldsymbol{X}=\boldsymbol{A}^{-1}$ 是如下矩阵方程组

$$\begin{cases}\boldsymbol{AXA}=\boldsymbol{A}, & (P_1)\\ \boldsymbol{XAX}=\boldsymbol{X}, & (P_2)\\ (\boldsymbol{AX})^{\mathrm{H}}=\boldsymbol{AX}, & (P_3)\\ (\boldsymbol{XA})^{\mathrm{H}}=\boldsymbol{XA}, & (P_4)\end{cases}\tag{6.1.2}$$

的唯一解, 式中, $(\boldsymbol{AX})^{\mathrm{H}}$ 表示矩阵 $\boldsymbol{AX}$ 的共轭转置.

当矩阵 $\boldsymbol{A}\in\mathbf{C}^{m\times n}$ 时, 满足方程组 (6.1.2) 的矩阵 $\boldsymbol{X}\in\mathbf{C}^{n\times m}$. 1955 年, Penrose 证明了如下定理.

定理 6.2　*设矩阵 $\boldsymbol{A}\in\mathbf{C}^{m\times n}$, 则满足矩阵方程组 (6.1.2) 中四条性质的解 $\boldsymbol{X}$ 存在且唯一.*

证明　若 $R(\boldsymbol{A})=0$, 则 $\boldsymbol{A}$ 为零矩阵, 显然 $n\times m$ 阶零矩阵 $\boldsymbol{O}$ 满足方程组 (6.1.2) 中的性质 $(P_1)\sim$ 性质 (P_4).

当矩阵 $\boldsymbol{A}$ 的秩 $R(\boldsymbol{A})=r>0$ 时, 由定理 6.1 知矩阵 $\boldsymbol{A}$ 存在如下满秩分解

$$\boldsymbol{A}=\boldsymbol{FG},$$

式中, $\boldsymbol{F}$ 是 $m\times r$ 阶列满秩矩阵; $\boldsymbol{G}$ 为 $r\times n$ 阶行满秩矩阵.

显然, $\boldsymbol{GG}^{\mathrm{H}}$ 和 $\boldsymbol{F}^{\mathrm{H}}\boldsymbol{F}$ 为可逆方阵, 令

$$X = G^{\mathrm{H}}\left(GG^{\mathrm{H}}\right)^{-1}\left(F^{\mathrm{H}}F\right)^{-1}F^{\mathrm{H}}, \tag{6.1.3}$$

则矩阵 $\boldsymbol{X} \in \mathbf{C}^{n\times m}$, 且 $\boldsymbol{X}$ 满足式 (6.1.2) 中的性质 (P_1), 即有

$$\begin{aligned} AXA &= (FG)\,G^{\mathrm{H}}\left(GG^{\mathrm{H}}\right)^{-1}\left(F^{\mathrm{H}}F\right)^{-1}F^{\mathrm{H}}(FG) \\ &= F\left(GG^{\mathrm{H}}\right)\left(GG^{\mathrm{H}}\right)^{-1}\left(F^{\mathrm{H}}F\right)^{-1}\left(F^{\mathrm{H}}F\right)G = FG \\ &= A. \end{aligned}$$

同理, 可验证 $\boldsymbol{X}$ 满足式 (6.1.2) 中的性质 $(P_2)\sim$ 性质 (P_4).

下面证明矩阵 $\boldsymbol{X}$ 的唯一性: 假设还有一个矩阵 $\boldsymbol{Y}$ 满足方程组 (6.1.2) 中的四条性质, 则有

$$\begin{aligned} Y &= YAY = Y(AY)^{\mathrm{H}} = YY^{\mathrm{H}}A^{\mathrm{H}} = YY^{\mathrm{H}}(AXA)^{\mathrm{H}} = YY^{\mathrm{H}}A^{\mathrm{H}}X^{\mathrm{H}}A^{\mathrm{H}} \\ &= Y\left(Y^{\mathrm{H}}A^{\mathrm{H}}\right)\left(X^{\mathrm{H}}A^{\mathrm{H}}\right) = Y(AY)^{\mathrm{H}}(AX)^{\mathrm{H}} = YAYAX = YAX \\ &= (YA)^{\mathrm{H}}(XAX) = (YA)^{\mathrm{H}}(XA)^{\mathrm{H}}X = (XAYA)^{\mathrm{H}}X = (XA)^{\mathrm{H}}X = XAX \\ &= X. \end{aligned}$$

综上所述, 方程组 (6.1.2) 存在唯一解 $\boldsymbol{X}$. #

定义 6.1 称方程 $(P_1)\sim$ 方程 (P_4) 为 **Penrose 方程**, Penrose 方程的唯一解 $\boldsymbol{X}$ 称为 **Moore-Penrose 广义逆**, 记作 $\boldsymbol{A}^{+}$. 特别地, 当对矩阵 $\boldsymbol{A}$ 作满秩分解 $\boldsymbol{A} = \boldsymbol{FG}$ 时, 则

$$A^{+} = G^{\mathrm{H}}\left(GG^{\mathrm{H}}\right)^{-1}\left(F^{\mathrm{H}}F\right)^{-1}F^{\mathrm{H}}. \tag{6.1.4}$$

显然, 当矩阵 $\boldsymbol{A}$ 是 n 阶方阵且非奇异时, 则有 $\boldsymbol{A}^{+} = \boldsymbol{A}^{-1}$, 即 Moore-Penrose 广义逆是通常意义下逆矩阵概念在复空间 $\mathbf{C}^{m\times n}$ 中的推广.

例 6.1.1 试求矩阵 $\boldsymbol{A} = \begin{pmatrix} -1 & 2 & 1 \\ -1 & 2 & 1 \\ 0 & 3 & 2 \end{pmatrix}$ 的 Moore-Penrose 广义逆.

解 易得矩阵的秩 $R(\boldsymbol{A}) = 2$, 对矩阵 $\boldsymbol{A}$ 进行满秩分解, 得

$$A = FG = \begin{pmatrix} 1 & 0 \\ 1 & 0 \\ 0 & 1 \end{pmatrix}\begin{pmatrix} -1 & 2 & 1 \\ 0 & 3 & 2 \end{pmatrix}.$$

将 $\boldsymbol{F}$ 与 $\boldsymbol{G}$ 代入式 (6.1.4), 得

$$A^{+} = G^{\mathrm{H}}\left(GG^{\mathrm{H}}\right)^{-1}\left(F^{\mathrm{H}}F\right)^{-1}F^{\mathrm{H}} = \frac{1}{14}\begin{pmatrix} -13 & 8 \\ 2 & 2 \\ -3 & 4 \end{pmatrix}\begin{pmatrix} \frac{1}{2} & \frac{1}{2} & 0 \\ 0 & 0 & 1 \end{pmatrix},$$

即矩阵 $\boldsymbol{A}$ 的广义逆

$$\boldsymbol{A}^{+}=\frac{1}{28}\begin{pmatrix}-13 & -13 & 16\\ 2 & 2 & 4\\ -3 & -3 & 8\end{pmatrix}. \qquad \#$$

6.1.2　广义逆的性质

矩阵的广义逆具有如下性质.

性质 1　矩阵 $\boldsymbol{A}$ 的广义逆 $\boldsymbol{A}^{+}$ 满足如下等式.

(1) $\left(\boldsymbol{A}^{+}\boldsymbol{A}\right)^{2}=\left(\boldsymbol{A}^{+}\boldsymbol{A}\boldsymbol{A}^{+}\right)\boldsymbol{A}=\boldsymbol{A}^{+}\boldsymbol{A}$;

(2) $\left(\boldsymbol{A}\boldsymbol{A}^{+}\right)^{2}=\left(\boldsymbol{A}\boldsymbol{A}^{+}\boldsymbol{A}\right)\boldsymbol{A}^{+}=\boldsymbol{A}\boldsymbol{A}^{+}$.

性质 2　当 $\boldsymbol{A}\in\mathbf{R}^{m\times n}$ 是列满秩矩阵时, 有

$$\boldsymbol{A}^{+}=\left(\boldsymbol{A}^{\mathrm{T}}\boldsymbol{A}\right)^{-1}\boldsymbol{A}^{\mathrm{T}}, \tag{6.1.5}$$

称 $\left(\boldsymbol{A}^{\mathrm{T}}\boldsymbol{A}\right)^{-1}\boldsymbol{A}^{\mathrm{T}}$ 为矩阵 $\boldsymbol{A}$ 的**左逆**.

事实上, 当 $\boldsymbol{A}\in\mathbf{R}^{m\times n}$ 且是列满秩矩阵时, $m\geqslant n, R(\boldsymbol{A})=n$, 则公式 $\boldsymbol{A}=\boldsymbol{A}\boldsymbol{E}_n$ 为矩阵 $\boldsymbol{A}$ 的一个满秩分解, 将分解式代入式 (6.1.4), 得矩阵 $\boldsymbol{A}$ 的广义逆

$$\boldsymbol{A}^{+}=\boldsymbol{E}_n^{\mathrm{H}}\left(\boldsymbol{E}_n\boldsymbol{E}_n^{\mathrm{H}}\right)^{-1}\left(\boldsymbol{A}^{\mathrm{H}}\boldsymbol{A}\right)^{-1}\boldsymbol{A}^{\mathrm{H}}=\boldsymbol{E}_n^{\mathrm{T}}\left(\boldsymbol{E}_n\boldsymbol{E}_n^{\mathrm{T}}\right)^{-1}\left(\boldsymbol{A}^{\mathrm{T}}\boldsymbol{A}\right)^{-1}\boldsymbol{A}^{\mathrm{T}}=\left(\boldsymbol{A}^{\mathrm{T}}\boldsymbol{A}\right)^{-1}\boldsymbol{A}^{\mathrm{T}}.$$

又由于

$$\boldsymbol{A}^{+}\boldsymbol{A}=\left(\boldsymbol{A}^{\mathrm{T}}\boldsymbol{A}\right)^{-1}\boldsymbol{A}^{\mathrm{T}}\boldsymbol{A}=\boldsymbol{E}_n,$$

于是可将 $\left(\boldsymbol{A}^{\mathrm{T}}\boldsymbol{A}\right)^{-1}\boldsymbol{A}^{\mathrm{T}}$ 称为矩阵 $\boldsymbol{A}$ 的左逆.

例 6.1.2　已知 $\boldsymbol{A}=\begin{pmatrix}1 & -1\\ 1 & 1\\ 1 & 1\end{pmatrix}$, 求 $\boldsymbol{A}$ 的广义逆 $\boldsymbol{A}^{+}$.

解　由于矩阵 $\boldsymbol{A}$ 是列满秩矩阵, 由式 (6.1.5) 可求 $\boldsymbol{A}$ 的左逆

$$\boldsymbol{A}^{+}=\left(\boldsymbol{A}^{\mathrm{T}}\boldsymbol{A}\right)^{-1}\boldsymbol{A}^{\mathrm{T}}=\frac{1}{8}\begin{pmatrix}4 & 2 & 2\\ -4 & 2 & 2\end{pmatrix}. \qquad \#$$

性质 3　当 $\boldsymbol{A}\in\mathbf{R}^{m\times n}$ 且是行满秩矩阵时, 有

$$\boldsymbol{A}^{+}=\boldsymbol{A}^{\mathrm{T}}\left(\boldsymbol{A}\boldsymbol{A}^{\mathrm{T}}\right)^{-1}, \tag{6.1.6}$$

称 $\boldsymbol{A}^{\mathrm{T}}\left(\boldsymbol{A}\boldsymbol{A}^{\mathrm{T}}\right)^{-1}$ 为矩阵 $\boldsymbol{A}$ 的**右逆**.

同理, 由于 $\boldsymbol{A}\in\mathbf{R}^{m\times n}$ 且是行满秩矩阵, 即 $m\leqslant n, R(\boldsymbol{A})=m$, 则 $\boldsymbol{A}=\boldsymbol{E}_m\boldsymbol{A}$ 为 $\boldsymbol{A}$ 的一个满秩分解, 将其代入式 (6.1.4) 可得

$$\boldsymbol{A}^{+}=\boldsymbol{A}^{\mathrm{H}}\left(\boldsymbol{A}\boldsymbol{A}^{\mathrm{H}}\right)^{-1}\left(\boldsymbol{E}_m^{\mathrm{H}}\boldsymbol{E}_m\right)^{-1}\boldsymbol{E}_m^{\mathrm{H}}=\boldsymbol{A}^{\mathrm{T}}\left(\boldsymbol{A}\boldsymbol{A}^{\mathrm{T}}\right)^{-1}\left(\boldsymbol{E}_m^{\mathrm{T}}\boldsymbol{E}_m\right)^{-1}\boldsymbol{E}_m^{\mathrm{H}}=\boldsymbol{A}^{\mathrm{T}}\left(\boldsymbol{A}\boldsymbol{A}^{\mathrm{T}}\right)^{-1}.$$

易验证 $\boldsymbol{A}\boldsymbol{A}^{+}=\boldsymbol{A}\boldsymbol{A}^{\mathrm{T}}\left(\boldsymbol{A}\boldsymbol{A}^{\mathrm{T}}\right)^{-1}=\boldsymbol{E}_m$. 因此, 可称 $\boldsymbol{A}^{\mathrm{T}}\left(\boldsymbol{A}\boldsymbol{A}^{\mathrm{T}}\right)^{-1}$ 为矩阵 $\boldsymbol{A}$ 的**右逆**.

例 6.1.3 给定矩阵 $\boldsymbol{A}=\begin{pmatrix}1&2&3&6\\-1&-2&1&-2\end{pmatrix}$, 求 $\boldsymbol{A}$ 的广义逆 $\boldsymbol{A}^{+}$.

解 由于矩阵 $\boldsymbol{A}$ 是行满秩矩阵, 由式 (6.1.6) 可得它的右逆

$$\boldsymbol{A}^{+}=\boldsymbol{A}^{\mathrm{T}}\left(\boldsymbol{A}\boldsymbol{A}^{\mathrm{T}}\right)^{-1}=\frac{1}{76}\begin{pmatrix}-1&-9\\-2&-18\\11&23\\8&-4\end{pmatrix}.$$ #

例 6.1.2 中, 可以验证 $\boldsymbol{A}^{+}\boldsymbol{A}=\boldsymbol{E}_2$, 但是 $\boldsymbol{A}\boldsymbol{A}^{+}\neq\boldsymbol{E}_3$; 同理, 可以验证例 6.1.3 中, $\boldsymbol{A}\boldsymbol{A}^{+}=\boldsymbol{E}_2$, 但是 $\boldsymbol{A}^{+}\boldsymbol{A}\neq\boldsymbol{E}_4$. 一般情况下, $\forall\boldsymbol{A}\in\mathbf{C}^{m\times s}$, $\forall\boldsymbol{B}\in\mathbf{C}^{s\times n}$, 可以验证 $(\boldsymbol{A}\boldsymbol{B})^{+}$ 与 $\boldsymbol{B}^{+}\boldsymbol{A}^{+}$ 并不相等.

例如, 当 $\boldsymbol{A}=\begin{pmatrix}1&0\\0&0\end{pmatrix}$, $\boldsymbol{B}=\begin{pmatrix}1&1\\0&1\end{pmatrix}$ 时, 显然有 $\boldsymbol{A}\boldsymbol{B}=\begin{pmatrix}1&1\\0&0\end{pmatrix}$, 易得 $(\boldsymbol{A}\boldsymbol{B})^{+}=\frac{1}{2}\begin{pmatrix}1&0\\1&0\end{pmatrix}$.

然而, 经计算可得 $\boldsymbol{B}^{+}\boldsymbol{A}^{+}=\begin{pmatrix}1&0\\0&0\end{pmatrix}$, 因此得 $(\boldsymbol{A}\boldsymbol{B})^{+}\neq\boldsymbol{B}^{+}\boldsymbol{A}^{+}$.

但是, 当矩阵 $\boldsymbol{A}\in\mathbf{C}^{m\times s}$ 为列满秩, $\boldsymbol{B}\in\mathbf{C}^{s\times n}$ 为行满秩的时候, 亦可验证有等式

$$(\boldsymbol{A}\boldsymbol{B})^{+}=\boldsymbol{B}^{+}\boldsymbol{A}^{+}$$

成立.

事实上, 当 $\boldsymbol{A}$ 是 $m\times s$ 阶列满秩矩阵, $\boldsymbol{B}$ 为 $s\times n$ 阶行满秩矩阵时, 根据广义逆的性质 2 和性质 3, 有

$$\boldsymbol{A}^{+}=\left(\boldsymbol{A}^{\mathrm{H}}\boldsymbol{A}\right)^{-1}\boldsymbol{A}^{\mathrm{H}},\quad \boldsymbol{B}^{+}=\boldsymbol{B}^{\mathrm{H}}\left(\boldsymbol{B}\boldsymbol{B}^{\mathrm{H}}\right)^{-1}.$$

又根据式 (6.1.4) 可得

$$(\boldsymbol{A}\boldsymbol{B})^{+}=\boldsymbol{B}^{\mathrm{H}}\left(\boldsymbol{B}\boldsymbol{B}^{\mathrm{H}}\right)^{-1}\left(\boldsymbol{A}^{\mathrm{H}}\boldsymbol{A}\right)^{-1}\boldsymbol{A}^{\mathrm{H}}=\boldsymbol{B}^{+}\boldsymbol{A}^{+}.\tag{6.1.7}$$

因此, 当 $\boldsymbol{A}$ 是列满秩矩阵, $\boldsymbol{B}$ 为行满秩矩阵时, 求矩阵乘积的运算与矩阵求广义逆的运算可交换顺序, 这一点与可逆矩阵乘积的求逆规则相类似.

有时候从一些实际问题出发, 可以定义满足方程组 (6.1.2) 中四个方程中的一部分方程的广义逆. 例如, 若 $n\times m$ 阶矩阵 $\boldsymbol{X}$ 只满足式 (6.1.2) 中第 i 个方程, 称 $\boldsymbol{X}$ 为矩阵 $\boldsymbol{A}$ 的一个 $\{i\}$ 逆, 记作 $\boldsymbol{X}=\boldsymbol{A}^{(i)}$; 若 $\boldsymbol{X}$ 满足式 (6.1.2) 中第 i,j 个方程, 称 $\boldsymbol{X}$ 为 $\boldsymbol{A}$ 的一个 $\{i,j\}$ 逆, 记作 $\boldsymbol{X}=\boldsymbol{A}^{(i,j)}$, 其中, i,j 两个数互不相等; 若矩阵 $\boldsymbol{X}$ 满足式 (6.1.2) 中第 i,j,k 个方程, 则称 $\boldsymbol{X}$ 为 $\boldsymbol{A}$ 的一个 $\{i,j,k\}$ 逆, 记作 $\boldsymbol{X}=\boldsymbol{A}^{(i,j,k)}$, 其中, i,j,k 三个数互不相同; 矩阵 $\boldsymbol{A}$ 的广义逆 $\boldsymbol{A}^{(1)},\boldsymbol{A}^{(1,3)},\boldsymbol{A}^{(1,4)}$ 分别可以记作 $\boldsymbol{A}^{-},\boldsymbol{A}_l^{-},\boldsymbol{A}_m^{-}$.

6.2　方程组的最小二乘解

给定实数域上的 $m \times n$ 阶线性方程组

$$\boldsymbol{Ax} = \boldsymbol{b}, \tag{6.2.1}$$

这里, $\boldsymbol{A} \in \mathbf{R}^{m\times n}, \boldsymbol{b} \in \mathbf{R}^m$. 线性方程组 (6.2.1) 有解当且仅当系数矩阵 $\boldsymbol{A}$ 与增广阵 $\overline{\boldsymbol{A}} = (\boldsymbol{A}\,\vdots\,\boldsymbol{b})$ 有相同的秩, 即当 $R(\boldsymbol{A}) = R(\overline{\boldsymbol{A}})$ 时, 线性方程组 (6.2.1) 有解; 当 $R(\boldsymbol{A}) \neq R(\overline{\boldsymbol{A}})$ 时, 称方程组 (6.2.1) 为**矛盾方程组**. 显然, 当方程组 (6.2.1) 为矛盾方程组时, 无传统意义下的解.

6.2.1　方程组的最小二乘解

下面将方程组 (6.2.1) 解的概念进行扩展, 以使所有方程组 (包括矛盾方程组)"都存在解". 而最小二乘解就是这样一种 "解", 下面给出其定义.

定义 6.2　令实函数 $f(\boldsymbol{x}) = \|\boldsymbol{Ax} - \boldsymbol{b}\|_2$, 在向量空间 $\mathbf{R}^n$ 中, 若存在实向量 $\hat{\boldsymbol{x}}$ 使

$$f(\hat{\boldsymbol{x}}) = \min_{\boldsymbol{x}\in\mathbf{R}^n} f(\boldsymbol{x}), \tag{6.2.2}$$

则称向量 $\hat{\boldsymbol{x}}$ 为方程组 $\boldsymbol{Ax} = \boldsymbol{b}$ 的一个**最小二乘解**, 这里, $\boldsymbol{A} \in \mathbf{R}^{m\times n}, \boldsymbol{b} \in \mathbf{R}^m$.

下面证明: 任意给定一个 $m \times n$ 阶线性方程组 $\boldsymbol{Ax} = \boldsymbol{b}$, 它总存在最小二乘解, 且该方程组的最小二乘解是方程组 $\boldsymbol{A}^{\mathrm{T}}\boldsymbol{Ax} = \boldsymbol{A}^{\mathrm{T}}\boldsymbol{b}$"传统意义" 下的解.

定理 6.3　*当且仅当实向量 $\boldsymbol{\xi}$ 是方程组*

$$\boldsymbol{A}^{\mathrm{T}}\boldsymbol{Ax} = \boldsymbol{A}^{\mathrm{T}}\boldsymbol{b} \tag{6.2.3}$$

的解时, 向量 $\boldsymbol{\xi} \in \mathbf{R}^n$ 是方程组 $\boldsymbol{Ax} = \boldsymbol{b}$ 的最小二乘解.

证明　充分性　已知向量 $\boldsymbol{\xi} \in \mathbf{R}^n$ 是 $\boldsymbol{A}^{\mathrm{T}}\boldsymbol{Ax} = \boldsymbol{A}^{\mathrm{T}}\boldsymbol{b}$ 的解, 则对 $\forall \boldsymbol{y} \in \mathbf{R}^n$, 有

$$\begin{aligned}
\|\boldsymbol{Ay} - \boldsymbol{b}\|_2^2 &= \|\boldsymbol{Ay} - \boldsymbol{A\xi} + (\boldsymbol{A\xi} - \boldsymbol{b})\|_2^2 \\
&= \langle \boldsymbol{A}(\boldsymbol{y} - \boldsymbol{\xi}) + (\boldsymbol{A\xi} - \boldsymbol{b}),\ \boldsymbol{A}(\boldsymbol{y} - \boldsymbol{\xi}) + (\boldsymbol{A\xi} - \boldsymbol{b}) \rangle \\
&= \|\boldsymbol{A}(\boldsymbol{y} - \boldsymbol{\xi})\|_2^2 + 2\left\langle \boldsymbol{y} - \boldsymbol{\xi},\ \boldsymbol{A}^{\mathrm{T}}\boldsymbol{A\xi} - \boldsymbol{A}^{\mathrm{T}}\boldsymbol{b}\right\rangle + \|\boldsymbol{A\xi} - \boldsymbol{b}\|_2^2,
\end{aligned}$$

这里, $\langle \boldsymbol{x}, \boldsymbol{y}\rangle = \boldsymbol{x}^{\mathrm{T}}\boldsymbol{y}$ 为向量 $\boldsymbol{x}$ 与 $\boldsymbol{y}$ 的内积.

由于 $\boldsymbol{\xi}$ 是方程组 $\boldsymbol{A}^{\mathrm{T}}\boldsymbol{Ax} = \boldsymbol{A}^{\mathrm{T}}\boldsymbol{b}$ 的解, 则 $\boldsymbol{A}^{\mathrm{T}}\boldsymbol{A\xi} - \boldsymbol{A}^{\mathrm{T}}\boldsymbol{b} = 0$, 于是任意向量与向量 $\boldsymbol{A}^{\mathrm{T}}\boldsymbol{A\xi} - \boldsymbol{A}^{\mathrm{T}}\boldsymbol{b}$ 的内积均等于 0, 所以

$$\left\langle \boldsymbol{y} - \boldsymbol{\xi},\ \boldsymbol{A}^{\mathrm{T}}\boldsymbol{A\xi} - \boldsymbol{A}^{\mathrm{T}}\boldsymbol{b}\right\rangle = 0,$$

即对 $\forall \boldsymbol{y} \in \mathbf{R}^n$, 有

$$\|\boldsymbol{Ay} - \boldsymbol{b}\|_2^2 = \|\boldsymbol{A}(\boldsymbol{y} - \boldsymbol{\xi})\|_2^2 + \|\boldsymbol{A\xi} - \boldsymbol{b}\|_2^2 \geqslant \|\boldsymbol{A\xi} - \boldsymbol{b}\|_2^2.$$

根据定义 6.2, 即有

$$f(\boldsymbol{\xi}) = \min_{\boldsymbol{x}\in\mathbf{R}^n} f(\boldsymbol{x}),$$

即向量 $\boldsymbol{\xi}$ 是方程组 $\boldsymbol{Ax}=\boldsymbol{b}$ 的最小二乘解.

必要性 令 $g(\boldsymbol{x})=\|\boldsymbol{Ax}-\boldsymbol{b}\|_2^2$, 显然 $g(\boldsymbol{x}) = \sum\limits_{k=1}^{m}\left(\sum\limits_{j=1}^{n}a_{kj}x_j-b_k\right)^2$ 是以 $x_1,x_2,\cdots,x_n$ 为自变量的多元函数, 这里 $\boldsymbol{x}=(x_1,x_2,\cdots,x_n)^{\mathrm{T}}$.

若向量 $\boldsymbol{\xi}\in\mathbf{R}^n$ 是方程组 $\boldsymbol{Ax}=\boldsymbol{b}$ 的一个最小二乘解, 则函数 $g(\boldsymbol{x})$ 必然在向量 $\boldsymbol{x}=\boldsymbol{\xi}$ 处取得极小值, 这里 $\boldsymbol{\xi}=(\xi_1,\xi_2,\cdots,\xi_n)^{\mathrm{T}}$. 根据多元函数取极值的必要条件, 得

$$\left.\frac{\partial g(\boldsymbol{x})}{\partial x_i}\right|_{x_i=\xi_i}=0,$$

这里 ,$i=1,2,\cdots,n$. 事实上, 由于

$$\begin{aligned}\frac{\partial g(\boldsymbol{x})}{\partial x_i} &= \frac{\partial}{\partial x_i}\left[\sum_{k=1}^{m}\left(\sum_{j=1}^{n}a_{kj}x_j-b_k\right)^2\right]=\sum_{k=1}^{m}\frac{\partial}{\partial x_i}\left(\sum_{j=1}^{n}a_{kj}x_j-b_k\right)^2\\ &=\sum_{k=1}^{m}2\left(\sum_{j=1}^{n}a_{kj}x_j-b_k\right)\frac{\partial}{\partial x_i}\left(\sum_{j=1}^{n}a_{kj}x_j-b_k\right)=2\sum_{k=1}^{m}a_{ki}\left(\sum_{j=1}^{n}a_{kj}x_j-b_k\right)\\ &=2\left[\sum_{k=1}^{m}a_{ki}\sum_{j=1}^{n}a_{kj}x_j-\sum_{k=1}^{m}a_{ki}b_k\right],\end{aligned}$$

这里 ,$i=1,2,\cdots,n$. 因此将 $x_j=\xi_j$ 代入上式, 得

$$\sum_{k=1}^{m}a_{ki}\sum_{j=1}^{n}(a_{kj}\xi_j)-\sum_{k=1}^{m}(a_{ki}b_k)=0,$$

这里, $i=1,2,\cdots,n$. 将上式写成方程组的形式, 即有

$$\boldsymbol{A}^{\mathrm{T}}\boldsymbol{A}\boldsymbol{\xi}-\boldsymbol{A}^{\mathrm{T}}\boldsymbol{b}=\boldsymbol{0},$$

即向量 $\boldsymbol{\xi}$ 是方程组 $\boldsymbol{A}^{\mathrm{T}}\boldsymbol{Ax}=\boldsymbol{A}^{\mathrm{T}}\boldsymbol{b}$ 的解. #

线性方程组 $\boldsymbol{A}^{\mathrm{T}}\boldsymbol{Ax}=\boldsymbol{A}^{\mathrm{T}}\boldsymbol{b}$ 称为方程组 $\boldsymbol{Ax}=\boldsymbol{b}$ 的**正规方程组或法方程组**. 定理 6.3 说明: 可以将求线性方程组 $\boldsymbol{Ax}=\boldsymbol{b}$ 的最小二乘解的问题, 转化为求其法方程组 $\boldsymbol{A}^{\mathrm{T}}\boldsymbol{Ax}=\boldsymbol{A}^{\mathrm{T}}\boldsymbol{b}$ 在 “传统意义” 上解的问题.

定理 6.4 若矩阵 $\boldsymbol{A}\in\mathbf{R}^{m\times n}$, $\boldsymbol{b}\in\mathbf{R}^m$, 则当 $R(\boldsymbol{A})=r$ 时, 向量

$$\hat{\boldsymbol{x}}=\boldsymbol{A}^{+}\boldsymbol{b}=\boldsymbol{G}^{\mathrm{T}}\left(\boldsymbol{G}\boldsymbol{G}^{\mathrm{T}}\right)^{-1}\left(\boldsymbol{F}^{\mathrm{T}}\boldsymbol{F}\right)^{-1}\boldsymbol{F}^{\mathrm{T}}\boldsymbol{b} \tag{6.2.4}$$

为方程组 $\boldsymbol{Ax}=\boldsymbol{b}$ 的一个最小二乘解, 这里, $\boldsymbol{A}=\boldsymbol{FG}$ 是矩阵 $\boldsymbol{A}$ 的一个满秩分解, $\boldsymbol{F}$ 是 $m\times r$ 阶列满秩矩阵, $\boldsymbol{G}$ 是 $r\times n$ 阶行满秩矩阵.

证明　将 $\hat{\boldsymbol{x}} = \boldsymbol{A}^{+}\boldsymbol{b} = \boldsymbol{G}^{\mathrm{T}}\left(\boldsymbol{G}\boldsymbol{G}^{\mathrm{T}}\right)^{-1}\left(\boldsymbol{F}^{\mathrm{T}}\boldsymbol{F}\right)^{-1}\boldsymbol{F}^{\mathrm{T}}\boldsymbol{b}$ 代入正规方程组 $\boldsymbol{A}^{\mathrm{T}}\boldsymbol{A}\boldsymbol{x} = \boldsymbol{A}^{\mathrm{T}}\boldsymbol{b}$, 得

$$\begin{aligned}\boldsymbol{A}^{\mathrm{T}}\boldsymbol{A}\hat{\boldsymbol{x}} &= \left(\boldsymbol{G}^{\mathrm{T}}\boldsymbol{F}^{\mathrm{T}}\right)(\boldsymbol{F}\boldsymbol{G})\boldsymbol{G}^{\mathrm{T}}\left(\boldsymbol{G}\boldsymbol{G}^{\mathrm{T}}\right)^{-1}\left(\boldsymbol{F}^{\mathrm{T}}\boldsymbol{F}\right)^{-1}\boldsymbol{F}^{\mathrm{T}}\boldsymbol{b}\\ &= \boldsymbol{G}^{\mathrm{T}}\left(\boldsymbol{F}^{\mathrm{T}}\boldsymbol{F}\right)\left(\boldsymbol{G}\boldsymbol{G}^{\mathrm{T}}\right)\left(\boldsymbol{G}\boldsymbol{G}^{\mathrm{T}}\right)^{-1}\left(\boldsymbol{F}^{\mathrm{T}}\boldsymbol{F}\right)^{-1}\boldsymbol{F}^{\mathrm{T}}\boldsymbol{b} = \boldsymbol{G}^{\mathrm{T}}\boldsymbol{F}^{\mathrm{T}}\boldsymbol{b}\\ &= \boldsymbol{A}^{\mathrm{T}}\boldsymbol{b}.\end{aligned}$$

因此, $\hat{\boldsymbol{x}} = \boldsymbol{A}^{+}\boldsymbol{b}$ 是正规方程组 $\boldsymbol{A}^{\mathrm{T}}\boldsymbol{A}\boldsymbol{x} = \boldsymbol{A}^{\mathrm{T}}\boldsymbol{b}$ 的解. 根据定理 6.3, 它是方程组 $\boldsymbol{A}\boldsymbol{x} = \boldsymbol{b}$ 的最小二乘解. #

定理 6.5　当 $R(\boldsymbol{A}) = r < n$ 时, 方程组 $\boldsymbol{A}\boldsymbol{x} = \boldsymbol{b}$ 有无穷多个最小二乘解.

证明　由定理 6.4 知, 方程组 $\boldsymbol{A}\boldsymbol{x} = \boldsymbol{b}$ 至少存在一个最小二乘解 $\hat{\boldsymbol{x}}$, 它可以表示成式 (6.2.4) 的形式, 即正规方程组 $\boldsymbol{A}^{\mathrm{T}}\boldsymbol{A}\boldsymbol{x} = \boldsymbol{A}^{\mathrm{T}}\boldsymbol{b}$ 至少存在一个解 $\hat{\boldsymbol{x}}$. 因此有

$$R\left(\boldsymbol{A}^{\mathrm{T}}\boldsymbol{A}\right) = R\left(\left[\boldsymbol{A}^{\mathrm{T}}\boldsymbol{A}\middle|\boldsymbol{A}^{\mathrm{T}}\boldsymbol{b}\right]\right) \leqslant n.$$

又当 $R(\boldsymbol{A}) = r < n$ 时, $R\left(\boldsymbol{A}^{\mathrm{T}}\boldsymbol{A}\right) = R(\boldsymbol{A}) = r < n$, 即有

$$R\left(\boldsymbol{A}^{\mathrm{T}}\boldsymbol{A}\right) = R\left(\left[\boldsymbol{A}^{\mathrm{T}}\boldsymbol{A}\middle|\boldsymbol{A}^{\mathrm{T}}\boldsymbol{b}\right]\right) = r < n.$$

根据代数学的理论, 知正规方程组 $\boldsymbol{A}^{\mathrm{T}}\boldsymbol{A}\boldsymbol{x} = \boldsymbol{A}^{\mathrm{T}}\boldsymbol{b}$ 存在无穷多个解.

根据定理 6.3, 正规方程组 $\boldsymbol{A}^{\mathrm{T}}\boldsymbol{A}\boldsymbol{x} = \boldsymbol{A}^{\mathrm{T}}\boldsymbol{b}$ 的任意一个解都是方程组 $\boldsymbol{A}\boldsymbol{x} = \boldsymbol{b}$ 的最小二乘解, 因此方程组 $\boldsymbol{A}\boldsymbol{x} = \boldsymbol{b}$ 有无穷多个最小二乘解. #

事实上, 当 $r < n$ 时, 由于 $R\left(\boldsymbol{A}^{\mathrm{T}}\boldsymbol{A}\right) = R(\boldsymbol{A}) < n$, 故齐次线性方程组 $\boldsymbol{A}^{\mathrm{T}}\boldsymbol{A}\boldsymbol{x} = \boldsymbol{0}$ 有无穷多解, 设其通解为 $c_1\boldsymbol{\xi}_1 + c_2\boldsymbol{\xi}_2 + \cdots + c_r\boldsymbol{\xi}_r$, 这里 $\boldsymbol{\xi}_1, \boldsymbol{\xi}_2, \cdots, \boldsymbol{\xi}_r$ 是齐次线性方程组 $\boldsymbol{A}^{\mathrm{T}}\boldsymbol{A}\boldsymbol{x} = \boldsymbol{0}$ 的基础解系, $c_i (i = 1, \cdots, r)$ 是任意常数, 则向量

$$\bar{\boldsymbol{x}} = c_1\boldsymbol{\xi}_1 + c_2\boldsymbol{\xi}_2 + \cdots + c_r\boldsymbol{\xi}_r + \hat{\boldsymbol{x}} \tag{6.2.5}$$

是正规方程组 $\boldsymbol{A}^{\mathrm{T}}\boldsymbol{A}\boldsymbol{x} = \boldsymbol{A}^{\mathrm{T}}\boldsymbol{b}$ 的通解, 这里 $\hat{\boldsymbol{x}}$ 的表达式参见式 (6.2.4). 因而式 (6.2.5) 中所定义的 $\bar{\boldsymbol{x}}$ 是方程组 $\boldsymbol{A}\boldsymbol{x} = \boldsymbol{b}$ 所有的最小二乘解.

推论 6.5.1　当 $R(\boldsymbol{A}) = r < n$ 时, 方程组 $\boldsymbol{A}\boldsymbol{x} = \boldsymbol{b}$ 的任意一个最小二乘解都可以用式 (6.2.5) 来表示.

推论 6.5.2　当 $\boldsymbol{A}$ 为列满秩矩阵时, 向量

$$\boldsymbol{x} = \boldsymbol{A}^{+}\boldsymbol{b} = \left(\boldsymbol{A}^{\mathrm{T}}\boldsymbol{A}\right)^{-1}\boldsymbol{A}^{\mathrm{T}}\boldsymbol{b} \tag{6.2.6}$$

为方程组 $\boldsymbol{A}\boldsymbol{x} = \boldsymbol{b}$ 的唯一最小二乘解, 这里 $\boldsymbol{A}^{+}$ 为 $\boldsymbol{A}$ 的左逆.

6.2.2 方程组的极小最小二乘解

定义 6.3 方程组 $\boldsymbol{Ax}=\boldsymbol{b}$ 的所有最小二乘解中, 2-范数最小者称为**极小最小二乘解**.

定理 6.6 *在定理 6.4 的条件下, 方程组 $\boldsymbol{Ax}=\boldsymbol{b}$ 存在唯一的极小最小二乘解, 且该解可以表示成式 (6.2.4) 的形式.*

证明 第一步, 在定理 6.4 的条件下, 证明式 (6.2.4) 所定义的向量 $\hat{\boldsymbol{x}}$ 是方程组 $\boldsymbol{Ax}=\boldsymbol{b}$ 的一个极小最小二乘解. 首先, 向量 $\hat{\boldsymbol{x}}$ 是方程组 $\boldsymbol{Ax}=\boldsymbol{b}$ 的一个最小二乘解, 即有

$$\boldsymbol{A}^{\mathrm{T}}\boldsymbol{A}\hat{\boldsymbol{x}}=\boldsymbol{A}^{\mathrm{T}}\boldsymbol{b}.$$

不妨设 $\boldsymbol{\eta}$ 是方程组 $\boldsymbol{Ax}=\boldsymbol{b}$ 的另外一个最小二乘解, 则有

$$\boldsymbol{A}^{\mathrm{T}}\boldsymbol{A}\boldsymbol{\eta}=\boldsymbol{A}^{\mathrm{T}}\boldsymbol{b},$$

因此有

$$\boldsymbol{A}^{\mathrm{T}}\boldsymbol{A}\left(\boldsymbol{\eta}-\hat{\boldsymbol{x}}\right)=\mathbf{0}.$$

由矩阵 $\boldsymbol{A}$ 的满秩分解 $\boldsymbol{A}=\boldsymbol{FG}$, 得

$$\boldsymbol{G}^{\mathrm{T}}\boldsymbol{F}^{\mathrm{T}}\boldsymbol{FG}\left(\boldsymbol{\eta}-\hat{\boldsymbol{x}}\right)=\mathbf{0}.$$

上式两边左乘矩阵 $\boldsymbol{G}$, 得

$$\boldsymbol{GG}^{\mathrm{T}}\boldsymbol{F}^{\mathrm{T}}\boldsymbol{FG}\left(\boldsymbol{\eta}-\hat{\boldsymbol{x}}\right)=\mathbf{0}.$$

由于 $\boldsymbol{GG}^{\mathrm{T}}$ 与 $\boldsymbol{F}^{\mathrm{T}}\boldsymbol{F}$ 均可逆, 因此有

$$\boldsymbol{G}\left(\boldsymbol{\eta}-\hat{\boldsymbol{x}}\right)=\mathbf{0}.$$

从而有

$$\begin{aligned}\langle\hat{\boldsymbol{x}},\boldsymbol{\eta}-\hat{\boldsymbol{x}}\rangle&=\left(\boldsymbol{G}^{\mathrm{T}}\left(\boldsymbol{GG}^{\mathrm{T}}\right)^{-1}\left(\boldsymbol{F}^{\mathrm{T}}\boldsymbol{F}\right)^{-1}\boldsymbol{F}^{\mathrm{T}}\boldsymbol{b}\right)^{\mathrm{T}}\left(\boldsymbol{\eta}-\hat{\boldsymbol{x}}\right)\\&=\left(\left(\boldsymbol{GG}^{\mathrm{T}}\right)^{-1}\left(\boldsymbol{F}^{\mathrm{T}}\boldsymbol{F}\right)^{-1}\boldsymbol{F}^{\mathrm{T}}\boldsymbol{b}\right)^{\mathrm{T}}\cdot\boldsymbol{G}\left(\boldsymbol{\eta}-\hat{\boldsymbol{x}}\right)\\&=0.\end{aligned}$$

于是得

$$\begin{aligned}\|\boldsymbol{\eta}\|_2^2&=\|\hat{\boldsymbol{x}}+(\boldsymbol{\eta}-\hat{\boldsymbol{x}})\|_2^2=\|\hat{\boldsymbol{x}}\|_2^2+2\langle\hat{\boldsymbol{x}},\boldsymbol{\eta}-\hat{\boldsymbol{x}}\rangle+\|\boldsymbol{\eta}-\hat{\boldsymbol{x}}\|_2^2\\&=\|\hat{\boldsymbol{x}}\|_2^2+\|\boldsymbol{\eta}-\hat{\boldsymbol{x}}\|_2^2\geqslant\|\hat{\boldsymbol{x}}\|_2^2.\end{aligned}$$

由向量 $\boldsymbol{\eta}$ 的任意性知, $\hat{\boldsymbol{x}}$ 是方程组 $\boldsymbol{Ax}=\boldsymbol{b}$ 的一个极小最小二乘解.

第二步, 证明唯一性. 假设 $\boldsymbol{\xi}$ 也是方程组 $\boldsymbol{Ax}=\boldsymbol{b}$ 的一个极小最小二乘解, 根据上面的推导, 则等式

$$\|\boldsymbol{\xi}\|_2^2=\|\hat{\boldsymbol{x}}\|_2^2+\|\boldsymbol{\xi}-\hat{\boldsymbol{x}}\|_2^2 \quad \text{与} \quad \|\hat{\boldsymbol{x}}\|_2^2=\|\boldsymbol{\xi}\|_2^2+\|\boldsymbol{\xi}-\hat{\boldsymbol{x}}\|_2^2$$

同时成立, 因此得 $\|\boldsymbol{\xi}-\hat{\boldsymbol{x}}\|_2^2=0$, 从而有

$$\boldsymbol{\xi}=\hat{\boldsymbol{x}},$$

即方程组 $\boldsymbol{Ax}=\boldsymbol{b}$ 的极小最小二乘解是唯一的. #

综上所述, 当 $R(\boldsymbol{A})=r<n$ 时, 方程组 $\boldsymbol{Ax}=\boldsymbol{b}$ 的最小二乘解是不唯一的, 但是有唯一的极小最小二乘解, 且可以表示成式 (6.2.4) 的形式.

当 $m>n$ 时, 称方程组 $\boldsymbol{Ax}=\boldsymbol{b}$ 为**超定方程组**. 一般情况下, 超定方程组是矛盾方程组, 理论上, 可以用式 (6.2.4) 求其极小最小二乘解. 一般情况下, 当 n 比较小且条件数 $\kappa\left(\boldsymbol{A}^{\mathrm{T}}\boldsymbol{A}\right)$ 不大时, 求法方程组 $\boldsymbol{A}^{\mathrm{T}}\boldsymbol{Ax}=\boldsymbol{A}^{\mathrm{T}}\boldsymbol{b}$ 可以得到方程组 $\boldsymbol{Ax}=\boldsymbol{b}$ 的最小二乘解. 关于最小二乘解的求法, 更多的讨论参见 6.3 节.

当然, 也不排除将一个超定方程组中若干冗余方程去掉以后, 剩余的方程组存在传统意义下解的情况. 因此, 对一个超定方程组 $\boldsymbol{Ax}=\boldsymbol{b}$ 而言, 首先应该判断它有没有冗余方程, 如果有, 将冗余方程去掉, 若剩余的方程组存在传统意义下的解, 则直接求其解; 否则, 生成法方程组, 解之可得其最小二乘解. 当然, 如果不去掉方程组中的冗余方程, 直接求其最小二乘解也是可以的.

例 6.2.1　求方程组 $\begin{cases} 2x_1-x_2=1 \\ 8x_1+4x_2=0 \\ 2x_1+x_2=1 \\ 7x_1-x_2=8 \\ 4x_1=3 \end{cases}$ 的最小二乘解.

解　显然方程组为超定方程组. 令方程组的系数矩阵为 $\boldsymbol{A}$, 右端项为 $\boldsymbol{b}$, 则不难计算 $R(\boldsymbol{A})=2, R(\boldsymbol{A}\vdots\boldsymbol{b})=3$, 因此该方程组没有传统意义下的解, 根据定理 6.5 的推论 2 知, 方程组存在唯一的最小二乘解. 由于

$$\boldsymbol{A}^{\mathrm{T}}\boldsymbol{A}=\begin{pmatrix} 2 & 8 & 2 & 7 & 4 \\ -1 & 4 & 1 & -1 & 0 \end{pmatrix}\begin{pmatrix} 2 & -1 \\ 8 & 4 \\ 2 & 1 \\ 7 & -1 \\ 4 & 0 \end{pmatrix}=\begin{pmatrix} 137 & 25 \\ 25 & 19 \end{pmatrix}, \quad \boldsymbol{A}^{\mathrm{T}}\boldsymbol{b}=\begin{pmatrix} 72 \\ -8 \end{pmatrix},$$

于是得原方程组的法方程组

$$\begin{pmatrix} 137 & 25 \\ 25 & 19 \end{pmatrix}\begin{pmatrix} x_1 \\ x_2 \end{pmatrix}=\begin{pmatrix} 72 \\ -8 \end{pmatrix}.$$

解之, 得方程组的最小二乘解 $\boldsymbol{x} \approx \begin{pmatrix} 0.79272 \\ -1.4641 \end{pmatrix}$. #

特别指出, 若 $\hat{\boldsymbol{x}}$ 是矛盾方程组 $\boldsymbol{Ax} = \boldsymbol{b}$ 的最小二乘解, 将 $\hat{\boldsymbol{x}}$ 代入方程组 $\boldsymbol{Ax} = \boldsymbol{b}$ 后, 应该有

$$\boldsymbol{A}\hat{\boldsymbol{x}} \neq \boldsymbol{b}.$$

但是, 若方程组 $\boldsymbol{Ax} = \boldsymbol{b}$ 存在传统意义下的解 $\boldsymbol{x}^*$, $\hat{\boldsymbol{x}}$ 为其最小二乘解, 此时将最小二乘解 $\hat{\boldsymbol{x}}$ 代入方程组 $\boldsymbol{Ax} = \boldsymbol{b}$, 可得 $\boldsymbol{A}\hat{\boldsymbol{x}} = \boldsymbol{A}\boldsymbol{x}^* = \boldsymbol{b}$.

6.3 矩阵的正交分解与方程组的最小二乘解

本节继续讨论方程组 $\boldsymbol{Ax} = \boldsymbol{b}$ 的最小二乘解问题, 这里 $\boldsymbol{A} \in \mathbf{R}^{m\times n}, \boldsymbol{b} \in \mathbf{R}^m$. 由定理 6.3 知, 向量 x 为线性方程组 $\boldsymbol{Ax} = \boldsymbol{b}$ 的最小二乘解当且仅当 x 为正规方程组 $\boldsymbol{A}^{\mathrm{T}}\boldsymbol{Ax} = \boldsymbol{A}^{\mathrm{T}}\boldsymbol{b}$ 的解. 因此, 为了求得方程组 $\boldsymbol{Ax} = \boldsymbol{b}$ 的最小二乘解, 只要用直接法或者迭代法求解其正规方程组就可以了.

然而根据 3.8 节的讨论, 易知当矩阵 $\boldsymbol{A}$ 的条件数 $\kappa\left(\boldsymbol{A}^{\mathrm{T}}\boldsymbol{A}\right)$ 比较小时, 我们确实可以这么做; 但是, 当 $\boldsymbol{A}$ 的条件数 $\kappa\left(\boldsymbol{A}^{\mathrm{T}}\boldsymbol{A}\right)$ 很大时, 求解正规方程组 $\boldsymbol{A}^{\mathrm{T}}\boldsymbol{Ax} = \boldsymbol{A}^{\mathrm{T}}\boldsymbol{b}$ 的过程对舍入误差的敏感度增加, 即便是矩阵 $\boldsymbol{A}$ 为列满秩的且阶数 n 不太大的情况下, 也不能保证正规方程组 $\boldsymbol{A}^{\mathrm{T}}\boldsymbol{Ax} = \boldsymbol{A}^{\mathrm{T}}\boldsymbol{b}$ 数值解的精度.

另外, 若存在矩阵 $\boldsymbol{A}$ 的一个满秩分解 $\boldsymbol{A} = \boldsymbol{FG}$, 由式 (6.2.4) 易得方程组 $\boldsymbol{Ax} = \boldsymbol{b}$ 的最小二乘解. 本节介绍两种实现矩阵满秩分解的方法, 即 Gram-Schmidt 正交化方法和 Householder 变换法以及这种分解法在最小二乘解求值中的应用.

6.3.1 Gram-Schmidt 正交化方法

当矩阵 $\boldsymbol{Q}$ 为 $m\times r$ 阶矩阵, 且满足等式 $\boldsymbol{Q}^{\mathrm{T}}\boldsymbol{Q} = \boldsymbol{E}_r$ 时, 则称 $\boldsymbol{Q}$ 为**列正交矩阵**, 这里 $\boldsymbol{E}_r$ 为 r 阶单位阵. 且当 $\boldsymbol{Q}$ 为列正交矩阵时, 矩阵 $\boldsymbol{Q}$ 的列向量组 $\boldsymbol{q}_1, \boldsymbol{q}_2, \cdots, \boldsymbol{q}_r$ 为两两正交的单位向量组.

设矩阵 $\boldsymbol{A}$ 的秩为 $r\,(r>0)$, 且 $\boldsymbol{A}$ 的前 r 列线性无关, 则存在 $m\times r$ 阶列正交矩阵 $\boldsymbol{Q}$ 与上梯形矩阵 $\boldsymbol{U}$, 满足等式

$$\boldsymbol{A} = \boldsymbol{QU}. \tag{6.3.1}$$

式 (6.3.1) 称为矩阵 $\boldsymbol{A}$ 的**正交分解**或 **$\boldsymbol{QU}$ 分解**, 这里 $\boldsymbol{A} = (a_{ij}) \in \mathbf{R}^{m\times n}$, 上梯形矩阵

$$\boldsymbol{U} = \begin{pmatrix} u_{11} & u_{12} & \cdots & u_{1r} & \cdots & u_{1n} \\ & u_{22} & \cdots & u_{2r} & \cdots & u_{2n} \\ & & \ddots & \vdots & & \vdots \\ & & & u_{rr} & \cdots & u_{rn} \end{pmatrix} \in \mathbf{R}^{r\times n}.$$

接下来, 介绍实现矩阵正交三角分解 (6.3.1) 的 Gram-Schmidt 正交化方法. 事实上, 为了实现 $\boldsymbol{A}$ 的正交分解 (6.3.1), 只要求出列正交阵 $\boldsymbol{Q}$ 与上梯形矩阵 $\boldsymbol{U}$ 使等式 (6.3.1) 两边相等即可.

将矩阵 $\boldsymbol{A}$ 与 $\boldsymbol{Q}$ 按照列分块, 得

$$\boldsymbol{A}=(\boldsymbol{a}_1,\boldsymbol{a}_2,\cdots,\boldsymbol{a}_n),\quad \boldsymbol{Q}=(\boldsymbol{q}_1,\boldsymbol{q}_2,\cdots,\boldsymbol{q}_r). \tag{6.3.2}$$

将分块以后的矩阵 (3.2.2) 代入式 (6.3.1), 得矩阵方程组

$$\begin{cases}
\boldsymbol{a}_1 = u_{11}\boldsymbol{q}_1 \\
\boldsymbol{a}_2 = u_{12}\boldsymbol{q}_1 + u_{22}\boldsymbol{q}_2 \\
\quad\cdots\cdots \qquad\qquad \ddots \\
\boldsymbol{a}_j = u_{1j}\boldsymbol{q}_1 + u_{2j}\boldsymbol{q}_2 + \cdots + u_{jj}\boldsymbol{q}_j \\
\boldsymbol{a}_{j+1} = u_{1j+1}\boldsymbol{q}_1 + u_{2j+1}\boldsymbol{q}_2 + \cdots + u_{j,j+1}\boldsymbol{q}_j + u_{j+1,j+1}\boldsymbol{q}_{j+1} \\
\quad\cdots\cdots \qquad\qquad\qquad\qquad \ddots \\
\boldsymbol{a}_r = u_{1r}\boldsymbol{q}_1 + u_{2r}\boldsymbol{q}_2 + \cdots + u_{jr}\boldsymbol{q}_j + u_{j+1,r}\boldsymbol{q}_{j+1} \cdots + u_{rr}\boldsymbol{q}_r \\
\quad\cdots\cdots \\
\boldsymbol{a}_n = u_{1n}\boldsymbol{q}_1 + u_{2n}\boldsymbol{q}_2 + \cdots + u_{jn}\boldsymbol{q}_j + u_{j+1,n}\boldsymbol{q}_{j+1} \cdots + u_{rn}\boldsymbol{q}_r
\end{cases}, \tag{6.3.3}$$

式中, 元素 u_{ij} 和正交向量组 $\boldsymbol{q}_1,\boldsymbol{q}_2,\cdots,\boldsymbol{q}_r$ 待定.

Gram-Schmidt 正交化方法实现矩阵 $\boldsymbol{A}$ 的正交三角分解的基本思想是: 采取恰当的计算方案, 依次计算出方程组 (6.3.3) 中的待定量 u_{ij} 和 q_j. 实践中, 有两套比较成熟的计算方案可供选择, 即**水平计算方案**和**垂直计算方案**. 所谓水平计算方案, 即是根据元素 u_{ij} 与向量 q_j 在式 (6.3.3) 中的位置, 按照下式

$$\begin{aligned}
&u_{11}\to \boldsymbol{q}_1\\
&\to u_{12}\to u_{22}\to \boldsymbol{q}_2\\
&\to u_{13}\to u_{23}\to u_{33}\to \boldsymbol{q}_3\\
&\to\cdots
\end{aligned}$$

标识的顺序, 依次计算出式 (6.3.3) 中待定参数 u_{ij} 与待定向量 $\boldsymbol{q}_j$, 具体步骤如下:

Step1: 令 $u_{11}=\|\boldsymbol{a}_1\|_2$, 则根据式 (6.3.3) 的第一个等式, 可得向量

$$\boldsymbol{q}_1=\frac{\boldsymbol{a}_1}{u_{11}}=\frac{\boldsymbol{a}_1}{\|\boldsymbol{a}_1\|_2}, \tag{6.3.4}$$

于是有 $\|\boldsymbol{q}_1\|_2=1$, 即 $\boldsymbol{q}_1$ 为单位向量.

Step2: 为了使列向量 $\boldsymbol{q}_2$ 与列向量 $\boldsymbol{q}_1$ 正交, 用 $\boldsymbol{q}_1$ 在方程

$$\boldsymbol{a}_2=u_{12}\boldsymbol{q}_1+u_{22}\boldsymbol{q}_2 \tag{6.3.5}$$

两边作内积, 应用条件

$$\langle \boldsymbol{q}_i,\boldsymbol{q}_j\rangle=\delta_{ij},\quad i,j=1,2$$

得

$$u_{12} = \langle \boldsymbol{a}_2, \boldsymbol{q}_1 \rangle . \tag{6.3.6}$$

这里, 狄拉克符号 $\delta_{ij} = \begin{cases} 1, \ i=j \\ 0, \ i \neq j \end{cases}$, $i,j=1,2$. 令 $u_{22} = \|\boldsymbol{a}_2 - u_{12}\boldsymbol{q}_1\|_2$, 如果矩阵 $\boldsymbol{A}$ 的前两列线性无关, 则 $u_{22} \neq 0$, 于是得向量

$$\boldsymbol{q}_2 = \frac{\boldsymbol{a}_2 - u_{12}\boldsymbol{q}_1}{u_{22}}, \tag{6.3.7}$$

于是有 $\|\boldsymbol{q}_2\|_2 = \|(\boldsymbol{a}_2 - u_{12}\boldsymbol{q}_1)/u_{22}\|_2 = 1$, 且有 $\langle \boldsymbol{q}_2, \boldsymbol{q}_1 \rangle = 0$, 即 $\boldsymbol{q}_1$,$\boldsymbol{q}_2$ 是正交单位向量组.

Step3：假设已经按照 Step1 与 Step2 的做法求出了方程组 (6.3.3) 等号右边前 j 个两两正交的向量组 $\boldsymbol{q}_1, \boldsymbol{q}_2, \cdots, \boldsymbol{q}_j$, 以及这些向量在方程组 (6.3.3) 中相应的系数 u_{kl}, 这里 $k,l=1,2,\cdots,j$; $j=2,3,\cdots,r$.

为了使 $\boldsymbol{q}_{j+1}$ 与向量组 $\boldsymbol{q}_1, \boldsymbol{q}_2, \cdots, \boldsymbol{q}_j$ 中所有向量均正交, 在方程组 (6.3.3) 第 $j+1$ 个方程

$$\boldsymbol{a}_{j+1} = u_{1,j+1}\boldsymbol{q}_1 + u_{2,j+1}\boldsymbol{q}_2 + \cdots + u_{j,j+1}\boldsymbol{q}_j + u_{j+1,j+1}\boldsymbol{q}_{j+1} \tag{6.3.8}$$

的两边, 依次用向量 $\boldsymbol{q}_k \, (k=1,2,\cdots,j)$ 作内积, 得

$$\langle \boldsymbol{a}_{j+1}, \boldsymbol{q}_k \rangle = \left\langle \sum_{l=1}^{j+1} u_{l,j+1}\boldsymbol{q}_l, \boldsymbol{q}_k \right\rangle = \sum_{l=1}^{j+1} (u_{l,j+1} \langle \boldsymbol{q}_l, \boldsymbol{q}_k \rangle), \quad k=1,2,\cdots,j+1.$$

应用正交性条件 $\langle \boldsymbol{q}_k, \boldsymbol{q}_j \rangle = \delta_{jk}$, 得

$$u_{k,j+1} = \langle \boldsymbol{a}_{j+1}, \boldsymbol{q}_k \rangle , \tag{6.3.9}$$

这里, $k=1,2,\cdots,j$. 令

$$u_{j+1,j+1} = \left\| \boldsymbol{a}_{j+1} - \left(u_{1,j+1}\boldsymbol{q}_1 + u_{2,j+1}\boldsymbol{q}_2 + \cdots + u_{j,j+1}\boldsymbol{q}_j\right) \right\|_2 , \tag{6.3.10}$$

如果 $\boldsymbol{A}$ 的前 r 列线性无关, 则 $u_{j+1,j+1} \neq 0$, 从式 (6.3.8) 中解出列向量 $\boldsymbol{q}_{j+1}$, 得

$$\boldsymbol{q}_{j+1} = \frac{\boldsymbol{a}_{j+1} - \left(u_{1,j+1}\boldsymbol{q}_1 + u_{2,j+1}\boldsymbol{q}_2 + \cdots + u_{j,j+1}\boldsymbol{q}_j\right)}{u_{j+1,j+1}}, \tag{6.3.11}$$

且有 $\left\|\boldsymbol{q}_{j+1}\right\|_2 = \mathbf{1}$, 并且向量组 $\boldsymbol{q}_1, \boldsymbol{q}_2, \cdots, \boldsymbol{q}_j, \boldsymbol{q}_{j+1}$ 是两两正交的单位向量组.

重复使用式 (6.3.9)∼ 式 (6.3.11) $r-2$ 次, 可以依次求出向量组 $\boldsymbol{q}_1, \boldsymbol{q}_2, \cdots, \boldsymbol{q}_{r-1}, \boldsymbol{q}_r$ 中所有向量与矩阵 $\boldsymbol{U}$ 前 r 行的所有元素.

Step4：在 Step3 的基础上, 依次用向量 $\boldsymbol{q}_1, \boldsymbol{q}_2, \cdots, \boldsymbol{q}_{r-1}, \boldsymbol{q}_r$ 在等式 (6.3.3) 中第 l 个方程两边作内积, 并应用向量组 $\boldsymbol{q}_1, \boldsymbol{q}_2, \cdots, \boldsymbol{q}_r$ 的正交性, 得

$$u_{kl} = \langle \boldsymbol{a}_l, \boldsymbol{q}_k \rangle , \quad k=1,\cdots,r,$$

这里, 下标 l 顺序取 $r+1,\cdots,n$.

与水平计算方案不同的是, Gram-Schmidt 正交化方法的垂直计算方案是按照下式

$$\begin{aligned}&\to(u_{11}\to \boldsymbol{q}_1)\to u_{12}\to\cdots\to u_{1n}\\&\to(u_{22}\to \boldsymbol{q}_2)\to u_{23}\to\cdots\to u_{2n}\\&\to(u_{33}\to \boldsymbol{q}_3)\to\cdots\end{aligned}$$

标识的顺序, 依次计算出式 (6.3.3) 中所有的待定参数 u_{ij} 与待定向量 $\boldsymbol{q}_j$, 具体步骤如下:

Step1: 令 $\left(\boldsymbol{a}_1^0,\boldsymbol{a}_2^0,\cdots,\boldsymbol{a}_n^0\right)=(\boldsymbol{a}_1,\boldsymbol{a}_2,\cdots,\boldsymbol{a}_n)$, 并令

$$u_{11}=\left\|\boldsymbol{a}_1^0\right\|_2,\boldsymbol{q}_1=\boldsymbol{a}_1^0/u_{11},$$

显然有 $\|\boldsymbol{q}_1\|_2=\left\|\boldsymbol{a}_1^0/u_{11}\right\|_2=1$, 即 $\boldsymbol{q}_1$ 为单位向量.

Step2: 为了保证向量 $\boldsymbol{q}_1$ 与向量 $\boldsymbol{q}_2,\cdots,\boldsymbol{q}_r$ 的正交性, 用 $\boldsymbol{q}_1$ 依次与式 (6.3.3) 中第 j 个方程两边作内积, 得

$$u_{1j}=\left\langle\boldsymbol{a}_j^0,\boldsymbol{q}_1\right\rangle,$$

这里, $j=2,\cdots,n$.

Step3: 令 $k=1$, 当 $k\leqslant r-1$ 时, 执行 Step3.1~Step3.3; 否则, 转 Step4.

Step3.1: 对 $j=k+1,\cdots,n$, 令

$$\boldsymbol{a}_j^{(k)}=\boldsymbol{a}_j^{(k-1)}-\left(\sum_{l=1}^{k}u_{kj}\boldsymbol{q}_k\right),\tag{6.3.12}$$

再令

$$u_{k+1,k+1}=\left\|\boldsymbol{a}_{k+1}^{(k)}\right\|_2,\quad \boldsymbol{q}_{k+1}=\boldsymbol{a}_{k+1}^{(k)}\Big/u_{k+1,k+1},\tag{6.3.13}$$

则有 $\|\boldsymbol{q}_{k+1}\|_2=\left\|\boldsymbol{a}_2^{(k)}\Big/u_{k+1,k+1}\right\|_2=1$, 且 $\boldsymbol{q}_1,\cdots,\boldsymbol{q}_{k+1}$ 是单位正交向量组.

Step3.2: 然后用 $\boldsymbol{q}_{k+1}$ 与 $\boldsymbol{a}_j^{(k)}$ 作内积, 并应用向量组 $\boldsymbol{q}_1,\boldsymbol{q}_2,\cdots,\boldsymbol{q}_r$ 的正交性, 得

$$u_{k+1,j}=\left\langle\boldsymbol{a}_j^{(k)},\boldsymbol{q}_{k+1}\right\rangle,\tag{6.3.14}$$

这里, $j=k+2,\cdots,n$.

Step3.3: 令 $k=k+1$, 当 $k\leqslant r-1$ 时, 转 Step3.1; 否则, 转 Step4.

Step4: 算法终止.

我们将垂直计算方案用结构化语言进行书写, 目的是为了编程实现过程的顺利衔接. 在上述垂直计算方案的实施过程中, 在首次执行 Step3.1 之前, 已经令 $k=1$, 并执行过 Step1~Step2 的计算, 此时方程组 (6.3.3) 等号右边的未知元素 u_{1j} 和未知向量 $\boldsymbol{q}_1$ 均已经求出, 于

是移项得

$$\begin{cases} \boldsymbol{a}_2^{(1)} = \boldsymbol{a}_2 - u_{12}\boldsymbol{q}_1 = u_{22}\boldsymbol{q}_2 \\ \cdots\cdots \\ \boldsymbol{a}_j^{(1)} = \boldsymbol{a}_j - u_{1j}\boldsymbol{q}_1 = u_{2j}\boldsymbol{q}_2 + \cdots + u_{jj}\boldsymbol{q}_j \\ \cdots\cdots \\ \boldsymbol{a}_r^{(1)} = \boldsymbol{a}_r - u_{1r}\boldsymbol{q}_1 = u_{2r}\boldsymbol{q}_2 + \cdots + u_{jr}\boldsymbol{q}_j + \cdots + u_{rr}\boldsymbol{q}_r \\ \cdots\cdots \\ \boldsymbol{a}_n^{(1)} = \boldsymbol{a}_n - u_{1n}\boldsymbol{q}_1 = u_{2n}\boldsymbol{q}_2 + \cdots + u_{jn}\boldsymbol{q}_j + \cdots + u_{rn}\boldsymbol{q}_r \end{cases}. \tag{6.3.15}$$

因此, 可令

$$u_{22} = \left\|\boldsymbol{a}_2^{(1)}\right\|_2, \quad \boldsymbol{q}_2 = \boldsymbol{a}_2^{(1)}\Big/u_{22},$$

然后用向量 $\boldsymbol{q}_2$ 与式 (6.3.15) 中从第 3 个到第 n 个方程的两边作内积, 由向量组 $\boldsymbol{q}_1, \boldsymbol{q}_2, \cdots, \boldsymbol{q}_r$ 的正交性, 可得

$$u_{2j} = \left\langle \boldsymbol{a}_j^{(1)}, \boldsymbol{q}_2 \right\rangle,$$

这里, $j = 3, \cdots, n$.

经过这一步计算之后, 式 (6.3.15) 中等号右边的未知元素 $u_{2j}\,(j = 3, \cdots, n)$ 和未知向量 $\boldsymbol{q}_2$ 均已经求出, 移项得

$$\begin{cases} \boldsymbol{a}_3^{(3)} = \boldsymbol{a}_3^{(2)} - u_{23}\boldsymbol{q}_2 = u_{33}\boldsymbol{q}_3 \\ \cdots\cdots \\ \boldsymbol{a}_j^{(3)} = \boldsymbol{a}_j^{(2)} - u_{2j}\boldsymbol{q}_2 = u_{3j}\boldsymbol{q}_3 + \cdots + u_{jj}\boldsymbol{q}_j \\ \cdots\cdots \\ \boldsymbol{a}_r^{(3)} = \boldsymbol{a}_r^{(2)} - u_{2r}\boldsymbol{q}_2 = u_{3r}\boldsymbol{q}_3 + \cdots + u_{jr}\boldsymbol{q}_j + \cdots + u_{rr}\boldsymbol{q}_r \\ \cdots\cdots \\ \boldsymbol{a}_n^{(3)} = \boldsymbol{a}_{\mathrm{n}}^{(2)} - u_{2n}\boldsymbol{q}_2 = u_{3n}\boldsymbol{q}_3 + \cdots + u_{jn}\boldsymbol{q}_j + \cdots + u_{rn}\boldsymbol{q}_r \end{cases}. \tag{6.3.16}$$

此时, 根据式 (6.3.15) 可计算出 u_{33} 与向量 $\boldsymbol{q}_3$. 重复上面的做法 $r-2$ 次, 直到求出正交矩阵 $\boldsymbol{Q}$ 所有列向量以及矩阵 $\boldsymbol{U}$ 的所有元素为止.

由上述两种方案实现矩阵 $\boldsymbol{A}$ 的正交三角分解的方法, 统称为 **Gram-Schmidt 正交化方法**. 相比之下, 垂直计算方案的数值稳定性要优于水平计算方案, 因此实践中常用垂直方案实现矩阵的正交分解.

6.3.2　矩阵正交分解在求极小最小二乘解中的应用

显然, 正交分解 (6.3.1) 是矩阵 $\boldsymbol{A}$ 的一种满秩分解. 设矩阵 $\boldsymbol{A}$ 的秩等于 r, 于是当 $r < n$ 且矩阵前 r 列线性无关时, 将 $\boldsymbol{A}$ 的正交分解 (6.3.1) 代入式 (6.2.4), 可得方程组 $\boldsymbol{Ax} = \boldsymbol{b}$ 的极小最小二乘解

$$\hat{\boldsymbol{x}} = \boldsymbol{A}^{+}\boldsymbol{b} = \boldsymbol{U}^{\mathrm{T}}\left(\boldsymbol{U}\boldsymbol{U}^{\mathrm{T}}\right)^{-1}\left(\boldsymbol{Q}^{\mathrm{T}}\boldsymbol{Q}\right)^{-1}\boldsymbol{Q}^{\mathrm{T}}\boldsymbol{b}.$$

再由 $\boldsymbol{Q}$ 的列正交性, 得该极小最小二乘解

$$\hat{\boldsymbol{x}} = \boldsymbol{A}^{+}\boldsymbol{b} = \boldsymbol{U}^{\mathrm{T}}\left(\boldsymbol{U}\boldsymbol{U}^{\mathrm{T}}\right)^{-1}\boldsymbol{Q}^{\mathrm{T}}\boldsymbol{b}. \tag{6.3.17}$$

特别地, 当矩阵 $\boldsymbol{A}$ 的秩等于 n 时, 在 $\boldsymbol{A}$ 的正交分解 (6.3.1) 中, 矩阵 $\boldsymbol{Q}$ 为 $m \times n$ 阶的列正交阵, $\boldsymbol{U}$ 为 $n \times n$ 阶的上三角阵, 若记 $\boldsymbol{R} = \boldsymbol{U}$, 此时有

$$\boldsymbol{A} = \boldsymbol{Q}\boldsymbol{R}. \tag{6.3.18}$$

称式 (6.3.18) 为矩阵 $\boldsymbol{A}$ 的 **$\boldsymbol{QR}$分解**. 显然 $\boldsymbol{QR}$ 分解 (6.3.18) 也是一种特殊的满秩分解. 此时, 线性方程组 $\boldsymbol{A}\boldsymbol{x} = \boldsymbol{b}$ 的极小最小二乘解为

$$\hat{\boldsymbol{x}} = \boldsymbol{A}^{+}\boldsymbol{b} = \boldsymbol{R}^{\mathrm{T}}\left(\boldsymbol{R}\boldsymbol{R}^{\mathrm{T}}\right)^{-1}\boldsymbol{Q}^{\mathrm{T}}\boldsymbol{b}. \tag{6.3.19}$$

又由 $R(\boldsymbol{A}) = n$ 知, 上三角矩阵 $\boldsymbol{R}$ 可逆, 于是有

$$\boldsymbol{R}^{\mathrm{T}}\left(\boldsymbol{R}\boldsymbol{R}^{\mathrm{T}}\right)^{-1} = \boldsymbol{R}^{\mathrm{T}}\left(\boldsymbol{R}^{\mathrm{T}}\right)^{-1}\boldsymbol{R}^{-1} = \boldsymbol{R}^{-1}.$$

将上式代入式 (6.3.19), 得

$$\hat{\boldsymbol{x}} = \boldsymbol{A}^{+}\boldsymbol{b} = \boldsymbol{R}^{-1}\boldsymbol{Q}^{\mathrm{T}}\boldsymbol{b}. \tag{6.3.20}$$

为此, 在使用 Gram-Schmidt 正交化方法完成正交分解 (6.3.18) 之后, 只要求解上三角方程组

$$\boldsymbol{R}\boldsymbol{x} = \boldsymbol{Q}^{\mathrm{T}}\boldsymbol{b}, \tag{6.3.21}$$

即可得到方程组 $\boldsymbol{A}\boldsymbol{x} = \boldsymbol{b}$ 的极小最小二乘解 (6.3.20).

实践中, 如果矩阵 $\boldsymbol{A}$ 的秩为 $r(r < n)$, 且 $\boldsymbol{A}$ 前 r 列的向量线性相关, 那该如何处理呢?

事实上, 当矩阵 $\boldsymbol{A}$ 前 r 列线性相关时, 可以对 $\boldsymbol{A}$ 作一系列初等列变换, 即在 $\boldsymbol{A}$ 的右边乘以排列阵 $\boldsymbol{P}$, 使 $\boldsymbol{A}\boldsymbol{P}$ 的前 r 列线性无关, 相应地方程组 $\boldsymbol{A}\boldsymbol{x} = \boldsymbol{b}$ 变为

$$\boldsymbol{A}\boldsymbol{P}\boldsymbol{P}^{\mathrm{T}}\boldsymbol{x} = \boldsymbol{b}. \tag{6.3.22}$$

若令 $\boldsymbol{P}^{\mathrm{T}}\boldsymbol{x} = \boldsymbol{y}$, 则方程组 $\boldsymbol{A}\boldsymbol{x} = \boldsymbol{b}$ 变为

$$(\boldsymbol{A}\boldsymbol{P})\,\boldsymbol{y} = \boldsymbol{b}. \tag{6.3.23}$$

接下来, 对矩阵 $\boldsymbol{A}\boldsymbol{P}$ 进行 $\boldsymbol{QU}$ 分解, 得 $\boldsymbol{A}\boldsymbol{P} = \boldsymbol{Q}\boldsymbol{U}$, 由于矩阵 $\boldsymbol{A}\boldsymbol{P}$ 的前 r 列线性无关, 由式 (6.3.17) 得方程组 (6.3.23) 的极小最小二乘解

$$\hat{\boldsymbol{y}} = (\boldsymbol{A}\boldsymbol{P})^{+}\boldsymbol{b} = \boldsymbol{U}^{\mathrm{T}}\left(\boldsymbol{U}\boldsymbol{U}^{\mathrm{T}}\right)^{-1}\boldsymbol{Q}^{\mathrm{T}}\boldsymbol{b}.$$

又 $\boldsymbol{P}^{\mathrm{T}}\boldsymbol{x} = \boldsymbol{y}$, 得方程组 $\boldsymbol{A}\boldsymbol{x} = \boldsymbol{b}$ 的极小最小二乘解

$$\hat{\boldsymbol{x}} = \boldsymbol{P}\hat{\boldsymbol{y}} = \boldsymbol{P}\boldsymbol{U}^{\mathrm{T}}\left(\boldsymbol{U}\boldsymbol{U}^{\mathrm{T}}\right)^{-1}\boldsymbol{Q}^{\mathrm{T}}\boldsymbol{b}. \tag{6.3.24}$$

6.3.3 Householder 变换

1958 年, 为讨论矩阵特征值的问题, 分析学家 Householder 提出了 Householder 变换, 该变换在矩阵的正交三角分解中有着重要的应用. n 阶方阵

$$\boldsymbol{H}=\boldsymbol{E}-2\boldsymbol{w}\,\boldsymbol{w}^{\mathrm{T}} \tag{6.3.25}$$

称为 **Householder 变换阵**, 这里, 向量 $\boldsymbol{w}\in\mathbf{R}^n$ 且满足 $\|\boldsymbol{w}\|_2=1$. 易证, 式 (6.3.25) 所定义的 Householder 变换阵是对称的正交阵, 即 Householder 变换阵 $\boldsymbol{H}$ 同时满足性质

$$\boldsymbol{H}^{\mathrm{T}}=\boldsymbol{H},\quad \boldsymbol{H}^{\mathrm{T}}=\boldsymbol{H}^{-1}.$$

据此易证 $\boldsymbol{H}^2=\boldsymbol{E}$, 即 Householder 变换阵具有**对合性**.

任给向量 $\boldsymbol{\xi}\in\mathbf{R}^n$, 可以证明: 向量 $\boldsymbol{H\xi}$ 是与向量 $\boldsymbol{\xi}$ 关于超平面 $\operatorname{span}\{\boldsymbol{w}\}^{\perp}$ 呈几何对称分布的向量, 故称 $\boldsymbol{H\xi}$ 为向量 $\boldsymbol{\xi}$ 的**镜面反射**. 这里, 向量 $\boldsymbol{w}$ 即为式 (6.3.25) 中定义变换阵 $\boldsymbol{H}$ 的向量空间, $\operatorname{span}\{\boldsymbol{w}\}^{\perp}=\{\,\boldsymbol{x}\mid \boldsymbol{w}^{\mathrm{T}}\boldsymbol{x}=\mathbf{0}\,\}$.

事实上, $\forall\boldsymbol{\xi}\in\mathbf{R}^n$, 若令 $\boldsymbol{x}$ 为 $\boldsymbol{\xi}$ 在平面 $\operatorname{span}\{\boldsymbol{w}\}^{\perp}$ 内的投影, $\boldsymbol{y}=\boldsymbol{\xi}-\boldsymbol{x}$, 则向量 $\boldsymbol{\xi}$ 存在如下直交分解

$$\boldsymbol{\xi}=\boldsymbol{x}+\boldsymbol{y},$$

且有

$$\boldsymbol{w}^{\mathrm{T}}\boldsymbol{x}=0,\quad \boldsymbol{y}\in\operatorname{span}\{\boldsymbol{w}\}.$$

即 $\exists k\in\mathbf{R}$, 使 $\boldsymbol{y}=k\boldsymbol{w}$. 又由于 $\boldsymbol{w}^{\mathrm{T}}\boldsymbol{w}=1$, 因此有

$$\begin{aligned}\boldsymbol{H}(\boldsymbol{x}+\boldsymbol{y})&=\boldsymbol{H\xi}=\left(\boldsymbol{E}-2\boldsymbol{w}\boldsymbol{w}^{\mathrm{T}}\right)(\boldsymbol{x}+\boldsymbol{y})\\&=\left(\boldsymbol{E}-2\boldsymbol{w}\boldsymbol{w}^{\mathrm{T}}\right)\boldsymbol{x}+\left(\boldsymbol{E}-2\boldsymbol{w}\boldsymbol{w}^{\mathrm{T}}\right)\boldsymbol{y}=\boldsymbol{x}+\boldsymbol{y}-2k\boldsymbol{w}\\&=\boldsymbol{x}-\boldsymbol{y}.\end{aligned}$$

上式表明, $\boldsymbol{H\xi}$ 是与向量 $\boldsymbol{\xi}$ 关于超平面 $\operatorname{span}\{\boldsymbol{w}\}^{\perp}$ 对称的镜面反射向量.

因此, **Householder** 变换阵 $\boldsymbol{H}$ 也称为**镜像变换**或**初等反射阵**, 其几何解释如图 6.1 所示.

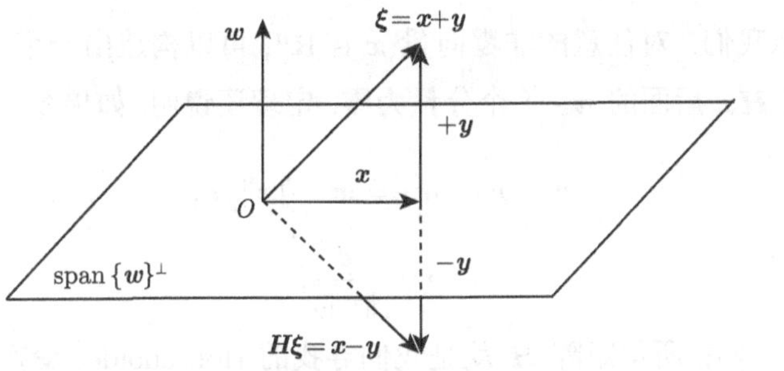

图 6.1 Householder 变换的镜像反射性

此外, 还可以证明 Householder 变换阵的如下性质: $\forall \boldsymbol{x}, \boldsymbol{y} \in \mathbf{R}^n$, 且 $\|\boldsymbol{x}\|_2 = \|\boldsymbol{y}\|_2$, 则存在一个 Householder 矩阵 $\boldsymbol{H}$, 使 $\boldsymbol{H}\boldsymbol{x} = \boldsymbol{y}$.

该性质表明, 任意给定向量 $\boldsymbol{x}$ 和 $\boldsymbol{y}$, 可以构造一个 Householder 矩阵, 并在该矩阵的映射下将向量 $\boldsymbol{x}$ 映射到 $\boldsymbol{y}$. 下面证明该性质的一个推论, 该推论在矩阵的正交三角分解过程中有着重要的应用.

定理 6.7　*$\forall \boldsymbol{x} \in \mathbf{R}^n\ (\boldsymbol{x} \neq \boldsymbol{0})$, 则存在一个 Householder 变换阵 $\boldsymbol{H} = \boldsymbol{E} - 2\boldsymbol{w}\,\boldsymbol{w}^{\mathrm{T}}$, 满足性质*

$$\boldsymbol{H}\boldsymbol{x} = \alpha \boldsymbol{e}_1, \tag{6.3.26}$$

这里, $\alpha = \pm\|\boldsymbol{x}\|_2$, $\boldsymbol{e}_1 = (1, 0, \cdots, 0)^{\mathrm{T}}$ 为与 x 同维数的坐标单位向量, 向量

$$\boldsymbol{w} = \frac{\boldsymbol{x} - \alpha \boldsymbol{e}_1}{\|\boldsymbol{x} - \alpha \boldsymbol{e}_1\|_2} \in \mathbf{R}^n.$$

证明　令向量 $\boldsymbol{w} = \dfrac{\boldsymbol{x} - \alpha \boldsymbol{e}_1}{\|\boldsymbol{x} - \alpha \boldsymbol{e}_1\|_2} \in \mathbf{R}^n$, 这里, $\alpha = \pm\|\boldsymbol{x}\|_2$, $\boldsymbol{e}_1 = (1, 0, \cdots, 0)^{\mathrm{T}}$ 为与 $\boldsymbol{x}$ 同维数的坐标单位向量, 则有 $\|\boldsymbol{w}\|_2 = 1$, 于是可构造一个 Householder 变换阵

$$\boldsymbol{H} = \boldsymbol{E} - 2\boldsymbol{w}\,\boldsymbol{w}^{\mathrm{T}},$$

且有

$$\boldsymbol{H}\boldsymbol{x} = \left(\boldsymbol{E} - 2\boldsymbol{w}\boldsymbol{w}^{\mathrm{T}}\right)\boldsymbol{x} = \left(\boldsymbol{E} - 2\frac{\boldsymbol{x} - \alpha \boldsymbol{e}_1}{\|\boldsymbol{x} - \alpha \boldsymbol{e}_1\|_2}\frac{(\boldsymbol{x} - \alpha \boldsymbol{e}_1)^{\mathrm{T}}}{\|\boldsymbol{x} - \alpha \boldsymbol{e}_1\|_2}\right)\boldsymbol{x}.$$

又由 $\alpha = \pm\|\boldsymbol{x}\|_2$ 知 $\|\boldsymbol{x}\|_2 = \|\alpha \boldsymbol{e}_1\|_2$, 于是有

$$\begin{aligned}
\boldsymbol{H}\boldsymbol{x} = \left(\boldsymbol{E} - 2\boldsymbol{w}\boldsymbol{w}^{\mathrm{T}}\right)\boldsymbol{x} &= \left(\boldsymbol{E} - 2\frac{\boldsymbol{x} - \alpha \boldsymbol{e}_1}{\|\boldsymbol{x} - \alpha \boldsymbol{e}_1\|_2}\frac{(\boldsymbol{x} - \alpha \boldsymbol{e}_1)^{\mathrm{T}}}{\|\boldsymbol{x} - \alpha \boldsymbol{e}_1\|_2}\right)\boldsymbol{x} \\
&= \boldsymbol{x} - \frac{\|\boldsymbol{x}\|_2^2 - 2\alpha \boldsymbol{e}_1^{\mathrm{T}}\boldsymbol{x} + \|\alpha \boldsymbol{e}_1\|_2^2}{\|\boldsymbol{x} - \alpha \boldsymbol{e}_1\|_2^2}(\boldsymbol{x} - \alpha \boldsymbol{e}_1) \\
&= \boldsymbol{x} - (\boldsymbol{x} - \alpha \boldsymbol{e}_1) \\
&= \alpha \boldsymbol{e}_1.
\end{aligned}$$

#

定理 6.7 提示我们: 对任意的非零向量 $\boldsymbol{x} \in \mathbf{R}^n$, 可以构造出一个 Householder 变换阵 $\boldsymbol{H}$, 使得映射向量 $\boldsymbol{H}\boldsymbol{x}$ 后面的 $n-1$ 个分量为零. 定理还说明, 如果令

$$\boldsymbol{v} = \boldsymbol{x} - \alpha \boldsymbol{e}_1 = \boldsymbol{x} \pm \|\boldsymbol{x}\|_2\, \boldsymbol{e}_1, \tag{6.3.27}$$

$$\boldsymbol{w} = \frac{\boldsymbol{v}}{\|\boldsymbol{v}\|_2}, \tag{6.3.28}$$

则将 $\boldsymbol{w}$ 代入式 (6.3.25), 所得矩阵 $\boldsymbol{H}$ 就是我们寻找的 Householder 变换阵.

接下来的问题是, 用式 (6.3.28) 计算单位向量 $\boldsymbol{w}$ 时, 如何选择式 (6.3.27) 中 $\|\boldsymbol{x}\|_2$ 之前的正负号呢?

事实上, 为了使变换后得到的实数 α 为正数, 则应该取 $\boldsymbol{v}=\boldsymbol{x}-\|\boldsymbol{x}\|_2\boldsymbol{e}_1$. 但如果这样做, 就会出现另一个问题: 即当 $x_1>0$ 且 $\boldsymbol{x}$ 非常接近向量 $\boldsymbol{e}_1$, 在计算两数的差

$$v_1=x_1-\|\boldsymbol{x}\|_2 \tag{6.3.29}$$

时, 会导致两个相近的量相减, 从而严重损失计算过程中的有效数字, 这里 v_1,x_1 分别表示 $\boldsymbol{v},\boldsymbol{x}$ 的第一个分量.

不过, 此时可以将等式 (6.3.29) 进行等价变形, 得

$$v_1=x_1-\|\boldsymbol{x}\|_2=\frac{x_1^2-\|\boldsymbol{x}\|_2^2}{x_1+\|\boldsymbol{x}\|_2}=-\frac{x_2^2+x_3^2+\cdots x_n^2}{x_1+\|\boldsymbol{x}\|_2}. \tag{6.3.30}$$

即当 $x_1>0$ 且 $\boldsymbol{x}$ 非常接近向量 $\boldsymbol{e}_1$ 时, 可以使用式 (6.3.30) 计算 v_1, 就能避免出现两个相近的数相减的情况.

6.3.4 Householder 变换在矩阵正交分解中的应用

下面介绍如何利用 Householder 变换实现矩阵 $\boldsymbol{A}$ 的正交分解.

设 $\boldsymbol{A}\in\mathbf{R}^{m\times n}$, $m\geqslant n$, $R(\boldsymbol{A})=r>0$, 且矩阵 $\boldsymbol{A}$ 的前 r 列线性无关.

第一步: 记 $\boldsymbol{A}=(\boldsymbol{a}_1,\boldsymbol{a}_2,\cdots,\boldsymbol{a}_n)=\left(\boldsymbol{a}_1^{(1)},\boldsymbol{a}_2^{(1)},\cdots,\boldsymbol{a}_n^{(1)}\right)$. 接下来, 寻找一个合适的 Householder 变换阵 $\boldsymbol{H}_1$ 使

$$\boldsymbol{H}_1\boldsymbol{a}_1^{(1)}=\alpha_1\boldsymbol{e}_1,$$

这里, $\alpha_1\boldsymbol{e}_1=(\alpha_1,0,0,\cdots,0)_m^{\mathrm{T}}$. 于是有

$$\boldsymbol{H}_1\boldsymbol{A}=\left(\alpha_1\boldsymbol{e}_1,\boldsymbol{a}_2^{(2)},\cdots,\boldsymbol{a}_n^{(2)}\right)=\begin{pmatrix}\alpha_1 & a_{12}^{(2)} & \cdots & a_{1n}^{(2)}\\ 0 & a_{22}^{(2)} & \cdots & a_{2n}^{(2)}\\ \vdots & \vdots & & \vdots\\ 0 & a_{m2}^{(2)} & \cdots & a_{mn}^{(2)}\end{pmatrix}\triangleq\boldsymbol{A}_2,$$

式中, $\boldsymbol{a}_j^{(2)}=\boldsymbol{H}_1\boldsymbol{a}_j^{(1)};j=2,3,\cdots,n$.

根据定理 6.7, 为了避免求 Householder 变换 $\boldsymbol{H}$ 时出现两个相近的数相减的情况, 故令 $\alpha_1=-\operatorname{sign}(a_{11})\left\|\boldsymbol{a}_1^{(1)}\right\|_2$, 则 $\boldsymbol{w}=\dfrac{\boldsymbol{a}_1^{(1)}-\alpha_1\boldsymbol{e}_1}{\left\|\boldsymbol{a}_1^{(1)}-\alpha_1\boldsymbol{e}_1\right\|_2}$ 为一个 m 维的单位向量, 且矩阵

$$\boldsymbol{H}_1=\boldsymbol{E}-2\boldsymbol{w}\boldsymbol{w}^{\mathrm{T}} \tag{6.3.31}$$

就是我们要寻找的 Householder 变换阵, 并成立如下结论

$$\boldsymbol{H}_1\boldsymbol{a}_1^{(1)}=\alpha_1\boldsymbol{e}_1,\quad \boldsymbol{H}_1\boldsymbol{A}=\boldsymbol{A}_2.$$

第二步: 记 $\boldsymbol{A}_2=\begin{pmatrix}\alpha_1 & \boldsymbol{\beta}\\ \boldsymbol{0} & \tilde{\boldsymbol{A}}_2\end{pmatrix}$, 其中, $\tilde{\boldsymbol{A}}_2=\left(\tilde{\boldsymbol{a}}_2^{(2)},\cdots,\tilde{\boldsymbol{a}}_n^{(2)}\right)$. 同理, 为防止出现两个相近的数相减, 可令 $\alpha_2=-\operatorname{sign}\left(a_{22}^{(2)}\right)\left\|\tilde{\boldsymbol{a}}_2^{(2)}\right\|_2$, 则 $\boldsymbol{w}=\dfrac{\tilde{\boldsymbol{a}}_2^{(2)}-\alpha_1\boldsymbol{e}_2}{\left\|\tilde{\boldsymbol{a}}_2^{(2)}-\alpha_1\boldsymbol{e}_2\right\|_2}$ 为 $m-1$ 维的单位向量,

$$\tilde{\boldsymbol{H}}_2 = \boldsymbol{E} - 2\boldsymbol{w}\boldsymbol{w}^{\mathrm{T}}, \tag{6.3.32}$$

即为 $m-1$ 阶的 Householder 变换阵, 并有

$$\tilde{\boldsymbol{H}}_2 \tilde{\boldsymbol{a}}_2^{(2)} = \alpha_2 \boldsymbol{e}_2 = (\alpha_2, 0, \cdots, 0)_{m-1}^{\mathrm{T}},$$

进而有

$$\tilde{\boldsymbol{H}}_2 \tilde{\boldsymbol{A}}_2 = \left(\alpha_2 \boldsymbol{e}_2, \tilde{\boldsymbol{a}}_3^{(3)}, \cdots, \tilde{\boldsymbol{a}}_n^{(3)}\right) = \begin{pmatrix} \alpha_2 & a_{23}^{(3)} & \cdots & a_{2n}^{(3)} \\ 0 & a_{33}^{(3)} & \cdots & a_{3n}^{(3)} \\ \vdots & \vdots & & \vdots \\ 0 & a_{m3}^{(3)} & \cdots & a_{mn}^{(3)} \end{pmatrix},$$

式中, $\tilde{\boldsymbol{a}}_j^{(3)} = \tilde{\boldsymbol{H}}_2 \tilde{\boldsymbol{a}}_j^{(2)}; j = 3, \cdots, n.$

进而, 若令 $\boldsymbol{H}_2 = \begin{pmatrix} 1 & \\ & \tilde{\boldsymbol{H}}_2 \end{pmatrix}$, 则成立如下结论

$$\boldsymbol{H}_2 \boldsymbol{H}_1 \boldsymbol{A} = \begin{pmatrix} \alpha_1 & a_{12}^{(2)} & a_{13}^{(2)} & \cdots & a_{1n}^{(2)} \\ 0 & \alpha_2 & a_{23}^{(3)} & \cdots & a_{2n}^{(3)} \\ 0 & 0 & a_{33}^{(3)} & \cdots & a_{3n}^{(3)} \\ \vdots & \vdots & \vdots & & \vdots \\ 0 & 0 & a_{m3}^{(3)} & \cdots & a_{mn}^{(3)} \end{pmatrix} \triangleq \begin{pmatrix} \alpha_1 & a_{12}^{(2)} & \boldsymbol{\gamma}_1 \\ & \alpha_2 & \boldsymbol{\gamma}_2 \\ & & \tilde{\boldsymbol{A}}_3 \end{pmatrix},$$

式中, $\boldsymbol{\gamma}_1 = \begin{pmatrix} a_{13}^{(2)} & \cdots & a_{1n}^{(2)} \end{pmatrix}; \boldsymbol{\gamma}_2 = \begin{pmatrix} a_{23}^{(3)} & \cdots & a_{2n}^{(3)} \end{pmatrix}; \tilde{\boldsymbol{A}}_3 = \begin{pmatrix} a_{33}^{(3)} & \cdots & a_{3n}^{(3)} \\ \vdots & & \vdots \\ a_{m3}^{(3)} & \cdots & a_{mn}^{(3)} \end{pmatrix}.$

当矩阵 $\boldsymbol{A}$ 的秩为 r 时, 接下来, 按照第一步和第二步中的方法, 至多需要继续作 $r-2$ 次 Householder 变换, 可将矩阵 $\boldsymbol{A}$ 化为上梯形矩阵

$$\begin{pmatrix} \boldsymbol{R} & \boldsymbol{B} \\ \boldsymbol{O} & \boldsymbol{O} \end{pmatrix} = \begin{pmatrix} \boldsymbol{U} \\ \boldsymbol{O} \end{pmatrix},$$

式中, $\boldsymbol{R}$ 为 r 阶上三角矩阵; $\boldsymbol{O}$ 为零矩阵; $\boldsymbol{U} = \begin{pmatrix} \boldsymbol{R} & \boldsymbol{B} \end{pmatrix}$ 为上梯形矩阵, 即有等式

$$\boldsymbol{H}_r \boldsymbol{H}_{r-1} \cdots \boldsymbol{H}_1 \boldsymbol{A} = \begin{pmatrix} \boldsymbol{R} & \boldsymbol{B} \\ \boldsymbol{O} & \boldsymbol{O} \end{pmatrix} = \begin{pmatrix} \boldsymbol{U} \\ \boldsymbol{O} \end{pmatrix}. \tag{6.3.33}$$

若记 $\boldsymbol{Q}^{\mathrm{T}} = \boldsymbol{H}_r \boldsymbol{H}_{r-1} \cdots \boldsymbol{H}_1$, 则分解式

$$\boldsymbol{A} = \boldsymbol{Q} \begin{pmatrix} \boldsymbol{U} \\ \boldsymbol{O} \end{pmatrix}, \tag{6.3.34}$$

这里 $r = R(\boldsymbol{A}) < n.$

因此, 当 $m > n$ 且 $\boldsymbol{A}$ 为列满秩矩阵时, 经过 n 步 Householder 变换可将矩阵 $\boldsymbol{A}$ 化为上三角矩阵, 得

$$A = Q\begin{pmatrix} R \\ O \end{pmatrix}. \tag{6.3.35}$$

特别地, 当 $\boldsymbol{A}$ 为 n 阶满秩方阵时, 则经过 n 步 Householder 变换可将矩阵 $\boldsymbol{A}$ 化为上三角矩阵, 即得如下 QR 分解

$$\boldsymbol{A} = \boldsymbol{Q}\boldsymbol{R}. \tag{6.3.36}$$

综上所述, 当 $m > n$ 且 $R(\boldsymbol{A}) = n$ 时, 应用 Householder 变换 n 次, 可将线性方程组 $\boldsymbol{Ax} = \boldsymbol{b}$ 的系数矩阵进行形如式 (6.3.35) 的正交三角分解. 若记列正交矩阵

$$\boldsymbol{Q} = \begin{pmatrix} \boldsymbol{Q}_1 & \boldsymbol{Q}_2 \end{pmatrix},$$

这里, $\boldsymbol{Q}_1$, $\boldsymbol{Q}_2$ 分别是 $m \times n$ 和 $m \times (m-n)$ 阶列正交阵, 由式 (6.3.35) 得

$$\boldsymbol{A} = \boldsymbol{Q}\begin{pmatrix} \boldsymbol{R} \\ \boldsymbol{O} \end{pmatrix} = \begin{pmatrix} \boldsymbol{Q}_1 & \boldsymbol{Q}_2 \end{pmatrix}\begin{pmatrix} \boldsymbol{R} \\ \boldsymbol{O} \end{pmatrix} = \boldsymbol{Q}_1\boldsymbol{R}, \tag{6.3.37}$$

因此, 解上三角方程组

$$\boldsymbol{Rx} = \boldsymbol{Q}_1^{\mathrm{T}}\boldsymbol{b}, \tag{6.3.38}$$

可得方程组 $\boldsymbol{Ax} = \boldsymbol{b}$ 的极小最小二乘解.

例 6.3.1 用矩阵 Householder 变换求方程组

$$\begin{pmatrix} 1 & 3 \\ 1 & 3 \\ 1 & 1 \\ 1 & 1 \end{pmatrix}\begin{pmatrix} x_1 \\ x_2 \end{pmatrix} = \begin{pmatrix} 4 \\ 3 \\ 3 \\ 0 \end{pmatrix}$$

的极小最小二乘解.

解 记方程组的增广阵为 $\overline{\boldsymbol{A}} = \begin{pmatrix} 1 & 3 & 4 \\ 1 & 3 & 3 \\ 1 & 1 & 3 \\ 1 & 1 & 0 \end{pmatrix}$, 下面应用 Householder 变换将 $\overline{\boldsymbol{A}}$ 进行正交分解.

第一步：令 $\sigma_1 = \left\|\boldsymbol{a}_1^{(1)}\right\|_2 = \sqrt{1^2+1^2+1^2+1^2} = 2$, $\alpha_1 = -\sigma_1 = -2$, $\boldsymbol{w} = \begin{pmatrix} 1 \\ 1 \\ 1 \\ 1 \end{pmatrix} - \alpha_1\begin{pmatrix} 1 \\ 0 \\ 0 \\ 0 \end{pmatrix} = \begin{pmatrix} 3 \\ 1 \\ 1 \\ 1 \end{pmatrix}$, 于是得 Householder 变换阵

$$\boldsymbol{H}_1 = \boldsymbol{E} - 2\frac{\boldsymbol{w}\boldsymbol{w}^{\mathrm{T}}}{\|\boldsymbol{w}\|_2^2} = \begin{pmatrix} -\frac{1}{2} & -\frac{1}{2} & -\frac{1}{2} & -\frac{1}{2} \\ -\frac{1}{2} & \frac{5}{6} & -\frac{1}{6} & -\frac{1}{6} \\ -\frac{1}{2} & -\frac{1}{6} & \frac{5}{6} & -\frac{1}{6} \\ -\frac{1}{2} & -\frac{1}{6} & -\frac{1}{6} & \frac{5}{6} \end{pmatrix}.$$

用 $\boldsymbol{H}_1$ 对 $\overline{\boldsymbol{A}}$ 作 Householder 变换得

$$\boldsymbol{H}_1\overline{\boldsymbol{A}}=\begin{pmatrix}-2 & -4 & -5\\ 0 & \frac{2}{3} & 0\\ 0 & -\frac{4}{3} & 0\\ 0 & -\frac{4}{3} & -3\end{pmatrix}.$$

第二步: 令矩阵 $\boldsymbol{A}_2=\begin{pmatrix}\frac{2}{3} & 0\\ -\frac{4}{3} & 0\\ -\frac{4}{3} & -3\end{pmatrix}$, 对 $\boldsymbol{A}_2$ 进行 Householder 变换. 类似第一步的做法, 易得三阶的 Householder 变换阵 $\tilde{\boldsymbol{H}}_2=\begin{pmatrix}-\frac{1}{3} & \frac{2}{3} & \frac{2}{3}\\ \frac{2}{3} & \frac{2}{3} & -\frac{1}{3}\\ \frac{2}{3} & -\frac{1}{3} & \frac{2}{3}\end{pmatrix}$, 且有

$$\tilde{\boldsymbol{H}}_2\boldsymbol{A}_2=\begin{pmatrix}-\frac{1}{3} & \frac{2}{3} & \frac{2}{3}\\ \frac{2}{3} & \frac{2}{3} & -\frac{1}{3}\\ \frac{2}{3} & -\frac{1}{3} & \frac{2}{3}\end{pmatrix}\begin{pmatrix}\frac{2}{3} & 0\\ -\frac{4}{3} & 0\\ -\frac{4}{3} & -3\end{pmatrix}=\begin{pmatrix}-2 & -2\\ 0 & 1\\ 0 & -2\end{pmatrix}.$$

令 $\boldsymbol{H}_2=\begin{pmatrix}1 & \\ & \tilde{\boldsymbol{H}}_2\end{pmatrix}=\begin{pmatrix}1 & & & \\ & -\frac{1}{3} & \frac{2}{3} & \frac{2}{3}\\ & \frac{2}{3} & \frac{2}{3} & -\frac{1}{3}\\ & \frac{2}{3} & -\frac{1}{3} & \frac{2}{3}\end{pmatrix}$, 对 $\boldsymbol{H}_1\overline{\boldsymbol{A}}$ 进行 Householder 变换, 得

$$\boldsymbol{H}_2\boldsymbol{H}_1\overline{\boldsymbol{A}}=\begin{pmatrix}1 & & & \\ & -\frac{1}{3} & \frac{2}{3} & \frac{2}{3}\\ & \frac{2}{3} & \frac{2}{3} & -\frac{1}{3}\\ & \frac{2}{3} & -\frac{1}{3} & \frac{2}{3}\end{pmatrix}\begin{pmatrix}-2 & -4 & -5\\ 0 & \frac{2}{3} & 0\\ 0 & -\frac{4}{3} & 0\\ 0 & -\frac{4}{3} & -3\end{pmatrix}=\begin{pmatrix}-2 & -4 & -5\\ 0 & -2 & -2\\ 0 & 0 & 1\\ 0 & 0 & -2\end{pmatrix}.$$

根据式 (6.3.38) 的讨论知, 解上三角方程组 $\boldsymbol{Rx}=\boldsymbol{Q}_1^{\mathrm{T}}\boldsymbol{b}$ 即可得方程组的极小最小二乘解, 这里, $\boldsymbol{R}=\begin{pmatrix}-2 & -4\\ 0 & -2\end{pmatrix}$, $\boldsymbol{Q}_1^{\mathrm{T}}\boldsymbol{b}=\begin{pmatrix}-5\\ -2\end{pmatrix}$.

第三步: 解方程组 $\begin{cases} -2x_1 - 4x_2 = -5 \\ -2x_2 = -2 \end{cases}$ 得原方程组的极小最小二乘解

$$x_1 = \frac{1}{2}, \quad x_2 = 1.$$ #

上述求解方程组的极小最小二乘解的过程可概括为：第一步, 将系数矩阵 $\boldsymbol{A}$(或增广阵 $\overline{\boldsymbol{A}}$) 进行 $\boldsymbol{QR}$ 或 $\boldsymbol{QU}$ 分解; 第二步, 解上三角方程组 $\boldsymbol{Rx} = \boldsymbol{Q}_1^{\mathrm{T}}\boldsymbol{b}$, 得方程组的极小最小二乘解. 当然, 在实际求解过程中, 为了更加清晰地描述求方程组极小最小二乘解的过程, 求 Householder 变换阵的过程可简化, 甚至可以省略该步骤.

例 6.3.2 用正交分解法求解矛盾方程组 $\boldsymbol{Ax} = \boldsymbol{b}$, 其中增广阵

$$\overline{\boldsymbol{A}} = [\boldsymbol{A} \vdots \boldsymbol{b}] = \begin{pmatrix} \frac{1}{2} & \frac{1+\sqrt{2}}{2} & \frac{\sqrt{2}}{2} & 2 \\ \frac{1}{2} & \frac{1}{2} & \frac{\sqrt{2}}{2} & -2 \\ \frac{1}{2} & \frac{1}{2} & -\frac{\sqrt{2}}{2} & 0 \\ \frac{1}{2} & \frac{1-\sqrt{2}}{2} & -\frac{\sqrt{2}}{2} & 2 \end{pmatrix}.$$

解 第一步: 用 Householder 变换对矩阵 $\boldsymbol{A}$ 作 $\boldsymbol{QR}$ 分解, 得

$$\boldsymbol{A} = \boldsymbol{QR} = \begin{pmatrix} \frac{1}{2} & \frac{\sqrt{2}}{2} & 0 & \frac{1}{2} \\ \frac{1}{2} & 0 & \frac{\sqrt{2}}{2} & -\frac{1}{2} \\ \frac{1}{2} & 0 & -\frac{\sqrt{2}}{2} & -\frac{1}{2} \\ \frac{1}{2} & -\frac{\sqrt{2}}{2} & 0 & \frac{1}{2} \end{pmatrix} \begin{pmatrix} 1 & 1 & 0 \\ 0 & 1 & 1 \\ 0 & 0 & 1 \\ 0 & 0 & 0 \end{pmatrix};$$

第二步: 计算向量

$$\boldsymbol{Q}^{\mathrm{T}}\boldsymbol{b} = \left(1, 0, -\sqrt{2}, 3\right)^{\mathrm{T}};$$

第三步: 解上三角方程组

$$\begin{pmatrix} 1 & 1 & 0 \\ 0 & 1 & 1 \\ 0 & 0 & 1 \end{pmatrix} \begin{pmatrix} x_1 \\ x_2 \\ x_3 \end{pmatrix} = \begin{pmatrix} 1 \\ 0 \\ -\sqrt{2} \end{pmatrix},$$

得方程组的极小最小二乘解

$$\begin{pmatrix} x_1 \\ x_2 \\ x_3 \end{pmatrix} = \begin{pmatrix} 1-\sqrt{2} \\ \sqrt{2} \\ -\sqrt{2} \end{pmatrix}.$$ #

值得注意的是, 矩阵 $\boldsymbol{A}$ 的 Householder 变换过程能够进行下去的前提条件是: 当 $R(\boldsymbol{A})=r$ 时, 矩阵 $\boldsymbol{A}$ 的前 r 列线性无关, 即每步变换不会出现 $\left\|\tilde{\boldsymbol{a}}_k^{(k)}\right\|_2=\sqrt{\sum\limits_{i=k}^m\left(a_{ik}^{(k)}\right)^2}$ 近似为 0 甚至等于 0 的情形. 但是, 当 $\left\|\tilde{\boldsymbol{a}}_k^{(k)}\right\|_2=\sqrt{\sum\limits_{i=k}^m\left(a_{ik}^{(k)}\right)^2}$ 近似为 0 甚至等于 0 时, 需要选择列主元, 这类正交分解问题称为**带列主元的正交分解**, 选择列主元的方法是将被变换矩阵的第 k 列与后面的某列元素交换, 具体做法参见文献 [4].

6.4 矩阵的奇异值分解 *

矩阵的奇异值分解在许多领域有重要应用, 关于奇异值分解有如下结论.

定理 6.8 设矩阵 $\boldsymbol{A}\in\mathbf{R}^{m\times n}$, 则存在 $m\times m$ 阶正交矩阵 $\boldsymbol{U}$ 和 $n\times n$ 阶正交阵 $\boldsymbol{V}$ 使

$$\boldsymbol{A}=\boldsymbol{UDV}^{\mathrm{T}}, \tag{6.4.1}$$

式中, $\boldsymbol{D}$ 是 $m\times n$ 阶对角矩阵. $\boldsymbol{D}$ 的对角元素为 $\sigma_1,\cdots,\sigma_p$, 下标 p 的最大值不超过数 $\min\{m,n\}$, 并且有

$$\sigma_1\geqslant\cdots\geqslant\sigma_p>0. \tag{6.4.2}$$

证明 第一步: 证明存在向量 $\boldsymbol{x}\in\mathbf{R}^n,\boldsymbol{y}\in\mathbf{R}^m$, 有

$$\|\boldsymbol{x}\|_2=\|\boldsymbol{y}\|_2=1\quad\text{且}\quad\boldsymbol{Ax}=\boldsymbol{\sigma}_1\boldsymbol{y},$$

这里, $\sigma_1=\|\boldsymbol{A}\|_2$.

事实上, 由于矩阵 2-范数从属于向量的 2- 范数, 因此存在向量 $\boldsymbol{x}\in\mathbf{R}^n$, 使 $\|\boldsymbol{x}\|_2=1$ 且

$$\|\boldsymbol{Ax}\|_2=\|\boldsymbol{A}\|_2\|\boldsymbol{x}\|_2=\|\boldsymbol{A}\|_2=\sigma_1,$$

因而, 若令 $\boldsymbol{y}=\dfrac{1}{\sigma_1}\boldsymbol{Ax}$, 则有

$$\|\boldsymbol{y}\|_2=\left\|\frac{1}{\sigma_1}\boldsymbol{Ax}\right\|_2=\frac{1}{\sigma_1}\|\boldsymbol{Ax}\|_2=1,\quad\text{且}\boldsymbol{Ax}=\sigma_1\boldsymbol{y}.$$

下面将向量 $\boldsymbol{y}$ 和 $\boldsymbol{x}$ 分别扩展成一个标准正交基, 可得列正交矩阵

$$\tilde{\boldsymbol{U}}_1=[\boldsymbol{y},\boldsymbol{U}_1]\in\mathbf{R}^{m\times m},\quad\tilde{\boldsymbol{V}}_1=[\boldsymbol{x},\boldsymbol{V}_1]\in\mathbf{R}^{n\times n},$$

且有

$$\tilde{\boldsymbol{U}}_1^{\mathrm{T}}\boldsymbol{A}\tilde{\boldsymbol{V}}_1=\begin{pmatrix}\boldsymbol{y}^{\mathrm{T}}\\\boldsymbol{U}_1^{\mathrm{T}}\end{pmatrix}(\boldsymbol{Ax},\boldsymbol{AV}_1)=\begin{pmatrix}\boldsymbol{y}^{\mathrm{T}}\\\boldsymbol{U}_1^{\mathrm{T}}\end{pmatrix}(\sigma_1\boldsymbol{y},\boldsymbol{AV}_1).$$

$$= \begin{pmatrix} \sigma_1 \boldsymbol{y}^{\mathrm{T}}\boldsymbol{y} & \boldsymbol{y}^{\mathrm{T}}\boldsymbol{A}\boldsymbol{V}_1 \\ \sigma_1 \boldsymbol{U}_1^{\mathrm{T}}\boldsymbol{y} & \boldsymbol{U}_1^{\mathrm{T}}\boldsymbol{A}\boldsymbol{V}_1 \end{pmatrix} = \begin{pmatrix} \sigma_1 & \boldsymbol{y}^{\mathrm{T}}\boldsymbol{A}\boldsymbol{V}_1 \\ \boldsymbol{0} & \boldsymbol{U}_1^{\mathrm{T}}\boldsymbol{A}\boldsymbol{V}_1 \end{pmatrix}.$$

不妨令 $\boldsymbol{A}_1 = \tilde{\boldsymbol{U}}_1^{\mathrm{T}}\boldsymbol{A}\tilde{\boldsymbol{V}}_1$, $\boldsymbol{A}_2 = \boldsymbol{U}_1^{\mathrm{T}}\boldsymbol{A}\boldsymbol{V}_1$, $\boldsymbol{\omega}^{\mathrm{T}} = \boldsymbol{y}^{\mathrm{T}}\boldsymbol{A}\boldsymbol{V}_1$, 则

$$\boldsymbol{A}_1 = \tilde{\boldsymbol{U}}_1^{\mathrm{T}}\boldsymbol{A}\tilde{\boldsymbol{V}}_1 = \begin{pmatrix} \sigma_1 & \boldsymbol{\omega}^{\mathrm{T}} \\ \boldsymbol{0} & \boldsymbol{A}_2 \end{pmatrix}.$$

接下来证明行向量 $\boldsymbol{\omega}^{\mathrm{T}} = \boldsymbol{0}$. 事实上, 由于

$$\boldsymbol{A}_1 \begin{pmatrix} \sigma_1 \\ \boldsymbol{\omega} \end{pmatrix} = \begin{pmatrix} \sigma_1 & \boldsymbol{\omega}^{\mathrm{T}} \\ \boldsymbol{0} & \boldsymbol{A}_2 \end{pmatrix}\begin{pmatrix} \sigma_1 \\ \boldsymbol{\omega} \end{pmatrix} = \begin{pmatrix} \sigma_1^2 + \boldsymbol{\omega}^{\mathrm{T}}\boldsymbol{\omega} \\ \boldsymbol{A}_2\boldsymbol{\omega} \end{pmatrix},$$

由范数的相容性得

$$\|\boldsymbol{A}_1\|_2^2 \cdot \left\|\begin{pmatrix} \sigma_1 \\ \boldsymbol{\omega} \end{pmatrix}\right\|_2^2 \geqslant \left\|\boldsymbol{A}_1\begin{pmatrix} \sigma_1 \\ \boldsymbol{\omega} \end{pmatrix}\right\|_2^2 = \left\|\begin{pmatrix} \sigma_1^2 + \boldsymbol{\omega}^{\mathrm{T}}\boldsymbol{\omega} \\ \boldsymbol{A}_2\boldsymbol{\omega} \end{pmatrix}\right\|_2^2 \geqslant \left(\sigma_1^2 + \boldsymbol{\omega}^{\mathrm{T}}\boldsymbol{\omega}\right)^2.$$

从而有

$$\|\boldsymbol{A}_1\|_2^2 \geqslant \sigma_1^2 + \boldsymbol{\omega}^{\mathrm{T}}\boldsymbol{\omega}.$$

另外, 由于正交变换不改变向量的长度, 得

$$\|\boldsymbol{A}_1\|_2^2 = \left\|\tilde{\boldsymbol{U}}_1^{\mathrm{T}}\boldsymbol{A}\tilde{\boldsymbol{V}}_1\right\|_2^2 = \left\|\boldsymbol{A}\tilde{\boldsymbol{V}}_1\right\|_2^2 = \|\boldsymbol{A}\|_2^2 = \sigma_1^2.$$

从而有 $\boldsymbol{\omega}^{\mathrm{T}}\boldsymbol{\omega} = 0$, 即向量 $\boldsymbol{\omega}^{\mathrm{T}} = \boldsymbol{0}$, 因此得

$$\tilde{\boldsymbol{U}}_1^{\mathrm{T}}\boldsymbol{A}\tilde{\boldsymbol{V}}_1 = \boldsymbol{A}_1 = \begin{pmatrix} \sigma_1 & \\ & \boldsymbol{A}_2 \end{pmatrix}.$$

第二步: 对矩阵 $\boldsymbol{A}_2$, 按照第一步的做法, 存在正交矩阵 $\boldsymbol{U}_2 \in \mathbf{R}^{(m-1)\times(m-1)}$, $\boldsymbol{V}_2 \in \mathbf{R}^{(n-1)\times(n-1)}$ 使下式成立

$$\boldsymbol{U}_2^{\mathrm{T}}\boldsymbol{A}_2\boldsymbol{V}_2 = \begin{pmatrix} \sigma_2 & \\ & \boldsymbol{A}_3 \end{pmatrix},$$

这里, $\sigma_2 = \|\boldsymbol{A}_2\|_2$. 若令 $\tilde{\boldsymbol{U}}_2 = \begin{pmatrix} 1 & \\ & \boldsymbol{U}_2 \end{pmatrix}$, $\tilde{\boldsymbol{V}}_2 = \begin{pmatrix} 1 & \\ & \boldsymbol{V}_2 \end{pmatrix}$, 则有

$$\tilde{\boldsymbol{U}}_2^{\mathrm{T}}\tilde{\boldsymbol{U}}_1^{\mathrm{T}}\boldsymbol{A}\tilde{\boldsymbol{V}}_1\tilde{\boldsymbol{V}}_2 = \begin{pmatrix} \sigma_1 & & \\ & \sigma_2 & \\ & & \boldsymbol{A}_3 \end{pmatrix},$$

这里, 有 $\sigma_1 = \|\boldsymbol{A}\|_2 = \left\|\begin{pmatrix} \sigma_1 & \\ & \boldsymbol{A}_2 \end{pmatrix}\right\|_2 \geqslant \|\boldsymbol{A}_2\|_2 = \sigma_2 > 0.$

又由于 $\boldsymbol{A}\in\mathbf{R}^{m\times n}$, 可知经过至多 p 次变换, 可将矩阵 $\boldsymbol{A}$ 对角化, 得

$$\tilde{\boldsymbol{U}}_p^{\mathrm{T}}\cdots\tilde{\boldsymbol{U}}_1^{\mathrm{T}}\boldsymbol{A}\tilde{\boldsymbol{V}}_1\cdots\tilde{\boldsymbol{V}}_p=\boldsymbol{D},$$

这里, $\boldsymbol{D}=\begin{pmatrix}\sigma_1&&&&\\&\ddots&&&\\&&\sigma_p&&\\&&&0&\\&&&&\ddots\end{pmatrix}_{m\times n}$ 为一个 $m\times n$ 阶对角阵, 主对角线上的元素 $\sigma_1,\cdots,$ σ_p 满足不等式

$$\sigma_1\geqslant\sigma_2\geqslant\cdots\geqslant\sigma_p>0,$$

这里, 下标 p 的最大值不超过数 $\min\{m,n\}$.

若令 $\boldsymbol{U}^{\mathrm{T}}=\tilde{\boldsymbol{U}}_p^{\mathrm{T}}\cdots\tilde{\boldsymbol{U}}_1^{\mathrm{T}}$, $\boldsymbol{V}=\boldsymbol{V}_1\cdots\boldsymbol{V}_p$, 则矩阵 $\boldsymbol{U}$ 与 $\boldsymbol{V}$ 为正交阵, 且满足等式

$$\boldsymbol{A}=\boldsymbol{UDV}^{\mathrm{T}}.$$

#

定义 6.4　定理 6.8 中, 非负数 $\sigma_i\,(i=1,2,\cdots,p)$ 称为矩阵 $\boldsymbol{A}$ 的**奇异值**. 式 (6.4.1) 称为 $\boldsymbol{A}$ 的**奇异值分解**.

易验证, 矩阵 $\boldsymbol{U}$ 的行向量 $\boldsymbol{u}_i$ 和 $\boldsymbol{V}$ 的列向量 $\boldsymbol{v}_i$ 分别满足如下等式

$$\begin{cases}\boldsymbol{A}\boldsymbol{v}_i=\sigma_i\boldsymbol{u}_i\\ \boldsymbol{A}^{\mathrm{T}}\boldsymbol{u}_i=\sigma_i\boldsymbol{v}_i\end{cases}\qquad i=1,2,\cdots,p,\tag{6.4.3}$$

因此向量 $\boldsymbol{u}_i$ 与 $\boldsymbol{v}_i$ 分别称为矩阵 $\boldsymbol{A}$ 的第 i 个**左奇异向量**和**右奇异向量**.

定理 6.8 的证明过程提供了一种将矩阵 $\boldsymbol{A}$ 进行矩阵奇异值分解的方法, 即利用正交变换阵 $\tilde{\boldsymbol{U}}_i^{\mathrm{T}}$ 与 $\tilde{\boldsymbol{V}}_i$ 逐次去乘矩阵 $\boldsymbol{A}$, 也就是对矩阵 $\boldsymbol{A}$ 作一系列的正交变换可将其对角化. 然而, 由于正交矩阵 $\tilde{\boldsymbol{U}}_i^{\mathrm{T}}$ 与 $\tilde{\boldsymbol{V}}_i$ 的选择存在很大的自由度, 因此上述奇异值分解是不唯一的, 故上述用正交变换的方法在操作过程中并不方便.

下面给出定理 6.8 的另一个**证明**: 由于 $\boldsymbol{A}\in\mathbf{R}^{m\times n}$, 则矩阵 $\boldsymbol{A}^{\mathrm{T}}\boldsymbol{A}\in\mathbf{R}^{n\times n}$ 是 $n\times n$ 阶实对称阵, 且至少是半正定的, 即矩阵 $\boldsymbol{A}^{\mathrm{T}}\boldsymbol{A}$ 能够进行对角化, 且特征值非负. 现在用 $\sigma_i^2(i=1,\cdots,n)$ 表示 $\boldsymbol{A}^{\mathrm{T}}\boldsymbol{A}$ 的 n 个特征值 (在该特征值序列中, 每个 σ_i^2 可按照其作为特征方程根的重数重复出现). 不妨将 $\boldsymbol{A}^{\mathrm{T}}\boldsymbol{A}$ 的特征值序列 $\sigma_i^2(i=1,\cdots,n)$ 重新排列, 并假设

$$\sigma_1\geqslant\sigma_2\geqslant\cdots\geqslant\sigma_r>0\quad 且\quad \sigma_{r+1}=\cdots=\sigma_n=0,$$

进一步, 设 $\boldsymbol{v}_1,\boldsymbol{v}_2,\cdots,\boldsymbol{v}_n$ 是矩阵 $\boldsymbol{A}^{\mathrm{T}}\boldsymbol{A}$ 与 $\sigma_i^2,\sigma_2^2,\cdots,\sigma_n^2$ 对应的标准正交特征向量系, 则有

$$\boldsymbol{A}^{\mathrm{T}}\boldsymbol{A}\boldsymbol{v}_i=\sigma_i^2\boldsymbol{v}_i,$$

且有

$$\sigma_1^2 \geqslant \sigma_2^2 \geqslant \cdots \geqslant \sigma_r^2 > 0, \quad \sigma_{r+1}^2 = \cdots = \sigma_n^2 = 0.$$

于是有

$$\|\boldsymbol{A}\boldsymbol{v}_i\|_2^2 = (\boldsymbol{A}\boldsymbol{v}_i)^{\mathrm{T}} \boldsymbol{A}\boldsymbol{v}_i = \boldsymbol{v}_i^{\mathrm{T}} \boldsymbol{A}^{\mathrm{T}} \boldsymbol{A}\boldsymbol{v}_i = \boldsymbol{v}_i^{\mathrm{T}} \sigma_i^2 \boldsymbol{v}_i = \sigma_i^2. \tag{6.4.4}$$

特别地, 在式 (6.4.4) 中, 当 $i \geqslant r+1$ 时, 有 $\boldsymbol{A}\boldsymbol{v}_i = \boldsymbol{0}$. 因此, 用向量系 $\boldsymbol{v}_1, \boldsymbol{v}_2, \cdots, \boldsymbol{v}_n$ 作为列向量构成一个 $n \times n$ 矩阵 $\boldsymbol{V}$, 为正交阵.

接下来, 定义 m 维向量

$$\boldsymbol{u}_i = \sigma_i^{-1} \boldsymbol{A}\boldsymbol{v}_i, \quad i = 1, \cdots, r, \tag{6.4.5}$$

则当 $i = 1, \cdots, r$ 时, 有

$$\boldsymbol{u}_i^{\mathrm{T}} \boldsymbol{u}_j = \left(\sigma_i^{-1} \boldsymbol{A}\boldsymbol{v}_i\right)^{\mathrm{T}} \sigma_j^{-1} \boldsymbol{A}\boldsymbol{v}_j = \sigma_i^{-1} \sigma_j \boldsymbol{v}_i^{\mathrm{T}} \boldsymbol{v}_j = \delta_{ij}, \tag{6.4.6}$$

这里, $\delta_{ij} = \begin{cases} 1, & i = j \\ 0, & i \neq j \end{cases}$ $i, j = 1, \cdots, r$, 即向量组 $\boldsymbol{u}_i\,(i = 1, \cdots, r)$ 也可构成一组标准正交系.

剩下的事情就是选择额外的向量 $\boldsymbol{u}_i$, 使 $\boldsymbol{u}_i^{\mathrm{T}} \boldsymbol{A} = \boldsymbol{0}$, 这里 $i = r+1, \cdots, m$, 且使向量系 $\{\boldsymbol{u}_i \,|\, i = 1, \cdots, m\}$ 构成向量空间 $\mathbf{R}^m$ 中的一组标准正交基, 于是可得正交阵 $\boldsymbol{U} = [\boldsymbol{u}_1, \cdots, \boldsymbol{u}_m]$, 且当 $1 \leqslant i \leqslant r$ 时, 有

$$\boldsymbol{u}_i^{\mathrm{T}} \boldsymbol{A}\boldsymbol{v}_j = \frac{1}{\sigma_i} (\boldsymbol{A}\boldsymbol{v}_i)^{\mathrm{T}} \boldsymbol{A}\boldsymbol{v}_j = \frac{1}{\sigma_i} \boldsymbol{v}_i^{\mathrm{T}} \boldsymbol{A}^{\mathrm{T}} \boldsymbol{A}\boldsymbol{v}_j = \frac{\sigma_j^2}{\sigma_i} \boldsymbol{v}_i^{\mathrm{T}} \boldsymbol{v}_j = \frac{\sigma_j^2}{\sigma_i} \delta_{ij},$$

这里, $\delta_{ij} = \begin{cases} 1, & i = j \\ 0, & i \neq j \end{cases}$; 而当 $i = r+1, \cdots, m$ 时, 有 $\boldsymbol{u}_i^{\mathrm{T}} \boldsymbol{A}\boldsymbol{v}_j = \boldsymbol{0}$.

综上所述, 即有

$$\boldsymbol{U}^{\mathrm{T}} \boldsymbol{A} \boldsymbol{V} = (\boldsymbol{u}_1, \cdots, \boldsymbol{u}_m)^{\mathrm{T}} \boldsymbol{A} (\boldsymbol{v}_1, \cdots, \boldsymbol{v}_n) = \begin{pmatrix} \boldsymbol{\varLambda} & \\ & \boldsymbol{0} \end{pmatrix}_{m \times n}, \tag{6.4.7}$$

这里, 对角阵

$$\begin{aligned} \boldsymbol{\varLambda} &= \left(\boldsymbol{u}_i^{\mathrm{T}} \boldsymbol{A}^{\mathrm{T}} \boldsymbol{A}\boldsymbol{v}_j\right)_{r \times r} = \left(\sigma_i^{-1} \boldsymbol{v}_i^{\mathrm{T}} \boldsymbol{A}^{\mathrm{T}} \boldsymbol{A}\boldsymbol{v}_j\right)_{r \times r} = \left(\sigma_i^{-1} \sigma_j^2 \boldsymbol{v}_i^{\mathrm{T}} \boldsymbol{v}_j\right)_{r \times r} \\ &= \begin{pmatrix} \sigma_1 & & \\ & \ddots & \\ & & \sigma_r \end{pmatrix}, \end{aligned} \tag{6.4.8}$$

且有

$$\sigma_1^2 \geqslant \sigma_2^2 \geqslant \cdots \geqslant \sigma_r^2 > 0,$$

这里 $r = R(\boldsymbol{A}) \leqslant \min\{m, n\}$.

综上所述, 定理 6.8 结论成立. #

易见, 式 (6.4.7) 等价于表达式

$$\begin{cases} \boldsymbol{A}\boldsymbol{v}_i = \sigma_i \boldsymbol{u}_i \\ \boldsymbol{A}^{\mathrm{T}}\boldsymbol{u}_i = \sigma_i \boldsymbol{v}_i \end{cases} \quad i = 1, 2, \cdots, r.$$

根据定义 6.4, 可见用式 (6.4.5) 构造的向量 $\boldsymbol{u}_i$ 就是矩阵 $\boldsymbol{A}$ 的左奇异向量, 而矩阵 $\boldsymbol{A}^{\mathrm{T}}\boldsymbol{A}$ 的特征向量 $\boldsymbol{v}_i$ 就是右奇异向量, 而 $\sigma_i\,(>0)$ 就是第 i 个奇异值, 这里 $r = R(\boldsymbol{A})$.

例 6.4.1 求矩阵 $\boldsymbol{A} = \begin{pmatrix} 0 & -1.6 & 0.6 \\ 0 & 1.2 & 0.8 \\ 0 & 0 & 0 \\ 0 & 0 & 0 \end{pmatrix}$ 的一个奇异值分解.

解 由 $\boldsymbol{A}^{\mathrm{T}}\boldsymbol{A} = \begin{pmatrix} 0 & 0 & 0 \\ 0 & 4 & 0 \\ 0 & 0 & 1 \end{pmatrix}$, 则可取 $\sigma_1 = 2, \sigma_2 = 1, \sigma_3 = 0$(次序不唯一), 并选择矩阵 $\boldsymbol{A}^{\mathrm{T}}\boldsymbol{A}$ 的特征向量构成正交矩阵 $\boldsymbol{V} = \begin{pmatrix} 0 & 0 & 1 \\ -1 & 0 & 0 \\ 0 & 1 & 0 \end{pmatrix}$, 于是由式 (6.4.5) 得

$$\boldsymbol{u}_1 = \frac{1}{2}\boldsymbol{A}\boldsymbol{v}_1 = (0.8, -0.6, 0, 0)^{\mathrm{T}}, \quad \boldsymbol{u}_2 = \boldsymbol{A}\boldsymbol{v}_2 = (0.6, 0.8, 0, 0)^{\mathrm{T}}.$$

接下来, 任意选择 $\boldsymbol{u}_3 = (0, 0, 1, 0)^{\mathrm{T}}$, $\boldsymbol{u}_4 = (0, 0, 0, 1)^{\mathrm{T}}$(两向量不唯一), 于是得矩阵 $\boldsymbol{A}$ 的一个奇异值分解

$$\boldsymbol{A} = \begin{pmatrix} 0.8 & 0.6 & 0 & 0 \\ -0.6 & 0.8 & 0 & 0 \\ 0 & 0 & 1 & 0 \\ 0 & 0 & 0 & 1 \end{pmatrix} \begin{pmatrix} 2 & 0 & 0 \\ 0 & 1 & 0 \\ 0 & 0 & 0 \end{pmatrix} \begin{pmatrix} 0 & 0 & 1 \\ -1 & 0 & 0 \\ 0 & 1 & 0 \end{pmatrix}.$$ #

由定理 6.8 的两个证明过程易得矩阵奇异值分解的如下性质.

定理 6.9 (奇异值分解的性质) 如定理 6.8 所述, 设 $\boldsymbol{A}$ 有奇异值分解 $\boldsymbol{A} = \boldsymbol{U}\boldsymbol{D}\boldsymbol{V}^{\mathrm{T}}$, 则有如下结论成立.

(1) $\boldsymbol{A}$ 的秩为 r;

(2) $\operatorname{span}\{\boldsymbol{v}_{r+1}, \cdots, \boldsymbol{v}_n\}$ 是 $\boldsymbol{A}$ 的零空间, 向量组 $\boldsymbol{v}_{r+1}, \cdots, \boldsymbol{v}_n$ 是零空间 $\operatorname{span}\{\boldsymbol{v}_{r+1}, \cdots, \boldsymbol{v}_n\}$ 的一组标准正交基;

(3) $\{\boldsymbol{u}_1, \cdots, \boldsymbol{u}_r\}$ 是 $\boldsymbol{A}$ 的值域的一个标准正交基;

(4) $\|\boldsymbol{A}\|_2 = \max\limits_{1 \leqslant i \leqslant p} |\sigma_i|$;

(5) $\|\boldsymbol{A}\|_F^2 = \sum\limits_{i=1}^{r} \sigma_i^2$.

证明 (1) 由奇异值分解 $\boldsymbol{A} = \boldsymbol{U}\boldsymbol{D}\boldsymbol{V}^{\mathrm{T}}$ 以及矩阵 $\boldsymbol{U}$ 与 $\boldsymbol{V}$ 非奇异知: 矩阵 $\boldsymbol{A}$ 与矩阵 $\boldsymbol{D}$ 有相同的秩, 显然, $\boldsymbol{D}$ 的秩为 r.

(2) 由于矩阵 $\boldsymbol{A}$ 的秩为 r, 所以线性变换 $\boldsymbol{A}$ 的零空间为 $n-r$ 维的, 又由于

$$\boldsymbol{A}\boldsymbol{v}_j = \boldsymbol{0}, \quad j = r+1, \cdots, n,$$

且 $\boldsymbol{v}_{r+1}, \cdots, \boldsymbol{v}_n$ 的是标准正交向量组, 因此向量组 $\boldsymbol{v}_{r+1}, \cdots, \boldsymbol{v}_n$ 是 $\boldsymbol{A}$ 的零空间 $\mathrm{span}\{\boldsymbol{v}_{r+1}, \cdots, \boldsymbol{v}_n\}$ 的一组标准正交基.

(3) 显然, 向量空间 $\boldsymbol{V} = \mathrm{span}\{\boldsymbol{v}_1, \cdots, \boldsymbol{v}_n\}$ 的值域

$$\boldsymbol{A}\boldsymbol{V} = \mathrm{span}\{\boldsymbol{A}\boldsymbol{v}_1, \cdots, \boldsymbol{A}\boldsymbol{v}_n\}.$$

又由于矩阵 $\boldsymbol{A}$ 的秩为 r, 知值域 $\boldsymbol{A}\boldsymbol{V}$ 的维数也为 r, 再由式

$$\boldsymbol{u}_i = \sigma_i^{-1}\boldsymbol{A}\boldsymbol{v}_i \quad 与 \quad \boldsymbol{u}_i^{\mathrm{T}}\boldsymbol{u}_j = \delta_{ij} \quad (i, j = 1, 2, \cdots, m)$$

知: 向量组 $\{\boldsymbol{u}_1, \cdots, \boldsymbol{u}_r\}$ 是 $\boldsymbol{A}$ 的值域 $\boldsymbol{A}\boldsymbol{V}$ 的一个标准正交基, 这里, $i = 1, \cdots, r$.

(4) 由于 $\boldsymbol{U}$ 和 $\boldsymbol{V}$ 是正交矩阵, 因此它们是向量空间 $\mathbf{R}^m$ 和 $\mathbf{R}^n$ 上的保范变换, 因此根据矩阵范数的定义, 有

$$\begin{aligned}
\|\boldsymbol{A}\|_2 &= \sup\{\|\boldsymbol{A}\boldsymbol{x}\|_2 \mid \|\boldsymbol{x}\|_2 = 1\} \\
&= \sup\left\{\left\|\boldsymbol{U}\boldsymbol{D}\boldsymbol{V}^{\mathrm{T}}\boldsymbol{x}\right\|_2 \mid \|\boldsymbol{x}\|_2 = 1\right\} \\
&= \sup\{\|\boldsymbol{D}\boldsymbol{y}\|_2 \mid \|\boldsymbol{y}\|_2 = 1\} \\
&= \sup\left\{\sqrt{(\sigma_1\boldsymbol{y}_1)^2 + (\sigma_2\boldsymbol{y}_2)^2 + \cdots + (\sigma_n\boldsymbol{y}_n)^2} \mid \|\boldsymbol{y}\|_2 = 1\right\} \\
&= \sqrt{\left(\sup\left\{\sigma_1^2\boldsymbol{y}_1^2 + \sigma_2^2\boldsymbol{y}_2^2 + \cdots + \sigma_n^2\boldsymbol{y}_n^2 \;\middle|\; \sum_{i=1}^{n}\boldsymbol{y}_i^2 = 1\right\}\right)} \\
&= \sqrt{\left(\max_{1\leqslant i\leqslant n}\sigma_i^2\right)} = \max_{1\leqslant i\leqslant n}|\sigma_i|.
\end{aligned} \tag{6.4.9}$$

(5) 由奇异值分解 $\boldsymbol{A} = \boldsymbol{U}\boldsymbol{D}\boldsymbol{V}^{\mathrm{T}}$ 且矩阵 $\boldsymbol{U}$ 和 $\boldsymbol{V}$ 为正交阵知

$$\begin{aligned}
\|\boldsymbol{A}\|_F^2 &= \sum_{j=1}^{n}\sum_{i=1}^{m} a_{ij}^2 = \mathrm{tr}\left(\boldsymbol{A}^{\mathrm{T}}\boldsymbol{A}\right) = \mathrm{tr}\left(\left(\boldsymbol{U}\boldsymbol{D}\boldsymbol{V}^{\mathrm{T}}\right)^{\mathrm{T}}\boldsymbol{U}\boldsymbol{D}\boldsymbol{V}^{\mathrm{T}}\right) \\
&= \mathrm{tr}\left(\boldsymbol{V}\boldsymbol{D}^2\boldsymbol{V}^{\mathrm{T}}\right) = \mathrm{tr}\left(\boldsymbol{D}^2\right) = \sum_{i=1}^{r}\sigma_i^2.
\end{aligned}$$

#

在对矩阵 $\boldsymbol{A}$ 进行奇异值分解 (6.4.1) 的基础上, 易得如下结论.

定理 6.10　设矩阵 $\boldsymbol{A}\in\mathbf{R}^{m\times n}$, $\boldsymbol{A}$ 的秩为 $r\,(>0)$, $\boldsymbol{A}=\boldsymbol{U}\boldsymbol{D}\boldsymbol{V}^{\mathrm{T}}$ 为 $\boldsymbol{A}$ 的奇异值分解, 则矩阵 $\boldsymbol{A}$ 的广义逆

$$\boldsymbol{A}^{+}=\boldsymbol{V}\begin{pmatrix}\sum_r^{-1} & \\ & \boldsymbol{0}\end{pmatrix}\boldsymbol{U}^{\mathrm{T}}, \tag{6.4.10}$$

线性方程组 $\boldsymbol{A}\boldsymbol{x}=\boldsymbol{b}$ 的极小最小二乘解

$$\hat{\boldsymbol{x}}=\boldsymbol{A}^{+}\boldsymbol{b}=\boldsymbol{V}\begin{pmatrix}\sum_r^{-1} & \\ & \boldsymbol{0}\end{pmatrix}\boldsymbol{U}^{\mathrm{T}}\boldsymbol{b}, \tag{6.4.11}$$

这里, $\boldsymbol{D}$ 是 $m\times n$ 阶对角矩阵, 其对角元素为 $\sigma_1,\cdots,\sigma_r$, 且有 $\sigma_1\geqslant\cdots\geqslant\sigma_r>0$, 对角阵 $\sum_r^{-1}=\begin{pmatrix}\sigma_1^{-1} & & \\ & \ddots & \\ & & \sigma_r^{-1}\end{pmatrix}$.

6.5　数据拟合

在科学研究过程中, 常常采集到大量的观测数据, 如表 6.1 所示.

表 6.1　数据表示例

x_i	x_0	x_1	x_2	$\cdots$	x_m
y_i	y_0	y_1	y_2	$\cdots$	y_m

研究人员要从这些数据中分析出研究对象内在的变化规律, 或者利用这些数据预测事物的发展趋势. 在数学上, 就是要寻找一个函数 $y=P(x)$ 使其能够较确切地密合这些观测数据的散布规律.

本节介绍求近似函数的数据拟合法, 用该方法求得的近似函数称为**拟合函数**, 该类函数求解简单、有较好的光滑性, 最重要的是拟合函数能够从整体上反映出给定数据的变化规律, 因而在科学研究与工程实践中数据拟合的方法与思想被广泛应用.

对数据拟合问题, 常采用**最小二乘法**求解拟合函数 $P(x)$. 例如, 一般情况下, 可设拟合函数为

$$P_n(x)=a_0+a_1x+\cdots+a_nx^n, \tag{6.5.1}$$

此处, 一般取 $n\ll m$.

特别地, 当 $n=1$ 时, 即可取拟合函数为

$$P_1(x)=a_0+a_1x, \tag{6.5.2}$$

这里 a_0,a_1 为待定系数. 最小二乘法求拟合函数 $P_1(x)$ 的一般步骤为:

第一步: 对应给定数据项 $(x_i, y_i), i = 0, 1, \cdots, m$, 令

$$r_i = P_1(x_i) - y_i,$$

这里, $i = 0, 1, 2, \cdots, m$.

第二步: 求出适当的系数 a_0, a_1, 使误差函数

$$r(a_0, a_1) = \sum_{i=0}^{m} r_i^2 = \sum_{i=0}^{m} (a_0 + a_1 x_i - y_i)^2 \tag{6.5.3}$$

取得极小值.

第三步: 将参数 a_0, a_1 代入式 (6.5.2) 得拟合函数 $P_1(x)$.

若函数 $r(a_0, a_1)$ 在点 $(\tilde{a}_0, \tilde{a}_1)$ 处取极小值, 根据二元函数取极值的必要条件知：实数 $\tilde{a}_0, \tilde{a}_1$ 必是方程组

$$\begin{cases} \dfrac{\partial r(a_0, a_1)}{\partial a_0} = 0 \\ \dfrac{\partial r(a_0, a_1)}{\partial a_1} = 0 \end{cases} \tag{6.5.4}$$

的解, 整理式 (6.5.4) 得线性方程组

$$\begin{cases} (m+1) a_0 + \left(\sum_{i=0}^{m} x_i\right) a_1 = \sum_{i=0}^{m} y_i \\ \left(\sum_{i=0}^{m} x_i\right) a_0 + \left(\sum_{i=0}^{m} x_i^2\right) a_1 = \sum_{i=0}^{m} x_i y_i \end{cases} . \tag{6.5.5}$$

一般地, 称方程组 (6.5.5) 为数据拟合问题的**法方程 (组)**. 解法方程组 (6.5.5), 不妨设其解为 $\begin{cases} a_0 = \tilde{a}_0 \\ a_1 = \tilde{a}_1 \end{cases}$ 代入式 (6.5.2) 即得数据拟合问题的**最小二乘拟合**

$$P_1(x) = \tilde{a}_0 + \tilde{a}_1 x, \tag{6.5.6}$$

即该数据拟合问题的最小二乘拟合 (6.5.6) 是一个一次代数多项式. 可证明, 法方程组 (6.5.5) 的解恰使得式 (6.5.3) 取得极小值, 在此不再赘述.

如前面求拟合函数 $P_1(x)$ 的问题, 数学上将给定一组观测数据 $\{(x_i, y_i)\}_{i=0}^{m}$, 通过求解相应的法方程组以求经验函数 $P(x)$, 使其最大限度地满足给定数据所呈现出的规律的数学问题, 统称为**最小二乘拟合问题**. 在统计学中, 上述求得拟合函数 $P_1(x)$ 的方法称为**线性回归**.

一般情况下, 若取拟合函数为

$$P_n(x) = a_0 + a_1 x + \cdots + a_n x^n,$$

则应该求解如下形式的法方程组

$$\begin{cases}(m+1)\,a_0+\left(\sum\limits_{i=0}^{m}x_i\right)a_1+\cdots+\left(\sum\limits_{i=0}^{m}x_i^n\right)a_n=\sum\limits_{i=0}^{m}y_i\\ \left(\sum\limits_{i=0}^{m}x_i\right)a_0+\left(\sum\limits_{i=0}^{m}x_i^2\right)a_1+\cdots+\left(\sum\limits_{i=0}^{m}x_i^{n+1}\right)a_n=\sum\limits_{i=0}^{m}x_iy_i\\ \cdots\\ \left(\sum\limits_{i=0}^{m}x_i^n\right)a_0+\left(\sum\limits_{i=0}^{m}x_i^{n+1}\right)a_1+\cdots+\left(\sum\limits_{i=0}^{m}x_i^{2n}\right)a_n=\sum\limits_{i=0}^{m}x_i^ny_i\end{cases}. \tag{6.5.7}$$

解之, 可确定待定参数 $a_0, a_1, \cdots, a_n$.

例 6.5.1　某企业过去七年的利润如表 6.2 所示.

表 6.2　某企业利润表

年份 t_i	1	2	3	4	5	6	7
利润 (万元)y_i	70	122	144	152	174	196	202

试用最小二乘法拟合上表数据, 并预测该企业今年的利润值.

解　利用表 6.2 中数据绘制草图如图 6.2 所示.

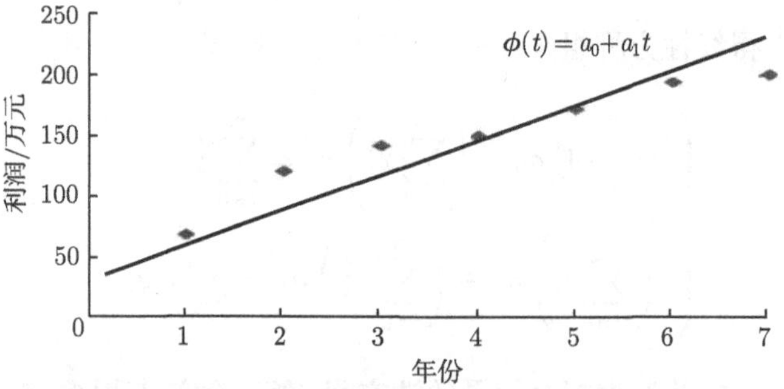

图 6.2　例 6.5.1 中数据的散点图与拟合函数示意图

由图 6.2 中散点图可见, 表 6.2 中给出的企业利润值近似呈直线上升态势, 于是可令经验函数

$$\phi(t)=a_0+a_1t,$$

即问题变为求参数 a^*, b^*, 使误差函数

$$r_2(a,\ b)=\sum_{i=1}^{7}(a+bt_i-y_i)^2$$

在 $(a^*,\ b^*)$ 处取最小值. 由式 (6.5.5) 得如下法方程组

$$\begin{pmatrix}7 & \sum\limits_{i=1}^{7}t_i\\ \sum\limits_{i=1}^{7}t_i & \sum\limits_{i=1}^{7}t_i^2\end{pmatrix}\begin{pmatrix}a^*\\ b^*\end{pmatrix}=\begin{pmatrix}\sum\limits_{i=1}^{7}y_i\\ \sum\limits_{i=1}^{7}t_iy_i\end{pmatrix}.$$

将表 6.2 中数据代入上述法方程组, 并计算得

$$\begin{cases} 7a^* + 28b^* = 1060 \\ 28a^* + 140b^* = 4814 \end{cases}.$$

解方程组, 得 $a^* = \dfrac{486}{7}, b^* = \dfrac{287}{14}$, 将参数代入函数 $\phi(t)$, 得拟合问题的最小二乘拟合为

$$\phi(t) = \frac{486}{7} + \frac{287}{14}t.$$

因此, 可用上述拟合多项式预测当年的利润值为

$$\phi(8) = \frac{486}{7} + \frac{287}{14} \times 8 \approx 233.4285(\text{万元}). \qquad \#$$

数据拟合法还能够用于求解那些经验函数事先给出且函数中含有待定参数的情况. 如例 6.5.2 所示, 这类问题中涉及的经验函数或拟合函数常常是非线性的, 此时, 可首先通过变量替换的方法将非线性函数线性化, 然后再用最小二乘法求解.

例 6.5.2 研究发现: 单原子波函数的形式为 $y = a\mathrm{e}^{-bx}$, 试根据实验室测量数据 (表 6.3) 确定参数 a, b.

表 6.3 单原子波函数的测量数据

x	0	1	2	4
y	2.010	1.210	0.740	0.450

解 在公式 $y = a\mathrm{e}^{-bx}$ 两边取对数得 $\ln y = \ln a - bx$. 若令

$$Y = \ln y, \quad a_0 = \ln a, \quad a_1 = -b,$$

则非线性的经验函数 $y = a\mathrm{e}^{-bx}$ 化为线性函数

$$Y = a_0 + a_1 x,$$

式中, a_0, a_1 为待定参数. 计算得 $\ln y_i$ 的值如表 6.4 所示.

表 6.4 表 6.3 中 y 的对数值

x	0	1	2	4
$\ln y_i$	0.6981	0.1906	−0.3011	−0.7985

将上表数据代入式 (6.5.5) 可得法方程组

$$\begin{pmatrix} 4 & 7 \\ 7 & 21 \end{pmatrix} \begin{pmatrix} a_0 \\ a_1 \end{pmatrix} = \begin{pmatrix} -0.2109 \\ -3.6056 \end{pmatrix}.$$

解之得

$$a_0 = 0.5946, \quad a_1 = -0.3699 .$$

将上述参数代入公式 $Y=a_0+a_1x$, 得数据拟合问题的最小二乘解

$$Y=0.5946-0.3699x.$$

将上式两边取指数, 得单原子波函数公式

$$y=\mathrm{e}^{0.5946-0.3699x}=1.8123\,\mathrm{e}^{-0.3699x}.$$

#

利用法方程组 (6.5.7) 求解拟合曲线是一个古老, 但又常用的方法, 理论研究以及大量的实际计算都已表明, 当 n 稍大时, 如 $n\geqslant 7$ 时, 法方程组往往是病态的 (见 6.8 节), 因而给求解工作带来了困难. 对此问题, 一种常用的方法是将法方程组 (6.5.7) 的系数矩阵按照 6.3 节介绍的方法正交三角化, 然后再进行求解, 对此不再赘述.

此外, 当然也还可以通过改变经验函数的基函数以改善正规方程组的性态, 从而达到提高拟合函数精度的目的. 例如, 用正交多项式 (见 6.6 节) 作基函数的最小二乘拟合 (见 6.8 节)、样条最小二乘拟合等都取得了较好的实用效果. 另外, 当数据量太庞大时, 也可仿照分段插值的做法, 用几个次数不太高的多项式进行分段拟合, 尤其是在数据散布图呈明显的多值性时, 更应考虑分段处理.

使近似函数在一系列的离散点上与所得观测值的偏差平方和达到最小, 从而求得近似函数的方法即为曲线拟合法, 而与曲线拟合问题相对应的连续情形就是所谓的最佳平方逼近问题 (见 6.9 节).

6.6　正交多项式

正交多项式在数据拟合、函数逼近以及数值积分公式构造等一系列问题中有着重要应用, 为此, 本节简单介绍正交多项式的概念、性质、构造方法与应用等相关的内容.

6.6.1　正交多项式的概念与性质

定义 6.5　设函数 $f(x)$ 与 $g(x)$ 在区间 $[a,b]$ 上连续, $\rho(x)$ 在 $[a,b]$ 上非负, 且满足

$$(f(x),g(x))=\int_a^b \rho(x)f(x)g(x)\mathrm{d}x=0, \tag{6.6.1}$$

则称函数 $f(x)$ 与 $g(x)$ 在区间 $[a,b]$ 上是**正交的**, $\rho(x)$ 称为**权函数**.

特别地, 给定多项式系 $\{p_i(x)\}_{i=0}^n$, 其中, 第 i 个多项式为

$$p_i(x)=a_i^{(i)}x^i+a_{i-1}^{(i)}x^{i-1}+\cdots+a_1^{(i)}x+a_0^{(i)}, \tag{6.6.2}$$

这里, $i=0,1,\cdots,n$. 若 $p_i(x)$ 的最高次项 (首项) 的系数 $a_i^{(i)}\neq 0$, 且多项式系 $\{p_i(x)\}_{i=0}^n$ 中的任意两个多项式 $p_j(x)$ 与 $p_i(x)$ 在区间 $[a,b]$ 上带权 $\rho(x)$**正交**, 则称 $\{p_i(x)\}_{i=0}^n$ 为区间 $[a,b]$ 上带权函数 $\rho(x)$ 的**正交多项式系**, 并称 $p_i(x)$ 为 i 次**正交多项式**.

若 n 次多项式

$$p_n(x)=a_nx^n+a_{n-1}x^{n-1}+\cdots+a_0$$

的最高次项系数 $a_n\neq 0$, 则令

$$q_n(x)=\frac{1}{a_n}p_n(x),$$

则 $q_n(x)$ 的最高次项系数等于 1 , 因此称 $q_n(x)$ 是 n 次**首一多项式**. 显然, 若 $p_n(x)$ 为区间 $[a,b]$ 上带权 $\rho(x)$ 的正交多项式, 则 $q_n(x)$ 也是区间 $[a,b]$ 上带权 $\rho(x)$ 的正交多项式.

规定 $q_{-1}(x)=0$, $q_0(x)=1$, 则使用如下定理, 可以构造出一个在闭区间 $[a,b]$ 上带给定的权函数 $\rho(x)$ 的首一正交多项式系 $\{q_i(x)\}_{i=0}^{n+1}$.

定理 6.11 给定函数 $\rho(x)$, 区间 $[a,b]$ 上带权 $\rho(x)$ 的 n 次首一正交多项式 $q_n(x)$ 存在、唯一, 且满足如下递推关系

$$\begin{cases} q_{n+1}(x)=(x-\alpha_n)q_n(x)-\beta_nq_{n-1}(x), & n=0,1,\cdots \\ q_0(x)=1 \end{cases}, \tag{6.6.3}$$

此处使用了条件 $q_{-1}(x)=0$, 式中, 参数

$$\alpha_n=\frac{\displaystyle\int_a^b x[q_n(x)]^2\rho(x)\mathrm{d}x}{\displaystyle\int_a^b[q_n(x)]^2\rho(x)\mathrm{d}x},\quad \beta_n=\begin{cases} 0, & n=0 \\ \dfrac{\displaystyle\int_a^b[q_n(x)]^2\rho(x)\mathrm{d}x}{\displaystyle\int_a^b[q_{n-1}(x)]^2\rho(x)\mathrm{d}x}, & n\geqslant 1 \end{cases},$$

这里, $n=1,2,\cdots$.

该定理的证明可用数学归纳法, 过程略. 定理 6.11 说明：区间 $[a,b]$ 上带权 $\rho(x)$ 的正交多项式是存在的. 正交多项式存在如下基本性质.

性质 1 区间 $[a,b]$ 上带权函数 $\rho(x)\,(>0)$ 正交的多项式 $p_n(x)$ 与任何次数低于 n 的 i 次多项式 $g_i(x)$ 均正交, 即有等式

$$\int_a^b\rho(x)g_i(x)p_n(x)\mathrm{d}x=0, \tag{6.6.4}$$

这里, $i=0,1,\cdots,n-1$.

证明 显然, 任何 i 次 $(i<n)$ 多项式 $g_i(x)$ 均可用正交多项式系 $\{p_i(x)\}_{i=0}^{n-1}$ 线性表示, 即存在一列实数 $C_j, j=0,1,\cdots,i$, 使

$$g_i(x)=\sum_{j=0}^{i}C_jp_j(x), \tag{6.6.5}$$

则在式 (6.6.5) 两边同时乘以 $p_n(x)$ 与 $\rho(x)$, 然后在区间 $[a,b]$ 上积分, 并应用函数系 $\{p_i(x)\}_{i=0}^{n}$ 的正交性, 得等式

$$\int_a^b\rho(x)g_i(x)p_n(x)\mathrm{d}x=\sum_{j=0}^{i}C_j\int_a^b\rho(x)p_j(x)p_n(x)\mathrm{d}x=0,$$

这里, $i=0,1,\cdots,n-1$. #

设函数 $p_n(x)$ 为区间 $[a,b]$ 上带权 $\rho(x)(>0)$ 正交的多项式, 根据性质 1, 则可得如下等式

$$\int_a^b \rho(x)\, x^i p_n(x)\mathrm{d}x = 0, \tag{6.6.6}$$

这里, $i=0,1,\cdots,n-1$, 即多项式 $p_n(x)$ 与多项式系 $\{x^i\}_{i=0}^{n-1}$ 中所有函数均带权 $\rho(x)$ 正交.

性质 2　设函数 $p_n(x)$ 为区间 $[a,b]$ 上带权 $\rho(x)(>0)$ 的正交多项式, 则 $p_n(x)$ 在区间 $[a,b]$ 上存在 n 个互异实根.

证明　由性质 1 的推论知: 当 $n\geqslant 1$ 时, $p_n(x)$ 与常数 1 正交, 于是有等式

$$\int_a^b p_n(x)\,\rho(x)\mathrm{d}x = \int_a^b p_n(x)\cdot 1\cdot \rho(x)\mathrm{d}x = 0. \tag{6.6.7}$$

式 (6.6.7) 说明: 函数 $p_n(x)$ 必在 (a,b) 内变号, 因而必存在奇数重的零点. 不妨设 $p_n(x)$ 在 (a,b) 内共存在 r 个奇数重的零点: $c_1,\cdots,c_r$, 显然有 $r\leqslant n$. 令函数

$$g_r(x) = (x-c_1)(x-c_2)\cdots(x-c_r),$$

则函数 $p_n(x)\cdot g_r(x)$ 在 (a,b) 内不变号, 于是得不等式

$$\left|\int_a^b p_n(x)\, g_r(x)\,\rho(x)\mathrm{d}x\right| > 0. \tag{6.6.8}$$

假设 $r<n$, 根据性质 1 , 则应有 $\int_a^b \rho(x)\, g_r(x)\, p_n(x)\mathrm{d}x = 0$, 与式 (6.6.8) 矛盾, 因此得 $r\geqslant n$.

综上所述, 有 $r=n$, 即 $p_n(x)$ 在区间 $[a,b]$ 上存在 n 个互异实根. #

6.6.2　Chebyshev 多项式

Chebyshev 多项式 (切比雪夫正交多项式) 是一种常用的正交多项式, 接下来介绍 Chebyshev 多项式的概念、性质与几个简单的应用.

定义 6.6　称函数

$$T_n(x) = \cos(n\arccos x),\quad |x|\leqslant 1 \tag{6.6.9}$$

为 n 次 **Chebyshev 多项式**, 这里, $n=0,1,2,\cdots$.

Chebyshev 多项式 $T_n(x)$ 是一种特殊的正交多项式, 具有一般正交多项式的性质 (参见 6.6.1 节). 除此之外, Chebyshev 多项式还具有如下性质.

(1) **递推关系**: n 次 Chebyshev 多项式 $T_n(x)$ 满足如下递推关系

$$T_{n+1}(x) = 2xT_n(x) - T_{n-1}(x),\quad n=1,2,\cdots, \tag{6.6.10}$$

式中, $T_0(x)=1$; $T_1(x)=x$.

证明 在式 (6.6.9) 中分别令 $n=0$ 和 1, 易得 0 次和 1 次 Chebyshev 多项式

$$T_0(x)=1,\quad T_1(x)=x.$$

为证明递推公式 (6.6.10) 成立, 只需验证

$$T_{n+1}(x)+T_{n-1}(x)=2xT_n(x)$$

即可, 这里, $n=1,2,\cdots$.

事实上, 若记 $\theta=\arccos x$, 即 $x=\cos\theta$, 则由式 (6.6.9) 得

$$\begin{aligned}T_{n+1}(x)+T_{n-1}(x)&=\cos(n+1)\theta+\cos(n-1)\theta\\&=2\cos n\theta\cos\theta\\&=2xT_n(x).\end{aligned}$$ #

根据递推公式 (6.6.10), 可计算出前几项低次 Chebyshev 多项式, 见表 6.5.

表 6.5 低次 Chebyshev 多项式

$T_0(x)=1$,	$T_1(x)=x$,
$T_2(x)=2x^2-1$,	$T_3(x)=4x^3-x$,
$T_4(x)=8x^4-8x^2+1$,	$T_5(x)=16x^5-20x^3+5x$,
$T_6(x)=32x^6-48x^4+18x^2-1$,	$\cdots$

易见, 1 次 Chebyshev 多项式 $T_1(x)$ 的首项 (最高次项) 系数为 1, 2 次 Chebyshev 多项式 $T_2(x)$ 的首项系数为 2, 利用式 (6.6.10) 进行归纳证明, 可得 n 次 Chebyshev 多项式 $T_n(x)$ 的如下性质.

(2) **首项系数:** n 次 Chebyshev 多项式 $T_n(x)\,(n\geqslant 1)$ 是 n 次多项式, 且首项系数 (x^n 的系数) 为 2^{n-1}.

(3) **零点:** n 次 Chebyshev 多项式 $T_n(x)\,(n\geqslant 1)$ 在区间 $[-1,1]$ 上有 n 个不同的实零点

$$x_k=\cos\frac{2k-1}{2n}\pi,\quad k=1,2,\cdots,n. \tag{6.6.11}$$

证明 令 $T_n(x)=0$, 即成立方程

$$\cos(n\arccos x)=0.$$

根据余弦函数的周期性, 可得

$$n\arccos x=k\pi-\frac{\pi}{2},\quad k=1,2,\cdots,n.$$

于是有

$$\arccos x=\frac{2k-1}{2n}\pi,\quad k=1,2,\cdots,n.$$

又由于当 $k=1,2,\cdots,n$ 时, x 的取值互不相同, 且都在区间 $[-1,1]$ 内, 故 $T_n(x)$ 的零点为

$$x_k=\cos\frac{2k-1}{2n}\pi,\quad k=1,2,\cdots,n. \qquad \#$$

该性质与 6.6.1 节中一般正交多项式的性质 2 相吻合, 即 n 次 Chebyshev 多项式 $T_n(x)$ 在定义区间上存在 n 个互异的零点.

(4) **最大值最小值:** n 次 Chebyshev 多项式 $T_n(x)\,(n\geqslant 1)$ 在区间 $[1,1]$ 内的 $n+1$ 个点

$$x'_k=\cos\left(\frac{k}{n}\pi\right),\quad k=0,1,\cdots,n$$

处轮流取最大值 1 和最小值 -1.

事实上, $T_n(x'_k)=\cos\left(n\arccos\left(\cos\left(\frac{k}{n}\pi\right)\right)\right)=\cos(k\pi)=(-1)^k$.

(5) **奇偶性:** 对于 n 次 Chebyshev 多项式 $T_n(x)$, 当 $n=2m$ 时, $T_{2m}(x)$ 是偶函数; 当 $n=2m+1$ 时, $T_{2m+1}(x)$ 是奇函数. 事实上, 由于

$$\begin{aligned}T_n(-x)&=\cos(n\arccos(-x))=\cos(n(\pi-\arccos x))\\&=\cos n\pi\cos(n\arccos x)\\&=(-1)^nT_n(x).\end{aligned}$$

因此, Chebyshev 多项式的奇偶性与 n 相关, 即当 $n=2m$ 时, $T_{2m}(x)$ 是偶函数; 当 $n=2m+1$ 时, $T_{2m+1}(x)$ 是奇函数.

在图 6.3 中, 我们将 Chebyshev 多项式 $T_0(x)\sim T_6(x)$ 的图像绘制在一个坐标平面上, 可见, Chebyshev 多项式 $T_n(x)\,(0\leqslant n\leqslant 6)$ 在区间 $[-1,1]$ 上的最大值为 1, 最小值为 -1, 且当 $n=2m$ 时, Chebyshev 多项式 $T_n(x)$ 为偶函数, 当 $n=2m+1$ 时, Chebyshev 多项式 $T_n(x)$ 为奇函数.

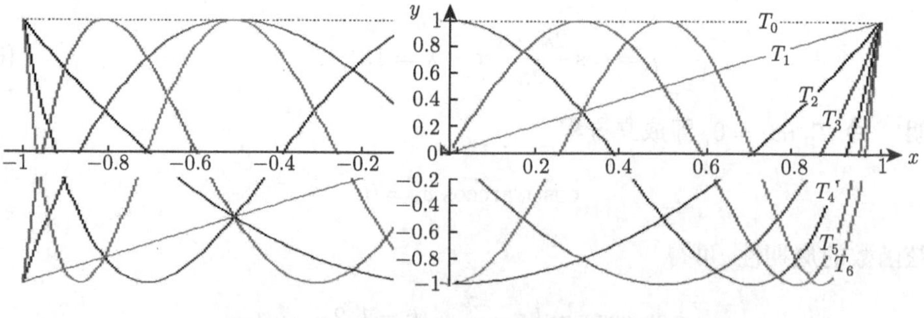

图 6.3　Chebyshev 多项式 $T_n(x)$, $0\leqslant n\leqslant 6$

(6) **正交性:** Chebyshev 多项式系 $\{T_i(x)\}_{i=0}^n$ 是区间 $[-1,1]$ 上带权函数 $\rho(x)=\dfrac{1}{\sqrt{1-x^2}}$

的正交多项式系, 且有如下等式

$$\int_{-1}^{1}\rho(x)T_m(x)T_n(x)\,\mathrm{d}x=\begin{cases}0, & m\neq n\\ \pi, & m=n=0\\ \dfrac{\pi}{2}, & m=n\neq 0\end{cases}\tag{6.6.12}$$

成立.

证明 由于积分

$$\begin{aligned}\int_{-1}^{1}\rho(x)T_m(x)T_n(x)\,\mathrm{d}x &=\int_{-1}^{1}\frac{1}{\sqrt{1-x^2}}T_m(x)T_n(x)\,\mathrm{d}x\\ &\xlongequal{x=\cos\theta}\int_{\pi}^{0}\frac{1}{\sin\theta}\cos(m\theta)\cos(n\theta)\,\mathrm{d}\cos\theta\\ &=\int_{0}^{\pi}\cos(m\theta)\cos(n\theta)\mathrm{d}\theta\\ &=\begin{cases}0, & m\neq n\\ \pi, & m=n=0\\ \dfrac{\pi}{2}, & m=n\neq 0\end{cases},\end{aligned}$$

即函数系 $\{T_i(x)\}_{i=0}^{n}$ 是区间 $[-1,1]$ 上带权函数 $\rho(x)=\dfrac{1}{\sqrt{1-x^2}}$ 的正交多项式系. #

6.6.3 Chebyshev 正交多项式的应用 *

本节介绍 Chebyshev 正交多项式三个方面的应用.

1) Chebyshev 多项式作为展开式的正交基

与向量组的线性相关和线性无关性相似, 可给出函数系的相关性.

定义 6.7 若实函数 $\varphi_0(x),\varphi_1(x),\cdots,\varphi_n(x)$ 在区间 $[a,b]$ 上有定义, 且存在 $n+1$ 个不全为零的常数 $c_0,c_1,\cdots,c_n$, 使对任意 $x\in[a,b]$, 有等式

$$\sum_{i=0}^{n}c_i\varphi_i(x)=0$$

成立, 则称函数系 $\varphi_0(x),\varphi_1(x),\cdots,\varphi_n(x)$ 是**线性相关**的; 反之, 则称函数系是**线性无关**的.

根据定义 6.7, 由等式

$$0\cdot 1+2\cdot x-1\cdot 2x+0\cdot x^2=0,$$

根据定义 6.7 知: 函数系 $1,x,2x,x^2$ 是线性相关的. 根据定义 6.7, 亦可验证在任何有限区间 $[a,b]$ 上, 函数系 $\{x^j\}_{j=0}^{n},\{\cos jx\}_{j=0}^{n},\{\sin jx\}_{j=1}^{n}$ 以及三角函数系

$$\{1,\cos x,\sin x,\cos 2x,\sin 2x,\cdots,\cos nx,\sin nx\}$$

都是线性无关的. 特别地, 由 Chebyshev 正交多项式系的正交性易证: 在闭区间 $[-1,1]$ 上, Chebyshev 正交多项式系 $\{T_i(x)\}_{i=0}^{n}$ 是线性无关的.

代数学上, 若 A 为一个由 n 维向量构成的非空集合, 且 A 对向量加法和数乘运算封闭, 则称 A 为向量空间. 由全体 n 维向量构成的向量空间记作 $\mathbf{R}^n$, 则 A 为 $\mathbf{R}^n$ 的子空间.

若我们将全体次数不超过 n 的实系数多项式构成的集合记为 H_n, 这里 n 为正整数. 与向量空间 $\mathbf{R}^n$ 相类似, 易证集合 H_n 按照多项式的加法与数乘运算封闭, 因此亦可称集合 H_n 为 n **次多项式空间**.

事实上, 任取一个 n 次多项式 $p(x) \in H_n$, 则必存在 $n+1$ 个常数 $a_0, a_1, \cdots, a_n$, 使如下等式

$$p(x) = a_0 + a_1 x + \cdots + a_n x^n$$

成立, 即 $p(x)$ 可由幂函数系 $1, x^1, x^2, \cdots, x^n$ 线性表示. 也就是说: 多项式 $p(x)$ 能够由 $n+1$ 个系数 $a_0, a_1, \cdots, a_n$ 唯一确定, 又由于 $1, x^1, x^2, \cdots, x^n$ 线性无关, 故可将函数系 $1, x^1, x^2, \cdots, x^n$ 作为多项式空间 H_n 的一个基, 同时可将系数 $a_0, a_1, \cdots, a_n$ 看做是多项式 $p(x)$ 在这组基下的坐标. 由于多项式空间 H_n 中的任意一组基中均含有 $n+1$ 个线性无关的函数, 故我们称多项式空间 H_n 是 $n+1$ 维的.

特别地, 由 Chebyshev 多项式在 $[-1,1]$ 上的正交性与线性无关性知: Chebyshev 多项式系 $\{T_i(x)\}_{i=0}^{n}$ 可作为定义在 $[-1,1]$ 上的多项式空间 H_n 的一组**正交基**. 因此, 在 $[-1,1]$ 上定义的任意 n 次多项式 $p_n(x)$ 均可以由 Chebyshev 正交多项式系 $\{T_i(x)\}_{i=0}^{m}$ 线性表示, 即有展开式

$$p_n(x) = a_0 T_0(x) + a_1 T_1(x) + \cdots + a_n T_n(x),$$

这里, 系数

$$a_0 = \frac{1}{\pi}(p_n(x), T_0(x)) = \frac{1}{\pi}\int_{-1}^{1} \rho(x) p_n(x) \mathrm{d}x,$$

$$a_i = \frac{2}{\pi}(p_n(x), T_i(x)) = \frac{2}{\pi}\int_{-1}^{1} \rho(x) p_n(x) T_i(x) \, \mathrm{d}x, \quad i = 1, \cdots, n,$$

式中, 函数 $\rho(x) = \dfrac{1}{\sqrt{1-x^2}}$ 是 Chebyshev 正交多项式的权函数.

特别地, 在 $[-1,1]$ 上, 任一幂函数 x^i 亦可以由 Chebyshev 正交多项式线性表示, 部分幂函数的展开式及其系数见表 6.6.

然而, 若记 $C[a,b]$ 表示 $[a,b]$ 上全体连续函数的集合, 则可以证明集合 $C[a,b]$ 是一无限维空间. 对任意一个连续函数 $f(x) \in C[a,b]$, 一般情况下, 我们无法用 $C[a,b]$ 上的有限个线性无关的函数线性表示该函数, 但是可以用有限维的多项式函数去任意逼近它 (参见 6.9 节 Weierstrass 定理).

2) Lagrange 插值节点的选择与插值余项的近似最优化问题

定义 6.8 设 $f(x) \in C[a,b], g(x) \in H_n$, 称下式

$$\max_{a \leqslant x \leqslant b} |f(x) - g(x)| \tag{6.6.13}$$

表 6.6 幂函数 $x^i, i=0,1,\cdots,9$ 的正交函数展开式, $x\in[-1,1]$

幂函数的展开式	展开式的系数 (次数由低到高排列)
$1=T_0(x)$	1
$x=T_1(x)$	$0,1$
$x^2=(T_0(x)+T_2(x))/2$	$\frac{1}{2},0,\frac{1}{2}$
$x^3=(3T_1(x)+T_3(x))/4$	$0,\frac{3}{4},0,\frac{1}{4}$
$x^4=(3T_0(x)+4T_2(x)+T_4(x))/8$	$\frac{3}{8},0,\frac{4}{8},0,\frac{1}{8}$
$x^5=(10T_1(x)+5T_3(x)+T_5(x))/16$	$0,\frac{10}{16},0,\frac{5}{16},0,\frac{1}{16}$
$x^6=(10T_0(x)+15T_2(x)+6T_4(x)+T_6(x))/32$	$\frac{10}{32},0,\frac{15}{32},0,\frac{6}{32},0,\frac{1}{32}$
$x^7=(35T_1(x)+21T_3(x)+7T_5(x)+T_7(x))/64$	$0,\frac{35}{64},0,\frac{21}{64},0,\frac{7}{64},0,\frac{1}{64}$
$x^8=(35T_0(x)+56T_2(x)+28T_4(x)+8T_6(x)+T_8(x))/128$	$\frac{35}{128},0,\frac{56}{128},0,\frac{28}{128},0,\frac{8}{128},0,\frac{1}{128}$
$x^9=(126T_1(x)+64T_3(x)+36T_5(x)+9T_7(x)+T_9(x))/256$	$0,\frac{126}{256},0,\frac{64}{256},0,\frac{36}{256},0,\frac{9}{256},0,\frac{1}{256}$

为函数 $f(x)$ 与 $g(x)$ 在区间 $[a,b]$ 上的**偏差**. 若存在一个 n 次多项式 $P_n^*(x)$ 满足等式

$$\max_{a\leqslant x\leqslant b}|P_n^*(x)-0|=\inf_{P_n(x)\in H_n}\max_{a\leqslant x\leqslant b}|P_n(x)-0|, \tag{6.6.14}$$

则 $P_n^*(x)$ 称为**最小零偏差多项式**.

定理 6.12 *定义在区间 $[-1,1]$ 上的所有首一 n 次多项式中, 多项式*

$$\tilde{T}_n(x)=\frac{T_n(x)}{2^{n-1}} \tag{6.6.15}$$

是首一最小零偏差多项式, 且其偏差为 $\frac{1}{2^{n-1}}$.

证明(反证法) 根据 Chebyshev 正交多项式 $T_n(x)$ 的性质 2 知: 多项式 $\tilde{T}_n(x)$ 为一个首一的 n 次多项式, 再由 Chebyshev 正交多项式 $T_n(x)$ 的极值为 ±1, 可知首一多项式 $\tilde{T}_n(x)$ 与函数 0 的偏差为 $\frac{1}{2^{n-1}}$.

假设 $\tilde{T}_n(x)$ 不是所有首一的 n 次多项式中与函数 0 的偏差最小者, 则必然存在一个首一的 n 次零偏差多项式 $Q(x)$, 满足如下不等式

$$\max_{-1\leqslant x\leqslant 1}|Q(x)|\leqslant\max_{-1\leqslant x\leqslant 1}\left|\frac{T_n(x)}{2^{n-1}}-0\right|=\frac{1}{2^{n-1}},$$

也就是说 $Q(x)$ 满足下列不等式

$$|Q(x)|\leqslant\frac{1}{2^{n-1}},\quad x\in[-1,1],$$

即有不等式

$$-\frac{1}{2^{n-1}}\leqslant|Q(x)|\leqslant\frac{1}{2^{n-1}},\quad x\in[-1,1].$$

令

$$x_k' = \cos\frac{k\pi}{n},$$

则 x_k' 为 n 次 Chebyshev 多项式 $T_n(x)$ 在区间 $[-1,1]$ 内的 $n+1$ 个极值点, 这里, $k=0,1,\cdots,n$.

下面, 考察函数 $Q(x)-\dfrac{T_n(x)}{2^{n-1}}$ 在节点 $x_k'(k=0,1,\cdots,n)$ 处的符号. 由于

$$Q(x_0')-\frac{T_n(x_0')}{2^{n-1}}=Q(x_0')-\frac{1}{2^{n-1}}\leqslant 0,$$

$$Q(x_1')-\frac{T_n(x_1')}{2^{n-1}}=Q(x_1')+\frac{1}{2^{n-1}}\geqslant 0,$$

$$Q(x_2')-\frac{T_n(x_2')}{2^{n-1}}=Q(x_2')-\frac{1}{2^{n-1}}\leqslant 0,$$

$$\cdots$$

$$Q(x_n')-\frac{T_n(x_n')}{2^{n-1}}=\begin{cases} Q(x_n')-\dfrac{1}{2^{n-1}}\leqslant 0, & \text{当} n=2m \\ Q(x_n')+\dfrac{1}{2^{n-1}}\geqslant 0, & \text{当} n=2m+1 \end{cases}.$$

因此, 多项式 $Q(x)-\dfrac{T_n(x)}{2^{n-1}}$ 在开区间 $(-1,1)$ 内 $n+1$ 个不同点 x_k' 处轮流变号, 这里, $k=0,1,\cdots,n$. 由多项式函数 $Q(x)-\dfrac{T_n(x)}{2^{n-1}}$ 的连续性知: 函数 $Q(x)-\dfrac{T_n(x)}{2^{n-1}}$ 在区间 $(-1,1)$ 上至少有 n 个零点.

再由 $Q(x)$ 为首一多项式知: 两个多项式的差

$$Q(x)-\tilde{T}_n(x)$$

为一个次数不超过 $n-1$ 次的多项式, 这与多项式 $Q(x)-\dfrac{T_n(x)}{2^{n-1}}$ 至少有 n 个零点矛盾. 因此假设错误, 即多项式 $\dfrac{T_n(x)}{2^{n-1}}$ 即为首一的最小零偏差多项式, 且最小偏差为 $\dfrac{1}{2^{n-1}}$. #

接下来考虑插值余项的近似最优化问题: 特别地, 当函数 $f(x)$ 的导数 $f^{(n)}(x)$ 在闭区间 $[-1,1]$ 上有界时, 若考虑用 Chebyshev 多项式 $T_n(x)$ 的 n 个零点

$$x_k=\cos\frac{2k+1}{2n}\pi$$

作为插值节点, 这里, $k=0,1,\cdots,n-1$, 则可得函数 $f(x)$ 的一个 $n-1$ 次的 Lagrange 插值多项式 $L_{n-1}(x)$, 而其插值余项可表示为

$$f(x)-L_{n-1}(x)=\frac{f^{(n)}(\varepsilon)}{n!}w_n(x),\quad \varepsilon\in(-1,1), \tag{6.6.16}$$

这里, 函数 $w_n(x)=(x-x_0)(x-x_1)\cdots(x-x_{n-1})=\dfrac{T_n(x)}{2^{n-1}}$.

根据定理 6.12 的结论得: 式 (6.6.16) 中的 n 次多项式 $w_n(x)$ 是区间 $[-1,1]$ 上的首一最小零偏差多项式, 且满足不等式

$$\max_{-1\leqslant x\leqslant 1}|f(x)-L_{n-1}(x)|\leqslant \frac{M_n}{n!}\max_{-1\leqslant x\leqslant 1}|w_n(x)|=\frac{M_n}{2^{n-1}n!}, \tag{6.6.17}$$

这里, $M_n=\max\limits_{-1\leqslant x\leqslant 1}\left|f^{(n)}(x)\right|$.

于是得如下结论: 当 $f^{(n)}(x)$ 在区间 $[-1,1]$ 上有界时, 为了使插值余项 $\dfrac{f^{(n)}(x)}{n!}w_n(x)$ 的最大值最小化, 可以用以 Chebyshev 多项式 $T_n(x)$ 的 n 个零点作为插值节点构造函数 $f(x)$ 的 $n-1$ 次插值多项式 $L_{n-1}(x)$, 这类问题称为插值余项的**近似最优化问题**.

一般地, 当插值区间不是 $[-1,1]$, 而是一般的闭区间 $[a,b]$ 时, 可对被插函数 $f(x)$ 的自变量作如下变换

$$x=\frac{a+b}{2}+\frac{b-a}{2}t, \tag{6.6.18}$$

即可将被插函数 $f(x)$ 变为自变量 t 的函数, 且新自变量 $t\in[-1,1]$, 于是式 (6.6.16) 中等号右边的 n 次多项式 $w_n(x)$ 相应地变为

$$w_n(x)=w_n\left(\frac{a+b}{2}+\frac{b-a}{2}t\right)\triangleq\tilde{w}_n(t).$$

它的最高项系数为 $\left(\dfrac{b-a}{2}\right)^n$, 且有

$$\tilde{w}_n(t)=\left(\frac{b-a}{2}\right)^n(t-t_0)(t-t_1)\cdots(t-t_{n-1})\triangleq\left(\frac{b-a}{2}\right)^n\cdot\frac{T_n(t)}{2^n}.$$

此时, 为了使多项式 $\dfrac{T_n(t)}{2^n}$ 为一个首一最小零偏差多项式, 根据前面的讨论可知, 应选择插值节点

$$t_k=\cos\frac{2k+1}{2n}\pi,\quad k=0,1,\cdots,n-1.$$

相应地, 关于变量 x, 应取插值节点为

$$x_k=\frac{a+b}{2}+\frac{b-a}{2}\cos\frac{2k+1}{2n}\pi,\quad k=0,1,\cdots,n-1. \tag{6.6.19}$$

也就是说, 用式 (6.6.19) 中 $x_k(k=0,1,\cdots,n-1)$ 作为插值节点, 在闭区间 $[a,b]$ 上构造的 $n-1$ 次 Lagrange 插值多项式 $L_{n-1}(x)$, 其插值余项满足如下不等式:

$$\begin{aligned}\max_{a\leqslant x\leqslant b}|f(x)-L_{n-1}(x)|&\leqslant\frac{\tilde{M}_n}{n!}\max_{a\leqslant x\leqslant b}|w_n(x)|=\frac{\tilde{M}_n}{n!}\max_{-1\leqslant x\leqslant 1}|\tilde{w}_n(t)|\\&=\frac{\tilde{M}_n}{n!}\left(\frac{b-a}{2}\right)^n\max_{-1\leqslant x\leqslant 1}\left|\frac{T_n(t)}{2^{n-1}}\right|\\&\leqslant\frac{\tilde{M}_n}{2^{n-1}n!}\left(\frac{b-a}{2}\right)^n,\end{aligned}$$

这里, $\dfrac{T_n(t)}{2^{n-1}}$ 为一个首一的最小零偏差多项式, $\tilde{M}_n = \max\limits_{a\leqslant x\leqslant b}\left|f^{(n)}(x)\right|$, 因此, 这样构造的插值多项式 $L_{n-1}(x)$ 是最优的.

综上所述, 当 $f^{(n)}(x)$ 在区间 $[a,b]$ 上有界时, 用式 (6.6.19) 中的 x_k 作插值节点, 在区间 $[a,b]$ 上构造函数 $f(x)$ 的 $n-1$ 次 Lagrange 插值多项式 $L_{n-1}(x)$, 其余项接近最优化.

3) Taylor 展开式的项数节约问题

在区间 $[-1,1]$ 上, 若将函数 $f(x)$Taylor 展开, 得其 Taylor 展开式的前 n 项和

$$P_n(x) = a_0 + a_1x + \cdots + a_nx^n \approx f(x). \tag{6.6.20}$$

假设展开式 (6.6.20) 的舍入误差满足如下不等式:

$$\max_{-1\leqslant x\leqslant 1}|f(x) - P_n(x)| \leqslant \varepsilon_n \ll \varepsilon,$$

这里, ε 为给定的误差上限. 接下来, 可利用 Chebyshev 多项式将 $P_n(x)$ 重新组合, 得等式

$$P_n(x) = b_0T_0(x) + b_1T_1(x) + \cdots + b_nT_n(x), \tag{6.6.21}$$

以期降低近似多项式 (6.6.21) 的次数, 这类问题称为 Taylor 展开式的**项数节约问题**.

事实上, 如果当展开式 (6.6.21) 的系数满足不等式

$$\left|b_{n-(m-1)}\right| + \cdots + |b_{n-1}| + |b_n| + \varepsilon_n \leqslant \varepsilon$$

与

$$|b_{n-m}| + \left|b_{n-(m-1)}\right| + \cdots + |b_{n-1}| + |b_n| + \varepsilon_n > \varepsilon$$

时, 此时可以把展开式 (6.6.21) 中后面的 m 项去掉, 从而得到一个次数为 $n-m$ 的近似多项式

$$\begin{aligned} P_{n,n-m}(x) &= b_0 + b_1T_1(x) + \cdots + b_{n-m}T_{n-m}(x) \\ &= c_0 + c_1x + \cdots + c_{n-m}x^{n-m}, \end{aligned} \tag{6.6.22}$$

则其截断误差满足如下不等式:

$$\max_{-1\leqslant x\leqslant 1}|f(x) - P_{n,n-m}(x)| < \varepsilon. \tag{6.6.23}$$

例 6.6.1　求函数 e^x 在 $|x|\leqslant 1$ 上的近似多项式, 要求偏差小于 2×10^{-3}.

解　将 e^x 在 $x=0$ 处 Taylor 展开, 为了使展开式的截断误差小于给定的误差上限, 可让其 Lagrange 型余项满足如下不等式:

$$\max_{-1\leqslant x\leqslant 1}|\mathrm{e}^x - P_n(x)| = \max_{-1\leqslant x\leqslant 1}\left|\frac{f^{(n+1)}(\varepsilon)}{(n+1)!}x^{n+1}\right| \leqslant \frac{\mathrm{e}}{(n+1)!} < 2\times 10^{-3}.$$

故应取 $n=6$, 因此满足偏差要求的、以 Taylor 级数的部分和所做的近似多项式为

$$P_6(x)=1+x+\frac{1}{2}x^2+\frac{1}{6}x^3+\frac{1}{24}x^4+\frac{1}{120}x^5+\frac{1}{720}x^6,$$

其误差

$$\max_{-1\leqslant x\leqslant 1}|\mathrm{e}^x-P_6(x)|\leqslant\frac{\mathrm{e}}{7!}<5.3934\times10^{-4}<2\times10^{-3}.$$

又由于

$$x^5=\frac{1}{16}T_5(x)+\frac{5}{4}x^3-\frac{5}{16}x,$$

$$x^6=\frac{1}{32}T_6(x)+\frac{3}{2}x^4-\frac{9}{16}x^2+\frac{1}{32},$$

则

$$P_6(x)=P_{64}(x)+\frac{1}{120}\frac{1}{16}T_5(x)+\frac{1}{720}\frac{1}{32}T_6(x),$$

这里, 多项式

$$\begin{aligned}P_{64}(x)&=\frac{23041}{23040}+\frac{383}{384}x+\frac{639}{1280}x^2+\frac{17}{96}x^3+\frac{7}{160}x^4\\&=1.0000434+0.9973958x+0.4992188x^2+0.1770833x^3+0.04375x^4.\end{aligned}$$

用 $P_{64}(x)$ 作 e^x 的近似多项式, 其误差满足如下不等式:

$$\max_{-1\leqslant x\leqslant 1}|\mathrm{e}^x-P_{64}(x)|\leqslant\frac{\mathrm{e}}{7!}+\frac{1}{1920}+\frac{1}{23040}<1.1\times10^{-3}<2\times10^{-3}. \qquad \#$$

上述例题说明: 用 Chebyshev 多项式为正交基将 Taylor 多项式 $P_6(x)$ 重新展开后, 在满足误差要求的前提下, 所得函数 e^x 的新展开式 $P_{64}(x)$ 的次数比原来的 Taylor 多项式 $P_6(x)$ 降低了两次, 即新得展开式 $P_{64}(x)$ 的项数比原来的展开式 $P_6(x)$ 的项数有所节约.

事实上, 对函数 e^x 来说, 可考虑用 Chebyshev 多项式的零点重新构造插值多项式 $L_{n-1}(x)$, 使其误差小于给定的值. 由式 (6.6.17) 知, 可设所得插值多项式 $L_{n-1}(x)$ 的余项满足如下不等式:

$$\max_{-1\leqslant x\leqslant 1}|\mathrm{e}^x-L_{n-1}(x)|\leqslant\frac{\mathrm{e}}{2^{n-1}n!}<2\times10^{-3}.$$

解之得 $n=5$, 即应用 Chebyshev 多项式 $T_5(x)$ 的五个零点构造一个四次插值多项式 $L_4(x)$ 即可使其与 e^x 的偏差满足要求.

也就是说, 在截断误差相等的前提下, 函数 e^x 的以 Chebyshev 多项式为正交基的展开式 $P_{64}(x)$ 比以幂函数为基函数的展开式 $P_6(x)$ 有更少的项数, 即使最后将 Chebyshev 展开式改写成以幂函数为基函数的多项式后仍然具有这一优点.

除此之外, Chebyshev 多项式作为正交基应用到数据拟合问题与函数逼近问题中, 可以简化问题的正规方程组, 详细论述参见 6.8 节.

6.6.4 其他正交多项式

一般情况下, 称 6.6.2 节中介绍的 Chebyshev 正交多项式为**第一类 Chebyshev 多项式**. 除了第一类 Chebyshev 正交多项式外, 常用的正交多项式还有四种, 分别称为: **第二类 Chebyshev 正交多项式**、**Legendre 正交多项式**、**Laguerre 正交多项式**、**Hermite 正交多项式**.

除了第一类 Chebyshev 正交多项式外, 其余四种正交多项式分别满足如下递推关系:

(1) $U_{n+1}(x)=2xU_n(x)-U_{n-1}(x)$, 式中, $U_0(x)=1, U_1(x)=2x$;

(2) $P_{n+1}(x)=\dfrac{2n+1}{n+1}xP_n(x)-\dfrac{n}{n+1}P_{n-1}(x)$, 式中, $P_0(x)=1, P_1(x)=x$;

(3) $L_{n+1}(x)=(2n+1-x)L_n(x)-n^2L_{n-1}(x)$, 式中, $L_0(x)=1, L_1(x)=-x+1$;

(4) $H_{n+1}(x)=2xH_n-2nH_{n-1}(x)$, 式中, $H_0(x)=1, H_1(x)=2x$.

其余四种正交多项式也分别满足如下正交性:

(1) $\displaystyle\int_{-1}^{1}U_m(x)U_n(x)\sqrt{1-x^2}\mathrm{d}x=\begin{cases}0, & m\neq n\\ \dfrac{\pi}{2}, & m=n\end{cases}$;

(2) $\displaystyle\int_{-1}^{1}P_m(x)P_n(x)\mathrm{d}x=\begin{cases}0, & m\neq n\\ \dfrac{2}{2n+1}, & m=n\end{cases}$;

(3) $\displaystyle\int_{0}^{+\infty}L_m(x)L_n(x)\mathrm{e}^{-x}\mathrm{d}x=\begin{cases}0, & m\neq n\\ (n!)^2, & m=n\end{cases}$;

(4) $\displaystyle\int_{-\infty}^{+\infty}H_m(x)H_n(x)\mathrm{e}^{-x^2}\mathrm{d}x=\begin{cases}0, & m\neq n\\ 2^n(n!)\sqrt{\pi}, & m=n\end{cases}$.

这五类正交多项式的重要参数详见表 6.7.

表 6.7 正交多项式的关键参数

正交多项式	定义区间	权函数	表达式	首项系数
第一类 Chebyshev	$[-1,1]$	$\dfrac{1}{\sqrt{1-x^2}}$	$T_n(x)=\cos(n\arccos x)$	2^{n-1}
第二类 Chebyshev	$[-1,1]$	$\sqrt{1-x^2}$	$U_n(x)=\dfrac{\sin[(n+1)\arccos x]}{\sqrt{1-x^2}}$	2^n
Legendre	$[-1,1]$	1	$P_n(x)=\dfrac{1}{2^n n!}\dfrac{\mathrm{d}^n}{\mathrm{d}x^n}(x^2-1)^n$	$\dfrac{(2n)!}{2^n(n!)^2}$
Laguerre	$[0,+\infty)$	e^{-x}	$L_n(x)=\mathrm{e}^x\dfrac{\mathrm{d}^n}{\mathrm{d}x^n}(x^n\mathrm{e}^{-x})$	$(-1)^n$
Hermite	$(-\infty,+\infty)$	e^{-x^2}	$H_n(x)=(-1)^n\mathrm{e}^{x^2}\dfrac{\mathrm{d}^n}{\mathrm{d}x^n}(\mathrm{e}^{-x^2})$	2^n

6.7 线性最小二乘问题

本节讨论数据拟合问题的一般形式.

任给一组离散数据 $\{(x_i, y_i)\}_{i=0}^{m}$(自变量 $x_0, x_1, \cdots, x_m \in [a,b]$, 且互不相同), 假设拟合函数 $P(x)$ 为如下一般的形式

$$P(x) = a_0\varphi_0(x) + a_1\varphi_1(x) + \cdots + a_n\varphi_n(x), \tag{6.7.1}$$

式中,$\{\varphi_i(x)\}_{i=0}^{n}$ 为给定的线性无关的函数系, 这里一般情况下有 $m \gg n$. 令

$$r(a_0, a_1, \cdots, a_n) = \sum_{j=0}^{m} (P(x_j) - y_j)^2 = \sum_{j=0}^{m} \left(\sum_{k=0}^{n} a_k\varphi_k(x_j) - y_j \right)^2 \tag{6.7.2}$$

表示**残量的平方和**, 接下来求出一组实系数 $a_i^*\ (i = 0,1,\cdots,n)$, 使残量的平方和 $r(a_0, a_1, \cdots, a_n)$ 取得极小值, 也就是让实系数 $a_i^*(i = 0,1,\cdots,n)$ 满足下列方程

$$r(a_0^*, a_1^*, \cdots, a_n^*) = \min_{a_i \in \mathbf{R}} r(a_0, a_1, \cdots, a_n). \tag{6.7.3}$$

上述求拟合函数 $P(x)$ 的问题称为**线性最小二乘问题**. 函数系 $\{\varphi_i(x)\}_{i=0}^{n}$ 称为该线性最小二乘问题的**基**. 式 (6.7.3) 的解 $a_i^*(i = 0,1,\cdots,n)$ 代入式 (6.7.1) 后, 所得函数

$$P^*(x) = a_0^*\varphi_0(x) + a_1^*\varphi_1(x) + \cdots + a_n^*\varphi_n(x) \tag{6.7.4}$$

称为数据 $\{(x_i, y_i)\}_{i=0}^{m}$ 的 **(线性)最小二乘拟合**.

求解线性最小二乘问题时, 基的选取至关重要. 一般来说, 应该根据所给数据 $\{(x_i, y_i)\}_{i=0}^{m}$ 所呈现的总体变化规律来确定最小二乘问题的基, 例如, 例 6.5.1 是一个线性回归问题, 故取基为 $1, x$. 而在例 6.5.2 中, 拟合函数为非线性函数, 为了应用最小二乘拟合方法, 首先对拟合函数线性化, 然后用最小二乘法求解.

接下来, 为了求得最小二乘解 (6.7.4) 的待定系数 $a_i^*\ (i=0,1,\cdots,n)$, 需要求解方程 (6.7.3). 事实上, 因为实数 $a_i^*\ (i = 0,1,\cdots,n)$ 使残量的平方和 $r(a_0, a_1, \cdots, a_m)$ 取最小值, 应用多元函数求极值的必要条件得 $(a_0^*, a_1^*, \cdots, a_n^*)$ 应为实函数 $r(a_0, a_1, \cdots, a_m)$ 的驻点, 因此对 $r(a_0, a_1, \cdots, a_m)$ 关于 a_k 求偏导数, 得如下方程组

$$\left.\frac{\partial r}{\partial a_k}\right|_{(a_0^*, a_1^*, \cdots, a_n^*)} = 0, \quad k = 0, 1, \cdots, n, \tag{6.7.5}$$

式中,

$$\begin{aligned} \frac{\partial r}{\partial a_k} &= \frac{\partial}{\partial a_k} \left[\sum_{j=0}^{m} \left(\sum_{i=0}^{n} a_i\varphi_i(x_j) - y_j \right)^2 \right] \\ &= 2\sum_{j=0}^{m} \left(\sum_{i=0}^{n} a_i\varphi_i(x_j) - y_j \right) \cdot \varphi_k(x_j) = 0, \quad k = 0,1,\cdots,m. \end{aligned}$$

从而得方程组

$$\sum_{i=0}^{n}\left(\sum_{j=0}^{m}\varphi_k(x_j)\varphi_i(x_j)\right)a_i^* = \sum_{j=0}^{m}y_j\varphi_k(x_j), \quad k=0,1,\cdots,m. \tag{6.7.6}$$

接下来, 给出如下定义.

定义 6.9 给定数列 $\{x_i\}_{i=0}^m$ 与实函数 $u(x), v(x)$, 若记向量

$$\boldsymbol{u}=(u(x_0),u(x_1),\cdots,u(x_m))^{\mathrm{T}}, \quad \boldsymbol{v}=(v(x_0),v(x_1),\cdots,v(x_m))^{\mathrm{T}},$$

则 $\boldsymbol{u},\boldsymbol{v}$ 分别称为函数 $u(x)$ 和 $v(x)$ 关于点列 $\{x_i\}_{i=0}^m$ 的**点集函数**.

设 $\boldsymbol{u},\boldsymbol{v},\boldsymbol{w}$ 均为点集函数, 易证表达式

$$(\boldsymbol{u},\boldsymbol{v})=\sum_{i=0}^{m}\boldsymbol{u}(x_i)\cdot\boldsymbol{v}(x_i) \tag{6.7.7}$$

满足向量内积的三条基本性质:

(1) 非负性: $(\boldsymbol{u},\boldsymbol{u})\geqslant 0$, $(\boldsymbol{u},\boldsymbol{u})=0\Leftrightarrow \boldsymbol{u}(x_j)=0, j=0,1,\cdots,m$;

(2) 对称性: $(\boldsymbol{u},\boldsymbol{v})=(\boldsymbol{v},\boldsymbol{u})$;

(3) 线性性: $\forall k_1, k_2\in\mathbf{R}, (k_1\boldsymbol{u}+k_2\boldsymbol{v}, \boldsymbol{w})=k_1(\boldsymbol{u},\boldsymbol{w})+k_2(\boldsymbol{v},\boldsymbol{w})$.

于是称 $(\boldsymbol{u},\boldsymbol{v})$ 为**点集函数$\boldsymbol{u}$ 与 $\boldsymbol{v}$的内积**.

应用点集函数的内积定义, 方程组 (6.7.6) 化简为

$$\sum_{i=0}^{n}(\boldsymbol{\varphi}_k,\boldsymbol{\varphi}_i)a_i^*=(\boldsymbol{\varphi}_k,\boldsymbol{y}), \quad k=0,1,\cdots,n, \tag{6.7.8}$$

式中, $(\boldsymbol{\varphi}_k,\boldsymbol{\varphi}_i)=\sum_{j=0}^{m}\varphi_k(x_j)\varphi_i(x_j)$, $(\boldsymbol{\varphi}_k,\boldsymbol{y})=\sum_{j=0}^{m}y_j\varphi_k(x_j)$, 均为点集函数的内积.

将方程组 (6.7.8) 改写为矩阵乘积的形式, 得

$$\begin{pmatrix}(\boldsymbol{\varphi}_0,\boldsymbol{\varphi}_0) & (\boldsymbol{\varphi}_0,\boldsymbol{\varphi}_1) & \cdots & (\boldsymbol{\varphi}_0,\boldsymbol{\varphi}_n)\\(\boldsymbol{\varphi}_1,\boldsymbol{\varphi}_0) & (\boldsymbol{\varphi}_1,\boldsymbol{\varphi}_1) & \cdots & (\boldsymbol{\varphi}_1,\boldsymbol{\varphi}_n)\\ \vdots & \vdots & & \vdots\\(\boldsymbol{\varphi}_n,\boldsymbol{\varphi}_0) & (\boldsymbol{\varphi}_n,\boldsymbol{\varphi}_1) & \cdots & (\boldsymbol{\varphi}_n,\boldsymbol{\varphi}_n)\end{pmatrix}\begin{pmatrix}a_0^*\\a_1^*\\ \vdots\\a_n^*\end{pmatrix}=\begin{pmatrix}(\boldsymbol{\varphi}_0,\boldsymbol{y})\\(\boldsymbol{\varphi}_1,\boldsymbol{y})\\ \vdots\\(\boldsymbol{\varphi}_n,\boldsymbol{y})\end{pmatrix}, \tag{6.7.9}$$

式中,

$$\boldsymbol{\varphi}_0=\begin{pmatrix}\varphi_0(x_0)\\\varphi_0(x_1)\\ \vdots\\\varphi_0(x_m)\end{pmatrix}, \quad \boldsymbol{\varphi}_1=\begin{pmatrix}\varphi_1(x_0)\\\varphi_1(x_1)\\ \vdots\\\varphi_1(x_m)\end{pmatrix},\cdots, \quad \boldsymbol{\varphi}_n=\begin{pmatrix}\varphi_m(x_0)\\\varphi_m(x_1)\\ \vdots\\\varphi_m(x_m)\end{pmatrix}, \quad \boldsymbol{y}=\begin{pmatrix}y_0\\y_1\\ \vdots\\y_m\end{pmatrix}. \tag{6.7.10}$$

称式 (6.7.9) 为最小二乘拟合问题的**正规(法)方程组**. 称式 (6.7.9) 的系数矩阵

$$\boldsymbol{G}=\begin{pmatrix}(\varphi_0\,,\,\varphi_0) & (\varphi_0\,,\,\varphi_1) & \cdots & (\varphi_0\,,\,\varphi_n)\\ (\varphi_1\,,\,\varphi_0) & (\varphi_1\,,\varphi_1) & \cdots & (\varphi_1\,,\,\varphi_n)\\ \vdots & \vdots & & \vdots\\ (\varphi_n\,,\,\varphi_0) & (\varphi_n\,,\,\varphi_1) & \cdots & (\varphi_n\,,\,\varphi_n)\end{pmatrix} \tag{6.7.11}$$

为 **Gram 矩阵**, 显然 $\boldsymbol{G}$ 为对称阵, 且当 Gram 矩阵 $\boldsymbol{G}$ 非奇异时, 正规方程组 (6.7.9) 的解存在唯一, 解之可得待定系数 $a_i^*\,(i=0,1,\cdots,n)$, 于是得最小二乘拟合 $P^*\,(x)$.

必须指出的是: 假如 $(\varphi_i\,,\,\varphi_j)$ 为普通向量的内积, 则以 $(\varphi_i\,,\,\varphi_j)$ 为 (i,j) 元构造的 Gram 矩阵非奇异当且仅当向量组 $\{\varphi_0,\varphi_1,\cdots,\varphi_n\}$ 线性无关. 但是, 此处的 $(\varphi_i\,,\,\varphi_j)$ 并非普通向量的内积, 而是点集函数的内积. 在这里仅凭函数系 $\varphi_0\,(x)\,,\varphi_1\,(x)\,,\cdots,\varphi_n\,(x)$ 在 $[a,b]$ 上线性无关性不能推出 Gram 矩阵非奇异.

例如, 令 $\varphi_0=\sin x,\varphi_1=\sin 2x, x\in[0,2\pi]$. 显然, φ_0,φ_1 在 $[0,2\pi]$ 上线性无关, 但是若取点 $x_k=k\pi, k=0,1,2,\ m=1,n=3$, 则有

$$\varphi_0\,(x_k)=\sin x_k=0,\quad \varphi_1\,(x_k)=\sin 2x_k=0,\quad k=0,1,2,$$

由此得到

$$\boldsymbol{G}=\begin{pmatrix}(\varphi_0,\varphi_0) & (\varphi_0,\varphi_1)\\ (\varphi_1,\varphi_0) & (\varphi_1,\varphi_1)\end{pmatrix}=\boldsymbol{0}.$$

因此, 为了保证法方程组 (6.7.9) 的系数矩阵 $\boldsymbol{G}$ 非奇异, 必须对函数系 $\varphi_0\,(x)\,,\varphi_1\,(x)\,,\cdots,$ $\varphi_n\,(x)$ 附加额外的条件.

定义 6.10 设函数 $\varphi_0\,(x)\,,\varphi_1\,(x)\,,\cdots,\varphi_n\,(x)\in C\,[a,b]$ 的任意线性组合在点集 $\{x_i\}_{i=0}^m$ $(m\geqslant n)$ 上至多有 n 个不同的零点, 则称函数系 $\varphi_0\,(x)\,,\varphi_1\,(x)\,,\cdots,\varphi_n\,(x)$ 在点集 $\{x_i\}_{i=0}^m$ 上满足 **Haar(哈尔) 条件**.

根据定义 6.10 可知, 当向量组 $\{\varphi_0,\varphi_1,\cdots,\varphi_n\}$ 线性无关时, 则齐次线性方程组 $(\varphi_0,\varphi_1,\cdots,\varphi_n)\boldsymbol{x}=\boldsymbol{0}$ 没有非零解, 此时 $\varphi_0\,(x)\,,\varphi_1\,(x)\,,\cdots,\varphi_n\,(x)$ 的任意线性组合至多有 n 个不同的零点, 即 $\varphi_0\,(x)\,,\varphi_1\,(x)\,,\cdots,\varphi_n\,(x)$ 满足 Haar 条件.

显然, 函数系 $\{x^j\}_{j=0}^m$ 在任意的 $n\,(n\geqslant m)$ 个节点上满足 Haar 条件. 关于式 (6.7.9) 的系数矩阵 $\boldsymbol{G}$, 可以证明如下结论.

定理 6.13 *如果函数系 $\varphi_0\,(x)\,,\varphi_1\,(x)\,,\cdots,\varphi_n\,(x)\in C\,[a,b]$ 在点集 $\{x_i\}_{i=0}^m$ 上满足 Haar 条件, 则法方程组 (6.7.9) 的系数矩阵 $\boldsymbol{G}$ 非奇异.*

由定理 6.13 可得: 当函数系 $\varphi_0\,(x)\,,\varphi_1\,(x)\,,\cdots,\varphi_n\,(x)\in C\,[a,b]$ 在点集 $\{x_i\}_{i=0}^m$ 上满足 Haar 条件时, 法方程组 (6.7.9) 存在唯一解 $a_i^*\,(i=0,1,\cdots,n)$, 从而数据拟合问题存在唯一的最小二乘解.

于是, 可将在计算机上求解数据拟合问题的最小二乘解的算法归纳如下:

第一步: 根据给定的数据集选择一个线性无关且满足 Haar 条件的函数系 $\{\varphi_i(x)\}_{i=0}^n$, 构造经验公式 (6.7.1);

第二步: 生成法方程组 (6.7.9), 求该方程组, 得到向量 $(a_0^*, a_1^*, \cdots, a_n^*)$;

第三步: 将 $(a_0^*, a_1^*, \cdots, a_n^*)$ 代入经验公式 (6.7.1), 得数据拟合问题的最小二乘解

$$P^*(x) = a_0^*\varphi_0(x) + a_1^*\varphi_1(x) + \cdots + a_n^*\varphi_n(x). \tag{6.7.4}$$

从上面的推导不难发现：数据拟合最小二乘问题与线性方程组的最小二乘问题都最终将问题转化为其法方程组的求解, 这是偶然现象, 还是两个问题之间本来就有着密切的联系呢? 事实上, 若令矩阵

$$\boldsymbol{A} = (\boldsymbol{\varphi}_0, \boldsymbol{\varphi}_1, \cdots, \boldsymbol{\varphi}_n) = \begin{pmatrix} \varphi_0(x_0) & \varphi_1(x_0) & \cdots & \varphi_n(x_0) \\ \varphi_0(x_1) & \varphi_1(x_1) & \cdots & \varphi_n(x_1) \\ \vdots & \vdots & & \vdots \\ \varphi_0(x_m) & \varphi_1(x_m) & \cdots & \varphi_n(x_m) \end{pmatrix}_{(m+1)\times(n+1)},$$

$$\boldsymbol{a} = (a_0, a_1, \cdots, a_n)^{\mathrm{T}}, \quad \boldsymbol{y} = (y_0, y_1, \cdots, y_m)^{\mathrm{T}},$$

则误差函数

$$r(a_0, a_1, \cdots, a_n) = \sum_{j=0}^{m}\left(\sum_{i=0}^{n} a_i\varphi_i(x_j) - y_j\right)^2 = \|\boldsymbol{A}\boldsymbol{a} - \boldsymbol{y}\|_2^2.$$

从而求数据 $(x_i, y_i), i = 1, 2, \cdots, n$ 的最小二乘拟合问题化为求线性方程组 $\boldsymbol{A}\boldsymbol{a} = \boldsymbol{y}$ 的最小二乘解的问题. 由 6.2 节中的讨论知：线性方程组 $\boldsymbol{A}\boldsymbol{a} = \boldsymbol{y}$ 的最小二乘解是如下正规方程组

$$\boldsymbol{A}^{\mathrm{T}}\boldsymbol{A}\boldsymbol{a} = \boldsymbol{A}^{\mathrm{T}}\boldsymbol{y} \tag{6.7.12}$$

的解, 这里, 矩阵的积

$$\boldsymbol{A}^{\mathrm{T}}\boldsymbol{A} = \begin{pmatrix} \boldsymbol{\varphi}_0^{\mathrm{T}} \\ \boldsymbol{\varphi}_1^{\mathrm{T}} \\ \vdots \\ \boldsymbol{\varphi}_n^{\mathrm{T}} \end{pmatrix} (\boldsymbol{\varphi}_0, \boldsymbol{\varphi}_1, \cdots, \boldsymbol{\varphi}_n) = \begin{pmatrix} (\boldsymbol{\varphi}_0, \boldsymbol{\varphi}_0) & (\boldsymbol{\varphi}_0, \boldsymbol{\varphi}_1) & \cdots & (\boldsymbol{\varphi}_0, \boldsymbol{\varphi}_n) \\ (\boldsymbol{\varphi}_1, \boldsymbol{\varphi}_0) & (\boldsymbol{\varphi}_1, \boldsymbol{\varphi}_1) & \cdots & (\boldsymbol{\varphi}_1, \boldsymbol{\varphi}_n) \\ \vdots & \vdots & & \vdots \\ (\boldsymbol{\varphi}_n, \boldsymbol{\varphi}_0) & (\boldsymbol{\varphi}_n, \boldsymbol{\varphi}_1) & \cdots & (\boldsymbol{\varphi}_n, \boldsymbol{\varphi}_n) \end{pmatrix} = \boldsymbol{G},$$

$$\boldsymbol{A}^{\mathrm{T}}\boldsymbol{y} = \begin{pmatrix} \boldsymbol{\varphi}_0^{\mathrm{T}} \\ \boldsymbol{\varphi}_1^{\mathrm{T}} \\ \vdots \\ \boldsymbol{\varphi}_n^{\mathrm{T}} \end{pmatrix} \boldsymbol{y} = \begin{pmatrix} \boldsymbol{\varphi}_0^{\mathrm{T}}\boldsymbol{y} \\ \boldsymbol{\varphi}_1^{\mathrm{T}}\boldsymbol{y} \\ \vdots \\ \boldsymbol{\varphi}_n^{\mathrm{T}}\boldsymbol{y} \end{pmatrix} = \begin{pmatrix} (\boldsymbol{\varphi}_0, \boldsymbol{y}) \\ (\boldsymbol{\varphi}_1, \boldsymbol{y}) \\ \vdots \\ (\boldsymbol{\varphi}_n, \boldsymbol{y}) \end{pmatrix}.$$

因此, 方程组 (6.7.9) 与方程组 (6.7.12) 本质上是同一个方程组. 对方程组 (6.7.12) 而言, 其系数矩阵 (Gram 矩阵) 为 $\boldsymbol{A}^{\mathrm{T}}\boldsymbol{A}$, 且当矩阵 $\boldsymbol{A}$ 为列满秩, 即向量组 $\boldsymbol{\varphi}_0, \boldsymbol{\varphi}_1, \cdots, \boldsymbol{\varphi}_n$ 线性无关时, Gram 矩阵 $\boldsymbol{A}^{\mathrm{T}}\boldsymbol{A}$ 非奇异, 此时方程组 (6.7.12) 存在唯一解.

6.8 正交多项式在数据拟合中的应用

多项式是数据拟合问题经常采用的经验函数, 因此幂函数系 $\{1, x^1, x^2, \cdots, x^n\}$ 通常是求解数据拟合问题时常用的函数系. 当给定 $m+1$ 个数据 $(x_i, y_i), i = 0, 1, 2, \cdots, m$, 并用 n 次多项式函数 $(n \ll m)$

$$P(x) = a_0 + a_1 x + \cdots + a_n x^n \tag{6.8.1}$$

作为经验函数求解最小二乘数据拟合问题时, 其法方程组为

$$\boldsymbol{G}\boldsymbol{a} = \boldsymbol{b}, \tag{6.8.2}$$

这里, $\boldsymbol{G} = \begin{pmatrix} m+1 & \sum\limits_{j=0}^{m} x_j & \cdots & \sum\limits_{j=0}^{m} x_j^n \\ \sum\limits_{j=0}^{m} x_j & \sum\limits_{j=0}^{m} x_j^2 & \cdots & \sum\limits_{j=0}^{m} x_j^{n+1} \\ \vdots & \vdots & & \vdots \\ \sum\limits_{j=0}^{m} x_j^n & \sum\limits_{j=0}^{m} x_j^{n+1} & \cdots & \sum\limits_{j=0}^{m} x_j^{2n} \end{pmatrix}$, $\boldsymbol{b} = \begin{pmatrix} \sum\limits_{j=0}^{m} y_j \\ \sum\limits_{j=0}^{m} x_j y_j \\ \vdots \\ \sum\limits_{j=0}^{m} x_j^n y_j \end{pmatrix}$, $\boldsymbol{a} = \begin{pmatrix} a_0 \\ a_1 \\ \vdots \\ a_n \end{pmatrix}$.

由定理 6.13 易知 Gram 矩阵 $\boldsymbol{G}$ 非奇异, 这样一来, 用多项式为拟合函数进行数据拟合的问题看似已经解决了.

现实的情况是, 当给定的数据量 m 很大时, 方程组 (6.8.2) 的 Gram 矩阵 $\boldsymbol{G}$ 的元素

$$\sum_{j=0}^{m} x_j^k = (m+1)\sum_{j=0}^{m} \frac{x_j^k}{m+1} \approx (m+1)\int_0^1 x^k \mathrm{d}x = \frac{m+1}{k+1}, \quad k = 0, 1, 2, \cdots.$$

也就是说, 当数据量 m 很大时, Gram 矩阵近似于一个 Hilbert 矩阵, 即有

$$\boldsymbol{G} \approx (m+1)\begin{pmatrix} 1 & \frac{1}{2} & \cdots & \frac{1}{n+1} \\ \frac{1}{2} & \frac{1}{3} & \cdots & \frac{1}{n+2} \\ \vdots & \vdots & & \vdots \\ \frac{1}{n+1} & \frac{1}{n+2} & \cdots & \frac{1}{2n+1} \end{pmatrix} = (m+1)\boldsymbol{A}_{n+1},$$

矩阵 $\boldsymbol{A}_{n+1} = (a_{ij})_{n+1}$ 称为 $n+1$ 阶的 Hilbert 矩阵, 该矩阵的 (i,j) 元 $a_{ij} = \dfrac{1}{i+j-1}$. 易验证高阶的 Hilbert 阵是高度病态矩阵, 例如, $n=5$ 时 Hilbert 矩阵 $\boldsymbol{A}_6$ 的条件数

$$\kappa_\infty(\boldsymbol{A}_6) = \|\boldsymbol{A}_6\|_\infty \cdot \left\|\boldsymbol{A}_6^{-1}\right\|_\infty = 29 \times 10^6.$$

因此, 如果拟合多项式的阶数 n 比较大, 则所得法方程组的 Gram 矩阵 $\boldsymbol{G}$ 也是极端病态的, 也就是说, 当选择幂函数系 $\{1, x^1, x^2, \cdots, x^n\}$ 作为数据拟合问题的基时, 应该使 $(n \ll m)$, 且最好选择 $n \leqslant 5$, 这在另一方面限制了以幂函数为基函数的高次多项式在数据拟合问题中的应用.

令人欣慰的是, 用正交多项式系作为数据拟合问题的基函数, 可以绕开求解病态法方程组的问题. 例如, 当函数系 $\{\varphi_i(x)\}_{i=0}^n$ 为某一关于点集 $\{x_i\}_{i=0}^m$ 带离散权函数 $\{w_i\}_{i=0}^m\,(w_i > 0)$ 的正交多项式系时, 即相应点集函数的内积

$$(\boldsymbol{\varphi}_i\,,\,\boldsymbol{\varphi}_k) = \sum_{j=0}^{m} w_j(x_j)\,\varphi_i(x_j)\,\varphi_k(x_j) = \begin{cases} 0, & i \neq k \\ \displaystyle\sum_{j=0}^{m} w_j \varphi_i(x_j)^2 \neq 0, & i = k \end{cases}. \tag{6.8.3}$$

将式 (6.8.3) 代入方程组 (6.7.9), 得对角方程组

$$\begin{pmatrix} (\boldsymbol{\varphi}_0\,,\,\boldsymbol{\varphi}_0) & & & \\ & (\boldsymbol{\varphi}_1\,,\,\boldsymbol{\varphi}_1) & & \\ & & \ddots & \\ & & & (\boldsymbol{\varphi}_n\,,\,\boldsymbol{\varphi}_n) \end{pmatrix} \begin{pmatrix} a_0 \\ a_1 \\ \vdots \\ a_m \end{pmatrix} = \begin{pmatrix} (\boldsymbol{\varphi}_0\,,\,\boldsymbol{y}) \\ (\boldsymbol{\varphi}_1\,,\,\boldsymbol{y}) \\ \vdots \\ (\boldsymbol{\varphi}_n\,,\,\boldsymbol{y}) \end{pmatrix}. \tag{6.8.4}$$

解对角方程组 (6.8.4) 得 $a_i = \dfrac{(\boldsymbol{\varphi}_i\,,\,\boldsymbol{y})}{(\boldsymbol{\varphi}_i\,,\,\boldsymbol{\varphi}_i)}, i = 0, 1, \cdots, n.$ 于是得最小二乘数据拟合问题的拟合函数

$$P(x) = \sum_{i=0}^{n} \frac{(\boldsymbol{\varphi}_i\,,\,\boldsymbol{y})}{(\boldsymbol{\varphi}_i\,,\,\boldsymbol{\varphi}_i)} \varphi_i(x). \tag{6.8.5}$$

这里, $(\boldsymbol{\varphi}_i\,,\,\boldsymbol{y}) = \sum\limits_{j=0}^{m} w_j \varphi_i(x_j)\, y_j$, $(\boldsymbol{\varphi}_i\,,\,\boldsymbol{\varphi}_i) = \sum\limits_{j=0}^{m} w_j \varphi_i(x_j)^2 \neq 0$. 这极大简化了数据拟合问题的求解.

例 6.8.1 给定数据表 6.8, 请以表中 w_j 为权, 以关于点集 $\{x_j\}$ 正交的多项式系为基函数, 求一个二次最小二乘数据拟合多项式 $P(x)$.

表 6.8 例 6.8.1 中的数据

j	0	1	2	3	4
x_j	0.0	0.25	0.5	0.75	1.0
y_j	1.0	1.2840	1.6487	2.1170	2.7183
w_j	1.0	1.0	1.0	1.0	1.0

解 第一步：先构造关于点集 $\{0.0, 0.25, 0.5, 0.75, 1.0\}$ 和权 $w_j = 1.0$ 的正交函数系 $\varphi_0(x), \varphi_1(x), \varphi_2(x)$. 根据定理 6.11, 可令

$$\varphi_0(x) = 1, \quad \varphi_1(x) = (x - \alpha_1)\,\varphi_0(x), \tag{6.8.6}$$

式中, $\alpha_1=\dfrac{(\boldsymbol{x}\boldsymbol{\varphi}_0,\boldsymbol{\varphi}_0)}{(\boldsymbol{\varphi}_0,\boldsymbol{\varphi}_0)}$. 式 (6.8.6) 中对应的点集函数

$$\boldsymbol{\varphi}_0=\begin{pmatrix}1\\1\\1\\1\\1\end{pmatrix},\quad \boldsymbol{x}\boldsymbol{\varphi}_0=1\cdot\begin{pmatrix}x_0\\x_1\\x_2\\x_3\\x_4\end{pmatrix}=\begin{pmatrix}0\\0.25\\0.5\\0.75\\1\end{pmatrix}.$$

将上述点集函数代入式 (6.8.6), 得 $\alpha_1=\dfrac{(\boldsymbol{x}\boldsymbol{\varphi}_0,\boldsymbol{\varphi}_0)}{(\boldsymbol{\varphi}_0,\boldsymbol{\varphi}_0)}=\dfrac{2.5}{5}=\dfrac{1}{2}$, $\varphi_1(x)=x-\dfrac{1}{2}$.

根据定理 6.11, 令

$$\varphi_2(x)=(x-\alpha_2)\,\varphi_1(x)-\beta_1\varphi_0(x), \tag{6.8.7}$$

式中, $\alpha_2=\dfrac{(\boldsymbol{x}\boldsymbol{\varphi}_1,\boldsymbol{\varphi}_1)}{(\boldsymbol{\varphi}_1,\boldsymbol{\varphi}_1)}$, $\beta_1=\dfrac{(\boldsymbol{\varphi}_1,\boldsymbol{\varphi}_1)}{(\boldsymbol{\varphi}_0,\boldsymbol{\varphi}_0)}$, 这里, 点集函数 $\boldsymbol{\varphi}_1=\begin{pmatrix}-0.5\\-0.25\\0\\0.5\\0.25\end{pmatrix}$, $\boldsymbol{x}\boldsymbol{\varphi}_1=\begin{pmatrix}0\\-0.625\\0\\1.875\\0.5\end{pmatrix}$.

将相应的点集函数代入式 (6.8.7), 可得 $\alpha_2=\dfrac{1}{2}$, $\beta_1=\dfrac{1}{8}$, 即得 $\varphi_2(x)=\left(x-\dfrac{1}{2}\right)^2-\dfrac{1}{8}$.

第二步：由 $\boldsymbol{y}=(1.0,1.2840,1.6487,2.1170,2.7183)^{\mathrm{T}}$, 根据式 (6.6.4), 得对角正规方程组

$$\begin{pmatrix}(\boldsymbol{\varphi}_0,\boldsymbol{\varphi}_0)&&\\&(\boldsymbol{\varphi}_1,\boldsymbol{\varphi}_1)&\\&&(\boldsymbol{\varphi}_2,\boldsymbol{\varphi}_2)\end{pmatrix}\begin{pmatrix}a_0\\a_1\\a_2\end{pmatrix}=\begin{pmatrix}(\boldsymbol{\varphi}_0,\boldsymbol{y})\\(\boldsymbol{\varphi}_1,\boldsymbol{y})\\(\boldsymbol{\varphi}_2,\boldsymbol{y})\end{pmatrix}. \tag{6.8.8}$$

这里,

$$(\boldsymbol{\varphi}_0,\boldsymbol{\varphi}_0)=5,$$

$$(\boldsymbol{\varphi}_1,\boldsymbol{\varphi}_1)=\sum_{j=0}^{4}\left(x_j-\frac{1}{2}\right)^2=0.625,$$

$$(\boldsymbol{\varphi}_2,\boldsymbol{\varphi}_2)=\sum_{j=0}^{4}\left(\left(x_j-\frac{1}{2}\right)^2-\frac{1}{8}\right)^2=0.0546875,$$

$$(\boldsymbol{\varphi}_0\ ,\ \boldsymbol{y})=8.768,$$

$$(\boldsymbol{\varphi}_1\ ,\ \boldsymbol{y})=\sum_{j=0}^{4}y_j\left(x_j-\frac{1}{2}\right)=1.0674,$$

$$(\boldsymbol{\varphi}_2\ ,\ \boldsymbol{y})=\sum_{j=0}^{4}y_j\left(\left(x_j-\frac{1}{2}\right)^2-\frac{1}{8}\right)=-0.883325.$$

第三步：将上述数据代入方程组 (6.8.8) 得

$$a_0=1.7536,\quad a_1=1.7078,\quad a_2=-16.154.$$

于是所求最小二乘拟合多项式为

$$P(x) = 1.7536\varphi_0(x) + 1.7078\varphi_1(x) - 16.154\varphi_2(x). \quad \#$$

6.9　函数逼近

函数逼近问题, 顾名思义是在给定的区间 $[a,b]$ 上求一个近似函数 $\varphi(x)$ 以某种方式去逼近给定函数 $f(x)$ 的问题. 从这个意义上讲, 函数逼近问题涵盖了数据拟合问题.

一般来说, 数据拟合问题中, 被逼近函数往往是用离散数据刻画的函数关系; 而在函数逼近问题中, 被逼近函数 $f(x)$ 则是给定区间 $[a,b]$ 上的一个已知函数. 不同的是, 函数 $f(x)$ 可能比较复杂, 或者是不方便研究其性质, 于是我们想方设法给函数 $f(x)$ 找一个构造结构简单的、计算量小的近似函数 $\varphi(x)$, 本章我们将这样的函数 $\varphi(x)$ 称为**逼近函数**.

实际上, 插值法就是一种重要的函数逼近方法, 该方法是在给定的插值节点序列上构造次数不高于 n 次的多项式 $p_n(x)$, 使其在这些节点上满足插值条件. 根据本书第二章的讨论知, 当次数 n 比较高时, 插值函数会出现 Runge 现象, 因此随着插值节点的增加, 用基本的插值法构造的插值函数 $p_n(x)$ 未必能很好地逼近函数 $f(x)$. 当然, 样条插值法是 20 世纪 60 年代以来得到广泛重视和应用的一种函数逼近方法. 除此之外, 还有 Taylor 展开法, 只是 Taylor 展开式只在展开点处与被逼近函数有着较好的近似, 在远离展开点的地方逼近程度会比较差.

在讨论函数逼近的时候, 自然希望所得到的逼近函数 $\varphi(x)$ 能够在 $f(x)$ 的整个定义区间上有着比较好的逼近程度. 为此必须先给出衡量逼近程度的误差衡量标准, 常用的有:

(1) $\max\limits_{x\in[a,b]} |f(x) - \varphi(x)|$;

(2) $\displaystyle\int_a^b w(x)\,|f(x) - \varphi(x)|^p\,\mathrm{d}x$,

这里, $p \geqslant 1, w(x) \geqslant 0$ 为权函数.

通常情况下, 我们采用待定参数法求解函数逼近问题, 即假设逼近函数 $\varphi(x)$ 为如下的广义多项式

$$\varphi(x) = a_0\varphi_0(x) + a_1\varphi_1(x) + \cdots + a_m\varphi_m(x). \tag{6.9.1}$$

式中, $\{\varphi_i(x)\}_{i=0}^m$ 为一个线性无关的函数系 (参见 6.6.3 节). 若能够求出式 (6.9.1) 中的待定系数 $a_i (i = 0, 1, \cdots, m)$, 使函数 $\varphi(x)$ 与被逼近函数 $f(x)$ 在上述一种度量下的误差最小, 则函数 $\varphi(x)$ 就是我们要求的逼近函数. 需要指出的是, 应该根据函数 $f(x)$ 的性态或者实际问题的具体情况适当地选择函数系, 如幂函数系 $\{x^i\}_{i=0}^m$、三角函数系

$$1, \cos x, \sin x, \cdots, \cos mx, \sin mx$$

等.

对于给定的函数系 $\{\varphi_i(x)\}_{i=0}^m$, 若我们求得的参数 $\{a_i\}_{i=0}^m$ 代入式 (6.9.1) 后, 能够使逼近函数 $\varphi(x)$ 满足表达式

$$\lim_{m\to\infty}\max_{x\in[a,b]}|f(x)-\varphi(x)|=0, \tag{6.9.2}$$

则将函数 $\varphi(x)$ 称为**一致逼近**; 若逼近函数 $\varphi(x)$ 满足表达式

$$\lim_{m\to\infty}\int_a^b|f(x)-\varphi(x)|^p w(x)\,\mathrm{d}x=0, \tag{6.9.3}$$

则函数 $\varphi(x)$ 称为 (关于权函数 $w(x)$) 的 **L_p逼近**, 特别地, 当 $p=2$ 时称 $\varphi(x)$ 为**平方逼近**.

关于一致逼近函数的存在性问题, 1885 年, 数学家 **Weierstrass**(魏尔斯特拉斯) 给出了如下定理.

定理 6.14 设 $f(x)$ 是区间 $[a,b]$ 上的连续函数, 则对于任意给定的 $\varepsilon>0$, 存在一个多项式 $p_\varepsilon(x)$, 使不等式

$$|f(x)-p_\varepsilon(x)|<\varepsilon$$

对所有 $x\in[a,b]$ 一致成立.

1912 年, 数学家 Bernstein 给出了 Weierstrass 定理的一个构造性证明, 首先用线性变换

$$x=a+(b-a)t$$

把函数 $f(x)$ 的定义区间由 $[a,b]$ 变为 $[0,1]$, 将函数 $f(x)$ 变为

$$g(t)=f(a+(b-a)\ t).$$

接下来, 可用函数 $g(t)$ 构造 **Bernstein 多项式**

$$B_n(g,t)=\sum_{k=0}^n g\left(\frac{k}{n}\right)\mathrm{C}_n^k t^k(1-t)^{n-k},$$

并规定此多项式满足边界条件

$$B_n(g,0)=g(0),\quad B_n(g,1)=g(1).$$

可以证明: Bernstein 多项式 $B_n(g,t)$ 在 $[0,1]$ 上一致收敛到 $g(t)$, 将其反变换后即得 n 次多项式 $B_n\left(g\left(\dfrac{x-a}{b-a}\right),\dfrac{x-a}{b-a}\right)$ 在 $[a,b]$ 上一致收敛到函数 $f(x)$, 这说明被逼近函数 $f(x)$ 的最佳一致逼近是存在的. 但是令人遗憾的是, Bernstein 多项式未必是函数 $f(x)$ 的最佳逼近函数, 并且当次数 n 很高时, 这类多项式收敛到 $f(x)$ 的速度太慢, 因此在实践中, 并不能被用于求解最佳逼近问题.

6.9.1 最佳平方逼近

定义 6.11 设 $f(x)$ 在区间 $[a,b]$ 连续, 集合 $\{\varphi_i(x)\}_{i=0}^m$ 为一个线性无关的函数系, 函数 $w(x) \geqslant 0$, 如果参数 $a_i^*\,(i=0,1,\cdots,m)$ 使

$$\int_a^b w(x)\,|f(x)-\varphi(x)|^p\,\mathrm{d}x = \min, \tag{6.9.4}$$

则式 (6.9.4) 的问题称为**最佳 L_p 逼近**问题, 这里 $p \geqslant 1$, $w(x)$ 称为**权函数**, $\varphi(x)$ 的定义参见式 (6.9.1). 将式 (6.9.4) 的解 $a_i^*\,(i=0,1,\cdots,m)$ 代入式 (6.9.1), 所得函数

$$\varphi^*(x) = a_0^*\varphi_0(x) + a_1^*\varphi_1(x) + \cdots + a_m^*\varphi_m(x),$$

称为函数 $f(x)$ 在区间 $[a,b]$ 上的**最佳 L_p 逼近**. 特别地, 当 $p=2$ 时, 式 (6.9.4) 变为

$$\int_a^b w(x)\,[f(x)-\varphi(x)]^2\,\mathrm{d}x = \min. \tag{6.9.5}$$

称式 (6.9.5) 的解 $\varphi^*(x)$ 为函数 $f(x)$ 在区间 $[a,b]$ 上的**最佳平方逼近 (函数)**或**最小二乘逼近 (函数)**.

接下来, 介绍最佳平方逼近函数的求法, 令函数

$$r(a_0,a_1,\cdots,a_m) = \int_a^b w(x)\,[f(x)-\varphi(x)]^2\,\mathrm{d}x, \tag{6.9.6}$$

上式表示在闭区间 $[a,b]$ 上用函数 $\varphi(x)$ 去逼近 $f(x)$ 的误差, 显然函数 $r(a_0,a_1,\cdots,a_m)$ 是参数 $a_i(i=0,1,\cdots,m)$ 的二次函数.

为了使函数 $r(a_0,a_1,\cdots,a_m)$ 在点 $(a_0^*,\cdots,a_m^*)$ 处取极小值, 则由多元函数求极值的必要条件, 可令

$$\left.\frac{\partial r(a_0,a_1,\cdots,a_m)}{\partial a_k}\right|_{(a_0^*,\cdots,a_m^*)} = 0, \quad k=0,1,\cdots,m. \tag{6.9.7}$$

式 (6.9.7) 实际上是待定参数 $a_i^*\,(i=0,1,\cdots,m)$ 所满足的方程组, 求解该方程组, 并将这些系数代入式 (6.9.1), 即可得所求的最佳平方逼近函数 $\varphi^*(x)$.

事实上, 由

$$\begin{aligned}\left.\frac{\partial r(a_0,a_1,\cdots,a_m)}{\partial a_k}\right|_{(a_0^*,\cdots,a_m^*)} &= -2\left.\int_a^b w(x)\,[f(x)-\varphi(x)]\,\frac{\partial\varphi(x)}{\partial a_k}\mathrm{d}x\right|_{(a_0^*,\cdots,a_m^*)}\\ &= -2\int_a^b w(x)\,(f(x)\,\varphi_k(x)-\varphi^*(x)\,\varphi_k(x))\,\mathrm{d}x.\end{aligned}$$

将上式右端代入方程组 (6.9.7), 得如下方程组

$$\sum_{i=0}^m a_i^*\cdot\int_a^b w(x)\,\varphi_i(x)\,\varphi_k(x)\,\mathrm{d}x = \int_a^b w(x)\,f(x)\,\varphi_k(x)\,\mathrm{d}x, \quad k=0,1,\cdots,m. \tag{6.9.8}$$

若记

$$(\varphi_i\ ,\ \varphi_k)=\int_a^b w\left(x\right)\varphi_i\left(x\right)\varphi_k\left(x\right)\mathrm{d}x,\quad i,k=0,1,\cdots,m,$$

$$(\varphi_k,f)=\int_a^b w\left(x\right)f\left(x\right)\varphi_k\left(x\right)\mathrm{d}x,\quad k=0,1,\cdots,m,$$

则可将方程组 (6.9.8) 变为

$$\begin{pmatrix}(\varphi_0,\varphi_0) & (\varphi_0,\varphi_1) & \cdots & (\varphi_0,\varphi_m)\\ (\varphi_1,\varphi_0) & (\varphi_1,\varphi_1) & \cdots & (\varphi_1,\varphi_m)\\ \vdots & \vdots & & \vdots\\ (\varphi_m,\varphi_0) & (\varphi_m,\varphi_1) & \cdots & (\varphi_m,\varphi_m)\end{pmatrix}\begin{pmatrix}a_0^*\\ a_1^*\\ \vdots\\ a_m^*\end{pmatrix}=\begin{pmatrix}(\varphi_0,f)\\ (\varphi_1,f)\\ \vdots\\ (\varphi_m,f)\end{pmatrix}. \tag{6.9.9}$$

方程组 (6.9.9) 称为最佳平方逼近问题 (6.9.5) 的**法程组**, 其系数行列式是线性无关函数系 $\{\varphi_i\left(x\right)\}_{i=0}^m$ 的 Gram 矩阵, 因而非奇异, 于是方程组 (6.9.9) 的解存在且唯一. 事实上, 设

$$\alpha\left(x\right)=b_0\varphi_0\left(x\right)+b_1\varphi_1\left(x\right)+\cdots+b_m\varphi_m\left(x\right)$$

是任意一个广义多项式, 则有

$$\begin{aligned}&r\left(b_0,b_1,\cdots,b_m\right)-r\left(a_0^*,a_1^*,\cdots,a_m^*\right)\\ =&\int_a^b w\left(x\right)\left[f\left(x\right)-\alpha\left(x\right)\right]^2\mathrm{d}x-\int_a^b w\left(x\right)\left[f\left(x\right)-\varphi^*\left(x\right)\right]^2\mathrm{d}x\\ =&\int_a^b w\left(x\right)\left[\alpha\left(x\right)-\varphi^*\left(x\right)\right]^2\mathrm{d}x+2\int_a^b w\left(x\right)\left[\alpha\left(x\right)-\varphi^*\left(x\right)\right]\left[\varphi^*\left(x\right)-f\left(x\right)\right]\mathrm{d}x,\end{aligned}$$

又由式 (6.9.8) 知

$$\begin{aligned}&\int_a^b w\left(x\right)\left[\alpha\left(x\right)-\varphi^*\left(x\right)\right]\left[\varphi^*\left(x\right)-f\left(x\right)\right]\mathrm{d}x\\ =&\sum_{k=0}^m\left(b_i-a_i^*\right)\int_a^b w\left(x\right)\left[\varphi^*\left(x\right)-f\left(x\right)\right]\varphi_k\left(x\right)\mathrm{d}x\\ =&0.\end{aligned}$$

因此, 误差函数满足不等式

$$r\left(b_0,b_1,\cdots,b_m\right)\geqslant r\left(a_0^*,a_1^*,\cdots,a_m^*\right),$$

即函数 $\varphi^*\left(x\right)$ 是式 (6.9.3) 的最佳平方逼近, 即得如下定理.

定理 6.15 设函数 $f\left(x\right)$ 在区间 $[a,b]$ 连续, $\{\varphi_i\left(x\right)\}_{i=0}^m$ 为一个线性无关的函数系, 则式 (6.9.3) 的最佳平方逼近 $\varphi^*\left(x\right)$ 是存在且唯一的, 并且可用式 (6.9.9) 求出其系数.

例 6.9.1 选取常数 a,b 使 $\int_0^{\frac{\pi}{2}}\left(ax+b-\sin x\right)^2\mathrm{d}x$ 取最小值.

解　根据问题的提法, 本题是求 $\sin x$ 在 $\left[0, \frac{\pi}{2}\right]$ 上的最佳平方逼近 $ax+b$, 且函数

$$r=\int_0^{\frac{\pi}{2}}(ax+b-\sin x)^2\,\mathrm{d}x$$

表示逼近函数 $ax+b$ 与 sinx 的平方误差, 由多元函数取极值的必要条件得

$$\frac{\partial r}{\partial a}=2\int_0^{\frac{\pi}{2}}(ax+b-\sin x)\,x\mathrm{d}x=0,\quad \frac{\partial r}{\partial b}=2\int_0^{\frac{\pi}{2}}(ax+b-\sin x)\,\mathrm{d}x=0.$$

整理, 得法方程组

$$\begin{pmatrix} \frac{\pi}{2} & \frac{\pi^2}{8} \\ \frac{\pi^2}{8} & \frac{\pi^3}{24} \end{pmatrix}\begin{pmatrix} a \\ b \end{pmatrix}=\begin{pmatrix} 1 \\ 1 \end{pmatrix}, \tag{6.9.10}$$

解之得 $a\approx 0.1148, b\approx 0.6644$.　　#

当然, 上述求解过程也可以直接套用式 (6.9.9) 求解. 即若令 $\varphi_0(x)=1$, $\varphi_1(x)=x$, 被逼近函数为 $f(x)=\sin x$, 权函数 $w(x)=1$, 于是可直接计算函数的内积

$$(\varphi_0,\varphi_0)=\int_0^{\frac{\pi}{2}}1\mathrm{d}x=\frac{\pi}{2},\quad (\varphi_1,\varphi_0)=(\varphi_0,\varphi_1)=\int_0^{\frac{\pi}{2}}x\mathrm{d}x=\left.\frac{x^2}{2}\right|_0^{\frac{\pi}{2}}=\frac{\pi^2}{8},$$

$$(\varphi_1,\varphi_1)=\int_0^{\frac{\pi}{2}}x^2\mathrm{d}x=\left.\frac{x^3}{3}\right|_0^{\frac{\pi}{2}}=\frac{\pi^3}{24},\quad (\varphi_0,f)=\int_0^{\frac{\pi}{2}}\sin x\mathrm{d}x=-\cos x\Big|_0^{\frac{\pi}{2}}=1,$$

$$(\varphi_1,f)=\int_0^{\frac{\pi}{2}}x\sin x\mathrm{d}x=-x\cos x\Big|_0^{\frac{\pi}{2}}+\int_0^{\frac{\pi}{2}}\cos x\mathrm{d}x=\sin x\Big|_0^{\frac{\pi}{2}}=1,$$

代入式 (6.9.9), 即得正规方程组 (6.9.10). 然后求解式 (6.9.10) 即得 a 与 b.

例 6.9.2　设 $f(x)=x^4, x\in[-1,1]$, 求不超过二次的多项式 $P(x)$ 使

$$\int_{-1}^{1}(f(x)-P(x))^2\mathrm{d}x$$

的值最小.

解　设 $P(x)=a+bx+cx^2$, 即取基函数与权函数分别为

$$\varphi_0(x)=1,\quad \varphi_1(x)=x,\quad \varphi_2(x)=x^2,\quad \rho(x)\equiv 1.$$

于是待定参数 a, b, c 应满足正规方程组

$$\begin{cases} (\varphi_0,\varphi_0)a+(\varphi_0,\varphi_1)b+(\varphi_0,\varphi_2)c=(\varphi_0,f) \\ (\varphi_1,\varphi_0)a+(\varphi_1,\varphi_1)b+(\varphi_1,\varphi_2)c=(\varphi_1,f) \\ (\varphi_2,\varphi_0)a+(\varphi_2,\varphi_1)b+(\varphi_2,\varphi_2)c=(\varphi_2,f) \end{cases},$$

式中,

$$(\varphi_0,\varphi_0)=\int_{-1}^{1}\mathrm{d}x=2,\quad (\varphi_1,\varphi_0)=(\varphi_0,\varphi_1)=\int_{-1}^{1}x\mathrm{d}x=0;$$

$$(\varphi_2,\varphi_0)=(\varphi_0,\varphi_2)=\int_{-1}^{1}x^2\mathrm{d}x=\frac{2}{3},\quad (\varphi_2,\varphi_1)=(\varphi_1,\varphi_2)=\int_{-1}^{1}x^3\mathrm{d}x=0;$$

$$(\varphi_1,\varphi_1)=\int_{-1}^{1}x^2\mathrm{d}x=\frac{2}{3},\quad (\varphi_2,\varphi_2)=\int_{-1}^{1}x^4\mathrm{d}x=\frac{2}{5};$$

$$(\varphi_0,f)=\int_{-1}^{1}x^4\mathrm{d}x=\frac{2}{5},\quad (\varphi_1,f)=\int_{-1}^{1}x^5\mathrm{d}x=0,\quad (\varphi_2,f)=\int_{-1}^{1}x^6\mathrm{d}x=\frac{2}{7}.$$

于是得方程组

$$\begin{cases} 2a+\dfrac{2}{3}c=\dfrac{2}{5} \\ \dfrac{2}{3}b=0 \\ \dfrac{2}{3}a+\dfrac{2}{5}c=\dfrac{2}{7} \end{cases},$$

解之得

$$a=-\frac{3}{35},\quad b=0,\quad c=\frac{6}{7}.$$

所以得

$$P(x)=-\frac{3}{35}+\frac{6}{7}x^2,$$

相应的平方误差为

$$\int_{-1}^{1}(f(x)-P(x))^2\mathrm{d}x=0.0116. \qquad \#$$

在实际问题中, 假如取幂函数系 $\{x^k\}_{k=0}^m$ 构造多项式作为最佳平方逼近函数, 则当正规方程组 (6.9.9) 的阶数较高时, 其系数矩阵常常是病态或高度病态的. 为了避免解病态的正规方程组, 采用的办法之一就是取区间 $[a,b]$ 上带权 $w(x)$ 正交的函数系 $\{\varphi_k(x)\}_{k=0}^m$ 作为基函数, 这时正规方程组 (6.9.9) 就简化为

$$a_k\int_a^b w(x)\varphi_k^2(x)\mathrm{d}x=\int_a^b w(x)f(x)\varphi_k(x)\mathrm{d}x,\quad k=,0,1,\cdots,m.$$

则

$$a_k=\frac{\displaystyle\int_a^b\rho(x)f(x)\varphi_k(x)\mathrm{d}x}{\displaystyle\int_a^b\rho(x)\varphi_k^2(x)\mathrm{d}x}=\left(\frac{f,\varphi_k}{\varphi_k,\varphi_k}\right),\quad k=0,1,\cdots,m. \tag{6.9.11}$$

该情形下, 我们称 a_k 为 $f(x)$ 关于正交系 $\{\varphi_k(x)\}_{k=0}^m$ 的**广义 Fourier 系数**, 而级数

$$\sum_{k=0}^{\infty}a_k\varphi_k(x)$$

称为 $f(x)$ 的**广义 Fourier 级数**, 它是 Fourier 级数的推广.

例 6.9.3　设 $f(x)=x^4, x\in[-1,1]$, 求二次多项式 $P(x)$, 使 $\int_{-1}^{1}(f(x)-P(x)^2)\mathrm{d}x$ 的值最小.

解　设 $P(x)=a_0\varphi_0(x)+a_1\varphi_1(x)+a_2\varphi_2(x)$ 为二次多项式, 由于原问题的积分区间为 $[-1,1]$, 故可取权函数 $\rho(x)\equiv 1$, 基函数

$$\varphi_k(x)=P_k(x),\quad k=0,1,2.$$

这里, $P_k(x)$ 为 k 次的 Legendre 多项式, 即

$$\varphi_0(x)=1,\quad \varphi_1(x)=x,\quad \varphi_2(x)=\frac{1}{2}(3x^2-1).$$

又由 Legendre 多项式的正交性, 得

$$\int_{-1}^{1}P_n(x)P_m(x)\mathrm{d}x=\begin{cases}0, & m\neq n\\ \dfrac{2}{2n+1}, & m=n\end{cases}.$$

于是有

$$(\varphi_0,\varphi_0)=2,\quad (\varphi_1,\varphi_1)=\frac{2}{3},\quad (\varphi_2,\varphi_2)=\frac{2}{5}.$$

而且

$$(\varphi_0,f)=\int_{-1}^{1}x^4\mathrm{d}x=\frac{2}{5},\quad (\varphi_1,f)=\int_{-1}^{1}x^5\mathrm{d}x=0,\quad (\varphi_2,f)=\int_{-1}^{1}\frac{1}{2}(3x^2-1)x^4\mathrm{d}x=\frac{8}{35}.$$

又由式 (6.9.11) 得

$$a_0=\frac{(\varphi_0,f)}{(\varphi_0,\varphi_0)}=\frac{1}{5},\quad a_1=\frac{(\varphi_1,f)}{(\varphi_1,\varphi_1)}=0,\quad a_2=\frac{(\varphi_2,f)}{(\varphi_2,\varphi_2)}=\frac{4}{7}.$$

因此, 所求函数为

$$P(x)=\frac{1}{5}+\frac{4}{7}\cdot\frac{1}{2}(3x^2-1)=-\frac{3}{35}+\frac{6}{7}x^2.$$

#

由上可见, 把 $P(x)$ 取成正交函数系 $\{\varphi_k(x)\}_{k=0}^{m}$ 的线性组合时, 求解过程更为简便. 但值得提出的是, 在应用此方法的过程中选取的正交函数系 $\{\varphi_k(x)\}_{k=0}^{m}$ 的定义区间和所带的权函数必须与最佳平方逼近问题中的积分区间以及相应的权函数完全一致, 有一个不相同都不可以直接应用. 而最佳平方逼近问题中的权函数 $w(x)\equiv 1$ 时, 对一般的积分区间 $[a,b]$, 仍旧可以通过变量替换

$$t=\frac{2x-a-b}{b-a}\left(\text{变换 } x=\frac{a+b}{2}+\frac{b-a}{2}t \text{ 的反变换}\right),$$

将它转化为区间 $[-1,1]$ 上的情形处理.

6.9.2 最佳一致逼近 *

本节介绍 Chebyshev 关于求解最佳一致逼近多项式的方法. 不像式 (6.9.2) 描述的那样, Chebyshev 的方法并不是让逼近函数的次数趋向于无穷大, 而是在一个次数不超过 m 的多项式空间中寻求最佳的一致逼近函数.

令 H_m 表示一个由所有的次数不超过 m 的多项式构成的函数空间, 即

$$H_m = \text{span}\{1, x, \cdots, x^m\}.$$

若逼近函数 $\varphi_m(x) \in H_m$, 则可以定义 $\varphi(x)$ 与被逼近函数 $f(x)$ 的偏差为

$$\max_{x\in[a,b]} |f(x) - \varphi_m(x)|.$$

定义 6.12 令

$$E_m = \min_{\varphi_m(x)\in H_m} \max_{x\in[a,b]} |f(x) - \varphi_m(x)|, \tag{6.9.12}$$

则称量 E_m 为 $f(x)$ 的 **m次最佳逼近或最小偏差**. 设 $f(x)$ 在区间 $[a,b]$ 连续, 如果存在 $\varphi(x) \in H_m$, 使得

$$\max_{x\in[a,b]} |f(x) - \varphi(x)| = E_m, \tag{6.9.13}$$

则称 $\varphi(x)$ 为函数 $f(x)$ 的 (m 次)**最佳一致逼近多项式**, 简称为**最佳逼近多项式**.

根据 Weierstrass 定理可知: 当 $m \to 0$ 时, $E_m \to 0$, 即最小偏差序列 $\{E_m\}$ 会随着逼近多项式次数 m 的变大而减小, 也就是说次数越高的最佳逼近多项式将越逼近函数 $f(x)$.

定义 6.13 设 $f(x) \in C[a,b]$, 多项式 $\varphi(x) \in H_m$, 若点 $x_0 \in [a,b]$ 满足

$$|f(x_0) - \varphi(x_0)| = \max_{x\in[a,b]} |f(x) - \varphi(x)| = \mu, \tag{6.9.14}$$

则称 x_0 称为逼近函数 $\varphi(x)$ 的**偏差点**. 特别地, 若 $f(x_0) - \varphi(x_0) = \mu$, 则称 x_0 称为 $\varphi(x)$ 的**正偏差点**, 反之若 $f(x_0) - \varphi(x_0) = -\mu$, 则 x_0 称为 $\varphi(x)$ 的**负偏差点**.

由于 $f(x) - \varphi(x)$ 在区间 $[a,b]$ 上连续, 则 $|f(x) - \varphi(x)|$ 在 $[a,b]$ 上至少存在一个最大值点 x_0, 即 $\varphi(x)$ 的偏差点是存在的.

定义 6.14 设函数 $f(x) \in C[a,b]$, 若存在 n 个点 x_i 满足如下不等式

$$a \leqslant x_1 < x_2 < \cdots < x_n \leqslant b,$$

且使得

$$f(x_k) = (-1)^k \cdot s \cdot \max_{a\leqslant x\leqslant b} |f(x)|, \quad k = 0, 1, \cdots, n,$$

这里, $s = \pm 1$, 则称点集 $\{x_k\}_{k=0}^n$ 为 $f(x)$ 在 $[a,b]$ 上的**交错点组**.

例如, 点集 $\left\{\frac{\pi}{2},\frac{3\pi}{2}\right\}$ 是函数 $\sin x$ 在区间 $[0,2\pi]$ 上的交错点组, 而点集 $\{0,\pi,2\pi\}$ 是函数 $\cos x$ 在区间 $[0,2\pi]$ 上的交错点组.

定理 6.16 (Chebyshev 定理)　设函数 $f(x)\in C[a,b]$, 则函数 $\varphi(x)\in H_m$ 是 $f(x)$ 的最佳一致逼近, 当且仅当 $f(x)-\varphi(x)$ 在 $[a,b]$ 上至少有 $n+2$ 个交错点组成的交错点组.

定理 6.16 说明: 若 $\varphi(x)$ 是 $f(x)$ 的最佳逼近多项式, 则误差函数 $f(x)-\varphi(x)$ 在 $n+2$ 个交错点上轮流取 "正""负" 偏差, 即 $\varphi(x)$ 穿越函数 $f(x)$ 的 "中心地带", 并在 $[a,b]$ 上围绕着函数 $f(x)$ 呈均匀分布, 如图 6.4 所示.

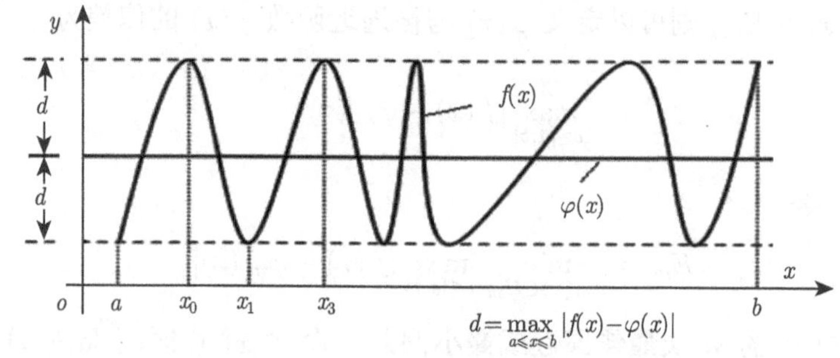

图 6.4　曲线误差 d 与交错点组示意图

关于最佳一致逼近的存在与唯一性, 存在如下结论.

定理 6.17　设函数 $f(x)$ 在闭区间 $[a,b]$ 上连续, 则在 H_m 中存在唯一的最佳逼近多项式.

定理的证明略.

定理 6.18　设 $f(x)$ 在 $[a,b]$ 上有 $n+1$ 阶导数, 且 $f^{(n+1)}(x)$ 在 $[a,b]$ 中保持定号 (恒正或恒负), $\varphi(x)\in H_m$ 是 $f(x)$ 的最佳一致逼近, 则区间 $[a,b]$ 的两个端点属于 $f(x)-\varphi(x)$ 的交错点组.

证明　设 a 或 b 两点之中有一个不属于 $f(x)-\varphi(x)$ 的交错点组, 则 $f(x)-\varphi(x)$ 至少有 $n+1$ 个交错点在区间 (a,b) 内取得, 即误差函数 $r(x)=f(x)-\varphi(x)$ 在区间 (a,b) 内至少有 $n+1$ 个不同的驻点 $\{x_i\}_{i=1}^{n+1}$, 即

$$r'(x_i)=0,\quad i=1,2,\cdots,n+1,$$

式中, $a<x_1<x_2<\cdots<x_{n+1}<b$.

对 $r'(x)$ 反复应用 Rolle 定理 n 次, 则在 (a,b) 内至少存在一个 ξ, 使得

$$r^{(n+1)}(\xi)=f^{(n+1)}(\xi)-\varphi^{(n+1)}(\xi)=f^{(n+1)}(\xi)=0.$$

这与已知条件 $f^{(n+1)}(x)$ 在 $[a,b]$ 中保号矛盾. 因此假设错误, 结论成立.　#

下面给出**一次最佳逼近多项式**的求法.

设 $f(x)\in C^2[a,b]$, 且 $f''(x)$ 不变号, 令 $\varphi(x)=c_0+c_1x$ 为函数 $f(x)$ 在 $[a,b]$ 上的一次最佳逼近多项式.

由 Chebyshev 定理知, 若 $\varphi(x)=c_0+c_1x$ 是 1 次最佳逼近多项式, 则 $f(x)-\varphi(x)$ 存在含有 3 个交错点组成的交错点组, 再由 $f''(x)$ 不变号, 应用定理 6.18 知区间 $[a,b]$ 的端点 a 和 b 属于这个交错点组. 设另一个交错点是 x_1, 则 $a<x_1<b$, 且有

$$\begin{cases} f(a)-\varphi(a)=f(b)-\varphi(b) \\ f(a)-\varphi(a)=-[f(x_1)-\varphi(x_1)] \end{cases}. \tag{6.9.15}$$

又由于 $f''(x)$ 不变号, 因此 $f'(x)$ 在 (a,b) 内单调, 于是导函数

$$(f(x)-\varphi(x))'=f'(x)-c_1$$

在 (a,b) 内也是单调函数, 即误差函数 $f(x)-\varphi(x)$ 在 (a,b) 内只能有一个偏差点 x_1, 恰好这个偏差点就是 $f(x)-\varphi(x)$ 在 (a,b) 内唯一的极值点, 因此有

$$f'(x_1)-c_1=0. \tag{6.9.16}$$

将式 (6.9.15) 与式 (6.9.16) 联立, 得到一个含有三个未知数 c_0,c_1,x_1 的非线性方程组

$$\begin{cases} f(a)-(c_0+c_1a)=f(b)-(c_0+c_1b) \\ f(a)-(c_0+c_1a)=-f(x_1)+(c_0+c_1x_1) \\ f'(x_1)=c_1 \end{cases}. \tag{6.9.17}$$

解方程组, 得

$$\begin{cases} c_1=\dfrac{f(b)-f(a)}{b-a} \\ c_0=\dfrac{f(a)+f(x_1)}{2}-c_1\dfrac{a+x_1}{2} \end{cases}, \tag{6.9.18}$$

式中, 内部偏差点 x_1 满足 $f'(x_1)=c_1$. 于是得最佳一次逼近多项式

$$\varphi(x)=\frac{f(a)+f(x_1)}{2}-\frac{f(b)-f(a)}{b-a}\cdot\frac{a+x_1}{2}+\frac{f(b)-f(a)}{b-a}x, \tag{6.9.19}$$

这里, x_1 满足 $f'(x_1)=c_1$. #

例 6.9.4 选取常数 a,b 使 $\max\limits_{0\leqslant x\leqslant 1}|\mathrm{e}^x-(a+bx)|$ 取最小值.

解 本题是求函数 e^x 在区间 $[0,1]$ 上的一次最佳逼近多项式 $(a+bx)$, 由于被逼近函数 e^x 在 $[0,1]$ 上二次可导, 并且 $(\mathrm{e}^x)''=\mathrm{e}^x>0$, 因此满足定理 6.18 的条件, 类似方程组 (6.9.17) 的做法, 得未知数 a,b 以及内部偏差点 x_1 满足下列非线性方程组:

$$\begin{cases} \mathrm{e}^0-(a+b\cdot 0)=\mathrm{e}^1-(a+b\cdot 1) \\ \mathrm{e}^0-(a+b\cdot 0)=-\mathrm{e}^{x_1}+(a+b\cdot x_1) \\ \mathrm{e}^{x_1}=b \end{cases}.$$

解之得

$$\begin{cases} b = \mathrm{e} - 1 \approx 1.7183 \\ x_1 = \ln(\mathrm{e} - 1) \approx 0.5413 \\ a = \dfrac{\mathrm{e}^0 + \mathrm{e}^{0.5413}}{2} - 1.7183 \times \dfrac{0.5413}{2} \approx 0.8940 \end{cases}.$$

因此, 所求一次最佳一致逼近多项式为 $0.8940 + 1.7183\,x$, 于是得

$$a \approx 0.8940, \quad b \approx 1.7183. \qquad \#$$

通过上面的讨论, 可见求连续函数 $f(x)$ 的最佳一致逼近并不容易, 因此在实际应用过程中, 可以求函数的一个近似的最佳一致逼近多项式.

在 6.6.3 节中, 我们曾讨论过 "如何将 Lagrange 插值多项式的余项进行极小化" 的问题. 我们的结论是: 若选取 $n+1$ 次 Chebyshev 正交多项式的$n+1$ 个零点作为 Lagrange 插值多项式的插值节点, 则所得插值多项式的余项为首一零偏差多项式$\dfrac{T_n(x)}{2^{n-1}}$, 且可以证明 $\dfrac{T_n(x)}{2^{n-1}}$ 是常值函数 0 的最佳一致逼近. 这样得到的 Lagrange 插值多项式 $L_n(x)$ 称为 **Chebyshev-Lagrange 插值多项式**, 可作为连续函数 $f(x)$ 的一个近似最佳逼近多项式.

例如, 若求函数 $f(x) = x\mathrm{e}^x$ 在区间 $[a, b]$ 上的三次近似最佳逼近多项式, 即求 Chebyshev-Lagrange 插值多项式, 可先计算出 4 个区间 $[a, b]$ 上的插值节点

$$x_i = \frac{1}{2}\left((b-a)\cos\frac{(2i+1)\pi}{8} + b + a\right), \quad i = 0, 1, 2, 3,$$

然后, 可以用上述插值节点构造 3 次 Lagrange 插值多项式, 即得所求近似最佳逼近多项式 $L_3(x)$.

另一个求函数的近似最佳逼近多项式的方法, 就是利用 Chebyshev 多项式缩短幂级数方法, 具体做法参见本章 6.6.3 节.

习　题　6

1. 求下列线性方程组的最小二乘解

(1) $\begin{cases} x_1 - 2x_2 + 3x_3 - x_4 = 1 \\ 2x_1 + x_2 + 2x_3 - 2x_4 = 3 \\ 3x_1 - x_2 + 5x_3 - 3x_4 = 2 \end{cases}$;　(2) $\begin{cases} x_1 - 2x_2 + 3x_3 = 1 \\ x_2 + 2x_3 - 2x_4 = 3 \\ 3x_3 - 2x_4 = 2 \\ 5x_3 - 8x_4 = 7 \\ 2x_1 - x_2 - 4x_4 = 2 \end{cases}$.

2. 设 $\boldsymbol{A} \in \mathbf{R}^{m\times n}, \boldsymbol{b}_1, \boldsymbol{b}_2, \cdots, \boldsymbol{b}_r \in \mathbf{R}^m$, 试证: 欲 $x \in \mathbf{R}^n$ 使 $\sum\limits_{i=1}^{r} \|\boldsymbol{A}\boldsymbol{x} - \boldsymbol{b}_i\|_2^2$ 取极小值, 当且仅当 $\boldsymbol{x} \in \mathbf{R}^n$ 是方程组 $\boldsymbol{A}\boldsymbol{x} = \dfrac{1}{r}\sum\limits_{i=1}^{r} b_i$ 的最小二乘解.

3. 设 $\boldsymbol{A} \in \mathbf{R}^{m\times n}$, 试证 $\left(\boldsymbol{A}^{+}\right)^{\mathrm{T}} = \left(\boldsymbol{A}^{\mathrm{T}}\right)^{+}, \left(\boldsymbol{A}^{+}\right)^{+} = \boldsymbol{A}$.

4. 设 $\boldsymbol{A} \in \mathbf{R}^{m\times n}$ 是列正交矩阵, 试证明: $\boldsymbol{A}^{+} = \boldsymbol{A}^{\mathrm{T}}$.

5. 试用改进的 Gram-Schmidt 正交化方法将下列矩阵进行 QR 分解

(1) $\begin{pmatrix} 1 & 2 & -1 & 3 \\ 2 & -2 & 3 & 1 \\ 3 & 1 & 5 & 0 \\ 1 & 2 & 0 & 7 \end{pmatrix}$; (2) $\begin{pmatrix} 0 & 1 & 0 & 1 \\ 2 & -1 & 2 & 0 \\ 1 & 0 & 0 & 0 \\ 0 & 0 & 1 & -1 \end{pmatrix}$.

6. 试用 Householder 变换将矩阵 $\boldsymbol{A} = \begin{pmatrix} 1 & 2 \\ 3 & 5 \\ 5 & 6 \end{pmatrix}$ 化为一个上梯形矩阵, 并求方程组 $\boldsymbol{Ax} = \boldsymbol{b}$ 的最小二乘解, 其中 $\boldsymbol{b} = (3, 5, 1)^{\mathrm{T}}$ (计算过程中取 2 位小数).

7. 已知实验数据

x_i	0.1	0.3	0.5	0.7	0.9
$f(x_i)$	5.1234	5.5687	6.4370	7.9493	10.3627

试求最小二乘拟合二次多项式 (计算结果取 4 位小数).

8. 在某实验过程中, 对物体的长度分别进行了 n 次测量, 测得的 n 个数据为 $x_1, x_2, \cdots, x_n$, 通常将它们的平均值

$$\overline{x} = \frac{1}{n}(x_1 + x_2 + \cdots + x_n)$$

作为该物体的长度值, 试说明理由.

9. 对于实验数据

x_i	0	1	2	3	4
$f(x_i)$	2.00	2.05	3.00	9.60	34.0

已知其经验公式为 $y = a + bx^2$, 试用最小二乘法确定 a,b(计算过程中取 2 位小数).

10. 在某项科学实验中, 需要观察水的渗透速度, 测得时间 t 与水的重量的数据如下:

t/s	1	2	4	8	16	32	64
w/g	4.22	4.02	3.85	3.59	3.44	3.02	2.59

已知 t 与 w 之间有关系 $W = ct^{\lambda}$, 试用最小二乘法确定待定参数 c 和 λ(计算过程中取 2 位小数).

11. 证明 $T_n(x) = \cos(n \arccos x)(x \in [-1, 1])$ 是 n 次多项式, 且首项系数为 2^{n-1}.

12. 在区间 $[-1, 1]$ 上利用余项极小化原理求函数 $f(x) = \arctan x$ 的三次插值多项式.

13. 在区间 $[0, 1]$ 上利用余项极小化原理求函数 $f(x) = \mathrm{e}^x$ 的二次插值多项式.

14. 在区间 $[-1, 1]$ 上利用幂级数项数节约求函数 $f(x) = \sin x$ 的三次逼近多项式, 使误差不超过 5×10^{-3}.

15. 求 a, b, c, 使 $\int_{1}^{-1} \left(|x| - a - bx^2 - cx^4\right)^2 \mathrm{d}x$ 最小.

16. 选取常数 a,b,c 使 $\int_0^{\frac{\pi}{2}}\left(ax^2+bx+c-\sin x\right)^2\mathrm{d}x$ 取最小值.

17. 构造闭区间 [0,1] 上的正交多项式, 并用以求函数 $y=\arctan x$ 在 [0,1] 上的一次最佳平方逼近多项式.

18. 求 $f(x)=\sqrt{x}$ 在区间 [0,1] 上的一次最佳平方逼近多项式.

19. 求函数 $f(x)=x\mathrm{e}^x$ 在区间 $[0,1.5]$ 上的三次近似最佳逼近多项式.

20. 求函数 $f(x)=x^{-1}$ 在区间 $[1,2]$ 上的零次和一次最佳一致逼近多项式.

21. 设 $f(x)$ 在区间$[a,b]$ 上连续, 试证明 $p(x)=\dfrac{M+m}{2}$ 是 $f(x)$ 的零次最佳一致逼近多项式, 其中, M 与 m 分别为 $f(x)$ 在区间 $[a,b]$ 上的最大值和最小值.

22. 求 $f(x)=x\mathrm{e}^x$ 的 Taylor 展开式的前 6 项, 并利用 Chebyshev 多项式将它缩短, 并使其在 $[-1,1]$ 上的误差小于 0.01.

第 7 章　数值积分与数值微分

许多实际的问题常常要计算定积分. 由积分学可知, 对于积分

$$I=\int_a^b f(x)\mathrm{d}x,$$

只要找到被积函数 $f(x)$ 的原函数 $F(x)\,(F'(x)=f(x))$, 则由 Newton-Leibniz 公式得

$$I=\int_a^b f(x)\mathrm{d}x=F(b)-F(a).$$

但实际使用这种方法往往有一定的困难, 因为:

(1) 大量的被积函数的原函数找不出来或不能用初等函数表示, 如 $\cos x^2, \dfrac{\sin x}{x}$ 等;

(2) 被积函数 $f(x)$ 仅由数据表给出.

这些情况下, Newton-Leibniz 公式都不能直接运用, 因此有必要研究积分的数值计算方法.

7.1　插值型数值积分公式

7.1.1　中矩形公式和梯形公式

一般情况下, 对定积分 $I(f)=\displaystyle\int_a^b f(x)\mathrm{d}x$, 其几何解释可理解为图 7.1 所示的曲边梯形的面积.

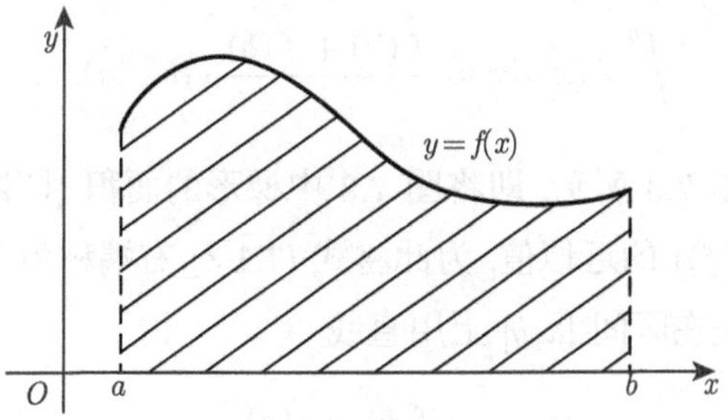

图 7.1　定积分的几何意义

根据积分第一中值定理: 若被积函数 $f(x)$ 在闭区间 $[a,b]$ 上连续, 则在开区间 (a,b) 内存在一点 ξ, 使得

$$I(f)=\int_a^b f(x)\mathrm{d}x=(b-a)f(\xi). \tag{7.1.1}$$

但是 ξ 在区间 (a,b) 内的具体位置一般难以确定, 因而难以准确地获取 $f(\xi)$ 的值.

在式 (7.1.1) 中, 如果令 $\frac{a+b}{2}$ 作为 ξ 的近似值, 得如下近似等式

$$I(f)=\int_a^b f(x)\mathrm{d}x \approx (b-a)f\left(\frac{a+b}{2}\right). \tag{7.1.2}$$

式 (7.1.2)"≈" 右端可作为一种计算定积分的近似公式, 称为**中矩形公式**.

如图 7.2 所示, 中矩形公式的几何解释为: 用曲线 $y=f(x)$ 上过点 $\left(\frac{a+b}{2}, f\left(\frac{a+b}{2}\right)\right)$ 的水平直线 $y=f\left(\frac{a+b}{2}\right)$ 代替 $f(x)$ 在闭区间 $[a,b]$ 上积分, 所得积分值即为图 7.2 中矩形 (阴影部分) 的面积值. 即积分公式 (7.1.2) 是用图 7.2 中矩形的面积 (阴影部分) 作为定积分值 $I(f)$(即图 7.2 中曲边梯形面积) 的近似值.

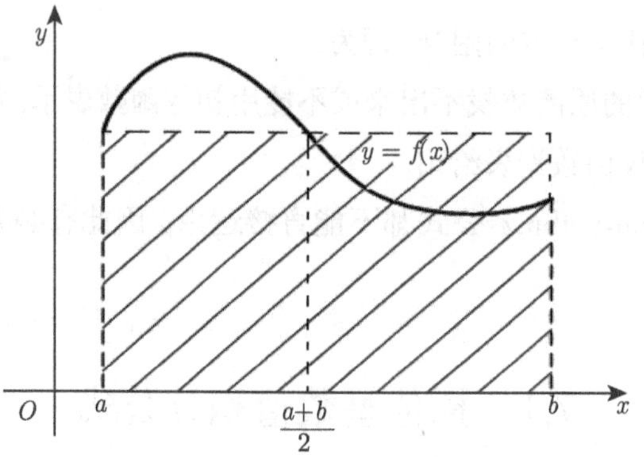

图 7.2 中矩形公式的几何解释

在式 (7.1.1) 中, 如果取 $\frac{f(a)+f(b)}{2}$ 近似代替 $f(\xi)$, 即用积分区间 $[a,b]$ 的两个端点处函数值的算术平均值代替 $f(\xi)$, 可得

$$\int_a^b f(x)\,\mathrm{d}x \approx \frac{f(a)+f(b)}{2}\cdot(b-a). \tag{7.1.3}$$

式 (7.1.3) 的几何意义如图 7.3 所示, 即将图 7.3 中梯形的面积 (即阴影部分的面积) 作为原曲边梯形面积 (定积分 $I(f)$) 的近似值, 为此将式 (7.1.3) 右端称为求积分 $I(f)$ 的**梯形公式**. 梯形公式 (7.1.3) 的本质是在区间 $[a,b]$ 上用直线

$$y=f(a)+\frac{f(b)-f(a)}{b-a}(x-a)$$

近似代替曲线 $y=f(x)$ 在区间 $[a,b]$ 上积分, 以获取定积分 $I(f)$ 的近似值.

一般情况下, 可以先求 $f(x)$ 在区间 $[a,b]$ 上次数稍高的插值多项式, 然后用该插值多项式代替 $f(x)$ 在区间 $[a,b]$ 上积分, 以期得到数值效果更理想的近似值.

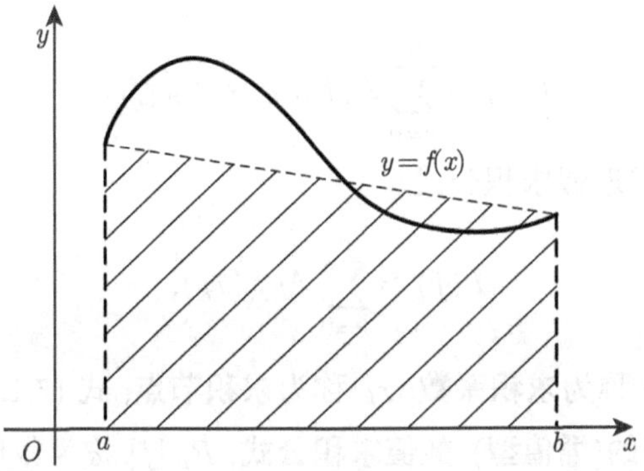

图 7.3 梯形公式的几何解释

7.1.2 插值型求积公式

给定区间 $[a,b]$ 上的一组插值节点 $a \leqslant x_0 < x_1 < x_2 < \cdots < x_n \leqslant b$, 若函数 $f(x)$ 在这些节点处的值取为 $f(x_0), f(x_1), f(x_2), \cdots, f(x_n)$, 则可得函数 $f(x)$ 在插值节点上的 n 次 Lagrange 插值多项式

$$L_n(x) = \sum_{k=0}^{n} l_k(x) f(x_k),$$

式中, $l_k(x) = \prod_{\substack{j=0 \\ j\neq k}}^{n} \dfrac{x - x_j}{x_k - x_j}$ 为 n 次插值基函数, 这里, $k = 0, 1, \cdots, n$. 沿用第 2 章的做法, 将使用 $L_n(x)$ 近似代替 $f(x)$ 所产生的余项记为

$$R_{n+1}(x) = f(x) - L_n(x) = \frac{f^{(n+1)}(\xi)}{(n+1)!} \omega_{n+1}(x),$$

这里, $w_{n+1}(x) = \prod_{i=0}^{n} (x - x_i), \xi \in (a,b)$.

接下来, 用插值多项式 $L_n(x)$ 代替函数 $f(x)$ 在区间 $[a,b]$ 上求积分, 得

$$\begin{aligned} I(f) &= \int_a^b f(x)\,\mathrm{d}x = \int_a^b L_n(x)\,\mathrm{d}x + \int_a^b R_{n+1}(x)\,\mathrm{d}x \\ &= \sum_{k=0}^{n} f(x_k) \int_a^b l_k(x)\,\mathrm{d}x + \int_a^b \frac{f^{(n+1)}(\xi)}{(n+1)!} \omega_{n+1}(x)\,\mathrm{d}x. \end{aligned}$$

若记

$$R_n[f] = \int_a^b \frac{f^{(n+1)}(\xi)}{(n+1)!} \omega_{n+1}(x)\,\mathrm{d}x, \tag{7.1.4}$$

$$A_k = \int_a^b l_k(x)\mathrm{d}x, \quad k = 0, 1, \cdots, n,$$

且令

$$I_n \triangleq \sum_{k=0}^{n} A_k f(x_k),$$

则得公式

$$I(f)=\sum_{k=0}^{n}A_kf(x_k)+R_n[f], \tag{7.1.5}$$

上式中略去余项 $R_n[f]$, 得近似求积公式

$$I(f)\approx\sum_{k=0}^{n}A_kf(x_k). \tag{7.1.6}$$

这里, $A_k\ (k=0,1,\cdots,n)$ 称为**求积系数**; x_k 称为**求积节点**; 式 (7.1.5) 与式 (7.1.6) 右端分别称为**带余项的**和**不带余项的(插值型) 数值求积公式**; $R_n[f]$ 称为数值求积公式的**余项**.

7.1.3　求积公式的代数精确度

为了衡量数值求积公式近似计算定积分的精确性, 引入代数精确度的概念.

定义 7.1　用某数值求积公式计算定积分 $I(f)$, 若当 $f(x)$ 取所有不超过 m 次的多项式时, 数值积分的值准确地等于定积分 $I(f)$, 而当 $f(x)$ 取某个 $m+1$ 次多项式时, 数值积分的值不再等于定积分 $I(f)$, 则称该求积公式具有 **m次代数精确度**.

根据上述定义, 易验证: 中矩形公式 (7.1.2) 和梯形公式 (7.1.3) 均具有一次代数精确度. 进一步, 当 $f(x)$ 是不超过 n 次的多项式时, $f^{(n+1)}(x)=0$, 于是由式 (7.1.4) 得

$$R_n[f]=0,$$

代入求积公式 (7.1.5) 得

$$I_n=\sum_{k=0}^{n}A_kf(x_k)=\sum_{k=0}^{n}A_kf(x_k)+R_n[f]=I(f).$$

综上所述, 得如下结论.

定理 7.1　*$n+1$ 个求积节点的插值型数值求积公式 I_n 至少具有 n 次代数精确度.*

要验证某个插值型数值求积表达式 I_n 具有 m 次代数精确度, 理论上需要验证 I_n 应能对所有不超过 m 次的多项式准确地等于 $I(f)$. 而根据多项式的可加性, 只要在数值求积公式 (7.1.6) 的右端, 依次令

$$f(x)=1,x,x^2,\cdots,x^m,$$

验证式 (7.1.6) 都准确成立, 而将 x^{m+1} 代入后, 等式不再准确成立, 则可断定该求积公式具有 m 次代数精确度. 具体操作见例 7.1.1.

例 7.1.1　证明用求积公式: $S(f)=\dfrac{b-a}{6}\left[f(a)+4f\left(\dfrac{a+b}{2}\right)+f(b)\right]$ 计算定积分 $I(f)$ 具有 3 次代数精确度.

证明　令 $f(x)=1$, 分别代入 $I(f)$ 和 $S(f)$, 得

$$I(f)=\int_a^b 1\mathrm{d}x=b-a=\frac{b-a}{6}(1+4+1)=S(f);$$

同理, 令 $f(x)=x$, 得

$$I(f)=\int_a^b x\,\mathrm{d}x=\frac{1}{2}\left(b^2-a^2\right)=\frac{b-a}{6}\left[a+2(b+a)+b\right]=S(f);$$

令 $f(x)=x^2$, 得

$$I(f)=\int_a^b x^2\,\mathrm{d}x=\frac{1}{3}\left(b^3-a^3\right)=\frac{b-a}{6}\left[a^2+(a+b)^2+b^2\right]=S(f);$$

令 $f(x)=x^3$, 得

$$I(f)=\int_a^b x^3\,\mathrm{d}x=\frac{1}{4}\left(b^4-a^4\right)=S(f).$$

可见, 求积公式 $S(f)$ 至少具有 3 次代数精确度. 接下来的问题是该数值求积公式 $S(f)$ 是否有 4 次代数精确度呢?

于是, 我们令 $f(x)=x^4$, 再次代入 $I(f)$ 和 $S(f)$, 得

$$I(f)=\int_a^b x^4\,\mathrm{d}x=\frac{1}{5}\left(b^5-a^5\right),$$

$$S(f)=\frac{b-a}{6}\left[a^4+\frac{(a+b)^4}{4}+b^4\right]\neq I(f).$$

据定义 7.1, 可得求积公式 $S(f)$ 有且仅有 3 次代数精确度. #

事实上, 若已知数值求积公式

$$I(f)=\int_a^b f(x)\mathrm{d}x\approx\sum_{k=0}^{L}A_kf(x_k) \tag{7.1.7}$$

的代数精确度为 m 次, 根据上面的分析, 则求积公式 (7.1.7) 的求积系数 A_k 和求积节点 x_k 应满足如下非线性方程组

$$\left\{\begin{array}{l}\displaystyle\sum_{k=0}^{L}A_k=b-a\\ \displaystyle\sum_{k=0}^{L}A_kx_k=\frac{1}{2}(b^2-a^2)\\ \qquad\cdots\\ \displaystyle\sum_{k=0}^{L}A_kx_k^m=\frac{1}{m}(b^{m+1}-a^{m+1})\end{array}\right.. \tag{7.1.8}$$

理论上, 可求解方程组 (7.1.8) 得到系数 A_k 和求积节点 x_k, 然后可将系数和求积节点再代入式 (7.1.7) 得到一个具有 m 次代数精确度的求积公式, 这里, $k=0,1,\cdots,L$.

这种获取求积公式 (7.1.7) 的方法称为**待定系数法**, 求一些低阶的数值求积公式可以用待定系数法.

7.2　Newton-Cotes(牛顿-科茨) 型求积公式

7.2.1　Newton-Cotes 型求积公式的导出

若已经将积分区间 $[a,b]$ 进行 n 等分, 等分节点记为

$$x_k = a + kh \quad (k = 0, 1, 2, \cdots, n),$$

且函数 $f(x)$ 在这些节点处的取值为 $f(x_0), f(x_1), f(x_2), \cdots, f(x_n)$, 这里步长 $h = \dfrac{b-a}{n}$, 接下来, 可以取 x_k 作为求积节点, 构造插值型求积公式.

设在给定节点 $x_k = a + kh$ 上的 n 次 Lagrange 插值多项式为

$$L_n(x) = \sum_{k=0}^{n} l_k(x) f(x_k)\ ,$$

这里, $l_k(x) = \prod\limits_{\substack{j=0 \\ j\neq k}}^{n} \dfrac{x - x_j}{x_k - x_j}$ 为插值基函数, 若 $f(x) \approx L_n(x)$, 则有

$$\begin{aligned} I(f) &= \int_a^b f(x)\,\mathrm{d}x \approx \int_a^b L_n(x)\,\mathrm{d}x \\ &= \int_a^b \sum_{k=0}^{n} l_k(x) f(x_k)\,\mathrm{d}x = \sum_{k=0}^{n} f(x_k) \int_a^b l_k(x)\,\mathrm{d}x. \end{aligned}$$

若令

$$C_k^{(n)} = \frac{1}{b-a}\int_a^b l_k(x)\,\mathrm{d}x = \frac{1}{b-a}\int_a^b \prod_{\substack{j=0 \\ j\neq k}}^{n} \frac{x - x_j}{x_k - x_j}\,\mathrm{d}x, \quad k = 0, 1, \cdots, n, \tag{7.2.1}$$

则得如下求积公式

$$I_n = (b-a)\sum_{k=0}^{n} C_k^{(n)} f(x_k). \tag{7.2.2}$$

称式 (7.2.2) 为 n 阶 **Newton-Cotes 型求积公式** (某些国外文献, 称该类数值求积公式为 Closed Newton-Cotes 公式, Closed 的意思是指求积节点包含积分区间的端点, 而求积节点不包含积分区间端点的称为 Open Newton-Cotes 公式), 其中, $C_k^{(n)}$ 称为 **Cotes 系数**$(k = 0, 1, \cdots, n)$. 相应地, 将式

$$R_n[f] = I - I_n = \int_a^b \frac{f^{(n+1)}(\xi)}{(n+1)!}\omega_{n+1}(x)\mathrm{d}x \tag{7.2.3}$$

称为 n 阶 **Newton-Cotes** 型求积公式 I_n 的**余项**, 这里 $\omega_{n+1}(x) = \prod\limits_{i=0}^{n}(x - x_i)$.

如果引进变换

$$x = a + th, \quad 0 \leqslant t \leqslant h,$$

代入式 (7.2.1), 得

$$C_k^{(n)} = \frac{1}{b-a}\int_0^n \prod_{\substack{i=0\\i\neq k}}^{n} \frac{(t-i)h}{(k-i)h} h\mathrm{d}t = \frac{(-1)^{n-k}}{nk!(n-k)!}\int_0^n \prod_{\substack{i=0\\i\neq k}}^{n}(t-i)\mathrm{d}t. \qquad (7.2.4)$$

对确定的等分数 n, 由于式 (7.2.4) 中被积函数总是 n 次多项式, 只与求积节点的编号 k 和 n 有关, 故可分别计算出 Cotes 系数 $C_k^{(n)}(k=0,1,\cdots,n)$.

当 $n=1$ 时, 根据式 (7.2.4) 易得 Cotes 系数: $C_0^{(1)} = C_1^{(1)} = \dfrac{1}{2}$. 此时求积公式 (7.2.2) 就化为

$$I_1 = \frac{f(a)+f(b)}{2}\cdot(b-a),$$

上式即为梯形公式 (7.1.3), 表示为 $I_T(f)$.

当 $n=2$ 时, 根据式 (7.2.4), 可得 3 个 Cotes 系数为

$$C_0^{(2)} = \frac{1}{4}\int_0^2 (t-1)(t-2)\,\mathrm{d}t = \frac{1}{6},$$

$$C_1^{(2)} = -\frac{1}{2}\int_0^2 t(t-2)\,\mathrm{d}t = \frac{4}{6},$$

$$C_2^{(2)} = \frac{1}{4}\int_0^2 t(t-1)\,\mathrm{d}t = \frac{1}{6}.$$

因此, 可得求积公式

$$S(f) = \frac{b-a}{6}\left[f(a) + 4f\left(\frac{a+b}{2}\right) + f(b)\right]. \qquad (7.2.5)$$

称式 (7.2.5) 为 **Simpson(辛普森) 公式**, 亦可记为 $I_S(f)$. 可见例题 7.1.1 中所给出的求积公式记为 Simpson 公式. 为了方便应用, 通常可把部分 Cotes 系数汇总成表 7.1.

根据表 7.1, 可以快速写出各种等距节点下的数值求积公式. 例如, $n=3$ 时的 Newton-Cotes 公式为

$$I_3 = \frac{b-a}{8}\left(f(x_0) + 3f(x_1) + 3f(x_2) + f(x_3)\right),$$

上式称为 **Newton 公式**, 亦可记为 $I_N(f)$、这里, $x_k = x_0 + kh(k=0,1,2,3); h = \dfrac{b-a}{3}$. 同理可得 $n=4$ 时的 Newton-Cotes 公式为

$$I_4 = \frac{b-a}{90}\left(7f(x_0) + 32f(x_1) + 12f(x_2) + 32f(x_3) + 7f(x_4)\right), \qquad (7.2.6)$$

上式称为 **Cotes 公式**, 记为 $I_C(f)$、这里, $x_k = a + kh(k=0,1,2,3,4); h = \dfrac{b-a}{4}$.

例 7.2.1 取 $\ln 2 \approx 0.6931$, 试用几种低阶 Newton-Cotes 公式计算定积分 $I = \displaystyle\int_1^2 \frac{1}{x}\,\mathrm{d}x$ 的近似值, 并指出各个近似值的有效数字数.

解　分别用梯形公式 $I_T(f)$、Simpson 公式 $I_S(f)$、Newton 公式 $I_N(f)$ 和 Cotes 公式 $I_C(f)$ 分别去求定积分 I 的近似值, 计算结果如下:

$$I_T(f) = \frac{2-1}{2}[f(1)+f(2)] \approx 0.75;$$

$$I_S(f) = \frac{2-1}{6}\left[f(1)+4f\left(\frac{3}{2}\right)+f(2)\right] \approx 0.6944;$$

$$I_N(f) = \frac{2-1}{8}\left[f(1)+3f\left(\frac{4}{3}\right)+3f\left(\frac{5}{3}\right)+f(2)\right] \approx 0.69375;$$

$$I_C(f) = \frac{2-1}{90}\left[7f(1)+32f\left(\frac{5}{4}\right)+12f\left(\frac{3}{2}\right)+32f\left(\frac{7}{4}\right)+7f(2)\right] \approx 0.693175.$$

又 $I = \int_1^2 \frac{1}{x}\mathrm{d}x = \ln 2$, 再由已知条件知本题可将 0.6931 作为定积分的精确值.

比较发现: 梯形公式 $I_T(f)$ 的计算结果最差, 有效数字数为 0 位, 对本题而言该近似值是完全不可信的. Simpson 公式 $I_S(f)$ 和 Newton 公式 $I_N(f)$ 的计算结果有 2 位有效数字, 而 Cotes 公式 $I_C(f)$ 的计算结果至少有 3 位有效数字.　#

由例题 7.2.1 可知, 随着数值积分公式代数精确度的提高, 用数值积分公式所求得的近似值的精确度确实有不同程度的提高. 另外, 由于高阶的 Newton-Cotes 数值求积公式来源于高次插值多项式, 而高次 $(n>7)$ 插值将可能产生 Runge 现象, 因而会影响近似结果的精确度. 事实上, 从表 7.1 可以看出, $n=8$ 时 Cotes 系数已有正有负, 例如, 表 7.1 中,

$$C_2^{(8)} = -\frac{928}{28350} < 0.$$

表 7.1　部分 Cotes 系数 ($n \leqslant 8$)

n	$C_k^{(n)}(k=0,1,\cdots,n)$								
1	$\frac{1}{2}$	$\frac{1}{2}$							
2	$\frac{1}{6}$	$\frac{4}{6}$	$\frac{1}{6}$						
3	$\frac{1}{8}$	$\frac{3}{8}$	$\frac{3}{8}$	$\frac{1}{8}$					
4	$\frac{7}{90}$	$\frac{16}{45}$	$\frac{2}{15}$	$\frac{16}{45}$	$\frac{7}{90}$				
5	$\frac{19}{288}$	$\frac{25}{96}$	$\frac{25}{144}$	$\frac{25}{144}$	$\frac{25}{96}$	$\frac{19}{288}$			
6	$\frac{41}{840}$	$\frac{9}{35}$	$\frac{9}{280}$	$\frac{34}{105}$	$\frac{9}{280}$	$\frac{9}{35}$	$\frac{41}{840}$		
7	$\frac{751}{17280}$	$\frac{3577}{17280}$	$\frac{1323}{17280}$	$\frac{2989}{17280}$	$\frac{2989}{17280}$	$\frac{1323}{17280}$	$\frac{3577}{17280}$	$\frac{751}{17280}$	
8	$\frac{989}{28350}$	$\frac{5888}{28350}$	$\frac{-928}{28350}$	$\frac{10496}{28350}$	$\frac{-4540}{28350}$	$\frac{10490}{28350}$	$\frac{-928}{28350}$	$\frac{5888}{28350}$	$\frac{989}{28350}$

此时, 数值积分公式 I_8 的稳定性得不到保证. 因此实际应用时, 不能使用高阶的 Newton-

Cotes 公式.

根据定理 7.1 可知, n 阶的 Newton-Cotes 公式至少具有 n 次代数精确度. 但实际的代数精确度到底有多高呢?

考察 Simpson 公式 (7.2.5), 该公式为二阶的 Newton-Cotes 公式, 由于该公式具有 3 个插值节点, 根据定理 7.1 得: Simpson 公式至少具有 2 次代数精确度.

关于 Simpson 公式的代数精确度问题, 本书在例题 7.1.1 中已经进行过初步地讨论. 在那里, 我们依次令

$$f(x) = x^i,$$

这里, $i = 0, 1, 2, 3, 4$, 并依次将其代入求积公式 $S(f)$ 与定积分 $I(f)$ 中, 分别计算数值积分 $S(x^i)$ 和定积分 $I(x^i)$ 公式, 验证了

$$S\left(x^i\right) = \frac{1}{i+1}\left(b^{i+1} - a^{i+1}\right) = \int_a^b x^i\,\mathrm{d}x = I\left(x^i\right), \quad i = 0, 1, 2, 3.$$

这说明, Simpson 公式 $S(f)$ 至少有 3 次代数精确度, 随后, 我们又验证了

$$S(x^4) = \frac{b-a}{6}\left[a^4 + \frac{(a+b)^4}{4} + b^4\right] \neq I(x^4),$$

即 Simpson 公式实际具有的代数精确度为 3 次. 一般地, 关于 Newton-Cotes 公式 (7.2.2) 的代数精确度问题, 存在如下结论.

定理 7.2 当阶数 n 为偶数时, Newton-Cotes 公式 I_n 至少具有 $n+1$ 次代数精确度.

证明 只要验证 n 为偶数时, Newton-Cotes 公式对 $f(x) = x^{n+1}$ 的余项为零即可.

事实上, 由于 $f^{(n+1)}(x) = (n+1)!$, 代入 Newton-Cotes 公式 I_n 的余项公式 (7.2.3) 可得

$$R_n[f] = \int_a^b \prod_{i=0}^{n}(x - x_i)\mathrm{d}x,$$

引进变换 $x = a + th$, 并代入上式得

$$R_n[f] = h^{n+2}\int_0^n \prod_{i=0}^{n}(t - i)\mathrm{d}t.$$

当 n 为偶数时, $\frac{n}{2}$ 为整数, 此时令 $t = u + \frac{n}{2}$, 从而有

$$R_n[f] = h^{n+2}\int_{-\frac{n}{2}}^{\frac{n}{2}} \prod_{i=0}^{n}\left(u + \frac{n}{2} - i\right)\mathrm{d}u = 0.$$

上式中定积分为 0, 是因为被积函数

$$g(u) = \prod_{i=0}^{n}\left(u + \frac{n}{2} - j\right) = \prod_{k=-\frac{n}{2}}^{\frac{n}{2}}(u - k)$$

是对称区间 $\left[-\frac{n}{2}, \frac{n}{2}\right]$ 上的奇函数. #

7.2.2　几种低阶求积公式的余项

首先考察梯形公式, 根据余项公式 (7.2.3), 令 $n=1$, 得梯形公式 (7.1.3) 的余项

$$R_T[f]=I-T=\int_a^b \frac{f''(\xi)}{2!}(x-a)(x-b)\mathrm{d}x.$$

由于函数 $(x-a)(x-b)$ 在区间 $[a,b]$ 上保号 ($\leqslant 0$), 应用积分第二中值定理得: 在区间 (a,b) 内存在一点 η, 使

$$f''(\eta)\int_a^b (x-a)(x-b)\,\mathrm{d}x=\int_a^b f''(\xi)(x-a)(x-b)\,\mathrm{d}x,$$

进而有

$$R_T[f]=\frac{f''(\eta)}{2}\int_a^b (x-a)(x-b)\mathrm{d}x=-\frac{f''(\eta)}{12}(b-a)^3,\quad \eta\in(a,b). \tag{7.2.7}$$

由式 (7.2.7) 可知, 当 $f(x)=a_0+a_1x$ 时, 则 $f''(\eta)=0$, 因此 $R_T[f]=0$, 于是得梯形公式至少有 1 阶代数精确度, 这一结论与定理 7.1 是相同的.

接下来, 研究 Simpson 公式 (7.2.5) 的余项. 由于 Simpson 公式是以节点 $x_0=a$, $x_1=\dfrac{a+b}{2}$, $x_2=b$ 作为插值节点的二次插值多项式积分而得到的, 因此二次插值多项式的余项可写成

$$R_2(x)=f\left[x,a,\frac{a+b}{2},b\right](x-a)\left(x-\frac{a+b}{2}\right)(x-b),$$

这里, $f\left[x,a,\dfrac{a+b}{2},b\right]$ 为三阶差商, 故 Simpson 公式的误差

$$\begin{aligned}
R_s[f]&=\int_a^b f\left[x,a,\frac{a+b}{2},b\right](x-a)\left(x-\frac{a+b}{2}\right)(x-b)\mathrm{d}x\\
&=\frac{1}{4}\int_a^b f\left[x,a,\frac{a+b}{2},b\right]\mathrm{d}((x-a)^2(x-b)^2)\\
&\xlongequal{\text{分部积分}}\frac{1}{4}(x-a)^2(x-b)^2 f\left[x,a,\frac{a+b}{2},b\right]\Bigg|_{x=a}^{x=b}\\
&\quad-\frac{1}{4}\int_a^b (x-a)^2(x-b)^2\left(\frac{\mathrm{d}}{\mathrm{d}x}f\left[x,a,\frac{a+b}{2},b\right]\right)\mathrm{d}x\\
&=-\frac{1}{4}\int_a^b (x-a)^2(x-b)^2 f\left[x,x,a,\frac{a+b}{2},b\right]\mathrm{d}x\\
&=-\frac{1}{4}\int_a^b (x-a)^2(x-b)^2\frac{f^{(4)}(\xi)}{4!}\mathrm{d}x\\
&=-\frac{1}{4\times 4!}\int_a^b (x-a)^2(x-b)^2 f^{(4)}(\xi)\mathrm{d}x.
\end{aligned}$$

由于函数 $(x-a)^2(x-b)^2$ 在区间 $[a,b]$ 上保号 (即 $(x-a)^2(x-b)^2 \geqslant 0, \forall x \in [a,b]$), 在上式中应用积分第二中值定理得 $\exists \eta \in (a,b)$, 使得

$$\begin{aligned} R_S[f] &= -\frac{f^{(4)}(\eta)}{96}\int_a^b (x-a)^2(x-b)^2 \mathrm{d}x \\ &= -\frac{1}{90}\left(\frac{b-a}{2}\right)^5 f^{(4)}(\eta), \quad \eta \in [a,b], \end{aligned} \tag{7.2.8}$$

由式 (7.2.8) 得 Simpson 公式 $I_S(f)$ 具有 3 次代数精确度. 类似地, 可得 Cotes 公式 (7.2.6) 的余项为

$$R_C[f] = -\frac{2(b-a)^7}{945 \times 4^6} f^{(6)}(\eta), \quad \eta \in [a,b], \tag{7.2.9}$$

由此可见, Cotes 公式 $I_C(f)$ 具有 5 次代数精确度.

由式 (7.2.7) 可知: 若 $f''(\eta) \neq 0$, 则

$$R_T[f] \propto (b-a)^3 .$$

同理, 当 $f^{(4)}(\eta) \neq 0$ 与 $f^{(6)}(\eta) \neq 0$ 时, 得

$$R_S[f] \propto (b-a)^5 ,$$

$$R_C[f] \propto (b-a)^7 .$$

因此为了使数值公式计算出的数值积分值能够尽量接近定积分的值, 必须要求 $|b-a|<1$.

事实上, 当 $|b-a| \geqslant 1$ 时, 不管数值积分公式的代数精确度有多高, 数值积分的截断误差仍然很大, 此时, 数值积分的结果不具有参考价值. 因此, 为了使数值求积公式计算出的数值积分充分近似定积分的值, 不仅要提高求积公式的代数精确度, 还要使积分区间尽量小. 这就要求我们要懂得如何通过缩小积分区间来提高精确度的方法, 这类公式称为复化求积公式.

7.3 复化求积法

继续 7.2 节的讨论, 对于 Newton-Cotes 公式的使用, 通过提高阶的途径并不总能取得满意的数值效果.

为了改善求积的精度, 一种有效的方法是: 类似于分段插值的做法, 首先将积分区间进行适当分段, 然后在各分段区间 (子区间) 上采用低阶的 Newton-Cotes 公式求得该子区间上的积分近似值, 最后求和, 可得积分 I 的近似值, 这就是**复化求积法**.

复化求积法的具体步骤可以分两步进行.

第一步: 取步长 $h=\dfrac{b-a}{n}$, 用等分节点 $x_k = a+kh(k=0,1,2,\cdots,n)$ 可将积分区间 $[a,b]$ 进行 n 等分, 例如, 在子区间 $[x_k, x_{k+1}]$ 上采用梯形公式

$$T_n^{(k)} = \frac{h}{2}[f(x_k)+f(x_{k+1})], \tag{7.3.1}$$

计算积分 $\int_{x_k}^{x_{k+1}} f(x)\,\mathrm{d}x$, 即可得其近似值 $T_n^{(k)}$. 进而在子区间 $[x_k, x_{k+1}]$ 上, 可计算出上式的余项为

$$R_{T_n^{(k)}}[f] = \int_{x_k}^{x_{k+1}} f(x)\mathrm{d}x - T_k^{(n)} = -\frac{h^3}{12}f''(\eta_k), \quad \eta_k \in [x_k, x_{k+1}], \tag{7.3.2}$$

这里, $k = 0, 1, \cdots, n-1$.

第二步: 根据定积分的积分区间可加性, 在积分区间 $[a, b]$ 上求和, 得

$$\begin{aligned}\int_a^b f(x)\mathrm{d}x \approx T_n &= \sum_{k=0}^{n-1} \frac{h}{2}[f(x_k) + f(x_{k+1})] \\ &= \frac{h}{2}\left[f(a) + 2\sum_{k=1}^{n-1} f(x_k) + f(b)\right].\end{aligned} \tag{7.3.3}$$

式 (7.3.3) 称为**复化梯形公式**. 特别地, 当 $f \in C^2[a, b]$ 时, 可得复化积分公式 T_n 的余项为

$$\begin{aligned}I - T_n &= \sum_{k=0}^{n-1}\left(-\frac{h^3}{12}f''(\eta_k)\right) = -\frac{(b-a)^3}{12n^2}\frac{1}{n}\sum_{k=0}^{n-1} f''(\eta_k) \\ &= -\frac{(b-a)^3}{12n^2}f''(\eta), \quad \eta \in [a, b].\end{aligned} \tag{7.3.4}$$

若记子区间 $[x_k, x_{k+1}]$ 的中点为 $x_{k+\frac{1}{2}}$, 即 $x_{k+\frac{1}{2}} = \dfrac{x_k + x_{k+1}}{2}$, 在子区间 $[x_k, x_{k+1}]$ 上, 采用 Simpson 公式积分, 得

$$\int_{x_k}^{x_{k+1}} f(x)\mathrm{d}x \approx S_n^{(k)} = \frac{h}{6}\left[f(x_k) + 4f(x_{k+\frac{1}{2}}) + f(x_{k+1})\right].$$

在子区间 $[x_k, x_{k+1}]$ 上, 同理可得与上述积分公式对应的余项

$$\int_{x_k}^{x_{k+1}} f(x)\mathrm{d}x - S_n^{(k)} = -\frac{h^5}{2880}f^4(\eta_k), \quad \eta_k \in [x_k, x_{k+1}].$$

根据定积分的积分区间可加性, 在积分区间 $[a, b]$ 上求和, 即得

$$\begin{aligned}S_n &= \sum_{k=0}^{n-1} \frac{h}{6}[f(x_k) + 4f(x_{k+\frac{1}{2}}) + f(x_{k+1})] \\ &= \frac{h}{6}\left(f(a) + 2\sum_{k=1}^{n-1} f(x_k) + 4\sum_{k=0}^{n-1} f\left(x_{k+\frac{1}{2}}\right) + f(b)\right).\end{aligned} \tag{7.3.5}$$

式 (7.3.5) 称为**复化 Simpson 公式**. 相应地, 当 $f \in C^4[a, b]$ 时, 可得复化 Simpson 公式的余项为

$$\int_{x_k}^{x_{k+1}} f(x)\mathrm{d}x - S_n^{(k)} = -\frac{h^5}{2880}f^{(4)}(\eta_k), \quad \eta_k \in [x_k, x_{k+1}]. \tag{7.3.6}$$

类似地, 若在子区间 $[x_k, x_{k+1}]$ 上采用 Cotes 公式积分, 然后求和, 可得**复化 Cotes 公式**

$$C_n = \frac{h}{90}\left(7f(a) + 14\sum_{k=1}^{n-1} f(x_k) + 32\sum_{k=0}^{n-1} f\left(x_{k+\frac{1}{4}}\right)\right.$$

$$+12\sum_{k=0}^{n-1} f\left(x_{k+\frac{1}{2}}\right)+32\sum_{k=0}^{n-1} f\left(x_{k+\frac{3}{4}}\right)+7f(b)\right), \tag{7.3.7}$$

这里, 求积节点 $x_{k+\frac{1}{2}}=\dfrac{x_k+x_{k+1}}{2}$, $x_{k+\frac{1}{4}}=\dfrac{x_k+x_{k+\frac{1}{2}}}{2}$, $x_{k+\frac{3}{4}}=\dfrac{x_{k+1}+x_{k+\frac{1}{2}}}{2}$.

同样地, 可得复化 Cotes 公式的余项为

$$I-C_n=-\frac{2(b-a)^2}{945\times(4n)^6}f^{(6)}(\eta),\quad \eta\in[a,b]. \tag{7.3.8}$$

对其他 Newton-Cotes 公式亦可用类似的手段加以复化. 显然, 当等分数足够大时, 由余项估计式可知, 任意一种复化公式都能在理论上把积分计算到任意精确度.

例 7.3.1 利用复化梯形公式计算积分

$$I=\int_0^1 \frac{\sin x}{x}\mathrm{d}x$$

的近似值, 使截断误差不超过 5×10^{-4}. 对相同的节点函数值, 若改用复化 Simpson 公式计算结果如何?

解 由于 $f(x)=\dfrac{\sin x}{x}=\displaystyle\int_0^1 \cos tx\mathrm{d}t$, 所以

$$f^{(k)}(x)=\int_0^1 \frac{\mathrm{d}^k}{\mathrm{d}x^k}\cos tx\mathrm{d}t=\int_0^1 t^k\cos(tx+\frac{k\pi}{2})\mathrm{d}t,$$

故

$$\left|f^{(k)}(x)\right|\leqslant\int_0^1 t^k\left|\cos\left(tx+\frac{k\pi}{2}\right)\right|\mathrm{d}t\leqslant\int_0^1 t^k\mathrm{d}t=\frac{1}{k+1}.$$

根据式 (7.3.4), 为满足误差要求, 只需让 n 满足不等式

$$\frac{1}{12n^2}\left|f''(\eta)\right|\leqslant\frac{1}{12n^2}\frac{1}{3}\leqslant 5\times10^{-4}.$$

解之得 $n\geqslant 7.45$, 故可取 $n=8$, 按复化梯形公式 (7.3.3) 得

$$\begin{aligned}I\approx T_8=&\frac{1}{8}\times\frac{1}{2}\left[f(0)+2\left(f\left(\frac{1}{8}\right)+f\left(\frac{1}{4}\right)+f\left(\frac{3}{8}\right)+f\left(\frac{1}{2}\right)\right.\right.\\&\left.\left.+f\left(\frac{5}{8}\right)+f\left(\frac{3}{4}\right)+f\left(\frac{7}{8}\right)\right)+f(1)\right]\\=&0.9456911.\end{aligned}$$

如用相同的节点与函数值, 改用复化 Simpson 公式, 得

$$\begin{aligned}S_4=&\frac{1}{4}\times\frac{1}{6}\left[f(0)+4\left(f\left(\frac{1}{8}\right)+f\left(\frac{3}{8}\right)+f\left(\frac{5}{8}\right)+f\left(\frac{7}{8}\right)\right)\right.\\&\left.+2\left(f\left(\frac{1}{4}\right)+f\left(\frac{1}{2}\right)+f\left(\frac{5}{4}\right)\right)+f(1)\right]\end{aligned}$$

$=0.946\ 083\ 3.$

比较上面 2 个结果 T_8 和 S_4 可见, 虽然它们都用了 9 个点上的函数值, 计算量基本相同, 但精度却差别很大, 与积分的 "准确值" $I = 0.9460831$ 比较, 复化梯形公式的结果 T_8 仅有 2 位有效数字, 而复化 Simpson 公式的结果 S_4 却有 6 位有效数字.

7.4 龙贝格 (Romberg) 算法

使用复化求积公式是提高数值求积精度的有效方法, 但在使用这类求积公式之前必须给出合适的等分数. 若区间等分太少, 则精度难以保证; 等分数太多太大, 则会导致计算量的增加甚至浪费. 另外, 由于复化求积公式余项的不确定性, 事先要给出一个恰当的等分数往往是很困难的, 因此研究一种自动变步长 (自动调整等分数) 的算法将具有实际意义.

7.4.1 区间逐次二分法 *

根据 7.3 节的介绍, 若取步长 $h = \dfrac{b-a}{n}$, 用等分节点 $x_k = a + kh(k = 0, 1, 2, \cdots, n)$ 将积分区间 $[a, b]$ 进行 n 等分, 然后在子区间 $[x_k, x_{k+1}]$ 上采用梯形公式

$$T_n^{(k)} = \frac{h}{2}[f(x_k) + f(x_{k+1})]$$

积分, 最后在区间 $[a, b]$ 上求和, 即可求得定积分 $\displaystyle\int_a^b f(x)\,\mathrm{d}x$ 的复化梯形公式

$$T_n = \sum_{k=0}^{n-1} T_n^{(k)} = \frac{h}{2}\left[f(a) + 2\sum_{k=1}^{n-1} f(x_k) + f(b)\right].$$

然而, 若 T_n 的值仍不能满足精度的要求, 则可将每个子区间 $[x_k, x_{k+1}]$ 二等分一次, 并分别采用梯形公式, 求得子区间 $[x_k, x_{k+1}]$ 上的积分近似值为

$$T_{n2}^{(k)} = \frac{h}{4}\left[f(x_k) + 2f(x_{k+\frac{1}{2}}) + f(x_{k+1})\right],$$

式中, $x_{k+\frac{1}{2}} = \dfrac{x_{k+1} + x_k}{2}$. 此时相当于将积分区间 $[a, b]$ 进行了 $2n$ 等分, 于是有

$$T_{2n} = \sum_{k=0}^{n-1} T_{n2}^{(k)} = \frac{h}{4}\sum_{k=0}^{n-1}\left[f(x_k) + 2f(x_{k+\frac{1}{2}}) + f(x_{k+1})\right]$$

$$= \frac{T_n}{2} + \frac{h}{2}\sum_{k=0}^{n-1} f(x_{k+\frac{1}{2}}). \tag{7.4.1}$$

按式 (7.4.1) 的递推关系, 在计算好 T_n 值后欲计算 T_{2n} 的值, 仅需计算每一个区间新增的中点 $x_{k+\frac{1}{2}}(k = 0, 1, 2, \cdots, n)$ 处的函数值之和 $\displaystyle\sum_{k=0}^{n-1} f(x_{k+\frac{1}{2}})$ 即可, 避免了老的等分节点上的函数重复计算, 使计算量节约了一半.

根据余项估计式 (7.3.4) 知, 按这种方式不断计算所得结果将越来越精确, 但对于我们预先给定的精度要求, 何时停止计算呢? 由于

$$I - T_n = -\frac{(b-a)^3}{12n^2} f''(\eta_1), \quad \eta_1 \in [a, b],$$

$$I - T_{2n} = -\frac{(b-a)^3}{12(2n)^2} f''(\eta_2), \quad \eta_2 \in [a, b].$$

如假定 $f''(x)$ 在 $[a, b]$ 上变化不大, 即 $f''(\eta_1) \approx f''(\eta_2)$, 则有

$$\frac{I - T_n}{I - T_{2n}} \approx 4,$$

于是得

$$I - T_{2n} \approx \frac{1}{3}(T_{2n} - T_n). \tag{7.4.2}$$

由于积分的精确值不知道, 无法将 T_{2n} 的值与之比较, 按式 (7.4.2), 我们可以将不等式

$$|T_{2n} - T_n| < \varepsilon$$

作为不太严格的终止准则. 为了便于程序设计, 通常积分区间 $[a, b]$ 的等分数应取为 $1, 2, 4, 8, \cdots, 2^k, \cdots$, 这样递推公式 (7.4.1) 可改成

$$\begin{cases} T_1 = \dfrac{b-a}{2}\,[f(a) + f(b)] \\ T_{2^k} = \dfrac{T_{2^{k-1}}}{2} + \dfrac{b-a}{2^k} \displaystyle\sum_{i=1}^{2^{k-1}} f\left(a + (2i-1)\frac{b-a}{2^k}\right), \quad k = 1, 2, \cdots \end{cases} \tag{7.4.3}$$

式 (7.4.3) 称为求数值积分的**区间逐次二分法**.

例 7.4.1 利用梯形公式的递推关系 (7.4.3) 计算积分 $I = \int_0^1 \frac{\sin x}{x} \mathrm{d}x$, 使误差不超过 5×10^{-6}.

解 利用递推公式 (7.4.3) 计算如下:

$$T_{2^0} = T_1 = \frac{1}{2}(f(0) + f(1)) = 0.92073549,$$

$$T_{2^1} = T_2 = \frac{T_1}{2} + \frac{1}{2} f\left(\frac{1}{2}\right) = 0.93979328,$$

$$T_{2^2} = T_4 = \frac{T_2}{2} + \frac{1}{4}\left(f\left(\frac{1}{4}\right) + f\left(\frac{3}{4}\right)\right) = 0.94451352,$$

$$T_{2^3} = T_8 = \frac{T_4}{2} + \frac{1}{8}\left(f\left(\frac{1}{8}\right) + f\left(\frac{3}{8}\right) + f\left(\frac{5}{8}\right) + f\left(\frac{7}{8}\right)\right) = 0.94569086,$$

$$\cdots$$

仿上可得

$$T_{2^7} = T_{128} = 0.94608152, \quad T_{2^8} = T_{256} = 0.94608271.$$

因为 $|T_{2^8} - T_{2^7}| < 2 \times 10^{-6}$, 故可取

$$\int_0^1 \frac{\sin x}{x} \mathrm{d}x \approx T_{2^8} = 0.94608271.$$

7.4.2 复化求积公式的阶 *

定义 7.2 设有复化求积公式 $I_n(f)$, 若

$$\lim_{h\to 0}\frac{I(f)-I_n(f)}{h^p}=c,$$

则称该复化求积公式 $I_n(f)$ 是 p**阶收敛**的, 这里 c 是与 $h\left(=\dfrac{b-a}{n}\right)$ 无关的非零常数.

根据定义 7.2, 可以证明复化梯形公式 $T_n(f)$ 是 2 阶的. 事实上, 由复化梯形公式的误差表达式得

$$I(f)-T_n(f)=-\frac{h^3}{12}\sum_{i=0}^{n-1}f''(\eta_i)\ ,$$

式中, h 为积分步长. 上式两边除以 h^2, 得

$$\frac{I(f)-T_n(f)}{h^2}=-\frac{1}{12}h\sum_{i=0}^{n-1}f''(\eta_i).$$

又因为

$$\lim_{h\to 0}h\sum_{i=0}^{n-1}f''(\eta_i)=\lim_{h\to 0}\sum_{i=0}^{n-1}f''(\eta_i)\cdot\Delta x_i=\int_a^b f''(x)\,\mathrm{d}x=f'(b)-f'(a),$$

于是得

$$\lim_{h\to 0}\frac{I(f)-T_n(f)}{h^2}=-\frac{1}{12}[f'(b)-f'(a)].$$

再由定义 7.2 知 $T_n(f)$ 是 2 阶收敛的.

同理可证复化 Simpson 公式 $S_n(f)$ 和复化 Cotes 公式 $C_n(f)$ 分别是 4 阶和 6 阶收敛的.

根据例 7.3.1 的计算结果, 可知在求积节点相同的前提下, 积分公式收敛的阶越高, 则其计算结果越精确.

7.4.3 Romberg 算法

复化梯形公式的算法简单, 但是与更高阶的复化 Simpson 公式相比, 其计算精度较差. 考虑到使用递推关系式 (7.4.3) 能使计算量得到较大的节约, 那么我们是否能够将此式进行适当的改进, 从而得到精度更高、使用更为方便的数值积分公式呢?

按式 (7.4.2), 积分近似值 T_{2n} 的误差大致等于 $\dfrac{1}{3}(T_{2n}-T_n)$, 因此如用这个误差作为 T_{2n} 的一种补偿, 可期望得到更好的结果. 即用

$$T_{2n}+\frac{1}{3}(T_{2n}-T_n)$$

作为积分式的近似值, 可能会比 T_{2n} 的近似效果更好些. 事实上, 由于

$$T_{2n}+\frac{1}{3}(T_{2n}-T_n)=\frac{1}{3}\left[4T_{2n}-T_n\right]=\frac{1}{3}\left[4\left(\frac{T_n}{2}+\frac{h}{2}\sum_{k=0}^{n-1}f(x_{k+\frac{1}{2}})\right)-T_n\right]$$

$$
\begin{aligned}
&=\frac{1}{3}\left[T_n+2h\sum_{k=0}^{n-1}f(x_{k+\frac{1}{2}})\right]\\
&=\frac{1}{3}\left[\frac{1}{2}\left(f\left(a\right)+2\sum_{k=1}^{n-1}f\left(x_k\right)+f\left(b\right)\right)+2h\sum_{k=0}^{n-1}f\left(x_{k+\frac{1}{2}}\right)\right]\\
&=\frac{1}{6}\left[f\left(a\right)+2\sum_{k=1}^{n-1}f\left(x_k\right)+4\sum_{k=0}^{n-1}f\left(x_{k+\frac{1}{2}}\right)+f\left(b\right)\right]\\
&=S_n,
\end{aligned}
$$

即得

$$S_n=\frac{4T_{2n}-T_n}{4-1}. \tag{7.4.4}$$

即通过对 2 阶精确度的复化梯形公式 T_n, T_{2n} 进行适当组合, 能够将其升级为 4 阶的复化 Simpson 公式 S_n, 因此能够改进数值效果. 基于这一思路, 我们是否能够对 S_n, S_{2n} 进一步组合, 得到收敛的阶数更高的数值公式呢? 事实上, 由于

$$I-S_n=-\frac{(b-a)^5}{2880n^4}f^{(4)}(\eta_1),\quad \eta_1\in[a,b],$$

$$I-S_{2n}=-\frac{(b-a)^5}{2880(2n)^4}f^{(4)}(\eta_2),\quad \eta_2\in[a,b],$$

同样假设 $f^{(4)}(\eta_1)\approx f^{(4)}(\eta_2)$, 则有

$$\frac{I-S_n}{I-S_{2n}}\approx 2^4=4^2,$$

求解上述近似等式, 于是可得

$$I\approx\frac{4^2S_{2n}-S_n}{4^2-1}.$$

容易验证复化 Cotes 公式

$$C_n=\frac{4^2S_{2n}-S_n}{4^2-1}, \tag{7.4.5}$$

即对 4 阶的复化 Simpson 公式 S_n 与 S_{2n} 进行组合, 可以得到 6 阶收敛的复化 Cotes 公式 C_n . 同样地, 对复化 Cotes 公式进行类似处理, 可得代数精确度为 7 次的 Romberg 公式

$$R_n=\frac{4^3C_{2n}-C_n}{4^3-1}. \tag{7.4.6}$$

进一步, 对 Romberg 公式 R_n, R_{2n} 进行组合可得

$$E_n=\frac{4^4R_{2n}-R_n}{4^4-1}=\frac{256}{255}R_{2n}-\frac{1}{255}R_n. \tag{7.4.7}$$

但由于 S_n, C_n, R_n 都是来自于最基础的复化梯形公式 T_n(本身含一定的截断误差), 因舍入误差的逐步积累, 加上比值 $\frac{256}{255}$ 太接近于 1, 故使 E_n 的组合失去了实用意义.

另外, 由式 (7.4.4)、式 (7.4.5) 和式 (7.4.6) 可以看出, S_n, C_n, R_n 的组合形式都建立在区间等分数是成倍变化的基础上, 这就要求复化梯形公式的区间等分数必须按 2^k 顺序增加, 这里 $k=0,1,2,\cdots$, 于是基于最初的 $T_{2^k}(k=0,1,2,\cdots)$, 可按表 7.2 所示的步骤计算数值积分.

表 7.2　Romberg 算法计算过程表

k	T_{2^k}	$S_{2^{k-1}}$	$C_{2^{k-2}}$	$R_{2^{k-3}}$
0	T_1			
1	T_2	S_1		
2	T_4	S_2	C_1	
3	T_8	S_4	C_1	R_1
4	T_{16}	S_8	C_4	R_2
$\vdots$	$\vdots$	$\vdots$	$\vdots$	$\vdots$

为了便于程序设计, 表 7.2 中, 定积分 $\int_a^b f(x)\mathrm{d}x$ 的各近似值常常用二维数组 $T_m^{(k)}$ 来表示, 其中, 上标 k 和下标 m 分别表示 $T_m^{(k)}$ 在表中的行、列序号 (均从 0 开始). 于是, 所用到的各个公式可以统一写成便于程序设计的计算格式, 即得下列迭代公式

$$\begin{cases} T_0^{(0)} = \dfrac{b-a}{2}(f(b)-f(a)) \\ T_0^{(k)} = \dfrac{T_0^{(k-1)}}{2} + \dfrac{b-a}{2^k}\sum\limits_{i=0}^{2^{k-1}} f\left(a+(2i-1)\dfrac{b-a}{2^k}\right), \quad k=1,2,\cdots; \quad m=1,2,\cdots. \\ T_m^{(k)} = \dfrac{4^m T_{m-1}^{(k+1)} - T_{m-1}^{(k)}}{4^m-1} \end{cases} \tag{7.4.8}$$

根据式 (7.4.8) 可将上述求数值积分的过程列表进行, 过程见表 7.3.

表 7.3　二维 T 数表

k	$T_0^{(k)}$	$T_1^{(k-1)}$	$T_2^{(k-2)}$	$T_3^{(k-3)}$
0	$T_0^{(0)}$			
1	$T_0^{(1)}$	$T_1^{(0)}$		
2	$T_0^{(2)}$	$T_1^{(1)}$	$T_2^{(0)}$	
3	$T_0^{(3)}$	$T_1^{(2)}$	$T_2^{(1)}$	$T_3^{(0)}$
4	$T_0^{(4)}$	$T_1^{(3)}$	$T_2^{(2)}$	$T_3^{(1)}$
$\vdots$	$\vdots$	$\vdots$	$\vdots$	$\vdots$

上述用式 (7.4.8) 并构造表 7.3 以求积分近似值的方法称为 **Romberg 算法**.

另外, 只要 $f(x)$ 在区间 $[a,b]$ 上有界可积, 可以证明表 7.3 中各列和各行都收敛到 $\int_a^b f(x)\mathrm{d}x$. 因此, 可以用表 7.3 中同一列 (或同一行) 相邻两数之差来控制是否终止计算,

即程序中可以用不等式

$$\left|T_m^{(k)}-T_m^{(k-1)}\right|<\varepsilon\text{或者}\left|T_m^{(k-1)}-T_{m-1}^{(k)}\right|<\varepsilon$$

判断数值积分的近似值是否满足精确要求.

例 7.4.2 用 Romberg 算法计算积分

$$I=\int_0^1\frac{\sin x}{x}\mathrm{d}x,$$

要求精确到 5×10^{-8}.

解 按式 (7.4.8), 计算结果见表 7.4.

表 7.4 例 7.4.1 的计算结果

k	$T_0^{(k)}$	$T_1^{(k-1)}$	$T_2^{(k-2)}$	$T_3^{(k-3)}$
0	0.920735492			
1	0.939739285	0.946145883		
2	0.944513521	0.946086933	0.946083003	
3	0.945690863	0.946083310	0.946083068	0.946083069

此时

$$\left|T_3^{(0)}-T_2^{(1)}\right|<5\times10^{-8},$$

故得

$$\int_0^1\frac{\sin x}{x}\mathrm{d}x\approx0.946083069.$$ #

值得提出的是:

(1) 正如同对用式 (7.4.7) 计算复化求积公式 E_n 分析得那样, 当 m 较大时, 比值 $\dfrac{4^m}{4^m-1}$ 接近于 1, 此时表 7.3 中数值结果

$$T_m^{(k)}\approx T_m^{(k+1)}.$$

因此, 在实际运算中, 通常规定 $m\leqslant3$, 也就是需计算到 Romberg 序列的 $\left\{T_3^{(k)}\right\}$ 为止, 以避免计算量不必要的浪费.

(2) 计算 S_1 时, 需要用到 T_2, 即用了 3 个点的函数值, 其代数精确度为 3 次; 计算 C_1, 需计算到 T_4, 即用到了 5 个点函数值, 代数精确度为 5 次; 但计算 R_1 时需要使用 T_8 的值, 此时用了 9 个点的函数值, 然而其代数精确度只有 7 次, 说明 Romberg 公式 (7.4.6) 已不属于插值型求积公式, 否则, 根据定理 7.1, 其代数精确度至少应为 8 次.

(3)Romberg 算法计算数值积分, 每次推进都需要将每个求积子区间的长度分半, 此过程中, 区间的等分数是成倍增长的, 此时复化梯形公式的计算量也将成倍增加, 这是 Romberg 算法应用中必须注意的问题.

7.5 Gauss(高斯) 型求积公式 *

7.5.1 基本概念

如果能适当选择待定参数 $x_k, A_k(k=0,1,\cdots,n)$, 使下列含 $2n+2$ 个参数的数值积分公式

$$\int_a^b f(x)\mathrm{d}x \approx \sum_{k=0}^{n} A_k f(x_k) \tag{7.5.1}$$

具有 $2n+1$ 次代数精确度, 则称求积公式 (7.5.1) 为 **Gauss 型求积公式**. 相应地, Gauss 型求积公式的求积节点称为 **Gauss 点**(即能使求积公式具有 $2n+1$ 次代数精确度的求积节点).

为了便于叙述, 仅讨论闭区间 $[-1,1]$ 上的积分 $\int_{-1}^{1} f(x)\mathrm{d}x$ 即可. 一般情况下, 若求积区间为 $[a,b]$, 则可作线性变换

$$x=\frac{a+b}{2}+\frac{b-a}{2}t, \quad t\in[-1,1],$$

于是可将函数 $f(x)$ 在闭区间 $[a,b]$ 上的定积分转化成区间 $[-1,1]$ 上的定积分, 即有

$$\int_a^b f(x)\mathrm{d}x=\frac{b-a}{2}\int_{-1}^{1} f\left(\frac{a+b}{2}+\frac{b-a}{2}t\right)\mathrm{d}t. \tag{7.5.2}$$

接下来, 讨论 Gauss 型求积公式的构造方法. 在式 (7.5.1) 中, 令 $n=0$, $a=-1, b=1$, 则得**单点 Gauss 公式**

$$\int_{-1}^{1} f(x)\mathrm{d}x \approx A_0 f(x_0).$$

根据 Gauss 公式的定义知: 该公式应具有一次代数精确度, 即上式对 $f(x)=1, x$ 精确成立, 即 Gauss 点和求积系数满足如下方程组

$$\begin{cases} \int_{-1}^{1} \mathrm{d}x = 2 = A_0 \\ \int_{-1}^{1} x\mathrm{d}x = 0 = A_0 x_0 \end{cases},$$

解之得 $A_0=2, x_0=0$, 得区间 $[-1,1]$ 上的**单点 Gauss 公式**

$$\int_{-1}^{1} f(x)\,\mathrm{d}x \approx 2f(0), \tag{7.5.3}$$

即中矩形公式就是单点 Gauss 公式.

类似地, 在式 (7.5.1) 中, 令 $n=2$, $a=-1, b=1$, 得区间 $[-1,1]$ 上的两点 Gauss 公式

$$\int_{-1}^{1} f(x)\,\mathrm{d}x \approx A_0 f(x_0) + A_1 f(x_1),$$

式中, $x_0 \neq x_1$. 同理, 上式应具有 3 次代数精确度, 故对 $f(x)=1,x,x^2,x^3$ 能分别精确成立, 于是得方程组

$$\begin{cases} \int_{-1}^{1} 1\mathrm{d}x = 2 = A_0 + A_1 \\ \int_{-1}^{1} x\mathrm{d}x = 0 = A_0x_0 + A_1x_1 \\ \int_{-1}^{1} x^2\mathrm{d}x = \dfrac{2}{3} = A_0x_0^2 + A_1x_1^2 \\ \int_{-1}^{1} x^3\mathrm{d}x = 0 = A_0x_0^3 + A_1x_1^3 \end{cases}. \tag{7.5.4}$$

接下来, 求解方程组 (7.5.4). 由式 (7.5.4) 中第 2,4 式得 $x_0^2 = x_1^2$, 进而由第 1,3 两式得 $x_0^2 = \dfrac{1}{3}$, 最后可得

$$A_0 = A_1 = 1,$$

$$x_0 = -x_1 = -\frac{\sqrt{3}}{3}.$$

所以**两点 Gauss 公式**为

$$\int_{-1}^{1} f(x)\mathrm{d}x \approx f\left(-\frac{\sqrt{3}}{3}\right) + f\left(\frac{\sqrt{3}}{3}\right). \tag{7.5.5}$$

进一步, 可得区间 $[a,b]$ 上的**两点 Gauss 公式**为

$$\int_a^b f(x)\,\mathrm{d}x \approx \frac{b-a}{2}\left(f\left(\frac{a+b}{2} - \frac{b-a}{2}\frac{\sqrt{3}}{3}\right) + f\left(\frac{a+b}{2} + \frac{b-a}{2}\frac{\sqrt{3}}{3}\right)\right).$$

一般地, 理论上也可以通过求解类似的非线性方程组构造多点的 Gauss 公式, 但非线性方程组的求解是很困难的. 又由于方程组的非线性来源于 Gauss 点, 因此为了讨论 Gauss 公式的一般形式, 下面我们先研究 Gauss 点的特性.

7.5.2 Gauss 点

定理 7.3 对于插值型求积公式

$$\int_{-1}^{1} f(x)\mathrm{d}x \approx \sum_{k=0}^{n} A_k f(x_k), \tag{7.5.6}$$

其节点 $x_k(k=0,1,\cdots,n)$ 为 Gauss 点的充要条件是: $w(x) = \prod_{k=0}^{n}(x-x_k)$ 与一切不超过 n 次的多项式 $P(x)$ 正交, 即

$$\int_{-1}^{1} \omega(x)P(x)\mathrm{d}x = 0. \tag{7.5.7}$$

证明　必要性　设 $P(x)$ 是任意的不超过 n 次的多项式, 则 $\omega(x)P(x)$ 是不超过 $2n+1$ 次的多项式. 因此, 如果 $x_0, x_1, \cdots, x_n$ 是 Gauss 点, 则由它们构成的求积公式能对 $w(x)P(x)$ 精确成立, 即有

$$\int_{-1}^{1} \omega(x) P(x) \mathrm{d}x = \sum_{k=0}^{n} A_k \omega(x_k) P(x_k).$$

但因 $\omega(x_k) = 0 (k = 0, 1, 2, \cdots, n)$, 故 $\int_{-1}^{1} \omega(x) P(x) \mathrm{d}x = 0$, 即正交性成立.

充分性　对于任意给定的不超过 $2n+1$ 次的多项式 $f(x)$, 用 $w(x)$ 除 $f(x)$, 则有

$$f(x) = w(x)Q_1(x) + Q_2(x),$$

式中, $Q_1(x), Q_2(x)$ 都是不超过 n 次的多项式. 于是有

$$\int_{-1}^{1} f(x)\mathrm{d}x = \int_{-1}^{1} w(x)Q_1(x)\mathrm{d}x + \int_{-1}^{1} Q_2(x)\mathrm{d}x.$$

由式 (7.5.7) 得

$$\int_{-1}^{1} f(x)\mathrm{d}x = \int_{-1}^{1} Q_2(x)\mathrm{d}x.$$

又由于式 (7.5.6) 是插值型求积公式, 故至少具有 n 次代数精确度, 即它对 $Q_2(x)$ 能准确成立

$$\int_{-1}^{1} Q_2(x)\mathrm{d}x = \sum_{k=0}^{n} A_k Q_2(x_k).$$

又因为

$$f(x_k) = \omega(x_k)Q_1(x_k) + Q_2(x_k), \quad k = 0, 1, \cdots, n,$$

所以

$$\int_{-1}^{1} Q_2(x)\mathrm{d}x = \sum_{k=0}^{n} A_k Q_2(x_k) = \sum_{k=0}^{n} A_k f(x_k).$$

于是有

$$\int_{-1}^{1} f(x)\mathrm{d}x = \sum_{k=0}^{n} A_k f(x_k).$$

可见求积公式 (7.5.6) 能对一切不超过 $2n+1$ 次的多项式准确成立, 因此 $x_k (k = 0, 1, \cdots, n)$ 是 Gauss 点. #

7.5.3 Gauss-Legendre(高斯-勒让德) 公式

因为 Legendre 多项式是区间 $[-1, 1]$ 上的正交多项式, 若令多项式

$$w(x) = \frac{2^{n+1}((n+1)!)^2}{(2(n+1))!} P_{n+1}(x) = \frac{(n+1)!}{(2(n+1))!} \frac{\mathrm{d}^{n+1}}{\mathrm{d}x^{n+1}} \left[(x^2-1)^{n+1}\right],$$

这里, $P_{n+1}(x)$ 为 $n+1$ 次的 Legendre 多项式, 则 $w(x)$ 在区间 $[-1,1]$ 能与所有不超过 n 次的多项式正交. 事实上, 对任意不超过 n 次的多项式

$$P(x)=\sum_{k=0}^{n}a_kx^k,$$

由于 x^k 总可以表示成不超过 k 次的 Legendre 多项式的线性组合, 则有

$$P(x)=\sum_{k=0}^{n}a_kx^k=\sum_{k=0}^{n}a_k\left(\sum_{i=0}^{k}b_iP_i(x)\right)=\sum_{k=0}^{n}\overline{a}_kP_k(x).$$

于是有

$$\begin{aligned}\int_{-1}^{1}w(x)P(x)\mathrm{d}x=&\frac{2^{n+1}((n+1)!)^2}{(2(n+1))!}\int_{-1}^{1}P_{n+1}(x)P(x)\mathrm{d}x\\=&\frac{2^{n+1}((n+1)!)^2}{(2(n+1))!}\int_{-1}^{1}P_{n+1}(x)\sum_{k=0}^{n}\overline{a}_kP_k(x)\mathrm{d}x\\=&0.\end{aligned}$$

根据定理 7.3 知: Legendre 多项式的零点即为 Gauss 点. 用 $n+1$ 次 Legendre 多项式 $P_{n+1}(x)$ 的零点构造的 Gauss 公式为

$$\int_{-1}^{1}f(x)\mathrm{d}x\approx\sum_{k=0}^{n}A_kf(x_k). \tag{7.5.8}$$

上式称为 **Gauss-Legendre 求积公式**, 且有如下定理.

定理 7.4 对 Gauss-Legendre 公式 (7.5.8), 其余项为

$$R[f]=\int_{-1}^{1}f(x)\mathrm{d}x-\sum_{k=0}^{n}A_kf(x_k)=\frac{f^{(2n+2)}(\eta)}{(2n+2)!}\int_{-1}^{1}\omega^2(x)\mathrm{d}x,\quad \eta\in[-1,1], \tag{7.5.9}$$

式中, $w(x)=\prod\limits_{k=0}^{n}(x-x_k)$; $x_k(k=0,1,\cdots,n)$ 为 $n+1$ 次的 Legendre 多项式零点.

证明 以 $x_0,x_1,\cdots,x_n,t$ 为节点构造 Hermite 插值多项式 $H_{2n+1}(x)$, 使其满足

$$H_{2n+1}(x_i)=f(x_i),\quad {H'}_{2n+1}(x_i)=f'(x_i),\quad i=0,1,\cdots,n.$$

由于 Gauss-Legendre 公式 (7.5.8) 具有 $2n+1$ 次代数精确度, 故该公式对不超过 $2n+1$ 次的 Hermite 插值多项式 $H_{2n+1}(x)$ 准确成立, 即有

$$\int_{-1}^{1}H_{2n+1}(x)\mathrm{d}x=\sum_{k=0}^{n}A_kH_{2n+1}(x_k)=\sum_{k=0}^{n}A_kf(x_k).$$

因此,

$$R[f]=\int_{-1}^{1}f(x)\mathrm{d}x-\sum_{k=0}^{n}A_kf(x_k)$$

$$= \int_{-1}^{1} f(x)\mathrm{d}x - \int_{-1}^{1} H_{2n+1}(x)\mathrm{d}x$$

$$= \int_{-1}^{1} \frac{f^{(2n+2)}(\xi)}{(2n+2)!} w^2(x)\mathrm{d}x.$$

由于 $w^2(x)$ 在区间 $[-1,1]$ 上保号, 应用第二积分中值定理即得余项公式 (7.5.9).　#

为便于应用, 将常用的 Gauss-Legendre 公式的节点和系数列成表 7.5.

表 7.5　部分 Gauss-Legendre 公式的节点和系数

n	x_k	A_k
0	0	2
1	$\pm\frac{\sqrt{3}}{3}(\pm0.5773503)$	1
2	0	$\frac{8}{9}(0.8888889)$
	$\pm\frac{\sqrt{3}}{5}(\pm0.7745967)$	$\frac{5}{9}(0.5555556)$
3	±0.8611363	0.3478548
	±0.3399810	0.6521452
4	0	0.5688889
	±0.5384693	0.4786287
	±0.9061798	0.2369269

7.5.4　稳定性和收敛性

从表 7.5 可以看出, Gauss 点往往是无理数, 这就使数据 $f(x_k)$ 必然有一定误差, 那么这种误差是否会影响最终结果呢? 实际上, 因为 Gauss 求积公式 (7.5.1) 的系数具有下列特点:

(1) 因为积分式对函数 $f(x)=1$ 准确成立, 则

$$\sum_{k=0}^{n} A_k = b-a;$$

(2) 因求积公式对 $2n$ 次多项式 $f(x)=l_k^2(x)$ 也准确成立, 则

$$A_k = \sum_{i=0}^{n} A_k l_k^2(x_i) = \int_a^b l_k^2(x)\mathrm{d}x > 0, \quad k=0,1,2,\cdots.$$

因此, 如果 $f(x_k)$ 有误差 ε_k, 则由此引起的最终结果的误差为

$$\delta = A_0\varepsilon_0 + A_1\varepsilon_1 + \cdots + A_n\varepsilon_n.$$

记 $\varepsilon = \max\limits_{0\leqslant k\leqslant n} |\varepsilon_k|$, 则有

$$|\delta| \leqslant |A_0|\,|\varepsilon_0| + |A_1|\,|\varepsilon_1| + \cdots + |A_n|\,|\varepsilon_n|$$

$$\leqslant \varepsilon \sum_{k=0}^{n} A_k = \varepsilon(b-a).$$

所以当 $f(x_k)$ 的误差都足够小时, 它对最终结果的影响也将非常小, 即 Gauss 求积公式有好的数值稳定性.

关于收敛性, 可以证明: 若 $f(x)$ 在区间 $[a,b]$ 上连续, 即当 $n\to\infty$ 时, Gauss 型求积公式 $\sum\limits_{k=0}^{n} A_k f(x_k)$ 收敛于 $\int_a^b f(x)\mathrm{d}x$.

Gauss 型求积公式除了有好的收敛性和稳定性之外, 也是具有最高次代数精确度的数值求积公式, 即对 $n+1$ 个求积节点构成的求积公式不可能具有 $2n+2$ 次代数精确度.

事实上, 对于任意一个求积公式

$$\int_a^b f(x)\mathrm{d}x \approx \sum_{k=0}^{n} \overline{A}_k f(\overline{x}_k),$$

它总是不能对 $2n+2$ 次多项式 $f(x)=\prod\limits_{i=0}^{n}(x-\overline{x}_i)^2$ 准确成立. 因为

$$\int_a^b f(x)\mathrm{d}x = \int_a^b \prod_{i=0}^{n}(x-\overline{x}_i)^2\mathrm{d}x > 0,$$

而

$$\sum_{k=0}^{n} \overline{A}_k f(\overline{x}_k) = \sum_{k=0}^{n} \overline{A}_k \left(\prod_{i=0}^{n}(\overline{x}_k-\overline{x}_i)^2\right) = 0.$$

7.5.5 带权 Gauss 公式

对于积分

$$I = \int_a^b \rho(x) f(x)\mathrm{d}x,$$

式中, $\rho(x)\geqslant 0$ 称为**权函数**. 当 $\rho(x)\equiv 1$ 时就是上面讨论的普通积分.

仿普通积分的讨论, 对于求积公式

$$\int_a^b \rho(x) f(x)\mathrm{d}x = \sum_{k=0}^{n} A_k f(x_k), \tag{7.5.10}$$

若能对任意的不超过 $2n+1$ 次的多项式 $f(x)$ 准确成立, 则称式 (7.5.10) 为 **(带权的)Gauss 型求积公式**. 类似地, 节点 $x_k(k=0,1,\cdots,n)$ 称为 **Gauss 点**.

可以证明, 节点 $x_k(k=0,1,\cdots,n)$ 为 Gauss 点的充要条件是: $w(x)=\prod\limits_{k=0}^{n}(x-x_k)$ 为区间 $[a,b]$ 上关于权函数 $\rho(x)$ 的正交多项式, 即

$$\int_a^b \rho(x)\omega(x)P(x)\mathrm{d}x = 0.$$

常用的带权的 Gauss 型系列公式有:

1) 高斯-拉盖尔公式

$$\int_0^{+\infty} \mathrm{e}^{-x} f(x)\mathrm{d}x \approx \sum_{k=0}^{n} A_k f(x_k), \tag{7.5.11}$$

式中, $x_k(k=0,1,\cdots,n)$ 是 $n+1$ 次 Laguerre 多项式 $L_{n+1}(x)$ 的零点, 求积系数为

$$A_k = -\frac{(n!)^2}{L'_{n+1}(x_k)L_n(x_k)}, \quad k=0,1,\cdots,n,$$

其余项为

$$R[f] = \frac{[(n+1)!]^2}{(2n+2)!} f^{(2n+2)}(\eta), \quad 0<\eta<+\infty.$$

一般地, 有

$$\int_0^{+\infty} f(x)\mathrm{d}x \approx \sum_{k=0}^{n} A_k \mathrm{e}^{x_k} f(x_k).$$

2) 高斯-埃尔米特公式

$$\int_{-\infty}^{+\infty} \mathrm{e}^{-x^2} f(x)\mathrm{d}x \approx \sum_{k=0}^{n} A_k f(x_k), \tag{7.5.12}$$

式中, $x_k(k=0,1,\cdots,n)$ 是 $n+1$ 次 Hermite 多项式 $H_{n+1}(x)$ 的零点, 求积系数为

$$A_k = \frac{2^{n+1} n! \sqrt{\pi}}{H'_{n+1}(x_k)H_n(x_k)}, \quad k=0,1,\cdots,n,$$

求积公式余项为

$$R[f] = \frac{(n+1)!\sqrt{\pi}}{2^{n+1}(2n+2)!} f^{(2n+2)}(\eta), \quad -\infty<\eta<+\infty,$$

类似地, 有

$$\int_{-\infty}^{+\infty} f(x)\mathrm{d}x \approx \sum_{k=0}^{n} A_k \mathrm{e}^{x_k^2} f(x_k).$$

3) 高斯-切比雪夫公式

$$\int_{-1}^{1} \frac{f(x)}{\sqrt{1-x^2}}\mathrm{d}x \approx \frac{\pi}{n+1} \sum_{k=0}^{n} f\left(\cos\frac{2k+1}{2n+1}\pi\right), \tag{7.5.13}$$

其余项表达式为

$$R[f] = \frac{\pi}{2^{(2n+1)}(2n+2)!} f^{(2n+2)}(\eta), \quad -1<\eta<+1.$$

例 7.5.1　利用 $n=2$ 的 Gauss-Legendre 求积公式, 计算 $I=\int_1^3 \frac{\mathrm{d}x}{x}$.

解　作变换替换 $x=t+2$, 则积分为

$$I = \int_{-1}^{1} \frac{\mathrm{d}t}{t+2} = \int_{-1}^{1} \frac{\mathrm{d}x}{x+2}.$$

利用 Gauss-Legendre 求积公式得

$$
\begin{aligned}
I \approx & \frac{8}{9} \times \frac{1}{2+0} + \frac{5}{9} \times \left[\frac{1}{2 - \dfrac{\sqrt{15}}{5}} + \frac{1}{2 + \dfrac{\sqrt{15}}{5}} \right] \\
= & \frac{4}{9} + \frac{5}{9} \times \frac{20}{17} = 1.0980392.
\end{aligned}
$$

7.6 数 值 微 分 *

对于确定的函数表达式 $f(x)$, 函数的导数值 $f'(x)$ 总是可以按各种求导的公式和规则或是直接通过导数定义的极限求得, 但当函数是以数据表的形式给出时, 微分学中的方法就不能使用. 为此, 下面介绍 2 个基本的数值求导方法.

7.6.1 插值型求导公式

设已知函数 $f(x)$ 在节点 $x_k (k=0,1,\cdots,n)$ 的函数值为 $f(x_0), f(x_1), \cdots, f(x_n)$, 运用插值原理, 可以作 n 次插值多项式 $P_n(x)$ 作为 $f(x)$ 的近似. 由于多项式的求导比较容易, 进而我们可取 $P_n'(x)$ 的值作 $f'(x)$ 的近似值, 这样建立的数值公式

$$
f'(x) \approx P_n'(x) \tag{7.6.1}
$$

统称为**插值型求导公式**. 值得注意是, 即使 $f(x)$ 与 $P_n(x)$ 的值相差不多, 但导数的近似值 $P_n'(x)$ 与导数的真值 $f'(x)$ 仍可能相差甚远, 因此在使用数值求导公式 (7.6.1) 时应特别注意误差分析.

依据插值余项定理, 求导公式 (7.6.1) 的余项为

$$
f'(x) - P_n'(x) = \frac{f^{(n+1)}(\xi)}{(n+1)!} w_{n+1}'(x) + \frac{w_{n+1}(x)}{(n+1)!} \frac{\mathrm{d}}{\mathrm{d}x} f^{(n+1)}(\xi),
$$

式中，$\omega_{n+1}(x) = \prod\limits_{k=0}^{n} (x - x_k)$.

在这一余项公式中, 由于 ξ 是 x 的未知函数, 故无法对第 2 项 $\dfrac{\omega_{n+1}(x)}{(n+1)!} \dfrac{\mathrm{d}}{\mathrm{d}x} f^{(n+1)}(\xi)$ 作出进一步的说明. 因此, 对于任给的点 x 的误差值是难以预估的. 但是, 如果我们限定讨论某个节点 x_k 上的导数值, 那么上面的第 2 项因 $w_{n+1}(x_k) = 0$ 而为零, 这时有余项公式

$$
f'(x_k) - P_n'(x_k) = \frac{f^{(n+1)}(\xi)}{(n+1)!} w_{n+1}'(x_k). \tag{7.6.2}
$$

为便于实际应用, 下面讨论一些节点处导数值的计算公式, 并假定所给的节点是等间距的.

1) 两点公式

设已给出 2 个节点 x_0, x_1 处的函数值 $f(x_0), f(x_1)$, 作线性插值多项式

$$P_1(x) = \frac{x - x_1}{x_0 - x_1} f(x_0) + \frac{x - x_0}{x_1 - x_0} f(x_1).$$

记 $h = x_1 - x_0$, 并对上式两端求导, 则有

$$P_1'(x) = \frac{1}{h}\left[-f(x_0) + f(x_1)\right].$$

于是, 有下列**两点求导公式**

$$P_1'(x_0) = \frac{1}{h}\left[f(x_1) - f(x_0)\right],$$

$$P_1'(x_1) = \frac{1}{h}\left[f(x_1) - f(x_0)\right].$$

而利用余项公式 (7.6.2) 得**带余项的两点公式**

$$\begin{aligned} f'(x_0) &= \frac{1}{h}\left[f(x_1) - f(x_0)\right] - \frac{h}{2} f''(\xi_1), \\ f'(x_1) &= \frac{1}{h}\left[f(x_1) - f(x_0)\right] + \frac{h}{2} f''(\xi_2). \end{aligned} \tag{7.6.3}$$

2) 三点公式

已给出 3 个节点 $x_0, x_1 = x_0 + h, x_2 = x_0 + 2h$ 处的函数值 $f(x_0), f(x_1), f(x_2)$, 作 2 次插值多项式

$$\begin{aligned} P_2(x) =& \frac{(x - x_1)(x - x_2)}{(x_0 - x_1)(x_0 - x_2)} f(x_0) + \frac{(x - x_0)(x - x_2)}{(x_1 - x_0)(x_1 - x_2)} f(x_1) \\ &+ \frac{(x - x_0)(x - x_1)}{(x_2 - x_0)(x_2 - x_1)} f(x_2). \end{aligned}$$

令 $x = x_0 + h$, 则上式可表示为

$$P_2(x + th) = \frac{(t-1)(t-2)}{2} f(x_0) - t(t-2) f(x_1) + \frac{t(t-1)}{2} f(x_2).$$

上式两端关于 t 求导, 得

$$P_2'(x_0 + th) = \frac{1}{2h}\left[(2t-3) f(x_0) - (4t-4) f(x_1) + (2t-1) f(x_2)\right], \tag{7.6.4}$$

上式中, “$'$ ” 表示对变量 x 的求导运算. 在上式分别取 $t = 0, 1, 2$, 则得 3 个节点上的**三点求导公式**

$$P_2'(x_0) = \frac{1}{2h}\left[-3f(x_0) + 4f(x_1) - f(x_2)\right],$$

$$P_2'(x_1) = \frac{1}{2h}\left[-f(x_0) + f(x_2)\right],$$

$$P_2'(x_2) = \frac{1}{2h}\left[f(x_0) - 4f(x_1) + 3f(x_2)\right].$$

相应地, **带余项的三点求导公式**如下:

$$f'(x_0) = \frac{1}{2h}[-3f(x_0)+4f(x_1)-f(x_2)]+\frac{h^2}{3}f'''(\xi_1),$$
$$f'(x_1) = \frac{1}{2h}[-f(x_0)+f(x_2)]-\frac{h^2}{6}f'''(\xi_2), \tag{7.6.5}$$
$$f'(x_2) = \frac{1}{2h}[f(x_0)-4f(x_1)+3f(x_2)]+\frac{h^2}{3}f'''(\xi_3).$$

用插值多项式 $P_n(x)$ 作为 $f(x)$ 的近似函数, 还可以建立高阶数值微分公式

$$f^{(k)}(x) \approx P_m^{(k)}(x), \quad k=1,2,\cdots,m.$$

例如, 将式 (7.6.4) 两端关于 t 再求导一次, 则有

$$P_2''(x_0+th) = \frac{1}{h^2}[f(x_0)-2f(x_1)+f(x_2)].$$

于是得 3 个**二阶三点公式**

$$f''(x_i) \approx P''_2(x_i) = \frac{1}{h^2}[f(x_0)-2f(x_1)+f(x_2)], \quad i=0,1,2.$$

相应地, 带余项的**二阶三点公式**为

$$f''(x_i) = \frac{1}{h^2}[f(x_0)-2f(x_1)+f(x_2)]-\frac{h^2}{12}f^{(4)}(\xi_i), \quad i=0,1,2. \tag{7.6.6}$$

3) 实用的五点公式

设已给出函数 $f(x)$ 在 5 个节点 $x_k = x_0+kh(k=0,1,2,3,4)$ 处的函数值

$$f(x_k)(k=0,1,2,3,4).$$

重复类似手段, 我们可导出下列**五点求导公式**:

$$\begin{cases} m_0 = \frac{1}{12h}[-25f(x_0)+48f(x_1)-36f(x_2)+16f(x_3)-3f(x_4)] \\ m_1 = \frac{1}{12h}[-3f(x_0)-10f(x_1)+18f(x_2)-6f(x_3)+f(x_4)] \\ m_2 = \frac{1}{12h}[f(x_0)-8f(x_1)+8f(x_3)-f(x_4)] \\ m_3 = \frac{1}{12h}[-f(x_0)+6f(x_1)-18f(x_2)+10f(x_3)+3f(x_4)] \\ m_4 = \frac{1}{12h}[3f(x_0)-16f(x_1)+36f(x_2)-48f(x_3)+25f(x_4)] \end{cases}, \tag{7.6.7}$$

式中, m_k 表示一阶导数 $f'(x_k)$ 的近似值. 按余项式 (7.6.2) 不难推导出公式的余项 (略).

再记 M_k 为二阶导数 $f''(x_k)$ 的近似值, 则**二阶五点公式**如下:

$$\begin{cases} M_0 = \dfrac{1}{12h^2}[35f(x_0) - 104f(x_1) + 114f(x_2) - 56f(x_3) + 11f(x_4)] \\ M_1 = \dfrac{1}{12h^2}[11f(x_0) - 20f(x_1) + 6f(x_2) + 4f(x_3) - f(x_4)] \\ M_2 = \dfrac{1}{12h^2}[-f(x_0) + 16f(x_1) - 30f(x_2) + 16f(x_3) - f(x_4)] \\ M_3 = \dfrac{1}{12h^2}[-f(x_0) + 4f(x_1) + 6f(x_2) - 20f(x_3) + 11f(x_4)] \\ M_4 = \dfrac{1}{12h^2}[11f(x_0) - 56f(x_1) + 114f(x_2) - 104f(x_3) + 35f(x_4)] \end{cases}, \tag{7.6.8}$$

对于给定的数据表, 用五点公式求节点上的导数值往往能取得满意的结果. 5 个相邻节点的选法, 一般是在所求导数的该节点两侧各取 2 个邻近的节点, 如一侧的节点数不足 2 个, 则用另一侧的节点来补足.

例 7.6.1 利用 $f(x) = \sqrt{x}$ 的一张数据表 (表 7.6 左部), 按五点公式求节点上的导数值, 结果如表 7.6 所示.

解 根据式 (7.6.7) 和式 (7.6.8) 可得函数 $f(x)$ 在给定节点上的一阶与二阶导数值, 见表 7.6.

表 7.6 五点公式计算结果比较

x_i	$f(x_i)$	m_i	$f'(x_i)$	$M_i \times 10^3$	$f''(x_i) \times 10^3$
100	10.000000	0.050000	0.050000	−0.25092	−0.25000
101	10.049875	0.049751	0.049752	−0.24592	−0.24630
102	10.099504	0.049507	0.049507	−0.24192	−0.24268
103	10.148891	0.049267	0.049267	−0.23892	−0.23916
104	10.198039	0.049029	0.049029	−0.23692	−0.23572
105	10.246950	0.048793	0.048795	−0.23592	−0.23236

7.6.2 三次样条插值求导

如果用三次样条插值函数 $S(x)$ 作为 $f(x)$ 的近似函数, 不但可以使函数值非常接近, 而且还可以使导数值非常接近. 因为在一定条件下, 如 $f(x)$ 具有连续的四阶导数, 由 2.6.4 节定理 2.3 知, 当节点间最大步长 $h = \max\limits_{1\leqslant i\leqslant n} h_i \to 0$ 时, 则有

$$\left|f^{(m)}(x) - S^{(m)}(x)\right| = O(h^{(4-m)}), \quad m = 0, 1, 2, 3,$$

式中, $O(h^{(4-m)})$ 表示 $h^{(4-m)}$ 的同阶无穷小量. 因此, 用三次样条插值函数求数值导数, 比上面多项式插值法有更好的数值效果. 其基本思想如下:

已知 $f(x)$ 在节点 $x_0, x_1, \cdots, x_n$ 处函数值为 $f(x_k)$ $(k=0,1,\cdots,n)$, 又已知适当的边界条件, 按 2.6 节中介绍的方法可构造一个三次样条插值函数, 如仅是求节点处的导数值, 则求解三对角方程组中 $m_k(k=0,1,\cdots,n)$ 的值即可. 但如果要计算区间 $[x_{i-1}, x_i]$ 中某点导数值的近似值, 则需要具体写出该区间上的三次样条多项式

$$\begin{aligned}S_i(x)=&\frac{(x-x_i)^2\left[h_i+2(x-x_{i-1})\right]}{h_i^3}f(x_{i-1})\\&+\frac{(x-x_{i-1})^2\left[h_i+2(x_i-x)\right]}{h_i^3}f(x_i)\\&+\frac{(x-x_{i-1})(x-x_i)^2}{h_i^2}m_{i-1}+\frac{(x-x_{i-1})^2(x-x_i)}{h_i^2}m_i.\end{aligned}$$

对上式两边求导, 并用它近似代替 $f'(x)$, 即得基于三次样条函数的近似求导公式

$$\begin{aligned}f'(x)\approx S_i'(x)=&\frac{6}{h_i^2}\left[\frac{(x-x_i)^2}{h_i}+(x-x_i)\right]f(x_{i-1})\\&+\frac{6}{h_i^2}\left[(x-x_{i-1})-\frac{(x-x_{i-1})^2}{h_i}\right]f(x_i)\\&+\frac{1}{h_i}\left[\frac{3(x-x_i)^2}{h_i}+2(x-x_i)\right]m_{i-1}\\&+\frac{1}{h_i}\left[\frac{3(x-x_{i-1})^2}{h_i}-2(x-x_{i-1})\right]m_i,\end{aligned}\tag{7.6.9}$$

式中, $x\in[x_{i-1},x_i](i=1,2,\cdots,n)$. 若对式 (7.6.9) 再求一次导数, 就可得到 $f''(x)$ 的近似公式.

习 题 7

1. 如果 $f''(x)>0$, 证明用梯形公式计算积分 $\int_a^b f(x)\mathrm{d}x$ 所得结果比准确值大, 并说明几何意义.

2. 求节点 x_1, x_2, x_3 以及待定系数 C, 使求积公式

$$\int_{-1}^{1} f(x)\mathrm{d}x\approx C[f(x_1)+f(x_2)+f(x_3)]$$

具有 3 次代数精确度.

3. 确定下列求积公式中的待定参数, 使其代数精确度尽量高:

(1) $\int_{-h}^{h} f(x)\mathrm{d}x\approx A_{-1}f(-h)+A_0f(x)+A_1f(h)$;

(2) $\int_{-2h}^{2h} f(x)\mathrm{d}x\approx A_{-1}f(-h)+A_0f(0)+A_1f(h)$;

(3) $\int_{-1}^{1} f(x)\mathrm{d}x\approx \frac{1}{3}[f(-1)+2f(x_1)+3f(x_2)]$;

(4) $\int_{0}^{h} f(x)\mathrm{d}x\approx \frac{h}{2}[f(0)+f(h)]+Ah^2[f'(0)-f'(h)]$,

并说明所得公式最高代数精确度的次数.

4. 已知数据表

x_i	1.8	2.0	2.2	2.4	2.6
$f(x_i)$	3.12014	4.42569	6.04241	8.03014	10.46675

试用全部数据计算 $\int_{1.8}^{2.6} f(x)\mathrm{d}x$ 的近似值.

5. 用 Simpson 公式计算积分 $I = \int_0^1 \mathrm{e}^x \mathrm{d}x$, 并估计误差.

6. 用复化梯形公式计算 $\int_a^b f(x)\mathrm{d}x$, 应该将区间多少等分, 才能保证误差不超过 ε(计算过程不计舍入误差)?

7. 按照要求用复化 Simpson 公式计算积分:

(1) $\int_0^6 \frac{x}{4+x^2}\mathrm{d}x$ (对积分区间三等分); (2) $\int_1^9 \frac{1}{x}\mathrm{d}x$(对积分区间四等分).

8. 用 Romberge 算法计算如下积分:

(1) $\int_0^1 \frac{4}{1+x^2}\mathrm{d}x$; (2) $\frac{2}{\sqrt{\pi}}\int_0^1 \mathrm{e}^{-x}\mathrm{d}x$.

9. 用 Gauss-Legendre 求积公式计算积分

$$I = \int_{-4}^{4} \frac{1}{1+x^2}\mathrm{d}x,$$

分别取 $n = 2, 4$, 并与 I 的真值 $2\arctan 4$ 比较, 这里不妨取真值 $I \approx 2.6516353$.

10. 用三点公式和五点公式求 $f(x) = \frac{1}{(1+x)^2}$ 在 x =1.0, 1.1 和 1.2 的一阶导数值, 并估计误差. 其中, $f(x)$ 的取值为

x_i	1.0	1.1	1.2	1.3	1.4
$f(x_i)$	0.25	0.2268	0.2066	0.1890	0.1736

11. 分别用三点的 Gauss-Legendre 公式和 Gauss-Chebyshev 公式计算积分

$$I = \int_{-1}^{1} \frac{\arccos x}{\sqrt{1-x^2}}\mathrm{d}x,$$

与真值 $I = \frac{\pi^2}{2}$ 比较.

12. 证明: 当 $n \to \infty$ 时, 复化梯形公式与复化 Simpson 公式收敛到积分 $\int_a^b f(x)\mathrm{d}x$.

第 8 章　常微分方程数值解法

许多科学技术问题都可归结为求解常微分方程 (组) 的问题, 然而只有很少的十分简单的微分方程 (组) 能够用初等方法求其解析解, 一般情况下, 对大部分问题要求出解的解析表达式是不可能的, 因此研究适用于各类方程的数值解法是有必要的. 近些年来, 随着计算机技术的迅猛发展, 利用数值方法求常偏微分方程 (组) 的问题被提高到一个很重要的位置, 偏微分方程 (组) 也常常转化为常微分方程 (组) 求解, 因此, 本章介绍求解常微分方程 (组) 初值问题的基本方法与理论.

8.1　常微分方程初值问题

8.1.1　常微分方程 (组) 初值问题的提法与解的存在性 *

称

$$\begin{cases} \dfrac{\mathrm{d}\boldsymbol{Y}}{\mathrm{d}t} = F(t, \boldsymbol{Y}) \\ \boldsymbol{Y}(t_0) = \boldsymbol{Y}_0 \end{cases} \tag{8.1.1}$$

为一阶常微分方程 (组) 的**初值问题**或 **Cauchy 问题**, 并称 $\boldsymbol{Y}(t_0) = \boldsymbol{Y}_0$ 为其**初始条件**. 这里, 向量 $\boldsymbol{Y} \in \mathbf{R}^n$, F 在开区域 $G \subseteq \mathbf{R} \times \mathbf{R}^n$ 中有定义, 是实变量 t 与向量 $\boldsymbol{Y}$ 的向量值函数. 关于 Cauchy 问题解的存在唯一性, 有如下结论.

定理 8.1 (存在唯一性定理)[11]　*若 Cauchy 问题 (8.1.1) 满足条件:*

(1)F 在开区域 G 内连续, 简记为 $F \in C(G)$;

*(2)F 关于 $\mathbf{R} \times \mathbf{R}^n$ 满足***局部 Lipschitz 条件***, 即对 $\forall$ 点 $P_0(t_0, \boldsymbol{Y}_0) \in G$, 存在*

$$G_0 = \{\ (t, \boldsymbol{Y})\ |\ |t - t_0| \leqslant a\ ,\ \|\boldsymbol{Y} - \boldsymbol{Y}_0\| \leqslant b\ \} \subseteq G$$

和依赖于 P_0 点的常数 L_{P_0}, 使得当点 $(t, \boldsymbol{Y}_1)$ 与 $(t, \boldsymbol{Y}_2)$ 均属于 G_0 时, 不等式

$$\|F(t, \boldsymbol{Y}_1) - F(t, \boldsymbol{Y}_2)\| \leqslant L_{P_0} \|\boldsymbol{Y}_1 - \boldsymbol{Y}_2\| \tag{8.1.2}$$

成立, 则 Cauchy 问题 (8.1.1) 在区间 $|t - t_0| \leqslant h$ 上存在唯一的解 $Y(t)$, 其中, 符号 $\|\cdot\|$ 表示欧氏范数.

特别地, 令变量 $t = x$, $x \in [x_0, X]$, 且当维数 $n = 1$ 时, Cauchy 问题 (8.1.1) 为

$$\begin{cases} \dfrac{\mathrm{d}y}{\mathrm{d}x} = f(x, y) \\ y(x_0) = y_0 \end{cases}, \tag{8.1.3}$$

这里, 二元函数 $f \in C(G), G \subseteq [x_0, X] \times \mathbf{R}, x \in [x_0, X]$, 如果存在实数 $L > 0$, 使函数 f 关于变量 y 满足

$$|f(x,y) - f(x,\overline{y})| \leqslant L\,|y - \overline{y}|\,. \tag{8.1.4}$$

根据定理 8.1, 在区间 $[x_0, X]$ 上 Cauchy 问题 (8.1.3) 存在唯一解 $y(x)$, 这里, L 为 **Lipschitz 常数**, 式 (8.1.4) 称为 Cauchy 问题 (8.1.3) 的 **Lipschitz 条件**.

为简化叙述, 如无特别说明, 本章总认为 Cauchy 问题 (8.1.3) 存在唯一的解, 且连续依赖于初值条件, 即 Cauchy 问题 (8.1.3) 是**适定的**.

所谓常微分方程的**数值解法**就是要计算出解析解 $y = y(x)$ 在一系列离散点

$$x_1 < x_2 < \cdots < x_k < x_{k+1} < \cdots$$

上的**近似值**

$$y_1, y_2, \cdots, y_k, y_{k+1}, \cdots.$$

为便于叙述, 将相邻 2 个节点的间距 $h = x_{k+1} - x_k$ 称为 **(时间) 步长**, 如果不作特别说明, 在以后的数值求解过程中, 总假定 (时间) 步长 h 为常数. 相应地, 自变量的离散节点可表示为

$$x_k = a + kh \quad (k = 0, 1, \cdots).$$

用数值方法计算微分方程数值解的步骤见图 8.1.

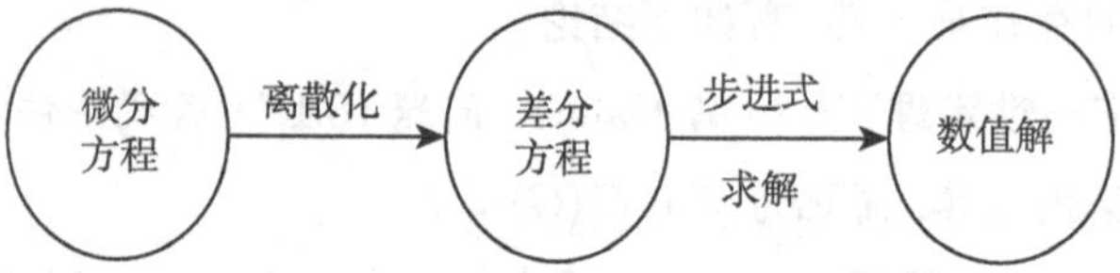

图 8.1 Cauchy 问题的求解步骤

图 8.1 的意思大致为: 用数值方法求解微分方程, 一般情况下, 第一步是将微分方程 “离散化”, 离散化的结果是将微分方程化为差分方程; 第二步就是对差分方程采用 “步进式求解法”, 例如, 用 Euler 显式格式求解, 从而得到微分方程的数值解.

所谓的**步进式求解**, 即在数值求解常微分方程 (组) 的过程中, 按因变量标号的次序从小到大一步步向前推进, 逐步求解. 例如, 在求解单个微分方程 Cauchy 问题的数值解 y_i 时, 可按下式

$$y_0 \to y_1 \to y_2 \to \cdots \to y_k \to y_{k+1} \to \cdots$$

标示的顺序依次推进, 逐个求出方程的数值解 y_i, 这里, $i = 0, 1, 2, \cdots$.

8.1.2 常微分方程的离散化

下面考察一阶常微分方程

$$\frac{\mathrm{d}y}{\mathrm{d}x}=f\left(x,y\right) \tag{8.1.5}$$

的离散化方法.

1) 差商替换导数法

数值求解方程 (8.1.5) 的过程中, 当步长 h 足够小时, 问题的数值解 y_k 与解析解 $y\left(x\right)$ 在节点 x_k 处的取值 $y\left(x_k\right)$ 近似相等, 即有

$$y_k\approx y(x_k),\quad k=0,1,\cdots.$$

另外, 又由于差商是导数的离散化形式, 因此导数 $y'\left(x_k\right)$ 与节点 x_k 处的向前差商或向后差商应该近似相等, 即有

$$y'\left(x_k\right)\approx\frac{y_{k+1}-y_k}{x_{k+1}-x_k}\text{或}y'\left(x_k\right)\approx\frac{y_k-y_{k-1}}{x_k-x_{k-1}},$$

因此可以用向前差商 $\dfrac{y_{k+1}-y_k}{x_{k+1}-x_k}$ 或向后差商 $\dfrac{y_k-y_{k-1}}{x_k-x_{k-1}}$ 近似代替微分方程中的导数 $y'\left(x_k\right)$, 从而可将式 (8.1.5) 中的微分方程化为其离散化的形式, 这就是所谓的**差分方程**或**差分格式**. 例如,

(1) **向前差商替换导数**: 当步长 h 足够小时, 在式 (8.1.5) 中的 (x_k,y_k) 点处, 向前差商

$$\frac{y_{k+1}-y_k}{h}\approx y'\left(x_k\right),\quad k=0,1,2,\cdots,$$

用其代替导数 $y'(x_k)$, 得如下差分方程

$$\frac{y_{k+1}-y_k}{h}=f\left(x_k,y_k\right).$$

整理得

$$y_{k+1}=y_k+hf(x_k,y_k),\quad k=0,1,2,\cdots. \tag{8.1.6}$$

上式称为 **Euler 显式 (前差) 格式**.

(2)**向后差商替换导数**: 在 (x_k,y_k) 点, 若用向后差商 $\dfrac{y_k-y_{k-1}}{h}$ 代替式 (8.1.5) 中的导数 $y'(x_k)$, 得如下差分方程

$$\frac{y_k-y_{k-1}}{h}=f\left(x_k,y_k\right),\quad k=1,2,\cdots,$$

相应地, 方程 (8.1.5) 化为

$$y_k=y_{k-1}+hf\left(x_k,y_k\right),\quad k=1,2,\cdots, \tag{8.1.7}$$

式 (8.1.7) 称为 **Euler 隐式 (后差) 格式**.

(3)**中心差商替换导数**: 同理, 在 (x_k, y_k) 点, 用中心差商 $\frac{y_{k+1}-y_{k-1}}{2h}$ 代替式 (8.1.5) 中的导数 $y'(x_k)$, 得差分格式

$$y_{k+1} = y_{k-1} + 2hf(x_k, y_k), \quad k = 1, 2, \cdots, \tag{8.1.8}$$

式 (8.1.8) 称为 **Euler 中心 (差) 格式**.

同理还可以用其他的差商代替导数, 可以得到与上述三种不同的差分格式.

2) 数值积分法

把 $y' = f(x, y)$ 在区间 $[x_k, x_{k+1}]\,(k = 0, 1, 2, \cdots)$ 上积分, 应用 Newton-Leibniz 公式得

$$y(x_{k+1}) - y(x_k) = \int_{x_k}^{x_{k+1}} f(x, y(x))\mathrm{d}x. \tag{8.1.9}$$

式 (8.1.9) 右端用左矩形公式计算积分, 并用 y_k 代替 $y(x_k)$, 可得 Euler 显式格式

$$y_{k+1} = y_k + hf(x_k, y_k), \quad k = 0, 1, 2, \cdots.$$

式 (8.1.9) 右端用右矩形公式计算积分, 并用 y_k 代替 $y(x_k)$, 可得 Euler 隐式格式 (8.1.7). 类似地, 用梯形公式计算式 (8.1.9) 右端积分, 并用 y_k 代替 $y(x_k)$, 可得 **Euler 梯形格式**

$$y_{k+1} = y_k + \frac{h}{2}\left[f(x_k, y_k) + f(x_{k+1}, y_{k+1})\right], \quad k = 0, 1, 2, \cdots. \tag{8.1.10}$$

Euler 梯形格式也是一种**隐式格式**.

3) 泰勒展开法

设 $y = y(x)$ 为方程 (8.1.5) 的解, 假定函数 $y(x)$ 足够光滑, 则将 $y(x)$ 在点 x_k 处进行泰勒展开, 并令 $x = x_{k+1}$, 得

$$y(x_{k+1}) = y(x_k) + y'(x_k)h + \frac{h^2}{2}y''(x_k) + \cdots. \tag{8.1.11}$$

如果展开式 (8.1.11) 右端只保留 h 的线性项, 并以 y_{k+1} 作为 $y(x_{k+1})$ 的近似, 同样可得 Euler 显式格式 (8.1.6).

8.1.3 基本概念

1) 单步法与多步法

所谓**单步法**, 即是在数值求解过程中, 为了求得点 x_{k+1} 处的数值解 y_{k+1}, 只要知道前面一点 x_k 的数值解 y_k 就可以了. 除此之外, 单步法的特征还体现在:

(1) 差分方程中未知变量 y_{k+1} 与已知变量 y_k 下标之差最大为 1;

(2) 求解过程按照下标从小到大顺序计算, 即按照下式

$$y_1 \to y_2 \to y_3 \to \cdots$$

所示的顺序依次进行, 如 Euler 显式格式和 Euler 隐式格式都属于单步法.

而所谓**多步法**, 即计算 y_{k+1} 时, 需要用到前面多点处的数值解信息. 如在 Euler 中心格式 (8.1.8) 中, 计算 y_{k+1} 需要 y_k 和 y_{k-1} 两个初值, 因此格式 (8.1.8) 属于多步法.

2) 显式格式与隐式格式

如在 Euler 前差格式 (8.1.6) 中, 数值解 y_{k+1} 可以用 x_k 和 y_k 解析表示, 这类格式称为**显式格式**. 反之, 若在差分格式中, 数值解 y_{k+1} 并非直接用 x_k 和 y_k 解析表示, 则这类格式称为**隐式的**. 因此 Euler 后差格式 (8.1.7) 和 Euler 梯形格式 (8.1.10) 均属于隐式格式. 对隐式格式而言, 计算数值解 y_{k+1} 形式上需要解方程组.

由于隐式格式的右端含有 y_{k+1}, 为了避免解方程, 可考虑先按某显式格式对 y_{k+1} 进行预报, 然后用隐式格式对其校正, 这种方法称为**预报-校正格式**, 如式 (8.1.12) 所示:

$$\begin{cases} \bar{y}_{k+1} = y_k + hf(x_k, y_k), & \text{预报} \\ y_{k+1} = y_k + \dfrac{h}{2}\left[f(x_k, y_k) + f(x_{k+1}, \bar{y}_{k+1})\right], & \text{校正} \end{cases} \tag{8.1.12}$$

式 (8.1.12) 中, 通过将预报出来的数值解 $\bar{y}_{k+1}$ 代入校正格式, 实质上已将隐式格式 (8.1.10) 显式化了. 因此, 式 (8.1.12) 也称为**改进的 Euler 格式**.

8.1.4 Euler 显式格式的几何解释

如图 8.2 所示, 设 $y = y(x)$ 为初值问题 (8.1.3) 的解析解, 图中用起点为 $P_0(x_0, y_0)$ 的光滑曲线表示, 这里 $y_0 = y(x_0)$ 为初值问题 (8.1.3) 的初值条件, h 为步长.

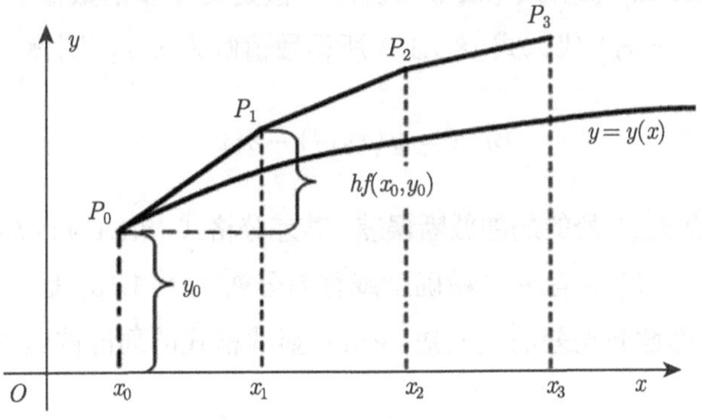

图 8.2 Euler 显式格式的几何意义

在图 8.2 中, 以 $P_0(x_0, y_0)$ 为起点, 作曲线 $y = y(x)$ 的切线段, 切点 $P_0(x_0, y_0)$ 处切线斜率为 $y'(0) = f(x_0, y_0)$, 令 $x_1 = x_0 + h$, 在该切线段上截取横坐标为 x_1 的点为终点, 记为 P_1,

记 P_1 的纵坐标为 y_1, 则 y_1 即为将 $y_0 = y(x_0)$ 代入 Euler 显式格式

$$y_{k+1} = y_k + hf(x_k, y_k), \quad k = 0, 1, 2, \cdots \tag{8.1.6}$$

迭代一次所得的数值解; 同理, 以 $P_1(x_1, y_1)$ 为起点, 以 $y'(x_1) = f(x_1, y_1)$ 为斜率作直线段, 在该直线段上截取横坐标为 x_2 的点为终点, 记为 P_2, 记 P_2 的纵坐标为 y_2 , 则 y_2 即为将 y_1 代入 Euler 显式格式 (8.1.6) 迭代一次所得数值解 …… 如此继续下去, 得到一个点列 $\{P_i(x_i, y_i)\}_{i=0}^{\infty}$ 和点列 $\{P_i(x_i, y_i)\}_{i=0}^{\infty}$ 连成的折线, 在几何上, 这条折线就是解析曲线 $y = y(x)$ 的近似曲线, 点列的纵坐标集合 $\{y_i\}_{i=0}^{\infty}$ 即为用 Euler 显式格式所得各个节点上的数值解. 因此, 用 Euler 显式格式求 Cauchy 问题的方法又称为 **Euler 折线法**.

8.1.5 误差与差分格式的阶

接下来以 Euler 显式格式和 Euler 梯形格式为例, 介绍差分格式误差的相关概念.

假设给定初始值 y_0, 用差分格式

$$y_{k+1} = g(y_k, x_k, h) \tag{8.1.13}$$

求解 Cauchy 问题 (8.1.3). y_k 是节点 x_k 处的数值解, $y(x_k)$ 是其精确解, 称精确解与数值解之差

$$e_k = y(x_k) - y_k \tag{8.1.14}$$

为 x_k 处数值解 y_k 或差分格式的**整体截断误差**. 同理, 节点 x_{k+1} 处数值解的整体截断误差即为 $e_{k+1} = y(x_{k+1}) - y_{k+1}$. 若存在常数 p 使整体截断误差 $e_k = O(h^{p+1})$, 则称差分格式 (8.1.13) 的整体截断误差是 p**阶的**.

在用差分格式 (8.1.13) 求解式 (8.1.3) 过程中, 假定第 k 步的数值解 y_k 精确等于问题的精确解 $y(x_k)$. 将 $y_k = y(x_k)$ 代入式 (8.1.13) 所得数值解为 y_{k+1}, 则称

$$E_{k+1} = y(x_{k+1}) - y_{k+1} \tag{8.1.15}$$

为格式 (8.1.13) 在节点 x_{k+1} 处的**局部截断误差**. 若差分格式 (8.1.13) 的局部截断误差 $E_{k+1} = O(h^{p+1})$, 可称格式 (8.1.13) 具有 p 阶精确度或称差分格式 (8.1.13) 是 p 阶格式.

根据差分格式局部截断误差的定义知: Euler 显式格式的局部截断误差为

$$\begin{aligned} E_{k+1} =& y(x_{k+1}) - [y_k + hf(x_k, y_k)] = y(x_{k+1}) - y(x_k) - hf(x_k, y(x_k)) \\ =& \frac{h^2}{2} y''(x_k) + O(h^3) = O(h^2). \end{aligned}$$

因此 Euler 显式格式是一阶格式.

类似地, 若将 $y(x)$ 在点 x_{k+1} 处 Taylor 展开, 并令 $x=x_k$, 得

$$y(x_k)=y(x_{k+1})-hy'(x_{k+1})+\frac{h^2}{2}y''(x_{k+1})+O(h^3). \tag{8.1.16}$$

考虑函数 $y''(x)$ 在点 x_k 的一阶 Taylor 展开式, 并令 $x=x_{k+1}$, 得

$$y''(x_{k+1})=y''(x_k)+O(h). \tag{8.1.17}$$

将式 (8.1.11) 与式 (8.1.16) 作减法, 并利用式 (8.1.17), 得

$$2(y(x_{k+1})-y(x_k))-h(y'(x_k)+y'(x_{k+1}))=O(h^3).$$

同样, 若假设 $y_k=y(x_k)$ 成立, 可得 Euler 梯形格式 (8.1.10) 在节点 x_{k+1} 处数值解的局部截断误差为

$$E_{k+1}=y\left(x_{k+1}\right)-y\left(x_k\right)-\frac{h}{2}\left(f\left(x_k,y\left(x_k\right)\right)+f\left(x_{k+1},y\left(x_{k+1}\right)\right)\right)=O\left(h^3\right).$$

因此 Euler 梯形格式是一个二阶格式.

例 8.1.1 取步长 $h=0.02$, 分别用 Euler 显式格式 (8.1.6) 和预报-校正格式 (8.1.12) 计算 Cauchy 问题

$$\begin{cases} y'=-\dfrac{0.9y}{1+2x} \\ y(0)=1 \end{cases}$$

的数值解, 计算到 y_5, 并与精确值 $y(x_k)=(1+2x_k)^{-0.45}$ 进行比较.

解 初值问题的 Euler 显式格式为

$$y_{k+1}=y_k+hf(x_k,y_k)=y_k\left(1-\frac{0.9h}{1+2x_k}\right), \quad k=0,1,2,\cdots,$$

令 $y_0=1$ 代入上式迭代 4 次, 得到的计算结果见表 8.1.

表 8.1 Euler 显式格式的计算结果

k	x_k	y_k	$f(x_k,y_k)$	y_{k+1}
0	0	1	−0.9	0.9820
1	0.02	0.9820	−0.8498	0.9650
2	0.04	0.9650	−0.8042	0.9489
3	0.06	0.9489	−0.7625	0.9336
4	0.08	0.9336	−0.7244	0.9191

初值问题的预报-校正格式 (改进 Euler 格式) 为

$$\begin{cases} \overline{y}_{k+1}=y_k+hf(x_k,y_k) \\ y_{k+1}=y_k+\dfrac{h}{2}\left[f(x_k,y_k)+f(x_k,\overline{y}_{k+1})\right] \end{cases} \quad k=0,1,2,\cdots,$$

令 $y_0 = 1$ 代入上式迭代 4 次, 计算结果见表 8.2.

表 8.2 预报-校正格式的计算结果

k	x_k	y_k	$f(x_k, y_k)$	$\bar{y}_{k+1}$	$f(x_k, \bar{y}_{k+1})$	y_{k+1}
0	0	1	−0.9	0.982	−0.849808	0.982502
1	0.02	0.982502	−0.850242	0.965497	−0.804581	0.965954
2	0.04	0.965954	−0.804962	0.949855	−0.763276	0.950272
3	0.06	0.950272	−0.763611	0.935000	−0.725431	0.935382
4	0.08	0.935382	−0.725727	0.920867	−0.690650	0.921218

Euler 显式格式与预报-校正格式的结果与精确解比较见表 8.3.

表 8.3 计算结果与精确解的比较 (6 位有效数字)

x_k	Euler 显式格式	改进 Euler 格式	精确解
0.02	0.982000	0.982502	0.982506
0.04	0.965004	0.965945	0.965960
0.06	0.948921	0.950272	0.950281
0.08	0.933670	0.935382	0.935393
0.10	0.919182	0.921218	0.921231

可见, 与 Euler 显式格式相比, 用预报-校正格式所得数值解要更接近问题精确解, 即预报-校正格式的整体截断误差要相对小一些. #

事实上, 由于预报-校正格式是二阶格式, 而 Euler 显式只是一阶格式, 因此用二阶格式所得数值解的精度自然要比 Euler 显式格式所得数值解的精确程度高一些.

例 8.1.2 取步长 $h = 0.01$, 试用预报-校正格式 (8.1.12) 求解如下 Cauchy 问题

$$\begin{cases} y' = -y + x + 1, \quad x \in [0, 1] \\ y(0) = 1 \end{cases},$$

并估计整体截断误差 e_k.

解 求解 Cauchy 问题的预报-校正格式为

$$\begin{cases} \bar{y}_{n+1} = y_n + h(-y_n + x_n + 1) \\ y_{n+1} = y_n + \dfrac{h}{2}\left((-y_n + x_n + 1) + (-\bar{y}_{n+1} + x_{n+1} + 1)\right) \end{cases},$$

这里, $x_n = nh = 0.1n$; $n = 0, 1, 2, \cdots, 9$.

令 $y_0 = 1.0$, 代入上式迭代 10 次, 所得问题的数值解和整体截断误差 e_n 见表 8.4.

可见, 预报-校正格式具有相当好的精度, 其整体截断误差维持在 $O(10^{-3})$ 量级. #

表 8.4 例 8.1.2 结果

x	精确解 $y(x)=x+\mathrm{e}^{-x}$	预报-校正格式 y_n	整体截断误差 $e_n=\lvert y(x_n)-y_n\rvert$
0.0	1.00000000	1.00000000	0
0.1	1.00483739	1.00500000	0.1626×10^{-3}
0.2	1.01873076	1.01902500	0.2942×10^{-3}
0.3	1.04081821	1.04121763	0.3994×10^{-3}
0.4	1.07032001	1.07080195	0.4819×10^{-3}
0.5	1.10653067	1.10707577	0.5451×10^{-3}
0.6	1.14881170	1.14940357	0.5919×10^{-3}
0.7	1.19658530	1.19721023	0.6249×10^{-3}
0.8	1.24932897	1.24997526	0.6463×10^{-3}
0.9	1.30656970	1.30722762	0.6579×10^{-3}
1.0	1.36787951	1.36854100	0.6615×10^{-3}

8.2 Runge-Kutta(龙格-库塔) 法

8.2.1 Runge-Kutta 法的基本思想

从局部截断误差可以看出, 当步长 h 较小时, 阶数越高的方法其局部截断误差的绝对值越小, 即所得数值解近似效果越好.

例 8.1.1 表明预报-校正格式的数值计算结果确实比 Euler 显式格式更为准确. 而事实上, 预报-校正格式

$$\begin{cases} \overline{y}_{k+1}=y_k+hf(x_k,y_k) \\ y_{k+1}=y_k+\dfrac{h}{2}\left[f(x_k,y_k)+f(x_k,\overline{y}_{k+1})\right] \end{cases} \quad k=0,1,2,\cdots$$

中, 校正格式仅仅是在方程的右端对函数 $f(x,y)$ 不同点的值进行了适当的线性组合, 那么是否可以考虑将更多点上的函数值 $f(x,y)$ 进行组合, 从而产生更高阶的数值求解方法呢?

设 $y=y(x)$ 是初值问题 (8.1.3) 的解析解, 考虑函数 $y(x)$ 在点 x_k 处的 Taylor 展开式, 并令 $x=x_{k+1}$, 则有

$$y(x_{k+1})=y(x_k)+y'(x_k)h+\frac{h^2}{2}y''(x_k)+O(h^3). \tag{8.2.1}$$

由于 $y'=f(x,y)$, 则运用二元函数求导法则, 得

$$y'(x_k)=f(x_k,y(x_k)),$$

$$y''(x_k)=\left(f'_x+f\cdot f'_y\right)\big|_{(x_k,y(x_k))}\cdot$$

类似地, 可得 $y(x)$ 更高阶导数在 x_k 处的值, 这样

$$\begin{aligned} y\left(x_{k+1}\right)=&y\left(x_k\right)+hy'\left(x_k\right)+\frac{h^2}{2}y''\left(x_k\right)+O\left(h^3\right)\\ =&y\left(x_k\right)+hf\left(x_k,y\left(x_k\right)\right)+\frac{h^2}{2}\left(f'_x\left(x_k,y\left(x_k\right)\right)\right.\\ &\left.+f\left(x_k,y\left(x_k\right)\right)\cdot f'_y\left(x_k,y\left(x_k\right)\right)\right)+O\left(h^3\right). \end{aligned} \tag{8.2.2}$$

另外, 若假设差分格式具有如下形式

$$y_{k+1}=y_k+c_1hf(x_k,y_k)+c_2hf(x_k+h\lambda_1,y_k+\mu_1hf(x_k,y_k)), \tag{8.2.3}$$

即

$$\begin{cases} y_{k+1}=y_k+c_1K_1+c_2K_2\\ K_1=hf(x_k,y_k)\\ K_2=hf(x_k+\lambda_1h,y_k+\mu_1hf(x_k,y_k)) \end{cases}, \tag{8.2.4}$$

式中, c_1,c_2,λ_1,μ_1 是待定参数, 它们的取值必须使差分格式 (8.2.4) 有二阶精度. 即使差分格式 (8.2.2) 与式 (8.2.4) 表示同一个表达式, 将函数

$$f(x_k+\lambda_1h,y_k+\mu_1hf(x_k,y_k))$$

作为以 λ_1 和 μ_1 为待定参变量的二元函数, 在点 (x_k,y_k) 处进行 Taylor 展开, 有

$$\begin{aligned} &f\left(x_k+\lambda_1h,y_k+\mu_1hf\left(x_k,y_k\right)\right)\\ =&f\left(x_k,y_k\right)+\lambda_1hf'_x\left(x_k,y_k\right)+\mu_1hf\left(x_k,y_k\right)f'_y\left(x_k,y_k\right)+O\left(h^2\right). \end{aligned}$$

将上式代入式 (8.2.4) 得

$$\begin{aligned} y_{k+1}=&y_k+c_1hf\left(x_k,y_k\right)+c_2h\left(f\left(x_k,y_k\right)+\lambda_1hf'_x\left(x_k,y_k\right)\right.\\ &\left.+\mu_1hf\left(x_k,y_k\right)f'_y\left(x_k,y_k\right)+O\left(h^2\right)\right)\\ =&y_k+\left(c_1h+c_2h\right)f\left(x_k,y_k\right)+h^2\left(c_2\lambda_1f'_x\left(x_k,y_k\right)\right.\\ &\left.+c_2\mu_1f\left(x_k,y_k\right)f'_y\left(x_k,y_k\right)\right)+O\left(h^3\right). \end{aligned} \tag{8.2.5}$$

若作局部假设 $y(x_k)=y_k$, 当要求差分格式 (8.2.4) 是二阶的方法时, 则式 (8.2.2) 与式 (8.2.5) 关于 h 的一次幂和二次幂的系数必须对应相等. 比较式 (8.2.2) 与式 (8.2.5) 的系数, 得关系式

$$\begin{cases} c_1+c_2=1\\ c_2\lambda_1=\dfrac{1}{2}\\ c_2\mu_1=\dfrac{1}{2} \end{cases}. \tag{8.2.6}$$

这样 4 个待定参数 c_1, c_2, λ_1 与 μ_1 仅需满足 3 个方程, 必定有 1 个自由参量. 因 3 个方程中都含有 c_2, 为便于讨论, 可令 $c_2 = c$ 为自由参量, 于是

$$c_1 = 1 - c, \quad \lambda_1 = \mu_1 = \frac{1}{2c}, \quad c_2 = c \quad (c \neq 0),$$

当 c 取定一个实数时, 相应地有一组 $c_1, \lambda_1, \mu_1, c_2$, 则可以得到一种差分格式.

特别地, 若取 $c_2 = \frac{1}{2}$, 则 $c_1 = \frac{1}{2}, \lambda_1 = \mu_1 = 1$, 代入式 (8.2.3) 可得如下差分格式

$$y_{k+1} = y_k + \frac{h}{2}\left[f(x_k, y_k) + f(x_k + h, y_k + hf(x_k, y_k))\right].$$

上式就是改进的 Euler 格式 (预报-校正格式).

若取 $c_2 = 1$, 则 $c_1 = 0, \lambda_1 = \mu_1 = \frac{1}{2}$, 代入式 (8.2.3) 可得

$$y_{k+1} = y_k + hf\left(x_k + \frac{h}{2}, y_k + \frac{h}{2}f(x_k, y_k)\right).$$

上式是另一种 Euler 格式.

由式 (8.2.5) 可以看出, 满足关系式 (8.2.6) 的参数 $c_1, c_2, \lambda_1, \mu_1$ 所产生的差分格式, 其局部截断误差都为 $O(h^3)$, 即都是二阶方法, 统称为**二级二阶 Runge-Kutta 法**.

8.2.2 四级四阶 Runge-Kutta 法

类似 8.2.1 节的讨论, 若对函数 $f(x, y)$ 在更多不同点处的数值进行组合, 可以得到更多阶数更高的差分格式. 若设差分格式为

$$\begin{cases} y_{k+1} = y_k + c_1K_1 + c_2K_2 + c_3K_3 + c_4K_4 \\ K_1 = hf(x_k, y_k) \\ K_2 = hf(x_k + \lambda_1 h, y_k + \mu_{11}K_1) \\ K_3 = hf(x_k + \lambda_2 h, y_k + \mu_{21}K_1 + \mu_{22}K_2) \\ K_4 = hf(x_k + \lambda_3 h, y_k + \mu_{31}K_1 + \mu_{32}K_2 + \mu_{33}K_3) \end{cases}, \tag{8.2.7}$$

式中, $c_i (i = 1, 2, 3, 4), \lambda_i (i = 1, 2, 3)$ 以及 $\mu_{ij} (i = 1, 2, 3; j \leqslant i)$, 共 13 个待定参数.

与二阶 Runge-Kutta 法的讨论一样, 将差分格式 (8.2.7) 展开, 并与 $y(x)$ 在点 x_k 处的 Taylor 展开式 (令 $x = x_{k+1}$) 比较, 当要求差分格式 (8.2.7) 是四阶方法时, 即关于 h 的各次幂 (直到 h^4) 的系数需对应相等, 可得上述 13 个参数应满足的 11 个方程, 此时可有 2 个自由参量, 取定 2 个自由参量值, 就得相应的一组参数, 即得不同的差分格式. 这些格式的局部截断误差都是 $O(h^5)$, 即都是四阶方法, 统称为**四级四阶 Runge-Kutta 法**[12].

目前工程中常用[12]的经典的四级四阶 Runge-Kutta 公式为

$$\begin{cases} y_{k+1} = y_k + \dfrac{h}{6}(K_1 + 2K_2 + 2K_3 + K_4) \\ K_1 = f(x_k, y_k) \\ K_2 = f\left(x_k + \dfrac{h}{2}, y_k + \dfrac{h}{2}K_1\right) \\ K_3 = f\left(x_k + \dfrac{h}{2}, y_k + \dfrac{h}{2}K_2\right) \\ K_4 = f(x_k + h, y_k + hK_3) \end{cases} \quad (8.2.8)$$

值得提出的是, Runge-Kutta 法的推导基于 Taylor 展开, 因此该方法要求初值问题的解具有较好的光滑性. 反之, 如果微分方程解的光滑性不太好时, 那么用四阶 Runge-Kutta 法求得的数值解, 其精度可能反而不如改进的 Euler 方法. 因此, 实际计算时, 应针对具体问题选择合适的算法. 对于各阶的 Runge-Kutta 法, 根据单步法的概念可知上面提及的二级二阶和四级四阶 Runge-Kutta 法仍属于单步法.

8.2.3　步长的选取

使用数值格式求解微分方程的过程中, 对具体的一步计算而言, 步长越小, 局部截断误差就越小. 但随着步长的缩小, 在同样的求解范围所要完成的步数必然增加, 而步数的增加不仅引起计算量的增加, 且可能导致截断误差和舍入误差的积累. 因此与数值积分类似, 微分方程的数值解法也存在着步长选择的问题.

步长选择的依据是: ①所得结果应满足给定精度要求; ②计算结果的精度衡量和检验.

解决的方法是采用结合误差估计的步长自动选择. 为了便于叙述, 以四级四阶 Runge-Kutta 法为例, 考虑从 (x_k, y_k) 到 (x_{k+1}, y_{k+1}) 的过程. 首先给定一个初始的步长 h, 由于四级四阶 Runge-Kutta 法的局部截断误差为

$$y(x_{k+1}) - y_{k+1}^{(h)} = Ch^5.$$

然后, 将步长折半为 $\dfrac{h}{2}$, 则从 x_k 到 x_{k+1} 需要经过 2 步才能完成, 则有

$$y(x_{k+1}) - y_{k+1}^{(\frac{h}{2})} = C_1\left(\frac{h}{2}\right)^5 + C_2\left(\frac{h}{2}\right)^5.$$

若假定 $C \approx C_1 \approx C_2$, 则近似有

$$\frac{y(x_{k+1}) - y_{k+1}^{(h)}}{y(x_{k+1}) - y_{k+1}^{(\frac{h}{2})}} \approx 16,$$

即

$$15\left(y(x_{k+1})-y_{k+1}^{(\frac{h}{2})}\right)\approx y_{k+1}^{(\frac{h}{2})}-y_{k+1}^{(h)}.$$

于是有

$$y\left(x_{k+1}\right)-y_{k+1}^{(\frac{h}{2})}\approx\frac{1}{15}\left(y_{k+1}^{(\frac{h}{2})}-y_{k+1}^{(h)}\right).$$

记 $\Delta=\left|y_{k+1}^{(\frac{h}{2})}-y_{k+1}^{(h)}\right|$, 这样可以通过检查步长折半前后两次计算所得的 Δ 值确定所选步长是否合适. 具体运用时, 将分以下 2 种情况处理, 对于给定的精确要求 $\varepsilon>0$:

(1) 如 $\Delta>\varepsilon$, 则反复折半进行计算, 直到 $\Delta<\varepsilon$ 为止, 这时取最终计算中的步长为所需的步长;

(2) 如 $\Delta<\varepsilon$, 则反复将步长加倍, 直到 $\Delta>\varepsilon$ 为止, 此时前一次计算中的步长就是所选择的步长.

这种通过加倍或折半处理步长的手段称为**变步长方法**.

例 8.2.1 用经典的四级四阶 Runge-Kutta 法计算 Cauchy 问题

$$\begin{cases} y'=-y+x+1, & x\in[0,3] \\ y\left(0\right)=1 \end{cases},$$

并计算数值解的整体截断误差.

解 取步长为 0.05 应用经典的四级四阶 Runge-Kutta 法 (8.2.8), 可得数值解在节点 x_n 处的数值解 y_n, 并将数值解 y_n、精确解 $y\left(x_n\right)$ 与误差 $\left|y\left(x_n\right)-y_n\right|$ 列表如表 8.5.

表 8.5 例 8.2.1 的计算结果

x_n	精确解 $y(x)=x+\mathrm{e}^{-x}$	Runge-Kutta 数值解 y_n	误差 $\|y(x_n)-y_n\|$
0.0	1.00000000	1.00000000	0
0.2	1.01873076	1.01873090	0.1425×10^{-6}
0.4	1.07032001	1.07032029	0.2811×10^{-6}
0.6	1.14881170	1.14881194	0.2405×10^{-6}
0.8	1.24932897	1.24932930	0.3260×10^{-6}
1.0	1.36787951	1.36787978	0.2741×10^{-6}
⋮	⋮	⋮	⋮
2.0	2.13533521	2.13533555	0.3471×10^{-6}
⋮	⋮	⋮	⋮
3.0	3.04978704	3.04978724	0.1988×10^{-6}

四级四阶 Runge-Kutta 法计算结果的整体截断误差为 10^{-6} 量级, 与二级二阶 Runge-Kutta 法的整体截断误差 10^{-3} 相比小了很多, 因此可以这样说，与二级二阶 Runge-Kutta 法相比, 四级四阶 Runge-Kutta 法的数值解更为精确.

8.3 单步法的收敛性和稳定性

本节讨论单步法的收敛性和稳定性问题.

8.3.1 收敛性的概念

所谓**单步法**就是计算方程第 $k+1$ 步数值解 y_{k+1} 时只用到上一步的数值解 y_k 的数值方法. 根据此定义, 则 Euler 显式格式 (8.1.6) 和 Euler 隐式格式 (8.1.7) 均属于单步法. 关于单步法差分格式的收敛性, 给出如下定义.

定义 8.1 设在点 $x_k = x_0 + kh\,(k>0)$ 处微分方程的精确解为 $y(x_k)$, y_k 为点 x_k 处用某差分格式所求出的数值解. 现让步长 $h\to 0$(与此同时 $k\to\infty$, 并使 $x_k = x_0 + kh$ 的值保持不变), 若有 $y_k \to y(x_k)$, 则称该差分格式是**收敛的**; 反之, 若 y_k 不收敛到 $y(x_k)$, 则称该差分格式是**发散的**.

当然, 定义 8.1 中, 差分格式的收敛性是对任意固定点 $x_k = x_0 + kh$ 上的函数值而言的, 不是针对固定的 k, 如若不然, 则当 $h\to 0$ 时, 应有 $x_k \to x_0$.

接下来, 结合 Newton 冷却定律的一个实例介绍差分格式的收敛性问题. 所谓 Newton 冷却定律, 即是当热源的温度高于周围介质的温度时, 热源向其周围介质传递热量并逐渐冷却时所遵循的物理规律. 例如, 我们考察一杯热茶的冷却过程, 数学上可以用函数 $y(x)$ 表示 x 时刻茶水与环境大气的温度差. 如果初始时刻茶水温度高于环境大气的温度, 显然应该有 $y(0)>0$. 物理实验显示: 温度差 $y(x)$ 的变化率 $y'(x)$ 与同时刻温度差 $y(x)$ 的大小成正比, 即温度差 $y(x)$ 越大, 茶水冷却的速度越快. 因此可建立冷却问题的数学模型

$$\begin{cases} \dfrac{\mathrm{d}y(x)}{\mathrm{d}x} = \lambda y(x) \\ y(0) = y_0 \end{cases}. \tag{8.3.1}$$

式 (8.3.1) 为一个典型的方程初始值问题, 这里, λ 为温度变化比, 在忽略环境气体、茶水与茶杯等环境介质热传导属性细节的基础上, 参数 λ 是由茶水、茶杯以及大气温、湿度等各种因子共同决定的常数, 可通过实验测量得到.

对式 (8.3.1) 中微分方程积分, 易得其解析解: $y(x) = y(0)\mathrm{e}^{\lambda x}$. 显然, 当 $\lambda>0$ 且 $y(0)\neq 0$ 时, 有 $\lim\limits_{x\to\infty} y(x) = y(0)\lim\limits_{x\to\infty}\mathrm{e}^{\lambda x} = \infty$, 即温度差 $y(x)$ 会随时间的推移逐渐变大, 这种现象在现实世界中是不可能发生的, 在数学上, 可将此现象理解为数学量 $y(x)$ 的一种不稳定状态, 故可舍去; 而当 $\lambda = 0$ 时, $y(x)\equiv y(0)$, 表明茶水的温度差不会随着时间发生变化, 即茶水与环境介质无能量交换, 是一种稳定的极限状态; 当 $\lambda<0$ 时, 有 $\lim\limits_{t\to\infty} y(x) = 0$, 即随时间的延长, 茶水与环境介质之间的温度差 $y(x)$ 将趋向于 0, 这一现象符合我们对冷却问题的物理认知. 综上所述, 在式 (8.3.1) 中, 我们可令 $\lambda \leqslant 0$.

例 8.3.1 考察 Euler 显式格式解 Newton 冷却问题 (8.3.1) 时的收敛性, 这里, $\lambda < 0$.

证明 求解式 (8.3.1) 的 Euler 显式格式为

$$y_{k+1} = y_k + hf(x_k, y_k), \quad k = 0, 1, 2, \cdots.$$

对上式右边进行递推得

$$\begin{aligned} y_{k+1} =& y_k + hf(x_k, y_k) = (1 + \lambda h) y_k \\ =& (1 + \lambda h)^2 y_{k-1} = \cdots \\ =& y_0 (1 + \lambda h)^{k+1}. \end{aligned}$$

这里, $k = 0, 1, 2, \cdots$. 由 $x_0 = 0$ 知 $x_k = kh$, 故有

$$y_k = y_0 (1 + \lambda h)^k = y_0 \left[(1 + \lambda h)^{\frac{1}{\lambda h}} \right]^{\lambda x_k}.$$

又由于当 $h \to 0$ 时, $(1 + \lambda h)^{\frac{1}{\lambda h}} \to \mathrm{e}$ 知当 $k \to \infty$ 时, 有

$$y_k \to y_0 \mathrm{e}^{\lambda x_k} = y(x_k),$$

即用 Euler 显式格式求出的数值解 $y_k (h \to 0)$ 确实能收敛到初值问题的解 $y = y_0 \mathrm{e}^{\lambda x}$.

8.3.2 Euler 显式格式的收敛性 *

由例 8.3.1 知, 在求解初值问题 (8.3.1) 时, Euler 显示格式是收敛的, 从几何图形上来看, 就是当 $h \to 0$ 时, 数值解 y_k 绘制的折线在整体上会随着 $h \to 0$ 逐渐逼近函数 $y = y(x)$ 的图形.

例 8.3.1 中以具体例子验证了 Euler 显式格式的收敛性, 但是这种收敛性是否具有一般性呢? 接下来, 从更一般的意义上讨论 Euler 显式格式的收敛性问题.

根据局部截断误差的定义, 若设 $y_k = y(x_k)$, 将第 $k+1$ 步的数值解记为

$$y_{k+1}^* = y(x_k) + hf(x_k, y(x_k)),$$

则 Euler 显式格式第 $k+1$ 步的局部截断误差

$$\begin{aligned} \mathrm{E}_{k+1} =& y(x_{k+1}) - y_{k+1}^* = y(x_{k+1}) - (y(x_k) + hf(x_k, y(x_k))) \\ =& y(x_k) + \int_{x_k}^{x_{k+1}} f(x, y(x))\,\mathrm{d}x - (y(x_k) + hf(x_k, y(x_k))) \\ =& \int_{x_k}^{x_{k+1}} [f(x, y(x)) - f(x_k, y(x_k))]\,\mathrm{d}x \triangleq R_k. \end{aligned}$$

进而, 得其第 $k+1$ 步的整体截断误差

$$\begin{aligned}e_{k+1}=&y(x_{k+1})-y_{k+1}=\left(y(x_k)+\int_{x_k}^{x_{k+1}}y'(x)\,\mathrm{d}x\right)-(y_k+hf(x_k,y_k))\\=&(y(x_k)-y_k)+\int_{x_k}^{x_{k+1}}(f(x,y(x))-f(x_k,y(x_k)))\,\mathrm{d}x\\&+\int_{x_k}^{x_{k+1}}(f(x_k,y(x_k))-f(x_k,y_k))\,\mathrm{d}x\\=&e_k+R_k+\int_{x_k}^{x_{k+1}}(f(x_k,y(x_k))-f(x_k,y_k))\,\mathrm{d}x.\end{aligned}$$

如果存在实数 R, 使得局部截断误差 $|R_k|\leqslant R$, 则实数 R 称为**局部截断误差界**, 则成立如下误差估计式:

$$|e_{k+1}|\leqslant|e_k|+R+\int_{x_k}^{x_{k+1}}|f(x_k,y(x_k))-f(x_k,y_k)|\,\mathrm{d}x.$$

如果上式右端的二元函数 $f(x,y)$ 关于 y 满足 Lipschitz 条件, L 为 Lipschitz 常数, 则有

$$\begin{aligned}|e_{k+1}|&\leqslant|e_k|+R+\int_{x_k}^{x_{k+1}}L\,|y(x_k)-y_k|\,\mathrm{d}x\\&=|e_k|+R+Lh\,|e_k|=(1+Lh)\,|e_k|+R\\&\leqslant(1+Lh)((1+Lh)\,|e_{k-1}|+R)+R\leqslant\cdots\\&\leqslant(1+Lh)^{k+1}|e_0|+\left[(1+Lh)^k+(1+Lh)^{k-1}+\cdots+1\right]R\\&=(1+Lh)^{k+1}|e_0|+\frac{R}{hL}\left[(1+Lh)^{k+1}-1\right].\end{aligned}$$

又由于 $hL>0$, 于是有

$$\mathrm{e}^{hL}>1+hL,\quad \mathrm{e}^{khL}>(1+hL)^k.$$

因此, Euler 显示格式的整体截断误差满足误差估计式

$$|e_k|\leqslant\mathrm{e}^{khL}|e_0|+\frac{R}{hL}\left(\mathrm{e}^{khL}-1\right)\tag{8.3.2}$$

或

$$|e_k|\leqslant\mathrm{e}^{(X-x_0)L}|e_0|+\frac{R}{hL}\left(\mathrm{e}^{(X-x_0)L}-1\right),\tag{8.3.3}$$

这里, $x\in[x_0,X]$.

若微分方程的精确解 $y(x)$ 满足光滑性条件 $y(x)\in C^2[x_0,X]$, 则 Euler 显式格式的局部截断误差

$$R_k=\int_{x_k}^{x_{k+1}}[f(x,y(x))-f(x_k,y(x_k))]\,\mathrm{d}x$$

$$
\begin{aligned}
&=\int_{x_k}^{x_{k+1}}\left[y'(x)-y'(x_k)\right]\mathrm{d}x=\int_{x_k}^{x_{k+1}}y''\left(x_k+\theta\left(x-x_k\right)\right)\left(x-x_k\right)\mathrm{d}x\\
&=y''\left(x_k+\theta\left(\tilde{x}-x_k\right)\right)\int_{x_k}^{x_{k+1}}\left(x-x_k\right)\mathrm{d}x\\
&=\frac{1}{2}h^2y''\left(x_k+\theta\left(\tilde{x}-x_k\right)\right),
\end{aligned}
$$

式中, $\theta\in[0,1]$; $\tilde{x}\in[x_k,x_{k+1}]$. 综上所述得如下结论.

定理 8.2 若式 (8.1.3) 的解析解满足光滑性条件 $y(x)\in C^2[x_0,X]$, 则 Euler 显式格式的局部截断误差有界, 且满足如下不等式:

$$
|R_k|\leqslant\frac{1}{2}Mh^2,
$$

式中, 常数 $M=\max\limits_{x_0\leqslant x\leqslant X}|y''|$.

定理 8.3[13] 设函数 $f(x,y)$ 关于 y 满足 Lipschitz 条件, L 为 Lipschitz 常数, Euler 显式格式的局部截断误差有界 R, 则 Euler 显式格式的整体截断误差为

$$
|e_k|\leqslant \mathrm{e}^{(X-x_0)L}|e_0|+\frac{R}{hL}\left(\mathrm{e}^{(X-x_0)L}-1\right), \tag{8.3.4}
$$

式中, R 为局部截断误差界.

定理 8.4[13] 设 Cauchy 问题 (8.1.3) 的精确解满足光滑性条件: $y=y(x)\in C^2[x_0,X]$, 当 $h\to 0$ 时, $y_0\to y(x_0)$, 且函数 $f(x,y)$ 关于 y 满足 Lipschitz 条件, L 为 Lipschitz 常数, 则 Euler 显式格式的数值解 y_k 一致收敛到 Cauchy 问题的解 $y(x_k)$, 并有估计式

$$
|e_k|\leqslant \mathrm{e}^{(X-x_0)L}|e_0|+\frac{M}{2L}\left(\mathrm{e}^{(X-x_0)L}-1\right)h, \tag{8.3.5}
$$

式中, $M=\max\limits_{x_0\leqslant x\leqslant X}|y''|$. 如果 $y_0=y(x_0)$, 即 $e_0=0$, 则

$$
|e_k|\leqslant\frac{M}{2L}\left(\mathrm{e}^{(X-x_0)L}-1\right)h, \tag{8.3.6}
$$

即 $|e_k|=O(h)$, 也就是整体截断误差与 h 同阶.

也就是说, 在满足定理 8.4 的条件下, Euler 显示格式是一致收敛的, 且其整体截断误差比局部截断误差低一阶. 我们称 Euler 显式格式为一阶方法.

8.3.3 一般单步法的收敛性

下面考察一般单步法的收敛性. 任意一个显式的单步法均可用公式

$$
y_{k+1}=y_k+h\varphi(x_k,y_k,h) \tag{8.3.7}
$$

描述, 式中, $\varphi(x_k,y_k,h)$ 称为**增量函数**.

例如, Euler 显式格式的增量函数为 $\varphi(x,y,h)=f(x,y)$, 而改进 Euler 格式的增量函数为 $\varphi(x,y,h)=\dfrac{1}{2}[f(x,y)+f(x+h,y+hf(x,y))]$.

对于单步法 (8.3.7) 有如下收敛性结论.

定理 8.5　*假设单步法 (8.3.7) 具有 p 阶精度, Cauchy 问题的精确解满足 $y=y(x)\in C^2[x_0,X]$, 且增量函数 $\varphi(x,y,h)$ 关于 y 满足 Lipschitz 条件*

$$|\varphi(x,\overline{y},h)-\varphi(x,y,h)|\leqslant L_\varphi|\overline{y}-y|, \tag{8.3.8}$$

则单步法 (8.3.7) 的整体截断误差 e_k 满足如下误差估计式:

$$|e_k|\leqslant|e_0|\,\mathrm{e}^{(X-x_0)L_\varphi}+\frac{C}{L_\varphi}\left(\mathrm{e}^{(X-x_0)L_\varphi}-1\right)\cdot h^p. \tag{8.3.9}$$

特别地, 当初始值 y_0 是精确值, 即 $e_0=y(0)-y_0=0$ 时, 则单步法 (8.3.7) 的整体截断误差为 $p-1$ 阶, 即有

$$e_k=y(x_k)-y_k=O(h^p). \tag{8.3.10}$$

证明　设 $\overline{y}_{k+1}$ 表示当 $y_k=y(x_k)$ 时, 用单步法 (8.3.7) 计算的数值解, 即有

$$\overline{y}_{k+1}=y(x_k)+h\varphi(x_k,y(x_k),h). \tag{8.3.11}$$

由于所给差分格式 (8.3.7) 具有 p 阶精度, 则其局部截断误差满足

$$y(x_{k+1})-\overline{y}_{k+1}=O(h^{p+1}),$$

即有常数 C, 使得

$$\left|y(x_{k+1})-\overline{y}_{k+1}\right|\leqslant Ch^{p+1}.$$

又由式 (8.3.7) 和式 (8.3.11) 得

$$\begin{aligned}|\overline{y}_{k+1}-y_{k+1}|&=|y(x_k)-y_k+h\left(\varphi(x_k,y(x_k),h)-\varphi(x_k,y_k,h)\right)|\\&\leqslant|y\left(x_k\right)-y_k|+h\left|\varphi\left(x_k,y\left(x_k\right),h\right)-\varphi\left(x_k,y_k,h\right)\right|.\end{aligned}$$

上式应用 Lipschitz 条件 (8.3.8) 得

$$|\overline{y}_{k+1}-y_{k+1}|\leqslant\left(1+hL_\varphi\right)\left|y\left(x_k\right)-y_k\right|.$$

从而有

$$\begin{aligned}|y(x_{k+1})-y_{k+1}|&=\left|y(x_{k+1})-\overline{y}_{k+1}+\overline{y}_{k+1}-y_{k+1}\right|\\&\leqslant\left|\overline{y}_{k+1}-y_{k+1}\right|+\left|y(x_{k+1})-\overline{y}_{k+1}\right|\end{aligned}$$

$$\leqslant(1+hL_\phi)\,|y(x_k)-y_k|+Ch^{p+1}.$$

因此, 整体断截断误差 $e_k=y(x_k)-y_k$ 满足如下递推关系:

$$|e_{k+1}|\leqslant(1+hL_\varphi)\,|e_k|+Ch^{p+1}.$$

用此不等式, 反复递推, 整理后得

$$|e_k|\leqslant(1+hL_\varphi)^k\,|e_0|+\frac{Ch^p}{L_\varphi}\left[(1+hL_\varphi)^k-1\right].$$

不妨设 $x_k-x_0=kh\leqslant X-x_0$, 因此有

$$(1+hL_\varphi)^k\leqslant \mathrm{e}^{khL_\varphi}\leqslant \mathrm{e}^{(X-x_0)L_\varphi}.$$

所以整体截断误差满足如下不等式

$$|e_k|\leqslant|e_0|\,\mathrm{e}^{(X-x_0)L_\varphi}+\frac{Ch^p}{L_\varphi}\left(\mathrm{e}^{(X-x_0)L_\varphi}-1\right). \tag{8.3.9}$$

因此, 当初始值误差为 0 时, 即当 $e_0=0$ 时, 则式 (8.3.10) 成立. #

定理 8.5 将判断单步法 (8.3.7) 的收敛性问题归结为验证其增量函数能否满足 Lipschitz 条件 (8.3.8), 这一结论与定理 8.4 相同, 事实上, 定理 8.4 是定理 8.5 的特殊情况.

根据不等式 (8.3.9) 可知, 用一般单步法 (8.3.7) 求式 (8.1.3) 的数值解, 第 k 步数值解的整体截断误差满足

$$|e_k|\leqslant|e_0|\,\mathrm{e}^{(X-x_0)L_\varphi}+\frac{Ch^p}{L_\varphi}\left(\mathrm{e}^{(X-x_0)L_\varphi}-1\right),$$

即整体截断误差有两部分构成: 第一部分 $|e_0|\,\mathrm{e}^{(X-x_0)L_\varphi}$ 代表初始误差 e_0 的累积对整体截断误差 e_k 的贡献值; 而第二部分 $\dfrac{Ch^p}{L_\varphi}\left(\mathrm{e}^{(X-x_0)L_\varphi}-1\right)$ 则代表差分格式局部截断误差对整体截断误差 e_k 的贡献, 即每步计算新引入误差的累积.

此外, 根据定理 8.5, 不难得到如下结果: 若单步法 (8.3.7) 的局部截断误差为

$$E_k=O\left(h^{p+1}\right),\quad (p>1),$$

且增量函数 $\varphi(x,y,h)$ 关于 y 满足 Lipschitz 条件, 方程的解析解满足光滑性条件 $y(x)\in C^2[x_0,X]$, 当 $h\to 0$ 时, 有 $y_0\to y(x_0)$, 则单步法 (8.3.7) 的数值解 y_k 一致收敛到 Cauchy 问题 (8.1.3) 的精确解 $y(x_k)$, 且整体截断误差 $e_k=O(h^p)$, 即整体截断误差比局部截断误差低一阶.

在假设方程解析解满足定理 8.5 中光滑性约束条件与 Lipschitz 条件的前提下, 根据定理 8.5, 易得改进的 Euler 法、Runge-Kutta 法以及其他单步法的收敛性.

8.3.4 单步法的稳定性

数值方法的稳定性是决定能否使用该方法在计算机上求解出足够精确的数值解的关键问题, 只有稳定的算法才可能是有用的算法.

定义 8.2 如果存在正常数 c 与 h_0, 对于任意给定的初始值 y_0 和扰动值 δ, 用公式

$$\begin{cases} y_{n+1} = y_n + h\varphi(x_n, y_n, h) \\ y_0 = y(0) \end{cases} \quad 与 \quad \begin{cases} z_{n+1} = z_n + h\varphi(x_n, z_n, h) \\ z_0 = y_0 + \delta \end{cases}$$

计算所得之数值解 y_n, z_n, 满足估计式

$$|y_n - z_n| \leqslant c\,|y_0 - z_0| = c\delta \quad (0 < h < h_0, \quad nh \leqslant X - x_0),$$

则称单步法 $y_{n+1} = y_n + h\varphi(x_n, y_n, h)$ 是**稳定的**.

这里, y_n, z_n 分别是以 y_0, z_0 为初值代入差分格式得到的精确值, 毫无舍入误差, 因此, 这里的稳定性是对初值的稳定性, 即研究初始误差在计算过程中的传递问题.

事实上, 如果经过差分格式的一步迭代, 将上一步迭代代入的误差扩大化, 一般来说, 则这样的差分格式是不稳定的; 反之, 当初始值存在误差, 经过差分格式的多步迭代后, 数值解的误差不增长, 或者是误差虽有增长, 但是总体上误差增长比较缓慢, 并小于给定的误差上限, 则该差分格式可能是稳定的.

接下来, 讨论结合初值问题 (8.3.1) 介绍 Euler 显式格式与 Euler 隐式格式等简单数值格式的稳定性问题.

1) Euler 显示格式的稳定性

求解式 (8.3.1) 的 Euler 显示格式为

$$y_{k+1} = (1 + h\lambda)y_k, \tag{8.3.12}$$

在上式右端, 将数值解 y_k 添加扰动值 ε_k, 并设由于 ε_k 的传播使数值解 y_{k+1} 产生的扰动值为 ε_{k+1}, 则有

$$y_{k+1} + \varepsilon_{k+1} = (1 + h\lambda)(y_k + \varepsilon_k),$$

即 $\varepsilon_{k+1} = (1 + h\lambda)\varepsilon_k$. 若差分格式 (8.3.12) 稳定, 根据定义 8.2, 应该有

$$|\varepsilon_{k+1}| \leqslant |\varepsilon_k|.$$

上式等价于要求 $|1 + h\lambda| \leqslant 1$, 假设 $\lambda < 0$, 故步长应满足不等式

$$h \leqslant -\frac{2}{\lambda}. \tag{8.3.13}$$

因此, 称 Euler 显式格式 (8.3.12) 是**条件稳定**的, 称不等式 (8.3.13) 为其**稳定性条件**, 即当步长大于给定的值 $-\dfrac{2}{\lambda}$ 时差分格式是**不稳定的**.

2) Euler 后差格式的稳定性

利用式 (8.1.7), 可得求解 Cauchy 问题 (8.3.1) 的 Euler 后差公式

$$y_{k+1} = y_k + h\lambda y_{k+1}.$$

解之, 得 $y_{k+1} = \dfrac{1}{1-\lambda h} y_k$. 类似地, 在上式右端, 将数值解 y_k 添加扰动值 ε_k, 并设由于 ε_k 的传播使数值解 y_{k+1} 产生的扰动值为 ε_{k+1}, 于是得含扰动的方程

$$y_{k+1} + \varepsilon_{k+1} = (y_k + \varepsilon_k) + h\lambda (y_k + \varepsilon_k),$$

解之, 可得扰动方程

$$\varepsilon_{k+1} = \frac{1}{1-\lambda h} \varepsilon_k.$$

由于 $\lambda < 0, h > 0$, 故恒有 $\left|\dfrac{1}{1-\lambda h}\right| \leqslant 1$, 即无论步长 h 取任何实数值, 恒有

$$|\varepsilon_{k+1}| \leqslant |\varepsilon_k|.$$

因此称 Euler 后差格式是**无条件稳定的或绝对稳定的**.

例 8.3.2 给定初值问题

$$\begin{cases} y' = -1000\left(y - x^2\right) + 2x \\ y(0) = 0 \end{cases}.$$

试用 Euler 显式格式计算 $y(1)$ 的近似值 (解析解 $y = x^2$), 并解释稳定性与步长之间的关系.

解 取分别取步长 h =1, 0.1,0.01,0.001,0.0001,0.00001, 由 Euler 显式格式

$$y_{k+1} = y_k + hf(x_k, y_k), \quad k = 0, 1, \cdots, 9$$

计算 $y(1)$ 的近似值 $\tilde{y}(1, h)$, 结果见表 8.6.

表 8.6 Euler 显式格式的条件稳定性

h	数值解 $\tilde{y}(1,h)$
1	0
0.1	$0.90423820000\times10^{16}$
0.01	溢出
0.001	0.99999000010
0.0001	0.99999990000
0.00001	0.99999999997

可见, 当 $h \leqslant 0.001$ 时, 计算是稳定的, 计算结果比较精确, 步长越小, 计算结果越精确; 当 $h \geqslant 0.01$ 时, 计算过程不稳定. #

关于一般单步法 (8.3.7) 的稳定性, 我们给出如下定理.

定理 8.6　设增量函数 $\varphi(x,y,h)$ 关于自变量 y 满足定理 8.5 的条件, 则单步法 (8.3.7) 是稳定的.

证明　因为

$$y_{n+1}=y_n+h\varphi(x_n,y_n,h),\quad z_{n+1}=z_n+h\varphi(x_n,z_n,h).$$

令 $e_n=y_n-z_n$, 则有

$$e_{n+1}=y_{n+1}-z_{n+1}=e_n+h\left(\varphi(x_n,y_n,h)-\varphi(h,x_n,z_n,h)\right),$$

因此有

$$\begin{aligned}|e_{n+1}|&\leqslant|e_n|+h\left|\varphi(x_n,y_n,h)-\varphi(x_n,z_n,h)\right|\\&\leqslant|e_n|+hL\left|y_n-z_n\right|=(1+hL)\left|e_n\right|\\&\leqslant(1+hL)^2\left|e_{n-1}\right|\leqslant\cdots\\&\leqslant(1+hL)^{n+1}\left|e_0\right|,\end{aligned}$$

即有

$$|e_n|\leqslant(1+hL)^n\left|e_0\right|=(1+hL)^{\frac{1}{hL}nhL}\left|e_0\right|.$$

从而对所有的 n , 有 $nh\leqslant X-x_0$, 即当 $0<h<h_0$ 时, 有

$$|e_n|\leqslant \mathrm{e}^{L(X-x_0)}\left|e_0\right|.$$

令 $\mathrm{e}^{L(X-x_0)}=c$, 则有 $|e_n|\leqslant c\left|e_0\right|$, 即单步法 (8.3.7) 是稳定的.　　#

根据定理 8.5, 如果初始误差 $e_0=0$, 则整体截断误差的阶完全由局部截断误差的阶决定, 且整体截断误差比局部截断误差低一阶. 因此在实践过程中, 为了提高数值算法的精度, 往往通过提高差分格式的局部截断误差入手, 这也是构造高精度差分方法的主要理论依据.

8.4　线性多步法

在 8.2 节中, 通过对函数 $f(x,y)$ 不同点的数值进行组合得到了高阶的 Runge-Kutta 公式, 但每一步都要对 $f(x,y)$ 不同点的函数值分别进行计算. 事实上, 在逐步推进求解的过程中, 计算 y_{k+1} 之前已经求出了一系列的近似值 $y_0,y_1,\cdots,y_k$, 并且通常也已经对 $f(x_0,y_0),f(x_1,y_1),\cdots,f(x_k,y_k)$ 进行过计算, 若能充分利用这些已经计算过的值 y_k 与 $f(x_k,y_k)$(对这些已有的数值 $y_k,f(x_k,y_k)$ 进行适当线性组合), 同样可以得到阶数较高的差分格式, 这就是**多步法**的基本思想.

一般地, **多步法**公式如下所示

$$\alpha_m y_{k+m}+\alpha_{m-1}y_{k+m-1}+\cdots+\alpha_0 y_k=h(\beta_m f_{k+m}+\cdots+\beta_0 f_k), \tag{8.4.1}$$

式中, $f_{k+i}=f(x_{k+i},y_{k+i})$; $\alpha_m\neq 0$; $|\alpha_0|+|\beta_0|>0$. 由于差分方程式 (8.4.1) 中关于 y 的下标最大差为 m, 故称式 (8.4.1) 为 **m步法**. 又由于式 (8.4.1) 是将 y 和 f 的函数值线性组合而成, 故又称式 (8.4.1) 为**线性多步法**.

构造线性多步法有许多途径, 这里仅讨论基于数值积分的 Adams 外推法和内插法.

8.4.1 Adams 外推法

将方程 $y'=f(x,y)$ 在区间 $[x_k,x_{k+1}]\,(k=0,1,2,\cdots)$ 上积分得

$$y(x_{k+1})-y(x_k)=\int_{x_k}^{x_{k+1}}f\left(x,y\left(x\right)\right)\mathrm{d}x,\quad k=0,1,2,\cdots. \tag{8.4.2}$$

考虑被积函数 $f(x,y(x))$ 在点 $(x_k,f_k),(x_{k-1},f_{k-1}),\cdots,(x_{k-r},f_{k-r})$ 上的插值多项式, 则这 $r+1$ 个点可以构造一个 r 次的插值多项式 $p_r(x)$, 进而应用 Newton 插值公式得

$$p_r(x)=f_k+f\left[x_k,x_{k-1}\right](x-x_k)+\cdots+f\left[x_k,x_{k-1},\cdots,x_{k-r}\right](x-x_k)\cdots(x-x_{k-r+1}).$$

注意到插值节点两两等距以及差商和差分的联系, 并令 $x=x_k+th(t<0)$, 则得 $f(x,y(x))$ 的 Newton 后插公式

$$\begin{aligned}p_r(x)=&p_r(x_k+th)=f_k+t\Delta f_{k-1}+\frac{t(t+1)}{2}\Delta^2 f_{k-2}\\&+\cdots+\frac{t(t+1)\cdots(t+r-1)}{r!}\Delta^r f_{k-r}\\=&\sum_{j=0}^{r}(-1)^j\mathrm{C}_{-t}^{j}\Delta^j f_{k-j},\end{aligned} \tag{8.4.3}$$

式中, Δ^j 表示 j 阶向前差分, 而 $\mathrm{C}_{-t}^{j}=\dfrac{(-t)!}{j!(-t-j)!}$. 将 $\displaystyle\int_{x_k}^{x_{k+1}}p_r(x)\mathrm{d}x$ 作为 $\displaystyle\int_{x_k}^{x_{k+1}}f(x,y(x))\mathrm{d}x$ 的近似值, 得下列 Adams 外推法公式:

$$\begin{aligned}y_{k+1}=&y_k+\int_{x_k}^{x_{k+1}}p_r(x)\mathrm{d}x=y_k+h\int_0^1\left[\sum_{j=0}^{r}(-1)^j\mathrm{C}_{-t}^{j}\Delta^j f_{k-j}\right]\mathrm{d}t\\=&y_k+h\sum_{j=0}^{r}b_j\Delta^j f_{k-j},\end{aligned} \tag{8.4.4}$$

式中, 系数 $b_j=\displaystyle\int_0^1(-1)^j\mathrm{C}_{-t}^{j}\mathrm{d}t, j=0,1,2,\cdots,r$. 其具体数值见表 8.7.

为便于实际使用, 利用差分展开式

$$\Delta^j f_{k-j} = \sum_{i=0}^{j} (-1)^i \mathrm{C}_j^i f_{k-i}$$

将式 (8.4.4) 中的各阶差分全部展开整理, 得

$$y_{k+1} = y_k + h\sum_{i=0}^{r} \beta_{ri} f_{k-i}. \tag{8.4.5}$$

这里的系数 β_{ri} 与 r 的值有关, 其具体数值见表 8.8.

表 8.7 Adams 外推法各阶差分系数[13]

j	0	1	2	3	4	5	6	$\cdots$
b_j	1	$\frac{1}{2}$	$\frac{5}{12}$	$\frac{3}{8}$	$\frac{251}{720}$	$\frac{95}{288}$	$\frac{10\,987}{60\,480}$	$\cdots$

表 8.8 Adams 外推法系数表[13]

i	0	1	2	3	4	5	$\cdots$
β_{0r}	1						
$2\beta_{1r}$	3	−1					
$12\beta_{2r}$	23	−16	5				
$24\beta_{3r}$	55	−59	37	−9			
$720\beta_{4r}$	1901	−2774	2616	−1274	251		
$1440\beta_{5r}$	4277	−7923	9982	−7298	2877	−475	
$\vdots$	$\vdots$	$\vdots$	$\vdots$	$\vdots$	$\vdots$	$\vdots$	$\vdots$

当 $r=0$ 时, 式 (8.4.5) 即为 Euler 公式.

当 $r=3$ 时, 式 (8.4.5) 则相应的差分格式为

$$y_{k+1} = y_k + \frac{h}{24}(55f_k - 59f_{k-1} + 37f_{k-2} - 9f_{k-3}). \tag{8.4.6}$$

由于式 (8.4.5) 最初来自于 $\int_{x_k}^{x_{k+1}} p_r(x)\mathrm{d}x$ 作为 $\int_{x_k}^{x_{k+1}} f(x, y(x))\mathrm{d}x$ 的近似值, 因此 Adams 外推法 (8.4.5) 的局部截断误差为

$$\begin{aligned}
R &= \int_{x_k}^{x_{k+1}} f(x, y(x))\,\mathrm{d}x - \int_{x_k}^{x_{k+1}} p_r(x)\,\mathrm{d}x \\
&= \int_{x_k}^{x_{k+1}} \frac{f^{(r+1)}(\xi)}{(r+1)!}(x - x_k)\cdots(x - x_{k-r})\mathrm{d}x \\
&= \int_0^1 \frac{f^{(r+1)}(\xi)}{(r+1)!}(th)((t+1)h)\cdots((t+r)h)h\mathrm{d}t
\end{aligned}$$

$$=\frac{h^{r+2}}{(r+1)!}\int_0^1 f^{(r+1)}(\xi)t(t+1)\cdots(t+r)\mathrm{d}t$$
$$=O(h^{r+2}).$$

因此, Adams 外推法 (8.4.5) 是 $r+1$ 阶方法.

8.4.2 Adams 内插法

类似的, 如考虑 $f(x,y(x))$ 过点 $(x_{k+1},f_{k+1}),(x_k,f_k),\cdots,(x_{k-r+1},f_{k-r+1})$ 的 r 次插值多项式 $\widetilde{p}_r(x)$, 同样以 $\widetilde{p}_r(x)$ 作为 $f(x,y(x))$ 的近似, 则由式 (8.4.2) 得 **Adams 内插法**

$$y_{k+1}=y_k+h\sum_{j=0}^{r}\widetilde{b}_j\Delta^j f_{k-j+1}, \tag{8.4.7}$$

式中, $\widetilde{b}_j=(-1)^j\int_{-1}^{0}\mathrm{C}_{-t}^{j}\mathrm{d}t, j=0,1,\cdots$, 其具体数值见表 8.9.

表 8.9 Adams 内插法各阶差分系数[13]

j	0	1	2	3	4	5	6	$\cdots$
$\widetilde{b}_j$	1	$-\frac{1}{2}$	$-\frac{1}{12}$	$-\frac{1}{24}$	$-\frac{19}{720}$	$-\frac{3}{160}$	$-\frac{863}{60480}$	$\cdots$

将差分展开, 式 (8.4.7) 可改写为

$$y_{k+1}=y_k+h\sum_{i=0}^{r}\widetilde{\beta}_{ri}f_{k-i+1}, \tag{8.4.8}$$

式中, 系数 $\tilde{\beta}_{ir}$ 与 r 的定值有关, 见表 8.10. 在表 8.10 中选定 r, 则 $\widetilde{\beta}_{ri}$ 随之确定, 即相应的 Adams 内插法也就确定了.

特别地, 当 $r=0$ 时, 得 Euler 后差格式; 当 $r=1$ 时, 得 Euler 梯形格式; 当 $r=3$ 时, 则有

$$y_{k+1}=y_k+\frac{h}{24}(9f_{k+1}+19f_k-5f_{k-1}+f_{k-2}). \tag{8.4.9}$$

仿 Adams 外推法的局部截断误差推导, 式 (8.4.8) 的局部截断误差为

$$T=O(h^{r+2}),$$

即 Adams 内插法 (8.4.8) 也是 $r+1$ 阶方法.

尽管 Adams 外推法 (8.4.5) 与 Adams 内插法 (8.4.8) 都是 $r+1$ 阶的方法, 但是外推法 (8.4.5) 在计算 y_{k+1} 时用到了前面 $r+1$ 步信息, 而内插法 (8.4.8) 在计算 y_{k+1} 时仅用了前面 r 步的信息, 因此式 (8.4.5) 是 $r+1$ 步方法, 而后者是 r 步方法. 可见, 在步数相同的情形下, Adams 内插法比 Adams 外推法的精度要高一阶.

表 8.10　Adams 内插法系数表[13]

i	0	1	2	3	4	5	$\cdots$
$\tilde{\beta}_{0r}$	1						
$2\tilde{\beta}_{1r}$	1	1					
$12\tilde{\beta}_{2r}$	5	8	−1				
$24\tilde{\beta}_{3r}$	9	19	−5	1			
$720\tilde{\beta}_{4r}$	251	646	−246	106	−19		
$1440\tilde{\beta}_{5r}$	475	1427	−798	482	−173	27	
$\vdots$	$\vdots$	$\vdots$	$\vdots$	$\vdots$	$\vdots$	$\vdots$	$\vdots$

8.4.3　Adams 预报-校正格式

对于 Adams 公式而言, 在同步数情形下, 虽然内插法比外推法有更好的精度, 但内插法使用不便, 形式上计算 y_{k+1} 需要解方程. 因此在实际应用中, 总是将两者联合起来使用, 用外推法先提供一个预报值 $\widetilde{y}_{k+1}$, 然后用内插法通过迭代手段不断对其进行校正. 这样联合起来使用, 就构成了 **Adams 预报-校正格式**.

例如, 可用四阶精度的外推法 (8.4.6) 作为预报公式, 同样, 四阶精度的内插法 (8.4.9) 作为校正格式, 则可构成下列 **Adams 预报-校正格式**

$$\begin{cases} \text{预报公式}: \widetilde{y}_{k+1} = y_k + \dfrac{h}{24}(55f_k + 59f_{k-1} + 37f_{k-2} - 9f_{k-3}) \\ \text{校正公式}: y_{k+1} = y_k + \dfrac{h}{24}\left(\tilde{f}_{k+1} + 19f_k - 5f_{k-1} + f_{k-2}\right) \end{cases}, \tag{8.4.10}$$

式中, $\widetilde{f}_{k+1} = f(x_{k+1}, \widetilde{y}_{k+1}), f_i = f(x_i, y_i), i = k, k-1, k-2, k-3.$

无论使用 Adams 外推法还是内插法, 由于在计算 y_{k+1} 的值时, 不仅要用前一步 y_k 的信息, 还需要用前面更多步的信息, 因此它不是自开始的, 实际计算时, 必须借助某种单步法 (如 Runge-Kutta 法) 为它提供 “启动” 的初始信息.

例 8.4.1　用四阶 Adams 预报-校正格式 (8.4.10) 求解 Bernoulli 方程初值问题

$$\begin{cases} y' = y - \dfrac{2x}{y} & 0 < x < 1, \\ y(0) = 1 \end{cases}$$

并与方程的精确解 $y = \sqrt{2x+1}$ 进行比较, 要求取步长 $h = 0.1$, 计算结果保留 5 位有效数字.

解　先用标准的四阶 Runge-Kutta 法求得的结果 y_1, y_2, y_3 作为初值, 然后启用预报-校正格式 (8.4.10) 进行计算, 所得表中预报值 $\widetilde{y}_k$ 和校正值 y_k 见表 8.11.

表 8.11 中, 预报值和校正值以及准确值 $y(x_k)$ 均保留了 5 位有效数字.　#

通过比较表 8.11 中校正值 y_k 与精确值 $y(x_k)$ 可见, 预报-校正格式 (8.4.10) 有着较高的精度.

表 8.11 Adams 预报-校正格式计算结果与准确值比较

x_k	$\widetilde{y}_k$	y_k	$y(x_k)$
0		1	1
0.1		1.0954	1.0954
0.2		1.1382	1.1382
0.3		1.2649	1.2649
0.4	1.3415	1.3416	1.3416
0.5	1.4141	1.4142	1.4142
0.6	1.4832	1.4832	1.4832
0.7	1.5491	1.5492	1.5492
0.8	1.6125	1.6125	1.6125
0.9	1.6734	1.6734	1.6733
1.0	1.7321	1.7321	1.7321

8.5 常微分方程组与边值问题的数值解法 *

8.5.1 一阶方程组

关于常微分方程组解的存在唯一性, 在定理 8.1 中已经作了介绍, 本节在假设常微分方程组解存在唯一并且连续依赖于初始条件的前提下, 讲解常微分方程组的数值求解方法.

为了便于说明, 以 2 个方程构成的方程组为例, 考察初值问题

$$\begin{cases} y' = f(x, y(x), z(x)) \\ z' = g(x, y(x), z(x)) \end{cases} \quad y(a) = y_0, \quad z(a) = z_0. \tag{8.5.1}$$

若引进向量记号

$$\boldsymbol{Y} = \begin{pmatrix} y \\ z \end{pmatrix}, \quad \boldsymbol{F} = \begin{pmatrix} f \\ g \end{pmatrix}, \quad \boldsymbol{Y}_k = \begin{pmatrix} y_k \\ z_k \end{pmatrix}, \quad \boldsymbol{F}_k = \begin{pmatrix} f_k \\ g_k \end{pmatrix},$$

则初值问题 (8.5.1) 可写成

$$\begin{cases} \boldsymbol{Y}' = F(x, \boldsymbol{Y}) \\ \boldsymbol{Y}(a) = \boldsymbol{Y}_0 \end{cases}. \tag{8.5.2}$$

相应地, 式 (8.5.2) 的 Euler 显式格式为

$$\boldsymbol{Y}_{k+1} = \boldsymbol{Y}_k + h\boldsymbol{F}_k, \quad k = 0, 1, 2, \cdots. \tag{8.5.3}$$

即得初值问题 (8.5.1) 的 Euler 显式格式

$$\begin{cases} y_{k+1} = y_k + hf(x_k, y_k, z_k) = y_k + hf_k \\ z_{k+1} = z_k + hg(x_k, y_k, z_k) = z_k + hg_k \end{cases} \quad k = 0, 1, 2, \cdots. \tag{8.5.4}$$

初值问题 (8.5.1) 的改进 Euler 格式、Runge-Kutta 格式、Adams 内插 (外推) 格式的构造方法和计算过程与单个方程的情况雷同, 即只要把研究单个方程 $y' = f$ 数值格式中的 y 和 f 理解为二维向量即可.

一般的, 对于 n 个方程的一阶方程组, 讨论过程中仅需要把式 (8.5.2) 中的二维向量扩充到 n 维向量就可以了.

8.5.2 高阶方程的初值问题

对于高阶微分方程的初值问题, 原则上总可以归结为一阶微分方程组进行求解. 例如, 考察下列 n 阶微分方程

$$y^{(n)} = f\left(x, y', y'', \cdots, y^{(n-1)}\right), \tag{8.5.5}$$

初始条件为

$$y(a) = y_0, \quad y'(a) = y'_0, \quad \cdots, \quad y^{(n-1)}(a) = y_0^{(n-1)}. \tag{8.5.6}$$

只要引进新的变量

$$y_1 = y, \quad y_2 = y', \quad \cdots, \quad y_n = y^{(n-1)},$$

就可以将 n 阶方程式 (8.5.5) 转化为如下一阶微分方程组

$$\begin{cases} y'_1 = y_2 \\ y'_2 = y_3 \\ \quad\vdots \\ y'_{n-1} = y_n \\ y'_n = f(x, y_1, y_2, \cdots, y_n) \end{cases}. \tag{8.5.7}$$

相应的初始条件化为

$$y_1(a) = y_0, \quad y_2(a) = y'_0, \quad \cdots, \quad y_n(a) = y_0^{(n-1)}. \tag{8.5.8}$$

对一阶微分方程组的初值问题 (8.5.7) 和 (8.5.8), 可应用 8.5.1 节中的数值方法求解.

8.5.3 边值问题的差分解法

许多数学物理问题可抽象为二阶常微分边值问题

$$\begin{cases} y'' + p(x)y' + q(x)y = f(x) \\ y(a) = \alpha \qquad\qquad a < x < b. \\ y(b) = \beta \end{cases} \tag{8.5.9}$$

下面讨论边值问题 (8.5.9) 的差分求解方法.

仿照初值问题 (8.1.3) 的讨论, 可以采用离散化方法将边值问题 (8.5.9) 转化为适当的差分方程. 为此, 可将区间 $[a,b]$ 进 n 等分, 记步长 $h=\dfrac{b-a}{n}$, 则等分节点为

$$x_k=a+kh\quad(k=0,1,\cdots,n).$$

利用差商代替导数的思想, 取

$$y'(x_k)\approx\frac{y_{k+1}-y_{k-1}}{2h},\quad y''(x_k)\approx\frac{y_{k+1}-2y_k+y_{k-1}}{h^2},$$

代入式 (8.5.9), 于是边值问题的差分方程为

$$\frac{y_{k+1}-2y_k+y_{k-1}}{h^2}+p_k\frac{y_{k+1}-y_{k-1}}{2h}+q_ky_k=f_k,\quad k=1,2,\cdots,n-1,\tag{8.5.10}$$

式中,

$$p_k=p(x_k),\quad q_k=q(x_k),\quad f_k=(x_k).$$

这 $n-1$ 个方程中含有函数 $y(x)$ 在 $n+1$ 个节点的近似值 $y_0,y_1,\cdots,y_n$, 注意到边界条件为

$$y(a)=a=y_0,\quad y(b)=\beta=y_n.$$

整理可得关于节点近似值 $y_k(k=1,2,\cdots,n-1)$ 构成的线性方程组

$$\boldsymbol{AY}=\boldsymbol{b},\tag{8.5.11}$$

式中, 系数矩阵

$$\boldsymbol{A}=\begin{pmatrix}-2+h^2q_1 & 1+\frac{h}{2}p_1 & & & \\ 1-\frac{h}{2}p_2 & -2+h^2q_2 & 1+\frac{h}{2}p_2 & & \\ & \ddots & \ddots & \ddots & \\ & & 1-\frac{h}{2}p_{n-2} & -2+h^2q_{n-2} & 1+\frac{h}{2}p_{n-2}\\ & & & 1-\frac{h}{2}p_{n-1} & -2+h^2q_{n-1}\end{pmatrix},$$

向量

$$\boldsymbol{Y}=(y_1,y_2,\cdots,y_{n-1})^{\mathrm{T}},$$

$$\boldsymbol{b}=\left(h^2f_1-\left(1-\frac{h}{2}p_1\right)\alpha,\ h^2f_2,\ \cdots,\ h^2f_{n-2},\ h^2f_{n-1}-\left(1+\frac{h}{2}p_{n-1}\right)\beta\right)^{\mathrm{T}}.$$

式 (8.5.11) 是一个三对角线性方程组, 可用追赶法求解之, 即得节点 $x_1, x_2, \cdots, x_{n-1}$ 处 $y(x)$ 的近似值 $y_1, y_2, \cdots, y_{n-1}$.

例 8.5.1　用差分方法求解边值问题

$$\begin{cases} y'' - y = x, \quad 0 < x < 1 \\ y(0) = 0, \quad y(1) = 1 \end{cases},$$

在点 $x = 0.1, 0.2, \cdots, 0.9$ 的值, 结果保留到小数点后 5 位, 并与准确值进行比较.

解　根据题意取步长 $h = 0.1$, 节点为 $x_k = \dfrac{k}{10}(k = 0, 1, 2, \cdots, 10)$, 由于 $p(x) = 0, q(x) = 1, f(x) = x$, 则差分方程 (8.5.11) 的具体形式为

$$\begin{pmatrix} -2-10^{-2} & 1 & & & \\ 1 & -2-10^{-2} & 1 & & \\ & \ddots & \ddots & \ddots & \\ & & 1 & -2-10^{-2} & 1 \\ & & & 1 & -2-10^{-2} \end{pmatrix} \begin{pmatrix} y_1 \\ y_2 \\ \vdots \\ y_8 \\ y_9 \end{pmatrix} = \begin{pmatrix} 0.001 \\ 0.002 \\ \vdots \\ 0.008 \\ -0.991 \end{pmatrix}.$$

具体计算结果和准确值见表 8.12.

表 8.12　差分方法计算结果与准确值比较 (保留 5 位小数)

x_k	y_k	$y(x_k)$
0.1	0.07049	0.07047
0.2	0.14268	0.14264
0.3	0.21830	0.21824
0.4	0.29911	0.29903
0.5	0.38690	0.38682
0.6	0.48357	0.48348
0.7	0.59107	0.59099
0.8	0.71148	0.71141
0.9	0.84700	0.84696

比较发现, 数值解 y_k 至少有 4 位有效数字.　#

习　题　8

1. 对于初值问题

$$\begin{cases} y' = ax + b \\ y(0) = 0 \end{cases},$$

分别导出 Euler 公式和改进 Euler 公式的近似解答式, 并与准确解 $y = \dfrac{1}{2}ax^2 + bx$ 相比较.

2. 用 Euler 公式求初值问题

$$\begin{cases} y' = x + y \\ y(0) = 1 \end{cases} \quad 0 \leqslant x \leqslant 1$$

的数值解 (取 $h = 0.1$, 结果保留 4 位有效数字), 并与准确解 $y = -x - 1 + 2\mathrm{e}^x$ 相比较.

3. 导出中心 Euler 公式 $y_{k+1} = y_{k-1} + 2hf(x_k, y_k), k = 1, 2, \cdots$ 的局部截断误差表达式, 并说明方法的阶.

4. 用改进 Euler 公式计算积分 $\int_0^x \mathrm{e}^{t^2} \mathrm{d}t$ 在点 $x = 0.2, 0.4, 0.6, 0.8, 1.0$ 的近似值, 结果保留 5 位有效数字.

5. 用梯形公式解初值问题

$$\begin{cases} y' + y = 0 \\ y(0) = 1 \end{cases},$$

证明其近似解为

$$y_k = \left(\frac{2-h}{2+h}\right)^k, \quad k = 1, 2, \cdots.$$

并证明当 $h \to 0$ 时, 它收敛于原初值问题的准确解 e^{-x}.

6. 用标准的四阶 Runge-Kutta 公式求解下列初值问题

$$(1) \begin{cases} y' = y + x \\ y(0) = 1 \end{cases}; \qquad (2) \begin{cases} y' = y - \dfrac{2x}{y} \\ y(0) = 1 \end{cases}.$$

要求取步长 $h = 0.2$, 计算 3 步, 结果保留 4 位有效数字.

7. 当 $f(x, y)$ 关于 y 满足 Lipschitz 条件时, 对于初值问题

$$\begin{cases} y' = f(x, y) \\ y(a) = y_0 \end{cases} \quad a < x < b(\text{有限区间}),$$

验证改进 Euler 方法的收敛性.

8. 取 $h = 0.2, y(0) = 0, y_1 = 0.181$ 分别用二阶显示 Adams 方法和二阶隐式 Adams 方法解初值问题

$$\begin{cases} y' = 1 - y \\ y(0) = 0 \end{cases},$$

并用 y_5 与准确解相比较 (准确解为 $y = 1 - \mathrm{e}^{-x}$), 结果保留 4 位有效数字.

9. 将下列方程化为一阶方程组:

$$(1) \begin{cases} y'' - 3y' + 2y = 0 \\ y(0) = 1, \quad y'(0) = 1 \end{cases}; \qquad (2) \begin{cases} y'' - 0.1(1 - y^2)y' + y = 0 \\ y(0) = 1, \quad y'(0) = 0 \end{cases}.$$

10. 取步长 $h = 0.25$, 用差分法解二阶常微分方程的边值问题

$$\begin{cases} y'' + y = 0 \\ y\,(0) = 1, \quad y\,(1) = 1.68 \end{cases},$$

结果保留 4 位有效数字.

第 9 章　矩阵特征值与特征向量的幂法计算

设 $\boldsymbol{A}$ 是 n 阶方阵, 若存在数 λ 和非零 n 维列向量 $\boldsymbol{x}$, 使得

$$\boldsymbol{A}\boldsymbol{x} = \lambda \boldsymbol{x},$$

则数 λ 称为方阵 $\boldsymbol{A}$ 的特征值, $\boldsymbol{x}$ 称为方阵 $\boldsymbol{A}$ 的属于特征值 λ 的特征向量. 许多工程技术问题, 如各种类型的振动问题、控制系统的稳定性问题等, 最后往往归结为求矩阵的特征值和特征向量. 而由线性代数的理论可知, 理论上矩阵 $\boldsymbol{A}$ 的所有特征值均能从特征方程

$$\det(\boldsymbol{A} - \lambda \boldsymbol{E}) = 0 \tag{9.0.1}$$

中求得. 但首先, 特征多项式 $\det(\boldsymbol{A} - \lambda \boldsymbol{E})$ 很难求, 其次, 求代数方程式 (9.0.1) 所有根的实施过程并不方便, 有时甚至非常困难, 所以这种办法缺乏实用意义. 因此, 我们需要研究求矩阵特征值与特征向量的数值方法.

9.1　幂　　法

9.1.1　幂法

矩阵按模最大的特征值称为该矩阵的**主特征值**. 事实上, 在一些场合, 如在本书第 5 章判断线性方程组迭代解法的收敛性时, 不必知道迭代矩阵的全部特征值和特征向量, 仅仅需要求该矩阵的**主特征值**与其相应的特征向量即可.

幂法正是用于求矩阵主特征值及其相应特征向量的一种迭代方法, 尤其适用于稀疏矩阵的情形, 其算法思想基于如下结论.

定理 9.1　设矩阵 $\boldsymbol{A} \in \mathbf{R}^{n\times n}$ 有 n 个线性无关的特征向量 $\boldsymbol{x}^{(j)}(j = 1, 2, \cdots, n)$, 其对应的特征值 $\lambda_j(j = 1, 2, \cdots, n)$ 满足

$$|\lambda_1| > |\lambda_2| \geqslant |\lambda_3| \geqslant \cdots \geqslant |\lambda_n|.$$

对任取的一个非零的初始向量 $\boldsymbol{v}^{(0)} = \sum\limits_{j=1}^{n} \alpha_j \boldsymbol{x}^{(j)} (\alpha_1 \neq 0)$, 构造向量序列

$$\boldsymbol{v}^{(k+1)} = \boldsymbol{A}\boldsymbol{v}^{(k)}, \quad k = 0, 1, 2, \cdots, \tag{9.1.1}$$

则主特征值

$$\lambda_1 = \lim_{k\to\infty} \frac{v_i^{(k)}}{v_i^{(k-1)}}, \quad i = 1, 2, \cdots, n. \tag{9.1.2}$$

这里, 实数 $v_i^{(k)}$ 表示向量 $\boldsymbol{v}^{(k)}$ 的第 i 个分量.

证明 因为 $\boldsymbol{A}$ 有 n 个线性无关的特征向量 $\boldsymbol{x}^{(j)}(j=1,2,\cdots,n)$, 所以对任意给定的非零向量 $\boldsymbol{v}^{(0)}$ 都可用 $\boldsymbol{x}^{(j)}(j=1,2,\cdots,n)$ 线性表示, 即有

$$\boldsymbol{v}^{(0)}=\sum_{j=1}^{n}\alpha_j\boldsymbol{x}^{(j)} \quad .$$

由 $\boldsymbol{v}^{(0)}$ 的任意性知, 总能找到向量 $\boldsymbol{v}^{(0)}$ 使上述展开式的第一个系数 $\alpha_1\neq 0$, 故在下面的证明过程中, 不妨假设 $\alpha_1\neq 0$. 用 $\boldsymbol{A}$ 构造向量序列

$$\begin{cases}\boldsymbol{v}^{(1)}=\boldsymbol{A}\boldsymbol{v}^{(0)}\\ \boldsymbol{v}^{(2)}=\boldsymbol{A}\boldsymbol{v}^{(1)}=\boldsymbol{A}^2\boldsymbol{v}^{(0)}\\ \qquad\vdots\\ \boldsymbol{v}^{(k)}=\boldsymbol{A}\boldsymbol{v}^{(k-1)}=\boldsymbol{A}^k\boldsymbol{v}^{(0)}\\ \qquad\vdots\end{cases},$$

由特征值的定义知

$$\boldsymbol{A}\boldsymbol{x}^{(j)}=\lambda_j\boldsymbol{x}^{(j)},\quad j=1,2,\cdots,n.$$

故有

$$\boldsymbol{v}^{(k)}=\boldsymbol{A}^k\boldsymbol{v}^{(0)}=\sum_{j=1}^{n}\alpha_j\boldsymbol{A}^k\boldsymbol{x}^{(j)}=\sum_{j=1}^{n}\alpha_j\lambda_j^k\boldsymbol{x}^{(j)}=\lambda_1^k\left(\alpha_1\boldsymbol{x}^{(1)}+\sum_{j=2}^{n}\alpha_i\left(\frac{\lambda_j}{\lambda_1}\right)^k\boldsymbol{x}^{(j)}\right).\tag{9.1.3}$$

同理可得

$$\boldsymbol{v}^{(k-1)}=\lambda_1^{k-1}\left(\alpha_1\boldsymbol{x}^{(1)}+\sum_{j=2}^{n}\alpha_i\left(\frac{\lambda_j}{\lambda_1}\right)^{k-1}\boldsymbol{x}^{(j)}\right).$$

又由于 $\left|\dfrac{\lambda_j}{\lambda_1}\right|<1$, 这里, $j=2,3,\cdots,n$, 故对于足够大的 k, 有

$$\frac{v_i^{(k)}}{v_i^{(k-1)}}=\frac{\lambda_1^k\left(\alpha_1\boldsymbol{x}^{(1)}+\sum_{j=2}^{n}\alpha_j\left(\frac{\lambda_j}{\lambda_1}\right)^k\boldsymbol{x}^{(j)}\right)_i}{\lambda_1^{k-1}\left(\alpha_1\boldsymbol{x}^{(1)}+\sum_{j=2}^{n}\alpha_j\left(\frac{\lambda_j}{\lambda_1}\right)^{k-1}\boldsymbol{x}^{(j)}\right)_i}=\lambda_1\frac{\left(\alpha_1\boldsymbol{x}^{(1)}+\boldsymbol{\varepsilon}^{(k)}\right)_i}{\left(\alpha_1\boldsymbol{x}^{(1)}+\boldsymbol{\varepsilon}^{(k-1)}\right)_i},\tag{9.1.4}$$

式中, $\boldsymbol{\varepsilon}^{(k)}=\sum_{j=2}^{n}\alpha_i\left(\dfrac{\lambda_j}{\lambda_1}\right)^k\boldsymbol{x}^{(j)}$, 且当 $k\to\infty$ 时, $\boldsymbol{\varepsilon}^{(k)}\to\mathbf{0}$. 因此, 当 $x_i^{(1)}\neq 0$ 时, 由式 (9.1.4) 得

$$\lim_{k\to\infty}\frac{v_i^{(k)}}{v_i^{(k-1)}}=\lambda_1\lim_{k\to\infty}\frac{\left(\alpha_1\boldsymbol{x}^{(1)}+\boldsymbol{\varepsilon}^{(k)}\right)_i}{\left(\alpha_1\boldsymbol{x}^{(1)}+\boldsymbol{\varepsilon}^{(k-1)}\right)_i}=\lambda_1,\quad i=1,2,\cdots,n. \qquad \#$$

上述利用已知非零向量 $\boldsymbol{v}^{(0)}$ 及矩阵 $\boldsymbol{A}$ 的幂 $\boldsymbol{A}^k$ 构造向量序列 $\{\boldsymbol{v}^{(k)}\}$ 来计算 $\boldsymbol{A}$ 的主特征值 λ_1 的方法称为**幂法**.

而定理 9.1 的证明过程事实上已给出了幂法的计算步骤, 但值得说明的是:

(1) 由向量 $\boldsymbol{v}^{(0)}$ 的任意性可知, 总能找到非零向量 $\boldsymbol{v}^{(0)}$ 使式 (9.1.3) 中 $\alpha_1 \neq 0$, 通常可取 $\boldsymbol{v}^{(0)} = (1, 1, \cdots, 1)^{\mathrm{T}}$. 事实上, 因舍入误差的影响, 最终总有 α_1 不等于零.

(2) 当 k 足够大时, 为避免 λ_1 过分依赖所选的第 i 个分量值, 可用各分量比的平均值代替 $\dfrac{v_i^{(k)}}{v_i^{(k-1)}}$, 即可以取主特征值 $\lambda_1 = \dfrac{1}{n}\displaystyle\sum_{i=1}^{n} \dfrac{v_i^{(k)}}{v_i^{(k-1)}}$.

(3) 关于 λ_1 的特征向量, 由于

$$\boldsymbol{v}^{(k)} = \lambda_1^k \left(\alpha_1 \boldsymbol{x}^{(1)} + \sum_{j=2}^{n} \alpha_j \left(\frac{\lambda_j}{\lambda_1}\right)^k \boldsymbol{x}^{(j)}\right) = \lambda_1^k \left(\alpha_1 \boldsymbol{x}^{(1)} + \boldsymbol{\varepsilon}^{(k)}\right) \to \lambda_1^k \alpha_1 \boldsymbol{x}^{(1)}, \quad k \to \infty,$$

即向量 $\boldsymbol{v}^{(k)}$ 就是方阵 $\boldsymbol{A}$ 属于特征值 λ_1 的 (近似) 特征向量.

定理 9.1 中, 假定方阵 $\boldsymbol{A}$ 的主特征值不唯一, 即其特征值序列不满足不等式 $|\lambda_1| > |\lambda_2|$ 时, 应根据下列 3 种不同情形分析:

(1) 当 $\lambda_1 = \lambda_2 = \cdots = \lambda_r$ 时, 即主特征值是实数, 且为特征方程 (9.0.1) 的 r 重根时, 仿照定理 9.1 的证明, 可得

$$\begin{aligned}
\frac{v_i^{(k)}}{v_i^{(k-1)}} &= \lambda_1 \frac{\left(\displaystyle\sum_{j=1}^{r} \alpha_j \boldsymbol{x}^{(j)} + \sum_{j=r+1}^{n} \alpha_j \left(\frac{\lambda_j}{\lambda_1}\right)^k \boldsymbol{x}^{(j)}\right)_i}{\left(\displaystyle\sum_{j=1}^{r} \alpha_j \boldsymbol{x}^{(j)} + \sum_{j=r+1}^{n} \alpha_j \left(\frac{\lambda_j}{\lambda_1}\right)^{k-1} \boldsymbol{x}^{(j)}\right)_i} \\
&= \lambda_1 \frac{\left(\displaystyle\sum_{j=1}^{r} \alpha_j \boldsymbol{x}^{(j)} + \boldsymbol{\varepsilon}^{(k)}\right)_i}{\left(\displaystyle\sum_{j=1}^{r} \alpha_j \boldsymbol{x}^{(j)} + \boldsymbol{\varepsilon}^{(k-1)}\right)_i} \to \lambda_1, \quad k \to \infty,
\end{aligned}$$

且有

$$\boldsymbol{v}^{(k)} = \lambda_1^k \left(\sum_{j=1}^{r} \alpha_j \boldsymbol{x}^{(j)} + \sum_{j=r+1}^{n} \alpha_j \left(\frac{\lambda_j}{\lambda_1}\right)^k \boldsymbol{x}^{(j)}\right),$$

即有

$$\lim_{k\to\infty} \frac{1}{\lambda_1^k} \boldsymbol{v}^{(k)} = \sum_{j=1}^{r} \alpha_j \boldsymbol{x}^{(j)}.$$

因此得与重主特征值相对应的近似特征向量为 $\dfrac{1}{\lambda_1^k} \boldsymbol{v}^{(k)}$.

(2) 当 $|\lambda_1| = |\lambda_2| > |\lambda_i|$ 且 $\lambda_1 = -\lambda_2$ 时, 即特征方程 (9.0.1) 有一对实的主特征值时, 这里, $i = 3, 4, \cdots, n$. 仿照定理 9.1 的证明, 有

$$\boldsymbol{v}^{(k)} = \lambda_1^k \left(\alpha_1 \boldsymbol{x}^{(1)} + (-1)^k \alpha_2 \boldsymbol{x}^{(2)} + \sum_{j=3}^{n} \alpha_j \left(\frac{\lambda_j}{\lambda_1} \right)^k \boldsymbol{x}^{(j)} \right),$$

因此有

$$\frac{v_i^{(k+1)}}{v_i^{(k-1)}} = \frac{\lambda_1^{k+1} \left(\alpha_1 \boldsymbol{x}^{(1)} + (-1)^{k+1} \alpha_2 \boldsymbol{x}^{(2)} + \sum_{j=3}^{n} \alpha_j \left(\frac{\lambda_j}{\lambda_1} \right)^{k+1} \boldsymbol{x}^{(j)} \right)_i}{\lambda_1^{k-1} \left(\alpha_1 \boldsymbol{x}^{(1)} + (-1)^{k-1} \alpha_2 \boldsymbol{x}^{(2)} + \sum_{j=3}^{n} \alpha_j \left(\frac{\lambda_j}{\lambda_1} \right)^{k-1} \boldsymbol{x}^{(j)} \right)_i} \to \lambda_1^2, \quad k \to \infty.$$

于是所求主特征值为 $\lambda_{1,2} = \pm\sqrt{\dfrac{v_i^{(k+1)}}{v_i^{(k-1)}}}$. 又由于

$$\begin{cases} \boldsymbol{v}^{(k)} = \lambda_1^k \left(\alpha_1 \boldsymbol{x}^{(1)} + (-1)^k \alpha_2 \boldsymbol{x}^{(2)} + \sum_{j=3}^{n} \alpha_j \left(\frac{\lambda_j}{\lambda_1} \right)^k \boldsymbol{x}^{(j)} \right) \approx \lambda_1^k \left(\alpha_1 \boldsymbol{x}^{(1)} + (-1)^k \alpha_2 \boldsymbol{x}^{(2)} \right) \\ \boldsymbol{v}^{(k+1)} = \lambda_1^{k+1} \left(\alpha_1 \boldsymbol{x}^{(1)} - (-1)^k \alpha_2 \boldsymbol{x}^{(2)} + \sum_{j=3}^{n} \alpha_j \left(\frac{\lambda_j}{\lambda_1} \right)^{k+1} \boldsymbol{x}^{(j)} \right) \approx \lambda_1^{k+1} \left(\alpha_1 \boldsymbol{x}^{(1)} - (-1)^k \alpha_2 \boldsymbol{x}^{(2)} \right) \end{cases},$$

于是有

$$\begin{cases} \lambda_1 \boldsymbol{v}^{(k)} + \boldsymbol{v}^{(k+1)} \approx 2\lambda_1^{k+1} \alpha_1 \boldsymbol{x}^{(1)} \\ \lambda_1 \boldsymbol{v}^{(k)} - \boldsymbol{v}^{(k+1)} \approx 2\lambda_1^{k+1} (-1)^k \alpha_2 \boldsymbol{x}^{(2)} \end{cases},$$

即向量 $\lambda_1 \boldsymbol{v}^{(k)} + \boldsymbol{v}^{(k+1)}$ 与 $\lambda_1 \boldsymbol{v}^{(k)} - \boldsymbol{v}^{(k+1)}$ 可分别作为主特征值 λ_1 与 $-\lambda_1$ 的特征向量.

(3) 当特征方程 (9.0.1) 有一对复共轭主特征值, 即当 $|\lambda_1| = |\lambda_2|$ 且

$$\lambda_1 = p\mathrm{e}^{\theta\mathrm{i}}, \quad \lambda_2 = p\mathrm{e}^{-\theta\mathrm{i}}$$

时 (上式中, 符号 $\mathrm{i} = \sqrt{-1}$ 为虚数单位), 在迭代过程中, 如果仔细观察相继的 3 个向量 $\boldsymbol{v}^{(k-1)}, \boldsymbol{v}^{(k)}$ 与 $\boldsymbol{v}^{(k+1)}$ 的第 l 个分量, 便能够发现这 3 个向量的 3 个分量之间满足如下近似关系式

$$\boldsymbol{v}_l^{(k+1)} + p\boldsymbol{v}_l^{(k)} + q\boldsymbol{v}_l^{(k-1)} \approx 0,$$

这里, 参数 p 与 q 为待定常数; $l = 1, 2, \cdots, n$. 为此, 我们可以任意选定 3 个向量的任意两个分量代入上述关系式, 构成一个二阶线性方程组

$$\begin{cases} v_l^{(k+1)} + pv_l^{(k)} + qv_l^{(k-1)} = 0 \\ v_m^{(k+1)} + pv_m^{(k)} + qv_m^{(k-1)} = 0 \end{cases},$$

解之, 可得参数 p,q. 再将参数 p,q 代入如下一元二次方程

$$\lambda^2+p\lambda+q=0,$$

求解上述代数方程, 即得矩阵 $\boldsymbol{A}$ 的一对按模最大的复特征值 $\lambda_{1,2}$.

例 9.1.1　求矩阵

$$\boldsymbol{A}=\begin{pmatrix}-1 & -1 & -2\\ 1 & 1 & -80\\ 0 & 1 & 1\end{pmatrix}$$

的按模最大的特征值.

解　取初始向量 $\boldsymbol{v}^{(0)}=(-1,1,1)^{\mathrm{T}}$, 按式 (9.1.3) 迭代到第 5 步, 得如表 9.1 所示的数据.

表 9.1　例 9.1.1 的迭代结果表

k	$v_1^{(k)}$	$v_2^{(k)}$	$v_3^{(k)}$
0	−1	1	1
1	−2	−80	2
2	78	−242	−78
3	320	6076	−320
4	−5756	31996	5756
5	−37752	−434240	37752
⋮	⋮	⋮	⋮

可见, 计算过程中, 相继的 3 个迭代向量 $\boldsymbol{v}^{(n-1)}$、$\boldsymbol{v}^{(n)}$ 与 $\boldsymbol{v}^{(n+1)}$ 的第 1 个与第 3 个分量呈现相同的线性关系, 而第 2 个分量呈现不同的线性关系, 于是可选第 1,2 分量构成方程组

$$\begin{cases}78-2p-q=0\\ -242-80p+q=0\end{cases},$$

解之, 得 $p=-2,q=82$. 显然, 实数 p,q 也能使第 3 个分量满足此关系, 由此可以断定 λ_1, λ_2 确为共轭复根, 代入一元二次方程得

$$\lambda^2-2\lambda+82=0,$$

解之, 得 $\lambda_{1,2}=1\pm 9\mathrm{i}$.　#

事实上, 题中矩阵 $\boldsymbol{A}$ 的 3 个特征值为 $\lambda_1=1+9\mathrm{i}, \lambda_2=1-9\mathrm{i}, \lambda_3=-1$, 可见幂法能够求出矩阵的一对复共轭特征值. 此外, 在例 9.1.1 中, 若取初始向量 $\boldsymbol{v}^{(0)}=(0.0003,-0.0119,-0.0003)^{\mathrm{T}}$, 按式 (9.1.3) 迭代 5 步, 可得表 9.2 中的数据.

可见, 对于幂法来讲, 不论取初始向量为何值, 只要计算过程不溢出, 总能计算出我们希望的特征向量, 但是计算步数的多少却与初始向量的选择有重要关系.

表 9.2 例 9.1.1 不同初始向量的迭代结果

k	$v_1^{(k)}$	$v_2^{(k)}$	$v_3^{(k)}$
0	0.0003	−0.0119	−0.0003
1	0.0122	0.0122	−0.0122
2	0	1	0
3	−1	1	1
4	−2	−80	2
5	78	−242	−78

9.1.2 规范化幂法

用幂法求矩阵 $\boldsymbol{A}$ 的主特征值与特征向量过程中, 当 k 足够大时, 由式 (9.1.4) 可得主特征值 λ_1 对应的特征向量

$$\boldsymbol{v}^{(k)} \approx \lambda_1^k \alpha_1 \boldsymbol{x}^{(1)}.$$

于是当 $k \to \infty$ 时, 可能有两种异常情况发生: ①当 $|\lambda_1| > 1$ 时, 如例 9.1.1 所示, 随着计算步数的增加, $v_i^{(k)}$ 的绝对值越来越大, 最终有 $v_i^{(k)} \to \infty$, 即计算过程产生向上 "溢出" 现象; ②当 $|\lambda_1| < 1$ 时, $v_i^{(k)} \to 0$, 即计算结果产生 "下溢".

为了克服这一不足, 通常在幂法求解过程中采用规范化迭代方式, 这种利用规范化迭代求矩阵主特征值和特征向量的方法称为**规范化幂法**.

规范化幂法的具体做法为: 任取非零向量 $\boldsymbol{v}^{(0)} = \boldsymbol{u}^{(0)} = \sum\limits_{i=1}^{n} \alpha_i \boldsymbol{x}^{(i)}$(要求 $\alpha_1 \neq 0$) 作为初始向量, 习惯上, 常取 $\boldsymbol{v}^{(0)} = (1, 1, \cdots, 1)^{\mathrm{T}}$. 用记号 $\max(\boldsymbol{v})$ 表示向量 $\boldsymbol{v}$ 的按模或绝对值最大的分量, 构造迭代序列

$$\begin{cases} \boldsymbol{v}^{(1)} = \boldsymbol{A}\boldsymbol{u}^{(0)} = \boldsymbol{A}\boldsymbol{v}^{(0)}, & \boldsymbol{u}^{(1)} = \dfrac{\boldsymbol{v}^{(1)}}{\max\left(\boldsymbol{v}^{(1)}\right)} = \dfrac{\boldsymbol{A}\boldsymbol{v}^{(0)}}{\max\left(\boldsymbol{A}\boldsymbol{v}^{(0)}\right)} \\ \boldsymbol{v}^{(2)} = \boldsymbol{A}\boldsymbol{u}^{(1)} = \dfrac{\boldsymbol{A}^2\boldsymbol{v}^{(0)}}{\max\left(\boldsymbol{A}\boldsymbol{v}^{(0)}\right)}, & \boldsymbol{u}^{(2)} = \dfrac{\boldsymbol{v}^{(2)}}{\max\left(\boldsymbol{v}^{(2)}\right)} = \dfrac{\boldsymbol{A}^2\boldsymbol{v}^{(0)}}{\max\left(\boldsymbol{A}^2\boldsymbol{v}^{(0)}\right)} \\ \quad\vdots & \quad\vdots \\ \boldsymbol{v}^{(k)} = \boldsymbol{A}\boldsymbol{u}^{(k-1)} = \dfrac{\boldsymbol{A}^k\boldsymbol{v}^{(0)}}{\max\left(\boldsymbol{A}^{k-1}\boldsymbol{v}^{(0)}\right)}, & \boldsymbol{u}^{(k)} = \dfrac{\boldsymbol{v}^{(k)}}{\max\left(\boldsymbol{v}^{(k)}\right)} = \dfrac{\boldsymbol{A}^k\boldsymbol{v}^{(0)}}{\max\left(\boldsymbol{A}^k\boldsymbol{v}^{(0)}\right)} \\ \quad\vdots & \quad\vdots \end{cases}, \tag{9.1.5}$$

则迭代序列满足

$$\boldsymbol{u}^{(k)} = \frac{\boldsymbol{v}^{(k)}}{\max\left(\boldsymbol{v}^{(k)}\right)} = \frac{\boldsymbol{A}^k\boldsymbol{v}^{(0)}}{\max\left(\boldsymbol{A}^k\boldsymbol{v}^{(0)}\right)} = \frac{\lambda_1^k\left(\alpha_1\boldsymbol{x}^{(1)} + \sum\limits_{i=2}^{n}\alpha_i\left(\dfrac{\lambda_i}{\lambda_1}\right)^k\boldsymbol{x}^{(i)}\right)}{\max\left(\lambda_1^k\left(\alpha_1\boldsymbol{x}^{(1)} + \sum\limits_{i=2}^{n}\alpha_i\left(\dfrac{\lambda_i}{\lambda_1}\right)^k\boldsymbol{x}^{(i)}\right)\right)}$$

$$=\frac{\alpha_1 \boldsymbol{x}^{(1)}+\sum\limits_{i=2}^{n}\alpha_i\left(\frac{\lambda_i}{\lambda_1}\right)^k \boldsymbol{x}^{(i)}}{\max\left(\alpha_1 \boldsymbol{x}^{(1)}+\sum\limits_{i=2}^{n}\alpha_i\left(\frac{\lambda_i}{\lambda_1}\right)^k \boldsymbol{x}^{(i)}\right)} \to \frac{\boldsymbol{x}^{(1)}}{\max\left(\boldsymbol{x}^{(1)}\right)}, \quad k\to\infty.$$

上式说明规范化迭代得到的向量序列 $\{\boldsymbol{u}^{(k)}\}$ 收敛到按模最大特征值 λ_1 对应的特征向量 $\dfrac{\boldsymbol{x}^{(1)}}{\max\left(\boldsymbol{x}^{(1)}\right)}$, 且这一过程不会溢出. 同时得

$$\begin{aligned}\max\left(\boldsymbol{v}^{(k)}\right) &= \max\left(\boldsymbol{A}\boldsymbol{u}^{(k-1)}\right)\\ &=\max\left(\frac{\lambda_1^k\left(\alpha_1 \boldsymbol{x}^{(1)}+\sum\limits_{i=2}^{n}\alpha_i\left(\frac{\lambda_i}{\lambda_1}\right)^k \boldsymbol{x}^{(i)}\right)}{\max\left(\lambda_1^{k-1}\left(\alpha_1 \boldsymbol{x}^{(1)}+\sum\limits_{i=2}^{n}\alpha_i\left(\frac{\lambda_i}{\lambda_1}\right)^{k-1} \boldsymbol{x}^{(i)}\right)\right)}\right)\\ &=\max\left(\frac{\lambda_1^k\left(\alpha_1 \boldsymbol{x}^{(1)}+\sum\limits_{i=2}^{n}\alpha_i\left(\frac{\lambda_i}{\lambda_1}\right)^k \boldsymbol{x}^{(i)}\right)}{\max\left(\lambda_1^{k-1}\left(\alpha_1 \boldsymbol{x}^{(1)}+\sum\limits_{i=2}^{n}\alpha_i\left(\frac{\lambda_i}{\lambda_1}\right)^{k-1} \boldsymbol{x}^{(i)}\right)\right)}\right)\to\lambda_1, \quad k\to\infty.\end{aligned}$$

即规范化迭代向量序列中, 向量 $\boldsymbol{v}^{(k)}$ 的最大分量 $\max\left(\boldsymbol{v}^{(k)}\right)$ 收敛到方阵 $\boldsymbol{A}$ 的主特征值 λ_1. 综上所述, 关于规范化幂法, 有如下结论.

定理 9.2 设 $\boldsymbol{A}\in\mathbf{R}^{n\times n}$ 有 n 个线性无关的特征向量, 若其按模最大的特征值 λ_1 满足

$$|\lambda_1|>|\lambda_2|\geqslant|\lambda_3|\geqslant\cdots\geqslant|\lambda_n|,$$

则对任意的非零向量 $\boldsymbol{u}^{(0)}\in\mathbf{R}^n$, 可按式 (9.1.6) 构造向量序列

$$\begin{cases}\boldsymbol{u}^{(0)}\neq 0, \boldsymbol{v}^{(k)}=\boldsymbol{A}\boldsymbol{u}^{(k-1)}, \quad k=1,2,\cdots\\ \boldsymbol{u}^{(k)}=\dfrac{\boldsymbol{v}^{(k)}}{\max\left(\boldsymbol{v}^{(k)}\right)}\end{cases}, \tag{9.1.6}$$

且有

$$\lim_{k\to\infty}\max\left(\boldsymbol{v}^{(k)}\right)=\lambda_1, \quad \lim_{k\to\infty}\boldsymbol{u}^{(k)}=\frac{\boldsymbol{x}^{(1)}}{\max\left(\boldsymbol{x}^{(1)}\right)}. \tag{9.1.7}$$

例 9.1.2 用规范化幂法计算矩阵 $\boldsymbol{A}=\begin{pmatrix}2&4&6\\3&9&15\\4&16&36\end{pmatrix}$ 的主特征值和相应的特征向量, 结果精确到第 3 位有效数字稳定.

解 取 $\boldsymbol{v}^{(0)}=\boldsymbol{u}^{(0)}=(1,1,1)^{\mathrm{T}}$, 对矩阵 $\boldsymbol{A}$ 按规范化幂法公式 (9.1.6) 构造向量序列, 具体计算结果见表 9.3.

表 9.3 用规范化幂法计算的结果

k	$v_1^{(k)}$	$v_2^{(k)}$	$v_3^{(k)}$	$u_1^{(k)}$	$u_2^{(k)}$	$u_3^{(k)}$	λ_1
0	1	1	1	1	1	1	
1	12.00	27.00	56.00	0.214 3	0.482 0	1.000	56.00
2	8.357	19.98	44.57	0.187 5	0.448 3	1.000	44.57
3	8.168	19.60	43.92	0.186 0	0.446 3	1.000	43.92
4	8.157	19.57	43.88	0.185 9	0.446 0	1.000	43.88
5	8.156	19.57	43.88	0.185 9	0.446 0	1.000	43.88

故矩阵 $\boldsymbol{A}$ 的主特征值为 $\lambda_1 \approx 43.88$, 其相应的特征向量为

$$\boldsymbol{x}^{(1)} = (0.1859,\ 0.4460,\ 1.0000)^{\mathrm{T}}. \qquad \#$$

使用其他方法 (如调用 MATLAB 语言的 eig() 函数) 易得矩阵 $\boldsymbol{A}$ 的 3 个特征值分别为 λ_1 =43.8800, λ_2 =2.7175, λ_3 =0.4025. 可见, 规范化幂法的确能够有效消除幂法迭代过程中出现的溢出现象, 提高了数值算法的数值稳定性, 确保了数值结果的可靠性.

9.2 幂法的加速与反幂法

从 9.1 节的讨论可知, 用幂法计算矩阵 $\boldsymbol{A}$ 的按模最大特征值的收敛速度取决于比值 $r = \left|\dfrac{\lambda_2}{\lambda_1}\right|$, 当 r 接近于 1 时, 收敛会很慢, 可以考虑用如下方法对幂法迭代过程进行加速.

9.2.1 原点平移法

考察矩阵

$$\boldsymbol{B} = \boldsymbol{A} - p\boldsymbol{E}, \tag{9.2.1}$$

式中, $\boldsymbol{E}$ 为与 $\boldsymbol{A}$ 同阶的单位阵; p 为待选参数.

不妨设矩阵 $\boldsymbol{A}$ 的 n 个特征值为 $\lambda_1, \lambda_2, \cdots, \lambda_n$, 则矩阵 $\boldsymbol{B}$ 的相应特征值应为

$$\lambda_1 - p, \lambda_2 - p, \cdots, \lambda_n - p,$$

且矩阵 $\boldsymbol{A}$ 与 $\boldsymbol{B}$ 有相同的特征向量.

如果需要计算 $\boldsymbol{A}$ 的按模最大特征值 λ_1, 就可选择适当的 p, 使得 $\lambda_1 - p$ 仍是 $\boldsymbol{B}$ 的按模最大的特征值, 且使

$$\left|\frac{\lambda_2 - p}{\lambda_1 - p}\right| < \left|\frac{\lambda_2}{\lambda_1}\right|. \tag{9.2.2}$$

这样对矩阵 $\boldsymbol{B}$ 应用幂法, 就能较快地求得 $\boldsymbol{B}$ 的按模最大特征值 $\lambda_1(\boldsymbol{B})$, 从而得矩阵 $\boldsymbol{A}$ 的主特征值 $\lambda_1 = \lambda_1(\boldsymbol{B}) + p$. 上述求矩阵最大特征值的方法称为**原点平移法**.

例 9.2.1 用幂法与原点平移法分别求矩阵 $\boldsymbol{A}=\begin{pmatrix}17 & 9 & 5\\ 0 & 8 & 10\\ -5 & -5 & -3\end{pmatrix}$ 的主特征值 λ_1, 且使 λ_1 的数值解精确到相邻两次估计的绝对误差小于 5×10^{-4}.

解 方法一: 取 $\boldsymbol{v}^{(0)}=\boldsymbol{u}^{(0)}=(1,1,1)^{\mathrm{T}}$, 对 $\boldsymbol{A}$ 按式 (9.1.6) 构造向量序列, 则迭代 25 次可得满足精度要求的估计值 $\lambda_1\approx 12.0003$.

方法二: 取参数 $p=4$, 即对矩阵 $\boldsymbol{B}=\boldsymbol{A}-4\boldsymbol{E}$ 应用幂法, 并按式 (9.1.6) 构造向量序列, 迭代 15 次可得满足精度要求的主特征值 $\lambda_1\approx 12.0003$. #

由此可见, 选取适当的 p 确能使幂法有效地加速. 事实上, 对例 9.2.1 中的矩阵 $\boldsymbol{A}$, 其特征值分别为 $\lambda_1=12,\lambda_2=8,\lambda_3=2$. 因此当 $p=4$ 时, 显然有

$$\left|\frac{\lambda_2-p}{\lambda_1-p}\right|=\frac{1}{2}<\left|\frac{\lambda_2}{\lambda_1}\right|=\frac{2}{3}.$$

而且可以看出, 当 $p=5$ 时, 即对 $\boldsymbol{C}=\boldsymbol{A}-5\boldsymbol{E}$ 应用幂法效果会更佳. 事实上, 由于矩阵 $\boldsymbol{C}$ 的特征值分别为

$$\lambda_1(\boldsymbol{C})=7,\quad \lambda_2(\boldsymbol{C})=3,\quad \lambda_3(\boldsymbol{C})=-3.$$

于是有 $\left|\dfrac{\lambda_2(\boldsymbol{C})}{\lambda_1(\boldsymbol{C})}\right|=\dfrac{3}{7}<\dfrac{1}{2}<\left|\dfrac{\lambda_2}{\lambda_1}\right|=\dfrac{2}{3}$, 因此取 $p=5$ 时, 应用幂法的效果会更佳.

可见这种矩阵变换容易计算, 且不破坏矩阵 $\boldsymbol{A}$ 的稀疏性, 但 p 的选择好坏决定了加速效果的好坏, 因此需要对矩阵 $\boldsymbol{A}$ 的特征值分布有大致的了解. 一般地, 由定理 3.12 知

$$\rho(\boldsymbol{A})\leqslant\|\boldsymbol{A}\|_{\alpha},$$

这里, $\rho(\boldsymbol{A})$ 为矩阵 $\boldsymbol{A}$ 的谱半径; $\|\boldsymbol{A}\|_{\alpha}$ 为矩阵的任意一种范数. 实践中也可用 Gerschgorin 圆盘确定矩阵特征值的大致范围.

定义 9.1 设 $\boldsymbol{A}=(a_{ij})_{n\times n}$ 为 n 阶实方阵, 令 $r_i=\sum\limits_{\substack{j=1\\ j\neq i}}^{n}|a_{ij}|$, 则称数集

$$Z_i=\{\,z\mid |z-a_{ii}|\leqslant r_i, z\in\mathbf{R}\}$$

为**Gerschgorin 圆盘**, 这里 $i=1,2,\cdots,n$.

设 λ 是矩阵 $\boldsymbol{A}$ 的任意一个特征值, $\boldsymbol{x}$ 是 $\boldsymbol{A}$ 与 λ 对应的特征向量, 将 $\boldsymbol{x}$ 规范化, 使其最大分量等于 1, 不妨设 $x_i=1$, 这里 $i=1,2,\cdots,n$, 则有

$$\begin{pmatrix}a_{11} & \cdots & a_{1i} & \cdots & a_{1n}\\ \vdots & & \vdots & & \vdots\\ a_{i1} & \cdots & a_{ii} & \cdots & a_{in}\\ \vdots & & \vdots & & \vdots\\ a_{n1} & \cdots & a_{ni} & \cdots & a_{nn}\end{pmatrix}\begin{pmatrix}x_1\\ \vdots\\ x_i\\ \vdots\\ x_n\end{pmatrix}=\lambda\begin{pmatrix}x_1\\ \vdots\\ x_i\\ \vdots\\ x_n\end{pmatrix}.$$

由该方程组的第 i 个方程, 得

$$\lambda - a_{ii} = \sum_{\substack{j=1 \\ j \neq i}}^{n} a_{ij} x_j.$$

又由 $|x_j| \leqslant 1$, 这里, $1 \leqslant j \leqslant n, j \neq i$, 知

$$|\lambda - a_{ii}| \leqslant \sum_{\substack{j=1 \\ j \neq i}}^{n} |a_{ij}| = r_i. \tag{9.2.3}$$

式 (9.2.3) 说明: 矩阵 $\boldsymbol{A}$ 的所有的特征值必然落在以 a_{ii} 为中心以 r_i 为半径的 n 个 Gerschgorin 圆盘 Z_i 内, 这里 $i = 1, 2, \cdots, n$, 该结论即是所谓的 Gerschgorin 圆盘定理.

因此, 实践中可用 Gerschgorin 圆盘估计矩阵特征值的大致范围.

9.2.2 Rayleigh 商加速法

原点平移法因选择平移参数困难, 因而应用受限, 但当 $\boldsymbol{A}$ 是对称矩阵时, 可用 Rayleigh 商进行有效加速.

定义 9.2 设 $\boldsymbol{A}$ 为 n 阶实对称矩阵, 对于任一非零向量 $\boldsymbol{x}$, 称比值

$$R(\boldsymbol{x}) = \frac{(\boldsymbol{A}\boldsymbol{x}, \boldsymbol{x})}{(\boldsymbol{x}, \boldsymbol{x})} \tag{9.2.4}$$

为对应于向量 $\boldsymbol{x}$ 的 **Rayleigh 商**.

在用幂法求矩阵主特征值和特征向量的过程中, 使用式 (9.2.4) 中定义的 Rayleigh 商进行加速迭代的方法称为 **Rayleigh 商加速法**.

由代数学的知识, 知任意的实对称矩阵都存在正交特征向量系, 因此关于 Rayleigh 商加速法, 可证得如下结论.

定理 9.3 设 $\boldsymbol{A} \in \mathbf{R}^{n \times n}$ 为对称矩阵, 其特征值满足 $|\lambda_1| > |\lambda_2| \geqslant |\lambda_3| \geqslant \cdots \geqslant |\lambda_n|$. 相应特征向量 $\boldsymbol{x}^{(i)}\,(i = 1, 2, \cdots, n)$ 之间满足正交关系: $\left(\boldsymbol{x}^{(i)}, \boldsymbol{x}^{(j)}\right) = \begin{cases} 1, & i = j \\ 0, & i \neq j \end{cases}$ 则由式 (9.2.4) 计算得到的 (规范化的) 向量系 $\left\{\boldsymbol{u}^{(k)}\right\}$ 的 Rayleigh 商收敛到矩阵 $\boldsymbol{A}$ 的主特征值, 且有

$$\frac{\left(\boldsymbol{A}\boldsymbol{u}^{(k)}, \boldsymbol{u}^{(k)}\right)}{\left(\boldsymbol{u}^{(k)}, \boldsymbol{u}^{(k)}\right)} = \lambda_1 + o\left(\left[\frac{\lambda_2}{\lambda_1}\right]^{2k}\right). \tag{9.2.5}$$

证明 由式 (9.1.5) 得

$$\boldsymbol{u}^{(k)} = \frac{\boldsymbol{A}^k \boldsymbol{u}^{(0)}}{\max\left(\boldsymbol{A}^k \boldsymbol{u}^{(0)}\right)}, \quad \boldsymbol{A}\boldsymbol{u}^{(k)} = \frac{\boldsymbol{A}^{k+1} \boldsymbol{u}^{(0)}}{\max\left(\boldsymbol{A}^k \boldsymbol{u}^{(0)}\right)}.$$

从而得向量系 $\left\{\boldsymbol{u}^{(k)}\right\}$ 的 Rayleigh 商

$$\frac{\left(\boldsymbol{A}\boldsymbol{u}^{(k)},\boldsymbol{u}^{(k)}\right)}{\left(\boldsymbol{u}^{(k)},\boldsymbol{u}^{(k)}\right)}=\frac{\left(\boldsymbol{A}^{k+1}\boldsymbol{u}^{(0)},\boldsymbol{A}^{k}\boldsymbol{u}^{(0)}\right)}{\left(\boldsymbol{A}^{k}\boldsymbol{u}^{(0)},\boldsymbol{A}^{k}\boldsymbol{u}^{(0)}\right)}=\frac{\left(\sum_{i=1}^{n}\alpha_i\lambda_i^{k+1}\boldsymbol{x}^{(i)},\sum_{i=1}^{n}\alpha_i\lambda_i^{k}\boldsymbol{x}^{(i)}\right)}{\left(\sum_{i=1}^{n}\alpha_i\lambda_i^{k}\boldsymbol{x}^{(i)},\sum_{i=1}^{n}\alpha_i\lambda_i^{k}\boldsymbol{x}^{(i)}\right)}$$

$$\xlongequal{\text{应用特征向量的正交性}}\frac{\sum_{i=1}^{n}\alpha_i^2\lambda_i^{2k+1}}{\sum_{i=1}^{n}\alpha_i^2\lambda_i^{2k}}=\lambda_1\frac{\alpha_1^2+\sum_{i=2}^{n}\alpha_i^2\cdot\left(\frac{\lambda_i}{\lambda_1}\right)^{2k+1}}{\alpha_1^2+\sum_{i=2}^{n}\alpha_i^2\left(\frac{\lambda_i}{\lambda_1}\right)^{2k}}$$

$$=\lambda_1+o\left(\left(\frac{\lambda_2}{\lambda_1}\right)^{2k}\right).\qquad\#$$

根据式 (9.2.5) 可得, 当 $n\to\infty$, 向量系 $\left\{\boldsymbol{u}^{(k)}\right\}$ 的 Rayleigh 商

$$\frac{\left(\boldsymbol{A}\boldsymbol{u}^{(k)},\boldsymbol{u}^{(k)}\right)}{\left(\boldsymbol{u}^{(k)},\boldsymbol{u}^{(k)}\right)}\to\lambda_1.$$

又由于 Rayleigh 商 $\dfrac{\left(\boldsymbol{A}\boldsymbol{u}^{(k)},\boldsymbol{u}^{(k)}\right)}{\left(\boldsymbol{u}^{(k)},\boldsymbol{u}^{(k)}\right)}$ 与主特征值 λ_1 的差仅仅等于一个小量 $o\left(\left(\dfrac{\lambda_2}{\lambda_1}\right)^{2k}\right)$, 且该无穷小量的阶高于幂法迭代中所得无穷小量 $o\left(\left(\dfrac{\lambda_2}{\lambda_1}\right)^{k}\right)$ 的阶, 因此利用 Rayleigh 商加速法确实能够提高幂法迭代的收敛速度.

9.2.3　反幂法

与幂法相对应, 用于计算矩阵按模最小特征值及特征向量的方法称为**反幂法**. 设 $\boldsymbol{A}\in\mathbf{R}^{n\times n}$, 且 $\boldsymbol{A}$ 非奇异, 若其特征值 $\lambda_i(i=1,2,\cdots,n)$ 满足

$$|\lambda_1|\geqslant|\lambda_2|\geqslant\cdots\geqslant|\lambda_{n-1}|>|\lambda_n|\,(>0),$$

相应的特征向量为 $\boldsymbol{x}^{(i)}(i=1,2,\cdots,n)$, 则 $\boldsymbol{A}^{-1}$ 的 n 个特征值为

$$\lambda_i^{-1},\quad i=n,n-1,\cdots,1,$$

$\boldsymbol{A}^{-1}$ 的特征向量相应的应为 $\boldsymbol{x}^{(i)},i=n,n-1,\cdots,1$, 且有

$$\left|\frac{1}{\lambda_n}\right|>\left|\frac{1}{\lambda_{n-1}}\right|\geqslant\cdots\geqslant\left|\frac{1}{\lambda_1}\right|.$$

因此, $\boldsymbol{A}$ 的按模最小特征值 λ_n 的倒数 $\dfrac{1}{\lambda_n}$ 就是矩阵 $\boldsymbol{A}^{-1}$ 的主特征值. 于是对 $\boldsymbol{A}^{-1}$ 应用幂法, 可求得矩阵 $\boldsymbol{A}^{-1}$ 的主特征值 $\dfrac{1}{\lambda_n}$, 从而得 $\boldsymbol{A}$ 的按模最小特征值 λ_n, 这种方法称为**反幂法**.

仿照规范化幂法的基本思想, 可得反幂法迭代公式

$$\begin{cases} \boldsymbol{v}^{(0)} = \boldsymbol{u}^{(0)} \neq 0, \quad (\alpha_n \neq 0) \\ \boldsymbol{v}^{(k)} = \boldsymbol{A}^{-1}\boldsymbol{u}^{(k-1)}, \quad \boldsymbol{u}^{(k)} = \dfrac{\boldsymbol{v}^{(k)}}{\max\left(\boldsymbol{v}^{(k)}\right)}, \quad k = 1, 2, 3, \cdots \end{cases} \tag{9.2.6}$$

事实上, 为避免式 (9.2.6) 中的求逆矩阵 $\boldsymbol{A}^{-1}$, 实践过程中迭代向量 $\boldsymbol{v}^{(k)}$ 可通过解线性方程组 $\boldsymbol{A}\boldsymbol{v}^{(k)} = \boldsymbol{u}^{(k-1)}$ 求得.

仿幂法的证明思想有:

定理 9.4 设 $\boldsymbol{A} \in \mathbf{R}^{n\times n}$, 且 $\boldsymbol{A}$ 非奇异, 其特征值 $\lambda_i (i = 1, 2 \cdots, n)$ 和特征向量满足如下 2 个条件.

(1) 特征值的模 (绝对值) 满足不等式 $|\lambda_1| \geqslant |\lambda_2| \geqslant \cdots \geqslant |\lambda_{n-1}| > |\lambda_n| > 0$;

(2) 方阵 $\boldsymbol{A}$ 存在 n 个线性无关的特征向量 $\boldsymbol{x}^{(i)}$, 这里 $i = 1, 2, \cdots, n$, 则由式 (9.2.6) 构造的反幂法向量序列 $\left\{\boldsymbol{u}^{(k)}\right\}$ 满足如下结论:

(1) $\lim\limits_{k\to\infty} \boldsymbol{u}^{(k)} = \dfrac{\boldsymbol{x}^{(n)}}{\max\left(\boldsymbol{x}^{(n)}\right)}$;

(2) $\lim\limits_{k\to\infty} \max\left(\boldsymbol{v}^{(k)}\right) = \dfrac{1}{\lambda_n}$, 且反幂法迭代式 (9.2.6) 的收敛速度依赖于比值 $\left|\dfrac{\lambda_n}{\lambda_{n-1}}\right|$.

反幂法不仅可用于求矩阵按模最小的特征值, 还可以与原点平移法相结合, 用于求任意指定数值附近的特征值及其相应的特征向量. 事实上, 若矩阵 $(\boldsymbol{A} - p\boldsymbol{E})^{-1}$ 存在, 则其 n 个特征值分别为

$$\frac{1}{\lambda_1 - p}, \frac{1}{\lambda_2 - p}, \cdots, \frac{1}{\lambda_n - p}.$$

而矩阵 $(\boldsymbol{A} - p\boldsymbol{I})^{-1}$ 对应的 n 个特征向量仍为 $\boldsymbol{x}^{(i)} (i = 1, 2, \cdots, n)$. 如要求最接近数值 p 的特征值, 不妨设该特征值为 λ_j, 则有

$$|\lambda_j - p| < |\lambda_i - p|, \quad i \neq j,$$

即 $(\lambda_j - p)^{-1}$ 是矩阵 $(\boldsymbol{A} - p\boldsymbol{I})^{-1}$ 的主特征值. 仿照反幂法的基本思想, 可用矩阵 $(\boldsymbol{A} - p\boldsymbol{I})^{-1}$ 构造向量序列

$$\begin{cases} \boldsymbol{v}^{(0)} = \boldsymbol{u}^{(0)} \neq 0, \ (\alpha_j \neq 0) \\ \boldsymbol{v}^{(k)} = (\boldsymbol{A} - p\boldsymbol{E})^{-1}\boldsymbol{u}^{(k-1)}, \quad \boldsymbol{u}^{(k)} = \dfrac{\boldsymbol{v}^{(k)}}{\max\left(\boldsymbol{v}^{(k)}\right)}, \quad k = 1, 2, 3, \cdots \end{cases} \tag{9.2.7}$$

综上所述, 得到如下结论.

定理 9.5　设矩阵 $\boldsymbol{A}\in\mathrm{R}^{n\times n}$ 且为非奇异, 并且满足如下 3 个条件:

(1) $\boldsymbol{A}$ 有 n 个特征值 $\lambda_i(i=1,2,\cdots,n)$, 且存在 n 个线性无关的特征向量 $\boldsymbol{x}^{(i)}(i=1,2,\cdots,n)$;

(2) λ_j 是最接近于 p 的特征值, 且 $(\boldsymbol{A}-p\boldsymbol{E})^{-1}$ 存在;

(3) $\boldsymbol{u}^{(0)}=\sum\limits_{i=1}^{n}\alpha_i\boldsymbol{x}^{(i)},\quad \alpha_j\neq 0$,

则由式 (9.2.7) 构造的向量序列 $\{\boldsymbol{u}^{(k)}\}$ 满足如下结论:

(1) 向量序列 $\{\boldsymbol{u}^{(k)}\}$ 收敛到 $(\boldsymbol{A}-p\boldsymbol{E})^{-1}$ 的主特征向量 $\dfrac{\boldsymbol{x}^{(j)}}{\max(\boldsymbol{x}^{(j)})}$, 即有

$$\lim_{k\to\infty}\boldsymbol{u}^{(k)}=\frac{\boldsymbol{x}^{(j)}}{\max(\boldsymbol{x}^{(j)})};$$

(2) 数 $\max\left(\boldsymbol{v}^{(k)}\right)$ 收敛到 $(\boldsymbol{A}-p\boldsymbol{E})^{-1}$ 的主特征值 $\dfrac{1}{\lambda_j-p}$, 即有

$$\lim_{k\to\infty}\max\left(\boldsymbol{v}^{(k)}\right)=\frac{1}{\lambda_j-p},\tag{9.2.8}$$

且反幂法迭代式 (9.2.7) 的收敛速度依赖于比值 $\max\limits_{i\neq j}\left|\dfrac{\lambda_j-p}{\lambda_i-p}\right|$.

在用式 (9.2.7) 求矩阵 $(\boldsymbol{A}-p\boldsymbol{E})^{-1}$ 的主特征值与相应的特征向量时, 为了避免矩阵的求逆运算, 可以求解线性方程组 $(\boldsymbol{A}-p\boldsymbol{E})\,\boldsymbol{v}^{(k)}=\boldsymbol{u}^{(k-1)}$ 以期获得迭代向量 $\boldsymbol{v}^{(k)}$. 此外, 定理 9.5 的结论 (9.2.8) 等价于等式

$$\lim_{k\to\infty}\frac{1}{\max(\boldsymbol{v}^{(k)})}+p=\lambda_j.$$

综上所述, 可以将原点平移法与反幂法相结合 (即使用式 (9.2.7)) 求矩阵 $\boldsymbol{A}$ 的最接近数值 p 的特征值 λ_j, 这里 $1\leqslant j\leqslant n$.

9.3　实对称矩阵的 Jacobi(雅可比) 方法

设 $\boldsymbol{A}$ 为实对称矩阵, Jacobi 方法是用于求实对称矩阵 $\boldsymbol{A}$ 的全部特征值与相应特征向量的方法. 它是一种迭代法, 其基本思想是把实对称矩阵 $\boldsymbol{A}$ 经一系列相似变换化为一个近似对角阵, 从而将该对角阵的对角元作为 $\boldsymbol{A}$ 的近似特征值. 该方法涉及较多的代数学知识, 现回顾如下.

9.3.1　预备知识 *

(1) 对矩阵 $\boldsymbol{A},\boldsymbol{B}\in\mathrm{R}^{n\times n}$, 若存在非奇异阵 $\boldsymbol{P}$, 使得 $\boldsymbol{B}=\boldsymbol{PAP}^{-1}$, 则称矩阵 $\boldsymbol{A}$ 和 $\boldsymbol{B}$ 相似, 相似的矩阵有相同的特征值.

(2) 若 $\boldsymbol{B}$ 是上 (下) **三角阵或对角阵**, 则 $\boldsymbol{B}$ 的主对角元素即是 $\boldsymbol{B}$ 的特征值.

(3) 矩阵 $\boldsymbol{A}$ 的主对角元素之和称为 $\boldsymbol{A}$ 的**迹**, 记为 $\mathrm{tr}(\boldsymbol{A})$. 如果 $\lambda_i(i=1,2,\cdots,n)$ 是矩阵 $\boldsymbol{A}$ 的特征值, 则有

$$\sum_{i=1}^{n}\lambda_i=\sum_{i=1}^{n}a_{ii}=\mathrm{tr}(\boldsymbol{A}),\quad \det(\boldsymbol{A})=\prod_{i=1}^{n}\lambda_i.$$

(4) 若矩阵 $\boldsymbol{P}$ 满足 $\boldsymbol{P}^{\mathrm{T}}\boldsymbol{P}=\boldsymbol{E}$, 则称 $\boldsymbol{P}$ 为**正交阵**. 对正交阵, 显然有 $\boldsymbol{P}^{\mathrm{T}}=\boldsymbol{P}^{-1}$, 而且正交阵 $\boldsymbol{P}_1,\boldsymbol{P}_2,\cdots,\boldsymbol{P}_k$ 的乘积 $\boldsymbol{P}=\boldsymbol{P}_1\boldsymbol{P}_2\cdots\boldsymbol{P}_k$ 仍是正交阵.

(5) 若 $\boldsymbol{A}$ 是实对称矩阵, 则必有**正交相似变换阵**$\boldsymbol{P}$, 使

$$\boldsymbol{P}\boldsymbol{A}\boldsymbol{P}^{\mathrm{T}}=\boldsymbol{D}=\mathrm{diag}(\lambda_1,\lambda_2,\cdots,\lambda_n),$$

式中, $\lambda_i(i=1,2,\cdots,n)$ 是 $\boldsymbol{A}$ 的特征值; $\boldsymbol{P}^{\mathrm{T}}$ 的列向量 $\boldsymbol{v}^{(i)}$ 是 $\boldsymbol{A}$ 的特征值 λ_i 对应的特征向量.

9.3.2 Givens 平面旋转变换与二阶方阵的对角化

称矩阵

$$\boldsymbol{R}_{ij}(\theta)=\begin{array}{c}\begin{array}{ccccccccc} & & i & & & & j & & \end{array}\\ \left(\begin{array}{ccccccccc} 1 & & & & & & & & \\ & \ddots & & & & & & & \\ & & \cos\theta & & & & \sin\theta & & \\ & & & 1 & & & & & \\ & & & & \ddots & & & & \\ & & & & & 1 & & & \\ & & -\sin\theta & & & & \cos\theta & & \\ & & & & & & & \ddots & \\ & & & & & & & & 1 \end{array}\right)\begin{array}{l} \\ \\ \leftarrow i \\ \\ \\ \\ \leftarrow j \\ \\ \\ \end{array}\end{array}$$

为 i,j 轴形成的平面内的一个 **Givens 平面旋转矩阵**, θ 称为**旋转角** (上式中, 等式右边的符号 “i” 与 “ j” 是为了指出 $\cos\theta$ 与 $\sin\theta$ 等矩阵元素在该矩阵中出现的行号与列号).

对矩阵 $\boldsymbol{R}_{ij}(\theta)$, 显然有 $(\boldsymbol{R}_{ij}(\theta))^{\mathrm{T}}=(\boldsymbol{R}_{ij}(\theta))^{-1}$, 即 Givens 平面旋转矩阵 $\boldsymbol{R}_{ij}(\theta)$ 是正交相似变换阵.

接下来以二阶矩阵为例, 介绍利用 Givens 平面旋转变换将方阵对角化, 并求出矩阵全部特征值的方法.

设二阶对称矩阵 $\boldsymbol{A}=\begin{pmatrix} a_{11} & a_{12}\\ a_{21} & a_{22}\end{pmatrix}$, Givens 平面旋转变换矩阵 $\boldsymbol{R}_\theta=\begin{pmatrix}\cos\theta & \sin\theta\\ -\sin\theta & \cos\theta\end{pmatrix}$.

考察矩阵 $\boldsymbol{A}$ 的相似矩阵 $\boldsymbol{B}$, 其中,

$$\begin{aligned}\boldsymbol{B}=\boldsymbol{R}_\theta\boldsymbol{A}\boldsymbol{R}_\theta^{\mathrm{T}}&=\begin{pmatrix}\cos\theta & \sin\theta\\ -\sin\theta & \cos\theta\end{pmatrix}\begin{pmatrix}a_{11} & a_{12}\\ a_{21} & a_{22}\end{pmatrix}\begin{pmatrix}\cos\theta & -\sin\theta\\ \sin\theta & \cos\theta\end{pmatrix}\\&=\begin{pmatrix}b_{11} & b_{12}\\ b_{21} & b_{22}\end{pmatrix}.\end{aligned}$$

根据矩阵乘法公式, 应有

$$b_{11}=a_{11}\cos^2\theta+a_{22}\sin^2\theta+a_{12}\sin 2\theta,$$

$$b_{12}=b_{21}=\frac{1}{2}(a_{22}-a_{11})\sin 2\theta+a_{12}\cos 2\theta,$$

$$b_{22}=a_{11}\sin^2\theta+a_{22}\cos^2\theta-a_{12}\sin 2\theta.$$

为使矩阵 $\boldsymbol{B}$ 成为对角阵, 只需适当选取 θ 使

$$b_{12}=b_{21}=\frac{1}{2}(a_{22}-a_{11})\sin 2\theta+a_{12}\cos 2\theta=0$$

即可. 为此可令

$$\tan 2\theta=\frac{2a_{12}}{a_{11}-a_{22}},\quad |\theta|\leqslant\frac{\pi}{4},\tag{9.3.1}$$

且当 $a_{11}=a_{22}$ 时, 可取 $\theta=\dfrac{\pi}{4}$.

因此, 只要根据式 (9.3.1) 求出旋转角 θ, 从而旋转矩阵 $\boldsymbol{R}_\theta$ 也就确定了. 进而可得矩阵 $\boldsymbol{A}$ 的特征值为

$$\lambda_1=a_{11}\cos^2\theta+a_{22}\sin^2\theta+a_{12}\sin 2\theta,$$

$$\lambda_2=a_{11}\sin^2\theta+a_{22}\cos^2\theta-a_{12}\sin 2\theta.$$

相应地, 对应于上述特征值的特征向量为 $\boldsymbol{x}^{(1)}=(\cos\theta,\sin\theta)^{\mathrm{T}}$, $\boldsymbol{x}^{(2)}=(-\sin\theta,\cos\theta)^{\mathrm{T}}$.

9.3.3　实对称矩阵的 Jacobi 方法

接下来, 将上述求矩阵特征值与特征向量的方法推广到一般的 n 阶实对称矩阵中去.

设矩阵 $\boldsymbol{A}\in\mathbf{R}^{n\times n}$ 是对称矩阵, 记 $\boldsymbol{A}_0=\boldsymbol{A}$, 对 $\boldsymbol{A}$ 作一系列 Givens 平面旋转相似变换, 即

$$\boldsymbol{A}_1=\boldsymbol{P}_1\boldsymbol{A}_0\boldsymbol{P}_1^{\mathrm{T}},\quad \boldsymbol{A}_2=\boldsymbol{P}_2\boldsymbol{A}_1\boldsymbol{P}_2^{\mathrm{T}},\quad \cdots,$$

$$\boldsymbol{A}_k=\boldsymbol{P}_k\boldsymbol{A}_{k-1}\boldsymbol{P}_k^{\mathrm{T}},\quad \cdots.$$

显然, 变换后所得到的 $\boldsymbol{A}_k$ 仍是对称矩阵, 这里 $\boldsymbol{P}_k$ 为 n 阶 Givens 平面旋转变换阵, 即有

$$
\boldsymbol{P}_k = \boldsymbol{R}_{i_k j_k}(\theta_k) = \begin{pmatrix} 1 & & & & & & & \\ & \ddots & & & & & & \\ & & \cos\theta_k & & & \sin\theta_k & & \\ & & & 1 & & & & \\ & & & & \ddots & & & \\ & & & & & 1 & & \\ & & -\sin\theta_k & & & \cos\theta_k & & \\ & & & & & & \ddots & \\ & & & & & & & 1 \end{pmatrix} \begin{matrix} \\ \\ i_k \\ \\ \\ \\ j_k \\ \\ \\ \end{matrix} . \tag{9.3.2}
$$

(在式 (9.3.2) 中, 等式右边的符号 "i_k" 与 "j_k" 是为了指出 $\cos\theta_k$ 与 $\sin\theta_k$ 等矩阵元素在该矩阵中出现的行号与列号), 且有

$$
\left|a_{i_k j_k}^{(k-1)}\right| = \max_{p \neq q} \left|a_{pq}^{(k-1)}\right|, \quad k = 1, 2, \cdots .
$$

这里, 元素 $a_{i_k j_k}^{(k-1)}$ 就是矩阵 $\boldsymbol{A}_{k-1}$ 中要用旋转变换 $\boldsymbol{A}_k = \boldsymbol{P}_k \boldsymbol{A}_{k-1} \boldsymbol{P}_k^{\mathrm{T}}$ 化为 0 的元素.

根据矩阵乘积的运算规则, 可知对 $\boldsymbol{A}_{k-1}$ 进行旋转相似变换, 只有矩阵 $\boldsymbol{A}_{k-1}$ 的第 i_k 行、第 j_k 行和第 i_k 列、第 j_k 列的元素发生变化, 矩阵 $\boldsymbol{A}_{k-1}$ 的其他元素不动, 即

$$
a_{i_k j_k}^{(k)} = a_{j_k i_k}^{(k)} = \frac{1}{2}\left(a_{j_k j_k}^{(k-1)} - a_{i_k i_k}^{(k-1)}\right)\sin 2\theta_k + a_{i_k j_k}^{(k-1)} \cos 2\theta_k, \tag{9.3.3}
$$

$$
\begin{cases} a_{i_k p}^{(k)} = a_{p i_k}^{(k)} = a_{i_k p}^{(k-1)} \cos\theta_k + a_{j_k p}^{(k-1)} \sin\theta_k, & p \neq i_k \\ a_{j_k p}^{(k)} = a_{p j_k}^{(k)} = a_{j_k p}^{(k-1)} \cos\theta_k - a_{i_k p}^{(k-1)} \sin\theta_k, & p \neq j_k \end{cases}, \tag{9.3.4}
$$

$$
\begin{cases} a_{i_k i_k}^{(k)} = a_{i_k i_k}^{(k-1)} \cos^2\theta_k + a_{j_k j_k}^{(k-1)} \sin^2\theta_k + a_{i_k j_k}^{(k-1)} \sin 2\theta_k \\ a_{j_k j_k}^{(k)} = a_{i_k i_k}^{(k-1)} \sin^2\theta_k + a_{j_k j_k}^{(k-1)} \cos^2\theta_k - a_{i_k j_k}^{(k-1)} \sin 2\theta_k \end{cases}. \tag{9.3.5}
$$

其余元素

$$
a_{pq}^{(k)} = a_{qp}^{(k)} = a_{pq}^{(k-1)}, \quad p, q \neq i_k, j_k. \tag{9.3.6}
$$

则当旋转角 θ_k 满足条件

$$
\tan 2\theta_k = \frac{2a_{i_k j_k}^{(k-1)}}{a_{i_k i_k}^{(k-1)} - a_{j_k j_k}^{(k-1)}} = \frac{1}{d_k}, \quad |\theta_k| \leqslant \frac{\pi}{4} \tag{9.3.7}
$$

时, 有 $a_{i_k j_k}^{(k)} = a_{j_k i_k}^{(k)} = 0$. 特别地, 当 $a_{i_k i_k}^{(k-1)} = a_{j_k j_k}^{(k-1)}$ 时, 应取 $\theta_k = \dfrac{\pi}{4}$.

一般地, Givens 平面旋转变换阵 $\boldsymbol{P}_k$ 的待定元素 $\sin\theta_k, \cos\theta_k$ 可按下列规则计算

$$
\begin{cases} \sin\theta_k = \dfrac{t_k}{\sqrt{1+t_k^2}} \\ \cos\theta_k = \dfrac{1}{\sqrt{1+t_k^2}} \end{cases}, \tag{9.3.8}
$$

式中, 参数 $t_k = \dfrac{\operatorname{sign}(d_k)}{|d_k| + \sqrt{d_k^2+1}}$; $d_k = \dfrac{a_{i_k i_k}^{(k-1)} - a_{j_k j_k}^{(k-1)}}{2a_{i_k j_k}^{(k-1)}}$.

事实上, 由式 (9.3.7) 可知 $\tan 2\theta_k = \dfrac{1}{d_k}$, 于是有

$$\tan^2\theta_k + 2d_k \tan\theta_k - 1 = 0.$$

解之得 $\tan\theta_k = \dfrac{1}{d_k \pm \sqrt{d_k^2+1}}$. 但是为了让计算过程更加稳定, 应该使 $\tan\theta_k$ 的绝对值尽可能小, 因此可以令 $\tan\theta_k = \begin{cases} \dfrac{1}{d_k + \sqrt{d_k^2+1}}, & d_k \geqslant 0 \\ \dfrac{-1}{-d_k + \sqrt{d_k^2+1}}, & d_k < 0 \end{cases}$ 即令

$$t_k = \tan\theta_k = \frac{\operatorname{sign}(d_k)}{|d_k| + \sqrt{d_k^2+1}},$$

然后将参数 t_k 代入式 (9.3.8) 即可得 $\sin\theta_k$ 和 $\cos\theta_k$, 进而可得旋转变换阵 $\boldsymbol{P}_k$.

9.3.4 Jacobi 方法的收敛性

对于矩阵 $\boldsymbol{A}_{k-1}, \boldsymbol{A}_k$ 的元素, 它们的变化具有下列特点.

定理 9.6 相似旋转变换前后, 矩阵全部元素的平方和不变, 即 $\|\boldsymbol{A}_{k-1}\|_F^2 = \|\boldsymbol{A}_k\|_F^2$.

证明 因为 $\boldsymbol{A}_{k-1}, \boldsymbol{A}_k$ 都是对称矩阵, 而

$$\|\boldsymbol{A}_{k-1}\|_F^2 = \sum_{i,j=1}^{n} (a_{ij}^{(k-1)})^2 = \operatorname{tr}(\boldsymbol{A}_{k-1}^{\mathrm{T}}\boldsymbol{A}_{k-1}) = \operatorname{tr}(\boldsymbol{A}_{k-1}^2) = \sum_{i=1}^{n} \lambda_i(\boldsymbol{A}_{k-1}^2) = \sum_{i=1}^{n} \lambda_i^2(\boldsymbol{A}_{k-1}).$$

同理可得

$$\|\boldsymbol{A}_k\|_F^2 = \operatorname{tr}(\boldsymbol{A}_k^{\mathrm{T}}\boldsymbol{A}_k) = \sum_{i=1}^{n} \lambda_i^2(\boldsymbol{A}_k).$$

因为 $\lambda_i(\boldsymbol{A}_{k-1}) = \lambda_i(\boldsymbol{A}_k)(i = 1, 2, \cdots, n)$, 于是有

$$\|\boldsymbol{A}_{k-1}\|_F^2 = \|\boldsymbol{A}_k\|_F^2. \qquad \#$$

定理 9.7 相似旋转变换后, 非主对角线元素的平方和变小, 即主对角线元素的平方和增加了.

证明 由式 (9.3.4) 得

$$\begin{cases} (a_{i_k p}^{(k)})^2 = (a_{p i_k}^{(k)})^2 = (a_{i_k p}^{(k-1)}\cos\theta_k)^2 + (a_{j_k p}^{(k-1)}\sin\theta_k)^2 + 2a_{i_k p}^{(k-1)}a_{j_k p}^{(k-1)}\sin\theta_k\cos\theta_k, & p \neq i_k \\ (a_{j_k p}^{(k)})^2 = (a_{p j_k}^{(k)})^2 = (a_{p i_k}^{(k-1)}\sin\theta_k)^2 + (a_{p j_k}^{(k-1)}\cos\theta_k)^2 - 2a_{p i_k}^{(k-1)}a_{p j_k}^{(k-1)}\sin\theta_k\cos\theta_k, & p \neq j_k \end{cases}.$$

因此有

$$\left(a_{i_k p}^{(k)}\right)^2 + \left(a_{j_k p}^{(k)}\right)^2 = \left(a_{i_k p}^{(k-1)}\right)^2 + \left(a_{j_k p}^{(k-1)}\right)^2, \quad p \neq i_k, j_k,$$

所以有

$$\sum_{p\neq q}(a_{pq}^{(k)})^2=\sum_{p\neq q}(a_{pq}^{(k-1)})^2-2(a_{i_kj_k}^{(k-1)})^2<\sum_{p\neq q}(a_{pq}^{(k-1)})^2. \qquad \#$$

定理 9.8(Jacobi 法收敛性) 设 $\boldsymbol{A}=(a_{ij})_{n\times n}$ 为实对称矩阵, 对其施行一系列相似平面旋转变换 $\boldsymbol{A}_k=\boldsymbol{P}_k\boldsymbol{A}_{k-1}\boldsymbol{P}_k^{\mathrm{T}}$, $k=1,2,3,\cdots$, 则所得矩阵序列 $\{\boldsymbol{A}_k\}$ 收敛到对角阵 $\boldsymbol{D}$, 即有

$$\lim_{k\to\infty}\boldsymbol{A}_k=\boldsymbol{D}=\mathrm{diag}(\lambda_1,\lambda_2,\cdots,\lambda_n),$$

这里, 变换阵 $\boldsymbol{P}_k$ 的定义参见式 (9.3.2).

证明 记 $S(\boldsymbol{A})$ 为矩阵 $\boldsymbol{A}$ 的非主对角线元素平方和, 即 $S(\boldsymbol{A})=\sum\limits_{p\neq q}(a_{pq})^2$. 由定理 9.7 的证明过程可知

$$S(\boldsymbol{A}_k)=S(\boldsymbol{A}_{k-1})-2(a_{i_kj_k}^{(k-1)})^2. \tag{9.3.9}$$

又根据平面旋转变换的实施规则, 应有 $\left|a_{i_kj_k}^{(k-1)}\right|=\max\limits_{p\neq q}\left|a_{pq}^{(k-1)}\right|$. 因此有

$$S(\boldsymbol{A}_{k-1})=\sum_{p\neq q}(a_{pq}^{(k-1)})^2\leqslant n(n-1)(a_{i_kj_k}^{(k-1)})^2,$$

即

$$\frac{S(\boldsymbol{A}_{k-1})}{n(n-1)}\leqslant(a_{i_kj_k}^{(k-1)})^2. \tag{9.3.10}$$

由式 (9.3.9) 和式 (9.3.10) 得

$$\begin{aligned}S(\boldsymbol{A}_k)\leqslant& S(\boldsymbol{A}_{k-1})\left[1-\frac{2}{n(n-1)}\right]\leqslant S(\boldsymbol{A}_{k-2})\left[1-\frac{2}{n(n-1)}\right]^2\\ &\leqslant\cdots\leqslant S(\boldsymbol{A}_0)\left[1-\frac{2}{n(n-1)}\right]^k,\end{aligned}$$

对高于二阶的矩阵 $\boldsymbol{A}(n>2)$, 有 $\lim\limits_{k\to\infty}S(\boldsymbol{A}_k)=0$. #

根据 Jacobi 法收敛性定理 9.8, 当 k 足够大时, 有

$$\boldsymbol{P}_k\cdots\boldsymbol{P}_2\boldsymbol{P}_1\boldsymbol{A}\boldsymbol{P}_1^{\mathrm{T}}\boldsymbol{P}_2^{\mathrm{T}}\cdots\boldsymbol{P}_k^{\mathrm{T}}\approx\boldsymbol{D}=\mathrm{diag}(\lambda_1,\lambda_2,\cdots,\lambda_n). \tag{9.3.11}$$

若记 $\boldsymbol{P}^{\mathrm{T}}=\boldsymbol{P}_1^{\mathrm{T}}\boldsymbol{P}_2^{\mathrm{T}}\cdots\boldsymbol{P}_k^{\mathrm{T}}$, 那么矩阵 $\boldsymbol{P}^{\mathrm{T}}$ 的每一列就是 $\boldsymbol{A}$ 的一个近似特征向量.

9.3.5 Jacobi 过关法

由于 Jacobi 方法在每次寻找非对角元的绝对值最大的元素时颇费机时, 因此, 可采用如下过 "关" 措施.

首先计算实对称阵 $\boldsymbol{A}$ 的所有非对角元素的平方和

$$v_0=\left(2\sum_{i<j}(a_{ij})^2\right)^{1/2}.$$

设置第 1 道关 $v_1 = \dfrac{v_0}{n}$, 在 $\boldsymbol{A}$ 的非对角线元素中按行 (或按列) 扫描, 如非对角元素

$$|a_{ij}| \geqslant v_1,$$

则使用平面旋转矩阵 $\boldsymbol{R}_{ij}(\theta)$ 使 a_{ij} 化为零, 否则让元素 a_{ij} 过关 (即不进行平面旋转变换). 注意到某次消为零的元素可能在以后的旋转变换中又复增长 (变为非零), 甚至几次旋转变换后又可能增长到大于 v_1, 因此, 要经过多遍扫描, 直到 $\boldsymbol{A}_l = (a_{ij}^{(l)})_{n\times n}$ 满足

$$\left|a_{ij}^{(l)}\right| < v_1, \quad i \neq j.$$

这样再设置第 2 道关 $v_2 = \dfrac{v_1}{n}$, 重复上述过程, 经过多遍扫描直到 $\boldsymbol{A}_m = (a_{ij}^{(m)})_{n\times n}$ 满足

$$\left|a_{ij}^{(m)}\right| < v_2, \quad i \neq j,$$

这样经过一系列的关口 $v_2, v_3, \cdots, v_r$, 直到满足

$$v_r \leqslant \frac{\rho}{n},$$

式中, ρ 是事先给定的误差限或精度参数.

9.4 $\boldsymbol{QR}$ 方法 *

经过第 6 章的讨论可知, 任意的实矩阵 $\boldsymbol{A} \in \mathbf{R}^{n\times n}$ 总可以分解成一个 n 阶正交阵 $\boldsymbol{Q}$ 和一个 n 阶上三角阵 $\boldsymbol{R}$ 的乘积, 即有

$$\boldsymbol{A} = \boldsymbol{QR},$$

且该分解可以通过对矩阵 $\boldsymbol{A}$ 进行一系列的 Householder 变换或 Givens 变换 (参见文献 [4, 5]) 实现. Francis 在 1961 年提出的求一般矩阵全部特征值和特征向量的 $\boldsymbol{QR}$ 方法, 正是基于矩阵的正交分解.

9.4.1 基本的 $\boldsymbol{QR}$ 方法

求一般矩阵 $\boldsymbol{A}$ 全部特征值的 $\boldsymbol{QR}$ 方法, 基本过程如下:

设矩阵 $\boldsymbol{A} \in \mathbf{R}^{n\times n}$, 记 $\boldsymbol{A}_1 = \boldsymbol{A}$ 并对矩阵 $\boldsymbol{A}_1$ 进行 $\boldsymbol{QR}$ 分解, 得

$$\boldsymbol{A}_1 = \boldsymbol{Q}_1\boldsymbol{R}_1,$$

对 $\boldsymbol{R}_1$ 和 $\boldsymbol{Q}_1$ 作矩阵乘法, 得到

$$\boldsymbol{A}_2 = \boldsymbol{R}_1\boldsymbol{Q}_1,$$

然后, 对新矩阵 $\boldsymbol{A}_2$ 进行 $\boldsymbol{QR}$ 分解, 得到 $\boldsymbol{A}_2 = \boldsymbol{Q}_2\boldsymbol{R}_2$, 再作矩阵乘法得

$$\boldsymbol{A}_3 = \boldsymbol{R}_2\boldsymbol{Q}_2.$$

接下来, 再对 $\boldsymbol{A}_3$ 进行 $\boldsymbol{QR}$ 分解, 得到 $\boldsymbol{A}_3=\boldsymbol{Q}_3\boldsymbol{R}_3$, 按照上面的做法一直进行下去 $\cdots\cdots$ 不妨设在求得 $\boldsymbol{A}_k$ 后, 将矩阵 $\boldsymbol{A}_k$ 进行 $\boldsymbol{QR}$ 分解, 有

$$\boldsymbol{A}_k=\boldsymbol{Q}_k\boldsymbol{R}_k, \tag{9.4.1}$$

然后作矩阵乘法, 得新矩阵

$$\boldsymbol{A}_{k+1}=\boldsymbol{R}_k\boldsymbol{Q}_k, \tag{9.4.2}$$

于是得到一个矩阵序列 $\{\boldsymbol{A}_k\}$, 该序列称为 **$\boldsymbol{QR}$序列**.

由式 (9.4.1) 得 $\boldsymbol{R}_k=\boldsymbol{Q}_k^{\mathrm{T}}\boldsymbol{A}_k$, 代入式 (9.4.2) 得

$$\boldsymbol{A}_{k+1}=\boldsymbol{R}_k\boldsymbol{Q}_k=\boldsymbol{Q}_k^{\mathrm{T}}\boldsymbol{A}_k\boldsymbol{Q}_k=\boldsymbol{Q}_k^{\mathrm{T}}\boldsymbol{Q}_{k-1}^{\mathrm{T}}\boldsymbol{A}_{k-2}\boldsymbol{Q}_{k-1}\boldsymbol{Q}_k=\ \cdots=\boldsymbol{Q}_k^{\mathrm{T}}\cdots\boldsymbol{Q}_1^{\mathrm{T}}\boldsymbol{A}_1\boldsymbol{Q}_1\cdots\boldsymbol{Q}_k.$$

因此 $\{\boldsymbol{A}_k\}$ 是一相似矩阵序列, 从而矩阵 $\boldsymbol{A}_k$ 均与原矩阵 $\boldsymbol{A}$ 有相同的特征值和特征向量. 可以证明, 在一定条件下, 当 $k\to+\infty$ 时, 矩阵 $\boldsymbol{A}_k$ 主对角线以下的元素全都趋向于 0, 即有如下结论.

定理 9.9($\boldsymbol{QR}$ 算法的收敛性) 设 $\boldsymbol{A}\in\mathbf{R}^{n\times n}$, 若矩阵 $\boldsymbol{A}$ 满足如下条件:

(1) $\boldsymbol{A}$ 的特征值满足 $|\lambda_1|>|\lambda_2|>\cdots>|\lambda_n|>0$;

(2) $\boldsymbol{A}$ 有标准型 $\boldsymbol{D}$, 这里 $\boldsymbol{D}=\mathrm{diag}(\lambda_1,\cdots,\lambda_n)$, $\boldsymbol{A}=\boldsymbol{XDX}^{-1}$, 并且设矩阵 $\boldsymbol{X}^{-1}$ 有三角分解 $\boldsymbol{X}^{-1}=\boldsymbol{LU}$($\boldsymbol{L}$ 为单位下三角阵, $\boldsymbol{U}$ 为上三角阵), 则由 $\boldsymbol{QR}$ 算法产生的矩阵序列 $\{\boldsymbol{A}_k\}$ 本质上收敛到一个上三角阵, 即有

$$\boldsymbol{A}_k\xrightarrow{\text{本质上收敛到}}\boldsymbol{R}=\begin{pmatrix}\lambda_1 & \times & \cdots & \times\\ & \lambda_2 & \cdots & \times\\ & & \ddots & \vdots\\ & & & \lambda_n\end{pmatrix},\quad k\to\infty,$$

即当 $i>j$ 时, 有 $\lim\limits_{k\to\infty}a_{ij}^{(k)}=0$; 当 $i=j$ 时, 有 $\lim\limits_{k\to\infty}a_{ii}^{(k)}=\lambda_i$; 当 $i<j$ 时, $\lim\limits_{k\to\infty}a_{ij}^{(k)}$ 不确定.

定理的证明略.

事实上, 若矩阵 $\boldsymbol{A}\,(\in\mathbf{R}^{n\times n})$ 的等模特征值中含有实的重特征值或多重的复共轭特征值, 则由 $\boldsymbol{QR}$ 算法产生的 $\{\boldsymbol{A}_k\}$ 本质上收敛于分块上三角阵 (对角块为一阶或二阶的子块), 且每个 2×2 子块给出矩阵 $\boldsymbol{A}$ 的一对共轭复特征值.

上述求一般矩阵特征值与特征向量的方法称为**基本的 $\boldsymbol{QR}$ 方法**. 该方法每次迭代都要进行一次 $\boldsymbol{QR}$ 分解, 然后再进行一次矩阵乘法, 计算量非常大.

实践过程中, 为了减少计算量, 可将基本的 $\boldsymbol{QR}$ 方法作如下改进:

第一步: 用相似变换, 例如, Givens 变换或 Householder 变换, 将 $\boldsymbol{A}$ 化为一个**拟上三角阵$\boldsymbol{B}$**, 这里将下次对角线以下的元素全都为 0 的矩阵称为**拟上三角阵**, 即 $\boldsymbol{B}$ 为上 **Hessenberg 阵**. 由矩阵的相似性知: 上 Hessenberg 阵 $\boldsymbol{B}$ 与矩阵 $\boldsymbol{A}$ 有相同的特征值与特征向量.

第二步: 对 $\boldsymbol{B}$ 执行 $\boldsymbol{QR}$ 迭代, 求出矩阵 $\boldsymbol{A}$ 的特征值与特征向量.

虽然应用 Givens 变换可以将实对称矩阵化为三对角矩阵, 然而通过 Householder 变换也可以实现对称矩阵的三对角化, 而且该方法所需要的乘法次数约为 Givens 变换的一半 (参见文献 [4]). 类似实对称矩阵的三对角化, 使用 Householder 变换将一般矩阵 $\boldsymbol{A}=(a_{ij})_{n\times n}$ 化为上 Hessenberg 阵的过程, 也应该比使用 Givens 变换需要更少的乘法运算.

下面介绍用 Householder 变换, 将实矩阵 $\boldsymbol{A}=(a_{ij})_{n\times n}$ 变换为一个上 Hessenberg 矩阵 $\boldsymbol{B}$ 的方法, 整个过程需要 $n-2$ 步, 具体步骤如下.

第一步: 令

$$\boldsymbol{b}^{\mathrm{T}}=(a_{12},\cdots,a_{1n}),\quad \boldsymbol{B}_0=\begin{pmatrix} a_{22} & a_{23} & \cdots & a_{2n} \\ \vdots & \vdots & & \vdots \\ a_{n2} & a_{n3} & \cdots & a_{nn} \end{pmatrix}_{(n-1)\times(n-1)},$$

$$\alpha_1=-\mathrm{sign}\,(a_{21})\sqrt{\sum_{i=2}^{n}a_{i1}^2}.$$

为了将矩阵 $\boldsymbol{A}=(a_{ij})_{n\times n}$ 中第一列的元素从 a_{31} 至 a_{n1} 化为 0, 用 Householder 矩阵 $\boldsymbol{H}_1$ 对 $\boldsymbol{A}$ 作相似变换, 得

$$\boldsymbol{A}_1=\boldsymbol{H}_1\boldsymbol{A}\boldsymbol{H}_1=\left(\begin{array}{c:c} a_{11} & \boldsymbol{b}^{\mathrm{T}}\boldsymbol{Q}_1 \\ \hdashline \alpha_1 & \\ 0 & \\ \vdots & \boldsymbol{Q}_1\boldsymbol{B}_0\boldsymbol{Q}_1 \\ 0 & \end{array}\right),$$

这里, Householder 阵

$$\boldsymbol{H}_1=\boldsymbol{E}_n-\sigma_1^{-1}\boldsymbol{v}_1\boldsymbol{v}_1^{\mathrm{T}}=\begin{pmatrix} 1 & \\ & \boldsymbol{Q}_1 \end{pmatrix},$$

实数 $\sigma_1=\alpha_1^2-\alpha_1 a_{21}$; $n-2$ 阶方阵 $\boldsymbol{Q}_1=\boldsymbol{E}_{n-1}-\sigma_1^{-1}\boldsymbol{u}_1\boldsymbol{u}_1^{\mathrm{T}}$; n 维列向量 $\boldsymbol{v}_1=\begin{pmatrix} 0, & \boldsymbol{u}_1^{\mathrm{T}} \end{pmatrix}^{\mathrm{T}}$, 这里, $n-1$ 维列向量 $\boldsymbol{u}_1=\begin{pmatrix} a_{21}-\alpha_1, a_{31},\cdots,a_{n1} \end{pmatrix}^{\mathrm{T}}$.

第二步: 为了将矩阵 $\boldsymbol{A}_1$ 的第 2 列元素中后 $n-3$ 行的元素化为 0, 用 Householder 阵 $\boldsymbol{H}_2=\begin{pmatrix} \boldsymbol{E}_2 & \boldsymbol{O}^{\mathrm{T}} \\ \boldsymbol{O} & \boldsymbol{Q}_2 \end{pmatrix}$, 对 $\boldsymbol{A}_1$ 作相似变换得矩阵 $\boldsymbol{A}_2=\boldsymbol{H}_2\boldsymbol{A}_1\boldsymbol{H}_2$, 式中, 矩阵 $\boldsymbol{A}_2$ 具有如下形状

$$\boldsymbol{A}_2 = \begin{pmatrix} \times & \times & \times & \cdots & \times \\ \times & \times & \times & \cdots & \times \\ 0 & \times & \times & \cdots & \times \\ 0 & 0 & \times & \cdots & \times \\ \vdots & \vdots & \vdots & & \vdots \\ 0 & 0 & \times & \cdots & \times \end{pmatrix}.$$

这里, 矩阵 $\boldsymbol{A}_2$ 中数值可能不为零的元素用符号 “×” 表示.

一般地, 设经过 $k-1$ 步 Householder 变换后得到矩阵 $\boldsymbol{A}_{k-1}$, 接下来的第 k 步就是对 $\boldsymbol{A}_{k-1}$ 作相似变换 $\boldsymbol{H}_k\boldsymbol{A}_{k-1}\boldsymbol{H}_k$ 得到新矩阵

$$\boldsymbol{A}_k = \boldsymbol{H}_k\boldsymbol{A}_{k-1}\boldsymbol{H}_k,$$

这里, Householder 变换阵

$$\boldsymbol{H}_k = \boldsymbol{E}_n - \sigma_k^{-1}\boldsymbol{v}_k\boldsymbol{v}_k^{\mathrm{T}} = \begin{pmatrix} \boldsymbol{E}_k & \\ & \boldsymbol{Q}_k \end{pmatrix},$$

式中, $n-k$ 阶方阵 $\boldsymbol{Q}_k = \boldsymbol{E}_{n-k} - \sigma_k^{-1}\boldsymbol{u}_k\boldsymbol{u}_k^{\mathrm{T}}$, $\boldsymbol{u}_k = \begin{pmatrix} a_{k+1,k}-\alpha_k, a_{k+2,k}, \cdots, a_{nk} \end{pmatrix}^{\mathrm{T}}$ 为 $n-k$ 维列向量; n 维列向量 $\boldsymbol{v}_k = \begin{pmatrix} \underbrace{0,\cdots,0}_{k}, & \boldsymbol{u}_k^{\mathrm{T}} \end{pmatrix}^{\mathrm{T}}$(该向量在实际变换过程中无需构造), 而实数

$$\alpha_k = -\mathrm{sign}\,(a_{k+1,k})\sqrt{\sum_{i=k+1}^{n} a_{i1}^2}, \quad \sigma_k = \alpha_k^2 - \alpha_k a_{k+1,k},$$

这里, $k = 1, 2, \cdots, n-2$.

值得注意的是, 每次对矩阵 $\boldsymbol{A}_{k-1}$ 作相似变换后, 所得新矩阵具有如下形状

$$\boldsymbol{A}_k = \begin{pmatrix} \times & \times & \cdots & \times & \times & \cdots & \times \\ \times & \times & \cdots & \times & \times & \cdots & \times \\ 0 & \times & \ddots & \vdots & \vdots & & \vdots \\ 0 & 0 & \ddots & \times & \times & \cdots & \times \\ 0 & 0 & \cdots & \times & \times & \cdots & \times \\ \vdots & \vdots & & 0 & \times & \cdots & \times \\ 0 & 0 & \cdots & \underbrace{\vdots \quad \times \quad \cdots \quad \times}_{n-k+1} \end{pmatrix},$$

且为了叙述方便, 仍将 $\boldsymbol{A}_k$ 的 (i,j) 元素记作 a_{ij}. 于是经过 $n-2$ 步 Householder 变换后, 可将矩阵 $\boldsymbol{A}$ 化为上 Hessenberg 阵

$$\boldsymbol{A}_{n-2} = \boldsymbol{H}_{n-2}\cdots\boldsymbol{H}_2\boldsymbol{H}_1\boldsymbol{A}\boldsymbol{H}_1\boldsymbol{H}_2\cdots\boldsymbol{H}_{n-2}.$$

由于矩阵 $\boldsymbol{A}_{n-2}$ 与 $\boldsymbol{A}$ 是相似的, 因此其与 $\boldsymbol{A}$ 有相同的特征值与特征向量.

例 9.4.1　试用 Householder 变换将矩阵

$$\boldsymbol{A}=\begin{pmatrix}4&-1&-1&0\\-1&4&0&-1\\-1&0&4&-1\\0&-1&-1&4\end{pmatrix}$$

化成一个上 Hessenberg 阵.

解　由题意知, 只要将矩阵 $\boldsymbol{A}$ 的下次对角线以下的元素化成 0, 则可得到一个上 Hessenberg 阵.

第一步: 将矩阵 $\boldsymbol{A}$ 的第一列化成 $(4,\sqrt{2},0,0)^{\mathrm{T}}$, 这里 $\sqrt{2}=\sqrt{\sum\limits_{j=2}^{4}a_{j1}^2}=\sqrt{(-1)^2+(-1)^2+0^2}$, 故可令

$$\alpha_1=-\operatorname{sgn}(a_{21})\sqrt{\sum_{j=2}^{4}a_{j1}^2}=\sqrt{2},\quad \boldsymbol{u}_1=(-1,-1,0)^{\mathrm{T}}-\left(\sqrt{2},0,0\right)^{\mathrm{T}}=\left(-1-\sqrt{2},-1,0\right)^{\mathrm{T}},$$

$$\sigma_1=\alpha_1^2-\alpha_1 a_{21}=2+\sqrt{2},\quad \boldsymbol{Q}_1=\boldsymbol{E}_3-\sigma_1^{-1}\boldsymbol{u}_1\boldsymbol{u}_1^{\mathrm{T}}.$$

于是得到 Householder 变换阵

$$\boldsymbol{H}_1=\begin{pmatrix}1&\\&\boldsymbol{Q}_1\end{pmatrix}=\begin{pmatrix}1&0&0&0\\0&-\dfrac{\sqrt{2}}{2}&-\dfrac{\sqrt{2}}{2}&0\\0&-\dfrac{\sqrt{2}}{2}&-\dfrac{\sqrt{2}}{2}&0\\0&0&0&1\end{pmatrix},$$

对 $\boldsymbol{A}$ 进行 Householder 变换一次得

$$\boldsymbol{H}_1\boldsymbol{A}\boldsymbol{H}_1=\begin{pmatrix}4&\sqrt{2}&0&0\\\sqrt{2}&4&0&\sqrt{2}\\0&0&4&0\\0&\sqrt{2}&0&4\end{pmatrix}.$$

第二步: 类似第一步的做法, 可构造 Householder 变换矩阵 $\boldsymbol{H}_2=\begin{pmatrix}1&&&\\&1&&\\&&0&-1\\&&-1&0\end{pmatrix}$, 将矩阵 $\boldsymbol{A}$ 化为上 Hessenberg 阵, 有

$$\boldsymbol{H}_2\boldsymbol{H}_1\boldsymbol{A}\boldsymbol{H}_1\boldsymbol{H}_2=\boldsymbol{H}_2\begin{pmatrix}4&\sqrt{2}&0&0\\\sqrt{2}&4&0&\sqrt{2}\\0&0&4&0\\0&\sqrt{2}&0&4\end{pmatrix}\boldsymbol{H}_2=\begin{pmatrix}4&\sqrt{2}&&\\\sqrt{2}&4&-\sqrt{2}&\\&-\sqrt{2}&4&0\\&&0&4\end{pmatrix}.\quad \#$$

需要指出的是, 在例 9.4.1 中, 由于所给矩阵 $\boldsymbol{A}$ 是一个实对称矩阵, 因此, 使用两次 Householder 变换, 可将该矩阵化为一个三对角矩阵. 实际上, 三对角矩阵就是一类特殊的上 Hessenberg 阵. 用上述方法将矩阵 $\boldsymbol{A}$ 化为上 Hessenberg 阵后, 就可以套用基本的 $\boldsymbol{QR}$ 方法进行求特征值与特征向量的运算了, 读者不妨尝试作一下.

9.4.2 带原点平移的 $\boldsymbol{QR}$ 方法

从实际计算过程的观察来看, 基本的 $\boldsymbol{QR}$ 方法的收敛速度并不快. 因此, 为了进一步加速 $\boldsymbol{QR}$ 方法的迭代速度, 可以考虑先将原矩阵 $\boldsymbol{A}$ 进行简单的变换, 比如对 $\boldsymbol{A}$ 进行原点平移, 然后再对平移后的矩阵应用 $\boldsymbol{QR}$ 方法, 这种方法称为**带原点平移的 $\boldsymbol{QR}$ 方法**.

记 $\boldsymbol{A}_1=\boldsymbol{A}$, 接下来对矩阵 $\boldsymbol{A}_1$ 作平移变换, 并对变换后的矩阵作 $\boldsymbol{QR}$ 分解, 得

$$\boldsymbol{A}_1-p_1\boldsymbol{E}=\boldsymbol{Q}_1\boldsymbol{R}_1,$$

式中, p_1 为待定参数, 称为**原点平移量**. 若令 $\boldsymbol{A}_2=\boldsymbol{R}_1\boldsymbol{Q}_1+p_1\boldsymbol{E}$, 则得到新矩阵

$$\boldsymbol{A}_2=\boldsymbol{R}_1\boldsymbol{Q}_1+p_1\boldsymbol{E}=\boldsymbol{Q}_1^{\mathrm{T}}\left(\boldsymbol{A}_1-p_1\boldsymbol{E}\right)\boldsymbol{Q}_1+p_1\boldsymbol{E}=\boldsymbol{Q}_1^{\mathrm{T}}\boldsymbol{A}_1\boldsymbol{Q}_1.$$

即新矩阵 $\boldsymbol{A}_2$ 仍然与矩阵 $\boldsymbol{A}_1$ 或 $\boldsymbol{A}$ 相似, 因此与矩阵 $\boldsymbol{A}$ 有相同的特征值与特征向量. 接下来, 对矩阵 $\boldsymbol{A}_2$ 作平移变换并进行 $\boldsymbol{QR}$ 分解, 得

$$\boldsymbol{A}_2-p_2\boldsymbol{E}=\boldsymbol{Q}_2\boldsymbol{R}_2,$$

然后令 $\boldsymbol{A}_3=\boldsymbol{R}_2\boldsymbol{Q}_2+p_2\boldsymbol{E}$, 其中, p_2 为平移量.

一般地, 设已经得到 $\boldsymbol{A}_m$, 则可适当选取 p_m, 并对 $\boldsymbol{A}_m$ 平移, 并将得到的矩阵作 $\boldsymbol{QR}$ 分解, 得

$$\boldsymbol{A}_m-p_m\boldsymbol{E}=\boldsymbol{Q}_m\boldsymbol{R}_m.$$

然后令 $\boldsymbol{A}_{m+1}=\boldsymbol{R}_m\boldsymbol{Q}_m+p_m\boldsymbol{E}$, 于是得到矩阵序列 $\{\boldsymbol{A}_m\}_{m=1}^{\infty}$, 且序列中的每一个矩阵 $\boldsymbol{A}_m$ 都与矩阵 $\boldsymbol{A}$ 相似, 从而与 $\boldsymbol{A}$ 有相同的特征值与特征向量.

需要指出的是, 带原点平移的 $\boldsymbol{QR}$ 方法适合求解实对称矩阵的特征值. 特别地, 当矩阵 $\boldsymbol{A}$ 为实对称三对角阵时, 则上述带原点平移的 $\boldsymbol{QR}$ 方法生成的矩阵 $\boldsymbol{A}_m$ 仍旧为实对称三对角阵, 对于这种情形, 若令矩阵 $\boldsymbol{A}_m$ 的 (i,j) 元素为 $a_{ij}^{(m)}$, 则平移量 p_m 可取为矩阵

$$\begin{pmatrix} a_{n-1,n-1}^{(m)} & a_{n-1,n}^{(m)} \\ a_{n,n-1}^{(m)} & a_{nn}^{(m)} \end{pmatrix}$$

的两个特征值中靠近元素 $a_{nn}^{(m)}$ 的那一个, 这样可以提高 $\boldsymbol{QR}$ 方法的收敛速度. 而如果矩阵 $\boldsymbol{A}$ 有复特征值, 则上述采用实运算的带原点平移的 $\boldsymbol{QR}$ 方法并不收敛, 这种情况下, 可采用**双重步 $\boldsymbol{QR}$ 方法**[17].

习 题 9

1. 用 (规范化) 幂法计算下列矩阵按模最大的特征值及对应的特征向量

$$(1)\ \boldsymbol{A}=\begin{pmatrix}1&2&3\\2&3&4\\3&4&5\end{pmatrix};\qquad (2)\ \boldsymbol{B}=\begin{pmatrix}-4&14&0\\-5&13&0\\-1&0&2\end{pmatrix},$$

精确到第 3 位小数稳定.

2. 如果定理 9.1 中的特征值 $\lambda_i(i=1,2,\cdots,n)$ 满足条件

$$\lambda_1=\lambda_2=\cdots=\lambda_r,\quad |\lambda_1|>|\lambda_{r+1}|\geqslant\cdots\geqslant|\lambda_n|,$$

即按模最大的特征值是 r 重的, 证明其结论仍成立.

3. 用 Rayleigh 商加速幂法求下列矩阵按模最大的特征值

$$(1)\ \boldsymbol{A}=\begin{pmatrix}3&4\\4&5\end{pmatrix};\qquad (2)\ \boldsymbol{B}=\begin{pmatrix}4&-1&1\\-1&3&-2\\1&-2&3\end{pmatrix},$$

精确到第 3 位小数稳定.

4. 利用反幂法求矩阵

$$\boldsymbol{A}=\begin{pmatrix}6&2&1\\2&3&1\\1&1&1\end{pmatrix}$$

最接近 6 的特征值及对应的特征向量.

5. 用 Jacobi 方法求矩阵

$$\boldsymbol{A}=\begin{pmatrix}5&1\\1&5\end{pmatrix}$$

的全部特征值和相应的特征向量.

6. 对矩阵

$$\boldsymbol{A}=\begin{pmatrix}7&3&-2\\3&4&-1\\-2&-1&3\end{pmatrix},$$

求出使其第 1 行第 2 列的元素约化为零的旋转变换矩阵 $\boldsymbol{R}_{12}(\theta)$, 并以其对 $\boldsymbol{A}$ 作正交相似变换.

7. 假设 $\boldsymbol{x},\boldsymbol{y}\in\mathbf{R}^n(n>1)$. 如果 $\|\boldsymbol{x}\|_2=\|\boldsymbol{y}\|_2$, 证明存在一个 Householder 阵 $\boldsymbol{H}$, 使

$$\boldsymbol{Hx}=\boldsymbol{y}.$$

8. 用 Householder 变换将对称阵

$$\boldsymbol{A}=\begin{pmatrix}1&4&3\\4&5&5\\3&5&10\end{pmatrix}$$

化为相似的三对角阵.

9. 用 Householder 变换将矩阵

$$A = \begin{pmatrix} 1 & 2 & 2 \\ 2 & \dfrac{2}{3} & -1 \\ 2 & \dfrac{1}{3} & -1 \end{pmatrix}$$

化为一个上三角阵, 从而做出 $A = QR$ 的分解.

10. 用 QR 算法求矩阵

$$A = \begin{pmatrix} 2 & 4 & 6 \\ 3 & 9 & 15 \\ 4 & 16 & 36 \end{pmatrix}$$

的全部特征值 (迭代 2 次).

第10章 线性规划

线性规划是运筹学的一个重要分支, 在过去的几十年中, 伴随着计算机的逐渐普及, 线性规划与运筹学的思想逐渐被人们所接受, 并广泛应用到农业、工业、商业与科学研究等方面, 为人类社会的发展起到非常重要的作用.

本章主要介绍线性规划相关的一些基本概念与基本理论以及线性规划方法在求解矛盾方程组近似解中的应用.

10.1 线性规划问题与其对偶问题

在日常的生产生活中, 企业经常遇到如何统筹安排有限的生产资料, 如何合理分配与调度人力资源, 即如何制订合理的生产计划, 以使生产效益最大化的问题. 这类在有限资源约束条件下, 如何制订最佳的 (生产) 规划的问题, 称为**生产计划问题**. 这类实际问题在数学上通常归结为线性规划问题求解.

数学上, 通常将在一组线性方程式或不等式的约束下, 求一个线性函数的最大值或最小值的问题, 称为 **"线性规划"**(**linear programming**)**问题**, 简记为 **LP 问题**. 此外, 现实生活中的运输问题、下料问题、最优投资决策等问题, 均可转化为 **LP** 问题求解.

10.1.1 线性规划模型

例 10.1.1(生产计划问题) 某工厂计划用两种原料 (m_1 与 m_2) 生产两种产品 (p_1 与 p_2), 每吨产品所需原料的数量、每种原料的日供应量与每种产品利润值见表 10.1, 试为该厂制订使总利润最大的生产计划 (表 10.1).

分析 所谓生产计划问题, 就是安排每种产品生产多少的问题, 产品的生产数量受到一些约束条件的限制.

首先, 设产品 p_i 的产量为每天 x_i 吨 $(i=1,2)$, 则生产两种产品所使用的两种原料的日消耗量不能超越每天的限额, 即产量 x_i 必须满足如下约束条件

$$\begin{cases} 5x_1+3x_2\leqslant 15 \\ 3x_1+6x_2\leqslant 18 \end{cases}.$$

其次, 产量 x_i 不能为负值, 即有约束条件 $x_i\geqslant 0\,(i=1,2)$.

表 10.1 某厂的生产计划问题

原料	产品所需原料数/吨		原料供应量/(吨/天)
	p_1	p_2	
m_1	5	3	15
m_2	3	6	18
产品的利润/(万元/吨)	2	3	

最后, 由于问题的目标是在上述约束条件下求产量 x_1 与 x_2, 以便使企业的利润总和取得最大值, 即得目标函数

$$z = 2x_1 + 3x_2.$$

综上所述, 可将该生产计划问题归结为如下的 LP 问题:

$$\begin{cases} \max z = 2x_1 + 3x_2 \\ \text{s.t.} \begin{cases} 5x_1 + 3x_2 \leqslant 15 \\ 3x_1 + 6x_2 \leqslant 18 \\ x_i \geqslant 0, i = 1, 2 \end{cases} \end{cases}. \tag{10.1.1}$$

例 10.1.2(运输问题) 某运输公司要派车将位于仓库 $S_i\,(i = 1, 2)$ 的货物分别运往 4 个零售店 $M_j\,(j = 1, \cdots, 4)$, 设仓库 S_i 供应的产品数量为 $a_i\,(i = 1, 2)$, 零售店 M_j 需要的产品数量为 $b_j\,(j = 1, \cdots, 4)$. 假设仓库供应的总量与商店需求的总量相等, 且从仓库 S_i 运送 1 单位的产品至零售店 M_j 的运输价格为 p_{ij}, 试问应如何组织运输货物, 才能使运输公司总的运输费用最小?

分析 设 x_{ij} 表示从仓库 S_i 运往商店 M_j 的货物量, 则根据运量与供应量相等的原则, 得等式约束条件

$$x_{11} + x_{12} + x_{13} + x_{14} = a_1,$$
$$x_{21} + x_{22} + x_{23} + x_{24} = a_2.$$

由于运到 4 个商店的货物量应该等于其需求量, 于是得等式约束条件

$$x_{11} + x_{21} = b_1,$$
$$x_{12} + x_{22} = b_2,$$
$$x_{13} + x_{23} = b_3,$$
$$x_{14} + x_{24} = b_4.$$

因为运输量不能取负值, 即得非负约束条件 $x_{ij} \geqslant 0\,(i = 1, 2; j = 1, 2, 3, 4)$. 运输问题的目标是在满足上述所有条件的前提下, 使运输公司总的运输费用 $z = \sum_{j=1}^{4}\sum_{i=1}^{2} p_{ij}x_{ij}$ 最省, 因此可

得如下 LP 问题

$$\begin{cases} \min z = \sum_{j=1}^{4}\sum_{i=1}^{2} p_{ij}x_{ij} \\ \text{s.t.} \begin{cases} x_{11}+x_{12}+x_{13}+x_{14}=a_1 \\ x_{21}+x_{22}+x_{23}+x_{24}=a_2 \\ x_{11}+x_{21}=b_1 \\ x_{12}+x_{22}=b_2 \\ x_{13}+x_{23}=b_3 \\ x_{14}+x_{24}=b_4 \\ x_{ij}\geqslant 0, \quad i=1,2; \quad j=1,2,3,4 \end{cases} \end{cases}.$$

在运输问题的线性规划模型中, 当仓库的总出货量 (产出量) 与商店的总需求量 (销货量) 相等时, 称 LP 问题为 "**产销平衡**" 的**运输问题**; 反之, 称为 "**产销不平衡**" 的**运输问题**.

综合上述, 可见 LP 问题的数学模型本质上属于条件极值问题, 其约束条件可以是一组线性方程, 也可以是一组线性不等式. LP 问题的一般形式可表述为

$$\begin{cases} \max z = c_1x_1+\cdots+c_nx_n \\ \text{s.t.} \begin{cases} a_{i1}x_1+a_{i2}x_2+\cdots+a_{in}x_n=b_i, \quad i=1,\cdots,p \\ a_{i1}x_1+a_{i2}x_2+\cdots+a_{in}x_n\leqslant b_i, \quad i=p+1,\cdots,m \\ x_j\geqslant 0, \quad j=1,\cdots,q \\ x_{j\gtrless}0, \quad j=q+1,\cdots,n \end{cases} \end{cases}, \tag{10.1.2}$$

式中, 量 x_j 为待定的自变量, 称为**决策变量**, 这里 $j=1,\cdots,q$; 元素 a_{ij} 构成的矩阵

$$\boldsymbol{A}=\begin{pmatrix} a_{11} & a_{12} & \cdots & a_{1n} \\ a_{21} & a_{22} & \cdots & a_{1n} \\ \vdots & \vdots & & \vdots \\ a_{m1} & a_{m2} & \cdots & a_{mn} \end{pmatrix}$$

称为**约束矩阵**. n 元线性函数 $c_1x_1+\cdots+c_nx_n$ 称为**目标函数**, 常记为

$$z=c_1x_1+\cdots+c_nx_n.$$

向量 $\boldsymbol{c}=(c_1,\cdots,c_n)^{\mathrm{T}}$ 称为**价值向量**, 价值向量的元素 $c_j\,(j=1,\cdots,n)$ 称为**价值系数**; 向量 $\boldsymbol{b}=(b_1,\cdots,b_m)^{\mathrm{T}}$ 称为**右端向量**, 条件 $x_j\geqslant 0$ 是对决策变量的**非负约束**; 符号 $x_{j\gtrless}0$ 的意思是指决策变量 x_j 可取负值、零或正值, 称满足该条件的变量为**符号无限制变量**或**自由变量**; 符号 "max" 是极大化 (maximize) 的简记符号, 表示对目标函数 z 求最大值.

若向量 $\boldsymbol{x}=(x_1,\cdots,x_n)^{\mathrm{T}}$ 满足式 (10.1.2) 中所有的约束条件, 则称 $\boldsymbol{x}$ 为 LP 问题 (10.1.2) 的**可行解**或**可行点**, 所有可行点构成的集合 K 称为**可行域**.

当可行域 K 为空集时, 称 LP 问题**无解**, 记为 $K=\varnothing$; 若 $K\neq\varnothing$, 但是目标函数 z 在 K 上无界, 则称 LP 问题是**无界**的; 否则, 若 $K\neq\varnothing$, 且目标函数 z 存在有界的最优值, 则称 LP 问题**有最优解**.

当 LP 问题有最优解时, 首先应该确定 LP 问题的可行域, 在可行域中求出使目标函数 z 达到最大值的可行点, 即问题的**最优解**; 然后, 将最优解代入目标函数, 所得函数值即为目标函数的**最优值**.

特别地, 当 $p=0,q=n$ 时, LP 问题 (10.1.2) 用矩阵的形式表示为

$$\begin{cases}\max\ z=\boldsymbol{c}^{\mathrm{T}}\boldsymbol{x}\\ \text{s.t.}\begin{cases}\boldsymbol{A}\boldsymbol{x}\leqslant\boldsymbol{b}\\ \boldsymbol{x}\geqslant\boldsymbol{0}\end{cases}\end{cases}.\tag{10.1.3}$$

上式称为 LP 问题 (10.1.2) 的**第一类标准形**. 对于标准型式 (10.1.3), 其可行域为

$$K=\{\boldsymbol{x}\,|\,\boldsymbol{x}\in\mathbf{R}^n,\boldsymbol{A}\boldsymbol{x}\leqslant\boldsymbol{b},\boldsymbol{x}\geqslant\boldsymbol{0}\},\tag{10.1.4}$$

式中, 符号 "$\boldsymbol{A}\boldsymbol{x}\leqslant\boldsymbol{b}$" 表示不等式约束条件: $\sum\limits_{j=1}^{n}a_{ij}x_j\leqslant b_i,i=1,\cdots,m$; 同理, "$\boldsymbol{x}\geqslant\boldsymbol{0}$" 表示决策变量满足非负条件: $x_i\geqslant 0,i=1,\cdots,n$.

在定义了可行域 K 后, LP 问题 (10.1.2) 的一个更为精确的描述为: 给定可行域 K, 求向量 $\boldsymbol{x}^*\in K$, 使 $\forall\boldsymbol{x}\in K$, 均有 $\boldsymbol{c}^{\mathrm{T}}\boldsymbol{x}^*\geqslant\boldsymbol{c}^{\mathrm{T}}\boldsymbol{x}$.

当 $p=m,q=n$ 时, 则 LP 问题 (10.1.2) 用矩阵的形式可表示为

$$\begin{cases}\max\ z=\boldsymbol{c}^{\mathrm{T}}\boldsymbol{x}\\ \text{s.t.}\begin{cases}\boldsymbol{A}\boldsymbol{x}=\boldsymbol{b}\\ \boldsymbol{x}\geqslant\boldsymbol{0}\end{cases}\end{cases}.\tag{10.1.5}$$

上式称为 LP 问题 (10.1.2) 的**第二类标准形**.

事实上, 使用如下的一些技巧, 即可将任一 LP 问题转化为与之等价的第一类标准形:

(1) 当原 LP 问题是求线性函数 $\boldsymbol{c}^{\mathrm{T}}\boldsymbol{x}$ 的极小值时, 则等价于求线性函数 $-\boldsymbol{c}^{\mathrm{T}}\boldsymbol{x}$ 的极大值;

(2) 当 LP 原问题中, 约束条件为 $\boldsymbol{A}\boldsymbol{x}\geqslant\boldsymbol{b}$ 时, 则可将约束条件改为 $-\boldsymbol{A}\boldsymbol{x}\leqslant-\boldsymbol{b}$;

(3) 如果目标函数中含有常量, 例如, $\boldsymbol{c}^{\mathrm{T}}\boldsymbol{x}+\lambda$, 则等价于求目标函数 $\boldsymbol{c}^{\mathrm{T}}\boldsymbol{x}$ 的极值;

(4) 如果原 LP 问题中的约束条件包含等式 $\boldsymbol{\alpha}^{\mathrm{T}}\boldsymbol{x}=\beta$, 等价于同时包含两个不等式约束条件, 即 $\boldsymbol{\alpha}^{\mathrm{T}}\boldsymbol{x}\leqslant\beta$ 与 $-\boldsymbol{\alpha}^{\mathrm{T}}\boldsymbol{x}\leqslant-\beta$;

(5) 如果原 LP 问题中存在无约束的决策变量 x_j, 则可引入两个新的决策变量 x_j' 和 x_j'', 并且令 $x_j=x_j'-x_j''$, 可要求新变量满足非负条件, 即 $x_j'\geqslant 0,x_j''\geqslant 0$.

当然, 若要将任一 LP 模型转化为与之等价的第二类标准形, 亦可采用类似的处理方法. 例如, 对于不等式约束条件

$$\sum_{j=1}^{n}a_{ij}x_j\leqslant b_i,\tag{10.1.6}$$

可从中引入非负的**松弛变量** s_i (即 $s_i \geqslant 0$), 则不等式 (10.1.6) 即可变为等式

$$\sum_{j=1}^{n} a_{ij}x_j + s_i = b_i, \tag{10.1.7}$$

这里, $s_i \geqslant 0$. 同理, 若存在形如 $\sum\limits_{j=1}^{n} a_{ij}x_j \geqslant b_i$ 的约束条件, 则可考虑引入**剩余变量**$s_i\,(\geqslant 0)$, 即用等式

$$\sum_{j=1}^{n} a_{ij}x_j - s_i = b_i$$

去等价替换原有的不等式约束条件, 这里, $s_i \geqslant 0$. 于是可将原 LP 问题化为与之等价的第二类标准形.

例 10.1.3　要求将 LP 问题

$$\begin{cases} \min\ z = 2x_1 + 3x_2 - x_3 + 5 \\ \text{s.t.} \begin{cases} x_1 - x_2 + 4x_3 \geqslant 3 \\ x_1 + x_2 + x_3 = 12 \\ x_2 \geqslant 0, x_3 \leqslant 0 \end{cases} \end{cases} \tag{10.1.8}$$

化为与之等价的第一类标准形.

解　由于 x_1 为自由变量, 故可令 $x_1 = y_1 - y_4$, 这里可要求新决策变量 $y_1 \geqslant 0$, $y_4 \geqslant 0$; 对非正变量 x_3, 可令 $x_3 = -y_3$, 则有 $y_3 \geqslant 0$; 为了符号统一, 可令决策变量 $x_2 = y_2$, 则 $y_2 \geqslant 0$. 且将目标函数变为

$$z = 2y_1 - 2y_4 + 3y_2 - y_3 + 5.$$

令

$$\bar{z} = -2y_1 - 3y_2 - y_3 + 2y_4,$$

则新目标函数 $\bar{z}$ 取最大值等价于原目标函数 z 取得最小值.

在不等式 $x_1 - x_2 + 4x_3 \geqslant 3$ 两边同时乘以 -1, 并代入 $x_1 = y_1 - y_4$, $x_2 = y_2$, $x_3 = -y_3$ 得新的不等式约束

$$-y_1 + y_4 + y_2 + 4y_3 \leqslant -3.$$

将等式 $x_1 + x_2 + x_3 = 12$ 拆分为两个不等式

$$x_1 + x_2 + x_3 \geqslant 12$$

与

$$x_1 + x_2 + x_3 \leqslant 12, \tag{10.1.9}$$

在 $x_1+x_2+x_3\geqslant 12$ 两边同乘以 -1 得

$$-x_1-x_2-x_3\leqslant -12. \tag{10.1.10}$$

将 $x_1=y_1-y_4$, $x_2=y_2$, $x_3=-y_3$ 代入式 (10.1.9) 和式 (10.1.10) 得与 LP 问题 (10.1.8) 等价的第一类标准形

$$\begin{cases}\max\ \bar{z}=-2y_1-3y_2-y_3+2y_4\\ \text{s.t.}\begin{cases}-y_1+y_2+4y_3+y_4\leqslant -3\\ y_1+y_2-\ \ y_3-y_4\leqslant 12\\ -y_1-y_2+\ \ y_3+y_4\leqslant -12\\ y_i\geqslant 0, i=1,\cdots,4\end{cases}\end{cases}.$$

#

同理, 若在式 (10.1.8) 的不等式约束条件中增加松弛变量 $y_5\,(\geqslant 0)$, 可得与式 (10.1.8) 等价的第二类标准形

$$\begin{cases}\max\ \bar{z}=-2y_1-3y_2-y_3+2y_4\\ \text{s.t.}\begin{cases}-y_1+y_2+4y_3+y_4+y_5=-3\\ y_1+y_2-y_3-y_4=12\\ y_i\geqslant 0, i=1,\cdots,5\end{cases}\end{cases}.$$

10.1.2 对偶

对偶理论是线性规划的一个重要概念. 每一个 LP 问题都存在与之相伴随的另一个 LP 问题. 其中的一个 LP 问题不妨称为原问题, 而另一个问题则可称为原问题的**对偶问题**, 简称**对偶**.

接下来, 我们通过实例来说明什么是对偶以及如何求它的对偶? LP 问题 (10.1.3) 的对偶为如下 LP 问题

$$\begin{cases}\min\quad \boldsymbol{b}^{\mathrm{T}}\boldsymbol{y}\\ \text{s.t.}\begin{cases}\boldsymbol{A}^{\mathrm{T}}\boldsymbol{y}\geqslant \boldsymbol{c}\\ \boldsymbol{y}\geqslant \boldsymbol{0}\end{cases}\end{cases}. \tag{10.1.11}$$

可见, 原 LP 问题 (10.1.3) 中, 其目标函数为求极大值问题; 而在其对偶 LP 问题 (10.1.11) 中, 目标函数变为求极小值的问题; 并且约束条件的右端向量与原 LP 问题的价值向量互换了位置, 对偶的约束矩阵是原 LP 问题约束矩阵的转置.

根据上述规则, 我们可给出 LP 问题

$$\begin{cases}\max\quad 2x_1+3x_2\\ \text{s.t.}\begin{cases}4x_1+3x_2\leqslant 8\\ 5x_1+6x_2\leqslant 9\\ 7x_1+8x_2\leqslant 12\\ x_i\geqslant 0, i=1,2\end{cases}\end{cases}$$

的对偶为如下 LP 问题

$$\begin{cases} \min & 8y_1+9y_2+12y_3 \\ \text{s.t.} & \begin{cases} 4y_1+5y_2+7y_3\geqslant 2 \\ 3y_1+6y_2+8y_3\geqslant 3 \\ y_i\geqslant 0, i=1,2,3 \end{cases} \end{cases}.$$

对偶关系是相对的, 对偶的对偶就是原 LP 问题, 对偶与原 LP 问题往往有不同的维数. 对偶的可行解与原 LP 问题的可行解之间关系满足定理 10.1 和定理 10.2.

定理 10.1　如果 $\boldsymbol{x}$ 与 $\boldsymbol{y}$ 分别是原 LP 问题 (10.1.3) 与其对偶式 (10.1.11) 的可行解, 则两可行解满足不等式

$$\boldsymbol{c}^{\mathrm{T}}\boldsymbol{x}\leqslant \boldsymbol{b}^{\mathrm{T}}\boldsymbol{y}.$$

进而, 满足等式 $\boldsymbol{c}^{\mathrm{T}}\boldsymbol{x}^*=\boldsymbol{b}^{\mathrm{T}}\boldsymbol{y}^*$ 的可行解 $\boldsymbol{x}^*$ 与 $\boldsymbol{y}^*$ 分别是原 LP 问题与其对偶的最优解.

证明　假设 $\boldsymbol{x}$ 和 $\boldsymbol{y}$ 分别是原问题 (10.1.3) 和其对偶式 (10.1.11) 的任一可行解, 因此有

$$\boldsymbol{x}\geqslant\boldsymbol{0},\quad \boldsymbol{A}\boldsymbol{x}\leqslant\boldsymbol{b},\quad \boldsymbol{A}^{\mathrm{T}}\boldsymbol{y}\geqslant\boldsymbol{c},\quad \boldsymbol{y}\geqslant\boldsymbol{0},$$

从而可得

$$\boldsymbol{c}^{\mathrm{T}}\boldsymbol{x}\leqslant\left(\boldsymbol{A}^{\mathrm{T}}\boldsymbol{y}\right)^{\mathrm{T}}\boldsymbol{x}=\boldsymbol{y}^{\mathrm{T}}\boldsymbol{A}\boldsymbol{x}\leqslant\boldsymbol{y}^{\mathrm{T}}\boldsymbol{b}=\boldsymbol{b}^{\mathrm{T}}\boldsymbol{y}.$$

再由上式中 $\boldsymbol{x}$ 和 $\boldsymbol{y}$ 的任意性可知: 当 $\boldsymbol{c}^{\mathrm{T}}\boldsymbol{x}^*=\boldsymbol{b}^{\mathrm{T}}\boldsymbol{y}^*$ 时, 有

$$\max\left\{\boldsymbol{c}^{\mathrm{T}}\boldsymbol{x}\,|\boldsymbol{A}\boldsymbol{x}\leqslant\boldsymbol{b},\boldsymbol{x}\geqslant\boldsymbol{0}\right\}=\boldsymbol{c}^{\mathrm{T}}\boldsymbol{x}^*=\boldsymbol{b}^{\mathrm{T}}\boldsymbol{y}^*=\min\left\{\boldsymbol{b}^{\mathrm{T}}\boldsymbol{y}\,\middle|\boldsymbol{A}^{\mathrm{T}}\boldsymbol{y}\geqslant\boldsymbol{c},\boldsymbol{y}\geqslant\boldsymbol{0}\right\},$$

即向量 $\boldsymbol{x}^*$ 和 $\boldsymbol{y}^*$ 分别是原 LP 问题 (10.1.3) 和对偶式 (10.1.11) 的最优解.　#

通常情况下, 可用不等式 $\boldsymbol{c}^{\mathrm{T}}\boldsymbol{x}\leqslant\boldsymbol{b}^{\mathrm{T}}\boldsymbol{y}$ 来估计目标函数 $\boldsymbol{c}^{\mathrm{T}}\boldsymbol{x}$ 的最优值

$$\lambda=\max\left\{\boldsymbol{c}^{\mathrm{T}}\boldsymbol{x}\,|\boldsymbol{x}\geqslant\boldsymbol{0},\boldsymbol{A}\boldsymbol{x}\leqslant\boldsymbol{b}\right\}$$

的大致范围.

事实上, 根据定理 10.1, 任一满足条件 $\boldsymbol{x}\geqslant\boldsymbol{0}$, $\boldsymbol{A}\boldsymbol{x}\leqslant\boldsymbol{b}$ 的可行解 $\boldsymbol{x}$ 与任一满足条件 $\boldsymbol{A}^{\mathrm{T}}\boldsymbol{y}\geqslant\boldsymbol{c}$, $\boldsymbol{y}\geqslant\boldsymbol{0}$ 的可行解 $\boldsymbol{y}$, 必满足不等式

$$\boldsymbol{c}^{\mathrm{T}}\boldsymbol{x}\leqslant\lambda\leqslant\boldsymbol{b}^{\mathrm{T}}\boldsymbol{y}. \tag{10.1.12}$$

综上, 可得定理 10.1 的如下推论.

定理 10.2　如果原 LP 问题存在最优解, 则其对偶也存在最优解, 且对偶与原 LP 问题有相同的最优值.

例如, 设 LP 问题 (10.1.3) 有一个最优解 $\boldsymbol{x}^*$, 则其对偶问题 (10.1.11) 也有一个相应的最优解 $\boldsymbol{y}^*$, 则两个最优解满足等式 $\boldsymbol{c}^{\mathrm{T}}\boldsymbol{x}^*=\boldsymbol{b}^{\mathrm{T}}\boldsymbol{y}^*$, 即两个问题有相同的最优值.

由定理 10.2 还可以得出, 原 LP 问题与其对偶总是同时拥有最优解, 且当 $\boldsymbol{x}, \boldsymbol{w}$ 分别为原 LP 问题与对偶问题的可行解时, 则 $\boldsymbol{x}, \boldsymbol{w}$ 分别是原 LP 问题与其对偶问题的最优解, 当且仅当 $\boldsymbol{c}^{\mathrm{T}}\boldsymbol{x} = \boldsymbol{b}^{\mathrm{T}}\boldsymbol{w}$.

10.2 线性规划的基本定理 *

不失一般性, 考虑 LP 问题

$$\begin{cases} \max z = \boldsymbol{c}^{\mathrm{T}}\boldsymbol{x} \\ \text{s.t.} \begin{cases} \boldsymbol{A}\boldsymbol{x} = \boldsymbol{b} \\ \boldsymbol{x} \geqslant \boldsymbol{0} \end{cases} \end{cases} . \tag{10.2.1}$$

这里, 列向量 $\boldsymbol{c}, \boldsymbol{x} \in \mathbf{R}^n$, $\boldsymbol{b} \in \mathbf{R}^m$, 约束矩阵 $\boldsymbol{A} \in \mathbf{R}^{m \times n}$, 可行域

$$K = \{\boldsymbol{x} \,|\, \boldsymbol{x} \in \mathbf{R}^n, \boldsymbol{A}\boldsymbol{x} = \boldsymbol{b}, \boldsymbol{x} \geqslant \boldsymbol{0}\}. \tag{10.2.2}$$

当 K 非空时, 约束方程组 $\boldsymbol{A}\boldsymbol{x} = \boldsymbol{b}$ 是相容的.

10.2.1 LP 问题可行域

定义 10.1 设 $S \subseteq \mathbf{R}^n$ 是 n 维欧式空间的一个点集, 若对 $\forall \boldsymbol{x}, \boldsymbol{y} \in S$ 与 $\forall \lambda \in [0,1]$, 都有

$$\lambda \boldsymbol{x} + (1-\lambda)\boldsymbol{y} \in S,$$

则称集合 S 为凸集.

定理 10.3 式 (10.2.2) 定义的可行域 K 为一凸集.

证明 任取向量 $\boldsymbol{x}, \boldsymbol{y} \in K$, 若令 $\boldsymbol{z} = \lambda \boldsymbol{x} + (1-\lambda)\boldsymbol{y}$, 这里, $\lambda \in [0,1]$. 由于 $\boldsymbol{x}, \boldsymbol{y} \geqslant 0$, $\lambda \in [0,1]$ 知 $\boldsymbol{z} \geqslant 0$. 又由于 $\boldsymbol{A}\boldsymbol{x} = \boldsymbol{b}, \boldsymbol{A}\boldsymbol{y} = \boldsymbol{b}$, 因此有

$$\boldsymbol{A}\boldsymbol{z} = \lambda \boldsymbol{A}\boldsymbol{x} + (1-\lambda)\boldsymbol{A}\boldsymbol{y} = \boldsymbol{b}.$$

根据定义 10.1 知 $\boldsymbol{z} \in S$, 即可行域 K 为一凸集. #

定理 10.4 凸集的交集还是凸集.

然而, 两个凸集的并集未必为凸集, 证明可根据定义 10.1 进行, 本书作为课后练习.

如图 10.1 所示, 二维平面上的椭圆域 A 是凸集. 事实上, 在椭圆域 A 中任取两点 x_1 和 x_2, 其加权平均值均落在两点之间的连线上, 该连线上的点全都属于集合 A, 因此 A 是凸集. 很多常见的几何图形作为数集, 如二维空间中的三角形区域、平行四边形矩区域、正 $n\,(n \geqslant 3)$ 边形区域等都是凸集, 三维空间中的球形区域、椭球形区域、四面体所包含的区域等, 均为凸集.

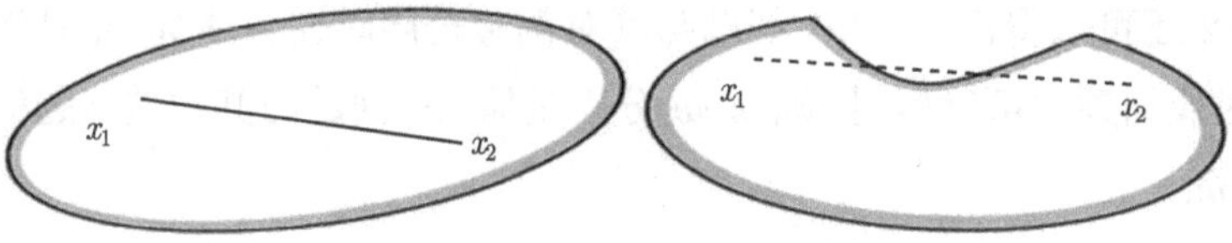

图 10.1　凸集和非凸集

图 10.1 中, 在平面点集 B 中取两点 x_1 与 x_2, 则这两个点的连线与集合 B 的边界线存在交点, 即两点的连线上存在不属于集合 B 的点, 因此集合 B 为非凸集. 一般说来, 若一个集合为非凸集, 则它存在凹进去的边界曲线或曲面, 或者它本身就不是单通集. 例如, 如果将南京玄武湖的水域看成一个平面点集, 将湖水周围陆地和湖心岛屿看作点集外面的点, 显然该点集属于非凸集合.

定义 10.2　任给非零向量 $\boldsymbol{a} \in \mathbf{R}^n$ 和实数 b, 集合

$$H = \left\{\boldsymbol{x} \in \mathbf{R}^n \left| \boldsymbol{a}^{\mathrm{T}} \boldsymbol{x} = b \right.\right\}$$

称为 $\mathbf{R}^n$ 中的一个**超平面**.

显然, 超平面是二维空间中的**直线**以及三维空间中**平面**在 n 维空间中的推广, 易证超平面 H 是一个凸集, 且由超平面 H 产生的两个半空间

$$H^+ = \left\{\boldsymbol{x} \in \mathbf{R}^n \left| \boldsymbol{a}^{\mathrm{T}} \boldsymbol{x} \geqslant b \right.\right\} \text{ 与 } H^- = \left\{\boldsymbol{x} \in \mathbf{R}^n \left| \boldsymbol{a}^{\mathrm{T}} \boldsymbol{x} \leqslant b \right.\right\}$$

也是凸集.

应用定理 10.4 可得: 同时满足一组线性等式

$$\boldsymbol{a}_i^{\mathrm{T}} \boldsymbol{x} = b_i, \quad i = 1, \cdots, p \tag{10.2.3}$$

与一组线性不等式

$$\boldsymbol{a}_i^{\mathrm{T}} \boldsymbol{x} \geqslant b_i, \quad i = p+1, \cdots, q \tag{10.2.4}$$

的全体向量 $\boldsymbol{x}$ 的集合也是凸集, 这里整数 p 或 q 可能为零.

定义 10.3　集合

$$S = \left\{\boldsymbol{x} \in \mathbf{R}^n \left| \begin{array}{ll} \boldsymbol{a}_i^{\mathrm{T}} \boldsymbol{x} = b_i, & i = 1, \cdots, p \\ \boldsymbol{a}_i^{\mathrm{T}} \boldsymbol{x} \geqslant b_i, & i = p+1, \cdots, q \end{array} \right.\right\}$$

称为**多面凸集**, 特别地, 非空且有界的多面凸集称为**多面体**.

由定义 10.3, 易证由式 (10.2.2) 定义的可行域 K 为一多面凸集.

定义 10.4　设 S 是凸集, 若 $\exists \boldsymbol{x}^* \in S$, 对 $\forall \boldsymbol{x}, \boldsymbol{y} \in S$, 当 $\boldsymbol{x} \neq \boldsymbol{y}$ 时, 对 $\forall \lambda \in (0,1)$, 都有

$$\boldsymbol{x}^* \neq \lambda \boldsymbol{x} + (1-\lambda) \boldsymbol{y},$$

则称 $\boldsymbol{x}^*$ 为凸集 S 的一个**顶点**.

据定义 10.4, 矩形的四个角点就是矩形区域的四个顶点, 正六边形的角点就是该区域的 6 个顶点, 而圆形区域边界上的点就是圆域的全部顶点, $\cdots$. 对于多面凸集 K 来说, 可以证明: 若 K 非空, 则 K 一定存在顶点, 且任何一个顶点都至少是 $n-m$ 个超平面的交点.

10.2.2 LP 问题的解

考虑 LP 问题 (10.2.1), 事实上, 当 LP 问题 (10.2.1) 的约束方程组中存在多余的方程时, 去掉这些多余的约束方程, 剩余约束方程组的系数矩阵必为行满秩阵, 故可设 LP 问题 (10.2.1) 的约束矩阵的秩为 $R(\boldsymbol{A})=m$, 这里 $m<n$.

当 $R(\boldsymbol{A})=m$ 时, 约束矩阵 $\boldsymbol{A}$ 中必有 m 个线性无关的列向量, 它们可以构成一个满秩阵 $\boldsymbol{B}$, 把 $\boldsymbol{A}$ 中除去 $\boldsymbol{B}$ 后其余各列构成的子矩阵记为 $\boldsymbol{C}$, 因此矩阵 $\boldsymbol{A}$ 可以用分块法表示为 $\boldsymbol{A}=(\boldsymbol{B},\boldsymbol{C})$.

相应地, 如果将向量 $\boldsymbol{x}=(x_1,\cdots,x_n)^{\mathrm{T}}$ 也分成两部分, 记为 $\boldsymbol{x_B}$ 和 $\boldsymbol{x_C}$, 则方程组 $\boldsymbol{Ax}=\boldsymbol{b}$ 变为 $\boldsymbol{Bx_B}+\boldsymbol{Cx_C}=\boldsymbol{b}$, 由于矩阵 $\boldsymbol{B}$ 可逆, 因此得

$$\boldsymbol{x_B}=\boldsymbol{B}^{-1}\boldsymbol{b}-\boldsymbol{B}^{-1}\boldsymbol{Cx_C}.$$

上式中, 向量 $\boldsymbol{x_C}$ 的分量为一组自由变量, 即给定 $\boldsymbol{x_C}$ 的任意一个值 $\bar{\boldsymbol{x}}_{\boldsymbol{C}}$, 相应地可以得到 $\boldsymbol{x_B}$ 的一组值 $\bar{\boldsymbol{x}}_{\boldsymbol{B}}$, 则向量 $\boldsymbol{x}=(\bar{\boldsymbol{x}}_{\boldsymbol{B}},\bar{\boldsymbol{x}}_{\boldsymbol{C}})^{\mathrm{T}}$ 就是约束方程组 $\boldsymbol{Ax}=\boldsymbol{b}$ 的一个解. 特别地, 若令 $\boldsymbol{x_C}=0$, 则得到约束方程组的一个特解 $\boldsymbol{x}^*=\begin{pmatrix}\boldsymbol{B}^{-1}\boldsymbol{b}\\ \boldsymbol{0}\end{pmatrix}$.

定义 10.5 设 LP 问题的约束矩阵 $\boldsymbol{A}\in\mathbf{R}^{m\times n}$, $R(\boldsymbol{A})=m$, $\boldsymbol{B}$ 为 $\boldsymbol{A}$ 的一个 m 阶满秩子方阵, 则称 $\boldsymbol{B}$ 为 LP 问题的一个**基**(**基阵**), 基中列向量称为**基向量**; 约束方程组的解向量 $\boldsymbol{x}$ 中, 与基向量对应的分量称为**基变量**, 其余的分量称为**非基变量**. 令所有的非基变量为零, 所得约束方程组的特解 $\boldsymbol{x}^*=\begin{pmatrix}\boldsymbol{B}^{-1}\boldsymbol{b}\\ \boldsymbol{0}\end{pmatrix}$ 称为相应于基阵 $\boldsymbol{B}$ 的**基本解**. 特别地, 当 $\boldsymbol{B}^{-1}\boldsymbol{b}\geqslant 0$ 时, 称基本解为**基本可行解**, 并称 $\boldsymbol{B}$ 为**可行基**.

例如, 下列 LP 问题

$$\begin{cases}\max z=x_1+x_2-x_3\\ \text{s.t.}\begin{cases}x_1-3x_2-x_3=-3\\ 2x_1+x_2+x_4=4\\ 3x_1-x_2-x_5=-6\\ x_i\geqslant 0, i=1,\cdots,5\end{cases}\end{cases}\tag{10.2.5}$$

的约束矩阵为 $\boldsymbol{A}=\begin{pmatrix}1&-3&-1&0&0\\ 2&1&0&1&0\\ 3&-1&0&0&-1\end{pmatrix}$, 显然 $R(\boldsymbol{A})=3$, 且三阶方阵 $\boldsymbol{B}_1=\begin{pmatrix}-1&0&0\\ 0&1&0\\ 0&0&-1\end{pmatrix}$ 为 $\boldsymbol{A}$ 的一个满秩子方阵, 可视为 LP 问题 (10.2.5) 的一个基阵. 令约束方程组中非基变量为

0, 则可得与基阵 $\boldsymbol{B}_1$ 对应的一个基本解

$$\tilde{\boldsymbol{x}} = (0,0,3,4,6)^{\mathrm{T}}.$$

又由于基本解 $\tilde{\boldsymbol{x}}$ 的分量满足 LP 问题 (10.2.5) 中的非负约束条件, 因此向量 $\tilde{\boldsymbol{x}}$ 就是问题 (10.2.5) 的一个基本可行解, $\boldsymbol{B}_1$ 就是一个 LP 问题的可行基.

同理, 子阵 $\boldsymbol{B}_2 = \begin{pmatrix} 1 & 0 & 0 \\ 2 & 1 & 0 \\ 3 & 0 & -1 \end{pmatrix}$ 也可作为 LP 问题的一个基阵, 令非基变量等于 0, 可得 LP 问题的另一个基本解

$$\hat{\boldsymbol{x}} = (-3,0,0,10,-3)^{\mathrm{T}}.$$

但是, 由于向量 $\hat{\boldsymbol{x}}$ 中存在负分量, 不满足 LP 问题的非负约束条件, 因此它不是 LP 问题 (10.2.5) 的可行解, 从而 $\boldsymbol{B}_2$ 不是基本可行基.

10.2.3　线性规划的基本定理

可见, 若给出 LP 问题的一个基本解, 根据非负条件, 我们立即能够知道它是否为基本可行解. 反之, 若给出一个 LP 问题的可行解, 当如何判定它是否为基本可行解呢? 实践过程中, 可采用如下定理判定.

定理 10.5　*可行解 $\bar{\boldsymbol{x}}$ 是基本可行解, 当且仅当在约束矩阵 $\boldsymbol{A}$ 中, 与可行解 $\bar{\boldsymbol{x}}$ 的正分量相对应的列向量线性无关.*

证明　不妨设约束矩阵 $\boldsymbol{A}$ 的 n 个列向量为 $\boldsymbol{\alpha}_j\,(j=1,\cdots,n)$, 首先证明: 即当 $\bar{\boldsymbol{x}}$ 是 LP 问题的基本可行解时, 在约束矩阵 $\boldsymbol{A}$ 中, 与可行解 $\bar{\boldsymbol{x}}$ 的正分量相对应的列向量线性无关.

必要性　当 $\bar{\boldsymbol{x}}$ 是 LP 问题的基本可行解时, 有 $\boldsymbol{A}\bar{\boldsymbol{x}} = \boldsymbol{b}$ 且 $\bar{\boldsymbol{x}} \geqslant \boldsymbol{0}$, 不妨设 $\bar{\boldsymbol{x}}$ 的前 k 个分量为正, 即

$$\bar{\boldsymbol{x}} = (\bar{x}_1,\cdots,\bar{x}_k,0,\cdots,0),\quad 且\bar{x}_j > 0,$$

这里 $j=1,\cdots,k$, 则取正值的变量 $\bar{x}_j\,(1 \leqslant j \leqslant k)$ 必定是基变量, 与它们对应的约束矩阵中列向量组 $\boldsymbol{\alpha}_1,\cdots,\boldsymbol{\alpha}_k$ 是基向量, 因而是线性无关的.

充分性　当矩阵 $\boldsymbol{A}$ 中与可行解 $\bar{\boldsymbol{x}}$ 的正分量相对应的列向量组 $\boldsymbol{\alpha}_1,\cdots,\boldsymbol{\alpha}_k$ 线性无关时, 必有 $k \leqslant m$. 又由于 $\bar{\boldsymbol{x}}$ 是可行解, 即有 $\boldsymbol{A}\bar{\boldsymbol{x}} = \boldsymbol{b}$ 且 $\bar{\boldsymbol{x}} \geqslant \boldsymbol{0}$, 故可行解 $\bar{\boldsymbol{x}}$ 是如下线性方程组

$$\sum_{j=1}^{k} \bar{x}_j \boldsymbol{\alpha}_j = \boldsymbol{b} \tag{10.2.6}$$

的解.

因此, 当 $k=m$ 时, 由必要性的证明可得, 子矩阵 $\boldsymbol{B} = (\boldsymbol{\alpha}_1,\cdots,\boldsymbol{\alpha}_m)$ 是一个满秩的基阵, 且向量 $\bar{\boldsymbol{x}}$ 就是与基阵 $\boldsymbol{B}$ 对应的基本可行解.

当 $k<m$ 时, 由于矩阵的秩 $R(\boldsymbol{A})=m$, 则一定可以从 $\boldsymbol{A}$ 中剩余的 $n-k$ 个列向量中再找出 $m-k$ 个列向量, 不妨设为 $\boldsymbol{\alpha}_{k+1},\cdots,\boldsymbol{\alpha}_m$, 使向量组 $\boldsymbol{\alpha}_1,\cdots,\boldsymbol{\alpha}_k,\boldsymbol{\alpha}_{k+1},\cdots,\boldsymbol{\alpha}_m$ 构成基矩阵 $\boldsymbol{B}$, 因而约束方程组式 (10.2.6) 变为

$$\sum_{j=1}^{k}\bar{x}_j\boldsymbol{\alpha}_j+\sum_{j=k+1}^{m}0\cdot\boldsymbol{\alpha}_j=\boldsymbol{b},$$

即可行解 $\bar{\boldsymbol{x}}$ 仍然为对应于该基阵 $\boldsymbol{B}$ 的基本可行解. #

定理 10.6 向量 $\bar{\boldsymbol{x}}$ 是基本可行解, 当且仅当 $\bar{\boldsymbol{x}}$ 是可行域 K 的顶点.

证明 **充分性** 设 $\bar{\boldsymbol{x}}$ 是可行域 K 的顶点, 则有 $\boldsymbol{A}\bar{\boldsymbol{x}}=\boldsymbol{b}$ 且 $\bar{\boldsymbol{x}}\geqslant\boldsymbol{0}$.

不妨设 $\bar{\boldsymbol{x}}$ 的前 k 个分量取正值, 可证明: $\bar{\boldsymbol{x}}$ 的正分量对应的列向量 $\boldsymbol{\alpha}_1,\cdots,\boldsymbol{\alpha}_k$ 线性无关.

采用反证法: 假设 $\boldsymbol{\alpha}_1,\cdots,\boldsymbol{\alpha}_k$ 线性相关, 则必定存在非零向量 $\boldsymbol{y}=(y_1,\cdots,y_k,0,\cdots,0)^{\mathrm{T}}$, 且有

$$\sum_{j=1}^{k}y_j\boldsymbol{\alpha}_j=0.$$

于是对任意的正实数 δ, 都应有

$$\sum_{j=1}^{k}(\bar{x}_j\pm\delta\cdot y_j)\,\boldsymbol{\alpha}_j=\boldsymbol{b}. \tag{10.2.7}$$

式 (10.2.7) 即是说, 存在两个不同的向量 $\hat{\boldsymbol{x}}=\bar{\boldsymbol{x}}+\delta\cdot\boldsymbol{y}$ 与 $\tilde{\boldsymbol{x}}=\bar{\boldsymbol{x}}-\delta\cdot\boldsymbol{y}\,(\boldsymbol{y}\neq\boldsymbol{0})$, 且对任意正实数 δ, 都有 $\boldsymbol{A}\hat{\boldsymbol{x}}=\boldsymbol{b}$, $\boldsymbol{A}\tilde{\boldsymbol{x}}=\boldsymbol{b}$, 又由于 $\bar{\boldsymbol{x}}$ 的前 k 个分量取正值, 因此当 δ 充分小时, 便有向量 $\hat{\boldsymbol{x}}$ 与 $\tilde{\boldsymbol{x}}$ 的分量满足非负条件, 即

$$\hat{x}_j\geqslant 0,\quad \tilde{x}_j\geqslant 0,\quad j=1,\cdots,k.$$

即同时有 $\hat{\boldsymbol{x}}\in K$, $\tilde{\boldsymbol{x}}\in K$, 且有

$$\bar{\boldsymbol{x}}=\frac{1}{2}\tilde{\boldsymbol{x}}+\frac{1}{2}\hat{\boldsymbol{x}}\in K,$$

这与 $\bar{\boldsymbol{x}}$ 是多面凸集 K 的顶点这一事实相矛盾, 故假设错误, $\boldsymbol{\alpha}_1,\cdots,\boldsymbol{\alpha}_k$ 线性无关. 因此由定理 10.5 知: $\bar{\boldsymbol{x}}$ 是 LP 问题的基本可行解.

必要性 设 $\bar{\boldsymbol{x}}$ 是 LP 问题的基本可行解, 显然 $\bar{\boldsymbol{x}}\in K$, 下面证明 $\bar{\boldsymbol{x}}$ 是可行域 K 的顶点.

仍然采用反证法, 假设 $\bar{\boldsymbol{x}}$ 不是可行域 K 的顶点, 则 $\exists\,\hat{\boldsymbol{x}},\tilde{\boldsymbol{x}}\in K$, 且 $\hat{\boldsymbol{x}}\neq\tilde{\boldsymbol{x}}$, 且有

$$\bar{\boldsymbol{x}}=\lambda\tilde{\boldsymbol{x}}+(1-\lambda)\,\hat{\boldsymbol{x}},$$

这里实数 $\lambda\in[0,1]$; $\hat{\boldsymbol{x}}=(\hat{x}_1,\cdots,\hat{x}_n)^{\mathrm{T}}$; $\tilde{\boldsymbol{x}}=(\tilde{x}_1,\cdots,\tilde{x}_n)^{\mathrm{T}}$.

事实上, 由于 $\bar{\boldsymbol{x}}$ 是基本可行解, 必然存在 k 个分量取正值, 我们不妨设 $\bar{\boldsymbol{x}}$ 的前 k 个分量取正值. 故当 $j\geqslant k+1$ 时, 由于 $\bar{x}_j=0,\hat{x}_j\geqslant 0,\tilde{x}_j\geqslant 0$ 易知 $\hat{x}_j=\tilde{x}_j=0$.

应用等式 $\boldsymbol{A}\hat{\boldsymbol{x}}=\boldsymbol{b}, \boldsymbol{A}\tilde{\boldsymbol{x}}=\boldsymbol{b}$ 得

$$\sum_{j=1}^{k}(\hat{x}_j-\tilde{x}_j)\boldsymbol{\alpha}_j=0.$$

又由于 $\hat{\boldsymbol{x}}\neq\tilde{\boldsymbol{x}}$, 知 $\hat{x}_j-\tilde{x}_j\,(j=1,\cdots,k)$ 不全为零, 因此有向量组 $\boldsymbol{\alpha}_1,\cdots,\boldsymbol{\alpha}_k$ 线性相关, 由定理 10.5 知 $\bar{\boldsymbol{x}}$ 不是可行解, 与假设矛盾, 即假设错误, $\bar{\boldsymbol{x}}$ 是可行域 K 的顶点. #

当约束矩阵的秩 $R(\boldsymbol{A}_{m\times n})=m$ 时, 问题的基本可行解 $\bar{\boldsymbol{x}}$ 中至少有 $n-m$ 个零分量, 从定理 10.5 的证明过程可见: 基本可行解 $\bar{\boldsymbol{x}}$ 中的基变量也存在等于 0 的可能. 如果问题的某基本可行解 $\bar{\boldsymbol{x}}$ 的所有基变量都取正值, 则称 $\bar{\boldsymbol{x}}$ 是**非退化的**; 否则, 如果基本可行解 $\bar{\boldsymbol{x}}$ 中存在取零值的基变量, 则称 $\bar{\boldsymbol{x}}$ 是**退化的**.

一个可行基对应着一个基本可行解; 反之, 若一个基本可行解是非退化的, 它也对应着唯一的一个可行基. 然而如果基本可行解是退化的, 原则上该基本可行解可以由不止一个可行基得到.

由可行基与基本可行解的对应关系可知: 一个标准形式的 LP 问题 (10.2.1) 最多有 C_n^m 个可行基, 因而基本可行解的个数就不会超过 C_n^m 个, 因而多面凸集 K 最多存在 C_n^m 个顶点, 每个顶点都对应着 LP 问题的一个基本可行解. 如果一个 LP 问题的所有基本可行解都是非退化的, 则称该 LP 问题为**非退化的**, 否则称为**退化的**.

定理 10.7　*一个标准形式的 LP 问题 (10.2.1), 如果存在可行解, 则至少存在一个基本可行解.*

证明　设 $\hat{\boldsymbol{x}}=(\hat{x}_1,\cdots,\hat{x}_n)^{\mathrm{T}}$ 是 LP 问题 (10.2.1) 的任意一个可行解, 即有 $\boldsymbol{A}\hat{\boldsymbol{x}}=\boldsymbol{b}$ 且 $\hat{\boldsymbol{x}}\geqslant\mathbf{0}$. 不妨设 $\hat{\boldsymbol{x}}$ 的非零分量为前 k 个, 即有

$$\hat{x}_j>0,\quad j=1,\cdots,k,\quad \hat{x}_l=0,\quad l=k+1,\cdots,n.$$

由定理 10.5 知: 如果约束矩阵 $\boldsymbol{A}$ 的前 k 个列向量 $\boldsymbol{\alpha}_1,\cdots,\boldsymbol{\alpha}_k$ 线性无关, 则 $\hat{\boldsymbol{x}}$ 就是问题的基本可行解. 否则, $\boldsymbol{A}$ 的前 k 个列向量 $\boldsymbol{\alpha}_1,\cdots,\boldsymbol{\alpha}_k$ 线性相关, 则必然存在 k 个不全为零的实数 $\lambda_j\,(j=1,\cdots,k)$, 使得

$$\sum_{j=1}^{k}\lambda_j\boldsymbol{\alpha}_j=\mathbf{0}.$$

若令 $\lambda_l=0\,(l=k+1,\cdots,n)$, 则 n 维向量 $\boldsymbol{\lambda}=(\lambda_1,\cdots,\lambda_k,\lambda_{k+1},\cdots,\lambda_n)^{\mathrm{T}}$ 满足方程组

$$\boldsymbol{A}\boldsymbol{\lambda}=\sum_{j=1}^{k}\lambda_j\boldsymbol{\alpha}_j+\sum_{l=k+1}^{n}\lambda_l\boldsymbol{\alpha}_l=\mathbf{0}.$$

由于 $\hat{x}_j\geqslant 0(j=1,\cdots,k)$, 于是可以取适当小的正实数 ε, 使得

$$\hat{x}_j\pm\varepsilon\lambda_j\geqslant 0,\quad j=1,\cdots,n,$$

且有

$$\boldsymbol{A}(\hat{\boldsymbol{x}} \pm \varepsilon \boldsymbol{\lambda}) = \boldsymbol{A}\hat{\boldsymbol{x}} \pm \varepsilon \boldsymbol{A}\boldsymbol{\lambda} = \boldsymbol{b}.$$

即得 LP 问题 (10.2.1) 的两个可行解 $\boldsymbol{x}^{1,2} = \hat{\boldsymbol{x}} \pm \varepsilon \boldsymbol{\lambda}$, 且有

$$x_j^1 = \hat{x}_j + \varepsilon\lambda_j \geqslant 0 \text{ 与 } x_j^2 = \hat{x}_j - \varepsilon\lambda_j \geqslant 0 \tag{10.2.8}$$

同时成立, 这里 $j = 1, \cdots, k$.

因此, 可选择适当的实数 ε, 使式 (10.2.8) 诸式中至少有一个等式成立, 不妨将其中一个使 $x_j^i = 0$ 的向量记为 $\hat{\hat{\boldsymbol{x}}} \triangleq \boldsymbol{x}_j^i$, 这里 $i = 1$ 或 2.

这样, 我们就得到 LP 问题 (10.2.1) 的一个新的可行解 $\hat{\hat{\boldsymbol{x}}}$, 且 $\hat{\hat{\boldsymbol{x}}}$ 比可行解 $\hat{\boldsymbol{x}}$ 至少少了一个非零分量. 如果 $\hat{\hat{\boldsymbol{x}}}$ 是基本可行解, 则定理的结论成立, 停止搜索基本可行解的过程; 否则, 如果 $\hat{\hat{\boldsymbol{x}}}$ 还不是 LP 问题的基本可行解, 那么我们可令 $\hat{\boldsymbol{x}} = \hat{\hat{\boldsymbol{x}}}$, 并将 $\hat{\boldsymbol{x}} = \hat{\hat{\boldsymbol{x}}}$ 代入式 (10.2.8) 重复上述搜索基本可行解的过程 $\cdots$. 由于当可行解只有一个非负非零分量时, 该非零分量所对应的约束矩阵的列向量只有一个, 而一个非零向量一定是线性无关的, 则这个只有一个非负非零分量的可行解就是基本可行解.

综上所述, 问题 (10.2.1) 必然存在基本可行解. #

定理 10.7 证明了: 非空多面凸集 K 一定存在至少一个顶点, 且这个顶点是问题 (10.2.1) 的一个基本可行解. 因为基本可行解未必是最优解, 所以定理 10.7 没有告诉我们 LP 问题是否存在最优解.

事实上, 当 $K = \varnothing$ 时, LP 问题无可行解, 当然 LP 问题也就没有最优解; 而当 $K \neq \varnothing$ 时, 可以证明, 若 LP 问题 (10.2.1) 存在有限的最优值, 则其可行域的某个顶点必定为其一个最优解, 即有如下定理.

定理 10.8 *当标准形式的 LP 问题 (10.2.1) 存在有限的最优值时, 则 LP 问题的最优值一定可以在某个基本可行解处取得.*

证明 设 LP 问题 (10.2.1) 存在有限的最优值 $\hat{z}$, 其最优解为 $\hat{\boldsymbol{x}}$, 即有 $\hat{z} = \boldsymbol{c}^{\mathrm{T}}\hat{\boldsymbol{x}}, \hat{\boldsymbol{x}} \geqslant \boldsymbol{0}$, 且 $\hat{z} = \max\left\{\boldsymbol{c}^{\mathrm{T}}\boldsymbol{x} \mid \boldsymbol{A}\boldsymbol{x} = \boldsymbol{b}, \boldsymbol{x} \geqslant \boldsymbol{0}\right\}$. 下面证明一定存在一个基本可行解 $\bar{\boldsymbol{x}}$, 使得 $\boldsymbol{c}^{\mathrm{T}}\bar{\boldsymbol{x}} = \boldsymbol{c}^{\mathrm{T}}\hat{\boldsymbol{x}}$.

当最优解 $\hat{\boldsymbol{x}}$ 是 LP 问题 (10.2.1) 的一个基本可行解时, 结论成立; 否则, 若最优解 $\hat{\boldsymbol{x}}$ 不是 LP 问题 (10.2.1) 的一个基本可行解, 按照定理 10.7 的证明过程, 只要选择适当小的实数 ε, 可构造两个不同的可行解 $\hat{\boldsymbol{x}} + \varepsilon\boldsymbol{\lambda}$ 与 $\hat{\boldsymbol{x}} - \varepsilon\boldsymbol{\lambda}$, 对应的目标函数为

$$\boldsymbol{c}^{\mathrm{T}}(\hat{\boldsymbol{x}} + \varepsilon\boldsymbol{\lambda}) = \boldsymbol{c}^{\mathrm{T}}\hat{\boldsymbol{x}} + \varepsilon\boldsymbol{c}^{\mathrm{T}}\boldsymbol{\lambda}, \quad \boldsymbol{c}^{\mathrm{T}}(\hat{\boldsymbol{x}} - \varepsilon\boldsymbol{\lambda}) = \boldsymbol{c}^{\mathrm{T}}\hat{\boldsymbol{x}} - \varepsilon\boldsymbol{c}^{\mathrm{T}}\boldsymbol{\lambda},$$

这里, n 维向量 $\boldsymbol{\lambda}$ 使 $\boldsymbol{A}\boldsymbol{\lambda} = \boldsymbol{0}$. 由于 $\hat{\boldsymbol{x}}$ 的最优性可得

$$\boldsymbol{c}^{\mathrm{T}}\hat{\boldsymbol{x}} + \varepsilon\boldsymbol{c}^{\mathrm{T}}\boldsymbol{\lambda} \leqslant \boldsymbol{c}^{\mathrm{T}}\hat{\boldsymbol{x}}, \quad \boldsymbol{c}^{\mathrm{T}}\hat{\boldsymbol{x}} - \varepsilon\boldsymbol{c}^{\mathrm{T}}\boldsymbol{\lambda} \leqslant \boldsymbol{c}^{\mathrm{T}}\hat{\boldsymbol{x}}.$$

因此得 $\boldsymbol{c}^{\mathrm{T}}\boldsymbol{\lambda}=0$, 即有

$$\boldsymbol{c}^{\mathrm{T}}\left(\hat{\boldsymbol{x}}\pm\varepsilon\boldsymbol{\lambda}\right)=\boldsymbol{c}^{\mathrm{T}}\hat{\boldsymbol{x}},$$

且可行解 $\hat{\boldsymbol{x}}+\varepsilon\boldsymbol{\lambda}$ 或 $\hat{\boldsymbol{x}}-\varepsilon\boldsymbol{\lambda}$ 的非零分量个数比 $\hat{\boldsymbol{x}}$ 的少, 按照定理 10.7 的做法继续进行下去, 最后一定可得到一个基本可行解 $\bar{\boldsymbol{x}}$, 且有

$$\boldsymbol{c}^{\mathrm{T}}\bar{\boldsymbol{x}}=\boldsymbol{c}^{\mathrm{T}}\hat{\boldsymbol{x}}.$$

即基本可行解 $\bar{\boldsymbol{x}}$ 是 LP 问题 (10.2.1) 的一个最优解. #

定理 10.8 启发我们, 求解标准形式的 LP 问题时, 如果目标函数存在有限最优值时, 由于基本可行解 (可行域 K 的顶点) 的个数最多只有 C_n^m 个, 因此只需要在问题的可行域 K 中进行搜索, 当找遍整个可行域时, 必能找出可行域的顶点, 该顶点为 LP 问题的一个最优解.

鉴于定理 10.7 和定理 10.8 在理论上的重要性, 两个定理一起被称为线性规划问题的基本定理.

10.2.4 图解法

本节介绍 LP 问题 (10.2.1) 的图解法. 当参数 $\boldsymbol{z}$ 取不同的数值时, LP 问题 (10.2.1) 的目标函数

$$\boldsymbol{c}^{\mathrm{T}}\boldsymbol{x}=\boldsymbol{z}$$

表示空间 $\mathbf{R}^n$ 中彼此平行且与价值向量 $\boldsymbol{c}$ 正交的一簇超平面. 因此, 当超平面 $\boldsymbol{c}^{\mathrm{T}}\boldsymbol{x}=\boldsymbol{z}$ 沿着其梯度方向 $\boldsymbol{\nabla}\left(\boldsymbol{c}^{\mathrm{T}}\boldsymbol{x}\right)=\boldsymbol{c}$ 平移时, 目标函数 $\boldsymbol{z}$ 的值会越来越大; 反之, 当沿着 $-\boldsymbol{\nabla}\left(\boldsymbol{c}^{\mathrm{T}}\boldsymbol{x}\right)$ 平移时, 目标函数的数值将越来越小.

因此, 求解一个 LP 问题 (10.2.1), 也可以用几何学的语言描述为求一点 $\boldsymbol{x}^*\in K$, 使超平面 $\boldsymbol{c}^{\mathrm{T}}\boldsymbol{x}=\boldsymbol{z}$ 与多面凸集 K 相交于点 $\boldsymbol{x}^*$, 并且满足: 当 $\boldsymbol{z}>\boldsymbol{z}^*=\boldsymbol{c}^{\mathrm{T}}\boldsymbol{x}^*$ 时, 超平面 $\boldsymbol{c}^{\mathrm{T}}\boldsymbol{x}=\boldsymbol{z}$ 与多面凸集 K 不相交, 因此有

$$\boldsymbol{z}^*=\max\left\{\boldsymbol{c}^{\mathrm{T}}\boldsymbol{x}\mid \boldsymbol{A}\boldsymbol{x}=\boldsymbol{b},\boldsymbol{x}\geqslant\boldsymbol{0}\right\}. \tag{10.2.9}$$

满足式 (10.2.9) 的 $\boldsymbol{x}^*$ 即为问题 (10.2.1) 的最优解, $\boldsymbol{z}^*$ 为问题的最优值.

因此, 若一个线性规划问题只有两个变量, 则可以在平面坐标系中绘出问题的可行域 (凸多边形区域), 然后利用目标函数与可行域的关系, 在可行域的顶点处找到问题的最优解, 这类求 LP 问题的方法称为**图解法**.

例 10.2.1 利用图解法求解如下 LP 问题

$$\begin{cases}\max z=6x_1+7x_2\\ \text{s.t.}\begin{cases}5x_1+4x_2\leqslant 20\\ 3x_1+5x_2\leqslant 15\\ x_i\geqslant 0, i=1,2\end{cases}\end{cases}. \tag{10.2.10}$$

解 如图 10.2 所示, 约束条件 $x_i \geqslant 0$ 决定了 LP 问题的可行域 K 位于坐标平面的第一象限内, 这里, $i=1,2$; 另外, 条件 $5x_1+4x_2 \leqslant 20$ 与 $3x_1+5x_2 \leqslant 15$ 说明可行域 K 位于坐标平面第一象限中直线 l_1 与 l_2 下方的凸四边形区域 $ABCO$ 内.

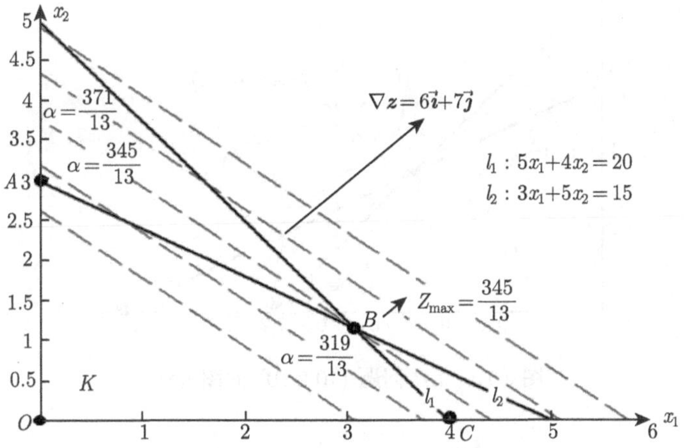

图 10.2 例 10.2.1 的图解法

根据 LP 问题可行解与可行域 K 的关系知, 平面凸集 K 中任意一点都是 LP 问题的可行点, 将等值线 $6x_1+7x_2 \equiv \alpha$ (图中为一族平行的虚线) 沿着梯度方向 $\nabla \boldsymbol{z}=6\vec{i}+7\vec{j}$ 平移时, 等值线上目标函数的值将随之变大, 且当将等值线移动到直线 l_1 与 l_2 的交点 B 处时, 等值线 $6x_1+7x_2 \equiv \dfrac{345}{13}$ 与可行域 K 相交于一点 $B\left(\dfrac{40}{13}, \dfrac{15}{13}\right)$, 该点是 K 的一个顶点, 此时目标函数的值为 $\dfrac{345}{13}$, 当 $\alpha>\dfrac{345}{13}$ 时, 等值线 $6x_1+7x_2 \equiv \alpha$ 与可行域再无交点, 因此目标函数在点 B 处取得最优值 $\dfrac{345}{13}$, B 的坐标 $\left(\dfrac{40}{13}, \dfrac{15}{13}\right)$ 就是 LP 问题的最优解. #

重复例 10.2.1 中的做法, 可得问题 (10.2.10) 的对偶问题

$$
\left\{\begin{array}{l}
\min z=20y_1+15y_2 \\
\text{s.t.}\left\{\begin{array}{l}
5y_1+3y_2 \geqslant 6 \\
4y_1+5y_2 \geqslant 7 \\
y_i \geqslant 0, i=1,2
\end{array}\right.
\end{array}\right. \tag{10.2.11}
$$

的最优解为 $\left(\dfrac{9}{13}, \dfrac{11}{13}\right)$, 该最优解为可行域 K 顶点 E 处的坐标, 在顶点 E 处对偶问题 (10.2.11) 取得最优值 $\dfrac{345}{13}$. 图 10.3 中, 可行域 K 是 xOy 平面的第一象限内位于折线段 DEF 上方的无界区域.

上面利用可行域的几何形状求解 LP 问题的方法即为图解法.

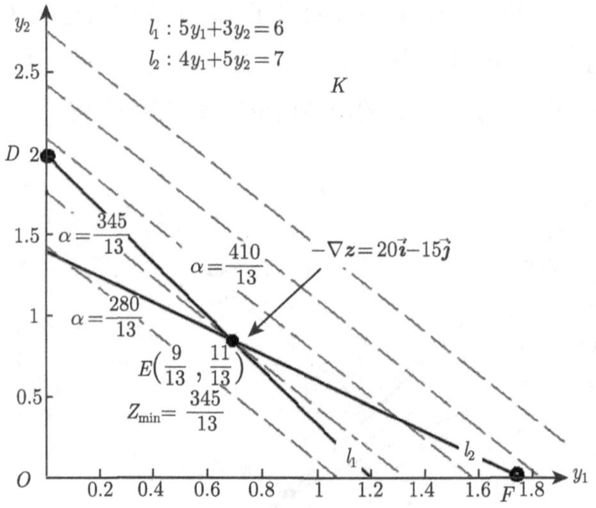

图 10.3　LP 问题 (10.2.10) 的图解法

10.3　单纯形法 *

10.3.1　单纯形法

10.2.4 节中介绍的图解法仅仅适用于求解只含有两个决策变量的 LP 问题, 因此, 当 LP 问题约束条件的规模比较大时, 图解法不能使用, 且比较 LP 问题的所有基本可行解的方法通常也是不切合实际的. 此时, 寻找一种能够在计算机上执行的适合于求解中大规模 LP 问题且无需比较所有基本可行解的算法尤其重要.

根据定理 10.7, 当一个标准形式的 LP 问题存在可行解时, 一定存在基本可行解. 根据定理 10.8, 当 LP 问题存在有限的最优值时, 则一定能够在问题可行域的顶点处得到它的最优解. 因此, 在求解标准形式的 LP 问题时, 如果目标函数满足定理 10.8 的条件, 即存在有限最优值时, 只需要在问题的可行域中进行搜索, 当找遍整个可行域时, 必能找出 LP 问题的最优解.

能够求解含任意有限个决策变量的**单纯形法**(**simplex method**) 就是这样一种方法, 该方法是由美国人 Dantzig 于 1947 年提出的. 在用单纯形法求 LP 问题的最优解时, 在无需比较所有基本可行解的情况下, 就有可能找到问题的最优解, 编程实现比较方便, 因此不失为求解中大型 LP 问题的一种常用方法, 其基本思想是: 首先设法找到 LP 问题的一个初始的基本可行解, 并判断它是否为问题的最优解, 如果不是最优解, 则设法转换到另一个基本可行解, 并使目标函数的数值不断增大, 如此反复迭代, 直至找到问题的最优解, 或者得出问题无界的判断.

本节介绍用单纯形法求解 LP 问题的基本理论与步骤, 并简单介绍初始可行基的选择方法. 为此, 有两个问题需要解决: 第一, 如何得到一个基本可行解? 第二, 如何在算法中判断一个向量是否为 LP 问题的最优解, 并进行下一步的迭代?

首先解决第二个问题. 假设已经找到 LP 问题 (10.2.1) 的一个非退化的基本可行解 $\bar{\boldsymbol{x}}$, 也就是若找到了一个可行基 $\boldsymbol{B}\in\mathbf{R}^{m\times m}$, 则可将约束矩阵 $\boldsymbol{A}$ 分块表示为

$$\boldsymbol{A}=(\boldsymbol{B},\boldsymbol{N}),$$

这里, 子矩阵 $\boldsymbol{N}\in\mathbf{R}^{m\times(n-m)}$. 与此同时, 基本可行解 $\bar{\boldsymbol{x}}$ 也可用分块法表示, 记为 $\bar{\boldsymbol{x}}=\begin{pmatrix}\boldsymbol{x_B}\\ \boldsymbol{x_N}\end{pmatrix}$, 其中, $\boldsymbol{x_B}$ 为基变量构成的子向量. 因此, 约束方程组 $\boldsymbol{A}\boldsymbol{x}=\boldsymbol{b}$ 可化为其等价形式

$$(\boldsymbol{B},\boldsymbol{N})\begin{pmatrix}\boldsymbol{x_B}\\ \boldsymbol{x_N}\end{pmatrix}=\boldsymbol{B}\boldsymbol{x_B}+\boldsymbol{N}\boldsymbol{x_N}=\boldsymbol{b}. \tag{10.3.1}$$

因为 $\boldsymbol{B}$ 为可行基, 知 $\boldsymbol{B}$ 可逆, 并且有

$$\boldsymbol{B}^{-1}\boldsymbol{b}\geqslant\boldsymbol{0}. \tag{10.3.2}$$

于是方程组 (10.3.1) 可化为

$$\boldsymbol{x_B}+\boldsymbol{B}^{-1}\boldsymbol{N}\boldsymbol{x_N}=\boldsymbol{B}^{-1}\boldsymbol{b}. \tag{10.3.3}$$

一般情况下, 可设问题的可行基在约束矩阵 $\boldsymbol{A}$ 的 $\boldsymbol{B}_1,\boldsymbol{B}_2,\cdots,\boldsymbol{B}_m$ 列取得, 于是可行基

$$\boldsymbol{B}=(\boldsymbol{\alpha}_{\boldsymbol{B}_1},\boldsymbol{\alpha}_{\boldsymbol{B}_2},\cdots,\boldsymbol{\alpha}_{\boldsymbol{B}_m}).$$

相应地, 由基变量构成的子向量 $\boldsymbol{x_B}=(x_{\boldsymbol{B}_1},x_{\boldsymbol{B}_2},\cdots,x_{\boldsymbol{B}_m})^{\mathrm{T}}$.

因此, 在下面的证明中, 为了方便叙述, 不妨设可行基 $\boldsymbol{B}$ 在约束矩阵 $\boldsymbol{A}$ 的前 m 列处取得, 即有

$$\boldsymbol{B}=(\boldsymbol{\alpha}_1,\boldsymbol{\alpha}_2,\cdots,\boldsymbol{\alpha}_m).$$

由于矩阵 $\boldsymbol{A}$ 只有 m 行, 知 $\boldsymbol{B}^{-1}$ 存在, 此时有

$$\boldsymbol{A}=(\boldsymbol{\alpha}_1,\boldsymbol{\alpha}_2,\cdots,\boldsymbol{\alpha}_m,\boldsymbol{\alpha}_{m+1},\cdots,\boldsymbol{\alpha}_n).$$

相应地, 基变量构成的子向量亦可简记为 $\boldsymbol{x_B}=(x_1,x_2,\cdots,x_m)^{\mathrm{T}}$. 接下来, 若记向量

$$\begin{cases}\bar{\boldsymbol{b}}=\boldsymbol{B}^{-1}b=(\bar{b}_1,\bar{b}_2,\cdots,\bar{b}_m)^{\mathrm{T}}\\ \bar{\boldsymbol{\alpha}}_j=\boldsymbol{B}^{-1}\boldsymbol{\alpha}_j=(\bar{a}_{1j},\bar{a}_{2j},\cdots,\bar{a}_{mj})^{\mathrm{T}},\quad j=1,2,\cdots,n\end{cases}. \tag{10.3.4}$$

则式 (10.3.3) 可改写成

$$\boldsymbol{x_B}+\sum_{j=m+1}^{n}x_j\bar{\boldsymbol{\alpha}}_j=\bar{\boldsymbol{b}}$$

或

$$\boldsymbol{x}_{\boldsymbol{B}}+\boldsymbol{B}^{-1}\boldsymbol{N}\boldsymbol{x}_{\boldsymbol{N}}=\bar{\boldsymbol{b}}. \tag{10.3.5}$$

称式 (10.3.5) 表示的 m 个约束方程为对应于基 $\boldsymbol{B}$ 的**典则方程组**, 简称**典式**. 显然, 当 $\boldsymbol{B}$ 为可行基时, $\bar{\boldsymbol{b}}\geqslant\mathbf{0}$, 由典式 (10.3.5) 可求得基本可行解 $\bar{\boldsymbol{x}}=\begin{pmatrix}\boldsymbol{x}_{\boldsymbol{B}}\\ \boldsymbol{x}_{\boldsymbol{N}}\end{pmatrix}=\begin{pmatrix}\bar{\boldsymbol{b}}\\ \mathbf{0}\end{pmatrix}$.

将约束方程组 $\boldsymbol{A}\boldsymbol{x}=\boldsymbol{b}$ 变为典式 (10.3.5) 之后, 显然 LP 问题 (10.2.1) 的目标函数 $\boldsymbol{c}^{\mathrm{T}}\boldsymbol{x}$ 也应该作相应的变换, 并用非基变量来表示它. 事实上, 与基 $\boldsymbol{B}$ 的分块法相对应, 价值向量 $\boldsymbol{c}^{\mathrm{T}}$ 可作如下分块

$$\boldsymbol{c}^{\mathrm{T}}=\left(\boldsymbol{c}_{\boldsymbol{B}}^{\mathrm{T}},\boldsymbol{c}_{\boldsymbol{N}}^{\mathrm{T}}\right).$$

将 $\boldsymbol{c}^{\mathrm{T}}$ 其与可行解 $\boldsymbol{x}=\begin{pmatrix}\boldsymbol{x}_{\boldsymbol{B}}\\ \boldsymbol{x}_{\boldsymbol{N}}\end{pmatrix}$ 代入目标函数, 得

$$\begin{aligned}z=&\boldsymbol{c}^{\mathrm{T}}\boldsymbol{x}=\boldsymbol{c}_{\boldsymbol{B}}^{\mathrm{T}}\boldsymbol{x}_{\boldsymbol{B}}+\boldsymbol{c}_{\boldsymbol{N}}^{\mathrm{T}}\boldsymbol{x}_{\boldsymbol{N}}=\boldsymbol{c}_{\boldsymbol{B}}^{\mathrm{T}}\left(\bar{\boldsymbol{b}}-\boldsymbol{B}^{-1}\boldsymbol{N}\boldsymbol{x}_{\boldsymbol{N}}\right)+\boldsymbol{c}_{\boldsymbol{N}}^{\mathrm{T}}\boldsymbol{x}_{\boldsymbol{N}}\\ =&\boldsymbol{c}_{\boldsymbol{B}}^{\mathrm{T}}\bar{\boldsymbol{b}}-\left(\boldsymbol{c}_{\boldsymbol{B}}^{\mathrm{T}}\boldsymbol{B}^{-1}\boldsymbol{N}-\boldsymbol{c}_{\boldsymbol{N}}^{\mathrm{T}}\right)\boldsymbol{x}_{\boldsymbol{N}}\\ =&\boldsymbol{c}_{\boldsymbol{B}}^{\mathrm{T}}\bar{\boldsymbol{b}}-\sum_{j=m+1}^{n}\left(\boldsymbol{c}_{\boldsymbol{B}}^{\mathrm{T}}\bar{\boldsymbol{\alpha}}_j-c_j\right)x_j.\end{aligned} \tag{10.3.6}$$

若令 z_0 表示初始的基本可行解 $\bar{\boldsymbol{x}}$ 对应的目标函数值, 则可取 $z_0=\boldsymbol{c}^{\mathrm{T}}\bar{\boldsymbol{x}}=\boldsymbol{c}_{\boldsymbol{B}}^{\mathrm{T}}\bar{\boldsymbol{b}}$, 也就是说 z_0 为式 (10.3.6) 中的常数项. 又由式 (10.3.4) 得

$$\left(\bar{\boldsymbol{\alpha}}_1,\cdots,\bar{\boldsymbol{\alpha}}_m\right)=\boldsymbol{B}^{-1}\left(\boldsymbol{\alpha}_1,\cdots,\boldsymbol{\alpha}_m\right)=\boldsymbol{B}^{-1}\boldsymbol{B}=\begin{pmatrix}1&&\\&\ddots&\\&&1\end{pmatrix},$$

即 $\bar{\boldsymbol{\alpha}}_j$ 是第 j 个分量为 1, 其余分量为 0 的 m 维单位向量, 这里 $j=1,\cdots,m$. 因此得

$$\boldsymbol{c}_{\boldsymbol{B}}^{\mathrm{T}}\bar{\boldsymbol{\alpha}}_j-\boldsymbol{c}_j=0,\quad j=1,\cdots,m.$$

引入标量符号

$$\zeta_j=\boldsymbol{c}_{\boldsymbol{B}}^{\mathrm{T}}\bar{\boldsymbol{\alpha}}_j-c_j,\quad j=1,\cdots,n.$$

据此可定义 n 维向量

$$\begin{aligned}\boldsymbol{\zeta}^{\mathrm{T}}&\triangleq(\zeta_1,\cdots,\zeta_n)=\boldsymbol{c}_{\boldsymbol{B}}^{\mathrm{T}}\boldsymbol{B}^{-1}\boldsymbol{A}-\boldsymbol{c}^{\mathrm{T}}=\left(0,\boldsymbol{c}_{\boldsymbol{B}}^{\mathrm{T}}\boldsymbol{B}^{-1}\boldsymbol{N}-\boldsymbol{c}_{\boldsymbol{N}}^{\mathrm{T}}\right)\\&\triangleq\left(\boldsymbol{\zeta}_{\boldsymbol{B}},\boldsymbol{\zeta}_{\boldsymbol{N}}\right).\end{aligned}$$

将 $\boldsymbol{\zeta}^{\mathrm{T}}$ 代入式 (10.3.6), 得 $z=\boldsymbol{c}_{\boldsymbol{B}}^{\mathrm{T}}\bar{\boldsymbol{b}}-\boldsymbol{\zeta}^{\mathrm{T}}\boldsymbol{x}$, 从而得与问题 (10.2.1) 等价的 LP 问题

$$\begin{cases} \max z = z_0 - \boldsymbol{\zeta}^{\mathrm{T}}\boldsymbol{x} \\ \text{s.t.} \begin{cases} \boldsymbol{x}_B + \boldsymbol{B}^{-1}\boldsymbol{N}\boldsymbol{x}_{\boldsymbol{N}} = \bar{\boldsymbol{b}} \\ \boldsymbol{x} \geqslant \boldsymbol{0} \end{cases} \end{cases} . \tag{10.3.7}$$

式 (10.3.7) 是与基本可行解 $\bar{\boldsymbol{x}} = \begin{pmatrix} \bar{\boldsymbol{b}} \\ \boldsymbol{0} \end{pmatrix}$ 相对应的 LP 问题, 这里 $\bar{\boldsymbol{b}} \geqslant \boldsymbol{0}$, $z_0 = \boldsymbol{c}_{\boldsymbol{B}}^{\mathrm{T}}\bar{\boldsymbol{b}}$. 据式 (10.3.7) 可得如下最优性判定准则.

定理 10.9(最优性准则) 如果式 (10.3.7) 中向量 $\boldsymbol{\zeta} \geqslant \boldsymbol{0}$, 则 $\bar{\boldsymbol{x}}$ 为 LP 问题 (10.2.1) 的最优解.

证明 设 $\boldsymbol{x}$ 为 LP 问题 (10.2.1) 的任一可行解, 由于 $\boldsymbol{x} \geqslant \boldsymbol{0}$, 知 $\boldsymbol{\zeta}^{\mathrm{T}}\boldsymbol{x} \geqslant 0$, 从而有

$$z = z_0 - \boldsymbol{\zeta}^{\mathrm{T}}\boldsymbol{x} \leqslant z_0,$$

即基本可行解 $\bar{\boldsymbol{x}}$ 为 LP 问题 (10.2.1) 的最优解. #

定理 10.10 若式 (10.3.7) 中向量 $\boldsymbol{\zeta}$ 的第 k 个分量 $\zeta_k < 0$, 而向量 $\bar{\boldsymbol{\alpha}}_k = \boldsymbol{B}^{-1}\boldsymbol{\alpha}_k \leqslant 0$ (这里 $m \leqslant k \leqslant n$), 则 LP 问题 (10.2.1) 无 (上) 界.

证明 令向量 $\boldsymbol{y} = \begin{pmatrix} -\bar{\boldsymbol{\alpha}}_k \\ \boldsymbol{0} \end{pmatrix} + \boldsymbol{e}_k$, 式中, $\boldsymbol{e}_k$ 是第 k 个分量为 1, 其余分量为 0 的 n 维单位列向量. 由条件 $\bar{\boldsymbol{\alpha}}_k \leqslant 0$ 知向量 $\boldsymbol{y} \geqslant 0$, 且有

$$\begin{aligned} \boldsymbol{A}\boldsymbol{y} &= (\boldsymbol{B}, \boldsymbol{N})\left(\begin{pmatrix} -\bar{\boldsymbol{\alpha}}_k \\ \boldsymbol{0} \end{pmatrix} + \boldsymbol{e}_k\right) = (\boldsymbol{B}, \boldsymbol{N})\begin{pmatrix} -\bar{\boldsymbol{\alpha}}_k \\ \boldsymbol{0} \end{pmatrix} + \boldsymbol{A}\boldsymbol{e}_k \\ &= -\boldsymbol{B}\bar{\boldsymbol{\alpha}}_k + \boldsymbol{0} + \boldsymbol{\alpha}_k = -\boldsymbol{\alpha}_k + \boldsymbol{\alpha}_k = \boldsymbol{0}. \end{aligned}$$

即向量 $\boldsymbol{y}$ 满足方程组 $\boldsymbol{A}\boldsymbol{y} = \boldsymbol{0}$, 且对任意充分大的正实数 λ 有 $\bar{\boldsymbol{x}} + \lambda\boldsymbol{y} \geqslant \boldsymbol{0}$, 且满足方程组

$$\boldsymbol{A}(\bar{\boldsymbol{x}} + \lambda\boldsymbol{y}) = \boldsymbol{A}\bar{\boldsymbol{x}} + \lambda\boldsymbol{A}\boldsymbol{y} = \boldsymbol{b}.$$

即向量 $\bar{\boldsymbol{x}} + \lambda\boldsymbol{y}$ 也是 LP 问题 (10.2.1) 的一个可行解, 且该可行解 $\bar{\boldsymbol{x}} + \lambda\boldsymbol{y}$ 对应的目标函数

$$\begin{aligned} z &= \boldsymbol{c}^{\mathrm{T}}(\bar{\boldsymbol{x}} + \lambda\boldsymbol{y}) = \boldsymbol{c}^{\mathrm{T}}\bar{\boldsymbol{x}} + \lambda\left(\boldsymbol{c}_{\boldsymbol{B}}^{\mathrm{T}}, \boldsymbol{c}_{\boldsymbol{N}}^{\mathrm{T}}\right)\left(\begin{pmatrix} -\bar{\boldsymbol{\alpha}}_k \\ \boldsymbol{0} \end{pmatrix} + \boldsymbol{e}_k\right) \\ &= \boldsymbol{c}^{\mathrm{T}}\bar{\boldsymbol{x}} - \lambda\left(\boldsymbol{c}_{\boldsymbol{B}}^{\mathrm{T}}\bar{\boldsymbol{\alpha}}_k - \boldsymbol{c}_k\right) \\ &= \boldsymbol{c}^{\mathrm{T}}\bar{\boldsymbol{x}} - \lambda\zeta_k. \end{aligned}$$

且当 $\zeta_k < 0$ 时, 有

$$z = \boldsymbol{c}^{\mathrm{T}}\bar{\boldsymbol{x}} - \lambda\zeta_k > \boldsymbol{c}^{\mathrm{T}}\bar{\boldsymbol{x}} = z_0.$$

由实数 λ 的任意性, 知目标 LP 问题 (10.2.1) 无 (上) 界. #

由定理 10.9 和定理 10.10 知: 当式 (10.3.7) 中向量 $\boldsymbol{\zeta}$ 的第 k 个分量 $\zeta_k < 0$, 且问题 (10.3.7) 中向量 $\bar{\boldsymbol{\alpha}}_k = \boldsymbol{B}^{-1}\boldsymbol{\alpha}_k$ 至少含有 1 个正的分量时, 我们可以在原有基 $\boldsymbol{B}$ 的基础上稍加改进, 可以得到一个新的基和一个新的基本可行解, 这里 $m \leqslant k \leqslant n$. 修改基 $\boldsymbol{B}$ 的基本思路是: 从原来的非基变量中选择一个变量, 使其变为基变量; 同时为了保证新得到的解仍然是基本可行解, 要在原来的基变量中选择一个, 使其变为非基变量. 这样一来, 得到的新基与原有的基只有一个不同的列向量, 另外, $m-1$ 个列向量是相同的.

接下来的问题是: 应该如何选择非基变量作为新基变量呢? 假设 $\zeta_k < 0$, $m+1 \leqslant k \leqslant n$, 且与 ζ_k 相对应的非基变量为 x_k, 当将 x_k 变为基变量时, 它的值由 0 变为正数, 比如令 $x_k = \lambda (>0)$, 其余的非基变量仍然为 0. 由式 (10.3.7) 知, 对应新解的目标函数数值为 $z = z_0 - \lambda\zeta_k > z_0$. 至于 λ 的取值大小, 应以保证新解为基本可行解为原则.

定理 10.11　对于非退化的基本可行解 $\bar{\boldsymbol{x}}$, 若式 (10.3.7) 中向量 $\boldsymbol{\zeta}$ 满足 $\zeta_k < 0$, 且与其相应的向量 $\bar{\boldsymbol{\alpha}}_k$ 至少含有一个正分量, 则一定能够找到一个新的基本可行解 $\widehat{\boldsymbol{x}}$, 使 $\boldsymbol{c}^{\mathrm{T}}\widehat{\boldsymbol{x}} > \boldsymbol{c}^{\mathrm{T}}\bar{\boldsymbol{x}}$.

证明　只要找出一个新的基本可行解 $\widehat{\boldsymbol{x}}$, 使其满足 $\boldsymbol{c}^{\mathrm{T}}\widehat{\boldsymbol{x}} > \boldsymbol{c}^{\mathrm{T}}\bar{\boldsymbol{x}}$ 即可. 根据定理 10.9 的证明, 令向量 $\boldsymbol{y} = \begin{pmatrix} -\bar{\boldsymbol{\alpha}}_k \\ \boldsymbol{0} \end{pmatrix} + \boldsymbol{e}_k$, 式中, $\boldsymbol{e}_k$ 是第 k 个分量为 1, 其余分量为 0 的 n 维单位向量. 则有 $\boldsymbol{Ay} = \boldsymbol{0}$. 若令

$$\begin{aligned} \widehat{\boldsymbol{x}} &= \bar{\boldsymbol{x}} + \lambda\boldsymbol{y} = \begin{pmatrix} \bar{\boldsymbol{b}} \\ \boldsymbol{0} \end{pmatrix} + \lambda \begin{pmatrix} -\bar{\boldsymbol{\alpha}}_k \\ \boldsymbol{0} \end{pmatrix} + \lambda\boldsymbol{e}_k \\ &= \begin{pmatrix} \bar{\boldsymbol{b}} - \lambda\bar{\boldsymbol{\alpha}}_k \\ \boldsymbol{0} \end{pmatrix} + \lambda\boldsymbol{e}_k. \end{aligned} \tag{10.3.8}$$

下面证明, 选择适当的正实数 λ 后, 式 (10.3.8) 中 $\widehat{\boldsymbol{x}}$ 即为所求的一个新基本可行解.

显然有

$$\boldsymbol{A}\widehat{\boldsymbol{x}} = \boldsymbol{A}(\bar{\boldsymbol{x}} + \lambda\boldsymbol{y}) = \boldsymbol{A}\bar{\boldsymbol{x}} + \lambda\boldsymbol{Ay} = \boldsymbol{b},$$

为了使 $\widehat{\boldsymbol{x}} \geqslant \boldsymbol{0}$, 根据式 (10.3.8), 应该要求 $\bar{\boldsymbol{b}} - \lambda\bar{\boldsymbol{\alpha}}_k \geqslant \boldsymbol{0}$, 因此可以令

$$\lambda = \min_{i=1,2,\cdots,m} \left\{ \frac{\bar{b}_i}{\bar{a}_{ik}} \mid \bar{a}_{ik} > 0 \right\} \triangleq \frac{\bar{b}_r}{\bar{a}_{rk}}. \tag{10.3.9}$$

根据式 (10.3.9) 所选择的正实数 λ 可以确保 $\widehat{\boldsymbol{x}} \geqslant \boldsymbol{0}$, 即新向量 $\widehat{\boldsymbol{x}}$ 也是一个可行解.

下面证明 $\widehat{\boldsymbol{x}}$ 同时还是一个基本解. 事实上, 由式 (10.3.8) 和式 (10.3.4) 得 $\widehat{\boldsymbol{x}}$ 的各分量

$$\widehat{x}_i = \begin{cases} \bar{b}_i - \dfrac{\bar{b}_r}{\bar{a}_{rk}}\bar{a}_{ik}, & i = 1,\cdots,m, \quad i \neq r \\ 0, & i = r \\ \dfrac{\bar{b}_r}{\bar{a}_{rk}}, & i = k \\ 0, & i = m+1,\cdots,n, \quad i \neq k \end{cases}. \tag{10.3.10}$$

下面证明: 用 $\boldsymbol{\alpha}_k$ 替换 $\boldsymbol{\alpha}_r$ 之后新得到的向量组 $\widehat{\boldsymbol{B}}$: $\boldsymbol{\alpha}_1,\cdots,\boldsymbol{\alpha}_{r-1},\boldsymbol{\alpha}_k,\boldsymbol{\alpha}_{r+1},\cdots,\boldsymbol{\alpha}_m$ 是线性无关组.

用反证法, 若该向量组 $\widehat{\boldsymbol{B}}$ 线性相关, 则由于原来的向量组 $\boldsymbol{\alpha}_1,\cdots,\boldsymbol{\alpha}_{r-1},\boldsymbol{\alpha}_r,\boldsymbol{\alpha}_{r+1},\cdots,\boldsymbol{\alpha}_m$ 是线性无关的, 因而部分组 $\boldsymbol{\alpha}_1,\cdots,\boldsymbol{\alpha}_{r-1},\boldsymbol{\alpha}_{r+1},\cdots,\boldsymbol{\alpha}_m$ 也线性无关, 于是向量 $\boldsymbol{\alpha}_k$ 必能够由向量组 $\boldsymbol{\alpha}_1,\cdots,\boldsymbol{\alpha}_{r-1},\boldsymbol{\alpha}_{r+1},\cdots,\boldsymbol{\alpha}_m$ 线性表示, 即存在 $m-1$ 个实数 $t_i, i=1,\cdots,m, i\neq r$, 使得

$$\boldsymbol{\alpha}_k=\sum_{\substack{i=1\\ i\neq r}}^{m} t_i\boldsymbol{\alpha}_i. \tag{10.3.11}$$

又由于 $\bar{\boldsymbol{\alpha}}_k=\boldsymbol{B}^{-1}\boldsymbol{\alpha}_k$, 因此有

$$\boldsymbol{\alpha}_k=\boldsymbol{B}\bar{\boldsymbol{\alpha}}_k=(\boldsymbol{\alpha}_1,\cdots,\boldsymbol{\alpha}_m)\begin{pmatrix}\bar{a}_{1k}\\ \vdots\\ \bar{a}_{mk}\end{pmatrix}=\sum_{i=1}^{m}\bar{a}_{ik}\boldsymbol{\alpha}_i. \tag{10.3.12}$$

式 (10.3.12) 减式 (10.3.11) 得

$$\bar{a}_{rk}\boldsymbol{\alpha}_r+\sum_{\substack{i=1\\ i\neq r}}^{m}(\bar{a}_{ik}-t_i)\,\boldsymbol{\alpha}_i=0.$$

由 $\bar{a}_{rk}\neq 0$ 知: 向量组 $\boldsymbol{\alpha}_1,\cdots,\boldsymbol{\alpha}_{r-1},\boldsymbol{\alpha}_r,\boldsymbol{\alpha}_{r+1},\cdots,\boldsymbol{\alpha}_m$ 线性相关, 矛盾, 因此假设错误, 即向量组 $\boldsymbol{\alpha}_1,\cdots,\boldsymbol{\alpha}_{r-1},\boldsymbol{\alpha}_k,\boldsymbol{\alpha}_{r+1},\cdots,\boldsymbol{\alpha}_m$ 线性无关, 从而矩阵 $(\boldsymbol{\alpha}_1,\cdots,\boldsymbol{\alpha}_{r-1},\boldsymbol{\alpha}_k,\boldsymbol{\alpha}_{r+1},\cdots,\boldsymbol{\alpha}_m)$ 可作为一个新的基, 且向量 $\widehat{\boldsymbol{x}}$ 是一个新的基本可行解.

最后证明 $\widehat{\boldsymbol{x}}$ 满足不等式 $\boldsymbol{c}^{\mathrm{T}}\widehat{\boldsymbol{x}}>\boldsymbol{c}^{\mathrm{T}}\bar{\boldsymbol{x}}$. 事实上, 由非退化假设 $\bar{\boldsymbol{b}}>\boldsymbol{0}$, 得 $\lambda=\dfrac{\bar{b}_r}{\bar{a}_{rk}}>0$, 再由定理 10.10 的证明过程得

$$\boldsymbol{c}^{\mathrm{T}}\widehat{\boldsymbol{x}}=\boldsymbol{c}^{\mathrm{T}}\bar{\boldsymbol{x}}-\lambda\zeta_k>\boldsymbol{c}^{\mathrm{T}}\bar{\boldsymbol{x}},$$ #

即向量 $\bar{\boldsymbol{x}}$ 是一个新的基本可行解, 且使目标函数取更大值.

称向量

$$\boldsymbol{\zeta}^{\mathrm{T}}=\boldsymbol{c}_B^{\mathrm{T}}\boldsymbol{B}^{-1}\boldsymbol{A}-\boldsymbol{c}^{\mathrm{T}}$$

为基本可行解 $\bar{\boldsymbol{x}}$ 的**检验向量**, 并称检验向量的分量为**检验数**. 根据定理 10.9~ 定理 10.11 可知: 在判断基本可行解 $\bar{\boldsymbol{x}}$ 是否为 LP 问题 (10.2.1) 的最优解, 最优解的存在性以及改进基本可行解 $\bar{\boldsymbol{x}}$ 并得到一个新的基本可行解的过程中, 检验向量均起着重要作用.

需要特别指出的是:

(1) 当存在多组数的比值同时满足条件 (10.3.9) 时, 例如, 当存在两个比值 $\dfrac{\bar{b}_r}{\bar{a}_{rk}}$ 与 $\dfrac{\bar{b}_s}{\bar{a}_{sk}}$ 满足等式

$$\frac{\bar{b}_r}{\bar{a}_{rk}}=\frac{\bar{b}_s}{\bar{a}_{sk}}=\min_{i=1,2,\cdots,m}\left\{\frac{\bar{b}_i}{\bar{a}_{ik}}\ \middle|\ \bar{a}_{ik}>0\right\} \tag{10.3.13}$$

时, 我们可以任意选择其中一个比值, 例如 $\dfrac{\bar{b}_s}{\bar{a}_{sk}}$, 来计算新的基本可行解 $\widehat{\boldsymbol{x}}$. 易验证: 所得基本可行解 $\widehat{\boldsymbol{x}}$ 中, 与这些比值相对应的基变量 $\widehat{\boldsymbol{x}}_{\mathrm{s}}$ 与 $\widehat{\boldsymbol{x}}_r$ 均为 $\mathbf{0}$, 从而所得新的基本可行解 $\widehat{\boldsymbol{x}}$ 是一个退化的基本可行解. 然而, 当我们假设线性规划问题为非退化时, 意味着该问题的任意一个基本可行解都是非退化的, 则式 (10.3.13) 中出现的情况就不会出现了.

(2) 当检验向量 $\boldsymbol{\zeta}^{\mathrm{T}}$ 存在多个负分量时, 则可以任意选择其中一个负分量 $\zeta_k\,(<0)$ 应用到定理 10.11 中构造新的基本可行解 $\widehat{\boldsymbol{x}}$. 一般来说, 如果存在多个选择, 应该选择 ζ_k 的绝对值大的那一个分量进行操作, 事实上, 根据定理 10.11 的证明可知: 当运用公式 $\boldsymbol{c}^{\mathrm{T}}\widehat{\boldsymbol{x}} = \boldsymbol{c}^{\mathrm{T}}\bar{\boldsymbol{x}} - \lambda\zeta_k$ 计算新目标函数值时, 目标函数在这一步可以获得一个相对比较大的增量. 虽然我们不能从全局的角度证明这种做法是最优选择, 但是这起码可以做到局部最优. 事实上, 从宏观的角度分析, 如何选择检验数 ζ_k 以使单纯形算法在全局是最优的, 这样一个问题目前来说还是一个开放问题, 至今没有得到完美的解决.

(3) 定理 10.11 的证明过程中, 为了得到一个新的基本可行解 $\widehat{\boldsymbol{x}}$, 将 $\bar{\boldsymbol{x}}$ 的基变量 $\boldsymbol{x}_r$ 与非基变量 $\boldsymbol{x}_k$ 进行交换, 以使 $\boldsymbol{x}_k$ 成为第 r 个基变量的过程称为**换基**或一次**迭代**. 一次迭代之后, 由于向量 $\boldsymbol{\alpha}_r$**退出基列**, $\boldsymbol{\alpha}_k$**进入基列**, 因此将 $\boldsymbol{x}_r$ 称为**离基变量**, $\boldsymbol{x}_k$ 为**进基变量**. 即单纯形法的每一次迭代都要根据检验数确定一个进基变量 $\boldsymbol{x}_k$, 然后根据式 (10.3.9) 确定一个离基变量 $\boldsymbol{x}_r$.

归纳上述三个定理, 可得如下单纯形法的迭代步骤: 给定一个基本可行解 $\bar{\boldsymbol{x}}$, 计算与其对应的检验向量 $\boldsymbol{\zeta}$, 若 $\boldsymbol{\zeta} \geqslant \mathbf{0}$, 则 $\bar{\boldsymbol{x}}$ 就是最优解; 如果 $\boldsymbol{\zeta}$ 的某个分量 $\zeta_k < 0$, 且 $\bar{\boldsymbol{\alpha}}_k = \boldsymbol{B}^{-1}\boldsymbol{\alpha}_k \leqslant \mathbf{0}$, 则可判断原 LP 问题无界; 如果 $\boldsymbol{\zeta}$ 的某个分量 $\zeta_k < 0$ 且向量 $\bar{\boldsymbol{\alpha}}_k$ 含有正分量, 则按照式 (10.3.9) 与式 (10.3.10) 选择出适当的进基变量和离基变量, 并换基后, 可求出一个更好的基本可行解 $\widehat{\boldsymbol{x}}$, 新的可行解使目标函数的值增加 $\lambda\zeta_k$ 个单位. 在得到新的基本可行解后, 接下来重复上面的步骤, 这样就可以得到一个基本可行解的序列. 如果得到的基本可行解都是非退化的, 那么每次迭代都会使目标函数的数值严格增加, 因而基本可行解序列中不可能出现重复值. 由于基本可行解的数目是有限的, 因此最终经过有限步迭代 (换基), 要么能够找到一个最优解, 要么能够判定 LP 问题无界, 故得如下结论.

定理 10.12 对于任何一个非退化的线性规划问题, 从任何基本可行解开始, 经过有限次迭代, 或者得到一个基本可行的最优解, 或者可以做出线性规划问题无界的判断.

单纯形法一次迭代过程中, 迭代前后的两个基有 $m-1$ 个相同的列向量, 这样的两个基称为**相邻基**. 用几何学方法, 可以严格证明: 相邻基所对应的基本可行解, 在非退化的情况下是多面凸集可行域的相邻顶点, 而在退化的情况下则是同一个顶点. 因此直观地讲, 单纯形法的一次迭代就是从可行域的一个顶点迭代到与其相邻的下一个顶点, 直至找到问题的最优解或者判定问题无界. 综上所述, 得求解 LP 问题 (10.2.1) 的算法 10.3.1.

算法 10.3.1(simplex method)

Input: constraint matrix A, and put initial feasible basis vectors $\boldsymbol{\alpha}_1, \boldsymbol{\alpha}_2, \cdots, \boldsymbol{\alpha}_m$ into $\boldsymbol{B}$;

Step1: solve (10.3.5), then get the feasible solution $\bar{\boldsymbol{x}} = \begin{pmatrix} \bar{\boldsymbol{b}} \\ \boldsymbol{0} \end{pmatrix}$, compute vector $\boldsymbol{\zeta}$;

Step2: if $\boldsymbol{\zeta} \geqslant \boldsymbol{0}$, then OUTPUT "find the solution of (10.2.1)", go to Step5; else go to Step3;

Step3: if $\bar{\boldsymbol{\alpha}}_k = \boldsymbol{B}^{-1}\boldsymbol{\alpha}_k \leqslant \boldsymbol{0}$, then OUTPUT "the LP (10.2.1) is unbounded.", exit; else go to Step4;

Step4: compute $\lambda = \min\limits_{i=1,2,\cdots,m} \left\{ \dfrac{\bar{b}_i}{\bar{a}_{ik}} \middle| \bar{a}_{ik} > 0 \right\} \triangleq \dfrac{\bar{b}_r}{\bar{a}_{rk}}$, then replace $\boldsymbol{\alpha}_r$ by $\boldsymbol{\alpha}_k$ in $\boldsymbol{B}$, then go to Step1;

Step5: OUTPUT "solution $\bar{\boldsymbol{x}}$ of (10.2.1) and value of the object function $\boldsymbol{c}^{\mathrm{T}}\bar{\boldsymbol{x}}$".

一般情况下, 常用两阶段法求 LP 问题. 所谓的**两阶段法**, 即是将 LP 问题的求解过程分为两个阶段: 第一阶段, 判断问题是否有可行解, 如果问题没有可行解, 则一定没有基本可行解, 计算停止, 否则, 可以按照第一阶段的方法求出一个基本可行解, 使运算进入第二阶段; 在第二阶段中, 调用单纯形法求得问题的最优解或者判断问题为无界.

需要注意的是, 若将 LP 问题 (10.2.1) 改为如下形式

$$\begin{cases} \min z = \boldsymbol{c}^{\mathrm{T}}\boldsymbol{x} \\ \text{s.t.} \begin{cases} \boldsymbol{A}\boldsymbol{x} = \boldsymbol{b} \\ \boldsymbol{x} \geqslant \boldsymbol{0} \end{cases} \end{cases}. \tag{10.3.14}$$

将式 (10.3.14) 中约束矩阵化为典式, 并将其目标函数作类似式 (10.3.6) 的变换, 则将式 (10.3.14) 化为与其等价的 LP 问题

$$\begin{cases} \min z = z_0 - \boldsymbol{\xi}^{\mathrm{T}}\boldsymbol{x} \\ \text{s.t.} \begin{cases} \boldsymbol{x}_{\boldsymbol{B}} + \boldsymbol{B}^{-1}\boldsymbol{N}\boldsymbol{x}_{\boldsymbol{N}} = \bar{\boldsymbol{b}} \\ \boldsymbol{x} \geqslant \boldsymbol{0} \end{cases} \end{cases}. \tag{10.3.15}$$

这里, 检验向量 $\boldsymbol{\xi}$ 由下式所定义

$$\begin{aligned} \boldsymbol{\xi}^{\mathrm{T}} &\triangleq (\zeta_1, \cdots, \zeta_n) = \boldsymbol{c}_{\boldsymbol{B}}^{\mathrm{T}}\boldsymbol{B}^{-1}\boldsymbol{A} - \boldsymbol{c}^{\mathrm{T}} = \left(\boldsymbol{0}, \boldsymbol{c}_{\boldsymbol{B}}^{\mathrm{T}}\boldsymbol{B}^{-1}\boldsymbol{N} - \boldsymbol{c}_{\boldsymbol{N}}^{\mathrm{T}}\right) \\ &\triangleq (\boldsymbol{\xi}_{\boldsymbol{B}}, \boldsymbol{\xi}_{\boldsymbol{N}}). \end{aligned}$$

相应于定理 10.9 至定理 10.11, 对 LP 问题 (10.3.15), 可证得如下结论: ①如果 LP 问题 (10.3.15) 中检验向量 $\boldsymbol{\xi} \leqslant \boldsymbol{0}$, 则向量 $\bar{\boldsymbol{x}}$ 为 LP 问题 (10.3.14) 的最优解; ② 假设 LP 问题 (10.3.15) 中检验向量 $\boldsymbol{\xi}$ 的第 k 个分量 $\xi_k > 0\,(m \leqslant k \leqslant n)$, 而向量 $\bar{\boldsymbol{\alpha}}_k = \boldsymbol{B}^{-1}\boldsymbol{\alpha}_k \leqslant \boldsymbol{0}$, 则 LP

问题 (10.3.15) 无 (下) 界; ③ 对于非退化的基本可行解 $\bar{\boldsymbol{x}}$, 若 LP 问题 (10.3.15) 中检验向量 $\boldsymbol{\xi}$ 存在非负分量, 即有 $\xi_k > 0$, 且与其相应的向量 $\bar{\boldsymbol{\alpha}}_k$ 至少含有一个正分量, 则一定能够找到一个新的基本可行解 $\widehat{\boldsymbol{x}}$, 使 $\boldsymbol{c}^{\mathrm{T}}\widehat{\boldsymbol{x}} < \boldsymbol{c}^{\mathrm{T}}\bar{\boldsymbol{x}}$.

仿照算法 (10.3.1), 读者不难写出相应于 LP 问题 (10.3.15) 的单纯形法.

10.3.2 初始可行解的确定

下面考虑初始可行解与可行基的确定问题. 对 LP 问题 (10.2.1) 来说, 当可行域 K 非空时, 可以通过一些技巧确定 LP 问题的初始可行基与基本可行解.

特别地, 当约束矩阵 $\boldsymbol{A}$ 包含一个 m 阶的单位阵且 $\boldsymbol{b} \geqslant \boldsymbol{0}$ 时, 约束方程组 $\boldsymbol{Ax} = \boldsymbol{b}$ 已经是典式, 则由该典式即可确定一个基本可行解. 例如, 约束矩阵 $\boldsymbol{A}$ 中包含一个 $m \times m$ 的单位矩阵, 即 $\boldsymbol{A}$ 为如下形式

$$\boldsymbol{A} = \begin{pmatrix} a_{11} & a_{12} & \cdots & a_{1,n-m} & 1 & 0 & \cdots & 0 \\ a_{21} & a_{22} & \cdots & a_{2,n-m} & 0 & 1 & \cdots & 0 \\ \vdots & \vdots & & \vdots & \vdots & \vdots & & \vdots \\ a_{m1} & a_{m2} & \cdots & a_{m,n-m} & 0 & 0 & \cdots & 1 \end{pmatrix}. \tag{10.3.16}$$

此时, 只需令 $x_1 = \cdots = x_{n-m} = 0$, 则可得

$$x_{n-m+1} = b_1, x_{n-m+2} = b_2, \cdots, x_n = b_m.$$

显然, 向量 $\bar{\boldsymbol{x}} = (0, \cdots, 0, b_1, \cdots, b_m)^{\mathrm{T}}$ 满足方程组 $\boldsymbol{Ax} = \boldsymbol{b}$, 因而 $\bar{\boldsymbol{x}}$ 是一个基本解; 且当右端向量 $\boldsymbol{b} \geqslant \boldsymbol{0}$ 时, 有 $\bar{\boldsymbol{x}} \geqslant \boldsymbol{0}$, 则 $\bar{\boldsymbol{x}}$ 同时是一个基本可行解, 因此, $\boldsymbol{A}$ 中 m 阶单位子矩阵 $\boldsymbol{E}_m$ 就是一个初始可行基.

另外, 当线性规划的约束条件全部为 "$\leqslant$" 时, 可通过在方程组 $\boldsymbol{Ax} = \boldsymbol{b}$ 中添加松弛变量的方法, 人为在约束方程组的系数矩阵中制造出一个单位可行基出来. 例如, 给定 LP 问题

$$\begin{cases} \max z = \displaystyle\sum_{j=1}^{n} c_j x_j \\ \text{s.t.} \begin{cases} \displaystyle\sum_{j=1}^{n} a_{ij} x_j \leqslant b_i, \quad i = 1, \cdots, m \\ \boldsymbol{x} \geqslant \boldsymbol{0} \end{cases} \end{cases}. \tag{10.3.17}$$

我们将式 (10.3.17) 中第 i 个方程加上松弛变量 $x_{si}\ (i = 1, \cdots, m)$, 则可化 LP 问题 (10.3.17) 为标准形式

$$\begin{cases} \max z = \displaystyle\sum_{j=1}^{n} c_j x_j + \sum_{i=1}^{m} 0 \cdot x_{si} \\ \text{s.t.} \begin{cases} \displaystyle\sum_{j=1}^{n} a_{ij} x_j + x_{si} = b_i, \quad i = 1, \cdots, m \\ \boldsymbol{x} \geqslant \boldsymbol{0}, x_{si} \geqslant 0, \quad i = 1, \cdots, m \end{cases} \end{cases}, \tag{10.3.18}$$

且式 (10.3.18) 的约束矩阵为

$$\begin{pmatrix} a_{11} & a_{12} & \cdots & a_{1n} & 1 & 0 & \cdots & 0 \\ a_{21} & a_{22} & \cdots & a_{2n} & 0 & 1 & \cdots & 0 \\ \vdots & \vdots & & \vdots & \vdots & \vdots & & \vdots \\ a_{m1} & a_{m2} & \cdots & a_{mn} & 0 & 0 & \cdots & 1 \end{pmatrix}.$$

因而约束矩阵中含有一个单位矩阵, 于是可得问题的一个初始可行基 $\boldsymbol{E}_m$ 和基本可行解 $(0,\cdots,0,b_1,\cdots,b_m)^{\mathrm{T}}$.

当 LP 问题中约束条件为 "=" 或 "$\geqslant$" 时, 化为标准形后, 约束条件的系数矩阵中不包含有单位矩阵. 为了更方便地找出一个初始的基本可行解, 往往需要向原 LP 问题中添加人工变量来人为构造一个单位矩阵作为基, 该基称为**人工基**.

除此之外, 读者还可以将单纯形法的计算过程列表进行, 通常称这样的表格为**单纯形表**. 关于求解 LP 问题的单纯形表以及更多方法可参见文献 [17] 和文献 [18]. 此外, 为了方便, 读者还可以直接运用 MATLAB、Maple 或 Mathematica 等一些专业软件求解 LP 问题, 关于使用软件求 LP 问题的方法请参考相关书籍或相关软件的帮助系统.

10.4 矛盾方程组的近似解

对线性方程组

$$\boldsymbol{A}\boldsymbol{x} = \boldsymbol{b} \tag{10.4.1}$$

而言, 如果没有任何向量 $\boldsymbol{x}$ 使上述方程组中的 m 个方程同时成立, 则称该方程组为**矛盾方程组**, 这里 $\boldsymbol{A} = (a_{ij})_{m\times n}$, $\boldsymbol{b} = (b_1, b_2, \cdots, b_n)^{\mathrm{T}}$, $\boldsymbol{x} = (x_1, x_2, \cdots, x_n)^{\mathrm{T}}$.

关于求解矛盾方程组的最小二乘法, 本书已经在第 6 章中做过介绍, 本节介绍将矛盾方程组化为 LP 问题进行求解的方法.

10.4.1 ℓ_1-问题

当式 (10.4.1) 为矛盾方程组时, 没有任何向量 $\boldsymbol{x}$ 能够使式 (10.4.1) 的 m 个方程同时成立, 因此对任意的向量 $\boldsymbol{x}$, m 个**残差**

$$r_i = \sum_{j=1}^{n} a_{ij}x_j - b_i \tag{10.4.2}$$

当然不会同时为零, 这里 $i = 1, 2, \cdots, m$. 因此残差的绝对值之和大于 0, 即有

$$\sum_{i=1}^{m} |r_i| > 0.$$

此刻, 我们自然会提出这样一个问题: 如何求一个向量 $\boldsymbol{x}$, 使表达式 $\sum_{i=1}^{m}|r_i|$ 的值尽可能小? 通常称该问题为求矛盾方程组近似解的 ℓ_1-**问题**, 并称 ℓ_1-问题的解为式 (10.4.1) 的 ℓ_1-**解**. 用 LP 的语言, 可将上述 ℓ_1-问题叙述为: 求向量 $\boldsymbol{x}$, 使目标函数 $z=\sum_{i=1}^{m}|r_i|$ 取得极小值, 这里, 向量 $\boldsymbol{x}$ 是矛盾方程组 (10.4.1) 的近似解.

所以, ℓ_1-问题在本质上就是一类特殊的 LP 问题, 因此当所求矛盾方程组的规模不是特别大时, 可以将矛盾方程组的 ℓ_1-问题转化为 LP 问题进行求解.

若令 $\varepsilon_i=|r_i|$, 且在不要求自由变量 x_i 满足非负约束的前提下, 则可将 ℓ_1-问题直接化为如下 LP 问题

$$\left\{\begin{array}{l}\min\sum_{i=1}^{m}\varepsilon_i\\ \text{s.t.}\left\{\begin{array}{l}\sum_{j=1}^{n}a_{ij}x_j-b_i\leqslant\varepsilon_i\\ -\sum_{j=1}^{n}a_{ij}x_j+b_i\leqslant\varepsilon_i\end{array}\right.\quad i=1,2,\cdots,m\end{array}\right. . \tag{10.4.3}$$

如果自由变量需要服从非负约束条件, 可引进一个新的变量 y_{n+1}, 并令

$$x_j=y_j-y_{n+1},\quad j=1,2,\cdots,n,$$

$$a_{i,n+1}=-\sum_{j=1}^{n}a_{ij},\quad i=1,2,\cdots,m.$$

也就是, 我们人为地在约束矩阵 $\boldsymbol{A}$ 的后面增加了一列. 于是可得如下 LP 问题

$$\left\{\begin{array}{l}\max-\sum_{i=1}^{m}\varepsilon_i\\ \text{s.t.}\left\{\begin{array}{l}\sum_{j=1}^{n+1}a_{ij}y_j-\varepsilon_i\leqslant b_i\\ -\sum_{j=1}^{n+1}a_{ij}y_j-\varepsilon_i\leqslant -b_i\quad i=1,2,\cdots,m\\ y\geqslant 0,\varepsilon\geqslant 0\end{array}\right.\end{array}\right. . \tag{10.4.4}$$

显然, 式 (10.4.4) 是与原 ℓ_1-问题等价的 LP 问题, 且该问题含有 $m+n+1$ 个自由变量和 $2m$ 个约束条件.

不难证明 LP 问题 (10.4.4) 与式 (10.4.3) 是等价的. 要证明该等价性, 只需验证等式

$$\sum_{j=1}^{n+1}a_{ij}y_j=\sum_{j=1}^{n}a_{ij}x_j$$

即可. 事实上,

$$\begin{aligned}\sum_{j=1}^{n+1} a_{ij} y_j &= \sum_{j=1}^{n} a_{ij} y_j + a_{i,n+1} y_{n+1} \\ &= \sum_{j=1}^{n} a_{ij} \left(x_j + y_{n+1}\right) + \left(-\sum_{j=1}^{n} a_{ij}\right) y_{n+1} \\ &= \sum_{j=1}^{n} a_{ij} x_j.\end{aligned}$$

此外, 如果将 LP 问题 (10.4.4) 中的 $2m$ 个约束不等式替换为 m 个等式, 亦可将 ℓ_1-问题转化为与之等价的 LP 问题. 为此, 只要令

$$\varepsilon_i = |r_i| = u_i + v_i \tag{10.4.5}$$

即可. 这里, 当 $r_i \geqslant 0$ 时, 令 $u_i = r_i, v_i = 0$; 当 $r_i < 0$ 时, 令 $u_i = 0, v_i = -r_i$.

将式 (10.4.5) 代入到式 (10.4.4) 中, 得如下 LP 问题

$$\left\{\begin{array}{l}\max -\sum\limits_{i=1}^{m} u_i - \sum\limits_{i=1}^{m} v_i \\ \text{s.t.} \left\{\begin{array}{l}\sum\limits_{j=1}^{n+1} a_{ij} y_j - u_i + v_i = b_i, \quad i = 1, 2, \cdots, m \\ x \geqslant 0, u \geqslant 0, v \geqslant 0\end{array}\right.\end{array}\right. . \tag{10.4.6}$$

由式 (10.4.6), 得

$$\begin{aligned}r_i &= \sum_{j=1}^{n} a_{ij} x_j - b_i = \sum_{j=1}^{n} a_{ij} \left(y_j - y_{n+1}\right) - b_i \\ &= \sum_{j=1}^{n} a_{ij} y_j - y_{n+1} \sum_{j=1}^{n} a_{ij} - b_i = \sum_{j=1}^{n+1} a_{ij} y_j - b_i \\ &= u_i - v_i.\end{aligned}$$

由上式可知: $r_i + v_i = u_i \geqslant 0$. 因此, 为了使 $-\sum\limits_{i=1}^{m}(u_i + v_i)$ 取得最大值, 即为了使 $\sum\limits_{i=1}^{m}(u_i + v_i)$ 取得最小值, 必须使 u_i 和 v_i 的值尽可能小. 于是, 当 $r_i \geqslant 0$ 时, 可取 $u_i = r_i, v_i = 0$; 而当 $r_i < 0$ 时, 可取 $u_i = 0, v_i = -r_i$. 总而言之, 不管哪种情况, 都有

$$|r_i| = u_i + v_i.$$

因此, 在 LP 问题 (10.4.6) 中, 向量 $\boldsymbol{x}$ 使 $\sum\limits_{i=1}^{m}(u_i + v_i)$ 取得最小值当且仅当 $\boldsymbol{x}$ 使 $\sum\limits_{i=1}^{m}|r_i|$ 取最小值.

例如, 给出矛盾方程组

$$\begin{cases} 2x_1 + 3x_2 = 4 \\ x_1 - x_2 = 2 \\ x_1 + 2x_2 = 7 \end{cases}, \tag{10.4.7}$$

我们可将其转化成如下 LP 问题

$$\begin{cases} \min u_1 + v_1 + u_2 + v_2 + u_3 + v_3 \\ \text{s.t.} \begin{cases} 2y_1 + 3y_2 - 5y_3 - u_1 + v_1 = 4 \\ y_1 - y_2 - u_2 + v_2 = 2 \\ y_1 + 2y_2 - 3y_3 - u_3 + v_3 = 7 \\ y_1, y_2, y_3 \geqslant 0 \\ u_1, u_2, u_3 \geqslant 0 \\ v_1, v_2, v_3 \geqslant 0 \end{cases} \end{cases}. \tag{10.4.8}$$

通常, 我们可以采用一些常用的数学软件, 如 MATLAB、Maple 或者 Mathematica 求解问题 (10.4.8), 可得该 LP 问题的解为

$$u_1 = v_1 = u_2 = v_2 = u_3 = y_2 = y_3 = 0, \quad v_3 = 5, \quad y_1 = 2.$$

根据 LP 问题的解, 我们可以反推矛盾方程组 (10.4.7) 的 ℓ_1-解为

$$x_1 = y_1 - y_3 = 2, \quad x_2 = y_2 - y_3 = 0.$$

且对应的三个 ℓ_1-残差值为

$$r_1 = u_1 - v_1 = 0, \quad r_2 = u_2 - v_2 = 0, \quad r_3 = u_3 - v_3 = -5.$$

进而得 ℓ_1-问题目标函数的最优值为 5.

10.4.2 ℓ_∞-问题

对任意的 n 维向量 $\boldsymbol{x}$, 当 m 个残差

$$r_i = \sum_{j=1}^{n} a_{ij}x_j - b_i$$

均不能同时为零时, 量

$$\varepsilon = \max_{1 \leqslant i \leqslant m} |r_i| \tag{10.4.9}$$

是一个正实数, 这里 $i = 1, 2, \cdots, m$. 通常将求一个向量 $\boldsymbol{x}$, 使式 (10.4.9) 所定义的量 ε 取最小值的问题, 称为 ℓ_∞**-问题**, ℓ_∞-问题的解称为矛盾方程组 (10.4.1) 的 ℓ_∞**-解**. 接下来, 将矛盾方程组 (10.4.1) 的 ℓ_∞-问题转化为相应的 LP 问题求解.

首先, 如果自由变量无需满足非负条件 $\boldsymbol{x} \geqslant \boldsymbol{0}$, 可得与矛盾方程组等价的 LP 问题

$$\begin{cases} \min \varepsilon = \max\limits_{1 \leqslant i \leqslant m} |r_i| \\ \text{s.t.} \begin{cases} \sum\limits_{j=1}^{n} a_{ij} x_j - \varepsilon \leqslant b_i \\ -\sum\limits_{j=1}^{n} a_{ij} x_j - \varepsilon \leqslant -b_i \end{cases} \quad i = 1, 2, \cdots, m \end{cases} . \tag{10.4.10}$$

当自由变量需要服从非负约束 $\boldsymbol{x} \geqslant \mathbf{0}$ 时, 可引进一个充分大的变量 y_{n+1}, 使所有的变量

$$y_j = x_j + y_{n+1} \geqslant 0.$$

于是式 (10.4.10) 可化为如下 LP 问题

$$\begin{cases} \min \varepsilon \\ \text{s.t.} \begin{cases} \sum\limits_{j=1}^{n+1} a_{ij} y_j - \varepsilon \leqslant b_i \\ -\sum\limits_{j=1}^{n+1} a_{ij} y_j - \varepsilon \leqslant -b_i \\ \varepsilon \geqslant 0, y_j \geqslant 0, j = 1, 2, \cdots, n+1 \end{cases} \quad i = 1, 2, \cdots, m, \end{cases} \tag{10.4.11}$$

这里 $a_{i,n+1} = -\sum\limits_{j=1}^{n} a_{ij}, i = 1, 2, \cdots, m$. 例如, 对矛盾方程组 (10.4.7), 使量

$$\varepsilon = \max\{\, |2x_1 + 3x_2 - 4|\,, |x_1 - x_2 - 2|\,, |x_1 + 2x_2 - 7|\,\}$$

取最小值的非负向量 $\boldsymbol{x}$ 可以通过求解如下的 LP 问题

$$\begin{cases} \min \varepsilon \\ \text{s.t.} \begin{cases} 2y_1 + 3y_2 - 5y_3 - \varepsilon \leqslant 4 \\ y_1 - y_2 - \varepsilon \leqslant 2 \\ y_1 + 2y_2 - 3y_3 - \varepsilon \leqslant 7 \\ -2y_1 - 3y_2 + 5y_3 - \varepsilon \leqslant -4 \\ -y_1 + y_2 - \varepsilon \leqslant -2 \\ -y_1 - 2y_2 + 3y_3 - \varepsilon \leqslant -7 \\ \varepsilon \geqslant 0, y_j \geqslant 0, j = 1, 2, 3 \end{cases} \end{cases} \tag{10.4.12}$$

获得. 解式 (10.4.12) 得

$$y_1 = \frac{8}{9}, \quad y_2 = \frac{5}{3}, \quad y_3 = 0, \quad \varepsilon = \frac{25}{9}.$$

从上式, 我们即可反演得到矛盾方程组 (10.4.7) 的 ℓ_∞-解

$$x_1 = y_1 - y_3 = \frac{8}{9}, \quad x_2 = y_2 - y_3 = \frac{5}{3}.$$

问题 (10.4.12) 可以直接用单纯形法来求解, 当然, 读者也可以使用 MATLAB、Maple 以及 Mathematica 等专业软件求解.

此外, 如果把 ℓ_1-问题中的目标函数改为 $\sum_{i=1}^{m} r_i^2$, 则该问题就变成了矛盾方程组的**最小二乘问题**. 为了统一起见, 不妨将这类问题称为 **ℓ_2-问题**, 而将 ℓ_2-问题的解称为矛盾方程组的 **ℓ_2-解**, ℓ_2-解实际上就是方程组的最小二乘解. 关于 ℓ_2-解的求解方法, 参见本书 6.2 节, 此处不再赘述.

需要指出的是: 对于求矛盾方程组的近似解问题, 目标函数不同, 意味着评价近似解的标准是不同的, 则近似解也就不尽相同. 实践中, 上面所讨论的矛盾方程组的三种形式的近似解, 在不同的场合下有着不同的应用. 粗略地讲, 当矛盾方程组中所提供的数据比较精确时, 即矛盾方程组中系数虽然有误差, 但是误差非常小, 此时可以求其 ℓ_∞-解; 否则, 当方程组的系数中含有随机误差, 且这些误差基本服从正态分布时, 更应该去求其 ℓ_2-解; 除此之外, 当矛盾方程组中包含可疑数据时, 一般情况下, 这些可疑数据是由总误差导致的, 具有类似野点的性质, 如系数存在小数点位置错误等, 此时应该选择求其 ℓ_1-解.

实际计算过程中, 当原始 LP 问题中 $m \gg n$ 时, 通常需要将该 LP 问题转化为其对偶问题进行求解. 因为在对偶问题中, 其约束不等式将减少至 $n+1$ 个, 因此所求对偶 LP 问题的可行域顶点的个数, 与原 LP 问题相比将大大地减少, 故可以用来加速求解过程. 例如, LP 问题 (10.4.12) 的对偶为

$$\begin{cases} \max & 4u_1+2u_2+7u_3-4u_4-2u_5-7u_6 \\ \text{s.t.} & \begin{cases} 2u_1+u_2+u_3-2u_4-u_5-u_6 \geqslant 0 \\ 3u_1-u_2+2u_3-3u_4+u_5-2u_6 \geqslant 0 \\ -5u_1-3u_3+5u_4+3u_6 \geqslant 0 \\ -u_1-u_2-u_3-u_4-u_5-u_6 \geqslant -1 \\ u_i \geqslant 0, i=1,2,\cdots,6 \end{cases} \end{cases}.$$

可见, 对偶问题与原 LP 问题的约束条件数之比为 $\frac{4}{6}$, 故对偶的可行域有更少的顶点个数, 所以使用单纯形法求解将有更快的求解速度.

习　题　10

1. 某公司有 A、B、C 三个仓库, 每个仓库存储一种货物, 存储量分别为 100 吨、70 吨、80 吨, 某运输队要将三种货物向该公司的 5 个商店 (d,e,f,g,h) 配送, 5 个商店的货物总需求量分别为 23 吨、10 吨、15 吨、33 吨、42 吨, 产品从仓库运往商店的运费 (单位: 元/吨) 见下表:

仓库	d	e	f	g	h
A	35	34	22	31	65
B	22	44	34	33	61
C	25	42	33	32	53

试建立货物运输方案的数学模型以使该公司的运费支出最省.

2. 请将下列线性规划问题

$$\begin{cases} \max \quad 3x_1 + x_2 \\ \text{s.t.} \begin{cases} x_1 + 2x_2 \geqslant -4 \\ -x_1 + 3x_2 \leqslant 3 \\ |2x_1 - 5x_2| \leqslant 5 \\ \boldsymbol{x} \geqslant 0 \end{cases} \end{cases}$$

化为第一类标准形, 提示: 可将不等式 $|\alpha| \leqslant \beta$ 改写成 $-\beta \leqslant \alpha \leqslant \beta$.

3. 请将下列线性规划问题

$$\begin{cases} \min \quad |2x_1 + 3x_2 - x_3| \\ \text{s.t.} \begin{cases} x_1 + 3x_2 - x_3 \leqslant 8 \\ |4x_1 - 5x_2 + 6x_3| \leqslant 11 \\ 2x_1 - 4x_2 - x_3 \geqslant 1 \\ x_j \geqslant 0, j = 1, 2, 3 \end{cases} \end{cases}$$

转化为第一类标准形, 并给出其对偶问题.

4. 证明定理: 如果一个 LP 问题有最优解, 则它的对偶问题也存在最优解, 且它们的最优值相同.

5. 证明: 若 $\boldsymbol{x}, \boldsymbol{w}$ 分别是原始 LP 问题与对偶问题的可行解, 则 $\boldsymbol{x}, \boldsymbol{w}$ 分别是原 LP 问题和对偶问题的最优解当且仅当 $\boldsymbol{c}^{\mathrm{T}}\boldsymbol{x} = \boldsymbol{b}^{\mathrm{T}}\boldsymbol{w}$.

6. 用图解法求解下列线性规划问题

(1) $\begin{cases} \max \quad 2x_1 + x_2 \\ \text{s.t.} \begin{cases} 2x_1 + 5x_2 \geqslant 12 \\ x_1 + 2x_2 \leqslant 8 \\ 0 \leqslant x_1 \leqslant 4 \\ 0 \leqslant x_2 \leqslant 3 \end{cases} \end{cases}$; (2) $\begin{cases} \max \quad x_1 + 3x_2 \\ \text{s.t.} \begin{cases} x_1 + x_2 \geqslant 20 \\ 6 \leqslant x_1 \leqslant 12 \\ x_2 \geqslant 2 \end{cases} \end{cases}$;

(3) $\begin{cases} \max \quad 2x_1 - 3x_2 \\ \text{s.t.} \begin{cases} -2x_1 + x_2 \geqslant 2 \\ x_1 - x_2 \geqslant 1 \\ x_2 \geqslant 0 \end{cases} \end{cases}$; (4) $\begin{cases} \max \quad x_1 + 5x_2 \\ \text{s.t.} \begin{cases} x_1 + x_2 \leqslant 20 \\ x_1 - x_2 \leqslant 6 \\ x_1, x_2 \geqslant 0 \end{cases} \end{cases}$.

7. 证明集合 $S = \left\{ \boldsymbol{d} \in \mathbf{R}^n \,\middle|\, \boldsymbol{A}\boldsymbol{d} = \boldsymbol{0}, \boldsymbol{d} \geqslant \boldsymbol{0}, \sum_{i=1}^{n} d_i = 1 \right\}$ 是凸集.

8. 证明: (1) 任意多个凸集的交集还是凸集;

(2) 两个凸集的并集未必是凸集.

9. (1) 写出题 6(1) 中可行域中的所有的顶点;

(2) 证明若一个线性规划问题在两个顶点上达到最优值, 则该线性规划问题必有多个最优解.

10. 某线性规划问题的约束条件是

$$\begin{cases} 3x_1 + 2x_2 + x_3 = 14 \\ 2x_1 - x_2 + x_4 = 4 \\ x_2 + x_5 = 4 \\ x_i \geqslant 0, i = 1, \cdots, 5 \end{cases}.$$

试问 x_2, x_4, x_5 所对应的向量能否构成一个可行基? 如果能, 请写出具体的 $\boldsymbol{B}$ 和 $\boldsymbol{N}$ 所对应的基本可行解.

11. 证明线性规划问题

$$\begin{cases} \max\ \boldsymbol{c}^{\mathrm{T}}\boldsymbol{x} \\ \text{s.t.} \boldsymbol{A}\boldsymbol{x} = \boldsymbol{b} \end{cases}$$

在可行域不空的条件下只有两种可能结果: ①目标函数值无上界; ②所有的可行解对应的目标函数都相等.

12. 对于下列线性规划问题

$$\begin{cases} \max \quad x_1 - x_2 + 3x_3 + 4x_4 \\ \text{s.t.} \begin{cases} x_1 - x_2 + 2x_3 = 5 \\ x_2 - 3x_3 + 2x_4 = 12 \\ x_3 - 3x_4 + x_5 = 8 \\ x_j \geqslant 0, j = 1, \cdots, 5 \end{cases} \end{cases}.$$

请以 $\boldsymbol{B} = (\boldsymbol{\alpha}_2, \boldsymbol{\alpha}_4, \boldsymbol{\alpha}_5)$ 为基写出对应的典式.

13. 证明: 非退化的基本可行解 $\boldsymbol{x}^*$ 是最优解当且仅当这个基本可行解 $\boldsymbol{x}^*$ 的所有非基变量的检验参数 $\zeta_j > 0$.

14. 用单纯形法求解下列线性规划问题:

$$(1) \begin{cases} \max \quad z = 3x_1 + x_2 \\ \text{s.t.} \begin{cases} 2x_1 + 3x_2 \leqslant 42 \\ 3x_1 + x_2 \leqslant 27 \\ 2x_1 - 3x_2 \leqslant 30 \\ x_j \geqslant 0, j = 1, 2 \end{cases} \end{cases}; \qquad (2) \begin{cases} \min \quad 5x_1 + 6x_2 + 6x_3 + 9x_4 \\ \text{s.t.} \begin{cases} x_1 + 2x_2 + x_4 \geqslant 2 \\ 3x_1 + x_2 + x_4 \geqslant 4 \\ x_3 + x_4 \geqslant 1 \\ x_1 + x_3 \geqslant 1 \\ x_j \geqslant 0, j = 1, 2, 3, 4 \end{cases} \end{cases}.$$

15. 给定矛盾方程组

$$\begin{cases} 5x_1 + 2x_2 = 6 \\ x_1 + x_2 + x_3 = 2 \\ 7x_2 - 5x_3 = 11 \\ 6x_1 + 9x_3 = 9 \end{cases}.$$

请用非负变量分别写出求解其 ℓ_1-解和 ℓ_∞-解的线性规划问题.

16. 用单纯形法求下列矛盾方程组

$$\begin{cases} x - y = 4 \\ 2x - 3y = 7 \\ x + y = 2 \end{cases}$$

的 ℓ_1-解.

参考文献

[1] Burden R L, Faires J D. Numerical Analysis. 9th ed. Belmont: Thomsom Brooks/Coleengage Learning, 2010.

[2] Ward C, David K. Numerical Mathematics and Computing. 6th ed. Belmont: Thomsom Brooks/Cole, 2008.

[3] 蒋勇, 李建良, 等. 数值分析与计算方法. 北京: 科学出版社, 2012.

[4] 林成森. 数值计算方法. (上、下册). 北京: 科学出版社, 1998.

[5] 林成森. 数值分析. 北京: 科学出版社, 2007.

[6] 李庆杨, 王能超, 等. 数值分析. 2 版. 北京: 清华大学出版社, 2001

[7] Stoer K, Bulirsch R. 数值分析引论. 孙文瑜, 等译. 南京: 南京大学出版社, 1995.

[8] 华东师范大学数学系. 数学分析. (上册). 2 版. 北京: 高等教育出版社, 1991.

[9] Szidarovszky F, Yakowitz S. 数值分析的原理及过程. 施光明, 潘仲雄译. 上海: 上海科学技术文献出版社, 1982.

[10] 孙志忠, 吴宏伟, 等. 计算方法与实习. 4 版. 南京: 东南大学出版社, 2005.

[11] 雷金贵, 蒋勇, 等. 数值计算方法理论与典型例题选讲. 北京: 科学出版社, 2012.

[12] 李岳生, 黄有谦. 数值逼近. 北京: 人民教育出版社, 1978.

[13] 戴嘉尊, 邱建贤. 微分方程数值解法. 南京: 东南大学出版社, 2002.

[14] 李荣华, 冯国忱. 微分方程数值解法. 北京: 高等教育出版社, 1997.

[15] 马知恩, 周义仓. 常微分方程定性与稳定性方法. 北京: 科学出版社, 2001.

[16] 曹志浩, 张玉德, 李瑞遐. 矩阵计算和方程求根. 北京: 人民教育出版社, 1979.

[17] 刁在筠, 刘桂真, 等. 运筹学. 3 版. 北京: 高等教育出版社, 2007.

[18] 胡运权, 等. 运筹学基础及其应用. 4 版. 北京: 高等教育出版社, 2008.

附录　上机实习课题

1.1　误差分析与控制

1. 写一个程序用来求一元二次方程 $f(x)=ax^2+bx+c=0$ 的两个实根 x_1 和 x_2. 要求:

(1) 该程序能够从键盘顺序读入该方程的三个系数 a, b, c;

(2) 在设计求根公式时, 注意避免出现绝对值相近的数相减, 并注意避免数值 0 或者接近 0 的量作除数;

(3) 顺序输入下列 (a, b, c) 的值

$$(0,\ 0,\ 1),\ (0,\ 1,\ 0),\ (1,\ 0,\ 0),\ (0,\ 0,\ 0),\ (1,\ 1,\ 0),\ (2,\ 10,\ 1),\ (1,\ -4,\ 3.99999),$$
$$(1,\ -8.01,\ 16.004),\ (2\times1017,\ 1018,\ 1017),\ (1017,\ -1017,\ 1017),$$

检验算法程序的有效性, 并给出恰当的误差分析.

2. 在许多的程序设计语言中, 例如, Java 和 C++, 程序中各种不同精度的变量参加混合运算时, 常常会出现错误的结果, 例如, 表达式 (4/3)*pi 的实际输出结果为 pi, 这里变量 pi 为任意一个实数类型的变量 (不妨取 pi=3.14), 试用上述两种语言编写程序验证这一现象, 并分析产生错误的原因.

3. 在 Fourier 级数理论中, Lebesgue 常数的作用非常重要, 实践中常用下列公式计算 Lebesgue 常数

$$\rho_n=\frac{1}{2n+1}+\frac{2}{\pi}\sum_{k=1}^{n}\frac{1}{k}\tan\frac{k\pi}{2n+1}.$$

写一个程序, 用来计算 Lebesgue 常数 $\rho_1,\rho_2,\cdots,\rho_{100}$ (要求结果保留 8 位有效数字), 并验证下列不等式是否成立, 并给出恰当的误差分析?

$$0\leqslant\frac{4}{\pi^2}\ln(2n+1)+1-\rho_n\leqslant 0.0106.$$

4. 编程计算 $10^{11}+1+2+\cdots+(10^{11}-1)$ 和 $1+2+\cdots+(10^{11}-1)+10^{11}$, 注意观察两种加法顺序有何不同, 解释其中的现象.

1.2　插 值 问 题

1. 对于函数 $f(x)=\dfrac{1}{1+(5x)^2}$, $x\in[-1,1]$, 取 $n+1$ 个节点, $x_i=-1+ih, (i=0,1,2,\cdots,n)$, 式中, $h=\dfrac{2}{n}$. 请按照要求完成下列各题:

(1) 对 $n=2,4,6,8,10$ 分别写出 n 次插值多项式 $P_n(x)$, 并在同一坐标系中画出 $f(x)$ 与 $P_n(x)$;

(2) 在非节点处分别计算 $f(x)$ 与 $P_n(x)$ 的最大相对误差

$$\max_{\substack{-1\leqslant x\leqslant1\\ x\neq x_i}}\left|\frac{f(x)-P_n(x)}{f(x)}\right|,\quad n=2,4,6,8,10.$$

(3) 根据 $f(x)$ 与 $P_n(x)$ 的图形及最大相对误差进行比较分析, 试寻插值效果较好的改进方法.

2. 在构造插值多项式时, Chebyshev 正交多项式的零点作为插值节点一般优于等距插值节点. 原因在于出现在误差公式中的项 $\prod_{i=0}^{n}(x-x_i)$. 事实上, 如果 $x_i=\cos\left[\frac{(2i+1)\pi}{2(n+1)}\right]$ $(i=0,1,\cdots,n)$, 则对 $\forall x\in[-1,1]$, 总有

$$\left|\prod_{i=0}^{n}(x-x_i)\right|\leqslant\frac{1}{2^n}$$

对 $n=4,8,16$ 作数值检验, 来验证这个不等式是否成立.

1.3　矩阵条件数的估计

给定 3 个不同的线性方程组:

(1) 方程组是 $\boldsymbol{A}_1\boldsymbol{x}=\boldsymbol{b}^{(1)}$, 这里 $\boldsymbol{A}_1=(a_{ij})_{10\times10}$ 是 Hilbert 矩阵, 式中,

$$\boldsymbol{b}^{(1)}=(2.92896,2.01988,1.60321,1.34680,1.16823,1.03490,\ 0.93073,\ 0.84670,\ 0.77725,\ 0.71877)^{\mathrm{T}},$$

$$a_{ij}=(i+j-1)^{-1},\quad i,j=1,2,\cdots,10,\quad \boldsymbol{x}^{(1)}=(1,1,1,1,1,1,1,1,1,1)^{\mathrm{T}};$$

(2) 方程组是 $\boldsymbol{A}_2\boldsymbol{x}=\boldsymbol{b}^{(2)}$, 它是一个下三角方程组, 其系数矩阵为 4 阶 Wilkinson 矩阵

$$\boldsymbol{A}_2=\begin{pmatrix}0.9143\times10^{-4} & & & \\ 0.8762 & 0.7156\times10^{-4} & & \\ 0.7943 & 0.8143 & 0.9504\times10^{-4} & \\ 0.8017 & 0.6132 & 0.7156 & 0.7123\times10^{-4}\end{pmatrix},$$

右端 $\boldsymbol{b}^{(2)}=(0.00009143,0.87627156,1.60869504,2.13057123)^{\mathrm{T}}$, 准确解为 $\boldsymbol{x}^{(2)}=(1,1,1,1)^{\mathrm{T}}$;

(3) 方程组是 $\boldsymbol{A}_3\boldsymbol{x}=\boldsymbol{b}^{(3)}$, 它是一个具有好的性质的 14 阶良态方程组, 系数矩阵为

$$\boldsymbol{A}_3=\begin{pmatrix}\boldsymbol{C} & \boldsymbol{D}\\ \boldsymbol{E} & \boldsymbol{C}\end{pmatrix},$$

这里, 右端项 $\boldsymbol{b}^{(3)}$ 的值恰好使得该方程组的解为 $\boldsymbol{x}^{(3)}=(1,1,1,1,1,1,1,1,1,1,1,1,1,1)^{\mathrm{T}}$, 式中,

$$\boldsymbol{E}=\begin{pmatrix}5&4&7&5&6&7&5\\4&12&8&7&8&8&6\\7&8&10&9&8&7&7\\5&7&9&11&9&7&5\\6&8&8&9&10&8&9\\7&8&7&7&8&10&10\\5&6&7&5&9&10&10\end{pmatrix},\quad \boldsymbol{C}=\boldsymbol{D}=\begin{pmatrix}\frac{1}{8}&\frac{1}{9}&\frac{1}{10}&\frac{1}{11}&\frac{1}{12}&\frac{1}{13}&5\\\frac{1}{9}&\frac{1}{10}&\frac{1}{11}&\frac{1}{12}&\frac{1}{13}&6&\frac{1}{15}\\\frac{1}{10}&\frac{1}{11}&\frac{1}{12}&\frac{1}{13}&7&\frac{1}{15}&\frac{1}{16}\\0&0&0&5&0&0&0\\0&0&6&0&0&0&0\\0&7&0&0&0&0&0\\8&0&0&0&0&0&0\end{pmatrix}.$$

请按照要求完成以下各题:

(1) 对上面提到的 3 个方程组, 可以用你掌握的各种解法, 求出计算解 $\bar{\boldsymbol{x}}^{(1)},\bar{\boldsymbol{x}}^{(2)},\bar{\boldsymbol{x}}^{(3)}$, 并且计算

$$\left\|\boldsymbol{r}^{(i)}\right\|=\left\|\boldsymbol{b}^{(i)}-A_i\bar{\boldsymbol{x}}^{(i)}\right\|,\quad \left\|\boldsymbol{x}^{(i)}-\bar{\boldsymbol{x}}^{(i)}\right\|,\quad \frac{\left\|\boldsymbol{x}^{(i)}-\bar{\boldsymbol{x}}^{(i)}\right\|}{\left\|\boldsymbol{x}^{(i)}\right\|}\quad (i=1,2,3).$$

(2) 对上面 3 个方程组右端项分别产生绝对值为 10^{-7} 的扰动, 然后解方程组, 再对系数矩阵 $\boldsymbol{A}_i$ 和 $\boldsymbol{b}^{(i)}$ 都产生绝对值为 10^{-7} 的扰动, 再解方程组, 观察解产生误差的变化情况.

(3) 对上面 3 个方程组采用改善办法求解, 计算解的误差变化及残向量的变化情况.

1.4 方程求根

1. 当用 Newton 迭代法求方程 $f(x)=0$ 的根时, 我们从 x_0 开始, 并用公式

$$x_{n+1}=x_n-\frac{f(x_n)}{f'(x_n)},\quad n=0,1,2,\cdots$$

计算出序列 $x_1,x_2,\cdots$, 为避免在每步都要计算导数, 有人建议在每一步中都用 $f'(x_0)$ 来代替 $f'(x_n)$, 也有人建议每隔一步计算一次 Newton 公式中的导数, 这个方法由下式给出

$$\begin{cases} x_{2n+1}=x_{2n}-\dfrac{f(x_{2n})}{f'(x_{2n})} \\ x_{2n+2}=x_{2n+1}-\dfrac{f(x_{2n+1})}{f'(x_{2n})} \end{cases}.$$

对于以上建议的 2 种方法, 以几个已知根的简单方程为例, 与 Newton 法作数值比较, 打印出每步迭代中每种方法的误差, 以检查收敛性, 这 2 种算法的效果如何?

2. 在 Newton 法中, 每迭代一步就从一个给定的 x 上得到一个新的点 $x-h$, 这里 $h=\dfrac{f(x)}{f'(x)}$, 不难按下面要求将它设计得更精细些: 如果 $|f(x-h)|\geqslant|f(x)|$, 则不用这个 h 值, 而用 $\dfrac{h}{2}$ 来代替, 试验这个精细的方案是否可行?

3. 选取一个试验函数 $f(x)$, 用数值验证迭代公式

$$x_{n+1}=x_n-\frac{2f'(x_n)f(x_n)}{2f'(x_n)^2-f''(x_n)f(x_n)},\quad n=0,1,2,\cdots$$

在单根处是立方收敛的, 但在多重根处则是线性收敛的.

1.5 线性方程组求解

1. 对从 2 到 9 的每一个 n 值, 解 n 阶方程组 $\boldsymbol{A}\boldsymbol{x}=\boldsymbol{b}$. 在这里 $\boldsymbol{A}$ 和 $\boldsymbol{b}$ 的定义如下

$$\boldsymbol{A}=(a_{ij})_{n\times n},\quad \boldsymbol{b}=(b_1,b_2,\cdots,b_n)^{\mathrm{T}},$$

$$a_{ij}=(i+j-1)^{-1}\quad (i,j=1,2,\cdots,n),$$

$$b_i=p(n+i-1)-p(i-1)\quad (i=1,2,\cdots,n),$$

式中, $p(x)=\dfrac{x^2}{24}\left(2+x^2\left(-7+n^2\left(14+n\left(12+3n\right)\right)\right)\right)$, 解释发生的现象.

2. 考虑一种特殊的, 对角线元素不为零的双对角线线性方程组 (以 $n=7$ 为例)

$$\begin{pmatrix} d_1 & & & & & & \\ a_1 & d_2 & & & & & \\ & a_2 & d_3 & & & & \\ & & a_3 & d_4 & a_4 & & \\ & & & & d_5 & a_5 & \\ & & & & & d_6 & a_6 \\ & & & & & & b_7 \end{pmatrix} \begin{pmatrix} x_1 \\ x_2 \\ x_3 \\ x_4 \\ x_5 \\ x_6 \\ x_7 \end{pmatrix} = \begin{pmatrix} b_1 \\ b_2 \\ b_3 \\ b_4 \\ b_5 \\ b_6 \\ b_7 \end{pmatrix},$$

写出解上述 n(奇数) 阶方程组的程序 (不要用消元法, 因为不用它可以十分方便地解出这个方程组).

3. 讨论在求矩阵

$$\begin{pmatrix} -0.0001 & 5.096 & 5.101 & 1.853 \\ 0 & 3.737 & 3.740 & 3.392 \\ 0 & 0 & 0.006 & 5.254 \\ 0 & 0 & 0 & 4.567 \end{pmatrix}$$

的逆阵时所遇到的计算方面的困难, 并给出解决方案.

1.6　曲线拟合问题

1. 对实验数据 (x_i, y_i), $i=1,2,\cdots,m$, 要求:

(1) 利用最小二乘法原理, 编制确定拟合多项式

$$P_n(x) = a_0 + a_1 x + a_2 x^2 + \cdots + a_n x^n \quad (n << m)$$

的数值程序, 要求在程序中能任意令拟合多项式 $P_n(x)$ 中第 p 项 $(0 \leqslant p \leqslant n)$ 的系数 $a_p = 0$, 能自动调整相应的正规方程组.

(2) 已知实验数据如附表 1 所示.

附表 1　实验数据表

x	y	x	y
5	1.0029	30	0.9979
10	1.0023	35	0.9978
15	1.0000	40	0.9981
20	0.9990	45	0.9987
25	0.9983	50	0.9996

请按照附表 1 拟合多项式

$$P_n(x) = a_0 + a_1 x + a_2 x^2 + \cdots + a_n x^n,$$

并分别对 $n=2,3,4,5,6$ 进行数值计算, 最后根据各自偏差的平方和的大小分析拟合效果的好坏.

2. 拟合形如 $f(x) \approx \dfrac{a+bx}{1+cx}$ 的函数的一种快速方法是将最小二乘法用于下列问题

$$(1+cx)f(x) = a + bx.$$

试用这一方法拟合附表 2 给出的世界人口数据.

(1) 验证如用此拟合公式, 在 2010 年 8 月 30 日这个星期一的下午 5 时与 6 时之间, 世界人口数将变成无穷大.

(2) 探讨是否应该用最小二乘法来做预测, 例如, 研究本题中的方差以确定是否有哪一次数的多项式是令人满意的.

附表 2 世界人口数据

年份	人口/十亿
1000	3.40
1650	5.54
1800	9.07
1900	16.10
1950	25.09
1970	36.50

1.7 数 值 积 分

1. 写出一个计算定积分 $\int_a^b f(x)\,\mathrm{d}x$ 的子程序: 先将区间 $[a,b]$ 细分成 n 个相等的子区间, 然后, 使用经过修改适用于 n 个不同子区间的三点 Gauss 公式, 并用下面的题目测试你所编的程序:

$$(1)\ \int_a^b x^5\mathrm{d}x,\quad n=1,2,10;\quad (2)\ \int_a^b \sin x\mathrm{d}x,\quad n=1,2,3,4.$$

2. 给出由表达式

$$l(x) = \int_2^x \frac{\mathrm{d}t}{\ln t}$$

所定义的变上限积分函数 $l(x)$. 对于给定的数值很大的 x, 小于或等于 x 的质数个数十分接近于 $l(x)$, 例如, 小于 200 的质数有 46 个, 而 $l(200)$ 大约等于 50. 请使用上和与下和求 $l(200)$, 要求保留 3 位有效数字. 在写程序前, 确定所需的分割点的数目.

3. 对于一个 "坏" 的函数. 例如, 定义在 [0, 1] 上的 $\sqrt{x}$, 测试 Romberg 算法, 并解释为什么它是坏的函数.

1.8 常微分方程初 (边) 值问题

1. 1974 年, 达尔奎斯特和比约克给出下面的病态方程的例子

$$\begin{cases} \dfrac{\mathrm{d}x}{\mathrm{d}t} = 100\,(\sin t - x) \\ x\,(0) = 0 \end{cases}.$$

请分别取步长 $h = 0.015, 0.020, 0.025$ 和 0.030, 在区间 [0, 3] 上用标准四阶 Runge-Kutta 法解这个问题, 观察数值的不稳定性.

2. 给定另一种四阶 Runge-Kutta 法

$$x(t+h) = x(t) + \omega_1 F_1 + \omega_2 F_2 + \omega_3 F_3 + \omega_4 F_4,$$

式中,

$$\begin{cases} F_1 = hf(t, x) \\ F_2 = hf\left(t + \dfrac{2}{5}h, x + \dfrac{2}{5}F_1\right) \\ F_3 = hf\left(t + \dfrac{14 - 35\sqrt{5}}{16}h, x + c_{31}F_1 + c_{32}F_2\right) \\ F_4 = hf(t + h, x + c_{41}F_1 + c_{42}F_2 + c_{43}F_3) \end{cases}.$$

这里合适的常数是

$$c_{31} = \frac{3\left(-963 + 476\sqrt{5}\right)}{1024}, \quad c_{32} = \frac{5\left(757 - 324\sqrt{5}\right)}{1024},$$

$$c_{41} = \frac{-3365 + 2094\sqrt{5}}{6040}, \quad c_{42} = \frac{-975 - 3046\sqrt{5}}{2552},$$

$$c_{43} = \frac{32\left(14595 + 6374\sqrt{5}\right)}{24085},$$

$$\omega_1 = \frac{263 + 24\sqrt{5}}{1812}, \quad \omega_2 = \frac{125\left(1 - 8\sqrt{5}\right)}{3828},$$

$$\omega_3 = \frac{1024\left(3346 + 1623\sqrt{5}\right)}{5924787}, \quad \omega_4 = \frac{2\left(15 - 2\sqrt{5}\right)}{123}.$$

请选择一个已知其解的微分方程, 比较 2 种四阶 Runge-Kutta(上面所述方法与标准四阶 Runge-Kutta) 法, 打印每一步的误差. 在每一步, 这 2 个误差的比是否为常数? 每种方法各有什么优点和缺点?

事实上, 任何阶数的 Runge-Kutta 法都有许多种. 阶数越高, 公式就越复杂, 由于一般四阶 Runge-Kutta 法的局部截断误差为 $O(h^5)$, 并且相当简单, 所以它是最通用的四阶 Runge-Kutta 法, 本题中的局部截断误差也是 $O(h^5)$, 并且在某种意义下它是最佳的.

3. 给定两点边值问题

$$\begin{cases} y'' + y = -x \\ y(0) = y(1) = 0 \end{cases} \quad x \in (0, 1).$$

把区间 [0, 1] 分为 5 等分, 分别用差分方法和三次样条方法求该问题的数值解, 要求:

(1) 求出问题的精确解 $y(x)$, 并且在同一坐标系下同时画出 $y(x)$ 以及用差分方法和三次样条方法求得的数值解 $y_i^{(h)}$ 和 $\tilde{y}_i^{(h)}$, 并计算出各自与精确解的误差.

(2) 从上面的图形和误差观察到什么现象? 你能通过 $y_i^{(h)}$ 和 $\tilde{y}_i^{(h)}$ 得到精度更高的近似解吗?

(3) 用 (2) 中得到的方法求如下问题

$$\begin{cases} y'' = y^2 - \sin nx\left(\pi^2 + \sin(\pi x)\right) \\ y(0) = y(1) = 0 \end{cases} \quad x \in (0, 1)$$

的数值解.

(4) 试从理论上探讨上面的现象.

1.9 矩阵的特征值与特征向量

1. 在下面矩阵 $\boldsymbol{A}$ 中, 除位于第 3 行第 4 列位置的元素 a_{34} 外, 其余元素均为常数

$$\boldsymbol{A}=\begin{pmatrix}9.1 & 3.0 & 3.6 & 4.0\\ 4.2 & 5.3 & 4.7 & 1.6\\ 3.2 & 1.7 & 9.4 & x\\ 6.1 & 4.9 & 3.5 & 6.2\end{pmatrix}.$$

试求当 x 分别取 0.9, 1.0 和 1.1 时, 矩阵 $\boldsymbol{A}$ 的全部特征值, 注意观察特征值的变化情况.

2. 讨论在用反幂法求矩阵

$$\boldsymbol{A}=\begin{pmatrix}-0.0001 & 5.096 & 5.101 & 1.853\\ & 3.737 & 3.740 & 3.392\\ & & 0.006 & 5.254\\ & & & 4.567\end{pmatrix}$$

的按模最小特征值时所遇到的困难, 并给出解决方案.

1.10 线 性 规 划 *

1. 给出如下矛盾方程组

$$\begin{cases}5x+2y=6\\ x+y+z=2\\ 7y-5z=11\\ 6x+9z=9\end{cases}.$$

(1) 请写出与该矛盾方程组的 ℓ_1-问题等价的 LP 问题, 要求自由变量 $x,y,z\geqslant 0$;

(2) 请写出与该矛盾方程组的 ℓ_∞-问题等价的 LP 问题;

(3) 试用单纯形法求解 (1) 中给出的 LP 问题.

2. 给出下列矛盾方程组

$$\begin{cases}3x+y=7\\ -x+3y=-12\\ x+6y=13\\ x-y=11\end{cases},$$

请写出与该方程组的 ℓ_∞-问题等价的 LP 问题 (要求自由变量 $x,y\geqslant 0$), 并编写程序求解该 LP 问题.